赵　鸣编著

大气边界层及相关学科研究
赵鸣论文选

南京大学出版社

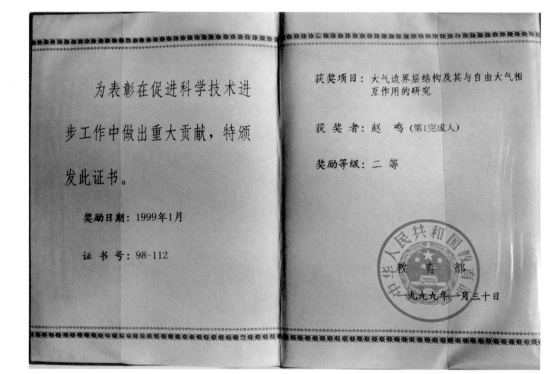

为表彰在促进科学技术进步工作中做出重大贡献，特颁发此证书。

奖励日期：1999年1月

证书号：98-112

获奖项目：大气边界层结构及其与自由大气相互作用的研究

获奖者：赵　鸣（第1完成人）

奖励等级：二　等

中华人民共和国教育部

一九九九年一月三十日

获奖证书之一

在全国大气边界层观测试验与理论研究战略研讨会上做学术报告

参加南京大学代表团访问台湾大学的交流会议

与两位导师 Panofsky 教授和 Blackadar 教授在一起

与老伴王桂茹女士在巴黎凯旋门

自　序

　　首先感谢南京大学大气科学学院党委潘益农书记和院长丁爱军教授的关心和支持,使得本文选得以出版,它收集了我在大气学院的若干科研工作。

　　大气边界层是地球大气最下层与下垫面相邻的层次,其中发生的物理过程与人类密切相关。污染源排放的污染物通过边界层的湍流扩散输送到其他地方而影响人类,为了做好环境保护工作,必须对大气边界层的结构和变化规律进行研究,这成了推动大气边界层研究的动力之一。天气和气候的变化直接影响人类的生活,对天气和气候变化的预测已成为人们经常关注的话题,现代天气和气候变化的预测主要是运用基于大气运动规律的数值模式,在计算机上做出预报。而要建立精确的模式,也必须理清大气边界层中的物理和动力过程。大气中的水汽是从下垫面的水分蒸发来的,要通过边界层中的湍流过程输送到上层,下垫面和大气层间的热量交换是大气重要的热源与汇,而这也主要通过边界层的湍流输送进行,大气运动的动能也由于边界层的存在而耗散,所以数值模式所基于的大气方程组中必须对边界层中的物理和动力过程以及边界层和下垫面间的交换过程进行定量的计算(参数化),这也成了大气边界层研究的另一动力。本文集对上述这些问题均有涉猎。

　　从1956年开始,我在南京大学大气科学学院(前身是气象系)学习和工作了近50年。经历了学院历史上所有的四个专业方向,即高层大气物理、大气物理、气象、气候。这在大气学院的老师中我是唯一的一个。刚进大学时,是气象专业,学完了除数值预报以外的所有课程,到五年级时,转到了新建的高层大气物理专业,转过去的老师和学生都是从零开始去熟悉这个学科,五年级时,我还是学生,但我和其他老师一道,在课堂上讲分配给我学习的那部分内容。所以实际上我的教师生涯从五年级就开始了。专业存在的四年间,我主要是学习和熟悉空间物理的部分,在1963年为该专业本科生开出相应的课程,并开展了初步的科学研究,例如用当时收集的地磁资料做了地磁场变化的初步分析。该学科和其他三个专业不同,学科的内容是以电磁学为基础,而其他的专业则是以力学和热力学为基础,为此我还自己补学了电磁学和近代物理的若干内容。专业取消后,我转到大气物理专业,先是熟悉专业内容并做流体力学的教学辅助工作,一年后,去农村参加社教运动,几个月后"文革"就开始了。"文革"后期,教学和科研逐步恢复,我和湍流组的老师们一起从事大气环境方面的工作,主要对一些城市和工厂做污染气象的监测,评价和预防建议等工作,这些工作最后以总结报告的形式提交给相关部门。与此同时,我还进行了教学工作,为当时的本科生开设了污染气象和边界层气象方面的课程,并编写了讲义。

改革开放后,我有幸获得公费出国进修的机会,1981年,去美国宾夕法尼亚州立大学做访问学者,该校气象系在当时以大气边界层见长,也是当时最先进的中尺度模式的研发基地之一,我师从专长大气湍流的 H. A. Panofsky 教授和专长大气边界层模式的 A. K. Blackadar 教授,在两年的学习和研究中,我接触了当时学科的前沿领域,拓宽了视野,也提升了研究能力。回国后我继续参加大气环境方面的实践工作,并结合教学和大气环境方面的实践对感兴趣的边界层结构进行了系列研究工作,同时为各专业研究生开设了大气边界层动力学的课程,并指导研究生。当时边界层气象学在全国来讲还算是新课,为此我还在南京气象学院(现南京信息工程大学)兼任边界层气象学课三年。二十世纪七八十年代,由于计算机的普遍运用,国际上大气边界层研究的一个重要方向是边界层的数值模拟,在我国当时是空白,我在当时还很简陋的计算条件下开始了这方面的研究,后来由于国家科研攻关项目的需要,在此基础上我和其他老师一道为业务部门进行了边界层数值预报的研究工作,成果也通过了鉴定。同时我也进入了中尺度灾害性天气教育部重点实验室工作。此间,我也进行了我感兴趣的边界层动力学方面的研究工作。二十世纪九十年代中期,我应我院院友曾旭斌之邀,赴美国亚利桑那大学从事短期研究,方向是海面和大气边界层间的相互作用。九十年代后期,我参加了国家重点基础和攻关项目即关于我国未来生存环境变化也就是气候变化的研究,主要是运用和改进气候模式(如其中的陆面过程、边界层过程和边界层与下垫面间的相互作用),这方面的工作主要由我指导学生完成,未收入到本文集中(见书末"论著目录"),收入的只有我的少量的工作。我在大气边界层和其数值预报方面的工作与其他老师一起曾获得过省部级科技进步二等奖5次。

本文集中大部分文章是我单独署名,小部分是我和我的同事或学生联合署名,是我和他们的共同成果。

感谢南京大学大气科学学院办公室王欢主任为文集出版所作的大量组织联系工作,也感谢南京大学出版社王南雁编辑为本文集付出的辛勤劳动。

目　　录

1 大气边界层物理学

  这部分主要研究大气边界层的内部结构。大气边界层风,温场的垂直分布是边界层研究的核心问题之一,它与大气环境问题,风能利用等问题密切相关,多年来,高度几十米以下的近地层风温场的廓线研究已趋于成熟,而其上几百米范围内的所谓塔层(即气象观测塔高度)内还无成熟的研究成果。我们从边界层动力学出发,对经验性的廓线公式进行理论化,使之尽量符合动力学的规律,所得公式不仅理论上合理,而且与观测资料比较更符合实际,因此是对廓线理论的一个发展[1.1,1.2]。边界层内的逆温层是温度分布的一种重要形式,能引起严重污染,因此其高度的预报非常实用,我们根据地面温度的变化和地转风速提出一个预报逆温层高度的数值方法[1.3],与实测资料比,达到了一定的精度。

  大气边界层的内参数(如摩擦速度)是对廓线和地气交换很重要的量,通常其数值是由大气定常时的理论得到的,实际大气是非定常的,必然会对其数值产生影响,我们从求解边界层运动方程出发研究外部条件变化时对内参数的影响,补充了对边界层参数化的认识[1.4,1.7]。边界层阻力定律是边界层内外参数间关系的规律,已建立的规律是在定常均匀条件下得到的,我们把它推广到非定常均匀条件下,可运用于边界层的参数化[1.5]。

  上面说过,近地层的廓线规律已经比较成熟,但都是基于平坦地形上的观测与理论,在复杂地形上廓线规律将随风向而异,我们的研究说明只有低层风廓线适应局地地形,而较高高度廓线则反映了上风方向的地形状况,对不同的风向区分上下层的高度是不同的[1.6]。

1.1 论塔层风、温廓线[①]

提　要: 本文改进了 Zilitinkevich 的工作,得到在塔层内动力学上合理的风廓线,并近似推求了不稳定层结下边界层高度的表达式,使风、温廓线能用于不同层结。由近地层理论从近地层风、温求出通量后,可推求塔层风、温分布。325 m 气象塔资料证明这一廓线达到一定的精度。

1　引言

近地层以上,二三百米以下的"塔层"内风和温度廓线的研究对污染、建筑、航空、小气候等有重要的应用意义,但多年来进展不大。Panofsky[1] 总结了 1973 年以前的工作,其后进展也缓慢。Hakimov[2] 提出了中性时对数加多项式的风廓线模式,但也未经过实际资料的验证。80年代我国也进行了一些研究[3-5],虽然考虑了层结的影响,但其理论方法是基于风向不随高度变化的运动方程,有其局限性,至于塔层温度廓线的研究则少。Zilitinkevich[6,7] 设边界层内风、温廓线为对数加二项式的形式,并用有关理论求出其中常数,得到中性及稳定层结时的廓线,但未用实测资料说明其精确度,也未指出如何求公式中未知内参数,他只是将其与近地层的廓线相比较而求出相似性函数 $A(\mu)$,$B(\mu)$ 等,故公式的实用价值如何并不清楚。其公式中含边界层高度 h,由于现今还缺乏由边界层参数求不稳定时 h 的诊断公式,故他的工作没有包括不稳定层结在内。

对他的风廓线来说,既然用于边界层(包括塔层),理应满足边界层运动方程,但由于廓线形式是假定的,并非由运动方程推出,故其是否满足运动方程还不得而知。我们运用铁塔资料,发现这一风廓线形式并不满足边界层运动方程,因而理论上有缺陷。

本文目的是改进 Zilitinkevich 风廓线公式,使之尽量满足边界层运动方程;并提出一个不稳定层结时 h 的诊断公式,使廓线能推广到不稳定;进而研究廓线公式实际应用的可能性,先用易测的近地层两个高度上的风和温度求近地层通量,这在现代已有较成熟的方法,再求出公式中的参数及 h 值,然后即可由廓线公式求塔层任一高度上的风和温度。运用大气物理所铁塔资料进行验证,得出其误差大小。我们的工作证明了即使用改进的风廓线公式,也只能用于塔层而不能用于整个边界层,但塔层内廓线的应用达到一定的精度,为塔层风、温廓线的计算提供一个可行的方案。

2　Zilitinkevich 风廓线的缺陷和不稳定时边界层高度的推求

Zilitinkevich[6,7] 提出下述边界层风、温廓线:

---

①　原刊于《大气科学》,1993 年 1 月,17(1),65—76,作者:赵鸣。

$$u = \frac{u_*}{k}\left[\ln\frac{z}{z_0} + b\frac{z}{h} + b^*\left(\frac{z}{h}\right)^2\right] \tag{1}$$

$$v = -\frac{u_*}{k}\left[a\frac{z}{h} + a^*\left(\frac{z}{h}\right)^2\right] \tag{2}$$

$$\theta - \theta_0 = \frac{T_*}{k_T}\left[\ln\frac{z}{z_{0T}} + c\frac{z}{h} + c^*\left(\frac{z}{h}\right)^2\right] \tag{3}$$

式中 u_* 为摩擦速度, z_0 为粗糙度, T_* 为摩擦温度, x 轴取为沿近地层风向, θ_0 为 z_0 处位温, 我们取 $z_{0T}=z_0$, k 为卡门常数。为与一般近地层理论匹配, 我们取 $k_T = k = 0.4$, h 的诊断公式按边界层理论可写为

$$h = \Lambda(\mu)\frac{u_*}{f} \tag{4}$$

式中 f 为地转参数, $\Lambda(\mu)$ 是稳定度参数 $\mu = ku_*/L$ 的函数, L 为 M-O 长度。稳定时 Zilitinkevich 取

$$\Lambda(\mu) = \left(\frac{1}{\Lambda_0} + \frac{\mu^{1/2}}{kC_h}\right)^{-1} \tag{5}$$

Λ_0 为中性时 Λ 的值, Λ_0 取 0.25 或 0.3, 本文取 0.25。C_h 为取值 1 左右的常数, 本文发现取 $C_h = 1$ 结果最好。由阻力定律及边界层运动方程的积分关系式以及 h 处 $d\theta/dz = 0$, 他求出(1)—(3)式中各参数 $a, b, c\cdots$ 与 μ 的关系, 其中含 $\Lambda(\mu)$ 及边界层相似理论中的相似性函数 $A(\mu)$, $B(\mu), C(\mu)$。设内参数 u_* 及 L 已知, 则 μ 可求, 即可得 $\Lambda(\mu)$ 及各参数 $a, b, c\cdots$, 从而由(1)—(3)式得廓线。我们先讨论风廓线的(1), (2)式, 其中函数形式是假定的, 虽然各参数由运动方程积分后的表达式求出, 但并不能证明(1), (2)式满足边界层运动方程:

$$\frac{d}{dz}K\frac{du}{dz} + f(v - v_g) = 0 \tag{6a}$$

$$\frac{d}{dz}K\frac{dv}{dz} - f(u - u_g) = 0 \tag{6b}$$

其中 K 为湍流交换系数, u_g, v_g 为地转风分量。由(6)式可见, u, v 不是独立的, 它们由(6a), (6b)所制约, 我们可以想象, 若(1), (2)式在动力学上是合理的, 则在同一个 K 时, (1), (2)应满足(6a)和(6b), 换句话说, 把(1), (2)式代入(6a)和(6b), 则由(6a)和(6b)解出的 K 应很接近, 否则(1), (2)式并不满足运动方程(6a), (6b), 因而不尽合理。

(6)式可写成

$$\frac{dK}{dz}\frac{du}{dz} + K\frac{d^2u}{dz^2} + f(v - v_g) = 0 \tag{7a}$$

$$\frac{dK}{dz}\frac{dv}{dz} + K\frac{d^2v}{dz^2} - f(u - u_g) = 0 \tag{7b}$$

将其视为 K 的方程, 把(1), (2)式代入, 得

$$\frac{dK}{dz}(\alpha z^3 + \beta z^2 + \gamma z) + K(\varepsilon z^2 + \delta) + f(\eta z^4 + \zeta z^3 - v_g z^2) = 0 \tag{8a}$$

$$\frac{\mathrm{d}K}{\mathrm{d}z}(\rho z + \xi) + K\varphi - f\left(\lambda z^2 + \omega z + \psi \ln\frac{z}{z_0} - u_g\right) = 0 \tag{8b}$$

其中

$$\left. \begin{array}{l} \alpha = \dfrac{2b^* u_*}{k^2 h}, \beta = \dfrac{bu_*}{kh}, \gamma = \dfrac{u_*}{k}, \delta = -\gamma, \varepsilon = \alpha, \zeta = -\dfrac{u_*}{k}\dfrac{a}{h}, \\[3mm] \eta = -\dfrac{u_*}{k}\dfrac{a^*}{h^2}, \xi = \zeta, \rho = 2\eta, \varphi = \rho, \psi = \gamma, \omega = \beta, \lambda = \dfrac{\alpha}{2} \end{array} \right\} \tag{9}$$

设(8a)中的 K 为 K_1，(8b)中的 K 为 K_2，不难求出其解

$$K_1 = \frac{z}{\alpha z^2 + \beta z + \gamma}\left[-f\left(\frac{1}{3}\eta z^3 + \frac{1}{2}\zeta z^2 - v_g z\right) + C_1\right] \tag{10}$$

$$K_2 = \frac{1}{\rho z + \xi}\left\{f\left[\frac{\lambda}{3}z^3 + \frac{1}{2}\omega z^2 + \psi \ln\frac{z}{z_0} - z(\psi + u_g)\right] + C_2\right\} \tag{11}$$

C_1, C_2 为积分常数，由边值确定。设边值取 $z = 1\,\mathrm{m}$ 处，则

$$K = \frac{ku_* z}{\varphi_m\left(\dfrac{z}{L}\right)} = \frac{ku_*}{\varphi_m\left(\dfrac{1}{L}\right)} \tag{12}$$

(12)式是近地层中的 K 公式，无量纲风切变 φ_m 设取常用的 Businger-Dyer 形式：

$$\left. \begin{array}{l} \varphi_m = \left(1 - 16\dfrac{z}{L}\right)^{-1/4}, z/L < 0 \\[3mm] \varphi_m = 1 + 5\dfrac{z}{L}, z/L > 0 \end{array} \right\} \tag{13}$$

由此定得(10)，(11)式中的常数为

$$C_1 = \frac{ku_*}{\varphi_m\left(\dfrac{1}{L}\right)}(\alpha + \beta + \gamma) + f\left(\frac{1}{3}\eta + \frac{1}{2}\zeta - v_g\right) \tag{14}$$

$$C_2 = \frac{ku_*}{\varphi_m\left(\dfrac{1}{L}\right)}(\rho + \xi) - f\left[\frac{\lambda}{3} + \frac{1}{2}\omega + \psi \ln\frac{1}{z_0} - (\psi + u_g)\right] \tag{15}$$

因而在已知 u_*, L, h, u_g, v_g 后，即可得 K_1, K_2 的高度分布，而同时由(1)，(2)式确定了风廓线。因而(1)，(2)式是与(10)，(11)式相对应的。第四节将讨论用近地层风和温度求 u_* 和 L，因而可得各参数及中性及稳定时的 h [见(4)，(5)式]。下面将探讨由 Ekman 理论来推求不稳定时的 h 公式，以使廓线应用于不稳定。

按 Laihtman[9]，可求得由 $K = $ 常数的 Ekman 风廓线

$$K_n k^2 = \left(\frac{u_*}{G}\right)^2 \tag{16}$$

$K_n = K/(k^2 u_*^2 / f)$ 为无量纲常值 K，G 为地转风速，于是有

$$K = \frac{u_*^4}{G^2 f} \tag{17}$$

经典 Ekman 理论中风向达地转风的高度 h_d 在运用(17)式后可求出为

$$h_d = \frac{\pi}{\sqrt{f/(2K)}} = \frac{\sqrt{2}\,\pi u_*^2}{fG} \tag{18}$$

对于不稳定边界层高度 h_T,即热力边界层高度,根据 Orlenko[10] 对大量观测资料的分析,大致有 $h_T/h_d = 1.2$ 的关系,于是从(18)式得不稳定时

$$h = h_T = \frac{1.2\sqrt{2}\,\pi u_*^2}{fG} = \frac{5.3 u_*^2}{fG} \tag{19}$$

以(19)式求不稳定边界层的 h,它不是一个严格的公式,因它是基于 $K=$ 常数的 Ekman 理论,但它计算出的 h 大小是合理的。我们用大气物理所的气象塔资料计算结果,(19)式得到的大多达一千多米,少则六七百米,平均 1 000 米左右,这符合对不稳定边界层高度的估计。将(19)式写成

$$h = \mathrm{const} \times \frac{u_*}{f} \frac{u_*}{G} \tag{20}$$

对照(4)式,则我们可得

$$\Lambda(\mu) = \mathrm{const} \times \frac{u_*}{G} \tag{21}$$

按现代边界层理论,u_*/G 是 $\mathrm{Ro}=G/fz_0$ 和 μ 的函数,因而(4)式中的 $\Lambda(\mu)$ 即由 u_*/G 作为 μ 的函数来表达了。由(19)式求 h 需知 G,实际工作中可由天气图来求,但不易精确。当我们运用廓线公式将 u_*,L 视为已知时,或由近地层风,温资料求出 u_*,L 时,G 可由阻力定律直接求出,更方便也更好。由阻力定律[8]

$$\ln \frac{u_*}{fz_0} - B(\mu) = \sqrt{\frac{k^2}{\left(\dfrac{u_*}{G}\right)^2} - A^2(\mu)}$$

可得

$$G = \frac{u_*}{k} \sqrt{\left[\ln \frac{u_*}{fz_0} - B(\mu)\right]^2 + A^2} \tag{22}$$

同时,由阻力定律的另一公式

$$\sin \alpha_0 = \frac{u_*}{kG} A(\mu) \tag{23}$$

可求地面风与地转风的夹角 α_0,于是 u_g,v_g 即可求得。

　　利用中国科学院大气物理研究所气象塔资料,根据近地层理论由近地层风、温求出 u_*,L 后,由上述各式求出 h,G,u_g,v_g,并且得到 Zilitinkevich 廓线[6,7]中各参数 a,b……(对于

A,B,C 则用已知函数式,见后),于是由(9)—(15)式得 K_1,K_2 的高度分布。我们试验了包括稳定和不稳定在内的120组资料,绝大部分 K_1 和 K_2 相差都很大,例如图1和图2分别是 $1991-02-28-20:07$(稳定)和 $1991-02-27-09:46$(不稳定)时20分钟平均资料求出的与廓线(1),(2)相应的 K_1 和 K_2,可见即使在塔层范围内两个 K 相差也很大,而塔层以上甚至出现极不合理的大值或负值,这说明(1),(2)式并不满足边界层运动方程,因此动力学上(1),(2)式并不合理,有改进之必要。

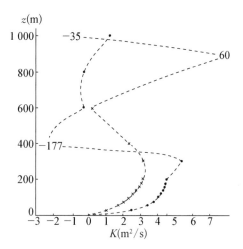
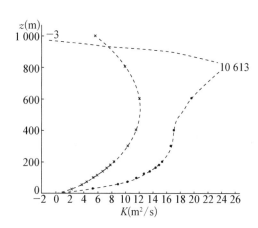

图1　$1991-02-28-20:07$　K_1 和 K_2 廓线　　　　图2　$1991-02-27-09:46$
　　　　　　·为 K_1　　×为 K_2　　　　　　　　　　　　　K_1 和 K_2 廓线,图例同图1

3　对 Zilitinkevich 风廓线的改进

由以上分析可见,要人为选择廓线函数形式以使 $K_1=K_2$ 在全边界层内都实现是困难的,我们将在塔层范围内尝试做到这一点。在塔层内 u 和 v 均是单调随高度增加而增加的,我们把廓线写成

$$v=-\frac{u_*}{k}\Big[m\ln\frac{z}{z_0}+a\,\frac{z}{h}+a^*\Big(\frac{z}{h}\Big)^2\Big] \tag{24}$$

以取代(2)式,u 仍用(1)式。m 为远小于1的参数,由于这一变动,(24)式中的 a 和 a^* 将不同于 Zilitinkevich[6,7] 的表示式,我们发现,(24)式的 v 与(1)式的 u 一起能使塔层内 K_1 很接近 K_2。我们试验的120组廓线都说明此时 K_1 和 K_2 接近程度远优于与廓线(1),(2)相应的(10),(11)式,但只限于塔层,塔层以上仍得不到 K_1,K_2 的一致。这说明了塔层内是基本上能满足运动方程的。

现在来求 a,a^*,由 Rossby 数相似理论:

$$\frac{v(z_2)}{u_*}-\frac{v(z_1)}{u_*}=F_v\Big(\frac{z_2}{h},\mu\Big)-F_v\Big(\frac{z_1}{h},\mu\Big) \tag{25}$$

F_v 为普适函数，z_2，z_1 为任意两高度，取 $z_2=h$，则对北半球，(25)式成

$$-G\sin\alpha_0-v(z)=-\frac{u_*}{k}\varphi_v\left(\frac{z}{h},\mu\right) \tag{26}$$

φ_v 为另一函数，于是

$$v(z)=-G\sin\alpha_0+\frac{u_*}{k}\varphi_v \tag{27}$$

显然(27)式满足条件

$$\varphi_v=0 \text{ 当 } z=h \tag{28}$$

用(23)式，则(27)式成

$$v(z)=-\frac{u_*}{k}A(\mu)+\frac{u_*}{k}\varphi_v \tag{29}$$

代入(24)式，得

$$-\frac{u_*}{k}A(\mu)+\frac{u_*}{k}\varphi_v=-\frac{u_*}{k}\left[m\ln\frac{z}{z_0}+a\,\frac{z}{h}+a^*\left(\frac{z}{h}\right)^2\right]$$

用条件(28)即得

$$a+a^*=A(\mu)-m\ln\frac{h}{z_0} \tag{30}$$

将方程(6a)在 $0\to h$ 间对 z 积分，考虑到 $z=0$ 时有 $K\,\mathrm{d}u/\mathrm{d}z=u_*^2$，$z=h$ 时 $K\,\mathrm{d}u/\mathrm{d}z=0$，就有

$$-\int_0^h v\mathrm{d}z=hG\sin\alpha-\frac{u_*^2}{f} \tag{31}$$

将(24)式代入(31)式，并用(4)，(23)式得

$$\frac{a}{2}+\frac{a^*}{3}=A(\mu)-\frac{k}{\Lambda(\mu)}-m\ln\frac{h}{z_0}+m \tag{32}$$

$\Lambda(\mu)$ 可见(5)，(21)式。由(32)，(30)式可求出 a 和 a^*：

$$a^*=-3A(\mu)+3m\ln\frac{h}{z_0}-6m+\frac{k}{\Lambda(\mu)} \tag{33}$$

$$a=-a^*+A(\mu)-m\ln\frac{h}{z_0} \tag{34}$$

因 u 及 θ 廓线仍用(1)，(3)式，故 b，b^*，c，c^* 仍用文献[6,7]的结果，即

$$\left.\begin{array}{l}b=6-4\ln\Lambda(\mu)-4B(\mu),\ b^*=-\dfrac{3}{2}-\dfrac{3}{4}b\\[2mm]c=1-2C(\mu)-2\ln\Lambda(\mu),\ c^*=-\dfrac{1}{2}c-\dfrac{1}{2}\end{array}\right\} \tag{35}$$

将廓线(1),(24)代入(7a),(7b)得 K_1,K_2 方程:

$$\frac{\mathrm{d}K_1}{\mathrm{d}z}(\alpha z^3+\beta z^2+\gamma z)+K_1(\varepsilon z^2+\delta)+f\left(\eta z^4+\zeta z^3-v_g z^2+\sigma z^2\ln\frac{z}{z_0}\right)=0 \quad (36)$$

$$\frac{\mathrm{d}K_2}{\mathrm{d}z}(\rho z^3+\xi z^2+\tau z)+K_2(\varphi z^2+\chi)-f\left(\lambda z^4+\omega z^3-u_g z^2+\psi z^2\ln\frac{z}{z_0}\right)=0 \quad (37)$$

其中 $\alpha,\beta,\gamma,\delta,\varepsilon,\zeta,\eta,\xi,\rho,\varphi,\omega,\lambda$ 均与(9)式同,而

$$\sigma=-m\frac{u_*}{k},\tau=\sigma,\chi=-\tau \quad (38)$$

在条件为 $z=1\,\mathrm{m}$ 处 K 用(12)式时,(36),(37)式之解为

$$K_1=\frac{z}{\alpha z^2+\beta z+\gamma}\left\{-f\left[\frac{1}{3}\eta z^3+\frac{1}{2}\zeta z^2-v_g z+\sigma\left(z\ln\frac{z}{z_0}-z\right)\right]+C_1\right\} \quad (39)$$

$$K_2=\frac{z}{\rho z^2+\xi z+\tau}\left\{f\left[\frac{\lambda}{3}z^3+\frac{1}{2}\omega z^2-u_g z+\psi\left(z\ln\frac{z}{z_0}-z\right)\right]+C_2\right\} \quad (40)$$

$$C_1=\frac{ku_*}{\varphi_m\left(\frac{1}{L}\right)}(\alpha+\beta+\gamma)+f\left[\frac{1}{3}\eta+\frac{1}{2}\zeta-v_g+\sigma\left(\ln\frac{1}{z_0}-1\right)\right] \quad (41)$$

$$C_2=\frac{ku_*}{\varphi_m\left(\frac{1}{L}\right)}(\rho+\xi+\tau)-f\left[\frac{\lambda}{3}+\frac{1}{2}\omega-u_g+\psi\ln\left(\frac{1}{z_0}-1\right)\right] \quad (42)$$

图3,4是图1,2个例中的廓线在用廓线公式(1),(24)后得到的 K_1,K_2 分布,已取 $m=0.1$。可见在塔层中 K_1 和 K_2 已相当接近,说明此廓线在塔层中已在相当程度上满足运动方程。但塔层以上 K 仍然具有不实际的分布,即塔层以上仍不满足运动方程。既然廓线(1),(24)在塔层内有动力学意义,我们将用以作为塔层风廓线。计算表明,当 $m=0.1$ 结果最好,这是120组廓线的结论。

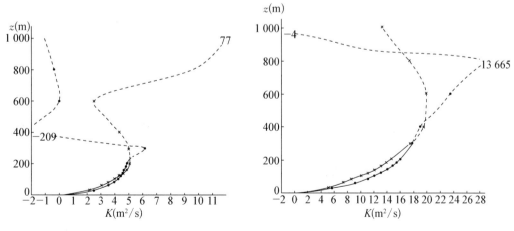

图3 图1个例用(39)—(42)式算出的 K_1 和 K_2 分布,图例同图1,实线表示 K_1 和 K_2 相近的部分

图4 图2个例用(39)—(42)式算出的 K_1 和 K_2 分布,说明同图3

在由近地层风、温资料求出 u_*、L 后，即可得廓线公式中各参数，我们用(1)，(24)式求出 $V=\sqrt{u^2+v^2}$ 廓线，用(3)式求位温廓线，(3)式中 θ_0 为 z_0 处的 θ，我们用近地层 θ 廓线公式由近地层 θ 观测值外推求出。

4　资料处理

近地层廓线理论可以根据两个高度上的风、温资料求出内参数 u_* 和 L。近地层廓线现在用得较多得有 Businger-Dyer 形式，据此 Arya[11] 提出的由近地层两高度风、温求内参数的方法得到广泛应用，因 B-D 公式现在公认反映近地层廓线较好，因而 Arya 方法是一种较精确的方法。以前的一些塔层工作[3-5]用了此法获得了较好的结果，我们将沿用，此处不赘述。由 u_* 和 L 可求 μ，由此得 h 及各廓线参数，$A(\mu)$，$B(\mu)$，$C(\mu)$ 则用 Arya[12] 的结果。z_0 按文献[5]对大气物理所铁塔资料的分析取 $0.48\,\text{m}$。G，u_g，v_g 求法前节已述。K 公式中各有关量也由此而求出。在用 Arya 法时，Ri 必须小于 0.2，因此对于我们碰到的少数 Ri>0.2 的廓线，不作计算(不在上述 120 组内)。所用的大气物理所铁塔资料时间是 1990 年 12 月 10 日上午至 11 日下午；1991 年 3 月 5—6 日，1991 年 2 月 26 日—3 月 1 日。对其中天气变化剧烈如风向、风速、温度急剧变化的时段予以剔除，因其不满足相似理论所需的水平均匀及正压的条件。资料为 20 分钟平均。各层风速小于 2 m/s 的不用，因此时测量误差大，湍流也弱，理论不易成立，塔层内层结上下不一致的也不用，因迄今尚未有上下层结不同时的廓线理论。另外特别反常的资料如风向随高度反时针转向的，可能是某些小尺度不均匀系统或大的斜压性造成，我们也舍弃，所用资料在 200 米以上有明显仪器故障，我们只用到 200 米为止。对 3 月 5—6 日，取如下 9 个高度：

$$15,47,63,80,120,140,160,180,200\ \text{m}；$$

因该日 32 m 处风速恒为零，明显故障。其余日取如下 9 个高度：

$$32,63,80,102,120,140,160,180,200\ \text{m}。$$

太近地面的层次因建筑物等干扰也不用，二层近地层风、温资料对 3 月 5—6 日取 15 和 47 m，其余取 32，63 m。

由(33)—(35)式可见，b，b^*，c，c^* 仅是 μ 的函数，而 a，a^* 除 μ 外，还与 h 有关，h 也是 μ 的函数，但还与 u_* 等有关，故 a，a^* 的变化比较复杂些。表 1 给出了不同 μ 的个例所求出的 a，a^*，b，b^*，c，c^* 值，其随 μ 的变化是有一般意义的。由表可见，b，c 随 μ 增而增，b^*，c^* 则反之，a 和 a^* 随 μ 变化，在 $\mu>0$ 时，a 随 μ 增而减，a^* 反之；而 $\mu<0$ 时，一切相反。

表 1　不同 μ 时的塔层廓线参数

a	a^*	b	b^*	c	c^*	μ	时　间
-3.61	9.76	16.6	-14.0	19.3	-10.2	10.2	$02-28-00:27$
-2.65	7.96	14.0	-12.0	15.9	-8.5	6.2	$12-10-08:56$

a	a^*	b	b^*	c	c^*	μ	时　间
-0.93	5.97	12.5	-10.9	14.2	-7.6	4.1	$02-27-05:46$
2.81	1.78	10.1	-9.1	11.5	-6.3	1.2	$02-27-06:26$
6.07	-1.62	8.6	-7.9	10.3	-5.6	0.2	$02-28-20:07$
5.99	-1.92	7.2	-6.9	8.6	-4.8	-1.9	$02-27-10:06$
5.14	-1.35	6.3	-6.2	7.2	-4.1	-3.9	$02-27-10:46$
3.16	-0.14	3.7	-4.3	3.1	-2.1	-10.0	$02-27-10:26$
1.97	0.48	1.5	-2.6	-0.3	-0.3	-15.3	$02-27-15:07$
-0.96	2.38	-1.7	-0.2	-6.1	2.5	-25	$02-28-10:07$

5　误差及其分析

120 组资料中不稳定层结 55 组,稳定层结 65 组。用下式分别表示风,温廓线各层的误差,i 表层次,j 表不同组资料,下标 m 表观测,c 表计算。

$$EV_{ij} = |V_{mij} - V_{cij}|/V_{mij}, ET_{ij} = |\theta_{mij} - \theta_{cij}| \qquad (43)$$

用下式表示第 j 组资料各层平均误差:

$$EV_j = \frac{1}{n}\sum_{i=1}^{n}EV_{ij}, ET_j = \frac{1}{n}\sum_{i=1}^{n}ET_{ij} \qquad (44)$$

总平均误差是:

$$EV = \frac{1}{N}\sum_{j=1}^{N}EV_j, ET = \frac{1}{N}\sum_{j=1}^{N}ET_j \qquad (45)$$

n 为总层数,N 为稳定及不稳定各自的资料数,第 i 层平均误差是:

$$EV_i = \frac{1}{N}\sum_{j=1}^{N}EV_{ij}, ET_i = \frac{1}{N}\sum_{j=1}^{N}ET_{ij} \qquad (46)$$

作为个例,图 5 和图 6 是不稳定及稳定时廓线的计算及实测结果。图中并画出了每层风速用最上层风速相除以后的相对风速廓线,风廓线特点是同一高度上不稳定时相对风速比稳定时大,这是不稳定时湍流交换强造成。另一特点是风随高度增加速度随高度增加而减小,除了对数项的原因外,(1)式中一般 $b>0$,$b^*<0$,而随 z 增加,b^* 项作用越来越大亦是原因。

稳定及不稳定情况下总平均误差见表 2,温度误差 0.4 ℃是可以接受的量,风误差稳定时较小,不稳定时大些,但还有一定的实用价值。因检验的资料还不够多,稳定度范围不够广,更多的资料检验可能会改变这一结果,但作为一种抽样检验还是反映了某些事实。

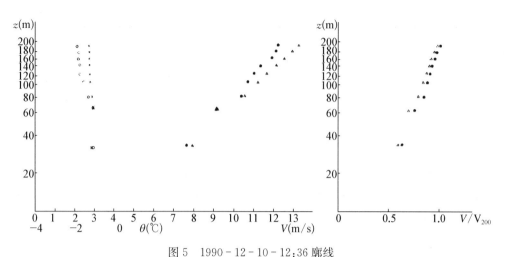

图 5　1990 - 12 - 10 - 12:36 廓线

• 为实测风,△ 为计算风,。为实测位温,× 为计算位温

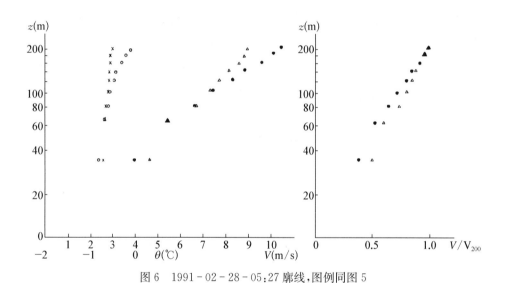

图 6　1991 - 02 - 28 - 05:27 廓线,图例同图 5

表 2　总平均误差

EV(稳定)	ET(稳定,单位:℃)	EV(不稳定)	ET(不稳定,单位:℃)
0.095	0.305	0.152	0.400

　　仔细分析,发现 3 月 5—6 日不论稳定、不稳定误差均大,不稳定时是因该日各层风均小于 3 或 4 m/s,风小则测量精度受影响,且计算误差公式也易使误差大。稳定时则可能有其他原因(见下),温度误差也是该日误差大,若除去该日,则表 2 中误差要降低。

　　再分析其他日,不稳定时若 $|\mu|$ 大,则一般误差大,而这些大 $|\mu|$ 情况大部分是小风情况。不稳定时风平均误差大于 0.2 的全是各层风速都小于 4.2 m/s 的。若资料中除去各层风速均小于 4.2 m/s 的资料,则 $EV = 0.080\,7$,$ET = 0.208$ ℃,比表 2 小得多。当然也有风大而误差大的例子,需进一步找原因。稳定时 $\mu < 5$ 的误差普遍小,几次大误差的均是 μ 较

大的。因资料中稳定时风均不小,因此不好做风速影响的分析,3月5—6日几次稳定的例子 $\mu < 5$,风也不小,但误差大,可能原因是这几次例子发生于3月6日早晨,而在3月6日2—3时有冷锋过境,这几个例子恰在冷锋过后几小时内。对于上面没有专门分析的那些资料,虽然天气变化不太剧烈,但大气或多或少存在着的斜压性及非定常性也是造成误差原因之一。

再看误差的高度分布,不计3月5至6日(因取的高度与其余的不同),则稳定及不稳定时各层(不计近地层)的 EV_i 和 ET_i 如表3,稳定时用了61组资料,不稳时44组。

表3　误差的高度分布

高度(m)	82	102	120	140	160	180	200
稳定时 EV_i	0.037	0.047	0.066	0.090	0.120	0.127	0.124
稳定时 ET_i(℃)	0.150	0.192	0.262	0.26	0.333	0.388	0.522
不稳定时 EV_i	0.106	0.143	0.145	0.155	0.155	0.164	0.176
不稳定时 ET_i(℃)	0.417	0.403	0.453	0.426	0.513	0.475	0.460

由表3可见,不论稳定、不稳定,风误差均是随高度增而增,位温则稳定时误差单调随高度增而增,不稳定时基本趋势亦如此,只是略有起伏,说明高度愈高误差愈大,这在物理上完全是合理的。

如果不用本文公式,而用中性时塔层风廓线公式[1]

$$V = \frac{u_*}{k}\ln\frac{z}{z_0} + 144fz$$

则稳定时65组资料风误差达0.112,不稳定时(55组资料)达0.339,对照表2,本文结果较优,特别在不稳定时。

6　结论

本文改进了Zilitinkevich塔层风廓线公式,并推广到不稳定层结,使塔层内的风廓线能与运动方程相匹配。然后运用近地层理论中应用两高度风、温观测求内参数的方法,求出廓线公式中各参数,再用廓线公式计算塔层各高度风、温,并与实测资料相比,说明公式达到一定的精度,提供一种由近地层风、温推求塔层风、温的可行方法。验证说明,在风速小及不稳定或稳定度大时,误差较大。误差原因可能是实际情况不满足相似理论要求的正压,水平均匀,定常等条件,所用的 A,B,C 相似函数不一定精确等,此外,廓线中内参数是由Arya方法推得,此法的误差也将影响到塔层计算中的误差。一些 $|\mu|$ 并不大而误差大的原因尚待进一步探讨。本文所用资料总数不够多,强不稳及强稳定的均较少,所以代表性还不足够高,有待进一步用更多的资料验证并用于实际,但对于稳定或不稳定不是很强的情况,本文结果反映了一定的事实。

对文中常数 C_h,我们曾对1990年12月10日资料用 $C_h=1,0.85,0.6$ 做过,发现 $C_h=1$ 最好,故我们即选用此值。

本文是国家自然科学基金资助项目,也是中国科学院大气物理研究所大气边界层物理与大气化学国家重点实验室研究项目之一。作者对洪钟祥研究员的大力支持和大气物理研究所气象塔工作同志在提供资料上的协作表示感谢。苗曼倩同志初步整理了原始资料,亦一并致谢。

参考文献

[1] Panofsky, H. A., 1973, Tower Micrometeorology, in Workshop on Micrometeorology(ed by D. A. Haugen), Amer. Meteor. Soc., 151 - 176.

[2] Hakimov, I. R., 1976, On wind profile and the depth of neutral stratified boundary layer, Papers on physics of atmosphere and ocean, 12, 1020 - 1023.(in Russian)

[3] 曾旭斌,赵鸣,苗曼倩,1987,稳定层结 140 米以下风廓线研究,大气科学,11, 153 - 159.

[4] 苗曼倩,赵鸣,工彦昌,朱平,1987,近地层湍流通量计算及几种塔层风廓线模式研究,大气科学,11,420 - 429.

[5] 卜新棣,赵鸣,王彦昌,1989,塔层风廓线与湍流通量关系的理论与实验研究(一),大气科学,13,214 - 221.

[6] Zilitinkevich, S. S, 1989, Velocity profiles, the resistance law and the dissipation rate of mean flow kinetic energy in neutrally stratified PBL, Boundary Layer Meteorol., 46, 367 - 387.

[7] Zilitinkevich, S. S, 1990, Temperature profile and heat transfer law in boundary layer with neutral and stable stratification, Papers on physics of atmosphere and ocean, 26, 313 - 315.(in Russian)

[8] Tennekes, H., 1973, Similarity laws and scale relations in PBL, in Workshop on Micrometeorology (ed. by D. A. Haugen), Amer. Meteor. Soc., 196.

[9] Laihtman, D. L., 1970, Physics of atmospheric boundary layer, 104,Gidrometeoizdat.(in Russian)

[10] Orlenko. L. R., 1979, The structure of atmospheric planetary boundary layer, 121, Gidrometeoizdat. (in Russan)

[11] Arya, S. P. S., 1982, Atmospheric boundary layer over homogeneous terrain, in: Engineering Meteorology(ed. by E. Plate). Elsevier Scientific Publ. Co. 237 - 267.

[12] Arya, S. P. S., 1975. Geostrophic drag and heat transfer relation for the atmospheric boundary layer, Q. J. Roy. Meteor. Soc. 101, 147 - 161.

ON THE PROFILES OF WIND AND TEMPERATURE IN THE TOWER LAYER

Abstract: In this paper, Zilitinkevich's work on the wind and temperature profiles of the PBL is improved and the reasonable wind and temperature profiles in the tower layer are obtained dynamically. The expression of the height of the PBL under unstable condition is also derived approximately. The wind and temperature profiles can thus be applied to different stratifications. We can calculate the wind and temperature distributions as long as the fluxes in the surface layer are calculated from the surface layer wind and temperature based on the surface layer theory. The data from the 325m tower in Beijing show that these profiles have attained a fairly high accuracy.

Key words: tower layer; wind and temperature profiles.

1.2 6 参数塔层风廓线模式[①]

摘　要： 提出一个含 6 个参数的塔层风廓线模式,这 6 个参数由相似理论和满足边界层运动方程的条件来确定,因而动力学上是合理的。根据近地层的通量便能确定这 6 个参数,而近地层通量又可由近地层二高度上的风、温确定,因而本模式具有实用价值。用大气所气象塔有限资料验证,廓线模式达到了一定的精度,优于前人结果。

关键词： 塔层,风廓线,相似理论,边界层运动方程

1　引言

基于 Monin-Obukhov 相似理论的近地层风廓线模式已被普遍接受并广泛使用,而塔层(泛指铁塔高度的层次)风廓线的研究则远远不够,这一方面由于 200 m—300 m 以下的塔层风资料较为缺乏,一方面塔层内由于通量不再为常数,且风向随高度变化,理论上建立模式的难度增加,故好的塔层廓线理论模型目前还缺乏。现有的一些考虑风向变化的塔层风模型是在近地层风廓线模型基础上推广出来的[1,2],即在对数项基础上再加其他订正项,这些模型理论上是不严格的,虽然其中某些参数是据某些边界层规律如相似理论推出,但廓线公式并不满足边界层的其他规律,如不满足边界层运动方程,文献[3]对此有讨论。再者,这些廓线公式都未经过实测资料的检验,只做了理论分析。文献[3]对这些廓线公式作了进一步分析,并加以改进,以求廓线公式尽量满足边界层运动方程,并求出有关参数,且用大气所气象塔资料验证,达到了一定精度,从而给出了一个应用途径。然而文献[3]中的廓线模型其个别参数仍是主观规定的,理论上仍有不完善之处。本文目的是在文献[3]的基础上,进一步提出一个 6 参数塔层风廓线模型,其中参数全由满足边界层的各种规律来确定,因而是一个客观的合理的公式,本文并用与文献[3]同样的资料进行验证,证明结果优于文献[3]中的廓线公式,因此在理论上及实用上均有一定意义。

2　旧模式的评价和新模式的提出

在考虑风向随高度变化的塔层风模型中 Byun[2] 的是在非中性近地层廓线基础上再加上一个幂次项而得,但我们发现它偏离实测较大,且不能证明它满足边界层运动方程,因此,此廓线不可取。

---

① 原刊于《南京大学学报》(自然科学),1998 年 5 月,34(3),342 - 348,作者:赵鸣。

Zilitinkevich[1]取（u_* 为摩擦速度，z_0 是粗糙度，h 是边界层厚度）

$$u = \frac{u_*}{k}\left[\ln\frac{z}{z_0} + b\frac{z}{h} + b^*\left(\frac{z}{h}\right)^2\right] \tag{1}$$

$$v = -\frac{u_*}{k}\left[a\frac{z}{h} + a^*\left(\frac{z}{h}\right)^2\right] \tag{2}$$

其中，参数 a，a^*，b，b^* 是由相似理论及运动方程在边界层内的积分条件求出的，似乎合理一些，但文献[3]证明这种廓线并不满足边界运动方程（其中 u_g，v_g 为地转风分量）：

$$\frac{d}{dz}K\frac{du}{dz} + f(v - v_g) = 0 \tag{3}$$

$$\frac{d}{dz}K\frac{dv}{dz} - f(u - u_g) = 0 \tag{4}$$

K 为湍流交换系数，即若将(1)，(2)代入(3)，(4)，则(3)，(4)成为交换系数 K 的 2 个方程，解的结果，此二方程确定的 K 并不相等，说明廓线(1)，(2)并不满足(3)，(4)，因而(1)，(2)在动力学上并不合理，为此，文献[3]将(2)改成：

$$v = -\frac{u_*}{k}\left[m\ln\frac{z}{z_0} + a\frac{z}{h} + a^*\left(\frac{z}{h}\right)^2\right] \tag{5}$$

将(1)，(5)代入(3)，(4)可求出 $K(z)$，由大气所铁塔上若干组实测资料求出的值表明当 m 取 0.1 时，(3)，(4)求出的 2 个 K 已较一致，虽然还不完全相等，但这说明了廓线(1)，(5)动力学上比(1)，(2)合理，大气所有限组实测资料验证证明这样的廓线达到了相当的精确度，然而这一廓线理论上仍有缺陷。参数 m 的取值是经验性的。如果取另外若干组资料，此值是否有变是难说的。为此，本文提出一个新的塔层风廓线，含 6 个参数，即比以前多，但这 6 个参数均由边界层的已知规律求出，不同廓线取值不同，不含主观成分，理论上更完整，同样的资料证明结果也优于以前的结果。

6 参数廓线模型是

$$u = \frac{u_*}{k}\left[n\ln\frac{z}{z_0} + b\frac{z}{h} + b^*\left(\frac{z}{h}\right)^2\right] \tag{6}$$

$$v = -\frac{u_*}{k}\left[m\ln\frac{z}{z_0} + a\frac{z}{h} + a^*\left(\frac{z}{h}\right)^2\right] \tag{7}$$

u 为沿地面风向的风分量，v 则与之垂直，含 n，m，a，a^*，b，b^* 6 个参数。近地层以上的塔层用(6)，(7)，而近地层内仍用常用的廓线：

$$u = \frac{u_*}{k}\left[\ln\frac{z}{z_0} - \phi_m\left(\frac{z}{L}\right)\right] \tag{8}$$

$$v = 0 \tag{9}$$

现在来确定 6 个参数，如文献[3]，b，b^*，a，a^* 可由相似理论及运动方程的积分条件决定，m，n 可由满足运动方程的条件决定。用文献[3]同样的推导方法，可得：

$$a = 4A(\mu) - 4m\ln\frac{h}{z_0} + 6m - 6\frac{k}{\Lambda} \tag{10}$$

$$a^* = -3A(\mu) + 3m\ln\frac{h}{z_0} - 6m + 6\frac{k}{\Lambda} \tag{11}$$

$\mu = ku_*/fL$ 为稳定度参数，$A(\mu)$ 为边界层相似性函数，例如取 Arya[4] 的结果。而 Λ 是 μ 的函数，它满足

$$h = \Lambda(\mu)\frac{u_*}{f} \tag{12}$$

$$b = -4B(\mu) - 4\ln\Lambda + 4(1-n)\ln\frac{h}{z_0} + 6n \tag{13}$$

$$b^* = 3B(\mu) + 3\ln\Lambda - 3(1-n)\ln\frac{h}{z_0} - 6n \tag{14}$$

$B(\mu)$ 为另一相似性函数。

(12)中的 Λ 按[3]如下计算，即当稳定时用 Zilitinkevich 公式：

$$\Lambda = \left(\frac{1}{\Lambda_0} + \frac{\mu^{1/2}}{kC_h}\right)^{-1} \tag{15}$$

而不稳定时用

$$h = \frac{5.3u_*^2}{fG} \tag{16}$$

(15)中 C_h 取 1，$\Lambda_0 = 0.25$，G 为地转风速。

现在除了(10)，(11)，(13)，(14)外还需 2 个方程来定 6 个参数。将(3)，(4)改写成：

$$\frac{dK_1}{dz}\frac{du}{dz} + K_1\frac{d^2u}{dz^2} + f(v - v_g) = 0 \tag{17}$$

$$\frac{dK_2}{dz}\frac{dv}{dz} + K_2\frac{d^2v}{dz^2} - f(u - u_g) = 0 \tag{18}$$

这是 K_1，K_2 的方程，理论上好的廓线应在 $K_1 = K_2$ 时满足方程(17)，(18)，故若(6)，(7)是满足运动方程的，则将(6)，(7)代入(17)，(18)后解出的 K_1，K_2 应相同。由于(6)，(7)是事先给定的函数，不可能使解出的 K_1，K_2 在每个 z 处均相等，但我们将尽量做到使(17)，(18)解出的 K_1，K_2 接近相等，为此取塔层内两个高度，例如 $z_1 = 80$ m，$z_2 = 200$ m，我们取 z_1，z_2 处由(17)，(18)解出的 K_1，K_2 相等，得到二条件，由这二条件与(10)，(11)，(13)，(14)联立，即可求出 6 参数，这样求出的廓线虽然只在 z_1，z_2 使 $K_1 = K_2$，但计算证明其他高处的 K_1 与 K_2 也相当接近(塔层以上除外，见下)，几乎完全相等。我们不难求出(17)，(18)之解为

$$K_1 = \frac{z}{\alpha z^2 + \beta z + \gamma}\left\{-f\left[\frac{1}{3}\eta z^3 + \frac{1}{2}\zeta z^2 - v_g z + \sigma\left(z\ln\frac{z}{z_0} - z\right)\right] + c_1\right\} \tag{19}$$

$$K_2 = \frac{z}{\rho z^2 + \xi z + \tau}\left\{-f\left[\frac{1}{3}\lambda z^3 + \frac{1}{2}\omega z^2 - u_g z + \psi\left(z\ln\frac{z}{z_0} - z\right)\right] + c_2\right\} \tag{20}$$

$$\left.\begin{array}{l}c_1 = \dfrac{ku_*}{\varphi_m\left(\frac{1}{L}\right)}(\alpha + \beta + \gamma) + f\left[\dfrac{1}{3}\eta + \dfrac{1}{2}\zeta - v_g + \sigma\left(\ln\dfrac{1}{z_0} - 1\right)\right] \\[4mm] c_2 = \dfrac{ku_*}{\varphi_m\left(\frac{1}{L}\right)}(\rho + \xi + \tau) - f\left[\dfrac{\lambda}{3} + \dfrac{1}{2}\omega - u_g + \psi\ln\left(\dfrac{1}{z_0} - 1\right)\right]\end{array}\right\} \tag{21}$$

其中 c_1, c_2 为积分常数,由边条件定[3],而 φ_m 是近地层无量纲风切变,

$$\left.\begin{array}{l}\alpha = \dfrac{2b^* u_*}{h^2 k}, \beta = \dfrac{bu_*}{kh}, \gamma = \dfrac{u_* n}{k}, \psi = \gamma, \lambda = \dfrac{\alpha}{2}, \tau = \sigma \\[4mm] \zeta = -\dfrac{u_*}{k}\dfrac{a}{h}, \eta = -\dfrac{u_*}{k}\dfrac{a^*}{h^2}, \sigma = -\dfrac{u_*}{k}m, \rho = 2\eta, \xi = \zeta, \omega = \beta\end{array}\right\} \tag{22}$$

(21)中的 φ_m 可用著名的 Businger-Dyer 公式计算。

令 $z = Z$($Z = z_1$ 或 z_2),则由 Z 处(19)与(20)相等,得到两个含 m, n 的方程,因(19),(20)中各系数(22)含 m, n 及 b, b^*, a, a^*,而这 4 个参数又与 m, n 有关之故,这含 m, n 的方程是:

$$(w_1 m + \delta_1)(w_2 m + w_3 n - \delta_2) = (w_4 n + \delta_3)(w_5 n + w_6 m + \delta_4) \tag{23}$$

其中用到(19)—(22)及(10),(11),(13),(14),其中

$$\left.\begin{array}{l}w_1 = x_1 q_3 + x_2 q_4 - \dfrac{u_*}{k}, \delta_1 = x_1 p_3 + x_2 p_4 \\[4mm] w_2 = x_3 q_3 + x_4 q_4 + \dfrac{f}{k}u_*\left(Z\ln\dfrac{Z}{z_0} - Z\right) + x_7 q_3 + x_8 q_4 - \dfrac{fu_*}{k}\left(\ln\dfrac{1}{z_0} - 1\right) \\[4mm] w_3 = x_5 q_1 + x_6 q_2 + \dfrac{u_*^2}{\varphi_m\left(\frac{1}{L}\right)}, \delta_2 = x_3 p_3 + x_4 p_4 + fv_g Z + x_5 p_1 + x_6 p_2 + x_7 p_3 + x_8 p_4 - fv_g \\[4mm] w_4 = x_9 q_1 + x_{10} q_2 + \dfrac{u_*}{k}, \delta_3 = x_9 p_1 + x_{10} p_2 \\[4mm] w_5 = x_{11} q_1 + x_{12} q_2 + \dfrac{fu_*}{k}\left(Z\ln\dfrac{Z}{z_0} - Z\right) + x_{15} q_1 + x_{16} q_2 - \dfrac{fu_*}{k}\left(\ln\dfrac{1}{z_0} - 1\right) \\[4mm] w_6 = x_{13} q_3 + x_{14} q_4 - \dfrac{u_*^2}{\varphi_m\left(\frac{1}{L}\right)} \\[4mm] \delta_4 = x_{11} p_1 + x_{12} p_2 - fu_g Z + x_{13} p_3 + x_{14} p_4 + x_{15} p_1 + x_{16} p_2 + fu_g\end{array}\right\} \tag{24}$$

而

$$\left.\begin{array}{l} x_1 = -\dfrac{2u_* Z^2}{h^2 k},\ x_2 = -\dfrac{u_* Z}{hk},\ x_3 = \dfrac{f}{3}\dfrac{u_*}{kh^2}Z^3,\ x_4 = \dfrac{f}{2}\dfrac{u_*}{k}\dfrac{Z^2}{h}, \\[3mm] x_5 = \dfrac{2u_*^2}{\varphi_m\left(\dfrac{1}{L}\right)h^2},\ x_6 = \dfrac{u_*^2}{h\varphi_m\left(\dfrac{1}{L}\right)},\ x_7 = -\dfrac{f}{3}\dfrac{u_*}{kh^2},\ x_8 = -\dfrac{f}{2}\dfrac{u_*}{kh}, \\[3mm] x_9 = -x_1,\ x_{10} = -x_2,\ x_{11} = x_3,\ x_{12} = x_4,\ x_{13} = -x_5 \\[2mm] x_{14} = -x_6,\ x_{15} = x_7,\ x_{16} = x_8 \\[2mm] p_1 = 3B + 3\ln\Lambda - 3\ln\dfrac{h}{z_0},\ q_1 = 3\ln\dfrac{h}{z_0} - 6 \\[3mm] p_2 = -4B - 4\ln\Lambda + 4\ln\dfrac{h}{z_0},\ q_2 = -4\ln\dfrac{h}{z_0} + 6 \\[3mm] p_3 = -3A + \dfrac{6k}{\Lambda},\ q_3 = 3\ln\dfrac{h}{z_0} - 6 \\[3mm] p_4 = 4A - \dfrac{6k}{\Lambda},\ q_4 = 6 - 4\ln\dfrac{h}{z_0} \end{array}\right\} \tag{25}$$

因方程(23)中 w_i,δ_i 中含的 x_i 中有 Z 因子,而 Z 取 z_1 及 z_2,故(23)有 2 个方程可以确定 m,n,将(23)改写成:

$$A_1 m^2 + B_1 m + C_1 n^2 + D_1 n + E_1 mn + F_1 = 0 \tag{26}$$
$$A_2 m^2 + B_2 m + C_2 n^2 + D_2 n + E_2 mn + F_2 = 0 \tag{27}$$

其中

$$\left.\begin{array}{l} A_i = w_1 w_2,\ B_i = \delta_1 w_2 + \delta_2 w_1 - \delta_3 w_6,\ C_i = -w_4 w_5 \\[2mm] D_i = \delta_1 w_3 - w_4 \delta_4 - \delta_3 w_5,\ E_i = w_1 w_3 - w_4 w_6,\ F_i = \delta_1 \delta_2 - \delta_3 \delta_4 \end{array}\right\} \tag{28}$$

(28)中当 w_i,δ_i 定义式中 x_i 中含的 Z 取 z_1 则得 $A_1 \rightarrow F_1$,取 z_2 时则得 $A_2 \rightarrow F_2$,方程组 (26),(27)是 m,n 的非线性方程,存在不止一个解,我们试取如下解法,在(26),(27)中令 m 已知,则由(26),(27)解得

$$\left.\begin{array}{l} n_1 = \dfrac{-(D_1 + E_1 m) \pm \sqrt{(D_1 + E_1 m)^2 - 4C_1(F_1 + B_1 m + A_1 m^2)}}{2C_1} \\[4mm] n_2 = \dfrac{-(D_2 + E_2 m) \pm \sqrt{(D_2 + E_2 m)^2 - 4C_2(F_2 + B_2 m + A_2 m^2)}}{2C_2} \end{array}\right\} \tag{29}$$

若已知 m 值使(29)解得的 $n_1 = n_2$,则此时 $n = n_1 = n_2$ 即是(26),(27)的解,计算证明适合的 解是(29)中根号前取负号。解法是先估计一个合适的初值 m,由(29)求 n_1,n_2,若不等再改 变 m,直至 $n_1 = n_2$,解得 m,n,由(10),(11),(13),(14)得 a,a^*,b,b^*,从而得 6 参数。不 同廓线 6 参数是不同的,这样得到的廓线(6),(7)不仅满足相似理论,而且使 K_1 与 K_2 接近 相等,即满足运动方程,因而动力学上是合理的。

3 参数计算

首先由近地层二层风、温求 u_*,L,Arya[5]曾给出由 Ri 求 L 的方法,再由近地层风廓线

求 u_*，知 u_*，L 即得 μ，Λ，从而得 h，考虑到大气所铁塔周围的建筑，我们把(8)改成

$$u = \frac{u_*}{k}\left[\ln\frac{z-d}{z_0} - \psi_m\left(\frac{z-d}{L}\right)\right] \tag{30}$$

d 为零平面位移，根据大气所的研究 $d = 3$ m，而 $z_0 = 0.63$ m，在风向为 $270°$—$360°$ 间为 0.55 m。这样由 Arya 方法求 u_*，L 时也按(30)式作相应改变。G 的求法同文献[3]，即按相似理论由 μ，u_* 求，此处不赘述。为了与文献[3]的结果相比较，我们仍选用[3]中的 120 组廓线，其中稳定层结 65 组，不稳定 55 组，这些资料不包括风速小于 2 m/s，风向不随高度单调变化的及天气剧变的，并验证 200 m 以下的风速。对不同稳定度的个例做出的各参数见表 1，它虽然是个例做出的，但这些参数的数值概量及其随稳定度的变化是具有一般性意义的。

由表 1 可见一般变化趋势是：稳定时，即 $\mu > 0$，随 μ 增加，n 减少，而接近中性时，$n \to 1$；而 m 则也随 μ 增加减少，且大 μ 时变为负值，a，b^* 随 μ 增而降，其中 b^* 为负，a^*，b 则随 μ 增而增，而从 b^* 的负值看，u 分量中一次项与二次项作用正相反。不稳定时，即 $\mu < 0$，随 $|\mu|$ 增加，n 由接近于 1 减少，m 也同样随 $|\mu|$ 增而减，所以 m，n 的共性均是接近中性时最大，随着 $|\mu|$ 增大而减少，即对数项的作用随着 $|\mu|$ 增大而逐渐减少，物理上是明显的。不稳定时，a，b 随 $|\mu|$ 增而减，a^*，b^* 则随 $|\mu|$ 增加而增加。因 a^*，b^* 均小于零，故不稳定时 u，v 中一次项与二次项作用相反。a，a^*，b，b^* 的变化趋势与文献[3]也是一致的。

表 1　6 参数随 μ 的变化
Table 1　The variatons of 6 parameters with μ

a	a^*	b	b^*	m	n	μ	时间
1.16	6.86	23.52	-18.54	-0.21	0.60	11.2	$1991-2-28-00:27$
1.14	5.57	17.91	-14.71	-0.075	0.85	6.8	$1990-12-10-08:56$
2.56	3.83	18.09	-14.69	-0.085	0.75	4.6	$1991-2-27-05:46$
4.15	0.96	11.84	-10.28	0.03	0.93	1.3	$1991-2-27-06:26$
5.22	-0.99	8.18	-7.67	0.14	1.02	0.1	$1991-2-28-20:07$
4.54	-0.95	6.17	-6.18	0.16	1.04	-2.1	$1991-2-27-10:06$
4.31	-0.82	6.06	-6.05	0.13	1.00	-4.4	$1991-2-27-10:46$
3.71	-0.57	5.23	-5.30	0.068	0.92	-11.2	$1991-2-27-10:26$
3.32	-0.55	4.24	-4.45	0.024	0.85	-17.9	$1991-2-27-15:07$
2.51	-0.06	3.57	-3.82	-0.065	0.76	-28.9	$1991-2-28-10:07$

现在看 K 分布，由于本文出发点之一是从 $K_1 = K_2$ 来求各参数，因此求出的 K_1 与 K_2 必然很接近，在 z_1，z_2 处应严格 $K_1 = K_2$，由于求解方程组(26)，(27)时，用了近似方法，只在一定精度内 $n_1 = n_2$，故求出的 m，n 有少许误差。计算表明，虽然只 2 个高度上 $K_1 = K_2$，但却保证了其他高度上 K 也接近相等。

如图 1，2 是 $1991-02-28-20:07$ 和 $1991-02-27-09:46$ 即稳定和不稳定时的 K_1，K_2 廓线，可见前者在 200 米下相差很小，比文献[3]为优。而 200 m 以上的相差总的说亦较

文献[3]为小,后者则 300 m 以下几乎重合,300 米以上相差总的亦较文献[3]小,说明确实比文献[3]改进了不少,使塔层廓线在动力学上更合理。

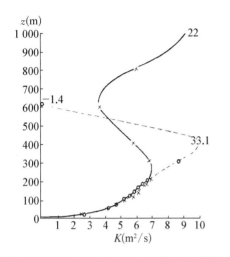 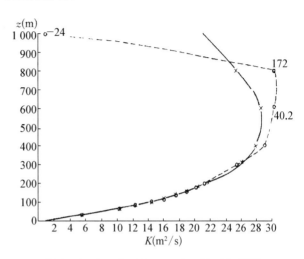

图 1 1991 - 02 - 28 - 20:07 K_1,K_2 廓线

Fig.1   The K_1 and K_2 profiles on 1991 - 02 - 28 - 20:07,
∘ represents K_1, × represents K_2

图 2 1991 - 02 - 27 - 09:46 K_1,K_2 廓线

Fig.2   The K_1 and K_2 profiles on 1991 - 02 - 27 - 09:46,
legends are the same as Fig.1

4 误差计算

对前述 120 个个例,就稳定和不稳定两种状况分别计算各层的平均误差及所有层次的总平均误差。以 i 表层次,j 表示不同组资料,下标 m 表观测值,c 表计算值,计算风速大小的误差。

$$E_{ij} = \mid V_{mij} - V_{cij} \mid / V_{mij}$$

是第 j 组资料第 i 层误差。

$$E_j = \frac{1}{n} \sum_{i=1}^{n} E_{ij} \qquad E = \frac{1}{N} \sum_{j=1}^{N} E_j \qquad E_i = \frac{1}{N} \sum_{j=1}^{N} E_{ij}$$

分别表示第 j 组资料各层平均误差及总平均误差和第 i 层的平均误差。计算出的总平均误差见表 2,为比较,也列出了文献[3]对同样资料的误差。

表 2   总平均误差

Table 2   The total mean errors

	稳定	不稳定
本文(6),(7)式	0.087	0.131
文献[3]	0.095	0.152

可见不论层结如何误差均比文献[3]的小,并且 K 也比文献[3]更好,因而是对文献[3]的改进。和文献[3]的分析一样,不稳定时误差大是由于其中个例,特别是1991年3月5日至6日的个例风普遍偏小,若除去全体风速小于 4.2 m/s 的个例,则误差可减少至 0.085,小得多。当然也有风大而误差大的例子,需进一步找原因,例如是冷锋过境后不久,这在文献[3]中有分析。

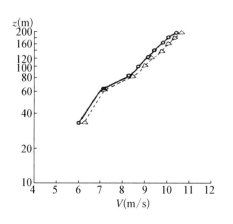

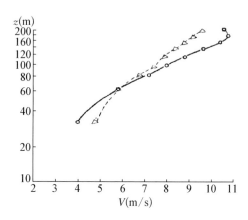

图3　1991-2-27-11:06　风廓线,△为计算值,○为实测值
Fig.3　The wind profiles on 1991-2-27-11:06,
　　　"△"is computed,"○"is observed.

图4　1991-2-28-05:27　风廓线
Fig.4　The wind profiles on 1991-2-28-05:27,
　　　legends are the same as Fig.3

误差高度分布即 E_i,在不计1991年3月5日至6日的例子时见表3(样本与文献[3]同):

表3　误差的高度分布
Table 3　The distribution of errors with height

高度(m)	82	102	120	140	160	180	200
稳定时 E_i	0.036	0.049	0.064	0.068	0.112	0.119	0.113
不稳定时 E_i	0.084	0.125	0.125	0.115	0.139	0.150	0.165

不论稳定不稳定,各层误差除个别外均小于文献[3]。误差大小基本是随高度增而增,这也是完全合理的。图3和图4分别是任意选的 1991-2-27-11:06 及 1991-2-28-05:27,即不稳定和稳定时的风廓线的计算和观测值。仍可看出风随高度增加的相对速度在稳定时比不稳定时快,符合湍流交换的规律。

5　结论

本文提出的6参数塔层风模式,用以确定较为平稳天气条件下非中性塔层风。其中参数由相似理论及满足运动方程等条件来决定,这些参数每廓线均不同,都可用近地层的通量 u_*,L 来决定,从而只要知道 u_*,L 即可决定塔层风廓线,而 u_*,L 可由近地层二高度风、温决定,因而有应用价值。由于本模式理论基础优于其他模式,实际资料检验结果也比以前类似的工作好,因此是对以前工作的改进。但总的说,本文资料的稳定度范围还不够大,选的资料数也有限,更全面的研究还有待深入开展。

参考文献

[1] Zilitinkevich S S. Velocity profiles,the resistance law and the dissipation rate of mean flow kinetic energy in a neutrally and stably stratified PBL,Boundary Layer Meteorol. 1989,46:367 - 387.

[2] Byun D W. Determination of similarity functions of the resistance law for the planetary boundary layer using surface layer similarity functions,Boundary Layer Meteorol.,1991,57:17 - 48.

[3] Zhao,M. On the profiles of wind and temperature in tower layer,Chinese J. of Atm. Sci.,1993,17:63 - 74.

[4] Arya S P S. Geostrophic drag and heat transfer relation for the atmospheric boundary layer,Q. J. Roy. Met. Soc. 1975,101:147 - 161.

[5] Arya S P S. Atmospheric boundary layer over homogeneous terrain,in:Engineering Meteorology(ed. by E. Plate),Elsevier Scientific Publ. Co. 1982,237 - 267.

A PROFILE MODEL OF THE WIND IN TOWER LAYER WITH SIX PARAMETERS

Abstract:The current wind profile formula in tower layer usually contains logarithmic terms and the corrected terms,which is empirical and does not satisfy the motion equation of planetary boundary layer. In this paper,we suggest a profile model of the wind in the tower layer with six parameters based on the current profiles. It contains the logarithmic terms,linear and quadratic terms of nondimensional height and six parameters which should be determined. In this paper,these six parameters are determined by similarity theory of the PBL and the condition that the profile formulas satisfy the motion equation of the PBL at two levels in the tower layer and the integration of motion equation of the PBL over the depth of PBL, consequently this profile model is dynamically reasonable. These six parameters can be computed from fluxes in the surface layer which may be determined by the wind speeds and temperature at two levels in the surface layer using traditional method,hence,this model can be applied in practice. We can compute the wind in the tower layer as long as the wind speed and temperature at two levels in the surface layer are measured. We have verified the model by the use of the limited data measured at the meteorological tower of IAP both in stable and unstable conditions during steady weather periods. The results show that the model attains a fairly high accuracy and is superior to previous models.

Key words:tower layer,wind profile,similarity theory,PBL motion equation

1.3　一种预报逆温层高度的方法^①

提　要：本文根据初始位温廓线，已知的地面位温及其时间变化和地转风速，用 Nieuwstadt 方程的数值积分来预报逆温层高度的时间变化，并与某些常州观测资料进行比较，计算结果符合于观测。

1　引言

众所周知，大气中贴近地面的逆温层对大气污染的扩散有重要影响，逆温层的高度（厚度）是估算污染时必须要考虑的一个重要参数。实际工作中，逆温层高度往往由实际观测确定。但从预报污染的角度说，逆温层高度最好能预报出来。现代边界层气象学的数值模拟技术已能在一定的初边值条件下，通过求解边界层方程组把边界层中温度场模拟出来，因而能达到预报边界层高度的目的。但数值求解边界层方程组工作量非常巨大，而且要求知道的参数也非常多，从实用的观点讲不方便。事实上，目前用数值模拟方法预报边界层要素也未成为经常性的业务工作，因而人们尝试用较简单但又有物理基础的方法来预报逆温层高度，Yamada[1]，Nieuwstadt[2]，Mahrt[3] 等作了这样的尝试，他们在一定的物理考虑的基础上推演出了逆温层高度变化的速率方程，但遗憾的是他们的这些理论推演没有付诸实际应用。实际上，这些方程中含有一些参数，要确定它们也不是一件容易事。要付诸应用，应首先解决这些参数的确定问题。其次，如何用数值方法将方程积分出来也是值得探讨的问题。在前述几文中，工作[2] 更具有普遍性，本文的目的是尝试将 Nieuwstadt 方法付诸实际应用，需要的条件是已知地面不同时刻的位温，初始时刻据小球测风及低空探空得到的风和逆温廓线，用这些资料我们试用 Nieuwstadt 方法预报以后的逆温廓线，达到预报逆温层高度的目的。

2　模式

设逆温层位温廓线可用下式来描写：

$$\theta = \theta_h - \Delta\theta\left(1 - \frac{z}{h}\right)^{\alpha} \tag{1}$$

θ 为位温，θ_h 为逆温顶（看成夜间边界层顶）处位温，$\Delta\theta$ 为逆温层顶与底间位温差，α 为常

①　原刊于《气象科学》，1987 年，第 4 期，24 - 30，作者：赵鸣，王彦昌，金皓。

数,一般 $\alpha \geqslant 1$,z 为高度,h 为逆温层高度。

计入辐射冷却,设 θ_h 不随时间变化,略去逆温层顶处的热通量 $(\overline{w'\theta'})_h$,得逆温层高度变化的速率方程[2]:

$$\frac{\mathrm{d}h}{\mathrm{d}t} = \left[\frac{\left[1 - \frac{1}{2}(\alpha+1)c\right]\frac{\mathrm{d}\theta_s}{\mathrm{d}t}}{\theta_h - \theta_s} \right] \left[h - \frac{\alpha+1}{1 - \frac{1}{2}(\alpha+1)c} \frac{(\overline{w'\theta'})_s}{\frac{\mathrm{d}\theta_s}{\mathrm{d}t}} \right] \tag{2}$$

下标 s 表地面处值,$c=1$。Nieuwstadt 求出了该式的积分式,但该积分式仍需数值积分,因此本文采用直接对方程(2)数值积分的方法。

令:

$$T_D = \frac{\theta_h - \theta_s}{\left[1 - \frac{1}{2}(\alpha+1)c\right]\frac{\mathrm{d}\theta_s}{\mathrm{d}t}} \tag{3}$$

$$h_e = \frac{\alpha+1}{1 - \frac{1}{2}(\alpha+1)c} \frac{(\overline{w'\theta'})_s}{\frac{\mathrm{d}\theta_s}{\mathrm{d}t}} \tag{4}$$

则方程(2)成:

$$\frac{\mathrm{d}h}{\mathrm{d}t} = \frac{1}{T_D}(h - h_e) \tag{5}$$

(1)式中 α 对不同廓线是不同的,设在逆温发展中不变,于是我们从初始廓线求出 α 值后即可取其为常数。我们的问题就是求方程(5)的数值解,其中参数 θ_s,$\mathrm{d}\theta_s/\mathrm{d}t$,$(\overline{w'\theta'})_h$ 需确定,下面我们讲参数确定及预报结果。

3　参数确定

为了积分(5)式,需知(3)、(4)式中的 $\theta_s(t)$(因 θ_h 已设不随时间变,故从开始时刻 θ_h 即可知以后的 θ_h),$\mathrm{d}\theta_s/\mathrm{d}t$ 及 $(\overline{w'\theta'})_h$。

从大尺度数值预报应可知 $\theta_s(t)$ 及 $\mathrm{d}\theta_s/\mathrm{d}t$,因此从应用说,逆温层预报必须在已知地面不同时刻位温的情况下进行,而地面不同时刻的位温认为已从天气预报得知。本文用1984—1985 年常州边界层探测资料来进行研究。θ_s 与 $\mathrm{d}\theta_s/\mathrm{d}t$(取 1.5 米高处值)用实测资料。常州资料每 3 小时有温度和风的廓线观测,因而 θ_s 每 3 小时有一次。为此我们在试验研究阶段由这 3 小时一次的 θ_s 求出 $\theta_s(t)$ 及 $\mathrm{d}\theta_s/\mathrm{d}t$。这里讲的方法当然也可应用于当 θ_s 及 $\mathrm{d}\theta_s/\mathrm{d}t$ 是由预报得出的时候,因为预报不可能给出连续的 θ_s 曲线,总是预报不同时刻的 θ_s,因此下面讲的方法对于由已知的不同离散时刻的 θ_s 求 $\theta_s(t)$,$\mathrm{d}\theta_s/\mathrm{d}t$ 来说都有实用意义。

常州资料在 23^h,02^h,05^h 有观测资料,我们用 23^h 为初始时刻来预报 02^h 及 05^h 的,这是考虑到 23^h 时逆温已具有一定的形状,易于确定 α 值及其他一些原因,而夏季当 20^h 时逆温尚未建立。设 23^hh, 02^h, 05^h 时地面温度是 T_0, T_1, T_2, 相应位温为 θ_0, θ_1, θ_2, 这些为已知值, 我们由下述三点内插公式求 $\theta_s(t)$。

$$\theta_s(t) = \frac{(t-T_1)(t-T_2)}{(T_0-T_1)(T_0-T_2)}\theta_0 + \frac{(t-T_0)(t-T_2)}{(T_1-T_0)(T_1-T_2)}\theta_1 + \frac{(t-T_0)(t-T_1)}{(T_2-T_0)(T_2-T_1)}\theta_2$$

$$(6)$$

由此即得:

$$\frac{\mathrm{d}\theta_s}{\mathrm{d}t} = \frac{2t-T_1-T_2}{(T_0-T_1)(T_0-T_2)}\theta_0 + \frac{2t-T_0-T_2}{(T_1-T_0)(T_1-T_2)}\theta_1 + \frac{2t-T_1-T_0}{(T_2-T_0)(T_2-T_1)}\theta_2$$

$$(7)$$

对于方程(4)中的 $(\overline{w'\theta'})_s$ 我们用如下方法, 我们设法用开始时刻的小球测风及低空探空求出 $(\overline{w'\theta'})_s$。 23^h 以后, 我们设 $(\overline{w'\theta'})_s$ 为常数(这样一般是可以的, 20^h 以前这样做误差就较大)。按边界层阻力定律[4]:

$$\ln \mathrm{Ro} = B(\mu) - \ln \frac{u_*}{G} + \sqrt{\frac{k^2}{(u_*/G)^2} - A^2(\mu)}$$

$$(8)$$

$$\frac{T_*}{\Delta\theta_G} = \frac{k}{\ln\left(\frac{u_*}{G}\mathrm{Ro}\right) - C(\mu)}$$

$$(9)$$

$$\mu = k^3 S\left(\frac{u_*}{G}\right)^{-1}\left[\ln\left(\mathrm{Ro}\cdot\frac{u_*}{G}\right) - C(\mu)\right]^{-1}$$

$$(10)$$

$S = \frac{g}{T}\frac{\Delta\theta}{fG}$ 为稳定度参数, G 为地转风速, u_* 为摩擦速度, $\Delta\theta$ 为边界层上下界间位温差, T_* 为摩擦温度, $\mu = \frac{ku_*}{Lf}$ 亦为稳定度参数, L 为 M-O 长度, f 为地转参数, $\mathrm{Ro} = \frac{G}{fz_0}$。

$A(\mu)$, $B(\mu)$, $C(\mu)$ 按 Arya[5] 为:

当 $\mu < -50$, $A = 1.38$, $B = 3.69$, $C = 7.01$

当 $\mu \geqslant -50$,

$$\left.\begin{array}{l} A(\mu) = 5.14 + 0.142\mu + 0.001\,17\mu^2 - 0.000\,003\,3\mu^3 \\ B(\mu) = 1.01 - 0.125\mu - 0.000\,99\mu^2 + 0.000\,000\,81\mu^3 \\ C(\mu) = -2.95 - 0.346\mu - 0.001\,87\mu^2 + 0.000\,021\,1\mu^3 \end{array}\right\}$$

$$(11)$$

G 可由数值预报报出, 此处我们是从天气图及小球测风定出, 粗糙度 z_0 设已知(常州为 0.6 米)。由(8)—(10), 由 Ro, S, G 求 T_*, u_*, 由 $T_* = -(\overline{w'\theta'})_s/u_*$ 即可求 $(\overline{w'\theta'})_s$。用(8)—(10)式时需逐步迭代, 用 PC-1500 机即可计算。通过与同时观测的常州铁塔资料的个例比较, 此法有一定精确度。

下面讲求 h, 设初始时刻为 t_0, 预报时刻为 t, 取 $\Delta t = \frac{t-t_0}{2m}(m=10)$, 初始时刻高度为 h_0, 用下法求出各个 Δt 间隔末端时的高度 h_n。

$$h_1 = h_0 + \Delta t \cdot f(t_0, h_0)$$

$$h_1 = h_0 + \frac{1}{2}\Delta t \left[f(t_0, h_0) + f(t_1, h_1) \right]$$

$$\cdots\cdots$$

$$h_n = h_{n-1} + \Delta t \cdot f(t_{n-1}, h_{n-1})$$

$$h_n = h_{n-1} + \frac{1}{2}\Delta t \left[f(t_{n-1}, h_{n-1}) + f(t_n, h_n) \right] \tag{12}$$

其中 f 即(5)式右端

$$f(t_k, h_k) = \frac{1}{T_D(t_k)}\left[h(t_k) - h_e(t_k) \right]$$

$$h_e(t_k) = \frac{\alpha + 1}{1 - \frac{1}{2}(\alpha+1)c} \frac{\overline{(w'\theta')}_s(t_k)}{\frac{\mathrm{d}\theta_s}{\mathrm{d}t}(t_k)}$$

在求得各 Δt 末的 h_n 后,用 Simpson 公式求 h。

$$h = h_0 + \frac{\Delta t}{3}\sum_{k=0}^{m-1}\left[f(t_{2k}, h_{2k}) + 4f(t_{2k+1}, h_{2k+1}) + f(t_{2k+2}, h_{2k+2}) \right] \tag{13}$$

我们运用 $1984.10.13.23^h$ —$1984.10.14.06^h$,$10.15.23^h$ —$10.16.06^h$,$10.16.23^h$ —$10.17.06^h$ 三个个例作计算,公式预报效果较好。这三个初始时刻位温廓线如图 1。

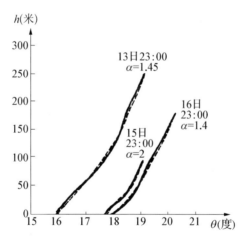

图 1 三个初始时刻位温廓线图,实线为实测,虚线为拟合。
左为 13 日 23 时,$\alpha=1.45$;中为 15 日 23 时,$\alpha=2$;右为 16 日 23 时,$\alpha=1.4$

三个 α 值分别为 1.45,2.0,1.4,算出的逆温高度的变化与实测比较见图 2。不在观测时间的实测 h 由下式内插得到:

$$h(t) = \frac{(t-T_1)(t-T_2)}{(T_0-T_1)(T_0-T_2)}h_0 + \frac{(t-T_0)(t-T_2)}{(T_1-T_0)(T_1-T_2)}h_1 + \frac{(t-T_0)(t-T_1)}{(T_2-T_0)(T_2-T_1)}h_2$$

h_0, h_1, h_2 分别 $23^h, 02^h, 05^h$ 时实测逆温层高。

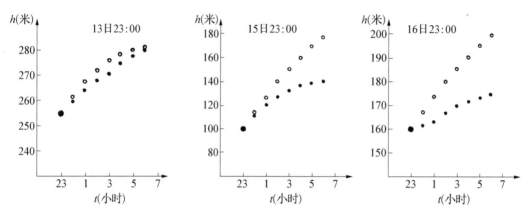

图 2　实测逆温层高度与预报值对比

3 张图分别为 13 日 23 时，15 日 23 时，16 日 23 时，点为实测值，圆圈为计算值

4　几点讨论

检验各有关参数的敏感性时发现，h 对 α 特别敏感，其次是 θ_h，θ_s，对 $(\overline{w'\theta'})_s$ 敏感性较小。α，θ_s，θ_h 若变化 0.2 左右，则对 h 影响不大，但若变化更大，影响就不能忽略。α 增加和 θ_h 减少都会使逆温层高度增加的速度变快。

上述现象可理论解释。在方程(5)中 T_D 作用比 h_e 大，实际上由于 $T_D > 0$，因而随时间增加，h 愈来愈大，而 $\mathrm{d}\theta_s/\mathrm{d}t$，$\theta_s$，$\theta_h$，$\alpha$ 都是影响 T_D 的。$(\overline{w'\theta'})_s$ 影响 h_e，而 h_e 比 h 小得多，对 h 影响小，α 增大和 θ_h 减少都使 T_D 减小，而使 h 增加更快。

α，θ_h，θ_s 影响位温廓线的形状，故位温廓线形状不同，h 的变化亦不同。$(\overline{w'\theta'})_s$ 虽然形式上对 h 不直接影响，但当廓线形状不同则 $(\overline{w'\theta'})_s$ 将不同，故 $(\overline{w'\theta'})_s$ 的影响隐含在 α 等因子中，实际上还是在影响一些 h 的发展的。又计算证明积分时间间隔的选取对积分结果影响不大。

观测个例说明本文假设即 θ_h 可取作常数及用(1)式表示逆温廓线，α 近于常数是可行的。

综上所述，在已知初始时刻位温廓线及 θ_h，初始时刻边界层风分布，并知任意时刻 θ_s，$\mathrm{d}\theta_s/\mathrm{d}t$，即可由(5)式积分预告 h 的变化，达到一定精度。θ_s 和 $\mathrm{d}\theta_s/\mathrm{d}t$ 在本文是用已知观测值内插，如果 θ_s 由预报得到，则由预报的 θ_s 可内插出不同时刻的 θ_s 和 $\mathrm{d}\theta_s/\mathrm{d}t$，从而可预报出不同时刻的 h。决定预报精度的将是 θ_s 的预报以及初始时刻 α 及 θ_h 定得精确与否。

本文只是一种尝试，显然由于模式本身较简单，辐射的考虑也简单，因此本文例子结果好不一定说明其他情形也有同样精度。由于模式本身要求天气过程平稳，无大系统影响及平流影响，因此不满足此条件的预报结果也将受影响，对于比较复杂的边界层过程，简单的模式不能得到精确的结果，而复杂的数值模拟才能得到较好的结果。

参考文献

[1] Yamada,T., Prediction of the nocturnal surface inversion height. J. Appl. Mete., 18, 526 – 531,1979.

[2] Nieuwstadt,F. T. M., A rate equation for the inversion height in a nocturnal boundary layer. J. Appl. Mete. 19, 1445 – 1447, 1980.

[3] Mahrt,L., Modeling the depth of the stable boundary layer, Boundary Layer Mete. 21, 3 – 19, 1981.

[4] Zilitinkevich, S. S., Dynamics of atmospheric boundary layer, Gidrmeteoizdat, 1970.(in Russian)

[5] Arya, S. P. S., Geostrophic drag and heat transfer relations for the atmospheric boundary layer. Q. J. Roy. Mete. Soc., 101, 147 – 161, 1975.

A METHOD OF PREDICTING THE HEIGHT OF INVERSION

Abstract: In this paper, by use of the initial potential temperature in the boundary layer, the given potential temperature of the ground and its temporal evolution and the geostrophic wind speed, a method of predicting the temporal variation of the inversion height is suggested according to the numerical integration of Nieuwstadt's equation. The results of our computation are compared with some actual observation in Changzhou and the results are in agreement with the latter.

1.4 非定常过程对大气边界层的内参数和风廓线的影响[①]

提　要： 设大气中性、正压，用边界层运动方程的分析解，研究了当大气边界层顶风向随时间作周期变化而风速不变时，对大气边界层的内参数 $\dfrac{u_*}{A}$（A 为边界层顶风速）和角 φ（地面风与边界层顶的风的夹角）的影响。当风向逆时针转动时，$\dfrac{u_*}{A}$ 增加，φ 减少，反之亦然。方程的数值解亦得类似结果。因而在定常条件下，得出的大尺度模式中边界层参数化的结果应考虑非定常过程的订正。还分析了非定常过程对边界层风廓线的影响。

1　引言

在大尺度气象过程的数值模式中，大气边界层的影响一般由参数化来引入[1,2]。其内容是将大气边界层的内参数即各种湍流通量（动量通量以摩擦速度 u_* 表之）用大尺度模式中的参数即地转风速，柯氏参数 f，地面粗糙度及边界层上下界间位温差给出。相似理论可得此类表达式。而研究边界层方程的解也能从理论上得到内参数与大尺度变量的关系。迄今为止，已有的结果均是在定常状况下得到的。从应用说，需知非定常时此类关系。本文用方程解来研究当边界层上界风向变，但风速不变时对内参数的影响。当上界风速随时间变化时，我们将另文讨论。作为模式假定，我们设上界风向以等速变化（即是时间的周期函数），实际大气风向不一定严格如此，但等速变化可以看成是实际大气的一种近似，至少在某一时段内是如此。因而这一模式假定有一定的代表性，在第五节中我们将见到，本文的数值方法也可应用到上界风向并非周期变化时的一般情况。

2　基本方程

设大气中性，正压。中性边界层可代表边界层一般状况。边界层运动方程是：

$$\frac{\partial u}{\partial t} = \frac{\partial}{\partial z} K \frac{\partial u}{\partial z} = fv - \frac{1}{\rho} \frac{\partial p}{\partial x} \tag{1}$$

$$\frac{\partial v}{\partial t} = \frac{\partial}{\partial z} K \frac{\partial v}{\partial z} = -fu - \frac{1}{\rho} \frac{\partial p}{\partial y} \tag{2}$$

---

① 原刊于《气象学报》，1987 年 11 月，45(4)，385 - 393，作者：赵鸣。

K 为湍流交换系数,其他符号为通用符号。不考虑边界层摩擦时方程是(相应速度右上角加"I"):

$$\frac{\partial u^I}{\partial t} = fv^I - \frac{1}{\rho}\frac{\partial p}{\partial x} \tag{3}$$

$$\frac{\partial v^I}{\partial t} = -fu^I - \frac{1}{\rho}\frac{\partial p}{\partial y} \tag{4}$$

引入 $W = u + \mathrm{i}v$,$W^I = u^I + \mathrm{i}v^I$,将方程(1)、(2)和(3)、(4)分别化为 W 和 W^I 的方程,再由二者消去压力梯度项得:

$$\frac{\partial W}{\partial t} = \frac{\partial}{\partial z}K\frac{\partial W}{\partial z} - \mathrm{i}fW + \left(\frac{\partial W^I}{\partial t} + \mathrm{i}fW^I\right) \tag{5}$$

设边界层上界处的风即 W^I 的风向反时针作周期变化,其角频率为 σ,初始风向沿实轴,则:

$$W^I = A\mathrm{e}^{\mathrm{i}\sigma t} \tag{6}$$

其中 A 为常数,是 W^I 的模,设 h 为求解的边界层上界高度,则得(5)的两个定解条件是:

$$W = A\mathrm{e}^{\mathrm{i}\sigma t} \qquad\qquad 当 z = h \tag{7}$$

$$W = 0 \qquad\qquad 当 z = z_0 \tag{8}$$

z_0 为下垫面粗糙度,此处我们取 $10\ \mathrm{cm}$。将(6)式代入(5)得

$$\frac{\partial W}{\partial t} = \frac{\partial}{\partial z}K\frac{\partial W}{\partial z} - \mathrm{i}fW + \mathrm{i}A(\sigma + f)\mathrm{e}^{\mathrm{i}\sigma t} \tag{9}$$

此即主要方程,若令 $\partial W/\partial t$ 及 σ 等于零,(6)中 $\sigma = 0$,所得解即定常时的解。下面化简该方程,令:

$$S = (W - W^I)\mathrm{e}^{\mathrm{i}ft} = W\mathrm{e}^{\mathrm{i}ft} - A\mathrm{e}^{\mathrm{i}(\sigma + f)t} \tag{10}$$

则(9)式及(7),(8)式成:

$$\frac{\partial S}{\partial t} = \frac{\partial}{\partial z}K\frac{\partial S}{\partial z} \tag{11}$$

$$S = 0 \qquad\qquad 当 z = h \tag{12}$$

$$S = -A\mathrm{e}^{\mathrm{i}(\sigma + f)t} \qquad\qquad 当 z = z_0 \tag{13}$$

Nieuwstadt[3] 根据 Wyngaard[4] 的二阶矩闭合模式的结果得出下述 K 的表达式较好地反映了中性时 K 的分布

$$K^* = c\eta(1-\eta)^2 \tag{14}$$

$K^* = K/u_* h$ 为无量纲湍流交换系数,$\eta = z/h$ 为无量纲高度,$c = 0.2$,此式在近地处精确度略差,但作为研究内外参数关系分析解的一种近似表达还是可行的[3]。

由于上界处风向以匀速转动而风速不变,而由(9)式右端第三项,即气压梯度力亦以匀速变化其方向而大小不变,因而边界层内的运动完全是圆形对称的,在任一时刻,相对于该

时刻边界层顶处的风向讲,边界层内不同高度风的垂直分布完全相同,因而作为标量的 u_* 也不随时间变化。同样 K^* 亦如此。Mak[5] 曾在定常及非定常时均用 K 对高度为常数的同一值来研究边界层对其上界条件变化的响应问题,本文用(14)式的 K 显然比 Mak 的做法更合理。

3　内参数的解

将方程(11)中的 S 用 u_* 无量纲化,z 用 h 无量纲化,令 $S^* = S/u_*$,K^* 用(14)式,为简单计,略去 K^* 及 S^* 右上角的星号得

$$\frac{\partial S}{\partial \tau} = \frac{\partial}{\partial \eta} K \frac{\partial S}{\partial \eta} \tag{15}$$

其中 $\tau = u_* t/h$,而(12)、(13)变为

$$S = 0 \qquad\qquad 当 \eta = 1 \tag{16}$$

$$S = -\frac{A}{u_*} e^{i(\sigma+f)t} = -\frac{A}{u_*} e^{\frac{i(\sigma+f)h}{u_*}\tau} \qquad 当 \eta = \eta_0 \tag{17}$$

$\eta_0 = z_0/h$ 为无量纲粗糙度,令:

$$S = P(\tau)H(\eta) \tag{18}$$

代入(11),分离变量,令 $C = C_r + iC_i$ 为复分离常数,得 P 及 H 方程:

$$\frac{\partial P(\tau)}{\partial \tau} - (C_r + iC_i)P = 0 \tag{19}$$

$$\frac{\partial}{\partial \eta} c\eta(1-\eta^2)\frac{\partial H}{\partial \eta} - (C_r + iC_i)H = 0 \tag{20}$$

(18)式的解是:

$$P = P_0 e^{(C_r + iC_i)\tau} \tag{21}$$

P_0 为 $\tau = 0$ 时的 P,由 $S = P_0 e^{\tau(C_r+iC_i)}H(\eta)$ 及(17)式可见 $C_r = 0$,而

$$C_i = \frac{(\sigma+f)h}{u_*} \tag{22}$$

(20)式成:

$$\frac{\partial^2 H}{\partial \eta^2} + \frac{1-3\eta}{\eta(1-\eta)}\frac{\partial H}{\partial \eta} - i\frac{C_i H}{c\eta(1-\mu)^2} = 0 \tag{23}$$

(23)式的解是(满足条件(16)):

$$H = \text{const}(1-\eta)^{\alpha-1}F(\alpha-1,\alpha+1;2\alpha;1-\eta) \tag{24}$$

$F(a,b;c;x)$ 是超几何级数,而

$$\alpha = \frac{1}{2} + \frac{1}{2}\sqrt{1 + 4\mathrm{i}Q} \tag{25}$$

$$Q = \frac{C_i}{c} = \frac{(\sigma + f)h}{cu_*} \tag{26}$$

于是(18)式成:

$$S = \mathrm{const}\, \mathrm{e}^{\mathrm{i}C_i\tau}(1-\eta)^{\alpha-1}F(\alpha-1,\alpha+1;2\alpha;1-\eta) \tag{27}$$

由条件(17)得(27)式中常数值,最后(27)式成:

$$S = -\frac{A}{u_*}\frac{\mathrm{e}^{\mathrm{i}C_i\tau}(1-\eta)^{\alpha-1}F(\alpha-1,\alpha+1;2\alpha;1-\eta)}{(1-\eta_0)^{\alpha-1}F(\alpha-1,\alpha+1;2\alpha;1-\eta_0)} \tag{28}$$

由(10)式得有量纲风分布是,

$$W = A\,\mathrm{e}^{\mathrm{i}\sigma t}\left[1 - \frac{(1-\eta)^{\alpha-1}F(\alpha-1,\alpha+1;2\alpha;1-\eta)}{(1-\eta_0)^{\alpha-1}F(\alpha-1,\alpha+1;2\alpha;1-\eta_0)}\right] \tag{29}$$

此即与(6)式及(14)式相应的边界层风分布,其中 α 含未知量 u_*。我们目的是要求 u_*,为此,我们必须先求近地处的无量纲湍流切应力,定义复数无量纲应力为:

$$T^* = \frac{T}{\rho u_*^2} \tag{30}$$

T 为复应力,再略去右上角星号,根据通量梯度关系不难得到:

$$T = K\frac{\mathrm{d}S}{\mathrm{d}\eta}\mathrm{e}^{-\mathrm{i}ft} = c\eta(1-\eta)^2\frac{\mathrm{d}S}{\mathrm{d}\eta}\mathrm{e}^{-\mathrm{i}ft} \tag{31}$$

将(28)式代入,利用超几何级数的微分公式[6]及超几何级数的有关变换公式[7]得:

$$T = \frac{A\,\mathrm{e}^{\mathrm{i}\sigma t}}{u_*}\frac{c(1-\eta)^\alpha(\alpha-1)F(\alpha,\alpha-1;2\alpha;1-\eta)}{(1-\eta_0)^{\alpha-1}F(\alpha-1,\alpha+1;2\alpha;1-\eta_0)} \tag{32}$$

现在来计算(32)式中的两个 F,按[6],当 $c = a+b+m$,m 为正整数时(当 $m=0$,只取第二项),

$$\begin{aligned}
F(a,b;a+b+m;z) =\ & \frac{\Gamma(m)\Gamma(a+b+m)}{\Gamma(a+m)\Gamma(b+m)}\sum_{n=0}^{m-1}\frac{(a)_n(b)_n}{n!\,(1-m)_n}(1-z)^n - \\
& \frac{\Gamma(a+b+m)}{\Gamma(a)\Gamma(b)}(z-1)^m\sum_{n=0}^{\infty}\frac{(a+m)_n(b+m)_n}{n!\,(n+m)!} \\
& (1-z)^n\big[\ln(1-z) - \psi(n+1) - \psi(n+m+1) + \\
& \psi(a+n+m) - \psi(b+n+m)\big]
\end{aligned} \tag{33}$$

令(33)式中 $m=1$ 以计算(32)式分子上的 F,令 $m=0$ 计算(32)分母上的 F。(33)式中 $\Gamma(x)$ 为伽马函数,$(x)_n = x(x+1)\cdots(x+n-1)$,而 $\psi(x)$ 定义如下

$$\psi(x) = \frac{\mathrm{d}\ln\Gamma(x)}{\mathrm{d}x}$$

因为我们求近地处的 T，在(32)式中令 $\eta = \eta_0$，注意到因 η_0 很小，$(1-\eta_0)^\alpha$ 及 $(1-\eta_0)^{\alpha-1}$ 均趋于 1，在用(33)式算 F 时，因 η_0 很小，在第二个和式中取 $n=0$ 一项已足够，得：

$$T = \frac{A}{u_*}\mathrm{e}^{i\sigma t}c(\alpha-1)\times$$

$$\frac{\dfrac{\Gamma(2\alpha)}{\Gamma(\alpha+1)\Gamma(\alpha)} - \dfrac{\Gamma(2\alpha)}{\Gamma(\alpha)\Gamma(\alpha-1)}(-\eta_0)[\ln\eta_0 - \psi(1) - \psi(2) + \psi(\alpha+1) + \psi(\alpha)]}{-\dfrac{\Gamma(2\alpha)}{\Gamma(\alpha+1)\Gamma(\alpha-1)}[\ln\eta_0 - 2\psi(1) + \psi(\alpha+1) + \psi(\alpha-1)]}$$

因 η_0 在 10^{-4} 的量级，分子中后一项甚小可略去，再用 $\Gamma(\alpha)=(\alpha-1)\Gamma(\alpha-1)$，得：

$$T = -\frac{A}{u_*}\mathrm{e}^{i\sigma t}\frac{c}{[\ln\eta_0 - 2\psi(1) + \psi(\alpha+1) + \psi(\alpha-1)]} \tag{34}$$

η_0 处 $|T|$ 应等于 1，得：

$$1 = \frac{Ac}{u_*}\left|\frac{1}{\left[\ln\dfrac{1}{\eta_0} + 2\psi(1) - \psi(\alpha+1) - \psi(\alpha-1)\right]}\right| \tag{35}$$

(35)式中 α 中含 u_*，因此这是一个关于 u_* 的超越方程，ψ 可查表计算[6]，我们用逐次试验法求(35)式关于 u_* 的数值解。作为个例，取 $A=10$ m/s，$f=10^{-4}\,s^{-1}$，$h=1\,000$ m，$\sigma=f$，则得 $u_*=0.285$ m/s，$u_*/A=0.0285$；若取 $\sigma=f/2$，则 $u_*=0.275$ m/s。这些值略偏小些，因为上面已述，这是由于近地处 K 偏小之故。由于定常过程亦用此 K，因此不妨碍看出非定常过程的影响。

现在设上界处风向按顺时针方向周期变化，即代替(6)式用：

$$W^I = A\mathrm{e}^{-i\sigma t} \tag{36}$$

相应于 $\sigma=f/2$ 时 u_* 的解为 $u_*=0.24$ m/s，$u_*/A=0.024$，即比上界风向按反时针转向时小，这是因在后者情况，$\partial W^I/\partial t$ 项与气压梯度力相反，抵消了一部分气压梯度力，而前者情况则增加气压梯度力。

在 u_* 解出后，风廓线由(29)式得到，由此可得近地处风与边界层上界风的夹角 φ，这也是一个内参数。在(6)式且 $\sigma=f$ 时，$\varphi=0.217$(弧度)，$\sigma=f/2$ 时为 $\varphi=0.223$(弧度)；在(36)式且 $\sigma=f/2$ 时，$\varphi=0.258$(弧度)，即上界风反时针旋转时 φ 角偏小。

4　与定常解的比较

在(29)中令 $\sigma=0$ 即得定常时廓线，(35)中令 α 中的 $\sigma=0$ 即可解得定常时的 u_*，在 A，f，z_0 取值与非定常相同时，解得 $u_*=0.26$ m/s，$u_*/A=0.026$。与非定常比较，则 u_*/A 定常值小于 W^I 反时针旋转时的值而大于顺时针旋转时。在 $\sigma=f/2$ 时，由于风向的非定常造成的 u_*/A 的差别在 10% 的量级。由(35)式，α 的变化将引起 u_* 的变化，经计算说明，当 σ，

f,h 变化一个较大的幅度时,由 α 的变化引起的 u_* 的变化幅度远小于 σ,f,h 变化的幅度,即(25)式中 α 变化主要由 σ,f,h 引起,u_* 作用甚小,于是,当 σ,f,h 增加,则 α 的实、虚部均增加,根据函数 ψ 的性质,一般 $|\psi|$ 亦增,由(35)式定性分析,此时 u_* 亦将增加。在上界风向顺转时,σ 愈大则 $|\alpha|$ 愈小,于是 u_* 将减少。

对于 φ 角,定常时为 0.232 弧度,亦界于非定常时反、顺旋转时二值之间,在上界风向反时针转时,φ 角小些。定常与非定常的差亦在 10% 量级。

因此边界层上界即使风速不随时间变,只要风向随时间变,就会造成内参数与定常时不同,确切地说,在大尺度模式的边界层参数化中应计入此类非定常影响。

下面再看风廓线,由(29)式算廓线,(29)式可写为:

$$W = Ar(z)\mathrm{e}^{\mathrm{i}[\sigma t+\theta(z)]} \tag{37}$$

r,θ 为(29)式中方括号内复变量的模及幅角,r 表示某高度风模量与上界处值之比,θ 表某高度风与上界风的夹角。定常时可写为:

$$W = Ar(z)\mathrm{e}^{\mathrm{i}\theta(z)} \tag{38}$$

当上界风顺时针旋转时,

$$W = Ar(z)\mathrm{e}^{-\mathrm{i}[\sigma t-\theta(z)]} \tag{39}$$

由于定常非定常时 u_* 不同,α 亦不同,于是(37)、(38)、(39)式中 r,θ 各不相同,故即使在以瞬时上界风向为实轴的坐标系中,定常与非定常时的风廓线亦不同,故上界风向的变化也能够影响风廓线。图1是当上界风向反、顺时针旋转且 $\sigma = f/2$ 时在 $\eta = 0.25$ 高度以下各高度 r 及 θ 的分布图。可见在上界风向反时针旋转时,风随高度变化更快些,反之亦然。显然 σ 愈大,则上述特征愈显著。θ 角在上界风反时针旋转时,值比定常时较小,

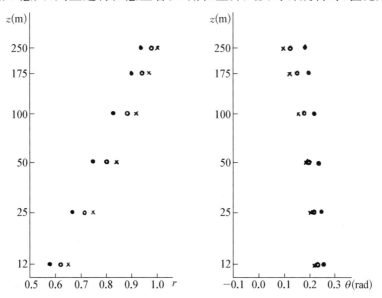

图 1 上界风向在旋转不同时产生的 r(左)和 θ(右)的垂直分布
(×反时针,•顺时针,。定常)

即位相比定常时有一个落后,而上界风向顺转时则反之。可以这样理解,当上界风向反时针旋转时,边界层低高度处风向与固定实轴(即起始时上界风向)的夹角 $\sigma t + \theta$ 还来不及跟上上界风向 σt 的变化,即边界层内的过程对引起变化的上界条件有一个位相落后,因而 θ 比定常时小,在上界风向顺时针转时 θ 比定常时 θ 大也同样由于位相落后,因为边界层下部 θ 角总是大于零的。

5　数值解的结果

上述均是在(14)式所示的 K 下求解运动方程的结果,所有结论均是从分析解得到的。解析解的好处是清楚看出各物理量所起的作用,缺点是对实际大气的代表性作了一定的限制。运用近代湍流理论确定的 K 来数值求解方程(1),(2)(定解条件仍用(7),(8)或(36),(8)),可以得到更接近实际的结果,我们取近代边界层模式常用的下述 $K^{[8]}$:

$$K = l^2 \left[\left(\frac{\partial u}{\partial z} \right)^2 + \left(\frac{\partial v}{\partial z} \right)^2 \right]^{1/2} \tag{40}$$

$$l = \frac{k(z + z_0)}{1 + \dfrac{k(z + z_0)}{\lambda}} \tag{41}$$

$$\lambda = 0.006\,3 \frac{u_*}{f} \tag{42}$$

$$u = \left(K \left| \frac{\mathrm{d}\vec{V}}{\mathrm{d}z} \right| \right)^{1/2}_{z = z_s} \tag{43}$$

k 为卡门常数,取 0.4,z_s 为近地层某高度。现在我们可以解闭合组(1)、(2)、(40)—(43),压力梯度项即用(5)式右端括号内表示式计算。初值条件即用上述闭合组的定常解。方程的铅直差分网格如表1:

表1　数值解的差分网络

No.	1	2	3	4	5	6	7	8	9	10	11	12	13	14	15	16
z (m)	0	0.25	0.5	1	2	6	16	32	64	100	200	300	400	600	800	1 000

采用隐式差分方案,$\partial/\partial t$ 项用前差,$\partial^2/\partial z^2$ 用中心差,$\Delta t = 5\ \mathrm{min}$,当积分时间足够长,所得的解就摆脱了初始条件的影响,而得到了完全受上下边界条件控制的解。我们的结果说明积分三天以后,在以上界风向为坐标轴的坐标中,方程的解已与时间无关,即得到了圆形对称的解。当上界风向反时针旋转时,u_*/A 比定常时(即上界风向不随时间变时)大,顺时针旋转时比定常时小,而 φ 角则正好相反。结论与前述解析解一致。在 $\sigma = f/2$ 情况下,u_*/A 及 φ 角在非定常时与定常时的差别亦在 10% 量级,也与解析解一致(在此二参数的绝对大小上,解析解与数值解因 K 不同,是有差别的)。用数值解的好处是在上界风向不是周期变化时,本节讲的方法同样可用来研究当上界风向任意变化时对内参数的影响。对风廓

线的结论亦同解析解。

6　结束语

　　对中性、正压大气边界层运动方程进行解析及数值研究的结果,都得到了当边界层上界风速不变,但风向反、顺时针作周期变化时,u_*,u_*/A,φ 等内参数均要不同于定常时,在前者 u_*,u_*/A 比定常时增加,φ 则减少,在后者则反之。由于这种变化,非定常时大气边界层的阻力规律应与定常时不同,在大尺度模式的边界层参数化问题中在应用定常时阻力规律时应考虑非定常过程作适当的修正,尽管在仅考虑上界风向变化时这种修正并不大。又在上界风向改变时,我们从本文结论知,对于边界层中风随高度的分布特征也可从定常时风随高度分布的已知特征加以适当修正得到。

参考文献

[1] Bhumralkar, C. M., Parameterization of the PBL in atmospheric general circulation models, Rev. Geophys. Space Sci., 14, 215 - 226, 1976.

[2] Iordanov, D. L. V. Y. Penenko., A. E. Aloyan., The parameterization of stratified baroclinic PBL for numerical simulation of atmospheric process, Paper of Atmospheric and Ocean Physics, 14, 815 - 823, 1978.(in Russian)

[3] Nicuwstadt, F, T. M., On the solutions of stationary baroclinic Ekman layer equations with a finite boundary layer height, Boundary Layer Meteorol. 26, 377 - 390, 1983.

[4] Wyngaard, J. C., O. R. Cote and K. S. Rao, Modeling the atmospheric boundary layer, Adv. in Gcophys., 18A, 193 - 212, Academic Press, 1974.

[5] Mak, Man-Kin, On the frequency dependence and dynamics of accelerating neutral PBL, J. Atmos. Sci., 31, 475 - 482, 1974.

[6] Abramowitz, M., and I. A. Stegun, Handbook of Mathematical functions, 557, 559, 288, Dover, 1965.

[7] Whittaker, E. T. and E. N. Watson, Modern Analysis, 286, Cambridge, 1927.

[8] Blackadar, A. K., High resolution models of the PBL, in J. R. Pfafflin and E. N: Ziegler(eds.) Advances in Environmental Science and Engineering, 1,50 - 85, Gordon and Breach, 1979.

THE INFLUENCES OF NONSTATIONARY PROCESS ON THE INNER PARAMETERS AND THE WIND PROFILES IN THE ATMOSPHERIC BOUNDARY LAYER

Abstract: In this paper, under the assumption of neutral and barotropic atmosphere, by means of the analytic solution of motion equations of PBL, the influences of nonstationary process on the inner parameters u_*/A (A is the wind speed at the top of PBL) and φ (tha angle between the wind near surface and the wind at the top of PBL) are investigated in which the directions of the wind at the top of PBL is a periodic function of time but the wind speed at the top of PBL is not changed. The u_*/A increases and φ

decreases when the wind direction at the top of PBL rotates anticlockwise and vice versa. Hence the parameterization of PBL in the larger scale models which was derived in the stationary conditions should be corrected by accounting for the nonstationary process. The similar results are obtained in the numerical solution of the motion equation of PBL, The influences of this nonstationary process on the profiles of wind in PBL are also analyzed.

1.5 关于边界层阻力定律在非定常 均匀条件下的推广[①]

摘 要：用自由大气实际风速取代地转风,得到了非定常均匀条件下阻力定律和边界层内参数的一些性质及相似性函数 A、B 的特性,该方法和结果可应用于大气模式中的边界层参数化以及与相似性函数有关的一些研究。

关键词：阻力定律,边界层,非定常均匀,相似性函数,内参数

1 引言

边界层阻力定律的研究是在相似理论基础上研究边界层内、外参数间的关系,从而由外参数(如地转风)求内参数(如湍流切应力或摩擦速度 u_* 等),阻力定律在大气数值模式的边界层参数化中有重要应用。边界层内外参数的关系不仅可从阻力定律来研究,亦可从大气边界层运动方程的数值解来研究,传统的研究方法是把地转风作为大气边界层运动方程的上界条件,从而由方程的解得出外参数地转风与内参数的关系。这后一种研究方法已有大量的工作。不论从阻力定律还是从边界层方程的解来研究内、外参数的关系,绝大部分工作都是在大气边界层为定常及水平均匀的条件下进行的,这时大气边界层的上界风即是地转风。但实际大气边界层常是非定常,非水平均匀的,这时边界层的上界风不再是地转风,而是由自由大气运动方程决定的风,相应的内、外参数关系应当与定常均匀时有别。Crago[1]用实测资料证明非定常对阻力定律和相似性函数影响是重要的,但这时的内外参数关系和阻力定律在理论上还很少有研究,已有的一些研究主要是从边界层运动方程的解出发,考虑上界风的非地转,研究在上界风非定常均匀时边界层内部的风状况,从而找出相应的内参数特征[2,3]。这种方法必须要求解复杂的边界层方程,从边界层参数化的应用来说,并不适合。另一方面,早年 Hasse[4] 曾提出一个设想,即认为非定常均匀时应由实际的边界层上界风(他称之为"广义无摩擦风")来取代定常均匀时阻力定律中的地转风,而阻力定律的形式不变。这样便得到了非定常均匀时的阻力定律,在知道地转风,上界风的时空变化后,即可由阻力定律寻求内参数,这一设想是合理的,与前述解边界层运动方程的做法也一致,但 Hasse 并未再深入研究以得到进一步的结论,在他以后,也未有这方面的研究。本文拟对这一问题进行深入研究,以得出非定常均匀条件下内参数的一些特征及相似性函数 A,B 的若干特性,而无需解边界层方程。结果说明,所得的内外参数的关系符合由边界层方程解得到的结果[2,5],因而是合理,可靠的。本文还研究了非中性边界层时的情况。

———————————

① 原刊于《气象学报》,1999 年 2 月,57(1),45-55,作者:赵鸣,黄新兵。

2　中性非定常均匀时的阻力定律

定常时的阻力定律可写成[4]：

$$\ln \frac{u_*}{fz_0} = A_0 + \left(\frac{k^2 G_0^2}{u_*^2} - B_0^2 \right)^{1/2} \tag{1}$$

$$\sin \alpha_0 = \frac{B_0}{k} \frac{u_*}{G_0} \tag{2}$$

k 为卡门常数，α_0 是地转风（定常均匀时即边界层的上界风）与地面风的夹角，G_0 为地转风，z_0 为粗糙度，f 是科氏参数，A_0, B_0 是相似性函数，在非中性时，它们是稳定度 h/L 的函数（h 为边界层厚度，L 为 M-O 长度），中性时，它们取常数，一个常用值是 $A_0 = 0.9, B_0 = 4.8$。顺便说一句，有的文献中 A_0, B_0 定义恰恰相反，为与文献[4,6]一致，本文用现在的 A_0, B_0 定义。由式(1),(2)可由外参数 G_0, f, z_0 求出内参数 u_* 及 α_0，这是阻力定律的一个重要应用。

从式(1),(2)经过简单的推导还可将式(2)代之以：

$$\tan \alpha_0 = -\frac{v_g}{u_g} = \frac{B_0 \dfrac{u_*}{k}}{\left(\ln \dfrac{u_*}{fz_0} - A_0 \right) \dfrac{u_*}{k}} = \frac{B_0}{\ln \dfrac{u_*}{fz_0} - A_0} \tag{3}$$

这是因当 x 轴选在地面风向时，北半球 v_g 一般为负。

Hasse[4]认为在非均匀定常情况下，即边界层上界风 u,v 不再是地转风时，式(1),(3)仍成立，A_0, B_0 亦取原来值，但式中 G_0 应代以"广义无摩擦风" $G = \sqrt{U_g^2 + V_g^2}$，其定义是：

$$U_g = u_g - \left(\frac{\partial v}{\partial t} + u \frac{\partial v}{\partial x} + v \frac{\partial v}{\partial y} + w \frac{\partial v}{\partial z} \right) / f \tag{4}$$

$$V_g = v_g + \left(\frac{\partial u}{\partial t} + u \frac{\partial u}{\partial x} + v \frac{\partial u}{\partial y} + w \frac{\partial u}{\partial z} \right) / f \tag{5}$$

将式(4),(5)乘以 f，将 U_g, V_g 改写成 u, v，则即是自由大气的运动方程，故 U_g, V_g 实即自由大气的实际风分量，亦即实际的边界层顶的风分量，均匀定常时，$U_g = u_g, V_g = v_g$，就是均匀定常时的阻力定律，由于均匀定常与非均匀定常主要差别就在于边界层顶实际风与地转风的差别，因此在非均匀定常时用 G 取代 G_0 是完全合理的。如果从边界层方程的解来找内参数，其与均匀定常的区别也在于用边界层顶实际风取代地转风，在用阻力定律时这样做也完全正确。

可用

$$\Delta u_g = U_g - u_g, \quad \Delta v_g = V_g - v_g \tag{6}$$

来表示两种风之差。

在用 G 取代 G_0 后,式(1),(2)成:

$$\ln \frac{u'_*}{fz_0} = A_0 + \left(\frac{k^2 G^2}{u_*^{'2}} - B_0^2 \right)^{1/2} \tag{7}$$

$$\sin \alpha' = \frac{B_0}{k} \frac{u'_*}{G} \tag{8}$$

或

$$-V_g = \frac{B_0}{k} u'_* \tag{8'}$$

在 G_0 换成 G 后,u_*,α_0 换成了 u'_*,α',式(8)说明,α' 角是上界风 G 与地面风的夹角。实际上不用上面的这一推演,而根据相似理论推导阻力定律的过程[7],在边界层上界风代替地转风的情况下也可推出式(7)和式(8)来。

在非定常均匀条件下,求地转风与地面风的夹角。用 α_0' 表示地转风与地面风的夹角(以区别定常均匀时的 α_0),则此时由式(6)应有:

$$\tan \alpha_0' = -\frac{v_g}{u_g} = \frac{-V_g + \Delta v_g}{U_g - \Delta u_g} = \frac{-\dfrac{k}{u'_*} V_g + \dfrac{k}{u'_*} \Delta v_g}{\dfrac{k}{u'_*}(U_g - \Delta u_g)} \tag{9}$$

由式(7),(8')有:

$$\ln \frac{u'_*}{fz_0} = A_0 + \frac{kG}{u'_*} \cos \alpha' = A_0 + \frac{kU_g}{u'_*}$$

$$U_g = \frac{u'_*}{k} \ln \frac{u'_*}{fz_0} - \frac{u'_*}{k} A_0 \tag{10}$$

由式(9),(8'),(10)得:

$$\tan \alpha_0' = \frac{B_0 + \dfrac{k \Delta v_g}{u'_*}}{\ln \dfrac{u'_*}{fz_0} - A_0 - \dfrac{k \Delta u_g}{u'_*}} \tag{11}$$

式(7),(11)就是非定常均匀时阻力定律的新形式。只要知上界风的时空导数($\partial u/\partial t$, $\partial u/\partial x$ ……),G_0,f,z_0 即可由式(7),(11)求出 u'_*,α_0'。

为简单起见,假定只知道 G_0,f,z_0,$\partial u/\partial t$ 和 $\partial v/\partial t$($\partial u/\partial x$,$\partial u/\partial y$,$\partial v/\partial x$,$\partial v/\partial y$ 等可归并成 $\partial u/\partial t$ 或 $\partial v/\partial t$,通过改变 $\partial u/\partial t$,$\partial v/\partial t$ 的大小来计入 u,v 的空间导数的影响)。由迭代法可求解式(7),(11)。为此,先假定一个初值 α_0',由

$$u_g = G_0 \cos \alpha_0', v_g = G_0 \sin \alpha_0' \tag{12}$$

及

$$\Delta u_g = -\frac{1}{f} \frac{\partial v}{\partial t}, \Delta v_g = \frac{1}{f} \frac{\partial u}{\partial t} \tag{13}$$

求上界风

$$G = \sqrt{(\Delta u_g + u_g)^2 + (\Delta v_g + v_g)^2} \qquad (14)$$

再设一个初值 u'_*，由式(7)求出新 u'_*，由式(11)求出新 α'_0，再由式(12)求新 u_g, v_g，……如此迭代，在初值恰当时，能迅速得收敛解，下面看计算例。表 1 是 $G_0 = 10\ ms^{-1}$，$z_0 = 0.1\ m$，$\varphi = 40°$ 纬度处，不同 $\partial u/\partial t, \partial v/\partial t$ 时内参数 u'_*, α'_0 的大小，u_*, α_0 是定常均匀时的值。

表 1　不同 $\partial u/\partial t, \partial v/\partial t$ 时的内参数

$\partial u/\partial t$	$\partial v/\partial t$	G	β	u'_*	u'_*/G_0	u'_*/G	α'_0	u_*	u_*/G_0	α_0
1/3 600 m/s^2	1/3 600 m/s^2	m/s	°	m/s			°	m/s		°
-1	-1	14.9	25	0.53	0.052	0.034	14.4	0.36	0.036	25.8
0	-1	13.3	25.2	0.47	0.047	0.036	34.6			
1	-1	10.4	25.8	0.38	0.038	0.037	56.3			
-1	0	11.0	25.6	0.40	0.040	0.036	5.5			
1	0	7.7	26.4	0.29	0.029	0.038	46.3			
-1	1	6.9	26.6	0.26	0.026	0.038	-4.1			
0	1	6.5	26.8	0.24	0.024	0.037	16.9			
1	1	4.7	27.5	0.18	0.018	0.038	36.8			

表 1 中 β 是上界风与地面风的交角。由表 1 可见，凡是 $\partial u/\partial t > 0, \partial v/\partial t = 0$，则造成 u'_* 下降，α'_0 上升，反之亦然；而 $\partial v/\partial t > 0, \partial u/\partial t = 0$ 则造成 u'_* 下降，α'_0 下降，反之亦然。若同时 $\partial u/\partial t, \partial v/\partial t$ 不等于零，则结果由两者共同影响决定。表 1 中 $\partial u/\partial t = -1/3\ 600\ ms^{-2}$，$\partial v/\partial t = 1/3\ 600\ ms^{-2}$ 时造成 $\alpha'_0 < 0$，似乎违背一般规律，但从 β 角可见，此时地面风仍在上界风之左，如果用上界风取代地转风，这结果仍是合理的。可见，非定常时 u'_* 与 u_* 比有很大变化，从而 $u'_*/G_0, \alpha'_0$ 与 $u_*/G_0, \alpha_0$ 比有很大变化，但 $u'_*/G, \beta$ 角与 $u_*/G_0, \alpha_0$ 比变化不大。由于 PBL 参数化方法中习惯上仍多用 u'_*/G_0 及 α'_0，因此必须考虑非定常均匀的影响。

造成 u'_* 在 $\partial u/\partial t \neq 0, \partial v/\partial t \neq 0$ 时与均匀定常时的差别的主要原因是上界风的变化，从表 1 可见凡是造成 u'_* 上升的均是由于 G 上升了，反之亦然，边界层上界风增加了，边界层内部风速随之增加，因而 u'_* 理所当然要增加，这与由边界层方程解得到的结论[2] 是一致的。

α'_0 的变化也符合边界层方程解的结果，如在文献[5] 中，上界风比地转风下降的气旋涡度区(即涡度为正区)，得到 α'_0 下降的结论，现在看表 1 中 $\partial v/\partial t > 0, \partial u/\partial t = 0$ 栏，上面已经提到 u, v 的空间导数在影响上等同于其时间导数，$\partial v/\partial t > 0$ 相当于 $\partial v/\partial x > 0$(因 $u > 0$)，即相当于正涡度区，且 $\partial v/\partial t > 0$ 时，上界风比地转风弱，从表 1 可见，α'_0 比均匀定常时小，符合方程解的结果。

3　中性非定常均匀时的相似性函数

上述做法是假设 A_0, B_0 不变，只把地转风改为上界风，但对相似性函数 A_0, B_0 言，它们本身有很多应用,例如在廓线理论中[8],在 Ekman 抽吸速度研究中[9]等等。在各种应用中只能用其定常均匀理论中的值,因为在非定常均匀问题中它们还没有研究。另一方面,从式(7),(11),当已用新的上界风 G 把新的 u'_*,α'_0 求出后,如果使这新的 u'_*,α'_0 值不变,但使式(7),(11)中 G 仍回到原来地转风 G_0,那么,此时式中 A_0,B_0 必然要与原来的值即定常均匀时 A_0,B_0 有差别,把这样得到的 A_0,B_0 记为 A',B',就应该是非定常均匀时的 A,B,它们与地转风 G_0 一起构成非均匀定常时的阻力定律。如果求出了不同 $\partial u/\partial t$,$\partial v/\partial t$ 时相应于 G_0,f,z_0 的 A',B',那么同样可由 G_0,f,z_0,$\partial u/\partial t$,$\partial v/\partial t$ 由外参数求内参数,这样做的好处是:求出的 A',B' 还有其他应用,即将式(1),(3)改写成

$$\ln \frac{u'_*}{fz_0} = A' + \left(\frac{k^2 G_0^2}{u_*^{'2}} - B^{'2}\right)^{1/2} \tag{15}$$

$$\tan \alpha'_0 = \frac{B'}{\ln \dfrac{u'_*}{fz_0} - A'} \tag{16}$$

由式(15),(16)得:

$$B' = \frac{k}{u'_*} G_0 \sin \alpha'_0 \tag{17}$$

$$A' = \ln \frac{u'_*}{fz_0} - \frac{B'}{\tan \alpha'_0} \tag{18}$$

故在用上一节方法求出 u'_*,α'_0(由 G_0,f,z_0,$\partial u/\partial t$,$\partial v/\partial t$)后,即可由式(17),(18)求出 A',B'。由于 $\partial u/\partial t$,$\partial v/\partial t$ 的存在,A',B' 将不同于定常均匀时的 A_0,B_0,且其差还将相关于 f,z_0 及 G_0 本身。计算证明,当 $\Delta u_g = 0$ 或 $\partial v/\partial t = 0$,$A'$ 与 A_0 相同,$\Delta v_g = 0$ 或 $\partial u/\partial t = 0$,$B' = B'_0$。图 1 是 $G_0 = 12$ m/s,$z_0 = 10^{-4}$ m,纬度 30°时,A',B' 随 $\partial u/\partial t$,$\partial v/\partial t$ 的变化。$\partial u/\partial t$,$\partial v/\partial t$ 的变化范围从 $-1/3\,600$ ms^{-2} 到 $1/3\,600$ ms^{-2},从图反映出的规律是随 $\partial v/\partial t$ 增加 A' 减少,而随 $\partial u/\partial t$ 的增加 A' 虽有变化,但较小;而随着 $\partial u/\partial t$ 增加,B' 增加明显,且随着 $\partial v/\partial t$ 的增加,B' 随 $\partial u/\partial t$ 增加的斜率增加。

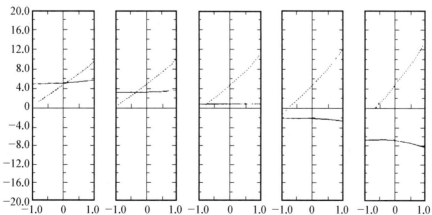

图 1　$G_0 = 12$ m/s,$z_0 = 10^{-4}$ m,$\varphi = 30°$ 时,A',B' 随 $\partial u/\partial t$,$\partial v/\partial t$ 的变化

(横坐标为 $\partial u/\partial t$,$\partial v/\partial t$,从左到右分别是 -1,-0.5,0,0.5,$1(1/3\,600$ ms$^{-2})$,实线为 A',虚线为 B')

如果看不同纬度及粗糙度的变化,则不同纬度和粗糙度时,上述特征仍然存在,只是随着纬度及粗糙度的增加,A' 随 $\partial v/\partial t$ 的变化及 B' 随 $\partial u/\partial t$ 的变化速率均减慢。如图 2 是 $G_0=12$ m/s, $\varphi=60°$, $z_0=10^{-4}$ m;图 3 是 $G_0=12$ m/s, $\varphi=60°$, $z_0=1$ m 时的图,可看出上述结论。

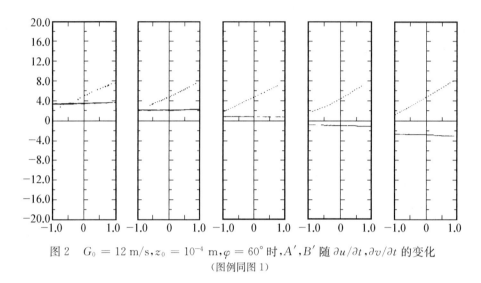

图 2　$G_0=12$ m/s, $z_0=10^{-4}$ m, $\varphi=60°$ 时, A', B' 随 $\partial u/\partial t$, $\partial v/\partial t$ 的变化
(图例同图 1)

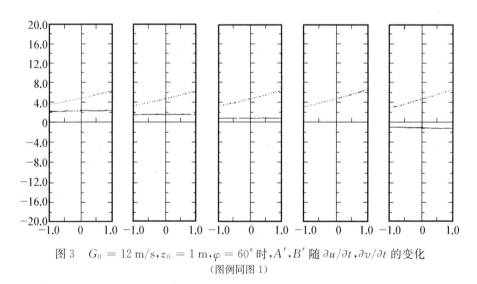

图 3　$G_0=12$ m/s, $z_0=1$ m, $\varphi=60°$ 时, A', B' 随 $\partial u/\partial t$, $\partial v/\partial t$ 的变化
(图例同图 1)

对不同 G_0 时的特性亦做了分析,取 $G_0=8$ m/s,计算结果各主要特征与 $G_0=12$ m/s 时相似,只是 A' 随 $\partial v/\partial t$, B' 随 $\partial u/\partial t$ 变化幅度更大些,即随 G_0 减少, A', B' 变化幅度增大。$G_0=4$ m/s 时此变化幅度更大。

根据上述 A', B' 的变化性质,当 $G_0=12$ 和 8 m/s 时,在 $\partial u/\partial t$, $\partial v/\partial t$ 于 $-1/3\,600$ m/s² 至 $1/3\,600$ m/s² 的变化范围内(这范围应包含了实际可能的 u, v 变化的常见值),当 $G_0=4$ m/s, $\partial u/\partial t$, $\partial v/\partial t$ 在 $\pm1/7\,200$ ms⁻² 范围内,用统计方法求出了 A', B' 随 $\partial u/\partial t$, $\partial v/\partial t$,

f, z_0 的变化的回归方程

$$A' = A_0 + \left[1 + \alpha_1 \frac{\partial u}{\partial t} + \beta_1 \left(\frac{\partial u}{\partial t}\right)^2\right](1 + r_A \ln z_0)\left[a_1 \frac{\partial v}{\partial t}/f + a_2 \left(\frac{\partial v}{\partial t}/f\right)^2\right] \quad (19)$$

$$B' = B_0 + \left[1 + \alpha_2 \frac{\partial v}{\partial t} + \beta_2 \left(\frac{\partial v}{\partial t}\right)^2\right]\left[(1 + r_B \ln z_0) b \frac{\partial u}{\partial t}/f + c \left(\frac{\partial u}{\partial t}/f\right)^2\right] \quad (20)$$

不同 G_0 值时各回归系数值见表2。

表2 A', B' 回归方程中各系数

G_0	α_1	β_1	α_2	β_2	r_A	r_B	a_1	a_2	b	c
12	520	872 185	867	946 721	−0.114	−9.5e-2	−7.8e-1	−5.3e-2	7.7e-1	3.5e-2
8	979	2 728 307	1 555	2 929 445	−0.123	−9.7e-2	−1.185	−0.123	1.17	8.3e-2
4	2 082	1.09e7	3 033	1.15e7	−0.123	−0.102	−2.219	−0.446	2.19	0.33

公式(19),(20)能很好反映前述 A', B' 的特征,随纬度的变化用 $\frac{\partial u}{\partial t}/f$ 或 $\frac{\partial v}{\partial t}/f$,随 z_0 的变化用 $\ln z_0$ 来代表更好。式(19),(20)的精确度大部分均在百分之几以下,仅个别在 $\partial u/\partial t$ 或 $\partial v/\partial t$ 绝对值达 $1/3\,600\ \mathrm{ms^{-2}}$ 时可达到20%,当然对其他 G_0 亦可类似作出拟合。表2包括了常用的 G_0 大小,可方便地适用于实际应用。从式(19),(20)可见,A' 随 $\partial v/\partial t$ 变化公式与 B' 随 $\partial u/\partial t$ 不完全相同。

4 非中性时的结果

前面讨论的是中性大气边界层,它代表平均状态下的大气边界层,其结果有一定的代表意义。定常非中性情况下的阻力定律也有了不少研究,其形式仍为式(7),(11),但其中 A_0, B_0 是稳定度参数 $\mu = h/L$ 的函数,不少研究者得出各自的 $A_0(\mu)$, $B_0(\mu)$ 表达式,例如 Yordanov[10] 等得到:

$$\left.\begin{array}{l} A_0(\mu) = \ln|\mu| - \dfrac{4.2}{\sqrt{|\mu|}} + 0.4 \\[2mm] B_0(\mu) = \dfrac{10}{\sqrt{|\mu|}} \end{array}\right\} \quad \mu < 0 \qquad (21)$$

$$\left.\begin{array}{l} A_0(\mu) = \ln\mu - 2.6\sqrt{\mu} - 0.7 \\[2mm] B_0(\mu) = 2.6\sqrt{\mu} \end{array}\right\} \quad \mu > 0$$

这 $A_0(\mu)$, $B_0(\mu)$ 应当用于定常均匀情况,仍如中性时一样,认为非定常均匀时阻力定律形式仍可应用,但将 G_0 代以 G,并设式(21)也能应用,当然这是假设,但考虑 $\partial u/\partial t$, $\partial v/\partial t$ 变化范围不是很大,则由此带来的近似程度应较高。现在用上节同样的方法,在式(7),(21)求出新的内参数 u'_*, α'_0 后,再用式(17),(18)求出 A', B',得到当仍用地转风为外参数时,新阻力定律所适用的 A', B'。与上节的唯一差别是 A_0, B_0 改为 μ 的函数,即式(21)。

表 3　不同 μ 时 $\partial u/\partial t$，$\partial v/\partial t$ 对内参数的影响

μ	$\partial u/\partial t$	$\partial v/\partial t$	G	$\beta(°)$	u'_*	$\dfrac{u'_*}{G}$	$\dfrac{u'_*}{G_0}$	$\alpha'_0(°)$	u_*	$\alpha_0(°)$	$\dfrac{u_*}{G_0}$
	$\left(\dfrac{1}{3\,600}\text{ ms}^{-2}\right)$	$\left(\dfrac{1}{3\,600}\text{ ms}^{-2}\right)$	(m/s)		(m/s)				(m/s)		
−40	−0.5	−0.5	7.6	9.6	0.32	0.042	0.053	−2	0.26	9.9	0.043
	0	−0.5	7.5	9.7	0.316	0.048	0.052	12			
	0.5	−0.5	7.0	9.7	0.297	0.042	0.050	26.3			
	−0.5	0	6.1	9.8	0.262	0.043	0.044	−4.2			
	0.5	0	5.6	9.9	0.243	0.043	0.040	24			
	−0.5	0.5	4.6	10.1	0.202	0.044	0.034	−6.5			
	0	0.5	4.5	10.1	0.202	0.045	0.034	7.6			
	0.5	0.5	4.2	10.2	0.187	0.046	0.031	21.7			
40	−0.5	−0.5	8.0	33.2	0.107	0.0133	0.018	29.1	0.081	33.5	0.013
	0	−0.5	7.2	33.3	0.096	0.0134	0.016	41.4			
	0.5	−0.5	6.1	33.5	0.081	0.0133	0.014	53.5			
	−0.5	0	6.7	33.4	0.090	0.0134	0.015	21.5			
	0.5	0	5.1	33.7	0.068	0.0133	0.011	45.5			
	−0.5	0.5	5.2	33.7	0.070	0.0135	0.012	13.7			
	0	0.5	4.7	33.8	0.064	0.0136	0.010	25.9			
	0.5	0.5	3.9	34.0	0.050	0.0128	0.009	37.8			

　　A'，B' 将不仅与 f，z_0，G_0，$\partial u/\partial t$，$\partial v/\partial t$ 有关，还与 μ 有关。选不同 μ 值进行计算，可以看出一般规律。表 3 是 $G_0=6$ m/s，$\mu=\pm40$，$z_0=0.01$ m，$\varphi=40°$ 时内参数随 $\partial u/\partial t$，$\partial v/\partial t$ 的变化，取 $G_0=6$ m/s 是考虑到 $\mu=\pm40$ 时 G_0 不可能很大，从表 3 可见，$\partial u/\partial t$，$\partial v/\partial t$ 对不同 μ 时的 u'_*，α'_0 的影响仍与中性时相同，只是因 $\partial u/\partial t=\partial v/\partial t=0$ 时 u'_*，α'_0 与 $\mu=0$ 时相应的值不同，因此 u'_*，α'_0 数值也与 $\mu=0$ 时数值不同，虽然也出现了 α'_0 为负的结果，但如 $\mu=0$ 时一样，上界风仍在地面风之右，仍是合理的，非中性时的 u'_*，α'_0 是在非中性时 $\partial u/\partial t=\partial v/\partial t=0$ 时的 u'_*，α'_0 再加上 $\partial u/\partial t$，$\partial v/\partial t$ 的影响而成。除了上面讲的 $\partial u/\partial t$，$\partial v/\partial t$ 影响外，仍可看出不稳定时 u'_* 大而 α'_0 小的特征。与 $\mu=0$ 时一样，u'_*/G_0 和 α'_0 与 u_*/G_0，α_0 比有很大变化，但 u'_*/G，β 角与 u_*/G_0，α_0 比变化不大。

　　图 4，5 分别是 $G_0=6$ m/s，$\varphi=40°$，$z_0=0.01$ m，$\mu=\pm40$ 时 A'，B' 随 $\partial u/\partial t$，$\partial v/\partial t$ 变化图，可见 A'，B' 随 $\partial u/\partial t$，$\partial v/\partial t$ 的变化特征亦与中性基本相同，只是数值大小及变化幅度有别于中性，其随纬度，粗糙度，G_0 的变化亦如此(图略)。

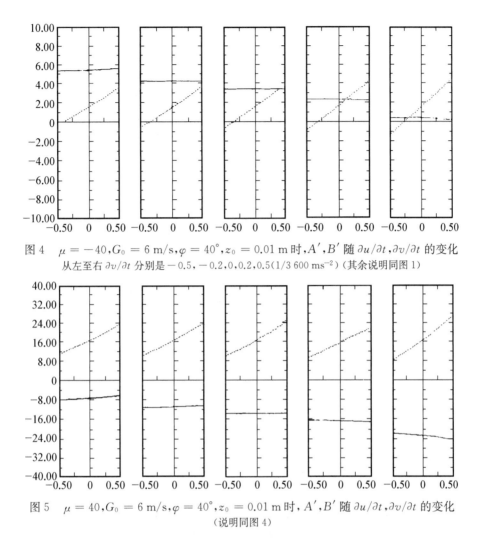

图 4　$\mu = -40, G_0 = 6$ m/s, $\varphi = 40°, z_0 = 0.01$ m 时, A', B' 随 $\partial u/\partial t, \partial v/\partial t$ 的变化
从左至右 $\partial v/\partial t$ 分别是 $-0.5, -0.2, 0, 0.2, 0.5(1/3\,600$ ms$^{-2})$（其余说明同图 1）

图 5　$\mu = 40, G_0 = 6$ m/s, $\varphi = 40°, z_0 = 0.01$ m 时, A', B' 随 $\partial u/\partial t, \partial v/\partial t$ 的变化
（说明同图 4）

　　由于 $\partial u/\partial t = \partial v/\partial t = 0$ 时，与 $\mu = 0$ 比，$\mu < 0$ 则 A' 大，B' 小，而 $\mu > 0$ 则反之，故 A'，B' 曲线在 $\mu < 0$ 或 $\mu > 0$ 时也相对于 $\mu = 0$ 时有上下的变化，即上面讲的数值大小及变化幅度有别于中性。另一特点是：稳定时 B' 随 $\partial u/\partial t$，A' 随 $\partial v/\partial t$ 变化的速率比 $\mu = 0$ 时要大，而不稳定时则反之。

　　如果任选一个 $\partial u/\partial t, \partial v/\partial t$ 值，作出 A', B' 随 μ 的变化图（图略），则仍保持了 $\mu < 0$ 时 A' 比 $\mu = 0$ 时大，B' 则小，而 $\mu > 0$ 时反之的结论，亦即随 μ 的变化仍具有 $\partial u/\partial t = \partial v/\partial t = 0$ 时的性质，只是由于 $\partial u/\partial t, \partial v/\partial t$ 的影响，A', B' 值不同了，实际的 A', B' 值应是 μ 影响加上 $\partial u/\partial t, \partial v/\partial t$ 影响的结果。

5　结论

　　本文把阻力定律由定常均匀时推广为非定常均匀时，得到非定常均匀（以 $\partial u/\partial t, \partial v/\partial t$

为代表)对内参数的影响及对相似性函数 A,B 的影响,这种影响随 $\partial u/\partial t,\partial v/\partial t,z_0,f,G_0$ 不同而异,其影响内参数的结果与由边界层运动方程解的结果一致。其对 A,B 的影响可用来研究与 A,B 有关的其他边界层问题,本文的方法可应用于实际的边界层参数化问题,在知道地转风, $\partial u/\partial t,\partial v/\partial t$,粗糙度,纬度时可用数值方法求出内参数,而不必求解复杂的边界层方程组。本文得到的关于 A',B' 的一些回归关系亦直接应用于实际。本文得到的一些规律有助于对边界层参数化的认识。

参考文献

[1] Crago R and Brutsaert W. Dependence of geostrophic drag on intensity of convection, baroclinity and acceleration. Bound-Layer Meteor. 1995. 73: 211-225.

[2] 赵鸣. 非定常过程对大气边界层的内参数和风廓线的影响. 气象学报.1987. 45: 385-393.

[3] Zhao M. A numericaJ experiment of the PBL with geostrophic momentum approximation. Adv. Atmos Sci., 1988. 5: 47-55.

[4] Hasse L. A resistance-law hypothesis for the non-stationary advective PBL. Bound-Layer Meteteor. 1976. 10: 393-407.

[5] 徐银梓,赵鸣.半地转三段K模式边界层运动,气象学报. 1988. 46(3): 267-275.

[6] Sarran J. The Atmospheric Boundary Layer. Cambridge: Cambridge University Press. 1992. 61.

[7] Zilitinkevich S S. Dynamics of Atmosphreric Boundary Layer. Gidrometeoizdat, 1970, 152. (in Russian)

[8] Zilitinkevich S S. Velocity profiles, the resistance law and the dissipation rate of mean flow kinetic energy in a neutrally stratified PBL. Bound-Layer Meteteor. 1989, 46: 367-387.

[9] 赵鸣.边界层特征参数对边界层顶垂直速度的影响.大气科学.1994,18:413-420.

[10] Yordanov D. et al. A barotropic PBL. Bound-Layer Meteoro. 1983, 25: 367-373.

ON THE EXTENSION OF THE RESISTANCE LAW FOR PBL TO NON-STATIONARY AND INHOMOGENEOUS CONDITIONS

Abstract: The well-known resistance law is suitable for stationary and homogeneous PBL. In this paper, the resistance law was extended to non-stationary and inhomogeneous conditions by using the real wind in free atmosphere instead of geostrophic wind. The main characteristics of the internal parameters of the PBL and similarity functions are thus obtained in non-stationary and inhomogeneous conditions. The methods and results of this paper can be applied in the PBL parameterization of atmospheric models and some problems concerning in similarity functions.

Key words: Resistance law, PBL, Non-stationary and inhomogeneous conditions, Similarity functions, Internal parameters

1.6   WIND PROFILES OVER COMPLEX TERRAIN[①]

Abstract: A large set of routine wind profiles has been analyzed at three towers, located in various types of complex terrain in New England. After allowing for effects of roughness change, uphill flow and stability, roughness lengths have been estimated. In general, the profiles and roughness lengths could be explained by differences in terrain and stability.

1   INTRODUCTION

Wind profiles over uniform terrain in the surface layer are now quite well understood, in unstable and near-neutral stability conditions. The effects of terrain have been considered and verified for different kinds of topography, e.g. by Jackson and Hunt(1975), Mason and Sykes(1979) and most generally by Warmsley et al.(1982), usually in near-neutral air.

The effect of a step change in roughness at right angles to the wind, and usually under neutral conditions, has been considered by Peterson(1969) and most recently, Højstrup (1981), who included the effect of heat flux. Peterson et al.(1980) have observed the effect of a change of roughness with a slightly sloping beach. They verified Taylor's(1978a) prediction for this combined effect.

In this study, we attempt to interpret, somewhat qualitatively, the properties of routine wind profiles at three towers, in quite different types of terrain. Stability, change of roughness and slope all change the wind structure. We will assume here that these factors act independently. The purpose is to show that even routine profiles, not intended for scientific study but for practical applications can be explained by profile theory.

Northeast Utilities in New England has operated three towers for several years, all more than 100 m high, with observations of both temperature and wind at a minimum of three levels.

The first tower, identified as "Millstone" is located on the coast of SE Connecticut close to an operated power plant. The terrain characteristics are completely different for different wind directions and are quite distinct. At this site, the variation of the profiles with wind direction is most straightforward.

---

①   原刊于《Boundary-Layer Meteorology》,1983,25,221 - 228,作者:赵鸣, H. A. PANOFSKY, R. BALL。

The other two towers are located in densely forested regions. The "Maromas" tower stands on the side of a hill, with tall and irregular trees surrounding it, in Central Connecticut. In one direction, toward the east, the terrain is relatively open and slopes toward the Connecticut River.

The third tower was located near Montague in Central Massachusetts. It has been removed recently. The tower was in a small clearing(average diameter 40 m), surrounded by a relatively regular forest. The general terrain around the tower is horizontal, but beyond 300 m to the west, the ground begins to slope down toward the Connecticut River, and the trees are replaced by open farm land. The tower will be referred to as "Montague tower."

2　ANALYSIS OF THE OBSERVATIONS

Monin-Obukhov surface-layer similarity theory is used here to analyze the effect of stability on wind profiles, even when the terrain is not flat(Korrell et al., 1982) The effect of irregularities of terrain and the stability effect are considered separately.

The wind profile can be written:

$$u = \frac{u_*}{k}\left[\ln\frac{z}{z_0} - \psi_m\left(\frac{z}{L}\right)\right] \tag{1}$$

where u_* is the friction velocity, L is the Monin-Obukhov length, z the height and k the von Karman constant.

Here we take, for unstable air(see Paulson, 1970),

$$\psi_m = \ln\left[\left(\frac{1+\chi^2}{2}\right)\left(\frac{1+\chi}{2}\right)^2\right] - 2\arctan\chi + \frac{\pi}{2} \tag{2}$$

where

$$\chi = \left(1 - 16\frac{z}{L}\right)^{\frac{1}{4}}$$

and for stable air,

$$\psi_m = -5\frac{z}{L} \tag{3}$$

Then the ratio of winds, u_2/u_1, at levels z_2 and z_1 is given by:

$$\frac{u_2}{u_1} = \frac{\ln\dfrac{z_2}{z_0} - \psi_m\left(\dfrac{z_2}{L}\right)}{\ln\dfrac{z_1}{z_0} - \psi_m\left(\dfrac{z_1}{L}\right)} \tag{4}$$

If we know L, then z_0 can be calculated from Equation(4).

Because heat flux and stress were not measured, relations between Richardson Number(Ri) and L were used to estimated L. These relations are(see, e.g., Arya,1982),

$$\frac{z}{L} = \text{Ri} \qquad \text{when} \qquad \text{Ri} < 0$$

$$\frac{z}{L} = \frac{\text{Ri}}{1-5\text{Ri}} \qquad \text{when} \qquad \text{Ri} > 0 \qquad (5)$$

The upper part of the surface layer reflects roughness conditions upstream, which may be different from local conditions. Separate L values and z_0 values were therefore estimated for upper and lower layer of each tower.

In this connection, we can estimate the horizontal distance for which the calculated z_0 applies. According to Højstrup(1981), the relation between height on a mast and distance of influence obeys the following equation, valid in unstable air:

$$\frac{\mathrm{d}z}{\mathrm{d}x} = Ak\left(1.6 + 2.9\left|\frac{z}{L}\right|^{3/2}\right)^{1/2}\left(\ln\frac{z}{z_0} - \psi_m\left(\frac{z}{L}\right)\right)^{-1} \qquad (6)$$

Here A is constant, take as 1. Substituting the calculated z_0 and L into(6), we can estimate the distance from the tower to which values of z_0, calculated from the upper winds, corresponds. It should be noted, however, that roughness lengths determined from the upper portions of profiles are not very reliable.

3 ANALYSIS OF THE MILLSTONE PROFILES

Reliable observations at Millstone were available at 10, 43 and 114 m, Figures 1 and 2 show the variations of z_0 with wind direction for winds from 295° through 0° to 14°, Figure 1 is for the lower wind ratios and Figure 2 for the upper wind ratios. These values were obtained by use of Equation(4).

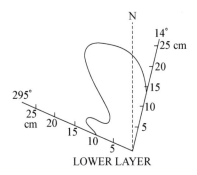

Fig.1 The roughness length(solid line) for the lower layer at
Millstone tower for the sector from 295 to 14 deg.

In order to explain these results, we first calculate from Equation(6) the approximate horizontal distances, within which these mean z_0's apply. When the wind comes from the north, for example, giving a mean z_0 of 2.5 cm in the lower layer, the mean upwind distance to which this z_0 applies is about 400 m in unstable conditions. The surfaces consist of tree-covered land and some water(inlet), therefore the calculated value of 2.5 cm is reasonable.

In the north-west direction, 321 – 333°, the small value of 10 cm or less for the lower layer is especially interesting. We are quite certain that this small value is real, because it is based on many profiles. The horizontal distance corresponding to less than $z_0 = 10$ cm is found from Equation(6) to be about 500 m. The main building of the power plant, the height of which is about 40 m, is at this distance. The lower part of the tower is therefore in the wake produced by the building. A small effective roughness length in the wake of large structures has been found in many wind tunnel experiments(see e.g., Meroney et al., 1976; Meroney et al.,1978; Arya and Shipman,1981; and Counihan et al., 1974).

For wind direction larger than 5°, the wind had passed over the water in the gulf, so z_0 becomes smaller than for 334 – 360°.

As to the upper part of the profiles, the variation of z_0 with wind direction is shown in Figure 2. As can be seen, the effective z_0 is much larger than that calculated from the lower levels. Mean z_0 values are in the range between 150 and 250 cm in the north-west and the north directions.

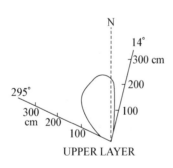

Fig.2　The roughness length(solid line) for the upper layer at Millstone tower for the sector from 295 to 14 deg.

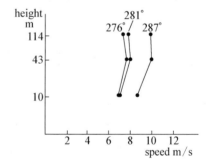

Fig.3　West wind profiles at Millstone tower

From Equation(6) it may be estimated that, for the north and north-west directions, these z_0's represent the terrain for distances of 850—1000 m from the tower. There are buildings and forest within these distances and the terrain is slightly rolling. The measured z_0's are consistent with these conditions.

When the wind direction is east of north(larger than 5°), a part of the surface is water, so that the roughness becomes smaller than for the north direction. The same phenomenon occurs when the direction is less than 310°.

Figure 3 shows typical profiles for west winds. With the use of Jackson-Hunt theory, roughness lengths corresponding to the lower portions of the profiles are found to be of order 8 cm; those for the upper portions, 0.03 cm. The z_0 values for the lower part of the profiles are appropriate for the surfaces which consist partly of land and partly of water.

A similar analysis was carried out utilizing the numerical theory suggested by Taylor (1978b), with generally similar results.

Since there are only three useful levels of measurements on the tower, the profiles we have analyzed may be rather crude approximation to the true profiles. The sensitivity of the roughness lengths to the exact height of the central observation level was therefore tested, and was found not to be large(Results of the analysis are not included here).

Northwest of the tower, there is a narrow stretch of land, then 1—2 km of water, then land again. Before reaching the 5 m tower base, air passes a distance of about 200 m over the land(peninsula) with complex terrain features. Between the tower and the sea, the terrain is interrupted by an inlet. As air passes over the inlet, it sinks first, then rises again, the mean z_0 obtained from the upper part of 10 north-east wind profiles is 31 cm. The mean z_0 obtained from the lower part is 12 cm. These results can be explained qualitatively by the distribution of land and sea; the relatively large effective roughness for the upper layer is due to the larger roughness of the far shore, combined with the small roughness of the water. The z_0 for the lower layer represents the average for the nearby land and water.

4 ANALYSIS OF THE WIND PROFILE AT THE MAROMAS TOWER

The Maromas Tower is located near Middletown, Connecticut, on a wooded slope of the Connecticut River. There are hills and slopes to the north, west and south, covered with tall and irregular trees. The heights of these hills are about 100—200 m. The mean slope of the hills are about 1/10. The Connecticut River is located to the east and southeast, 600—1600 m from the tower. Between the tower and the river there is a small plain. Opposite the river, there are other hills, the mean slopes of which are also about 1/10, and their heights are about 100—200 m.

Wind speed and direction are observed at four levels: 10.1, 45.7, 99.1 and 150.6 m. Temperature differences between 45.7 and 10.1 m, 99.1 m and 10.1 m, and 150.6 m and 10.1 m are also measured. The instruments are the same as at the Millstone tower.

Almost 1/3 of the 47 profiles which were chosen occur in stable stratifications or in near-neutral conditions, in contrast to the profiles at Millstone.

Although the profiles have different characteristics from those over flat surfaces, some characteristics of the profiles over homogeneous surfaces still remain, i.e., the wind shears are larger in stable than in unstable conditions in the same wind directions.

Another similarity with profiles over homogeneous surfaces is that when z_0 becomes larger, the wind shear also becomes larger. Air from the northwest passes over more steeply fluctuating surfaces than the wind from the southeast, so that usually the wind shears and roughness lengths for southeast winds are smaller than wind shears and roughness lengths for the northwest directions.

The tower is located in a narrow clearing, surrounded by tall and irregular trees. A quantitative analysis would require a displacement length d of about 15 m. This makes the evaluation of z_0 for the lower layer unreliable, because z-d is of the same order of magnitude as z_0. Therefore, only data for the upper layer(46—99 m) were handled in a near-quantitative manner. Further, because of the irregularity of the profiles, wind direction differences between different levels as large as 20° had to be tolerated.

Roughness lengths for the upper layer varied from 6—11 m for NW winds and 1—5 m for SE winds. These large values are consistent with the combination of irregular trees and large form drag; the effect of wind direction also agrees with terrain features in those directions.

5　ANALYSIS OF THE WIND AT THE MONTAGUE TOWER

The Montague Tower is located near Montague, Massachusetts. Wind speeds and directions are measured at 5 levels: 10.1, 21.3, 45.7, 99.1 and 150.6 m. Temperature differences between 43 and 10.1 m, 114 and 10.1 m, and 136.2 and 10.1 m are also measured.

The tower is located near the southwest corner of a wooded plain, close to the center of a small clearing, about 40 m in diameter. To the north and east, the plain is extensive; to the west, the land begins to fall off about 300 m west of the tower toward the Connecticut River. To the south, the terrain breaks into irregular hills about 1000 m from the tower.

For about 25% of the profiles used, the maximum differences among the wind directions at different levels are between 10 and 20°. For about 75%, the differences are less 10°. Almost all profiles were measured in unstable conditions.

Since the average height of the trees at Montague is 10 m, a displacement length of 8 m was chosen. Therefore, the wind measurements at 10 m are too low for exact profile analysis. Nevertheless, two separate layers could be investigated, a lower layer, 21—46 m, and an upper layer, 46—99 m. Although the temperatures were not measured at exactly the same levels, it was quite easy to interpolate temperatures at 21, 46, and 99 m and to compute Richardson numbers for the two layers.

The roughness lengths corresponding to the lower layer represent the effect of trees on an almost completely horizontal plain, it is not surprising that the average value is 1 m varying only little with wind direction. For NW winds, z_0 averages slightly larger(1.2 m) and 0.7 m for the SE winds. The larger value in the NW direction may be due to form drag, since in that direction, the forested plateau is interrupted by small valleys.

The most surprising result concerning the Montague roughness lengths is the lack of variation of z_0 with height. This is particularly unexpected for winds with southerly components, which have crossed open farm land before reaching the wooded plain. Perhaps the effect of the smoother ground cover in this direction is compensated by the greater form drag of the rolling hills.

TABLE Ⅰ Summary of roughness lengths as estimated from Equation(4)

Millstone

Wind direction	Lower layer		Upper layer	
	z_0	Terrain	z_0	Terrain
325°	<10 cm	building wake	200 cm	wood, buildings
North	25 cm	farmland	250 cm	wood, buildings
West	8 cm	shore, water	0.03 cm	water
North-East	12 cm	shore, water	31 cm	water, far shore

Maromas

Wind direction	Upper layer only	
	z_0	Terrain
SE	1—5 m	smooth, open woods
NW	6—11 m	irregular trees, large form drag

Montague

Wind direction	Lower layer		Upper layer	
	z_0	Terrain	z_0	Terrain
North-West	1.2 m	forest plateau	1.3 m	forest
North-East	1.1 m	forest plateau	0.8 m	forest
South-East	0.7 m	forest plateau	0.7 m	rolling farmland
South-West	1.1 m	forest plateau	1 m	rolling armland

6　SUMMARY

Table Ⅰ summarizes the various roughness lengths determined in the preceding sections and suggests that the results are at least qualitatively in agreement with expectations.

REFERENCES

Arya, S. P. S.(1982), Atmospheric boundary layer over homogeneous terrain, in(ed), E.Plate Engineering Meteorology, Elsevier Scientific Publ. Co., 237 - 267.

Arya, S. P. S. and Shipman, M. S.(1981), An experimental investigations of flow and diffusion in the disturbed boundary over a ridge, Part 1, Mean flow and turbulent structure, Atmos. Envir., 15, 1173 - 1184.

Counihan, J., Hunt, J. C. R., and Jackson, P. S.(1974), Wakes behind two dimensional surface obstacle in turbulent boundary layer, J. Fluid Mech., 64, 529 - 563.

Højstup, J. (1981), A simple model for the adjustment of velocity spectra in unstable conditions downstream of an abrupt change in roughness and heat flux, Boundary-Layer Meteorol., 21, 341 - 356.

Jackson, P. S. and Hunt, J. C. R.(1975), Turbulent wind flow over a low hill, Q. J. Roy. Met. Soc., 101, 929 - 955.

Korrell, A., Panofsky, H. A., and Rossi, R. J.(1982), Wind profiles at the Boulder tower, Boundary-Layer Meteorol., 22, 295 - 312.

Mason, P. J. and Sykes, R. I.(1979), Flow over an isolated hill of moderate slope, Q. J. Roy. Met. Soc., 105, 383 - 395.

Meroney, R. N., Sandborn, V. A., Bouwmeester, R. J. B., and Rider, M. A.(1976), Sites for wind power installations: wind tunnel simulation of the influence of two dimensional ridge on wind speed and turbulence-tabulated experimental data, Colorado State Univ. Report No. ERDA/Y - 76 - S - 06 - 2438/76/1.

Meroney, R. N., Sandborn, V. A., Bouwmeester, R. J. B., Chien, H. C., and Rider, M.(1978), Sites for wind power installations: physical modelling of the influence of hills, ridges and complex terrains on wind speed and turbulence, Part 2, Executive summary. Colorado State Univ. Report No. RLO/2438 - 77/3.

Paulson, C. A.(1970), The mathematical representation of wind speed and temperature profiles in the unstable atmospheric surface layer, J. Appl. Meteorol., 9, 857 - 861.

Peterson, E W.(1969), Modification of mean flow and turbulent energy by a change in surface roughness under conditions of neutral stability, Q. J. Roy. Met. Soc., 95, 561 - 575.

Peterson, E. W., Taylor, P. A., Højstrup, J., Jensen, N. O., Kristensen, L., and Peterson E. L.(1980), Riso 78: Further investigations into the effects of local terrains irregularities on tower-measured wind profiles, Boundary-Layer Meteorol., 19,303 - 313.

Taylor, P. A. (1978a), A numerical model of flow above gentle topography with changes in surface roughness. Proc. 9th NATO/CCMS Intnl. Tech. Meeting on air pollution modelling and its application. Downsview, Canada, Aug. 1978.

Taylor, P. A.(1978b), A note on velocity and turbulent energy profiles in the surface layer with particular reference to the numerical modelling of turbulent boundary layer flow above horizontally inhomogeneous terrain, Repoet-ARQL. 4/78, Atmos. Envir. Service, Canada.

Warmsley, J. L., Salmon, J. R., and Taylor, P. A.(1982), On the application of a model of boundary-layer flow over low hills to real terrain, Boundary Layer Meteorol., 23,17 - 46.

1.7 非定常过程对大气边界层的内参数与风廓线的影响(二)[①]

提　要： 本文用大气边界层运动方程的数值积分研究了当边界层顶风向不变但风速变化时对大气边界层的内参数 $\frac{u_*}{A}$（u_* 为摩擦速度，A 为上界风速）和 α 角（地面风与上界风向的交角）的影响。设上界处风速随时间指数增加及减少，最后趋于定常。在大气正、斜压时，$\frac{u_*}{A}$ 及 α 角的时间变化均是振幅衰减的振荡，最后趋于定常时相应的值。在时间变化过程中的任一时刻，内参数值与当上界条件取该时刻上界风时的定常解结果有一定的差别，严格说，定常时的内参数值并不能直接用于当上界风非定常时。本文还考虑了上界风速非定常对风廓线的影响。

1　引言

在大尺度气象过程的数值模拟中，边界层的影响一般由参数化来引入，而参数化的主要内容是找出边界层内外参数间的关系，从而将内参数（各种湍流通量等）用大尺度模式变数表出。相似理论与解边界层运动方程都能得出相应结果。至今为止，结果主要是定常时的。在定常情况下，当大气为中性、非中性、正压、斜压时均获得若干结果[1,2]。对于非定常情况，当大尺度气压场不随时间变化时即边界层上界风不随时间变化时，仅由于边界层日变化引起的内参数变化也有了若干研究[3,4]。从实用观点说，大尺度气压场也在变化，尤其在系统过境时不能忽略，此时边界层上界风也在变，这种变化会对内外参数间的关系产生什么影响，相应的边界层参数化会有哪些变化是一个既有理论意义又有实用价值的问题。我们在前一文中[5]论述了中性正压大气由于气压场变化使边界层上界风向作等速度变化，而风速不变时，内参数 $\frac{u_*}{A}$（摩擦速度与上界风速之比）及 α 角（地面风与上界风向的夹角）的变化及其与定常时的差别。本文则讨论当气压场的变化使中性大气边界层上界风向不变，而风速随时间变化时内参数的变化，主要讨论 $\frac{u_*}{A}$，α 的变化，采用求解边界层运动方程的方法，既考虑大气为正压也考虑为斜压情况。

---

①　原刊于《气象学报》1988 年 5 月，46(2)，210 - 218，作者：赵鸣，钟世远，卞新棣。

2　基本方程与数值积分

设大气中性(代表大气的一般状况),下垫面水平均匀,与[5]相同,考虑水平均匀的运动,运动方程对边界层是:

$$\frac{\partial u}{\partial t} = \frac{\partial}{\partial z} K \frac{\partial u}{\partial z} + fv - \frac{1}{\rho} \frac{\partial p}{\partial x} \tag{1}$$

$$\frac{\partial v}{\partial t} = \frac{\partial}{\partial z} K \frac{\partial v}{\partial z} - fu - \frac{1}{\rho} \frac{\partial p}{\partial y} \tag{2}$$

K 为湍流交换系数,其他符号为通用符号。边界层顶处不计摩擦(其相应风速的右上角加"ı"号),方程是:

$$\frac{\partial u^{\text{ı}}}{\partial t} = f u^{\text{ı}} - \frac{1}{\rho} \frac{\partial p}{\partial x} \tag{3}$$

$$\frac{\partial v^{\text{ı}}}{\partial t} = - f u^{\text{ı}} - \frac{1}{\rho} \frac{\partial p}{\partial y} \tag{4}$$

当大气正压时,(1)、(2)与(3)、(4)式中气压梯度力分别相等。由(3)、(4)可将气压梯度力表示为上界风速的函数:

$$-\frac{1}{\rho} \frac{\partial p}{\partial x} = \frac{\partial u^{\text{ı}}}{\partial t} - f v^{\text{ı}} \tag{5}$$

$$-\frac{1}{\rho} \frac{\partial p}{\partial y} = \frac{\partial v^{\text{ı}}}{\partial t} + f u^{\text{ı}} \tag{6}$$

将(5)、(6)代入(1)、(2)得正压时边界层运动方程:

$$\frac{\partial u}{\partial t} = \frac{\partial}{\partial z} K \frac{\partial u}{\partial z} + \frac{\partial u^{\text{ı}}}{\partial t} + f(v - v^{\text{ı}}) \tag{7}$$

$$\frac{\partial v}{\partial t} = \frac{\partial}{\partial z} K \frac{\partial v}{\partial z} + \frac{\partial v^{\text{ı}}}{\partial t} + f(u^{\text{ı}} - u) \tag{8}$$

当大气斜压时,边界层内外的气压梯度力除在边界层顶 $z = h$ 外不再相等,即(5)、(6)式仅在边界层顶成立。

由热成风关系知:

$$\frac{\partial}{\partial z}\left(-\frac{1}{\rho} \frac{\partial p}{\partial x}\right) = \frac{g}{\overline{T}} \frac{\partial \overline{T}}{\partial x} \tag{9}$$

$$\frac{\partial}{\partial z}\left(-\frac{1}{\rho} \frac{\partial p}{\partial y}\right) = -\frac{g}{\overline{T}} \frac{\partial \overline{T}}{\partial y} \tag{10}$$

如前述,设边界层上界风向不变,仅风速变,不失一般性设上界风向沿 x 轴,于是 $v^{\text{ı}} =$

0。考虑热成风平行于边界层上界风的情况(其他情况用文中方法可类似求解),即设 $\frac{g}{\overline{T}}\frac{\partial\overline{T}}{\partial x}=0$,并设热成风速线性随高度增减:

$$\left(-\frac{1}{\rho}\frac{\partial p}{\partial x}\right)_z=\left(-\frac{1}{\rho}\frac{\partial p}{\partial x}\right)_h \tag{11}$$

$$\left(-\frac{1}{\rho}\frac{\partial p}{\partial y}\right)_z=\left(-\frac{1}{\rho}\frac{\partial p}{\partial y}\right)_h-c(h-z) \tag{12}$$

h 为边界层上界高度,c 为常数即为 $-\frac{g}{\overline{T}}\frac{\partial\overline{T}}{\partial y}$,$h$ 处的气压梯度力用(5)、(6)式代入得:

$$\left(-\frac{1}{\rho}\frac{\partial p}{\partial x}\right)_z=\frac{\partial u^1}{\partial t}-fv^1 \tag{13}$$

$$\left(-\frac{1}{\rho}\frac{\partial p}{\partial y}\right)_z=\frac{\partial v^1}{\partial t}+fu^1-c(h-z) \tag{14}$$

(13)、(14)代入(1)、(2)即得斜压大气边界层运动方程:

$$\frac{\partial u}{\partial t}=\frac{\partial}{\partial z}K\frac{\partial u}{\partial z}+\frac{\partial u^1}{\partial t}+f(v-v^1) \tag{15}$$

$$\frac{\partial v}{\partial t}=\frac{\partial}{\partial z}K\frac{\partial v}{\partial z}+f(u^1-u)-c(h-z)+\frac{\partial v^1}{\partial t} \tag{16}$$

湍流交换系数 K 用近代边界层模式中常用的形式[6]

$$K=l^2\left[\left(\frac{\partial u}{\partial z}\right)^2+\left(\frac{\partial v}{\partial z}\right)^2\right]^{1/2} \tag{17}$$

l 为混合长:

$$l=0.4(z+z_0)/[1+0.4(z+z_0)/\lambda] \tag{18}$$

z_0 为下垫面粗糙度,本文取 0.01 m,代表平坦地区。

$$\lambda=0.006\,3u_*/f \tag{19}$$

$$u_*=\left(K\left|\frac{d\mathbf{V}}{dz}\right|\right)^{1/2}_{z=z_s} \tag{20}$$

$z=z_s$ 为近地层某高度,(17)—(20)分别与(7)、(8)及(15)、(16)组成正、斜压大气边界层闭合方程。可以求数值解,f 取中纬度代表值为 $10^{-4}\mathrm{s}^{-1}$。

下界条件:

$$u=v=0 \qquad 当\ z=0 \tag{21}$$

由大尺度地转适应理论[7],在适当的天气尺度条件下,上界风的演变规律可令为:

$$v=v^1=0 \tag{22}$$

$$u = u^1 = P_1 - Qe^{-at} \tag{23a}$$

$$u = u^1 = P_2 + Qe^{-at} \tag{23b}$$

(23a)代表上界风随时间增加,(23b)代表上界风随时间减少,显然当时间 t 足够大后,上界风即为定常,不失一般性,不妨取 $a = f$。

(22)、(23a)、(23b)既可作为上边界条件也可用以求(1)、(2)式中的气压梯度力,即将(22)、(23a)、(23b)式代入(5)、(6)、(13)、(14)式即可得知气压梯度力的表示式。

为讨论方便起见,不妨称(23a)的解为情况 a,(23b)的解为情况 b。

初始条件取当 $t = 0$ 时(22),(23)式所示的上界风情况下的边界层方程的定常解。

本文所取铅直差分网格见表1。

上界高度取 1 000 m 代表一般边界层上界高度。将方程组化为差分方程,采用隐式差分方案,时间取前差,Δt 取 2 min。在(23)式情况下,上界风速的变化开始时变化较快,然后变慢。本文取 $P_1 = 12$ m/s,$P_2 = 8$ m/s,$Q = 4$ m/s 作为代表值。在这些参数下,上界风在时间较长时间例如 20 h 左右,随时间的变化已较小,即接近于定常。我们积分到 40 h 为止,积分结果也证明 20 h 后结果随时间变化已不大。当然积分时间如果更长,则更能使结果接近定常态。本文方法亦可应用到当上界风为其他函数形式或参数 P, Q 取其他值的情况。

表 1　铅直差分网格

No	1	2	3	4	5	6	7	8
z (m)	0	0.25	0.5	1	2	6	16	32
No	9	10	11	12	13	14	15	16
z (m)	64	100	200	300	400	600	800	1 000

3　正压大气的结果

图 1 是情况 a(上界风速随时间增加)求出的 $\dfrac{u_*}{A}$ 随时间的变化、上界风在最初几小时迅速增加,然后增加速度变慢,最后趋于定常。从正压时的结果(实线)可见,$\dfrac{u_*}{A}$ 随时间的变化呈振幅逐渐衰减的波动性质。即先短暂上升后随即下降,然后再渐升降而趋于定常值 0.033,它与当上界风为 12 m/s 时的定常解结果的值已几乎一致(定常解结果亦示于图中),说明对 $\dfrac{u_*}{A}$ 而言,20 h 已趋于定常。

图 2 是情况 b(即上界风随时间减少)的结果,$\dfrac{u_*}{A}$ 也是呈衰减的振荡,只是变化趋势与情况 a 相反,到 20 h 以后也已趋于它的定常态值。积分 20 h 以后的定常值在情况 a 比初始

值略小,而在情况 b 比初始值略大,这符合边界层相似理论的结论,按近代边界层理论[1],中

性时 $\dfrac{u_*}{A}$ 应是罗斯贝数 $\dfrac{A}{fz_0}$ 的函数(此处我们用 A 代替地转风 G),在情况 a,罗斯贝数最

后值比起始值大,故 $\dfrac{u_*}{A}$ 略小,情况 b 则反之。当然这仅对定常值才成立。而在变化过程

中 $\dfrac{u_*}{A}$ 的振荡性质则应是引起 $\dfrac{u_*}{A}$ 复杂变化的各因素共同作用的结果。在情况 a,此时由

(5)、(6)式,气压梯度力 $\left|-\dfrac{1}{\rho}\dfrac{\partial p}{\partial x}\right|$ 应增加,$\left|-\dfrac{1}{\rho}\dfrac{\partial p}{\partial y}\right|$ 亦增加,上界风速亦增加,而气压

梯度力的增加与上界风的增加并不成比例,例如由(5)式 x 方向气压梯度增加了,但 y 方向

速度却没有增加,因此这种情况比定常情况复杂得多。气压梯度力的增加与上界风速增加

的结果都会造成近地处风速及 u_* 的增加,而 u_* 增加的快慢又决定于气压梯度力及上界风

速增加的快慢以及此时方程中各力$\left(\text{包括惯性力 }\dfrac{\partial u}{\partial t},\dfrac{\partial v}{\partial t}\right)$共同产生的结果,显然由于过程

复杂,再除以 A 后,$\dfrac{u_*}{A}$ 的变化就不可能是单调的时间变化。另一方面,在积分时间较长以

后,由于上界风速变化速度已较慢,相应地气压梯度力的变化亦慢,方程中 $\dfrac{\partial}{\partial t}$ 项亦小,于是

方程中各量变化速率均较慢,因而 $\dfrac{u_*}{A}$ 变化幅度变小,并逐渐趋于定常值。

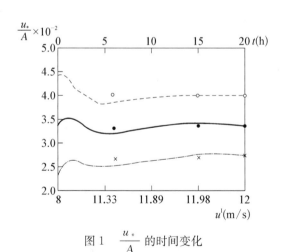

图 1　$\dfrac{u_*}{A}$ 的时间变化

(实线为正压,点划线为地转风随高度增加,
虚线为地转风随高度减少;
●、×、○分别为上述三种情况下,在几个固定时刻的定常解,
上界风随时间增加)

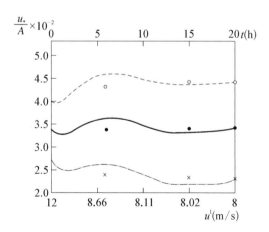

图 2　$\dfrac{u_*}{A}$ 的时间变化

(上界风随时间减少,其他情况同图 1)

再看 α 角,如图 3,4 分别是情况 a,b 时 α 角的时间变化,在情况 a,α 角很快由 26°下降

至 20°,然后再逐渐上升,到 20 h 时为 24.7°,此值已较接近当上界风速为 12 m/s 时的定常解

$25°$,小的差别说明还没有完全达定常态解,与 $\dfrac{u_*}{A}$ 比较,α 角变化幅度大一些。趋于定常值也迟些。在情况 b,则相反,先由 $25°$ 很快上升至 $31°$,然后再下降,$20\,h$ 后达 $26.8°$,比上界风速 $8\,m/s$ 时的定常解 $26°$ 还略大些,这也说明 $20\,h$ 后仅接近定常解而尚未完全达定常解,也比 $\dfrac{u_*}{A}$ 变化幅度大,较迟趋于定常值。图 $3,4$ 我们仅给出了 $20\,h$ 内的数值解,因为 $20\,h$ 后其变化幅度极其小,我们将 $20\,h$ 至 $40\,h$ 之间的数值解大致情况简述如下即可明了。在情况 a 中当 $20\,h$ 后 $\dfrac{u_*}{A}$ 变化的相对范围(和相应定常解)在 1.3% 之间,α 角在 2.2% 之间;在情况 b 中 $20\,h$ 后的 $\dfrac{u_*}{A}$ 变化为 1.4%,α 角在 2.4% 之间。可见相对变化在 $20\,h$ 以后是非常小的。α 角变化的振荡性质同样也是方程中各个力对时间变化的响应随时间的不同而不同产生的结果。时间增加,各力的非定常性及上界风速的非定常性均减少,解也渐趋于定常。当然上述解释仅对(23)式的上界风速而言,对其他风速变化,$\dfrac{u_*}{A}$ 及 α 角的变化亦将不同。

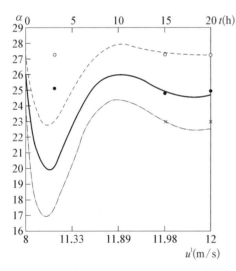
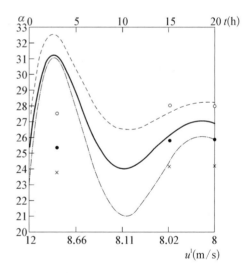

图 3　α 角在上界风速随时间增加时的变化　　　　图 4　α 角在上界风速随时间减少时的变化
(图例同图 1)　　　　　　　　　　　　　　　　(图例同图 1)

在任一时间断面,由当时的上界风速 A 可算出罗斯贝数 $\dfrac{A}{fz_0}$。在这一时间断面,我们由本模式可算出非定常时的 $\dfrac{u_*}{A}$ 及 α,亦可用当时的上界风速 A 求定常边界层运动方程的解,从而求出该时刻定常时的 $\dfrac{u_*}{A}$ 及 α。显然不同时刻,由于罗斯贝数不同,这些定常内参数将不同,而同一时刻,非定常的内参数也与定常内参数不同。我们在图 1—4 中在几个固定时刻给出了定常时的解以与当时的非定常解相比较。可见在情况 a,积分 6 h 后 $\dfrac{u_*}{A}$ 低于定常值,而 15 h 后高于定常值,情况 b 则反之。$\dfrac{u_*}{A}$ 的这个差别在 6 h 时可达 7% 左右,15 h 时的差别则较小。定常与非定常的差别是由于它们服从的方程不同,并且即使在同一上界风速下,气压梯度力也不相同的缘故。同样对 α 角,在积分 3 h 后,定常与非定常值的差别可达到 20% 左右,不同时刻 α 角可以是定常时大,也可以是非定常大,这差别随着时间的增加而渐变小。由此可见,当我们由大尺度模式参数求内参数时,精确地说,不能只引用定常的结果,而要考虑实际大尺度非定常的影响。

显然,同一上界风速时,定常与非定常的差别也应反映在风廓线上。图 5 是情况 a 时积分 6 h 后的风矢端螺旋图。图上也给出了同一上界风下的定常解。可见风螺旋主要特征是相同的,但在大部分高度上,定常解风速要比非定常解大些。即以较快的速度趋于上界风。这相应于在非定常时 $\dfrac{u_*}{A}$ 比定常时小些之故。在积分 15 h 后,

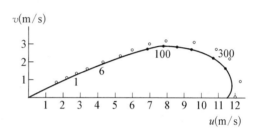

图 5　上界风速随时间增加时的风螺旋
（积分时间为 6 h,图中由实线及●表示,○表示定常解）

非定常的 $\dfrac{u_*}{A}$ 比定常时要大些,相应地各高度上的风速也就比定常时要大些。这可以从 u_* 大,湍流的上下交换也大的事实来说明。相似地,情况 b 的风廓线,非定常与定常的差别亦与当时的 $\dfrac{u_*}{A}$ 相适应。

4　斜压时的结果

为简单计,设斜压参数 c 不随时间变化,此时边界层内气压梯度力随时间的变化应由上界风速的时间变化再加上斜压作用来决定,即(13)、(14)式。不失一般性可设 c 为 $\pm 3 \times 10^{-7} \text{s}^{-2}$,当 c 为正时表明边界层内气压梯度力的绝对值随高度递增,c 为负时则反之。在图 1—4 中,给出斜压时内参数解的结果,前者以点划线表示,后者以虚线表示。由图 1,在情况 a,当地转风随高度增加时,$\dfrac{u_*}{A}$ 比正压时偏小约 20%,而随时间变化的趋势则相同;当地转风随高度减少时,$\dfrac{u_*}{A}$ 比正压约大 20%,趋势亦相同。时间趋势相同显然是由于 $\dfrac{u_*}{A}$ 的时间变化正、斜压时均是同一物理机制引起,而 $\dfrac{u_*}{A}$ 的值在地转风随高度增加时偏小是因这时上界风及上界处气压梯度力与正压相同;而近地处则斜压时气压梯度力变小,显然此时

u_* 应比正压时小,地转风随高度减少时 $\dfrac{u_*}{A}$ 偏大亦可类似解释。情况 b 时由图 2,变化趋势亦与正压相同,只是其与正压时的差别达到 30%,也是地转风随高度增加时 $\dfrac{u_*}{A}$ 更大,此处不另解释。

α 角情况见图 3 图 4,当地转风随高度增加时,α 比正压时小,反之亦然,不论情况 a 及 b 均如此。总之对 $\dfrac{u_*}{A}$ 及 α,斜压性造成的相对于正压时的差别在各个时刻都近于相等,故总变化趋势与正压时相同。即斜压性不改变 $\dfrac{u_*}{A}$,α 随上界风变化的趋势,只使其大小改变。

现在再看与定常时的比较,如图 1—4,非定常与定常解的差别的基本特征与正压相同,只是差别的大小在地转风随高度增加时还略大些,同样,对 $\dfrac{u_*}{A}$ 而言,到积分 20 h 已趋定常,而对 α 角则离定常还有一点差别,即 α 角趋于定常更慢些。

我们还比较了情况 a、b 下,不同时刻在不同斜压情况下风廓线与定常时的差别。此差别与正压时特征相同,即定常非定常时各高度风的大小要看 $\dfrac{u_*}{A}$ 的大小,在 $\dfrac{u_*}{A}$ 比定常解大的时刻,其风速亦比定常时大,反之亦然,这是对风大小而言的,如果考虑近地面风分量,还要再考虑 α 的差别。总之,定常与非定常廓线的差别在不同时刻是不同的,情况比较复杂。

5　结　论

本文用边界层运动方程的数值积分讨论了正、斜压大气中当上界风由于大尺度气压场的变化而产生风速变化但风向不变时,边界层内参数及风廓线的变化。用湍流理论中常用的 K 表达式,而上界风速设指数型随时间变化,最后趋于定常值。结果表明,$\dfrac{u_*}{A}$ 及 α 呈衰减振荡的形式,最后趋于相应于定常解时的定常值。在变化中的任一时间断面处,非定常内参数不同于取该时刻上界风为上界条件时的定常解,说明在大尺度模式的边界层参数化问题中,由于大尺度气压场的非定常性,直接引用定常时的阻力定律是有误差的。精确地说,应计入此类差别。同样,由于上界风的非定常,使风廓线与同一上界风速下的定常风廓线也有差别。这种差别与 $\dfrac{u_*}{A}$ 及 α 的差别有关。

参考文献

[1] Tennekes, H., Similarity law and scale relationship in PBL, in Workshop on Meteorology, 177 - 214, Amer. Met. Soc., 1973.

[2] Yordanov, D. L, Parameterigation of stratified baroclinic PBL for numerical simulation of atmospheric Process, Papers on physics of atmosphere and ocean, 14, 815 - 823, 1978(in Russian).

[3] Wippermann, F., D. Etling and H. Leykauf., The effects of non-stationarity on the PBL, Beitr. Phys. Atmos., 46, 1,34 - 56, 1973.

[4] Zilitinkevich, S. S., and J. W. Deardorff, Similarity theory for the PBL of time dependent height, J. Atmos. Sci., 31, 1449 - 1452, 1974.

[5] 赵鸣,非定常过程对大气边界层的内参数和风廓线的影响,气象学报,45,4,385 - 393, 1987.

[6] Blackadar, A. K., High resolution models of PBL, in J. R. Pfafflin and Z. N. Zeigler(eds), Advances in Environ. Sci. and Engineering, 1, 50 - 85, Gordon and Breach, 1979.

[7] 伍荣生等,大气中的地转适应问题,动力气象学,上海科技出版社,51 - 59,1983.

THE INFLUENCES OF NONSTATION ARY PROCESS ON THE INNER PARAMETERS AND WIND PROFILES IN THE PLANETARY BOUNDARY LAYER(II)

Abstract: In this paper, the effect of the variation of the wind speed at the top of PBL(the wind direction maintains a constant) on the inner parameters u_*/A(the ratio of friction velocity to the wind speed at the top of PBL) and α (the angle between the wind direction near the ground and the wind direction at the top of PBL) are studied by means of the numerical solution of the motion equation in PBL. The wind speeds at the top of PBL increase and decrease as an exponential function of time and approach constant values. In the case of barotropic condition, the values of u_*/A and α are taken the form of attenuated fluctuation and approach the values corresponding to the stationary solutions. At any time during the temporal variation process the values of inner parameters are different from that derived from the stationary solutions of PBL equations in which the value of A at that instant is taken as the upper boundary condition. Strictly, the inner parameters derived from the stationary condition should not applied directly to the case of nonstationary condition of wind speed at the top of PBL. The effects of the nonstationary process to the wind profiles are also discussed.

2 大气边界层数值模拟和数值预报

二十世纪六十年代以来，国际上对边界层进行数值研究已形成边界层研究的一个重要方面，我们从八十年代初才开始了这方面的研究。数值研究是基于边界层的控制方程组，大气边界层的运动方程的求解要点是如何确定湍流交换系数。合理的选择是将其视为风速垂直切变和温度层结的函数，这样方程组便是非线性的，要用合适的数值方法求解。我们开始研究时是将大气边界层的运动方程(中性和非中性)应用于水(海)面[2.1,2.2]，水面的粗糙度是风速的函数，因而下边界条件也是风速的函数，选用合适的数值方法，得到了合理的数值解。并推广到用地转动量近似的边界层模式处理时空非均匀的边界层以及边界层为斜压的情况[2.3]，这些数值模式进一步应用到非平坦地形上结合大中尺度模式以计算边界层风，与观测资料比，达到了一定的精确度[2.4]。上述这些工作后来被应用到国家攻关项目海面风数值预报研究中。

要将边界层模式应用于实际预报，必须与大中尺度数值预报模式耦合。我们在攻关项目中，先是将其与钱永甫教授的5层模式耦合，后来为了提高精度，我们将5层模式改进成9层[2.5]，其预报结果与实际观测比优于原模式，并用其进行了地气交换即阻力系数 C_D 的敏感性试验[2.6]，证明在高原地区增加 C_D 的取值能得到更好的预报效果，说明高原地区边界层作用更显著。将九层模式与边界层模式耦合以预报边界层气象要素提高了预报精度，这些研究都通过鉴定并获奖。

现代的中尺度模式中边界层参数化有多种选项，各有其相应的湍流理论模型，我们在中尺度数值预报模式(如 MM4,MM5)中引进了一个基于由湍能求湍流交换系数的参数化方案，该方案中湍流交换系数与湍能及其耗散率有关，而湍能及其耗散率均由预报方程给出，这个理论严谨的方案显然比其他较简单的方案要好，再加上用多种稳定度下的通量梯度关系计算地气间通量，用此方案研究模式对暴雨的预报,得到比其他方案更精确的预报效果[2.7],由于湍能在预报之列,再运用其他的湍流模型,即可预报湍流强度等湍流量,因而可应用于空气污染预报中。

除了应用于实际的边界层数值预报外,我们也运用数值模式研究边界层的理论问题,经典的湍流理论中,湍流交换系数与风的切变(对高度的一阶导数)成正比,仔细的推演可以引入二阶导数项,于是边界层运动方程就成了速度的三阶方程,将求出的风解与经典的二阶方程结果及标准的实测风比较,发现在 700 米以下都更符合实况[2.8]。

经典的边界层模型即湍流交换系数是风速垂直切变的函数的模型在推出时是在上界风为地转风时,我们研究了在圆形等压线下即加入离心力时的边界层风结构[2.9,2.12],结果是在气旋时风随高度的变化更快些,湍流应力也更大些。

传统的边界层模式未考虑背景场的非均匀,我们也用数值模式研究背景场的非均匀对边界层风的影响,将背景的风压场分成基本场及附加场,边界层风也是,用复杂的方程组求出基本场和附加场,求出总场后即得到非均匀对边界层风场影响[2.10]。个例计算证明,在背景场呈气旋性涡度时边界层风比反气旋涡度时随高度更快地接近上界风,与上面圆形等压线下边界层研究结果一致。

传统的边界层模式是用于中高纬的三力平衡模式,在低纬赤道区域,因折向力很小而平流惯性力大,必须考虑四力平衡,我们建立了赤道带边界层结构模型,数值研究的结果[2.11]得到与中高纬不同的边界层风场,力场结构,并解释了在赤道带有强的垂直上升运动的辐合带的存在,改进了 ITCZ 理论的结果。

2.1 水面粗糙度可变时的定常中性 大气边界层数值模式①

提 要：本文将 Blackadar 的中性大气边界层数值模式推广到水面上的大气边界层，其中粗糙度是摩擦速度的函数。解得的边界层若干特征满意地符合实测结果和理论考虑。因此本模式可用来计算水面边界层中不同高度的风速，只要知道地转风和地理纬度即可。最后，将模式推广到空气动力学光滑流的情况。

1 引言

定常大气边界层中风随高度分布的研究在六十年代以前主要是线性模式；六十年代以后产生了根据湍流理论而建立的非线性模式。得到的解不仅定性也定量地符合边界层中风分布的特征。这方面的典型工作见文献[1]。在模式中，地转风速 G，粗糙度 z_0，柯氏参数 f 是给定的外参数，风和湍流可从方程解出，是内参数。即当 G,f,z_0 确定后，中性大气边界层的风和湍流参数即可决定，这不仅具有理论意义，也有实际意义。但求解大气边界层运动方程以得到风分布的研究主要限于陆地上空，即 z_0 取为常数。对于水面来说，水面状况受风的影响很大，粗糙度不是常数，大气与下垫面间的动量交换机制也不同于陆地情况，水、气的运动是相互影响的。严格说，水面大气边界层的问题应同时考虑水体运动及大气运动，同时求解气和水的边界层方程。另一方面，若我们撇开水体不讲，只计大气的运动，则大量观测证明，水面上也存在一个具有常数应力的近地层[2]，尽管应力也含有波诱导的成分，但主要来源于湍流脉动[3]，中性时水面上近地层内风的高度分布仍是与陆地上相同的对数律[3,4]。

$$u = \frac{u_*}{k} \ln \frac{z+z_0}{z_0} \tag{1}$$

z 为从平均水面算起的高度，u_* 为摩擦速度，k 为卡曼常数，取 0.4，z_0 为粗糙度，它现在不再是常数，而随风速（或摩擦速度）而变，即水气相互作用的结果反映在大气近地层上是以具有变化粗糙度的对数廓线体现出来。如果我们只关心大气边界层的运动，我们完全可以将边界层运动方程的下边界放在靠水面的对数区内，而不放在水气交界处。并用由(1)式得出的风分布规律作为下界条件来求解大气边界层运动方程，从而求得水面上空的风分布，这比同时求解水和气的方程简单得多。因(1)式中的 z_0 是 u_* 的函数，因而 z_0 是方程求解的结果，只要知道地转风和纬度，就可求出边界层中的风分布，比陆地上少了一个条件。这样做的结果表明，得出的解符合水面边界层的若干特征。根据得到的解，我们可以只用 G,f 两

① 原刊于《大气科学》，1987 年 9 月，11(3)，247 - 256，作者：赵鸣。

个参数来估计边界层中不同高度的风速。水面边界层中风观测较少,因而这种计算有一定的理论及实际意义。

2　模式

在水平均匀,正压大气边界层中,定常运动方程可写为[13]:

$$\frac{\mathrm{d}}{\mathrm{d}z}K\frac{\mathrm{d}u}{\mathrm{d}z}+fv=0 \tag{2}$$

$$\frac{\mathrm{d}}{\mathrm{d}z}K\frac{\mathrm{d}v}{\mathrm{d}z}-f(u-u_g)=0 \tag{3}$$

u,v 分别是风在 x,y 方向的分量,此处已设 x 轴沿地转风向,u_g 为地转风的 x 分量,即地转风速 G,K 为湍流交换系数,在中性时取

$$K=l^2\left[\left(\frac{\partial u}{\partial z}\right)^2+\left(\frac{\partial v}{\partial z}\right)^2\right]^{1/2} \tag{4}$$

l 为混合长,现在广泛接受的是 Blackadar[1] 模式,

$$l=\frac{k(z+z_0)}{1+\dfrac{k(z+z_0)}{\lambda}} \tag{5}$$

长度尺度 λ 取[1]

$$\lambda=0.0063\frac{u_*}{f} \tag{6}$$

因近地层中 u_* 为常数,故可取

$$u_*=\left\{K\left[\left(\frac{\mathrm{d}u}{\mathrm{d}z}\right)^2+\left(\frac{\mathrm{d}v}{\mathrm{d}z}\right)^2\right]^{1/2}\right\}_{z=z_a}^{1/2} \tag{7}$$

z_a 为近地层中某高度。

对于风成浪,在风场与波浪间已相互适应时(我们只考虑定常情况的风浪),z_0 可用 Charnock[5]公式表达

$$z_0=\alpha\frac{u_*^2}{g} \tag{8}$$

g 为重力加速度,α 为常数。早期 Charnock 取 $\alpha=0.0124$,后来 Hicks[6],Wu[7]等取 0.016。而 Garratt[8]总结大量研究结果得 $\alpha=0.0144$,我们即取此值。

粗糙度的定义应对空气动力学粗糙流而言,如果将水面上的流动状况分为空气动力学光滑流,粗糙流及介于二者之间的过渡区(transition region)的话,根据文献[7],[8],(8)式的适用范围下界可达水面风(即 10 米处风)为 3—4 m/s,与此值相应的水面状况可认为接近

于光滑流与过渡区的分界处(例如 Wu 的光滑流上界为 $u_{10}=3\,\mathrm{m/s}$,而认为(8)式适用的下界就是 $3\,\mathrm{m/s}$,但他取的光滑流标准是粗糙度雷诺数 $u_* z_0/\nu < 0.17$,按 Nikuradse 为0.13)。换句话说,(8)式的适用范围包括了除光滑流以外的其他两部分。据 Garratt[8],(8)式的适用上界可达 $u_{10}=21\,\mathrm{m/s}$,因而我们将在水面风为 3—4 m/s 至 21 m/s 范围内运用(8)式,亦即主要研究粗糙流及过渡区的流动,在第五节,将推广研究光滑流。

这样方程(2)—(8)形成闭合组,可求数值解,上界条件取在边界层顶 h 处,风为地转风:

$$u=u_g, v=0 \qquad \text{当 } z=h \qquad (9)$$

为方便计,按一般取法,令 $h=1\,000\,\mathrm{m}$,实际的大气边界层高度随当时大气状况及纬度而变,严格考虑较困难,一般都取固定高度,当然这对边界层上部的解带来一定的不确定性,如风达地转风时的高度,若上界高度不同,则结果将相差较大,若研究 300 m 以下的风分布,则由于 h 的选择而造成的不确定性可不计。例如据我们的解,取 $h=1\,000\,\mathrm{m}$,纬度 $\varphi=40°$,$G=10\,\mathrm{m/s}$ 时,得 $u_{10}=6.03\,\mathrm{m/s}$,$u_*=0.26\,\mathrm{m/s}$;若 $h=600\,\mathrm{m}$,则 $u_{10}=6.05\,\mathrm{m/s}$,$u_*=0.265\,\mathrm{m/s}$。

下界条件可取由(1)式得出的结果,即

$$\frac{\partial V}{\partial z}=\frac{u_*}{k(z+z_0)} \qquad \text{当 } z=z_b \qquad (10)$$

V 为矢量风的模,z_b 为下边界。风对粗糙度的影响也将通过(10)式影响下界条件。与陆地模式差别是此时下界条件中也含有待定的 u_* 和 z_0。

3　数值解法

铅直坐标网格如表 1,共 16 格点,为了看解对不同网格系统的敏感性,我们也曾选了另一组网格(网格Ⅱ),见表 2,共 20 个格点。

表 1　坐标网格Ⅰ

No.	1	2	3	4	5	6	7	8	9	10	11	12	13	14	15	16
高度(m)	0.25	0.5	1	2	5	10	20	40	70	100	200	300	400	600	800	1 000

表 2　坐标网格Ⅱ

No.	1	2	3	4	5	6	7	8	9	10	11	12	13	14	15	16	17	18	19	20
高度(m)	0.008	0.016	0.031	0.063	0.125	0.25	0.51	1	2	4	10	30	60	100	200	300	400	600	800	1 000

表 2 与表 1 差别在于增加了最下几个格点,由于水面粗糙度即使在风很大时也很小,因而模式的下边界高度即第一格点的高度远大于 z_0。另一方面,若风较大,网格的最下几个点(特别时网格Ⅱ)有可能会在波浪高度以下,因而在这些点上求解可能不具备实际意义,但从数学上说,在最下几层加密网格有其必要性(对网格Ⅱ,按文献[3],风对(1)式的偏差在最

下几点已不能完全忽略,但我们对这么低高度的风并不感兴趣;我们主要是求用对数律作边界条件时得到的结果,故这些点是为了单纯数学求解而设)。

上述两组网格求解结果,证明在现在考虑的非光滑流情况下差别很小,即解对坐标系的选择不敏感,网格系统Ⅰ已达到一定的精度,故采用网格Ⅰ。

方程(2),(3)的差分格式是:

$$\frac{2K^{(n)}\left(j+\frac{1}{2}\right)\left[u^{(n)}(j+1)-u^{(n)}(j)\right]}{\left[z(j+1)-z(j-1)\right]\left[z(j+1)-z(j)\right]}-$$

$$\frac{2K^{(n)}\left(j-\frac{1}{2}\right)\left[u^{(n)}(j)-u^{(n)}(j-1)\right]}{\left[z(j+1)-z(j-1)\right]\left[z(j)-z(j-1)\right]}+fv^{(n)}(j)=0 \tag{11}$$

$$\frac{2K^{(n)}\left(j+\frac{1}{2}\right)\left[v^{(n)}(j+1)-v^{(n)}(j)\right]}{\left[z(j+1)-z(j-1)\right]\left[z(j+1)-z(j)\right]}-\frac{2K^{(n)}\left(j-\frac{1}{2}\right)\left[v^{(n)}(j)-v^{(n)}(j-1)\right]}{\left[z(j+1)-z(j-1)\right]\left[z(j)-z(j-1)\right]}$$
$$-f\left[u^{(n)}(j)-u_g\right]=0 \tag{12}$$

方程(11),(12)适用于 $j=2-15$ 各内点。风速 u,v 定义于这些点上,K 则定义于两内点中间。右上角的 (n) 代表第 n 次迭代值,因采用迭代解法。

先假定任一组适合的第一近似 $K^{(1)},u_*^{(1)},z_0^{(1)}$ 值(此值可任选,只要合理就行),在边界条件(9),(10)下求解方程(11),(12),得第一近似解 $u^{(1)},v^{(1)}$,在得到 $u^{(1)},v^{(1)}$ 后,由(7)式计算 $u_*^{(2)}$:

$$u_*=\left\{\frac{K\left(5\frac{1}{2}\right)\left[(u(6)-u(5))^2+(v(6)-v(5))^2\right]^{1/2}}{z(6)-z(5)}\right\}^{1/2} \tag{13}$$

即(7)式中 z_a 取 7.5 m。(13)式中 K,u,v 用最近一次的近似值。再由(6)式求 $\lambda^{(2)}$,(5)式求 $l^{(2)}$,再由(4)式求 $K^{(2)}$,并由(8)式求 $z_0^{(2)}$,再由 $K^{(2)},u_*^{(2)},z_0^{(2)}$ 求解方程(11),(12),得 $u^{(2)},v^{(2)}$,如此重复。为使方程解迅速收敛,我们采用文献[11]中的迭代方法,大约进行 50 次迭代就使前后两次解出的 u,v 之间的相对误差达 10^{-6},从而得到足够的精度,此时,K,u_*,z_0 亦得到足够的精度。

为检验这样的解是否唯一,我们更换了不同 K,u_*,z_0 的迭代初值,结果解完全相同,说明确实是我们需要的收敛解,它与初始迭代值无关。

我们取三个不同纬度,$\varphi=20°,40°,60°$ 及几组不同的地转风值 $G=5,10,20,30,40$ m/s 来求我们的解,下面将见到,$G=5$ m/s 相应的水面风及 u_*,z_0 值差不多接近于光滑区与过渡区的分界点,$G=5$ m/s 仍可运用(8)式,而 $G=40$ m/s 时的 u_{10} 大约等于 21 m/s,正相当于(8)式适用的上界。

4　水面中性大气边界层的特征

在上述三个纬度和五个地转风时边界层的各特征参数见表3,表中 c_{10} 是 10 m 处阻力系

数 $c_{10}=(u_*/u_{10})^2$，Ro 为 Rossby 数 G/fz_0。图 1 是 $\varphi=40°$ 时 $G=10$ m/s 情况下的风螺旋图。由图可见水面上风随高度变化的一般特征。与陆地上差别是：由于 z_0 小，低高度处风随高度增加很快，比同高度陆上风大，在较低高度即达地转风，地转风与地面风交角亦比陆地小。

由表 3 可见，c_{10} 随风速增加而增加，随纬度变化则不明显。如果对不同风速统而言之，可不计其随纬度的变化（在上述纬度范围内）。对 c_{10} 的实测数据已有大量资料。图 2 给出 Wu[7]，Garratt[8] 和 Kondo[12] 等人根据实测资料求得的最佳拟合的 c_{10} 对 u_{10} 的曲线及本文的结果（几个纬度的平均）。从图 2 可见，我们的结果在 c_{10} 的数值及变化趋势上符合实测结果均较好，这也说明了模式取得了一定的成功。我们并得到如下的拟合关系

$$c_{10}=0.000\,45u_{10}^{0.525} \tag{14}$$

这与文献[7]，[8]由实测资料得到的结果接近，与文献[7]比较，我们的 u_{10} 范围更广。

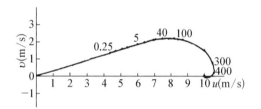

图 1　$\varphi=40°$，$G=10$ m/s 时的风螺旋，曲线上数字表示高度（m）

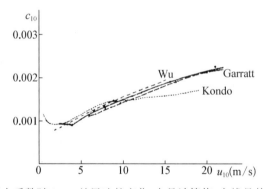

图 2　阻力系数随 10 m 处风速的变化，点是计算值，实线是其最佳拟合

按相似理论，u_*/G 应是 Ro 数的函数。陆地上已有不少 u_*/G 随 Ro 变化的理论及观测研究，u_*/G 应随 Ro 增加而减少，表 3 显示了这一点。从数量上说，表 3 相应的 Ro 数下的 u_*/G 值与前人结果（例如文献[10]中的图）基本一致，但对于陆地上的 u_*/G 与 Ro 的关系能否直接搬到水面还应进一步研究。

粗糙度显然随风速增加而增加，当地转风由 5 m/s 增至 40 m/s，z_0 可增大两个量级。在常见的纬度范围内，略随纬度增而增，但这种变化相对于 z_0 本身变化的幅度来说，几乎可以不计。如图 3 是 $\varphi=40°$ 时的 z_0 随 G，u_{10} 的变化图。原则上我们只要知道 G，即可确定 z_0。本文在不同风速时 z_0 的大小符合文献[7]中不同 u_{10} 时 z_0 的取值范围。

表 3　边界层各特征参数

$\varphi = 20°$						
G (m/s)	u_{10} (m/s)	u_* (m/s)	z_0 (cm)	c_{10}	u_*/G	Ro
5	3.54	0.11	0.001 7	0.000 92	0.022	5.9e9
10	6.45	0.23	0.007 5	0.001 22	0.023	2.7e9
20	11.00	0.44	0.028 2	0.001 58	0.022	1.4e9
30	15.66	0.68	0.068 9	0.001 91	0.023	8.7e8
40	21.21	1.01	0.150 0	0.002 27	0.025	5.3e8

$\varphi = 40°$						
G (m/s)	u_{10} (m/s)	u_* (m/s)	z_0 (cm)	c_{10}	u_*/G	Ro
5	3.72	0.11	0.001 7	0.000 85	0.022	3.1e9
10	6.71	0.23	0.007 8	0.001 18	0.023	1.4e9
20	12.10	0.49	0.034 8	0.001 60	0.024	6.1e8
30	16.32	0.71	0.074 7	0.001 91	0.024	4.5e8
40	20.04	0.93	0.128	0.002 16	0.023	3.3e8

$\varphi = 60°$						
G (m/s)	u_{10} (m/s)	u_* (m/s)	z_0 (cm)	c_{10}	u_*/G	Ro
5	3.78	0.11	0.001 7	0.000 8	0.021	2.3e9
10	6.89	0.23	0.008 0	0.001 15	0.023	9.9e8
20	12.30	0.49	0.035 6	0.001 60	0.025	4.4e8
30	17.17	0.76	0.084 1	0.001 94	0.025	2.8e8
40	20.92	0.98	0.141	0.002 19	0.025	2.2e8

　　对于 u_{10}，除 $G = 40$ m/s 外，都是当 G 固定时随纬度增而增，即 u_*/G 随纬度增而略增，这一结论与 Drogajcev 一致（见文献[2]），又 u_{10}/G 也随 G 增加而减少，在 $G = 10$ m/s时，不同纬度变化于 0.65—0.69，G 增加则逐渐减少，当 $G = 30$ m/s，值为 0.53—0.57，u_{10}/G 随风速增加而减少的现象已为 Frost[9] 的观测所证实。Gordon（见文献[2]）提出中纬度 u_{10} 一般为地转风的 60%—70%，这一数值应为在最常遇到的风速情况下的代表值，它符合我们在 $G = 10,20$ m/s 及其附近风速时在 $\varphi = 40°$ 和 60°中纬度的 u_{10}/G 值。

　　近地层风速分布应为对数分布，我们任选 $\varphi = 40°$，$G = 15$ m/s 时 40 m 以下的风速作图如图 4，可见符合对数律较好。

　　水面风矢与地转风方向的夹角 θ，我们模式计算的结果除低纬风速很大外，变化于 15°—20°之间，这一数值基本上与相应的 Ro 数相适应（见文献[10]），也与 Gordon（见文献[2]）结果基本一致。

　　我们的模式在粗糙流及过渡区均用 (8) 式，得到了较好的结果，至于分隔粗糙流和过渡区的分界点，Nikuradse 的判别标准是 $u_* z_0/\nu = 2.5$，Kondo[12] 则得到 $u_{10} = 8$ m/s 为分界点，Wu[7] 则取 7 m/s，按本模式结果，若取 $G = 12$ m/s，则 $\varphi = 20°,40°,60°$ 的 u_{10} 分别为 7.55，7.83，8.01 m/s，$u_* z_0/\nu$ 分别为 2.28，2.44，2.56，因而可以认为 $G \geqslant 12$ m/s 时是空气动力学粗糙流。对于光滑流与过渡区的分界点，Nikuradse 标准是 $u_* z_0/\nu = 0.13$，按本模式，

当 $G=5$ m/s,三个纬度的 u_*z_0/ν 分别为 0.138,0.138,0.14,而同时 u_{10} 分别是 3.54,3.72,3.78 m/s。这一方面说明在 $G=5$ m/s 时可以运用(8)式[按 Garratt[8],(8)式适用的下界为 u_{10} 等于 4 m/s,但按文献[7],(8)式可适用于整个过渡区,按 Nikuradse 的 u_*z_0/ν 标准,$G=5$ m/s 已很接近分界点,但仍在过渡区内,应用(8)式应是可以的],另一方面,粗糙度雷诺数已说明此时已很接近分界点,我们可以把 $G=5$ m/s 看成光滑流的上界。

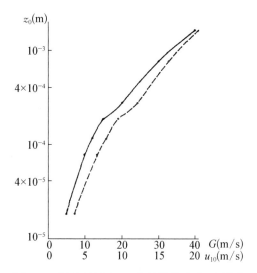

图 3 z_0 随地转风和 10 高处风的变化,实线为随 G 的变化,虚线为随 u_{10} 的变化

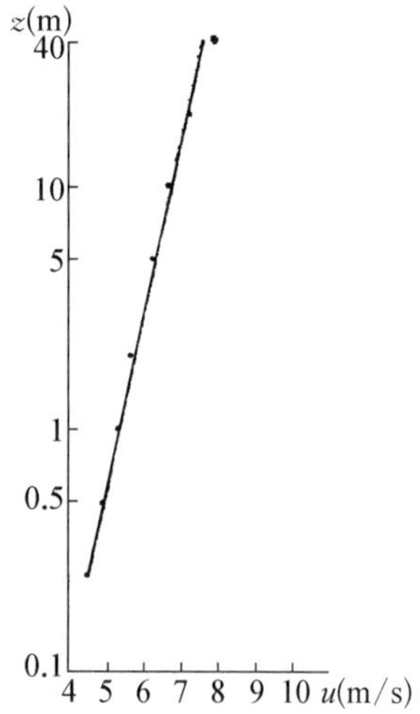

图 4 近地层的风速分布,点为计算值

我们上面已对模式结果与已有的水面边界层观测资料进行了比较,符合较好,故原来适用于陆地的模式经过推广可运用于水面。因而本模式可用来预告整个水面边界层的风分布,我们将在第六节讨论。

5 对光滑流的推广

在空气动力学光滑流的情况下,对于 $z>30\nu/u_*$,可用下式来表达风速[2]:

$$\frac{u}{u_*}=\frac{1}{k}\ln\frac{u_*z}{\nu}+5.5=\frac{1}{k}\ln\frac{z}{\dfrac{\nu}{9u_*}} \tag{15}$$

$z=30\nu/u_*$ 是很小的数值,例如若取 $u_*=0.05$ m/s,则此高度为 7.8×10^{-3} m(此 u_* 值相应于 $G=2.5$ m/s),即使坐标网格 II 的最下格点也超过此,如果 u_* 更大,则(15)式适用的高度还更低些,因此我们可运用(15)式,若我们令

$$z_{0e}=\frac{\nu}{9u_*} \tag{16}$$

此处 z_{0e} 起了粗糙流时的作用,那么我们可以将粗糙流中的处理方式推广到光滑流中来,先

将(15)式写成：

$$\frac{u}{u_*} = \frac{1}{k} \ln \frac{z + z_{0e}}{z_{0e}} \qquad (17)$$

z_{0e} 很小，若 $u_* = 0.05$ m/s，则也比网格 II 中最下一点的高度小两个量级以上，于是用(15)和(17)式计算的 u 相对误差最多只有 10^{-3}，故可用(17)式代(15)式，(17)式优点是与(1)式完全相似，因而我们可以照搬(5)和(10)式，只要将(5)，(10)式中的 z_0 用 z_{0e} 代替即可。于是我们可解闭合组(2)，(3)，(4)，(5)，(6)，(7)，(16)，而边界条件仍用(9)，(10)（z_0 换成 z_{0e}）。

这里我们纯粹是形式上的类推，光滑流的湍流交换机制可以不同于粗糙流。我们这样处理是否合适可以由检验计算结果而获知。

因 z_{0e} 很小，我们用网格 II，只计算 $G = 3, 4$ m/s 两个情况，G 若再小，G 本身亦难确定，此时水面风只有 2 m/s 以下，风速和湍流参数均难测定，实用意义不大。在 $\varphi = 40°$ 时的结果见表 4。

表 4　　$\varphi = 40°$ 时光滑流边界层特征

G (m/s)	u_{10} (m/s)	u_* (m/s)	z_0 (cm)	c_{10}	u_*/G	Ro
3	2.3	0.068	0.002 1	0.000 88	0.022 6	2.5e9
4	3.03	0.090	0.001 6	0.000 88	0.022 5	2.7e9
4.5	3.40	0.100	0.001 5	0.000 87	0.022 3	2.9e9

此处已将 Ro 定义中的 z_0 换成 z_{0e}。虽然光滑流与粗糙流用了不同的模式，在 $G = 5$ m/s 用粗糙流模式，$G = 4$ m/s 时用光滑流模式，但由模式算出的光滑及粗糙流的各参数是相互连续的。若我们取 $G = 4.5$ m/s 同时计算这两个模式，则发现 u_*，z_0 等参数各自相等，表 4 中也列出了 4.5 m/s 的结果，可见 u_{10}/G 随 G 减少而增加的趋势不变，这也说明了向光滑流推广的合理性。u_*/G 与 Ro 的关系也完全合理。由于(16)式，z_{0e} 随 G 增而略减，c_{10} 随 G 减少而略显增加，这趋势符合图 2 中的实测结果，总之从特征参数看，向光滑流的推广是合理的。

6　用地转风确定边界层风

本文的一个结论是根据 G 及 f 即可求出边界层方程的解，因而得到不同高度的风及边界层其他参数。某固定地点，f 已知，G 可从天气图求出。因而只要有天气图讯息，即可求边界层各特征量及不同高度的风分布。如前所述，由于边界层高度一律取 1 000 m，这对边界层上部风的精确性有一定影响，但下半部较精确。图 5，6，7 即是对 $\varphi = 20°$，$40°$，$60°$ 分别作出的四个常见的地转风值 $G = 5, 10, 15, 20$ m/s 时 300 以下不同高度的风速风向分布图（其中图 5 画出了 1 000 m 以下的分布）。这样只要知道 G，即可找出 300 m 以下各高度的风。用第五节的模式，我们同样可以得光滑流时不同高度的风。

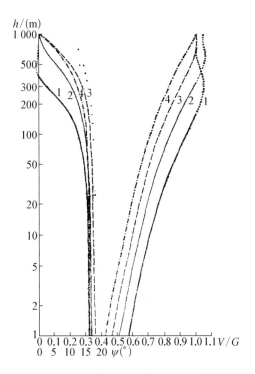

图 5 $\varphi = 20°$ 时边界层风分布，$V = \sqrt{u^2 + v^2}$

ψ 是风矢与地转风夹角，曲线 (1) $G = 5$ m/s，(2) $G = 10$ m/s，

(3) $G = 15$ m/s，(4) $G = 20$ m/s，

图右是 V/G，图左为 ψ，点线为 $V/G > 1$ 及 $\psi < 0$ 的部分

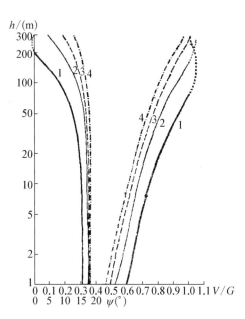

图 6 $\varphi = 40°$ 时边界层风分布

（说明同图 5）

7 结论

本文将陆面上中性正压大气边界层数值模式推广到水面，当粗糙度随风变化时，得到适用于水面的大气边界层模式，其解在水面大气边界层若干特征上符合于观测结果，说明模式的合理性。运用该模式，我们只要知道地转风及纬度，就能求出边界层各主要参数及不同高度风速。运用模式不仅可求出风，亦可求出应力及湍流交换系数的分布。由于本文着重讨论风分布，故对应力及交换系数未加讨论。如果对水面上空的 K 感兴趣（如大距离的扩散传输问题），那么本模式同时提供了 K 分布，在此不再赘述。

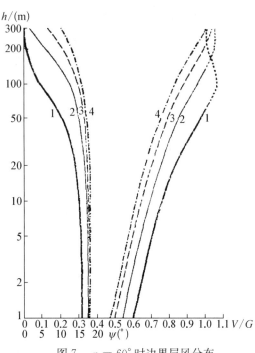

图 7 $\varphi = 60°$ 时边界层风分布

（说明同图 5）

参考文献

[1] Blackadar, A. K., 1979, High resolution models of the PBL, in Pfafflin, J. R. and Ziegler, E. N: Advances in Environmental Science and Engineering, 1, 50 - 82, Gordon and Breach.

[2] Roll, H.U., 1966, Physics of the marine atmosphere, 152, Academic Press.

[3] Phillips, O. M., 1977, The dynamics of the upper ocean, 191, Cambridge Univ. Press.

[4] 柯劳斯，E.B.，1972,大气-海洋的相互作用(中译本),148,科学出版社.

[5] Charnock, H., 1955, Wind stress on a water surface, Q. J. Roy. Mete. Soc., 81,639 - 640.

[6] Hicks, B. B., 1972, Some evaluations of drag and bulk transfer coefficient over water bodies of different sizes, Boundary layer Met., 3, 201 - 213.

[7] Wu, J., 1969, Wind Stress and surface roughness at air sea interface, J. Geophys. Res., 74, 444 - 455.

[8] Garratt, J. G., 1977, Review of drag coefficients over oceans and continents, Mon. Wea. Rev., 105, 915 - 929.

[9] Frost, R. B. A., 1948, Atmospheric turbulence, Q. J. Roy. Mete. Soc., 74, 317 - 338.

[10] Tennekes, H., 1973, Similarity laws and scale relations in PBL, in Workshop on Micrometeorology, 177 - 216, Amer Met. Soc.

[11] Zhao Ming. 1983, The theoretical distribution of wind in the PBL with circular isobars. Boundary Layer Met., 76. 209 - 226.

[12] Kondo, J., 1975, Air sea bulk transfer coefficient in diabatic condition, Boundary layer Met., 9,91 - 112.

[13] 萨顿，O. G.，1953, 微气象学(中译本),82,高教出版社.

A NUMERICAL MODEL OF STATIONARY NEUTRAL ATMOSPHERIC BOUNDARY LAYER OVER WATER WITH VARYING ROUGHNESS

Abstract: The numerical model of atmospheric boundary layer suggested by Blackadar is extended to the case over water, in which the roughness of water is a function of friction velocity. The characteristic parameters of the atmospheric boundary layer over water from the mode are in agreement with observational data and theoretical consideration. The winds at different heights and other parameters in the atmospheric boundary layer over water can be calculated by the use of the model as long as the geostrophic wind and Coriolis parameter (or latitude) are given. Finally, the model is extended to the condition of the aerodynamically smooth flow.

2.2 海面粗糙度可变时定常非中性大气边界层数值模式[①]

提 要：本文给出一个海面粗糙度可变时定常非中性大气边界层数值模式,其中粗糙度是摩擦速度的函数,湍流交换系数是湍流热通量和风切变的函数,而热通量在海气温差已知时由近地层通量梯度关系求出。解得的风和若干边界层特征参数符合观测及理论考虑。因此,只要知道地转风,纬度及海气温差,即可用本模式计算海面大气边界层中不同高度的风。

1 引言

现有的大气边界层数值模式多适用于陆上,海面由于下垫面状况随风而变,边界条件较难取,以往工作较少。文献[1]给出当层结为中性时的水面(海面)大气边界层数值模式。将下边界放在很近海面的空气中,而将水面粗糙度随风的变化放到下边界条件中以得到变动的下垫面对大气边界层运动的影响。模式结果符合海面边界层观测,并且根据地转风即可确定某纬度处边界层风。本文是文献[1]的推广,即将模式推广到非中性层结。实际工作中有时提出这样的问题,即由天气图信息知道地转风,并由实测知近海面某高度与海面温差 ΔT(如在船上或浮标上测出),需求的是边界层风。本文目的是由 ΔT 这一参量计入层结影响以建立模式。数值试验结果表明,边界层风及其他边界层参数符合观测,而输入参数只要地转风、纬度、ΔT 即可。国外曾有由地转风及 ΔT 求海面风的工作[2,3],但近地层以上取湍流交换系数为常数,这不符合近代边界层的认识,也影响了结果。本模式则运用非线性交换系数,理论上更合理,结果也较好,计算工作量也不很大,微机即可应用。

2 控制方程及数值解法

设边界层大气正压,其定常运动方程是：

$$\frac{d}{dz}K\frac{du}{dz}+f(v-v_g)=0 \tag{1}$$

$$\frac{d}{dz}K\frac{dv}{dz}-f(u-u_g)=0 \tag{2}$$

其中 K 为湍流交换系数,u_g,v_g 为地转风分量。方程求解的上边界取 1 000 m,下边界放在

---

① 原刊于《大气科学》,1989 年 3 月,13(1),92-100,作者:赵鸣。

离海面某一小距离上[1]。取 x 轴平行于地转风,于是(1)中 $v_g = 0$,而上边界条件是

$$u = u_g, v = 0 \qquad\qquad 当 z = h \qquad\qquad (3)$$

h 为求解区域的上界,下界条件取中性条件下的结果[1]

$$\frac{\partial V}{\partial z} = \frac{u_*}{k(z + z_0)} \qquad\qquad 当 z = 0.25 \text{m} \qquad (4)$$

此处 $V = \sqrt{u^2 + v^2}$,k 为卡曼常数,z_0 为粗糙度,u_* 为摩擦速度。众所周知,在高度很低时(本文最下两格点在 0.5 m 以下)层结对廓线影响很小,(4)式在非中性条件下也应成立,本文结果说明这样处理是合适的。

(4)式中的 z_0 应为风速的函数,但在实际中最常遇到的粗糙流状况及过渡区(transition region),我们同文献[1],取 Garratt[5] 的结果

$$z_0 = 0.014\,4\,\frac{u_*^2}{g} \qquad\qquad (5)$$

文献[1]中 K 的表达式仅适用于中性;非中性时现已有不少 K 作为风和温垂直分布的函数的表达式,但由于本文讨论的是只知道 ΔT 的情况,整个边界层内的温度分布并不知道,因而现代边界层模式中一些常用的非中性 K 表达式不能应用。我们先讨论层结不稳定状况,此时我们将应用如下的一种表达式[7,14]

$$K = \left(K \left| \frac{\partial \vec{V}}{\partial z} \right|^2 + \frac{\gamma g H}{c_p \rho T} \right)^{1/3} l^{4/3} \qquad (6)$$

此处 H 为湍流热通量,γ 是取值 7—18 的常数,取 $\gamma = 10$,下面我们将见到由此得到的结果是满意的。绝对温度 T 在常见温度范围内影响不大,取值 273 即可。l 为大气在中性时的混合长,即取

$$l = 0.4(z + z_0) / \left[1 + \frac{0.4(z + z_0)}{\lambda} \right] \qquad (7)$$

$$\lambda = 0.006\,3\,\frac{u_*}{f} \qquad\qquad (8)$$

λ 中的 u_* 应为中性时的值,因而为求 l,先求中性时的 u_*,即由中性时(1),(2)的解求出。求解时边界条件仍用(3)—(5)。而 K 取文献[1]中表达式,求中性时 u_* 详见文献[1],故我们认为(6)式中的 l 已由文献[1]中的方法求出,本文中取为已知值。由(6)式可见,层结对 K 的影响,主要反映在含 H 的项中,在不稳定层结,我们将仿照 Blackadar[7,14] 和 Wippemann[9] 的处理,即取定常时在边界层内将 H 取为不随高度变的常数。

(6)式可写成

$$K^3 - K \left| \frac{\partial \vec{V}}{\partial z} \right|^2 l^4 - \frac{\gamma g H}{c_p \rho T} l^4 = 0 \qquad (9)$$

若写成

$$K^3 - AK - B = 0 \tag{10}$$

其中

$$A = \left| \frac{\partial \vec{V}}{\partial z} \right|^2 l^4, \quad B = \frac{\gamma g H}{c_p \rho T} l^4 \tag{11}$$

则显见不稳定时 A, B 恒为正,于是从代数方程理论可以判断出方程(10)有一个正实根,它即是我们要的 K,在已知 $H, l, \partial \vec{V}/\partial z$ 时,它可以由(10)用不复杂的数值方法求得解。

铅直差分网格见表1。

表 1 铅直差分网格

No.	1	2	3	4	5	6	7	8	9	10	11	12	13	14	15	16
z(m)	0.25	0.5	1	2	5	10	20	40	70	100	200	300	400	600	800	1 000

由(1),(2),(9)式解 u, v, K 时,还需知 H。 我们利用 ΔT 这一条件,ΔT 通常表示 10 m(或 5 m)与水面温差。在这很低高度内,我们略去位温与温度的差别,应用近地层熟知的关系:

$$V = \frac{u_*}{k} \left[\ln \frac{z}{z_0} - \psi_m \left(\frac{z}{L} \right) \right] \tag{12}$$

$$T - T_0 = \frac{T_*}{k} \left[\ln \frac{z}{z_{0h}} - \psi_h \left(\frac{z}{L} \right) \right] \tag{13}$$

$T - T_0$ 即气与水的温差,z 为测风,温的高度,T_* 为摩擦温度,z_{0h} 为对温度廓线而言定义的粗糙度[11],ψ_m, ψ_h 为 z/L 的普适函数,L 为 Monin-Obukhov 长度。按文献[10],不稳定时

$$\psi_m \left(\frac{z}{L} \right) = 2\ln \frac{1+x}{2} + \ln \frac{1+x^2}{2} - 2\arctan x + \frac{\pi}{2} \tag{14}$$

其中

$$x = \left(1 - 16 \frac{z}{L} \right)^{1/4}$$

而

$$\psi_h = 2\ln \frac{1+y}{2} \tag{15}$$

$$y = \left(1 - 16 \frac{z}{L} \right)^{1/2}$$

稳定时

$$\psi_m \left(\frac{z}{L} \right) = -5 \frac{z}{L} \tag{16}$$

$$\psi_h\left(\frac{z}{L}\right) = -5\,\frac{z}{L} \tag{17}$$

当流动为粗糙流时,按文献[11],得

$$z_{0h} = 7.4 z_0 \exp\left(-2.46\,\frac{u_* z_0}{\nu}\right) \tag{18}$$

ν 为空气分子粘性系数,与(5)式相适应,我们在粗糙流及过渡区均使用(18)式。

按 M-O 长度 L 的定义

$$L = u_*^3 \bigg/ \left(-k\,\frac{g}{T}\,\frac{H}{c_p \rho}\right) = u_*^2 \bigg/ k\,\frac{g}{T} T_* \tag{19}$$

在(13)式中令 z_1 为测气温的高度,则(13)式左端 $T(z_1) - T_0$ 即是 ΔT,再用(19)式即得

$$L = u_*^2 \left[\ln\frac{z_1}{z_{0h}} - \psi_h\left(\frac{z_1}{L}\right)\right]\bigg/ k^2\,\frac{g}{T}\Delta T \tag{20}$$

在(12)式中令 $z = z_1$,则得

$$u_* = k V_1 \bigg/ \left[\ln\frac{z_1}{z_0} - \psi_m\left(\frac{z_1}{L}\right)\right] \tag{21}$$

V_1 即 z_1 处风速。现在(1),(2),(5),(6),(18),(19),(20),(21)式构成闭合组,可解 $u, v,$ $z_0, K, z_{0h}, H, L, u_*$,(6)式中的 H 是通过近地层关系式(19),(20),(21)耦合进去的。

我们用一系列迭代过程求上述方程组之解。先设(21)式中 V_1 取(1),(2)在中性时的解[1],由(20),(21)式通过逐步近似法可求 u_* 和 L,其中 z_0, z_{0h} 即取满足(5)和(18)式的结果,这样得到的 u_* 和 L 当然不是本文要的结果,但它可看成本文非中性解的第一近似,设如此求得的 u_* 和 L 分别为 $u_*^{(1)}, L^{(1)}$,由(19)式得 $H^{(1)}$,

$$H^{(1)} = -u_*^{(1)3}\bigg/ k\,\frac{g L^{(1)}}{c_p \rho T} \tag{22}$$

由 $H^{(1)}$ 及(9)式求解 K,(9)中 $\partial \vec{V}/\partial z$ 用中性时的解[1],这样求得第一近似 $K^{(1)}$。由 $K^{(1)}$ 解(1),(2)得 $u^{(1)}, v^{(1)}$,即非中性时的第一近似解,求解方法同文献[1]。得到 $u^{(1)}, v^{(1)}$ 后进行迭代,即用 z_1 处解得 $u^{(1)}, v^{(1)}$ 求 $V_1^{(1)}(z_1)$,再用逐步近似法求(20),(21)的收敛解 $u_*^{(2)}, L^{(2)}$,以及 $z_0^{(2)}, z_{0h}^{(2)}$,再由(19)式得 $H^{(2)}$,再解方程(9)得 $K^{(2)}$,而(9)中 $\partial \vec{V}/\partial z$ 即用最近一次得到的 u, v 解。由 $K^{(2)}$ 解(1),(2)得 $u^{(2)}, v^{(2)}$,如此重复,采用文献[1]中的方法可使求解过程迅速收敛,以得到满足(1),(2),(6)式的 u, v, K,这样解得的风在 z_1 高度又同时满足(20),(21)式。与此同时,我们也解得 z_0, z_{0h}, L 等量。本模式的解在 z_1 高度满足(20),(21)式,即(12),(13)式,在其他近地层高度,模式结果说明(1),(2)的解与(12),(13)式近地层公式的结果差别很小,其最大差别也只有 5% 左右,当层结稳定时亦如此(稳定时 K 见后),因而本模式在近地层符合已知的近地层通量梯度关系。

对稳定层结,我们采用 O'Brien 表示式[12]

$$K = K_T + \left[\frac{(z - z_T)^2}{\Delta^2}\right]\left[K_s - K_T + (z - z_s)\left(\frac{dK}{dz}\bigg|_{z=z_s} + 2\frac{K_s - K_T}{\Delta}\right)\right] \qquad (23)$$

上边界 z_T 处，K_T 设为零，$\Delta = z_T - z_s$，z_s 为近地层顶高度，设为 40 m，于是(23)式中需知 K_s 及 $\dfrac{dK_s}{dz}\bigg|_{z=z_s}$。

由熟知的稳定时近地层公式有：

$$K_s = 0.4u_* z_s \bigg/ \left(1 + 5\frac{z_s}{L}\right) \qquad (24)$$

并由稳定时近地层 $K(z)$ 得：

$$\frac{dK}{dz}\bigg|_{z=z_s} = 0.4u_* \bigg/ \left(1 + 5\frac{z_s}{L}\right)^2 \qquad (25)$$

于是稳定时，由(1),(2),(23),(24),(25),(5),(18),(20),(21)各式可解得 u, v, K, K_s，$\dfrac{dK}{dz}\bigg|_{z=z_s}$，$z_0, z_{0h}, L, u_*$，方法与不稳定层结时同，即由中性时解出 $V(z_1)$，由(20),(21)求 $u_*^{(1)}, L^{(1)}$，再求 $K^{(1)}$，从而得 $u^{(1)}, v^{(1)}\cdots$。

3 模式结果

近海面风速观测与海气温差联系起来的已发表的研究成果不多。我们选取文献[2]中在 40°N 左右海面以 5 m 高温度与海面温度之差为参数测出的 5 m 高风速为例来与本模式结果比较。鉴于本模式以地转风为上界风速，要求等压线相对来说较平直，即要求地转风与梯度风相差较小，文献[2]给出的资料大部分地转风均在 20 m/s 以上，我们将地转风与梯度风相差大于 3 m/s 的剔除，将其余例子的观测结果与本模式计算结果进行比较见表 2。

表 2　实测风与计算风的比较

地转风速(m/s)	28.3	27	26.5	25.9	23.2	23.1	20.6
ΔT (℃)	-6.7	-0.2	-7.0	-7.9	-8.6	-5.1	-0.5
实测 5 m 高风速(m/s)	17.0	15.5	16.0	15.9	15.8	15.9	17.0
计算 5 m 高风速(m/s)	17.2	15.7	16.4	16.1	14.8	14.6	12.7

若不计最后一例，则相对误差均较小，最大不超过 10%，平均只有 4%。最后一例观测的近水面风达到地转风的 83%，而层结又近中性，它不符合一般近地面风约为地转风的 50%—70% 的规律，此时可能是非定常或斜压，平流等因素占主要地位，本模式当然解释不了。

文献[4]给出了根据 55°N 附近海面观测到的 10 m 高处风作出的由 10 m 处与海面温差和地转风速来求 10 m 高风速的经验回归方程：

$$U = aG + b \qquad (26)$$

$$a = 0.54 - 0.012\Delta T$$
$$b = 1.68 - 0.105\Delta T$$

U 为 10 m 高处风速，G 为地转风速。经验关系(26)应能较好地代表观测结果。我们将本模式计算出的 10 m 高处风与由(26)式得到的风速(代表实测值)比较，见图 1。

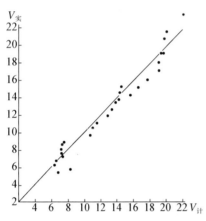

图 1　模式计算的 10 m 高风速与实验
回归关系求出的风速比较
横坐标为模式结果；纵坐标为(26)式结果；
直线表示两者相等

对 27 例(其中 G 取 10—30 m/s，ΔT 取 ±8°，±6°，±4°，−0.2°，−2.7°，1.7°)，其平均相对误差为 7.6%，包括了稳定与不稳定层结，可见也达到了较高的精确度。

综观模式计算出的 55°N 处 10 m 高风速可见非中性时 10 m 高处风速与地转风速之比 V_{10}/G，其值是稳定度与 G 的函数，而从文献[1]，中性时，它主要依赖于 G，随 G 增大而变小。现在在同一 G 时，V_{10}/G 一般随不稳定增加而增加，只个别有例外(因 z_0 也有影响)。而 ΔT 相同时，V_{10}/G 随 G 增大而下降，符合文献[1]中的结论。例如 $G = 20$ m/s 时，当 ΔT 从 8°变到−8°，V_{10}/G 从 53% 增到 72%，当 $\Delta T = 4°$，G 从 10 m/s 增到 30 m/s 时，V_{10}/G 从 63% 减到 59%；而 $\Delta T = -4°$ 时，当 G 从 10 m/s 增到 30 m/s 时，V_{10}/G 从 71% 减到 65%。在上面讲到的进行试验的 G 及 ΔT 范围内，V_{10}/G 可变化于从不到 50% 到 70%。文献[1]中已知 V_{10}/G 随纬度增加而增加，非中性时亦如此。只是不稳定时随纬度变化慢些。例如，当 $\Delta T = -8°$，纬度从 20°—60°，$G = 20$ m/s 时，V_{10}/G 从 72% 增至 73%，即增加很少；而同一个 G 下，$\Delta T = 8°$，上述增加是由 44% 增至 54%。

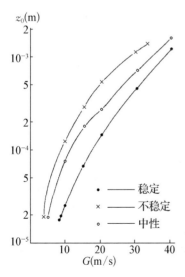

图 2　不同 G 及 ΔT 时的 z_0，
•为稳定，×为不稳定，○为中性

对于地转阻力系数 $c_g = u_*/G$，按现代边界层理论，它是罗斯贝数 $\mathrm{Ro} = G/fz_0$ 及稳定度参数 μ 的函数[6,13]，Zilitinkevich[13]给出了不同 μ 范围内 c_g 对 Ro 的理论结果，将我们上述 27 组结果与之比较，除个别外均较一致。当然 Zilitinkevich 的结果也只是一种理论模式的结果，但他主要是在 z_0 为常数的陆地情况下得到的，本文结果是在 z_0 可变时，c_g 随 Ro 和 μ 的变化的主要特征仍然保留。

据文献[1]，对某固定纬度，z_0 仅是 G 的函数，现在显然还与 ΔT 有关。图 2 给出纬度 40°处，$\Delta T = ±8°$ 及不同地转风范围内的 z_0 计算值，相应的中性时的 z_0 值亦画于图中以比较。$\Delta T = -8°$ 时，只画到 $G = 33$ m/s 时止，因再大则超出(5)式适用范围[5]。可见在同一 G 下，z_0 随 ΔT 增加而减少，$\Delta T = ±8°$ 的 z_0 要相差 2—4 倍。由图可由 G 及 ΔT 大致估计 z_0，其他纬度处 z_0 与 G 的关系在数值上略有变动，u_*/G

随纬度变,因而 z_0 亦如此,但主要特征不变。

按边界层理论,地转风与地面风的夹角 α 在不稳定时较小,而稳定时较大,α 也是 Ro 的函数,G 固定时,z_0 大则 α 大,于是在同一 ΔT 下,G 大则 α 小,本文结果符合上述特征。在文献[1]中得到中性时 α 在 $15°—20°$ 之间,本文非中性时,以纬度 $55°$ 为例,不稳定时变化于 $9°—16°$;稳定时变化于 $17°—26°$,这大致符合近代边界层理论中 α 的大小范围[6]及文献[3]中给出的大小。

4 对光滑流的推广

在光滑流情况,(5)式不再成立,仍沿用文献[1]中的处理,将光滑流时下式中的 z_{0e} 取代粗糙流中的 z_0:

$$z_{0e} = \frac{\nu}{9u_*} \tag{27}$$

而光滑流中的 z_{0h} 也相应变为[11]

$$z_{0h} = \frac{0.395\nu}{u_*} \tag{28}$$

下边界条件用

$$\frac{\partial V}{\partial z} = \frac{u_*}{k(z+z_{0e})} \tag{29}$$

于是粗糙流时的模式同样可应用于光滑流。应用 Nikuradse 关于光滑与粗糙流的判据。文献[1]中曾得到 $G=4.5$ m/s 相应于光滑与粗糙流的分界点,但那是中性的情况,稳定时,在同样 G 下,海面风变小,于是光滑与粗糙(过渡区)的分界处的地转风速将提高,不稳定时则反之。我们用文献[1]中同样的方法由粗糙度雷诺数 $\mathrm{Re}_0 = u_* z_0/\nu$ 来用 Nikuradse 判据判别流动的种类。根据模式结果得到不同 ΔT 时区分光滑与粗糙流动的分界地转风速见表 3。

表 3 光滑流与粗糙流(包括过渡区)的分界地转风速

$\Delta T(℃)$	8	6	4	2	0	-2	-4	-6	-8
临界 G (m/s)	8.5	8	7.5	6.5	4.5	4	4	3.5	3.5

其中 ΔT 为 10 m 高处与海面温差,在此临界地转风速上我们用(5)式或(27)式求出的模式结果差不多,这也说明这些临界值是正确的。根据当时的地转风速和 ΔT,我们可以决定在模式中选用(5)或(2)式。大部分实际状况仍然相应于(5)式。

5 用地转风与海气温差决定边界层风

文献[1]中在中性情况下,由 G 及地理纬度可决定不同高度的边界层风,非中性时,按本文结果,知道 G,ΔT 及纬度就可由模式决定不同高度边界层风,对于近地层以上,由于海上观测资料很少,模式的精确度有待进一步检验,模式结果只作参考。由于篇幅限制,下面我们只给出纬度 $40°$ 处,$G = 5,10,15,20$ m/s,$\Delta T = \pm 6°$ 时共 8 种情况下 300 m 以下不同高度的风向风速,见图3、图4。于是用由天气图信息求得地转风,再有 ΔT(此处为 10 m 高与海面温差)资料可立即求出边界层风。

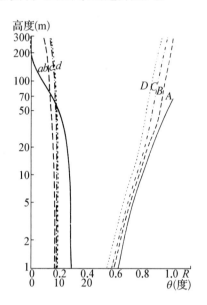

图 3　$\Delta T = -6℃$ 时边界层各高度风速与
地转风速之比 R(图右)及各高度
风向与地转风夹角 θ(图左)
地转风速:(a) 5 m/s,(b) 10 m/s,(c) 15 m/s,
(d) 20 m/s　$R > 1$ 及 $\theta < 0$ 部分用了虚线

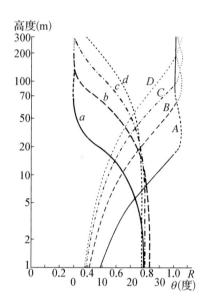

图 4　$\Delta T = 6℃$ 时的边界层各高度风速与
地转风速之比 R(大写字母)及各高度
风向与地转风夹角 θ(小写字母);
(各曲线地转风速同图3)

6　结语

　　本文将中性时海面可变边界条件的边界层模式推广到非中性,输入参数是地转风和海气温差,所得海面风及边界层参数符合观测,可用来计算海面边界层风。本文主要讨论边界层风,对其他参数如湍流应力,交换系数等未详细讨论,如果实际问题中需要这些参数,那么本模式也能求出这些值,此处不再赘述。由于本文是一维定常模式,在天气变化平流作用强或其他非定常影响大时,模式结果与实际是有一定的差距,这只能求助于进一步改进。

参考文献

[1] 赵鸣,1987,水面粗糙度可变时的定常中性大气边界层数值模式.大气科学,11(3),247 - 256.

[2] Overland, I. E. and Gemmill, W. H., 1977, Prediction of marine winds in the New York Bight, Mon. Wea. Rev., 105,1003 - 1008.

[3] Isozaki, I. and Uji, T., 1974, Numerical model of marine surface winds and its application of ocean waves, Papers in Meteor. Geophys., 25,197 - 231.

[4] Hasse, L., 1974, On the surface to geostrophic wind relationship at sea and the stability dependence of resistance law, Beitr. Phys. Atmos., 47, 45 - 55.

[5] Garratt, J. G., 1977, Review of drag coefficients over oceans and continents, Mon. Wea. Rev., 103, 915 - 929.

[6] Tennekes, H., 1973, Similarity laws and scale relations in PBL, in "Workshop on Micrometeorology", Amer. Meteor. Soc., 197 - 216.

[7] Blackadar, A. K. and Ching, J., 1965, Wind distribution in a steady state PBL of the atmosphere with upward heat flux, Final Report, Contract AF(604)- 6641, Dept. of Meteor., The Penn. State Univ., 23 - 48.

[8] Yamamoto, G., Shimanuki, A., Aide, M. and Yasuda. N., 1973, Diurnal variation of wind and temperature field in the Ekman layer, J. Meteor. Soc. Japan, 51, 377 - 387.

[9] Wippermann. F. and Leykauf, H., 1973, The effects of non-stationary on the PBL, Beitr. Phys. Atm., 46, 34 - 56.

[10] Panofsky, H. A. and Dutton, J. A., 1984, Atmospheric Turbulence, Models and Methods for Engineering Applications, Wiley-Interscience, 133 - 148.

[11] Brutsaert, W. H., 1982, Evaporation into the Atmosphere, D. Reidel Publishing Co., 122 - 123.

[12] O' Brien, J., 1970, A note on the vertical structure of the eddy exchange coefficient in the PBL, J. Atmos. Sci., 27, 1213 - 1215.

[13] Zilitinkevich, S. S., 1970, Dynamics of atmospheric boundary layer, Gidrometeoizdat, 191. (in Russian)

[14] Estoque, M. A., 1973, Numerical modelling of the PBL, in "Workshop on Micrometeorology", Amer. Meteor. Soc., 217 - 270.

2.3 THE NUMERICAL EXPERIMENTS ON APPLICATING GEOSTROPHIC MOMENTUM APPROXIMATION TO THE BAROCLINIC AND NON-NEUTRAL PBL[①]

Abstract: In this paper, Wu and Blumen's boundary layer geostrophic momentum approximation model(Wu and Blumen, 1982) is applied to baroclinic and non-neutral PBL, the motion equation for the PBL under the geostrophic momentum approximation are solved, in which the eddy transfer coefficient is a function of the distribution of the wind and temperature. The results are compared with those in barotropic and neutral conditions with the geostrophic momentum approximation. It is found that in the baroclinic condition, the wind distribution has both the characteristics of a steady, homogeneous and baroclinic PBL and those caused by the geostrophic momentum approximation. Those in non-neutral conditions show that they retain the intrinsic characteristics for the wind in non-neutral PBL, at the same time, the effects of the large-scale advection and local variation are also included. We can predict the wind in the non-neutral and baroclinic PBL by use of the geostrophic momentum approximation when the temporal and spatial distributions of the geostrophic wind, as well as the potential temperature and their variation rates at the upper and lower boundary of the PBL are given by large-scale model. Finally, the model is extended to the case over sea surface.

1 INTRODUCTION

Zhao(1988) had performed the numerical experiment for the motion in the barotropic and neutral PBL utilizing Wu and Blumen's boundary layer geostrophic momentum approximation model(Wu and Blumen, 1982), but with the eddy transfer coefficient as a function of the vertical shear of the wind, the reasonable and actual wind distributions were obtained. The application of the geostrophic momentum approximation to the PBL is connected with some practical problems such as to predict the wind in the PBL based on the wind predicted at the top of the PBL from the large scale model. Previously, the wind in the PBL was diagnosed or interpolated from the wind at the top of the PBL based on the steady and homogeneous PBL model. The shortcoming of this method is that the effect of local variation and advection cannot be included. Wu and Blumen (1982) applied the

---

① 原刊于《Advance in Atmospheric Sciences》,1988 年 8 月,5(3),287 - 299,作者:赵鸣。

geostrophic momentum approximation to the PBL, the primary three dimensional motion equations for the PBL had been linearized in which the local and advective variations of geostrophic wind could be learned from the large scale model. Hence, the original three dimensional model became one dimensional, its solution could give the wind distribution in the PBL from the wind at the top of the PBL, the accuracy had been raised because the effects of the local and advective variations had been considered. Zhao(1988) obtained more reasonable and actual results by use of the nonlinear K expression which was usually used in modern PBL models instead of the constant K in Wu and Blumen's work. But the boundary layer was assumed to be neutral and barotropic in that work. In reality, the PBL usually is baroclinic and non-neutral, the purpose of this paper is to extend Zhao's work to the baroclinic and non-neutral conditions. A series of numerical experiments show that the geostrophic momentum approximation may be applied successfully to the baroclinic and non-neutral PBL which gives a more reasonable and reliable method to predict the wind in the PBL from the large scale model.

Qin et al. (1986) and Liu and Qin (1986) applied the geostrophic momentum approximation to the baroclinic and non-neutral PBL, but their PBL model was the classical two layer model, i.e., $K = \text{const}$ was used above the surface layer, in the surface layer, the known wind and temperature profiles were applied. Theoretically, the scheme taking $K = \text{const}$ in the Ekman layer is not rigorous(Deardorff et al., 1982), which is not applied in modern numerical models for the PBL except some dynamics studies. In this paper, the numerical experiments are done for applying the geostrophic momentum approximation to the baroclinic and non-neutral PBL with the assumption that the eddy transfer coefficient is a function of the vertical distributions of wind and temperature. Finally, the model is extended over sea surface.

2 EXPERIMENTS FOR APPLYING THE GEOSTROPHIC MOMENTUM APPROXIMATION TO THE BAROCLINIC PBL

The motion equation for the PBL with the geostrophic momentum approximation may be written as(Wu and BLumen, 1982):

$$\frac{\partial u_g}{\partial t} + u\,\frac{\partial u_g}{\partial x} + v\,\frac{\partial u_g}{\partial y} = f(v - v_g) + \frac{\partial}{\partial z}K\,\frac{\partial u}{\partial z} \tag{1}$$

$$\frac{\partial v_g}{\partial t} + u\,\frac{\partial v_g}{\partial x} + v\,\frac{\partial v_g}{\partial y} = -f(u - u_g) + \frac{\partial}{\partial z}K\,\frac{\partial v}{\partial z} \tag{2}$$

Where u_g and v_g are the geostrophic wind components; u and v, the wind components. We assume that the PBL is baroclinic and neutral(the case for baroclinic and non-neutral will be discussed below), for which the following K expression may be used as Zhao(1988):

$$K = l^2 \left[\left(\frac{\partial u}{\partial z} \right)^2 + \left(\frac{\partial v}{\partial z} \right)^2 \right]^{1/2} \tag{3}$$

l is mixing length:

$$l = \frac{0.4(z + z_0)}{1 + \dfrac{0.4(z + z_0)}{\lambda}} \tag{4}$$

$$\lambda = 0.006\,3\,\frac{u_*}{f} \tag{5}$$

z_0 is the roughness of ground, u_* the friction velocity determined by

$$u_* = \left(K \left| \frac{\mathrm{d}\vec{V}}{\mathrm{d}z} \right| \right)^{1/2}_{z=z_s} \tag{6}$$

z_s is a height in the surface layer, $z_0 = 1$ cm is taken in this paper to represent the smooth surface, we can investigate the effect of the z_0 if other z_0 are taken. $f = 10^{-4}\,\mathrm{s}^{-1}$ is taken for middle latitudes. In the baroclinic PBL, u_g and v_g are the functions of height which will be found from large scale model. For example, the geostrophic wind field at different heights in the PBL may be interpolated from the predicted pressure fields at 850 hPa and surface. At present, the u_g and v_g in Eqs.(1) and (2) are treated as known functions of the height. Eqs.(1)—(6) form a closed set and the numerical method for solving them is the same as given by Zhao(1988). The upper boundary condition is the same as that paper, i.e.,

$$u = u_T, v = v_T \qquad \text{where} \quad z = h = 1\,000 \text{ m} \tag{7}$$

here,

$$u_T = \frac{\left(u_g - \dfrac{1}{f}\dfrac{\partial v_g}{\partial t} \right)\left(1 - \dfrac{1}{f}\dfrac{\partial u_g}{\partial y} \right) - \left(v_g + \dfrac{1}{f}\dfrac{\partial u_g}{\partial t} \right)\dfrac{1}{f}\dfrac{\partial v_g}{\partial y}}{\left(1 + \dfrac{1}{f}\dfrac{\partial v_g}{\partial x} \right)\left(1 - \dfrac{1}{f}\dfrac{\partial u_g}{\partial y} \right) + \dfrac{1}{f^2}\dfrac{\partial u_g}{\partial x}\dfrac{\partial v_g}{\partial y}} \tag{8}$$

$$v_T = \frac{\dfrac{1}{f}\left(u_g - \dfrac{1}{f}\dfrac{\partial v_g}{\partial t} \right)\dfrac{\partial u_g}{\partial x} + \left(v_g + \dfrac{1}{f}\dfrac{\partial u_g}{\partial t} \right)\left(1 + \dfrac{1}{f}\dfrac{\partial v_g}{\partial x} \right)}{\left(1 + \dfrac{1}{f}\dfrac{\partial v_g}{\partial x} \right)\left(1 - \dfrac{1}{f}\dfrac{\partial u_g}{\partial y} \right) + \dfrac{1}{f^2}\dfrac{\partial u_g}{\partial x}\dfrac{\partial v_g}{\partial y}} \tag{9}$$

As an example, the vertical distribution of the geostrophic wind in the PBL is assumed to be:

$$v_g = v_{gh} \tag{10}$$

$$u_g = u_{gh} - C(h - z) \tag{11}$$

$$C = \pm 3 \times 10^{-3}\,\mathrm{s}^{-1} \tag{12}$$

where $u_{gh} = 10$ m/s, $v_{gh} = 0$ are their values at the top of PBL, in Eq.(12), "+" represents that the geostrophic wind speed increases with height, the reverse is true for "−". Assuming the horizontal distribution of the geostrophic wind is homogeneous but the temporal tendency of the geostrophic wind does not vanish, then we may apply the geostrophic momentum approximation.

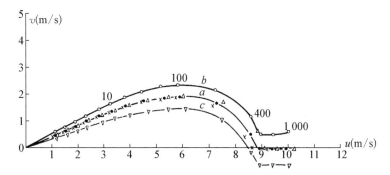

Fig.1   The wind distribution for the case that the geostrophic wind increases
         with height under the assumption of geostrophic momentum approximation.
         •   the steady, homogeneous solutions(curve a);
         ◦ $\partial u_g/\partial t = 5$ m/s/24 h;(curve b);   ▽ $\partial u_g/\partial t = -5$ m/s/24 h;(curve c);
         × $\partial v_g/\partial t = 2$ m/s/24 h;   △ $\partial v_g/\partial t = -2$ m/s/24 h

The lower boundary condition is:

$$u = v = 0 \qquad \text{where} \quad z = 0 \qquad\qquad (13)$$

Assuming $\partial u_g/\partial t = \pm 5$ m/s/24 h, $\partial v_g/\partial t = \pm 2$ m/s/24 h, we solve the Eqs.(1)—(6) for these cases. The vertical grid system is the same as Zhao(1988). The results of the wind distribution are shown in Figs. 1 and 2.

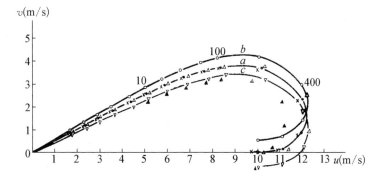

Fig.2   The wind distribution for the case that the geostrophic wind decreases with height under
         the assumption of geostrophic momentum approximation, the legend is identical to Fig.1,
         and ▲ are the results beginning from 10 m for $\theta_h = -10°, \theta_0 = 0°, \partial u_g/\partial t = -5$ m/s/24 h

Curve a illustrates the solutions for $\partial u_g/\partial t = \partial v_g/\partial t = 0$, i.e., the steady and baroclinic PBL. It is shown that in the case of $\partial u_g/\partial t > 0$, v are greater than that in the case of

$\partial u_g/\partial t =0$, i.e., the steady and homogeneous solutions both when the geostrophic wind increases and decreases with height, the reverse is true for $\partial u_g/\partial t < 0$. In the case of $\partial v_g/\partial t > 0$, u are less than that in the case of $\partial v_g/\partial t =0$(steady, homogeneous solutions) both when the geostrophic wind increases and decreases with height, the reverse is true for $\partial v_g/\partial t < 0$. The reason is similar to that shown by Zhao(1988), in the case of $\partial u_g/\partial t > 0$, it is equivalent to putting $\partial u_g/\partial t =0$ in Eq.(1) and at the same time to make the $-fv_g$ on the right hand side decrease, i.e., make v_g increase, this results in the increase of v; the case of $\partial u_g/\partial t < 0$ and $\partial v_g/\partial t > 0$ or $\partial v_g/\partial t < 0$ can also be explained similarly. Therefore, the baroclinity does not change the effect of the local variation on the wind distribution in the PBL. Similarly, we can analogize that the baroclinity can not change the effect of advection on the wind distribution in the PBL. In other words, the geostrophic momentum approximation may be applied successfully in the baroclinic condition. The differences for the vertical distribution of the wind in Figs. 1 and 2 in the case of the same $\partial u_g/\partial t$ or $\partial v_g/\partial t$ are caused by the different baroclinities(i. e., caused by the differences between two curves(a) in these figures). In Fig.1, the fact that the spirals extend along the direction of x axis and do not intersect with the x axis when the height increases is the intrinsic characteristic for the baroclinic PBL, see for example, Estoque(1973).

3　THE EXPERIMENTS FOR APPLYING GEOSTROPHIC MOMENTUM APPROXIMATION TO THE NON-NEUTRAL PBL

Assume that the PBL is barotropic but non-neutral, the temperature stratification will affect the eddy transfer coefficient. In modern numerical models for the PBL, when we calculate the wind distribution in the non-neutral PBL theoretically, the distribution of potential temperature $\partial\theta/\partial z$ in the PBL is usually assumed to be known, then we can solve the motion equation for the PBL and get the wind distribution. In order to show the differences between the solutions with the geostrophic momentum approximation and the steady, homogeneous solutions, we solve the motion equations for the PBL with the geostrophic momentum approximation and without it, i. e., with the steady and homogeneous condition under the same $\partial\theta/\partial z$, from which we can find the effect of the geostrophic momentum approximation to the non-neutral PBL. In the numerical experiments, different values may be taken for $\partial\theta/\partial z$, as an example, in this paper, the $\partial\theta/\partial z$ distribution derived from solving the thermodynamics equation and motion equations in the steady and homogeneous PBL simultaneously with known potential temperatures at the top and bottom of the PBL is taken to solve the motion equations for the PBL with the geostrophic momentum approximation. Then the comparison between the solutions with and without the geostrophic momentum approximation may show the effect of the geostrophic momentum approximation to the non-neutral PBL. The K expression in the non-neutral condition may be written as(Zilitinkevich, 1970):

$$K = l^2 \left[\left(\frac{\partial u}{\partial z} \right)^2 + \left(\frac{\partial v}{\partial z} \right)^2 - \alpha \frac{g}{\theta} \frac{\partial \theta}{\partial z} \right]^{1/2} \tag{14}$$

here Eq.(3) is taken for l, $\alpha = K_h/K_m$ is the ratio of the heat and momentum transfer coefficients whose value is not clear at present, for simplicity, the value of 1 is usually taken in many models, for example, Zhang et al.(1982), we shall take $\alpha = 1$. Eq.(14) instead of Eq.(3) will be used to solve Eqs.(1) and(2).

As mentioned above, $\partial \theta / \partial z$ is derived from solving the motion equations and thermodynamics equation for the steady and homogeneous PBL simultaneously, i.e., $\partial \theta / \partial z$ is derived from Eqs.(14)—(17):

$$\frac{\partial}{\partial z} K \frac{\partial u}{\partial z} + f(v - v_g) = 0 \tag{15}$$

$$\frac{\partial}{\partial z} K \frac{\partial v}{\partial z} - f(u - u_g) = 0 \tag{16}$$

$$\frac{\partial}{\partial z} K \frac{\partial \theta}{\partial z} + S_\theta = 0 \tag{17}$$

where S_θ is the variation rate of the potential temperature caused by radiation, for simplicity, the following scheme is used after Yamamoto et al.(1973):

$$S_\theta = \delta \gamma (T - T_s) \tag{18}$$

$$\delta = 1 \quad \text{when} \quad T - T_s > 0$$

$$\delta = 0 \quad \text{when} \quad T - T_s \leqslant 0$$

$\gamma = 0.5 \times 10^{-5} \, \mathrm{s}^{-1}$, T is temperature, T_s the temperature at the ground. The lower boundary conditions are:

$$u = v = 0, \theta = \theta_s, \quad \text{where} \quad z = 0 \tag{19}$$

The upper boundary conditions are:

$$u = u_g, v = v_g, \theta = \theta_h \quad \text{where} \quad z = h \tag{20}$$

where h is the top of the PBL. We use the conditions(19) and(20) to solve Eqs.(14)—(17) and obtain the wind and potential temperature distributions for the steady, homogeneous and non-neutral PBL. The $\partial \theta / \partial z$ distribution in a real nonsteady and inhomogeneous PBL may have complicated forms. That the $\partial \theta / \partial z$ used to compute K is derived from steady and homogeneous conditions is only an example and the purpose of it is to show the difference between the solutions under the steady and homogeneous conditions and that under the geostrophic momentum approximation. As a computational example, we calculate the wind in PBL in a trough-ridge system just as the calculation in Zhao(1988).

Assume that $u_g = 15$ m/s, $v_g = 5$ m/s, $\partial v_g/\partial x = -5$ m/s/10^6 m in a certain point in the east of a trough. Because of $\partial v_g/\partial x \neq 0$, we can apply the geostrophic momentum approximation. The potential temperature distribution is taken to be the solutions of the Eqs. (14)—(17) when $u_g = 15$ m/s, $v_g = 5$ m/s, $\theta_s = 0°$, $\theta_h = \pm 10°$, this distribution of θ is shown in Fig.3.

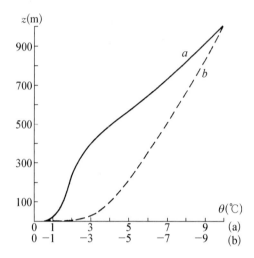

Fig.3　The distribution of potential temperature
(a) is for stable condition, (b) is for unstable condition.

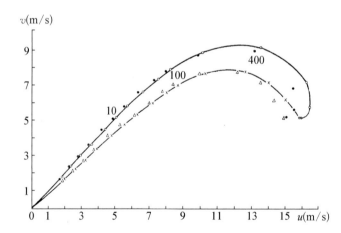

Fig.4　The calculated wind distribution in a non-neutral PBL with
　　　geostrophic momentum approximation
　　　$u_g = 15$ m/s, $v_g = 5$ m/s, $\partial v_g/\partial x = -5$ m/s/ 10^6 m.
　　○　$\Delta\theta = \theta_h - \theta_s = 10°$, geostrophic momentum approximation;
　　×　$\Delta\theta = -10°$, geostrophic momentum approximation;
　　•　$\Delta\theta = 10°$, steady and homogeneous solution with $\partial v_g/\partial x = 0$;
　　△　$\Delta\theta = -10°$, steady and homogeneous solution with $\partial v_g/\partial x = 0$.

The wind distribution under the steady and homogeneous conditions which is solved simultaneously with the $\partial\theta/\partial z$ solution and the wind distribution under the geostrophic momentum approximation with $\partial v_g/\partial x = -5$ m/s/10^6 m are both shown in Fig. 4 It is found from Eq. (4) that u under the geostrophic momentum approximation are greater than that under the steady and homogeneous conditions. The explanation is the same as given by Zhao (1988). On account of $\partial v_g/\partial x < 0$, $u\partial v_g/\partial x < 0$, it is equivalent to putting $u\partial v_g/\partial x = 0$ in Eq. (2) and at the same time to make the fu_g on the right hand side increase, i.e., make u_g increase. This results in the increase of u. This fact shows that the effect of geostrophic momentum approximation on the wind in the PBL would not be influenced by the stratification, in other words, the geostrophic momentum approximation may be applied in the non-neutral PBL.

On the other hand, we can see that the differences between the solutions with the geostrophic momentum approximation in the cases of unstable and stable stratifications are that the angle between the surface wind and the geostrophic wind is greater in stable condition, and the rate for which the wind approaches the wind at the top of PBL is faster in the stable condition and all of these are in agreement with the characteristics of the unstable and stable PBL. So that the geostrophic momentum approximation does not change the intrinsic characteristics of the unstable and stable PBL. Fig. 5 illustrates the solutions with the geostrophic momentum approximation under the condition that $\Delta\theta = -10°$ incorporating $\partial u_g/\partial t = \pm 5$ m/s/24 h, $\partial v_g/\partial t = \pm 2$ m/s/24 h and the same u_g, v_g and $\partial v_g/\partial x$ as in Fig. 4, and the result corresponding to $\partial u_g/\partial t = \partial v_g/\partial t = 0$ but with the same other conditions is also given. It is found that when $\partial u_g/\partial t > 0$, v are greater than that for $\partial u_g/\partial t < 0$; when $\partial v_g/\partial t > 0$, u are less than that for $\partial v_g/\partial t < 0$, these characteristics and their explanations are the same as given by Zhao (1988). This also shows that the geostrophic momentum approximation can be applied successfully both in neutral and non-neutral conditions.

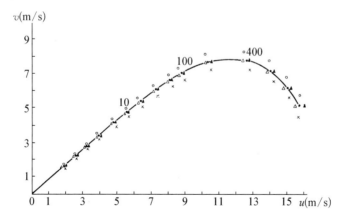

Fig. 5 The wind solutions with the geostrophic momentum approximation
$\theta_h = -10°, \theta_s = 0°$, $u_g = 15$ m/s, $v_g = 5$ m/s, $\partial v_g/\partial x = -5$ m/s/10^6 m,
○ $\partial u_g/\partial t = 5$ m/s/24 h; × $\partial u_g/\partial t = -5$ m/s/24 h; △ $\partial v_g/\partial t = 2$ m/s/24 h;
▲ $\partial v_g/\partial t = -2$ m/s/24 h; • $\partial u_g/\partial t = \partial v_g/\partial t = 0$

4　THE ADVANCED CONSIDERATION OF THE STRATIFICATION

The previous results on the non-neutral PBL with the geostrophic momentum approximation are derived in the case that $\partial\theta/\partial z$ is known. In the forecasting of the wind in the PBL based on large scale model, usually θ can not be given at different heights in the PBL, only the θ at the top of PBL(for example, 850 hPa) and at the surface can be predicted. From the viewpoint of application, we need to determine $\partial\theta/\partial z$. In order to solve this problem, we attempt to solve the Eqs. (1), (2) with the geostrophic momentum approximation in nonsteady and inhomogeneous conditions and the nonsteady thermodynamics equation:

$$\frac{\mathrm{d}\theta}{\mathrm{d}t}=\frac{\partial}{\partial z}K\frac{\partial\theta}{\partial z}+S_\theta \tag{21}$$

simultaneously to find the distribution of θ, u, v and K.

Conditions(8) and(9) are used for the upper boundary and condition(10) is used for the lower boundary; the upper boundary condition for θ is:

$$\theta=\theta_h \qquad\qquad \text{where}\quad z=h \tag{22}$$

The lower boundary condition for θ is:

$$\theta=\theta_s \qquad\qquad \text{where}\quad z=0 \tag{23}$$

The wind and potential temperature can be predicted at the top of PBL by the large scale model, consequently, $\mathrm{d}\theta/\mathrm{d}t$ then can be calculated. Similarly, $\mathrm{d}\theta/\mathrm{d}t=\partial\theta/\partial t$ at the surface also can be predicted. The $\mathrm{d}\theta/\mathrm{d}t$ at different heights in the PBL can then be interpolated. Then Eq.(21) may be solved with Eqs.(1),(2),(14) simultaneously to find $u, v, \partial\theta/\partial z$ and K. Of course, this method to find $\partial\theta/\partial z$ is not accurate enough, however, we are concerned with finding the distribution of the wind but not finding the accurate distribution of θ, that we find θ distribution is only for calculating the K affected by the stratification. The numerical experiments show that the difference between the results neglecting the $\mathrm{d}\theta/\mathrm{d}t$ term and not in Eq.(21) is not obvious(see Fig.6). This means that the previous treatment for $\mathrm{d}\theta/\mathrm{d}t$ is permitted. Therefore, the wind distribution in the PBL with the geostrophic momentum approximation may be computed by solving Eqs.(1),(2), (14), (21) simultaneously. By the way, there is the possibility to give the three dimensional initial and boundary conditions in small scale problems, so that Eq.(21) may be solved precisely for those problems, but it is not true for the large scale model.

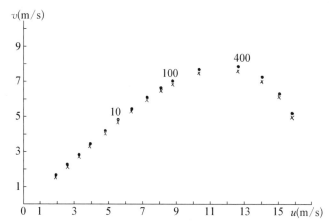

Fig.6　The wind solutions with the geostrophic momentum approximation
$\theta_h = -10°$, $\theta_s = 0°$, $u_g = 15$ m/s, $v_g = 5$ m/s, $\partial v_g/\partial x = -5$ m/s/10^6 m,
$\partial \theta/\partial z$ is solved from Eqs.(1),(2),(14),(21),
$\times$　are for $d\theta/dt = -5°/24$ h; •　are for $d\theta/dt = 5°/24$.

As an example, we assume that $u_g = 15$ m/s, $v_g = 5$ m/s, $\partial v_g/\partial x = -5$ m/s/10^6 m, $\theta_h = -10°$, $\theta_s = 0°$, $d\theta/dt = \pm 5°/24$ h at different heights, the solutions of Eqs.(1),(2), (14),(21) with the geostrophic momentum approximation are shown in Fig.6, the results are compared with the corresponding case in Fig.4($d\theta/dt = 0$). It is shown that the two solutions with $d\theta/dt = \pm 5°/24$ h are approached each other and the solutions corresponding to $d\theta/dt = 0$ is just between them(not illustrated). This shows that the effect of $d\theta/dt$ is not important in the case of $d\theta/dt = 5°/24$ h, $d\theta/dt = 0$ may be taken approximately. Theoretically, the inclusion of $d\theta/dt$ should be better if $|d\theta/dt|$ is greater.

Now we consider the effect of the baroclinity and non-neutral condition simultaneously, the symbol ▲ in Fig.2 represents the results when $\theta_h = -10°$, $\theta_s = 0°$, $\partial u_g/\partial t = -5$ m/s/24 h are assumed and with the same vertical distribution of the geostrophic wind as in the other curves in Fig.2. If the results are compared with other curves in Fig.2 which represent the results in the case of $\partial u_g/\partial t = -5$ m/s/24 h in the neutral but barotropic condition, then we can see that in the former case, the wind approaches its value at the upper boundary slower than that in the latter case, and the angle between the surface wind and the wind at the upper boundary is smaller for the former case. That means the characteristics for the baroclinity and non-neutral conditions are all reflected, i.e., the geostrophic momentum approximation can be applied in the baroclinic and non-neutral conditions.

5　THE APPLICATION TO THE PBL OVER SEA SURFACE

Zhao(1987) had applied the model of steady, homogeneous and barotropic PBL to the condition over sea surface, the equations were(15),(16),(3)—(6) in which the roughness was a function of friction velocity. For the rough flow,

$$z_0 = 0.014\ 4\ \frac{u_*^2}{g} \tag{24}$$

The upper boundary condition was $u = u_g$, $v = v_g$; the lower boundary was located at a certain low height near the mean level of sea surface and the condition for the lower boundary was:

$$\frac{\partial V}{\partial z} = \frac{u_*}{k(z+z_0)} \tag{25}$$

where $V - \sqrt{u^2 + v^2}$. The model resulted in the wind distribution and some boundary layer parameters which were in agreement with observations. At present, it is not difficult to extend the model to the non-neutral condition with the geostrophic momentum approximation. The equations are(1),(2),(14),(21), the lower boundary condition for the wind is still(25). Because the lower boundary is located at a very low height(the grid system is the same as Zhao(1987), the lowest grid is located at 0.25 m), the stability at that height may be treated as neutral. The upper boundary condition for the winds are(8), (9); for the potential temperature are $\theta = \theta_h$. The lower boundary is not located at surface, so $\theta \neq \theta_0$ (θ_0 is the θ value at the surface). We utilize the temperature profile in the surface layer for which the correcting function may be neglected on account of such a low height and obtain:

$$\theta_1 = \theta_0 + \frac{T_*}{k} \ln \frac{z_1}{z_{0h}} \tag{26}$$

Where θ_1 is the potential temperature at the lower boundary($z_1 = 0.25$ m). Eq.(26) is used as the lower boundary layer condition. k is the Karman constant, $T_* = -H/c_p\rho u_*$, the friction temperature, H the turbulent heat flux, z_{0h} the height at which the potential temperature takes the value at the surface, according to Brutsaert(1982),

$$z_{0h} = 7.4 z_0 e^{-2.46\left(\frac{u_* z_0}{\nu}\right)^{1/4}} \tag{27}$$

T_* in Eq.(26), z_0, u_* in Eq.(27) are all the quantities requiring to be determined from the solutions u, v and θ of the equations and lower boundary conditions(25),(26) also contain the parameters depending on the solutions of the equations. We solve the equations as follows.

From the wind and temperature profiles in the surface layer(Panofsky and Dutton, 1984):

$$V = \frac{u_*}{k}\left[\ln \frac{z}{z_0} - \psi_m\left(\frac{z}{L}\right)\right] \tag{28}$$

$$\theta - \theta_0 = \frac{T_*}{k}\left[\ln\frac{z}{z_{0h}} - \psi_h\left(\frac{z}{L}\right)\right] \tag{29}$$

where ψ_m, ψ_h are the known functions of z/L, L is the Monin-Obukhov length $L = u_*^2 T/kgH$, the u_* and L can be calculated from the values V and θ at z_a, a certain height in the surface layer(for example, 10 m) in Eqs.(28),(29), and V and θ at z_a can be computed from the approximate solutions of Eqs (1),(2),(14),(21) in each step when these equations are solved by the successive approximation method. The approximate solutions at the first step may choose some appropriate values, the successive approximate method by Zhao(1987,1988) can obtain the solutions which satisfies both Eqs.(1),(2),(14),(21) and (25)—(29).

Assuming $\theta_h = -10°, \theta_0 = 0°, \partial v_g/\partial x = -5$ m/s/10^6 m, $u_g = 15$ m/s, $v_g = 5$ m/s, $d\theta/dt = 5°/24$ h, we get the solutions as shown in Fig.7, in which the solutions in the steady and homogeneous conditions with the same u_g, v_g, θ_h and θ_0 are also illustrated besides the solutions with the geostrophic momentum approximation. It is found that the characteristic that the wind speeds at lower heights are greater over sea is still retained, the angle between the surface wind and geostrophic wind is still less than that over land. This means that the geostrophic momentum approximation does not change the main characteristics of the wind in the PBL over sea, only the characteristics with the geostrophic momentum approximation are added to the original characteristic over sea, i.e., when $\partial v_g/\partial x < 0$, the u is stronger. All of these show that the geostrophic momentum approximation can be applied successfully over sea surface.

When the flow is smooth, we can solve the similar problem without difficulty with the same treatment as in Zhao(1987).

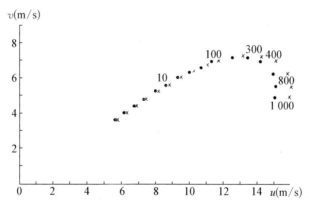

Fig.7　The wind distribution in the non-neutral PBL over sea

　　× 　$\theta_h = -10°, \theta_s = 0°, u_g = 15$ m/s, $v_g = 5$ m/s, $\partial v_g/\partial x = -5$ m/s/10^6 m,
　　　　$d\theta/dt = -5°/24$h with geostrophic momentum approximation,

　　• 　$\theta_h = -10°, \theta_s = 0°, u_g = 15$ m/s, $v_g = 5$ m/s, $d\theta/dt = 0$ with steady and
　　　　homogeneous conditions.

6　THE CONCLUSIONS

After the K expressions are treated by the modern PBL theory, the W-B's boundary layer geostrophic momentum approximation theory may not only be used to solve numerically the equations for the PBL to obtain the wind distribution in the neutral PBL, but also be used to calculate the wind in non-neutral PBL incorporating the thermodynamics equation. For the baroclinic PBL, the geostrophic momentum approximation may also be applied. Furthermore, it can be applied to the PBL over sea surface if the lower boundary condition is changed. The work in this paper improves the W-B's primary work. The uses of the models in this paper are: the wind at different heights in the PBL may be diagnosed by these model as long as the geostrophic wind, its spatial distribution and temporal tendency, the temperature and its variation at the top and bottom of the PBL are predicted by the large scale model. The aim of this research is to study the wind distribution, and the finding of the temperature distribution is only for calculating the K. The computation of $\partial\theta/\partial z$ is not rigorous in this paper. However, as the numerical experiments show, its effect on the wind is not important. The models in this paper can be applied to the forecasting of the wind over land or sea.

REFERENCES

Brutsaert, W. H.(1982), Evaporation into the atmosphere, D. Reidel Publishing Co., 122 - 123.

Dreardorff, J.W. and Mahrt, L. (1982), On the dichotomy in theoretical treatments of the atmospheric boundary layer, J. Atmos. Sci., 29:2096 - 2103.

Estoque, M.A.(1973), Numerical modelling of the PBL, in: Workshop on "Micrometeorology", Amer. Meteor. Soc., 217 - 270.

Liu, Q. and Qin, Z.(1986), Dynamics of nonlinear baroclinic Ekman boundary layer, Adv. Atmos. Sci., 3: 421 - 431.

Panofsky, H. A. and Dutton, J. A.,(1984), Atmospheric Turbulence, Models and Methods for Engineering Applications, Wiley-Interscience, 133 - 148.

Qin, Z. Liu, Q. and Feng, S.(1986), The numerical experiments on the nonlinear dynamical diagnosed model of the wind field in the atmospheric boundary layer over sea, Acta Oceano. Sinica, 8: 678 - 685. (in Chinese)

Wu, R. and Blumen, W. (1982), An analysis of Ekman boundary layer dynamic incorporating the geostrophic momentum approximation, J. Atmos. Sci., 39: 1774 - 1782.

Yamamoto, G., Shimanuki, A. and Yasuda, N.(1973), Diurnal variation of wind, temperature field in the Ekman layer, J. Met. Soc. Japan, 51: 377 - 387.

Zhang, D. and Anthes, R. A.(1982), A high resolution model of the PBL-sensitivity tests and comparisons with SESAME-79 data, J. App. Met., 21: 1594 - 1609.

Zhao，M.(1987)，A numerical model of the neutral atmospheric boundary layer with the varying roughness，Sci. Atmos. Sinica.，11：247－256.(in Chinese)

Zhao，M.(1988)，A numerical experiment of the atmospheric boundary layer with geostrophic momentum approximation，Adv. Atmos. Sci.，5：47－56.

Zilitinkevich，S. S.(1970)，The dynamics of the atmospheric boundary layer，Gidrometeoizdat，299pp.(in Russian)

2.4　一个诊断非平坦地形上边界层风的数值模式[①]

提　要：根据半地转大气边界层模式，由大尺度数值模式并考虑了下垫面地形及粗糙度的水平非均匀性及大尺度气压场的时空变化，给出了一个诊断边界层风的数值模式。对低纬度运用塔层风模式进行诊断，诊断结果与实测资料比较，风向风速均达到了一定的精确度。

关键词：边界层风，诊断数值模式，非平坦地形，半地转，塔层

1　引言

边界层内风的垂直分布对于大气扩散、航空、农业以及人类日常生活都有很大影响，因而长期以来引起气象学者的广泛注意，以往的研究主要是设气压场或地转风场为已知，然后根据边界层运动方程对湍流交换系数 K 进行假定，以求解这些方程，从而得到边界层风的垂直分布[1]。80 年代以前，这种风垂直分布模式的研究主要是基于摩擦力、气压梯度力、柯氏力三力之间平衡的模式，模式的缺点是没有考虑气压场的时空变化，为了克服这一缺陷，同时又要使边界层方程能够求解，Wu and Blumen[2] 将地转动量近似引用到大气边界层，使四力平衡（加进惯性力）的边界层运动方程线性化，在 K 为常数时求出了方程的解析解。地转动量的引入改进了三力平衡模式，把气压场的时空变化通过地转风的时空变化引进来，而后者是可以由大尺度模式获知的，因此考虑惯性力后的边界层方程求解风的问题就变成了一个诊断问题。Zhao[3,4] 改进了他们的工作，考虑了更加实际的 K 以及层结的影响来求四力平衡下的边界层风诊断问题，得到更切合实际的解，但所有这些工作仍然假定地转风场及其时空变化以及层结等因素为给定的条件，以此进行的各种试验，并未考虑到与数值模式结合起来，应用于边界层风分布的诊断与预报。

另一方面，大尺度模式即使在边界层有模式层，其最下层也往往离地面很高。而从生产实践中常用的标准高度上的地面风（例如 10m 高）及其他边界层内各高度上的风则不能从模式得出。本文试图把四力平衡半地转高分辨率以及非线性 K 分布的边界层模式与大尺度模式结合起来，由大尺度模式提供的背景气压场和温度场来诊断边界层风分布，以应用于实际预报。

---

　①　原刊于《应用气象学报》，1993 年 2 月，4(1)，58 - 64，作者：赵鸣，马继军。

2 诊断模式的基本方程

半地转边界层控制方程如下[4]:

$$\frac{\partial u_g}{\partial t} + u\frac{\partial u_g}{\partial x} + v\frac{\partial u_g}{\partial y} = f(v - v_g) + \frac{\partial}{\partial z}K_m\frac{\partial u}{\partial z} \tag{1}$$

$$\frac{\partial v_g}{\partial t} + u\frac{\partial v_g}{\partial x} + v\frac{\partial v_g}{\partial y} = -f(u - u_g) + \frac{\partial}{\partial z}K_m\frac{\partial v}{\partial z} \tag{2}$$

$$\frac{\partial}{\partial z}K_h\frac{\partial \theta}{\partial z} + S_\theta = 0 \tag{3}$$

设 $K_m = K_h = K$，θ 为位温，S_θ 为辐射引起的位温变化。考虑到层结对 K 的影响，取:

$$K = l^2\left[\left(\frac{\partial u}{\partial z}\right)^2 + \left(\frac{\partial v}{\partial z}\right)^2 - \frac{g}{\theta}\frac{\partial \theta}{\partial z}\right]^{1/2} \tag{4}$$

其中混合长

$$l = \frac{0.4(z + z_0)}{1 + \dfrac{0.4(z + z_0)}{\lambda}} \tag{5}$$

式中，z_0 为下垫面粗糙度，z 是从地面算起的高度。由于诊断模式是与大模式合用的，在不同网格点上地形高度不同，z 在某格点就从该格点地面处起算，因而同一 z 值在不同格点其海拔高度是不同的。不同格点处其地面特征不同，故其 z_0 值亦不同。式(5)中，

$$\lambda = 0.006\,3\frac{u_*}{f} \tag{6}$$

u_* 是摩擦速度，按定义:

$$u_* = \left(K\left|\frac{d\vec{V}}{dz}\right|\right)^{1/2}_{z=z_s} \tag{7}$$

z_s 为近地层中某一高度。式(1),(2)中的地转风及其时空导数由大模式提供，故在诊断时为已知值。式(3)中 S_θ 用简单的参数化计算[4]

$$S_\theta = \delta\nu(T - T_0) \tag{8}$$

其中 T_0 为地面处气温，T 为 z 处温度;而

$$\delta = \begin{cases}1 & T > T_0 \\ 0 & T \leqslant T_0\end{cases}$$

并取 $\nu = -0.5\times10^{-5}\,\mathrm{s}^{-1}$。方程(1)—(8)形成闭合组，对 z 求解，便可求出不同高度处的风、温。边界条件:

$$u = u_T , v = v_T , \theta = \theta_h \qquad\qquad 当\ z = h$$

$$\frac{\partial V}{\partial z} = \frac{u_*}{k(z+z_0)} , \theta = \theta_s \qquad 当\ z = 0 \qquad\qquad (9)$$

h 为边界层顶，θ_h 为该处位温，$k = 0.4$ 为卡门常数，θ_s 为地面位温，$V = \sqrt{u^2 + v^2}$，而

$$u_T = \frac{\left(u_g - \frac{1}{f}\frac{\partial v_g}{\partial t}\right)\left(1 - \frac{1}{f}\frac{\partial u_g}{\partial y}\right) - \left(v_g + \frac{1}{f}\frac{\partial u_g}{\partial t}\right)\frac{1}{f}\frac{\partial v_g}{\partial y}}{1 + \frac{1}{f}\left(\frac{\partial v_g}{\partial x} - \frac{\partial u_g}{\partial y}\right) + \frac{1}{f^2}\left(\frac{\partial u_g}{\partial x}\frac{\partial v_g}{\partial y} - \frac{\partial v_g}{\partial x}\frac{\partial u_g}{\partial y}\right)} \qquad (10)$$

$$v_T = \frac{\left(v_g + \frac{1}{f}\frac{\partial u_g}{\partial t}\right)\left(1 + \frac{1}{f}\frac{\partial v_g}{\partial x}\right) + \left(u_g - \frac{1}{f}\frac{\partial v_g}{\partial t}\right)\frac{1}{f}\frac{\partial u_g}{\partial x}}{1 + \frac{1}{f}\left(\frac{\partial v_g}{\partial x} - \frac{\partial u_g}{\partial y}\right) + \frac{1}{f^2}\left(\frac{\partial u_g}{\partial x}\frac{\partial v_g}{\partial y} - \frac{\partial v_g}{\partial x}\frac{\partial u_g}{\partial y}\right)} \qquad (11)$$

上界条件是地转动量近似的结果[4]，下界条件由风的对数律得出。本文主要论述陆面上风的诊断，遇到下垫面为海面时，则式(5)和(9)中 z_0 取如下形式：

$$z_0 = 0.014\ 4\ \frac{u_*^2}{g} \qquad (12)$$

地转动量近似不能应用于低纬，如纬度低于 15°，改用塔层风模式诊断。近地层以上，约 300 m 高度以下的范围可以应用塔层中风廓线的研究结果。例如 Hakimov[5] 计算沿地面风方向及垂直于该方向风分量的公式为：

$$u = \frac{u_*}{k}\left[\ln\frac{z}{z_0} + kN\psi\right] \qquad (13)$$

$$v = u_* M\phi \qquad (14)$$

其中

$$\psi = a_2 (z/\beta)^2 + a_4 (z/\beta)^4$$
$$\phi = b_1 (z/\beta) + b_3 (z/\beta)^3$$

而

$$\beta = c_0 k u_*/f , M = A/k , kN = -[B + \ln(kc_0)]$$

a_i , b_i 为经验常数，$c_0 = 0.3$，A , B 分别取值 4.3 和 1.1。如果大尺度模式最下层位于塔层（300 m 以下）内，则大模式预报的该层风速应满足式(13)、(14)，因而由式(13)、(14)可求 u_*，从而若令式(13)，(14)中 z 取 300 m 以下任一高度，即可得此高度上的风场。

3　诊断模式的细节处理

与边界层模式配合使用的大尺度模式是钱水甫[7]的五层 p-σ 混合坐标原始方程模式，

该模式最下层高度在地面以 25 hPa,即在塔层内,因此在低纬可应用式(13)、(14)进行诊断。大尺度模式可以得到各模式面上及海平面的气压场及地转风。半地转模式需要的边界层不同高度上的地转风,可由模式面及海平面地转风插值而得。诊断模式需要的时间导数可由前后相差 12 h 的地转风差分而得。式(1),(2)中的空间导数 $\partial u_g / \partial x$ 等应在同一海拔高度上求,但陆地上由于地形关系,相邻网格点地形高度不同,于是在某点求解(1),(2)时,引入一地形辅助坐标:

$$z_A = (Z - z_s)/(z_l - z_s) \tag{15}$$

其中 z_l 代表大模式最下层高度,z_s 为地形高度,Z 为海拔高度,$Z - z_s$ 即诊断模式中的垂直坐标。诊断模式的模式面就是等 z_A 面,z_A 取值如表 1。

表 1 z_A 坐标

模式面	1	2	3	4	5	6	7	8	9	10	11	12	13	14	15
z_A	0	0.001 25	0.002 5	0.005	0.01	0.025	0.05	0.1	0.2	0.75	1.5	3	4.5	6.25	8

z_A 如此取的目的是为了使与 $z_A(7)$ 相对应的离地高度大约为 10 m,而和 $z_A(15)$ 相对应的离地高度大约在 1 500 m,即相当于边界层顶。模式面垂直剖面如图 1,变量 u,v,θ 分布于表 1 中所列 z_A 面上,而 K 则在相邻两 z_A 面中间取值。

由一般坐标变换的基本公式和式(15),可以得到:

$$\left(\frac{\partial u_g}{\partial x}\right)_Z = \left(\frac{\partial u_g}{\partial x}\right)_{Z_A} - \frac{\partial u_g}{\partial z}\frac{\partial z}{\partial x}\Big|_{Z_A} = \left(\frac{\partial u_g}{\partial x}\right)_{Z_A} - \frac{\partial u_g}{\partial z}\left[(1 - z_A)\frac{\partial z_s}{\partial x} + z_A \frac{\partial z_l}{\partial x}\right] \tag{16}$$

下标 Z 表示以海拔高度计算的垂直坐标中的值,下标 z_A 表示 z_A 坐标中的值,同理,可得到 $(\partial u_g / \partial y)_Z$,$(\partial v_g / \partial x)_Z$,$(\partial v_g / \partial y)_Z$ 的表达式(略)。

由以上各式可见,只要我们求出了 z_A 面上的地转风,式(1),(2)中的平流项可以很方便地得到。

边界条件式(9)中的 θ_h,θ_s 亦从大模式获得或内插得到。

粗糙度 z_0,参照文献中不同特征地面的 z_0 代表值,根据网格点所在位置的地理特性确定。例如:丘陵地取 2 m,沼泽 0.6 m,平原农场 0.05 m,草原 0.05 m,热带雨林 2 m,城市取 0.8 m。

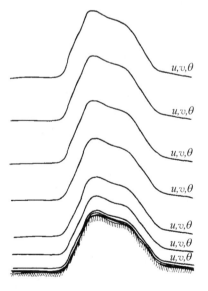

图 1   诊断模式垂直结构示意

4   数值试验及结果分析

试验时间是 1979 年 1 月 9—15 日,影响我国的是一次全国性寒潮天气过程,用 FGGE 资料输入大模式初始化程序得到初始场,诊断之前,我们先检查了初始化程序算出的 500 hPa 高度场和海平面气压场,结果表明,初始化场与实况场相当一致。诊断对象是每天 08 时的边界层风。图 2 即是 1979 年 1 月 11 日 08 时诊断出的地面风场(10 m 高处),图中还给出了大模式提供的海平面气压场,诊断范围是 10°—50°N,50°—140°E。

我们选择了与本模式的网格点很接近的 13 个观测站实测风与诊断结果进行比较,平均绝对归一化风速误差定义为[8]:

$$E = \frac{1}{N} \sum_{i=1}^{N} |\Delta V_i| / V_{oi}$$

其中 V_{oi} 是观测到的风速,N 为参加统计的资料的总数,只对 $V_{oi} > 4$ m/s 的 22 次观测资料进行统计。诊断结果与实测风的风向平均绝对误差为 44.1°,平均风速绝对误差为 2 m/s,平均绝对归一化风速误差是 28%,诊断结果达到了一定得精确度,比 1988 年 Alpert and Geteriow[8] 的结果更好一些。

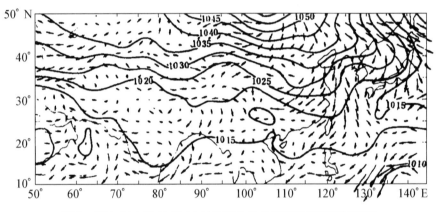

图 2　1979 年 1 月 11 日 08 时诊断出的地面风和海平面气压场

图 3 是诊断模式与实际观测的风廓线(S)对比图。实测资料是南京的雷达测风资料,对比的是用双线性插值插到南京站的诊断结果,可见诊断和观测的廓线的形状和变化趋势是相当一致的。

我们还检验了局地变化项对诊断结果的影响,令诊断模式中 $\partial u_g / \partial t = 0$,其他项不变。与原诊断结果比较,在 $\partial u_g / \partial t > 0$ 时,计入 $\partial u_g / \partial t$,诊断出的 10 m 高度上风速值变大,反之则偏小,这在文献[3]中已有解释。需要强调的是,考虑与不考虑 $\partial u_g / \partial t$,求出的 10 m 高度上风的差别还是比较大的,最大可达 2 m/s,故诊断时必须考虑风的局地变化,同样地转风的平流项也应该考虑。

为了比较传统的三力平衡诊断模式与四力平衡模式的优劣,令诊断模式中平流变化及局地变化项均 0,将其结果与实测风比较,结果是三力平衡模式风速平均绝对误差为 2 m/s,与四力平衡的相同,但风向平均绝对误差达 54.7°,比四力平衡模式的大。

此外,我们还试验了如果在诊断模式中不计入温度层结影响,则诊断结果不如计入温度层结影响的好,说明考虑温度层结是需要的。

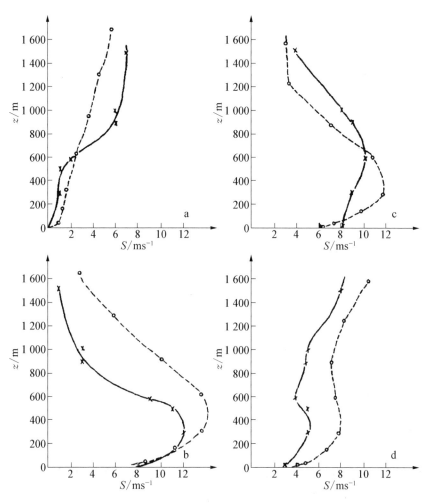

图 3 1979 年 1 月 9—12 日 19 时观测与诊断的风廓线
(a) 9 日,(b) 10 日,(c) 11 日,(d) 12 日(实线为实测,虚线为诊断)

5 小结和讨论

用地转动量近似结合高分辨率边界层模式以及低纬的塔层模式对实际天气形势及真实地形上的边界层风进行了诊断,诊断结果达到了一定的精度。由于使用了高分辨率模式,因此不仅诊断出了地面风,也得到了风廓线。结果表明用四力平衡的边界层模式比传统的三力平衡模式好。结合大模式使用,在大模式提供地转风场及温度场的情况下,本模式能有效地诊断边界层风场。本试验是用五层原始方程模式作大尺度模式,用其他大尺度模式也可以。如果大模式提供了较好的预报场,用这个预报的背景场结合本模式进行诊断,就能诊断预报边界层风场。因此本模式可在实际中应用。

本模式在地形复杂地区,其有效性降低。因为虽然在不同网格点取了不同粗糙度,并用坐标变换考虑了地形,但却无法考虑局地地形所引起的局地风,例如峡谷地区沿谷吹的风或山区的山谷风等等。这样的局地风不能用本文的诊断模式结合大模式来诊断,而必须用中小尺度模式,但对于网格点上所代表的该局部地区的平均状况,本模式应是有代表性的。由于试验用的天气个例是寒潮过程,因而也反映了本模式对剧烈变化的强天气过程也有一定的预报能力。

参考文献

[1] Andre J. C., PBL parameterization and turbulence closure, In: Killy D. K. and T. Gel-Chen, ed. Mesoscale Meteorology: Theories, Observations and Models, Dordrecht: D. Reidel Publ. Co., 1983, 651 - 669.

[2] Wu R., W. Blumen, An analysis of Ekman boundary layer dynamics incorporating the geostrophic momentum approximation, J. Atmos. Sci., 1982, 39(8): 1174 - 1182.

[3] Zhao M., A numerical experiment of the PBL with geostrophic momentum approximation, Adv. Atmos. Sci., 1988, 5(1): 47 - 56.

[4] Zhao M., The numerical experiments on applicating geostrophic momentum approximation to the baroclinic and non-neutral PBL, Adv. Atmos. Sci., 1989, 5(3): 287 - 299.

[5] Hakimov, I. R., On the wind profile and the depth of neutral stratified atmospheric boundary layer, Papers on the physics of atmosphere and ocean, 1976, 12(10): 1020 - 1023.(in Russian)

[6] 赵鸣,曾旭斌,王彦昌,近中性大气塔层风廓线的计算,气象科学,1986,6(1):7 - 16.

[7] Qian, Y., et al., A five layer primitive equation model with topography, 高原气象,1985,4(2 增刊):1 - 28.

[8] Alpert P, B, Geterio, R. Rosenthal., On level diagnostic modelling of mesoscale surface wind in complex terrain, Part 2: Applicability to real data forecasting, Mon. Wea. Rev.,1988,118(10): 2047 - 2061.

A NUMERICAL MODEL FOR DIAGNOSING BOUNDARY LAYER WIND OVER REAL TERRAIN

Abstract: Based on semi-geostrophic PBL model and large-scale model, a diagnostic model to calculate boundary layer wind is introduced. The horizontal inhomogeneities of terrain and the roughness of ground, the temporal and spatial variations of large-scale pressure field are included in this model. A terrain coordinate transformation is introduced to compute the horizontal gradient of the geostrophic winds. The tower layer wind model is used to diagnose the boundary layer wind instead of the semi-geostrophic model for the lower latitude. The comparison with the observational data shows that the diagnosis has attained a fairly high level accuracy for both wind direction and wind speed. Therefore, it can be used in practice to diagnose or forecast the PBL wind when large-scale model is incorporated.

Key words: The PBL wind; Diagnostic numerical model; Real terrain; Semi-geostrophic; Tower layer.

2.5　p-σ 混合坐标原始方程模式的改进和试验[①]

摘　要：在五层 p-σ 混合坐标原始方程模式的基础上,改进成了一个九层 p-σ 混合坐标原始方程模式。模式为 17×39 个格点,分辨率为 5°×5°,其物理过程与五层模式相同。该模式性能稳定,用该模式对 1994 年冬的一次寒潮过程进行了模拟,温压场的主要特征符合实况。由于该模式的垂直分辨率高于五层模式,所以模拟结果优于后者,试验表明模式可应用于业务预报。

关键词：九层模式,p-σ 混合坐标,寒潮

有限区域 p-σ 混合坐标原始方程模式[1]自建立以来,在研究青藏高原对东亚大气环流的影响、东亚季风等问题上起了很重要的作用。用 σ 坐标考虑了地形,并含有辐射、积云对流、大尺度降水、摩擦及对流调整等物理过程。模式设计时,它主要用于中低纬地区的试验。80 年代中期,由于科研任务的需要,它曾被进一步发展成为业务化预报模式,并推广到高纬,还设计了 5°×5°到 2.5°×2.5°的嵌套网格模式以进行业务预报[2]。它的缺点之一是垂直分辨率仅为五层,即在近地面引入一个 50 hPa 层,在 400 hPa 以上为 p 坐标,分为两层,400 hPa 以下和近地面层以上为 σ 坐标,分为两层,这种模式分辨率不高,影响了模拟和预报的效果,在垂直方向增加层次是提高模式预报精度的一个重要途径。另一方面,对范围较小的预报来说,用中尺度模式(如 MM4)更实际,因为层次多,物理过程细,可以得到更好的效果。但中尺度模式由于网格细,从耗费机时来说,它不可能覆盖一个较大的区域,因而其边界条件必须用更大尺度的模式来解决。在我们的研究工作中,将 MM4 中尺度模式用于我国东部沿海一带的预报,而用有限区域 p-σ 混合坐标模式与其嵌套,提供边界值。由于 MM4 取 10 层,原有的 p-σ 混合坐标模式只有五层,影响嵌套效果,因此,有必要对原模式加密层次。为此,我们在原五层 p-σ 混合坐标原始方程模式的基础上调试了一个九层有限区域 p-σ 混合坐标原始方程模式。试验结果表明,它比原五层模式的模拟和预报效果要好,本文将介绍此模式及试验结果。

1　模式结构和基本方程

垂直坐标的取法仿照原五层模式(如图 1)原模式在 400 hPa 以上为 p 坐标,分为二层。现分为 4 层,即 400,300,200,100 hPa。原模式近地面的 50 hPa 层不变。原中间的二层 σ 坐标改为 4 层,每层厚 $\sigma=0.25$,σ 定义为

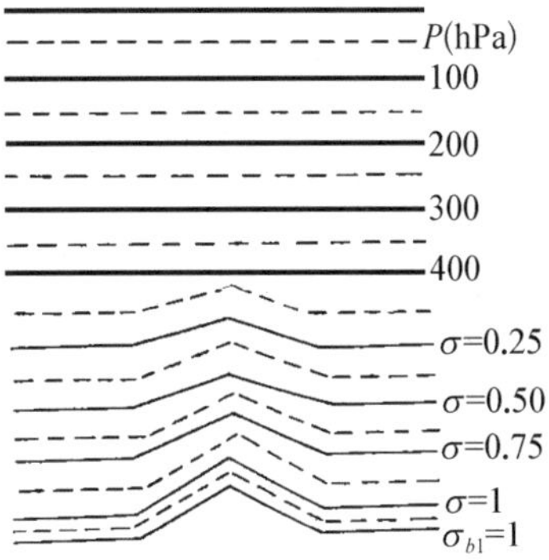

图 1　垂直坐标
Fig. 1　The vertical coordinate

①　原刊于《高原气象》,1996 年 5 月,15(2),195 - 203,作者:赵鸣,方娟。

$$\sigma = \frac{p - p_c}{p_s^*} \tag{1}$$

式中 $p_c = 400\ \text{hPa}$，$p_s^* = p_s - p_c - \Delta p_b$；$p_s$ 为场面气压；$\Delta p_b = 50\ \text{hPa}$ 为最下层厚度。p 坐标的下界 $400\ \text{hPa}$，也就是 σ 坐标的上界 $\sigma = 0$；地面 $50\ \text{hPa}$ 层的上界，也就是 σ 坐标的下界 $\sigma = 1$，最下层亦取 σ 坐标。即

$$\sigma_b = \frac{p - (p_s - \Delta p_b)}{\Delta p_b} \tag{2}$$

在最下层的顶 $\sigma_b = 0$，地面 $\sigma_b = 1$。u, v, T, q 各气象量位于 p 坐标面或 σ 坐标面的中间层上。

p 及 σ 坐标中的方程组参见文献[1]，下面仅写出不同于五层模式的方程。

由连续方程及 σ 定义，可得

$$\dot{\sigma}_0 = -\frac{p_c}{4p_s^*} \text{div}(\vec{V}_1 + \vec{V}_2 + \vec{V}_3 + \vec{V}_4) \tag{3}$$

$$\dot{\sigma}_1 = \frac{\Delta p_b}{p_s^*} \dot{\sigma}_{b0} = \frac{\Delta p_b}{p_s^*} \text{div}\vec{V}_9 \tag{4}$$

$$\dot{\sigma}_{b0} = \text{div}\vec{V}_9 \tag{5}$$

下边界刚性条件得

$$\dot{\sigma}_{b1} = 0 \tag{6}$$

求 $\dot{\sigma}_{1/2}, \dot{\sigma}_{1/4}, \dot{\sigma}_{3/4}$，将 σ 坐标中连续方程

$$\frac{\partial p_s}{\partial t} = -\text{div}(p_s^* \vec{V}) - \frac{\partial p_s^* \dot{\sigma}}{\partial \sigma} \tag{7}$$

对 σ 微分，因 p_s^* 与 σ 无关，故得

$$0 = -\text{div}\left(p_s^* \frac{\partial \vec{V}}{\partial \sigma}\right) - \frac{\partial^2 p_s^* \dot{\sigma}}{\partial \sigma^2} \tag{8}$$

将(8)写成差分形式，在 $\sigma = 1/4$ 处有

$$\dot{\sigma}_{1/2} + \dot{\sigma}_0 - 2\dot{\sigma}_{1/4} = -\frac{1}{4p_s^*} \text{div}p_s^* (\vec{V}_6 - \vec{V}_5) \tag{9}$$

其中 $\dot{\sigma}_0$ 见(3)式，同样将(8)式用于 $\sigma = 1/2$ 及 $\sigma = 3/4$ 处，得

$$\dot{\sigma}_{1/4} + \dot{\sigma}_{3/4} - 2\dot{\sigma}_{1/2} = -\frac{1}{4p_s^*} \text{div}p_s^* (\vec{V}_7 - \vec{V}_6) \tag{10}$$

$$\dot{\sigma}_{1/2} + \dot{\sigma}_1 - 2\dot{\sigma}_{3/4} = -\frac{1}{4p_s^*} \text{div}p_s^* (\vec{V}_8 - \vec{V}_7) \tag{11}$$

其中 $\dot{\sigma}_1$ 决定于(4)式，于是由(9),(10),(11)式及(3),(4)式得

$$\dot{\sigma}_{1/2} = \frac{1}{8p_s^*}\mathrm{div}p_s^*(\vec{V}_6 - \vec{V}_5) + \frac{1}{8p_s^*}\mathrm{div}p_s^*(\vec{V}_8 - \vec{V}_7) + \frac{1}{8p_s^*}\mathrm{div}p_s^*(\vec{V}_7 - \vec{V}_6)$$
$$- \frac{p_c}{8p_s^*}\mathrm{div}p_s^*(\vec{V}_1 + \vec{V}_2 + \vec{V}_3 + \vec{V}_4) + \frac{1}{2}\frac{\Delta p_b}{p_s^*}\mathrm{div}\vec{V}_9 \tag{12}$$

$$\dot{\sigma}_{1/4} = \frac{3}{16p_s^*}\mathrm{div}p_s^*(\vec{V}_6 - \vec{V}_5) + \frac{1}{16p_s^*}\mathrm{div}p_s^*(\vec{V}_8 - \vec{V}_7) + \frac{1}{8p_s^*}\mathrm{div}p_s^*(\vec{V}_7 - \vec{V}_6)$$
$$- \frac{p_c}{16p_s^*}\mathrm{div}(\vec{V}_1 + \vec{V}_2 + \vec{V}_3 + \vec{V}_4) + \frac{1}{4}\frac{\Delta p_b}{p_s^*}\mathrm{div}\vec{V}_9 \tag{13}$$

$$\dot{\sigma}_{3/4} = \frac{1}{16p_s^*}\mathrm{div}p_s^*(\vec{V}_6 - \vec{V}_5) + \frac{3}{16p_s^*}\mathrm{div}p_s^*(\vec{V}_8 - \vec{V}_7) + \frac{1}{8p_s^*}\mathrm{div}p_s^*(\vec{V}_7 - \vec{V}_6)$$
$$- \frac{p_c}{16p_s^*}\mathrm{div}p_s^*(\vec{V}_1 + \vec{V}_2 + \vec{V}_3 + \vec{V}_4) + \frac{3}{4}\frac{\Delta p_b}{p_s^*}\mathrm{div}\vec{V}_9 \tag{14}$$

在 $\sigma_{3/4}$ 与 σ_1 之间积分连续方程(7),即得

$$\frac{\partial p_s^*}{\partial t} = -\mathrm{div}(p_s^* \vec{V}_8) - 4(\Delta p_b \mathrm{div}\vec{V}_9 - p_s^* \dot{\sigma}_{3/4})$$
$$= -\frac{1}{4}p_s^*\mathrm{div}(\vec{V}_1 + \vec{V}_2 + \vec{V}_3 + \vec{V}_4) - \frac{1}{4}\mathrm{div}p_s^*(\vec{V}_5 + \vec{V}_6)$$
$$- \frac{1}{4}\mathrm{div}p_s^*(\vec{V}_7 + \vec{V}_8) - \Delta p_b \mathrm{div}\vec{V}_9 \tag{15}$$

至此,我们已获得 σ 坐标中各 σ 面上 $\dot{\sigma}$ 及 $\partial p_s^*/\partial t$ 的具体方程。

模式中各方程的差分格式,气压梯度力的计算方案均与原五层模式相同。

2　物理过程和积分方案

物理过程仍沿用五层模式的,包括长波辐射、大尺度降水、积云对流降水、对流调整、湍流参数化和水平扩散等。地面温度由地面热平衡方程计算,均与五层模式相同。由于加密了层次,使上述物理过程的计算更加精确。但因加密了层次,我们发现原来湍涡输送部分的某些参数需要改变,例如,最下层以上湍流通量可写成

$$\tau_x = -g\rho^2 K\frac{\partial X}{\partial p}$$

其中交换系数应取得比五层模式小得多的值,否则将导致不稳定,这可能因 $\Delta\sigma$ 或 Δp 变小,而 ΔX 与原来相差不大,于是造成 τ_x 太大。

在改进后的模式中[2],已将积分区域扩展到高纬。九层模式积分区域为 0°—80°N,5°—175°W,网格距为 5°×5°,南北向共有 17 个格点,东西向有 39 个格点,约覆盖了北半球的东半球部分。时间步长为 15 min,55°N 以北的高纬时间步长为 7.5 min。积分方案采用欧拉后差与中央差交替进行的办法,即先 1 h 后差,再 5 h 中央差,如此循环,直至积分时限。

　　初始场可由客观分析结果(等压面值)垂直插值到模式的 $p\text{-}\sigma$ 坐标面上。插值时高度场和温度场方案均与五层模式相同,但温度场不是如五层模式那样由高度场推求,而是由客观分析场提供。我们使用的最优插值客观分析系统的温度场是由高度场的客观分析及静力方程求得的。风场的初值用客观分析的风场计算,因为用直接风场对反映天气系统的发展可能更真实些。

　　上述结果可直接用来运行模式(如我们下面分析的试验个例),也可在垂直插值后加一个适当的初始化方案(如我们曾用过整层无辐散的初始化方案)再运行模式。

　　模式的侧边界条件取固定边界条件,这是有限区域模式固有的缺陷,积分时间长了会造成不良后果,但由于我们对模式的应用主要在东亚地区,所以在 72 h 积分内影响还不算太大。显然,如果有全球或半球模式的嵌套,结果将会更好些。

　　如前所述,具体应用本模式在我国东部沿海地区作预报时,还应嵌套一个中尺度模式以获得更细致的预报。我们用几个月的资料进行了试验,结果表明是可行的,但这不是本文的讨论范围,故不多述。

　　模式的分层虽然已达九层,但对靠近地面的预报,如常规的 10 m 高处风的预报,模式面仍然太高,如果需要,可在模式中再接一个高分辨率边界层模式[3,4],将会获得更可靠的地面要素预报。

3　模式对寒潮个例的模拟试验

　　我们用此模式对不同季节一百多次天气过程资料进行了 72 h 的预报试验。结果表明模式稳定性能很好。为检验模式的预报性能,我们利用 1994 年 12 月初一次寒潮过程进行了预报试验,用北京气象中心提供的 20:00(北京时,后同)客观分析插值到模式面上运行 72 h。这次寒潮从形势场上看是不稳定小槽发展型,乌拉尔山区有高压脊存在,不稳定小槽沿西北气流向东南移动,发展加深。移到东亚大槽位置导致冷空气南下,造成我国北方及江淮地区剧烈降温和大风天气。11 月 30 日前为酝酿阶段;11 月 30 日开始爆发。图 2,3 分别是 12 月 1 日 20:00 开始的 24 h 预报的 1 000 hPa 高度场和 12 月 2 日 20:00 的分析场。比较两图可见,主要的系统均能较好地预报出来,寒潮的主体冷高强度、位置及演变均与实际天气形势相近(48 h 及 72 h 预报图略),只是细节上有差异。预报的 1 000 hPa 青藏高原上的低压是由于模式在高原上预报的温度较高而造成的,其原因后述。

　　1 000 hPa 寒潮冷高压的主要特征见表 1。从冷高压的中心位置来看,24 h 预报中心位置在 40°N,115°E,分析场在 45°N,115°E,纬度相差 5°,高压中心强度为 290 gpm,分析场为 309 gpm,相当于约 2 hPa 的气压误差。48 h 预报的误差亦差不多,只是 72 h 的预报值大些。再看 200 gpm 等值线的演变情况:12 月 1 日在淮河一线,至 2 日到达 26°N,3 日到达华南,预报 72 h 后(4 日)到达大陆南缘,这与分析场一致,说明寒潮冷高压的主要特征都报出来了。冷高压东部的低压其强度预报不如高压好,但对其位置预报是准确的。模式的欧洲部分因为用的是固定边界条件,所以结果没有东亚好。

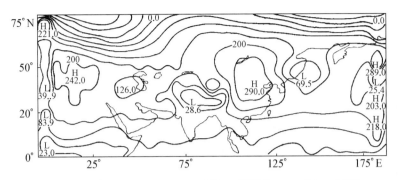

图2　1994年12月1日20:00开始24预报的1 000 hPa高度场
Fig.2　The 24 predicted 1000hPa height field beginning with 20:00 Dec.1,1994

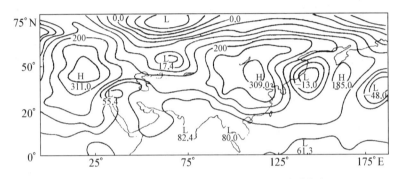

图3　1994年12月2日20:00的1 000 hPa分析场
Fig.3　The analysed field for 1000hPa at 20:00 Dec.2,1994

表1　1000 hPa冷高压的主要特征

Table 1　The main characteristics of the cold high on 1 000 hPa

日期	12月2日		12月3日		12月4日	
	分析	预报	分析	预报	分析	预报
冷高压中心强度（gpm）	309	290	290	273	253	284
冷高压中心位置	45°N	40°N	45°N	45°N	45°N	50°N
	115°E	115°E	110°E	115°E	110°E	115°E
200 gpm等值线南缘所达纬度	27°N	26°N	23°N	23°N	22°N	21°N

　　图4,5分别是12月1日20:00开始的24 h预报的500 hPa高度场和12月2日20:00的500 hPa分析场,从图上可见:欧亚大陆上空的二槽一脊形势及其演化能正确地预报出来;24 h预报的东亚大槽经纬度位置很准确,只是强度不如分析场;三个时次预报的东亚大槽从我国东海岸不断东移,移动中不断减弱,这个过程与分析场一致;高压脊的强度变化、脊线方向的改变也与分析场一致;欧洲上空的槽预报得亦好。总之,500 hPa高度场除强度偏弱外,形势演变的预报是好的。

　　温度场的预报,除青藏高原报得偏高外,寒潮温度场的演变趋势都预报出来了。

如 1 000 hPa 面上,分析场显示出冷空气不断南下;20℃等温线 12 月 2 日在华南,4 日到达海南岛。预报的 24 h 该等温线在 25°N 左右,72 h 后到达 22°N 附近,正确地反映冷空气南侵的情况,只是速度不如分析场快。

以上所有的预报均用的是固定边界条件,所以积分时间较长就会影响预报结果。为避免边界条件的影响,我们用北京气象中心提供的 12 月 2—4 日每天 20:00 的分析场在模式边界附近的 Z,u,v,T,q 场与本模式进行嵌套,这样从 12 月 1 日开始预报的 24,48 和 72 h 时就避免了由固定边界造成的局限性。结果表明,这样做的结果不仅改善了边界附近的预报,也改变了整个预报精度,特别是 72 h 预报。表 2 是嵌套与未嵌套预报的冷高压中心高度场的对比。从表上可看出嵌套后的改进情况。

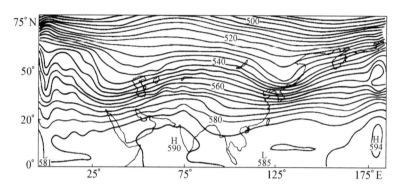

图 4　1994 年 12 月 1 日开始的 24 h 预报的 500 hPa 高度场
Fig.4　The 24 h predicted 500 hPa height field beginning with 20:00 Dec. 1, 1994

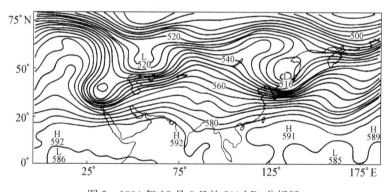

图 5　1994 年 12 月 2 日的 500 hPa 分析场
Fig.5　The analysed field for 500 hPa at 20:00 Dec. 2, 1994

表 2　嵌套前后 1 000 hPa 冷高压中心强度(gpm)的对比

Table 2　Comparison of the intensity(gpm) of cold high at 1 000 hPa between
the original model and nested model

	分析场	未嵌套模式的预报值	嵌套模式的预报值
24 h	309	290	294
72 h	253	284	271

　　500 hPa 上东亚大槽的位置,在 48 h 和 72 h 的预报中,用固定边界条件时偏西,而嵌套后比固定时向东移动了 5 个经度,强度和位置都更接近分析场,这说明模式性能是好的,在去除边界条件影响后会获得更好的结果。

4　与五层模式的比较

　　为了比较九层模式是否优于五层模式,我们同样对此次寒潮过程用五层模式作了检验。试验时两个模式的预报区域、水平分辨率完全相同。五层模式的预报结果虽然能反映寒潮演变的大致过程,但预报的寒潮强度及位置等要素不如九层模式的准确(见表 3)。

表 3　五层模式预报的冷高压特征
Table 3　The characteristics of the cold high predicted by five-layer model

日期	12 月 2 日	12 月 3 日	12 月 4 日
冷高压中心 (gpm)	303	312	336
冷高压中心位置	45°N,115°E	35°N,90°E	35°N,90°E
200 gpm 等值线南缘 所达纬度	24°N	23°N	22°N

　　由表 3 可见五层模式冷高压中心强度一直在加强,而实际上并非如此,显然不如九层模式预报得好;冷高压中心位置三个时次的预报均偏西、偏南,尤其是 48 h 和 72 h 预报,冷高压中心一直维持在 35°N,90°E 附近,比分析场偏西 20 个经距,比九层模式偏西 25 个经距;200 gpm 等高线南下明显,每时次均比分析场或九层模式偏南 1—3 个纬距,高压东部低压位置的预报亦没有九层模式好。

　　五层模式对 500 hPa 的预报同样也没有九层模式预报得好。如东亚大槽位置 72 h 只向东移动了 2—3 个经度,到达朝鲜半岛,实际上应移到日本以东洋面,槽强度预报得也较弱,高压脊线也一直是南北向,与实况有出入。图 6 是九层和五层模式预报的大槽槽线位置的演变。24 h 预报的大槽位置二者相近,48 h 五层模式大槽只东移了 2 个经度,而九层模式则东移了 5—7 个经度,72 h 五层模式只东移了 1—2 个经度,而九层模式则已移到日本海东部。另外,从预报的环流经向度,槽脊南北伸展程度而言均是九层模式的更好些。

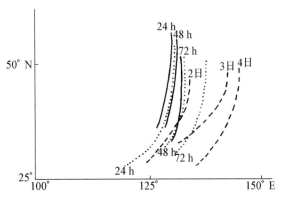

图 6　九层模式(点线)和五层模式(实线)预报的
槽线位置及分析场(虚线)
Fig.6　The predicted locations of the trough by nine
(dotted line) and five layer(solid line) models.
The dashed lines are analytic field.

温度场预报亦是九层模式优于五层模式。五层模式预报的温度场南进过程快于分析场，其与分析场的差异大于分析场与九层模式的差异。

5　结论

我们在五层有限区域 p-σ 混合坐标原始方程模式基础上调试成功的九层模式，经运行试验表明性能稳定。对寒潮个例的预报分析表明其预报效果达到了一定的精度，优于五层模式，可以用来进行各种研究或应用于业务预报。由于模式层次较多，亦可与中尺度模式嵌套作更进一步的预报。九层模式的缺点是由于固定边界的影响仍有一定的局限性，如果能与全球或半球模式嵌套，则能获得更佳效果。九层模式对高原上温度预报得偏高，海平面气压预报得偏低的原因可能是原模式高原上反射率取得不够大（我们沿用了原模式的反射率取法），而试验日期又在冬季，高原上的冰雪使反射率变大、而且原模式对高原地区拖曳系数的取值可能也偏低，这些有待以后改进。

致谢：钱永甫教授在模式调试中提出了宝贵意见，北京气象中心朱宗申教授、南京大学谈哲敏和王召民同志均给予了帮助，在此一并感谢。

参考文献

[1] Qian, Y F, A five-layer primitive equation model with topography, 高原气象，1985，4(2，增刊)：1 - 28.
[2] 钱永甫，赵鸣，倪允琪，大气边界层风短期数值预报模式系统，见：海洋环境数值预报研究成果汇编，北京：海洋出版社，1993，161 - 172.
[3] 赵鸣，马继军，一个诊断非平坦地形上边界层风的数值模式，应用气象学报，1993，4(1)：58 - 64.
[4] 赵鸣，马继军，一个大尺度模式耦合的边界层温度诊断模式，气象科学，1993，13(1)：1 - 8.

THE IMPROVEMENT AND EXPERIMENTS OF PRIMITIVE EQUATION MODEL WITH p-σ MIXED COORDINATES

Abstract：The five-layer primitive equation model with mixed p-σ coordinates is improved as a nine-layer model. The model has 17×39 grids with resolution of $5° \times 5°$. Its physical processes are identical with the five-layer model. The model runs stably. We utilize this model to simulate a cold wave process during the beginning of the winter in 1994. The simulated pressure and temperature field characteristics are in agreement with the observations. The simulated results are better than that of five-layer model due to the higher vertical resolution. The experiments show that the model can be applied to operational prediction.

Key words： nine-layer model; p-σ mixed coordinates; cold wave

2.6 $p\text{-}\sigma$ 混合坐标原始方程模式对地气交换的敏感性试验[①]

摘 要： 在五层及九层 $p\text{-}\sigma$ 混合坐标有限区域原始方程模式中，选择几种方案对影响地气系统之间动量，热量交换的拖曳系数进行了敏感性试验，并以一次寒潮为试验个例。试验结果表明：模式结果对拖曳系数的选取是敏感的；原模式对该系数在青藏高原地区的取值偏小，增大高原地区的 C_D 取值能取得更好的预报效果。

关键词： $p\text{-}\sigma$ 混合坐标，拖曳系数，敏感性试验

有限区域 $p\text{-}\sigma$ 混合坐标原始方程模式[1]自诞生以来，在东亚季风、区域气候模拟上有了若干应用。此模式的优点是既包含了主要的物理过程，又不太复杂，并且充分考虑青藏高原地形的影响，能得到合理的模拟结果。后来此模式被推广应用于业务预报[2]；在"八五"攻关期间，此模式又被推广改进为九层模式[3]，九层模式在原模式的基础上增加了垂直层次，保留了原模式的物理过程和计算方案，由于垂直分辨率的提高，增加了预报和模拟的精确度。在模式的众多物理过程中，地气间动量，热量，水汽交换是用经典的拖曳系数法，即地气间物理量的交换正比于拖曳系数 C_D（模式取 $C_D = C_H = C_E$）、风速及地气间风速或温度、湿度之差。对于 C_D 的取值，模式沿用了经典的不随风、温而变的常值，但随地面海拔高度而变，在海拔高度大于 1 500 m 时为 0.003，小于 1 500 m 的陆上为 0.002，海上为 0.001 5。这一取法相对于其他物理过程而言显得粗略些。

如今，在若干全球环流模式、气候模式及高分辨率数值预报模式中，C_D 的取值则多用基于相似理论及近地层观测而得的公式基础上取得的结果[4,5]，C_D 是地面粗糙度 z_0、近地层风速及稳定度的函数，或者等价地直接由近地层中著名的 Businger-Dyer 公式隐式地计算各种通量。由于这些模式分辨率高，物理过程详尽，因而地面通量的计算也采用相应较复杂的方法。对于本文使用的五层或九层混合坐标有限区域模式来说，却不适宜用上述方法，因为分辨率还不够高，特别是在近地层内没有网格点，无法使用由近地层相似理论导出的Businger-Dyer 公式。同时，在模式中也没有引入地面粗糙度等参数，因此，难以应用近代详细的近地层理论。另一方而，目前五层和九层模式中简单地取三种数值的 C_D 又太粗糙。多年来对 C_D 取值的研究中已有了一些考虑风、温场影响，但不用相似理论公式，且考虑地形，海拔高度对 C_D 影响的公式[6-8]。它们对本文五层和九层模式应用效果如何尚无研究。

本文引用的五，九层模式一个重要的应用是在高原地区，即常用来研究与青藏高原有关的气象问题。由于地形复杂，所以地形对地气间物理量交换的影响显得很重要。地形对地气间物理量的交换除了一般的湍流交换过程外，还有重力波引起的输送[9]，地表压力分布引起的拖曳[10]等等。这些都应当在系数 C_D 中有所反映，因为这些与地形有关的物理过程等

——————
① 原刊于《高原气象》，1998 年 5 月，17(2)，150 - 157，作者：赵鸣，高磊。

价于增加了地气间动量通量,相当于增加了地面应力。在本文的五层和九层原模式中是简单地设 C_D 为地形海拔高度的函数,随海拔高度增高而增高,但只给出两个经验数据,即 0.002 和 0.003,它们是否合适还需要进一步研究。

本文的目的是对原五层和九层模式的 C_D 取值作改进,引用已有的一些处理 C_D 的方案,包括随地形高度的变化,随风、稳定度的变化等进行数值试验。一是了解模式本身对 C_D 的敏感性,即 C_D 的不同取值是否对模式结果有较大影响;再则了解是否改进 C_D 取值后能使预报结果更好些,即寻找更佳的 C_D 值。在文献[3]中我们用一次寒潮过程来分析模式的结果,为了解改变 C_D 是否会改进原模式的结果,仍用此个例来分析。

1　试验方案

试验采用应用于数值预报的五层[2]和九层[3]模式。模式为 5°×5°网格,范围为 0°—80°N,5°W—175°W,模式的结构、物理过程和积分方案详见文献[2,3]。下面仅介绍试验方法。

改变原 C_D 取值方案,仍设 $C_D=C_H=C_E$,根据模式的结构,我们选取下列 4 种 C_D:

方案 1,见文献[7],按地面气压大小取值,即视 C_D 为地形海拔高度的函数,但随地形海拔高度的依赖性要比原方案细微得多(见表 1)。

表 1　方案 1 的 C_D 取值
Table 1　The C_D values in scheme 1

地表气压 p/hPa	C_D /10^{-3}	地表气压 p/hPa	C_D /10^{-3}
$p \leqslant 640$	$0.0159p-4.251$	$960 \geqslant p > 890$	$-0.0164p+18.09$
$740 \geqslant p > 640$	$-0.0902p+68.97$	$p > 960$	$-0.0621p+64.63$
$890 \geqslant p > 740$	$0.0139p-7.545$		

方案 2,见文献[8]:

$$C_D = 5\times10^{-3} + 6.45\times10^{-3}\left[\frac{Z}{1\,000+Z}\right] \tag{1}$$

Z 为地形的海拔高度(m),显然随地形海拔高度增加 C_D 也增加。本试验在原方案基础上加上在海拔大于 1 500 m 时 C_D 取(1)式。

方案 3,见文献[6]:

$$C_D = 2\times10^{-3}\left(1+\frac{3Z}{500}\right) \tag{2a}$$

$$C_D = \min[(1+0.07V)\times10^{-3}, 2.25\times10^{-3}] \tag{2b}$$

$$C_D = C_{DN}\left[1+\alpha\frac{\Delta T}{V^2}\right]^{-1} \qquad \Delta T \geqslant 0 \tag{3a}$$

$$C_D = C_{DN}\left[1+\alpha\sqrt{\frac{|\Delta T|}{V^2}}\right] \qquad \Delta T < 0 \tag{3b}$$

上式中 C_{DN} 为中性时的值,(2a)式是对陆地和冰雪而言,(2b)式是对海上而言,V 为模式最下层风速,ΔT 为最下层温度与地面温度之差。式中常数 $\alpha = 7\text{m}^2/{}^{\circ}\text{Cs}^2$,(3b)式中常数 $\alpha = 1\text{m/s}({}^{\circ}\text{C})^{1/2}$,$\Delta T$ 单位为 ${}^{\circ}\text{C}$,V 单位为 m/s,(2a)—(3b)既考虑了地形高度的影响,又考虑了风和层结的影响,接近相似理论用 Ri 数表示层结对 C_D 影响的做法。这是一种经验公式。

方案 4 同方案 3,但(3b)式改为

$$C_D = C_{DN}\left[1 + \alpha \frac{\sqrt{|\Delta T|}}{V^2}\right] \qquad \Delta T < 0 \qquad (4)$$

其中 $\alpha = 1\,\text{m}^2/({}^{\circ}\text{C})^{1/2}\,\text{s}^2$,这 4 种方案均比原方案精细。

模式初始化资料是由北京气象中心提供的 10 层等压面上的客观分析场。所选个例是 1994 年 11 月底至 12 月初的一次寒潮过程。11 月 30 日前为酝酿阶段,11 月 30 日冷空气开始南侵,12 月 5 日结束。与寒潮过程密切相关的天气系统有地面冷高压及其东侧的温带气旋,500 hPa 上的东亚大槽和乌拉尔高压脊,详细演变过程见文献[3]。

我们从 12 月 1 日 20:00 开始积分 72 h,主要用 24,48 h 的结果与原模式结果[3]进行比较。文献[3]中已介绍了对此寒潮用五层和九层的预报结果。在模拟寒潮南下时对寒潮的主体特征如冷高压强度,位置及其演变,冷空气边缘位置,500 hPa 槽脊发展等的模拟与实况有一定的吻合程度,九层优于五层。而本文试验的结果可进一步看出不同 C_D 值的影响。

2　结果分析

1 000 hPa 上,由客观分析场显示的寒潮实际高低压活动情况见表 2;原模式预报结果[3]与分析场即实况场之差见表 3(表中数值为预报场减分析场,以下各表同此)。结果表明,方案 1 对原模式改进不大,如九层模式在 1 000 hPa 以上,冷高压中心 24 h 预报值与分析场差为 -18 gpm,对照表 3,比原方案(-19 gpm)改进不大,冷高压东侧的低压 24 h 差值为 74.3 gpm,比原方案(82.3 gpm)有所改进。48 h 冷高压中心差值是 -15 gpm,虽比原方案(-17 gpm)更接近实际,但其中心位置偏南,不如原方案的结果(图略)。500 hPa 的温度场,高度场预报结果基本无改进,但青藏高原温度预报值有所改进(文献[3]已述,可能由于反射率取得太低导致预报的温度场偏高,新方案结果有所改进)。

表 2　1 000 hPa 高低压活动的实际情况
Table 2　The high and low system on 1 000 hPa from objective analysis

日期(月—日)	12—01	12—02	12—03	12—04
冷高压中心强度/gpm	367	309	290	253
冷高压中心位置	45°N,110°E	45°N,115°E	45°N,110°E	45°N,110°E
200 gpm 等值线南端所达纬度	30°N	27°N	23°N	22°N
低压中心值/gpm	99.7	−13.0	−18.0	−13.0
低压中心位置	45°N,135°E	45°N,140°E	50°N,145°E	50°N,145°E

表3　原模式预报的 1 000 hPa 高低压情况与分析场之差

Table 3　The differences between high and low systems on 1 000 hPa
predicted by original model and analysis field

	九层模式		五层模式	
时次/h	24	48	24	48
冷高压中心强度差/gpm	−19	−17	−6	22
冷高压中心经纬度差/°	0,−5	5,0	0,−5	20,−10
200 gpm 等值线南端所达纬度差/°	−1.5	1	−3	0
低压中心值差/gpm	82.3	130	89.5	120
低压中心经纬度差/°	0,0	5,0	0,0	5,−5

　　五层模式 1 000 hPa 冷高压中心强度 24 及 48 h 预报与分析之差分别为 −7,14 gpm,比原方案的 −6,22 gpm 要好些,但 48 h 仍比 24 h 增强(实况是减弱)。冷高压东侧的低压 24,48 h 预报与分析之差分别为 84.5,125 gpm,与原模式的 89.5,120 gpm 相比,除 24 h 略好外,无改进。1 000 hPa 温度场及 500 hPa 亦无改进(图略)。

　　总之,方案 1 虽然比原方案考虑得具体,但仍不够详尽,改进很小,此方案中青藏高原地区 C_D 值在 0.004—0.006 之间,比原方案 0.003 有所增加,原方案仅对海拔 1 500 m 以上统一考虑,而青藏高原比 1 500 m 高得多。总的说来,在青藏高原方案 1 的 C_D 比原方案大,但由于增大不是很多,使模式结果无显著改进。

　　方案 2 比方案 1 好得多,如表 4 是方案 2 及其后各方案的九层和五层模式的结果与分析场之差。由表可见,方案 2 的 1 000 hPa 的 24,48 h 冷高压中心预报与分析强度差分别为 −17,−15 gpm,东侧低压则为 76.2,122 gpm,对照表 1,2,3 可见方案 2 比原方案有所改进。200 gpm 等值线南扩范围的特征也更接近实际过程。图 1 是用九层模式预报的 24 h 1 000 hPa 形势,如果我们将此图与文献[3]的图 2,3 比较,就可见 1 000 hPa 图上的整个形势比原模式更接近实际一些。48,72 h 亦如此(图略)。方案 2 对温度场亦有改进,例如,原模式青藏高原由于反射率值取得偏低而造成的较高温度,用方案 2 后有所降低(图略)。当然,要根本解决原模式在青藏高原上报出的较高温度应当增加反射率,而非改变 C_D 所能得到。如果我们比较九层模式的预报结果,原模式预报及实况的 1 000 hPa 温度场,24 h 预报图上 20 ℃线最南达 22°N,72 h 达 21°N,原方案 24,72 h 在 24°N,实况场分别为 23°N 和 21°N,故方案 2 在温度场上比较真实地反映了冷高压南扩及冷空气南下的特征,500 hPa 则不论高度,温度场均为二槽一脊形势,总体改进不大。

表4　方案 2,3,4,5 预报的 1 000 hPa 高低压情况与分析场之差

Table 4　The difference between high and low systems predicted on 1000 hPa by Schemes 2,3,4,5 and analysis fields

		冷高压中心高度差/gpm		冷高压中心经纬度差/°		200 gpm 等值线南端所达纬度差/°		低压中心高度差/gpm		低压中心经纬度差/°	
	时次/h	24	48	24	48	24	48	24	48	24	48
方案2	九层	−17	−15	0,−5	5,−5	−2	0	76.2	122	0,0	5,0
	五层	−4	−6	0,−5	5,−5	−3	−1	88.4	124	0,0	0,0

续　表

		冷高压中心高度差/gpm		冷高压中心经纬度差/°		200 gpm 等值线南端所达纬度差/°		低压中心高度差/gpm		低压中心经纬度差/°	
方案3	九层	−18	−9	0,−5	−15,−15	−2	1	76.3	108.4	0,1	5,−5
	五层	−7	−13	0,−5	0,−5	−3	0	90.3	115.5	5,0	0,0
方案4	九层	−17	−16	0,−5	5,−5	−2	0	77.1	112.3	5,0	−5,−5
	五层	−3	−11	0,−5	5,−5	−3	−1	95.5	116.1	5,0	5,−5
方案5	九层	−17	−15	0,−5	5,−5	−2	0	76.2	121	0,0	5,0
	五层	−5	−7	0,0	5,0	−3	−1	84.4	118	0,0	5,−4

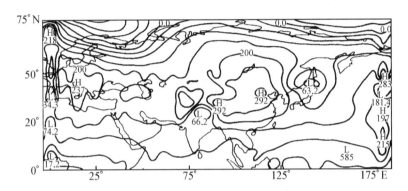

图1　九层模式方案2预报的1 000 hPa 24 小时高度场

Fig.1　The 1 000 hPa predicted map for 24 h by 9 layers model with scheme 2

　　五层模式结果亦见表4,与表2和表3的对比可见方案2对冷高压也有很好的改进效果,24,48 h冷高压中心高度预报值与分析值之差在1 000 hPa为−4,−6 gpm,原方案为−6,22 gpm,可见对五层模式来说,方案2的结果已很接近实际过程,对东侧低压强度改进不明显,但对低压中心位置则有较好的改进,24,48 h分别移至45°N,140°E和50°N,145°E,原方案为45°N,140°E,45°N,150°E,而实际情况为45°N,140°E,50°N,145°E。

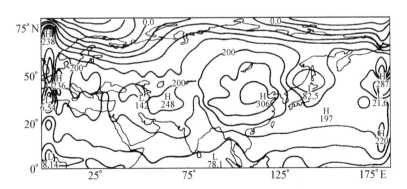

图2　五层模式方案4预报的1 000 hPa 24 h高度场

Fig.2　The 1 000 hPa predicted map for 24 h by 5 layers model with scheme 4

　　总之,方案2对五层模式而言,最大的改进是改变了原模式对高压预报的增强趋势。方案 2 在青藏高原地区 C_D 取值在 0.006—0.01 之间,比方案 1 又有增加。正是这种增加,使青藏高原对寒潮影响更为实际一些,从而获得比方案 1 好的结果。这也说明青藏高原相应的 C_D 应比原方案增大好几倍,正如前所述,可能是地形影响产生的其他非湍流过程造成 C_D 增加的结果。

综观方案 3 的九层和五层模式,除高压中心位置外,其余结果亦较原方案好,与方案 2 相比,有的指标好些,有的差些,总的水平差不多。而方案 4 则不论在高压位置和强度上,均较方案 1 好,甚至比方案 2 还好,在 200 gpm 等值线位置,低压系统的预报上,方案 4 的总体水平也与方案 2 差不多,方案 4 的一个优点是:方案 2 在青藏高原上的虚假系统在方案 4 中已不复存在。如图 2 是五层模式得到的方案 4 的 24 h 1 000 hPa 高度场,它比方案 2 的结果略好一些,总体水平在一个量级上,方案 3,4 青藏高原上 C_D 值比原方案及方案 1 大得多,与方案 2 同量级。例如方案 3 在坐标 (7,18) 点 C_D 值在 0.008—0.01 之间,而方案 4 在 0.008 左右,方案 2 亦在 0.01 左右,因为方案 2,3,4 优于方案 1,可见青藏高原 C_D 值应在 0.006—0.01 之间,而 0.008 则是一个可信的平均值。就方案 3,4 比较而言,由于方案 4 因风速而使 C_D 的变化在不同时步间较小,即 C_D 波动较小,故这也可能是方案 4 比方案 3 又好一些的原因。

方案 3,4 对 500 hPa 的影响均不大,这可能是由于积分时间不长的原因,更长时间的积分可能会导致 500 hPa 面上较大的变化。

由上面分析可见,改进青藏高原拖曳系数的取值能够改进模式的预报结果,即模式对 C_D 有一定的敏感性,增加 C_D 相当于多考虑了其他因子对物理量垂直输送的影响。

我们还设计了方案 5,使青藏高原 C_D 从 0.006 开始逐渐加大取值,结果发现青藏高原 C_D 取 0.008 最好,再大则效果与 0.008 差得不大,试验时青藏高原 C_D 加大到 0.011 仍能运行。在表 4 中也给出了方案 5 即青藏高原各点均取 0.008 时的结果,可见也达到了与方案 3,4,2 几乎差不多的水平,温度场亦如此。例如,九层模式 24 h 20 ℃ 等温线达到 23°N,72 h 达到 21°N,与实况相当接近。从上面各分析还可看到五层模式对原方案的改进要大于九层模式。

3　结语

通过九层和五层模式运用不同 C_D 方案对一次寒潮过程的预报试验,我们可得到如下结论:

(1)九层和五层模式的模拟结果对 C_D 取值(代表地气交换强度)是敏感的,寒潮冷高压的位置,强度,其东侧低压的位置、强度及冷空气南下的速度均与 C_D 取值有关。

(2)五层模式对 C_D 的敏感性大于九层模式,因此改变 C_D 对五层模式的改进要比九层模式大。

(3)模拟中青藏高原 C_D 在 0.008—0.01 之间预报效果最好,即 C_D 取值应比原模式大 3 倍左右,原因可能是地形加强了其他的垂直传输过程。

根据本文的试验结果,我们认为在原五层和九层模式中加大青藏高原 C_D 取值是合适的,方案 2,4 的效果较好。

由于资料限制,本文主要研究了冬季寒潮个例,且个例少,又只考虑了短期预报,即积分时间较短,因此本文的结论有一定的局限性。其他天气系统下 C_D 敏感性的试验将能进一步增加对青藏高原 C_D 取值的认识。

参考文献

[1] Qian Y F., A five-layer primitive equation model with topography, 高原气象,1985, 4(2,增刊):1 - 28.

[2] 钱永甫,赵鸣,倪允琪等.大气边界层风短期数值预报模式系统.海洋环境数值预报研究成果汇编,北京:海洋出版社,1993.161 - 172.

[3] 赵鸣,方娟. p-σ 混合坐标原始方程模式的改进和试验.高原气象,1996,15(2):195 - 203.

[4] Anthes R A, E Y Rsie, Y H Kuo., Description of the Penn State/NCAR mesoscale model version 4 NCAR technical note. NCAR/TN-282+STR, 1987, 66pp.

[5] Beljaars A C M., The parameterization of surface fluxes in large-scale model under free convection, Quart J R Met Soc., 1995, 121: 255 - 270.

[6] Carson D J., Current parameterization of land-surface processes in atmospheric general circulation model. In: Eagleson P S(ed). Land surface processes in atmospheric general circulation models. Cambridge Univ. Press, 1982, 67 - 108.

[7] 乔全明,张雅高.青藏高原天气学,北京:气象出版社,1994,21 - 36.

[8] 沈如金,纪立人,陈于湘.夏季青藏高原热力影响的数值试验 青藏高原气象科学实验文集(三).北京:科学出版社,1987,181 - 190.

[9] Iwazaki T S, S Yamada, K Tada., A parameterization scheme of orographic gravity wave drag with the different vertical partitionings, part 1: Impact on medium-range forecasts, J. Met. Soc., Japan, 1989,67: 11 - 41.

[10] Emis S., Pressure drag and effective roughness length with neutral stratification, Boundary Layer Meteorol., 1987, 39: 379 - 401.

A SENSITIVITY EXPERIMENT OF PRIMITIVE EQUATION MODEL WITH MIXED p-σ COORDINATES TO THE EXCHANGE BETWEEN LAND AND AIR

Abstract: A sensitivity experiment of 5 and 9 layers primitive equation models with mixed p-σ coordinates in limited domain to the drag coefficient, which affects the flux exchange between land and air, is performed by use of a cold wave process as an example. The result shows that the model is sensitive to the value of the drag coefficient. The value of the drag coefficient over Qinghai-Xizang Plateau in original model is too small. Increasing the value of the coefficient over the Plateau can improve the predicted results of the model.

Key words: p-σ mixed coordinate, Drag coefficient, Sensitivity experiment

2.7 THE INFLUENCES OF BOUNDARY LAYER PARAMETERIZATION SCHEMES ON MESOSCALE HEAVY RAIN SYSTEM[①]

Abstract: The mesoscale numerical weather prediction model(MM4) in which the computations of the turbulent exchange in the boundary layer and surface fluxes are improved, is used to study the influences of boundary layer parameterization schemes on the predictive results of mesoscale model. Seven different experiment schemes(including the original MM4 model) designed in this paper are tested by the observational data of several heavy rain cases so as to find an improved boundary layer parameterization scheme in the mesoscale meteorological model. The results show that all the seven different boundary layer parameterization schemes have some influences on the forecasts of precipitation intensity, distribution of rain area, vertical velocity, vorticity and divergence fields, and the improved schemes in this paper can improve the precipitation forecast.

Key words: Boundary layer parameterization, Mesoscale numerical weather prediction(MNWP), Turbulent exchange coefficient, Surface fluxes, Heavy rain

1 INTRODUCTION

The mesoscale operational model, which is often used, is MM4 or MM5, but MM4 is used frequently on 1000 km scale. The physical processes in this model develop constantly. For original MM4, the computation of surface fluxes is not accurate, and K model for the turbulence fluxes between any two levels need to be improved by new treatment. In order to study the influence of boundary layer parameterization schemes on mesoscale heavy rain system, surface fluxes and K model in original MM4 are improved by the recent research in this paper. The flux-profile relations for various stability conditions are employed in the computation of surface fluxes and K model is designed as follows: 1) Mellor-Yamada level 2.5 model, in which the prognostic equation of turbulent kinetic energy (TKE) is introduced, but ε is diagnostic; 2) $E\text{-}\varepsilon$ model, for which kinetic energy(E), viscous dissipation(ε) are all prognostic;(3) $E\text{-}\varepsilon\text{-}l$ model, in which a diagnostic mixing length(l) is added in $E\text{-}\varepsilon$ model. In the paper some heavy rain cases in the Yangtze River and Huaihe River basins are used to test the model. Experiments show that the prediction of heavy rain with improved schemes in this paper is better than the results of original MM4. So it is

---

① 原刊于《Advance in Atmospheric Sciences》,2000 年 8 月,17(3),458 – 472,作者:许丽人,赵鸣。

necessary to improve boundary layer parameterizations in the MM4 model. In addition, it is feasible that the schemes designed in this paper can also be used in the mesoscale MM5.

2 MODEL DESCRIPTION AND OBSERVATIONAL DATA

2.1 *Bulk boundary layer parameterization schemes*

This is a kind of original MM4 schemes, in which various fluxes are derived by the product of the drag coefficient and the difference of meteorological elements between the surface and atmosphere, and the turbulent exchange coefficient K is computed by the traditional K model (Blackadar K model). The scheme is used to compare with new schemes. Details may be found by Anthes and Kuo(1987).

2.2 *Improved MM4 boundary layer parameterization schemes*

2.2.1 *Improved surface fluxes algorithm*

For new profile-flux relationship under various stability conditions(Zeng et al., 1998), the stability is classified into five types: very unstable, unstable, neutral, stable and very stable. Here the flux-gradient relations under very stable condition are obtained with $\varphi_m = \varphi_h = 5 + \zeta$; those under very unstable condition are obtained with $\varphi_m = 0.7\kappa^{2/3}(-\zeta)^{1/3}$ and $\varphi_h = 0.9\kappa^{4/3}(-\zeta)^{-1/3}$, where φ_m and φ_h represent dimensionless wind and temperature shears respectively, κ is the von Karman constant, $\zeta = z/L$, L is the Monin-Obukhov length; the Businger-Dyer relation is used for other stability conditions. The surface fluxes are obtained from the winds, temperature and moisture at the lowest level of the model and surface with iterative algorithm by above flux-gradient relations, and this scheme is not used in the mesoscale model at present. In addition, scalar roughness is calculated in this scheme, and it is given by friction velocity(u_*) and roughness. Some researches show that it cannot be ignored(Ren et al., 1999).

2.2.2 *Turbulent closure scheme*

2.2.2.1 *Level 2.5 turbulence closure scheme*

In the higher-order closure, if the prognostic equation of turbulent kinetic energy q^2 (twice of actual turbulent kinetic energy) is reserved, the other turbulent items are expressed by algebra equations connected with q^2, we call this kind of closure as level 2.5 turbulence closure(Mellor and Yamada, 1982), that is

$$-\overline{wu} = K_M \frac{\partial U}{\partial z} \tag{2.1}$$

$$-\overline{wv} = K_M \frac{\partial V}{\partial z} \tag{2.2}$$

$$-\overline{w\theta} = K_H \frac{\partial \theta}{\partial z} \tag{2.3}$$

$$K_M = lqS_M \tag{2.4}$$

$$K_H = lqS_H \tag{2.5}$$

$$\frac{\mathrm{d}q^2}{\mathrm{d}t} - \frac{\partial}{\partial z}\left[lqS_q \frac{\partial q^2}{\partial z} \right] = -2\,\overline{wu}\,\frac{\partial U}{\partial z} - 2\,\overline{wv}\,\frac{\partial V}{\partial z} + 2\beta g\,\overline{w\theta} - 2\varepsilon \tag{2.6}$$

$$q^2 = \overline{u^2} + \overline{v^2} + \overline{w^2} \tag{2.7}$$

$$\varepsilon = q^3/\Lambda_1 \tag{2.8}$$

where l is the mixing length, ε is the rate of viscous dissipation, Λ_1 is the length scale, $S_q = 0.2$, Λ_1 and the expressions of S_M, S_H are seen in Mellor and Yamada(1982).

At the model bottom $q^2 = B_1^{2/3} u_*^2$, B_1 was given in Mellor and Yamada(1982); the upper boundary layer condition is $q^2 = 0$. In the vertical coordinate, q^2 is located at the full levels of MM4.

2.2.2.2　E-ε turbulence closure scheme

In the E-ε turbulence mode, the eddy-exchange coefficient is evaluated from the turbulent kinetic energy E and the dissipation rate ε of turbulent kinetic energy, here E and ε are all predicted. Lee and Kao(1979) firstly used the E-ε model in the equations of atmospheric boundary layer(ABL), and derived the eddy-exchange coefficient. Mason and Sykes(1980) studied the dynamics of large-scale, horizontal roll vortices in the neutral ABL with an E-ε model. Detering and Etling(1985a) employed the E-ε model in the PBL model, and(1985b) studied its application in mesoscale atmospheric flows, especially studied boundary layer; Duynkerke et al. (1987) studied turbulent structure of the stratocumulus-topped ABL, and the neutral and stable atmospheric boundary layer by E-ε model(Duynkerke, 1988). Gerber et al.(1989) studied a marine boundary layer jet with E-ε model. Using E-ε model, Ly(1991) studied coupled air-sea boundary layer structure, and Alapaty et al.(1994) simulated monsoon boundary layer processes in a regional scale nested model. But E-ε model has not been applied to MM4 system yet. Since ε is derived by prognostic equation, it is an improvement over the level 2.5 model.

In E-ε model, ε are given by

$$K = c_k \frac{E^2}{\varepsilon} \tag{2.9}$$

$$\frac{\mathrm{d}E}{\mathrm{d}t} - \frac{\partial}{\partial z}\left[\alpha_e K \frac{\partial E}{\partial z} \right] = K\left[\left(\frac{\partial U}{\partial z}\right)^2 + \left(\frac{\partial V}{\partial z}\right)^2 - \frac{g}{\theta}\frac{\partial \theta}{\partial z} \right] - \varepsilon \tag{2.10}$$

$$E = \frac{1}{2}(\overline{u^2} + \overline{v^2} + \overline{w^2}) \tag{2.11}$$

$$\frac{d\varepsilon}{dt} - \frac{\partial}{\partial z}\left[\alpha_\varepsilon K \frac{\partial \varepsilon}{\partial z}\right] = \frac{c_1\varepsilon}{E}\left\{K\left[\left(\frac{\partial U}{\partial z}\right)^2 + \left(\frac{\partial V}{\partial z}\right)^2\right]\right\} - c_2 \frac{\varepsilon^2}{E} \tag{2.12}$$

where $c_k = 0.033, c_1 = 1.44, c_2 = 1.92$, and $\alpha_\varepsilon = 0.77$.

At the model bottom: $\begin{cases} E = c_k^{-1/2} u_*^2 \\ \varepsilon = u_*^3 \left\{\dfrac{\varphi_m}{\kappa z_0} - \dfrac{1}{\kappa L}\right\} \end{cases}$, and at the model top, $E = 0, \varepsilon = 0$. Here φ_m

is the dimensionless wind shear function, and corresponding to the five stability conditions in section 2.2.1 (see Zeng et al. (1998)), ε is also deposited at full levels of MM4.

2.2.2.3 *E-ε-l turbulence closure scheme*

Xu and Taylor (1997) studied the E-ε-l closure scheme in order to improve the E-ε closure scheme of boundary layer. They studied only neutrally stratified case. In this paper, it is extended to stable and unstable conditions and is applied to the mesoscale model.

For E-ε-l closure, TKE closure is still used for K concerning with E and l_m. The expression of l_m in the classical boundary layer theory is used, ε is not diagnostic but prognostic so as to compute E accurately. The equations include prognostic equations of E and ε. K_m is expressed as

$$K_m = (\alpha E)^{1/2} l_m \tag{2.13}$$

The mathematical expression for l_m is

$$l_m^{-1} = \frac{1}{\kappa(z + z_0)} + \frac{1}{\lambda} \tag{2.14}$$

where $\lambda = 0.006\,3\, u_*/f$, $\alpha = 0.3$. The E-ε-l scheme has not been used in the mesoscale model currently.

2.3 *Experiment design*

According to the above principle, we designed seven experiment schemes:

Test 1: Surface fluxes of bulk aerodynamic algorithms and K model of original MM4 are used, which is control experiment and used to compare;

Test 2: K is computed by level 2.5 turbulence closure scheme, surface fluxes use bulk flux algorithms;

Test 3: K is computed by E-ε turbulence closure scheme, surface fluxes use bulk flux algorithms;

Test 4: K is computed by E-ε-l turbulence closure scheme, surface fluxes use bulk flux algorithms;

Test 5: K is computed by level 2.5 turbulence closure scheme, surface fluxes use the profile-flux relation under various stability conditions;

Test 6: K is computed by E-ε turbulence closure scheme, surface fluxes use the profile-flux relation under various stability conditions;

Test 7: K is computed by E-ε-l turbulence closure scheme, surface fluxes use the profile-flux relation under various stability conditions.

2.4 *Observational data*

In this paper, some cases of heavy rain in the Yangtze River and the Huaihe River basins are analyzed, we focus on analyzing the following three samples:

Case 1, From 0000UTC 12 June to 0000UTC 13 June 1991, the model in integrated for 24 h;

Case 2, From 0000UTC 24 May to 1200UTC 25 May 1991, the model in integrated for 36 h;

Case 3, From 1200UTC 30 June to 0000UTC 2 July 1998, the model in integrated for 36 h.

3　EXPERIMENTS AND ANALYSIS

3.1 *Some parameters for MM4 system*

The numerical model employed in this study is the Penn State/NCAR mesoscale model(MM4) described by Anthes et al.(1987). It is a three-dimensional hydrostatic, primitive-equation model with the terrain-following σ coordinate in the vertical, where $\sigma = (p - p_t)/(p_s - p_t)$, and the total of 16 levels is taken, that is, $\sigma =$ 0.0, 0.1, 0.2, 0.3, 0.4, 0.5, 0.6, 0.7, 0.78, 0.85, 0.89, 0.92, 0.95, 0.97, 0.99, 1.0. There are $40 \times 41 \times 15$ grids with a horizontal resolution of 60 km. The central point is (36° N, 117° E). Physical parameterizations include the parameterization of planetary boundary layer and the surface fluxes, cumulus convection parameterization described by Anthes, and large-scale precipitation parameterization.

3.2 *Comparison of synoptic situations from different schemes*

There was a typical Meiyu in the Yangtze River and the Huaihe River basins between 0000UTC 12 June and 0000UTC 13 June, 1991, when a very heavy rain occurred in the Yangtze River and the Huaihe River basins, causing large-area rain-band with the east-west direction. The observed 24-h maximum precipitation was 172 mm. For this case, the model is integrated for 24 h with the above-mentioned schemes, and the results show that only small difference exist among these schemes for 24-h predictive pressure fields. If we increase the integral time, we can find that the difference of synoptic situations increases, but synoptic situations are similar on the whole(figure not shown). The schemes which surface fluxes and K are all changed(tests 5,6,7) have slightly greater influence on the situation than those which only K is changed(test 2,3,4), and the formers are closer to observations. This shows that if the integral time is short, the influence of the boundary layer is smalls, and with the increasing of the integral time, the difference of short-term predicted synoptic situations for different schemes will increase. The reason is that when the integral time increases, the external force increases, too, the effect of boundary is becoming obvious gradually, which is similar to the results from Chen et al.(1995).

The 12-h and 24-h predictive temperatures fields from the seven schemes are close to the observed fields, and only small difference exists among the schemes. Temperatures predicted by tests 5—7 are slightly higher than that by test 1 and closer to observations. The reason is that the improvements on surface fluxes for tests 5,6,7 have some influences on temperature.

For 12-h predictive flow fields at 850 hPa, the difference among different schemes is not obvious. When the 24-h forecast is at 0000 UTC 13 June, convergence appears near(33° N, 117° E) for all these schemes. The intensities of convergence for test 5, test 6, test 7 are stronger than those for tests 1—4. However, test 7 has a strong vorticity center here, which corresponds to rain area very well.

3.3 *Comparison of precipitation*

Fig.1 a shows the observed precipitation between 0000 UTC 12 June and 0000UTC 13 June, 1991, Fig.1b-h illustrate the 24-h precipitation forecast by tests 1—7, respectively. The figures show that: the forecast results from Figs. 1c-h are better than that from Fig. 1b, which means that the distribution of rain area and rainfall intensity predicted by these improved schemes are more consistent with observation results than the original scheme (test 1). This fact shows that the improvement of these schemes is available. The results predicted by test 2(maximum rainfall of 100 mm), test 3(maximum rainfall of 109 mm) and test 4(maximum rainfall of 101 mm) are in better agreement with observation than test 1(maximum rainfall of 93.2 mm), however comparing test 4 with test 3, the position of the heavy rain center from test 4 is closer to the observations, i.e., three centers are predicted, but the intensity is smaller than that from test 3. The results show that the improvement of the exchange coefficient K in the boundary layer for E-ε is better than that in E-ε-l and level 2.5 models for the maximum precipitation, nevertheless, E-ε-l model is better than E-ε model for the prediction of the precipitation center position. After considering the improved computation of surface fluxes, test 7 is better than test 5 (maximum rainfall of 112 mm) and test 6(maximum rainfall of 160 mm), in which the maximum precipitation in 24-h is 172 mm，meanwhile the position of precipitation center is close to observed one. The 24-h precipitation forecasts from test 5 and test 6 are all close to the observations，but the forecasts of corresponding precipitation center positions are not good enough. On the whole，test 5，test 6 and test 7 produce a better precipitation forecast than that in tests 2，3 and 4. This shows that the improvement of surface fluxes has some influence on rainfall. In other words，in the physical process of boundary layer，not only the exchange coefficient has an influence on rainfall，but the influence of surface fluxes can not be ignored. Combining the influences of the two factors results in that the forecast from test 7 is the best one. Some physical quantities will be analyzed in the following in order to explain the reasons of the influence of boundary layer parameterization on precipitation.

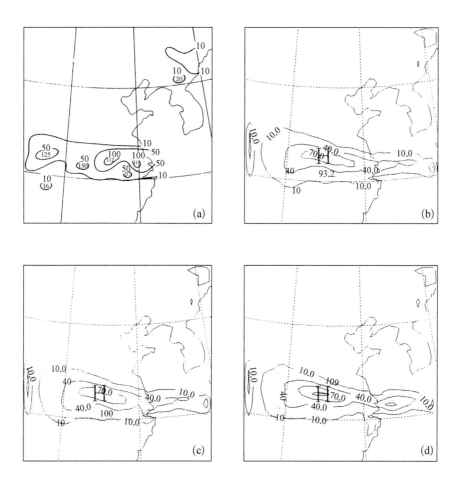

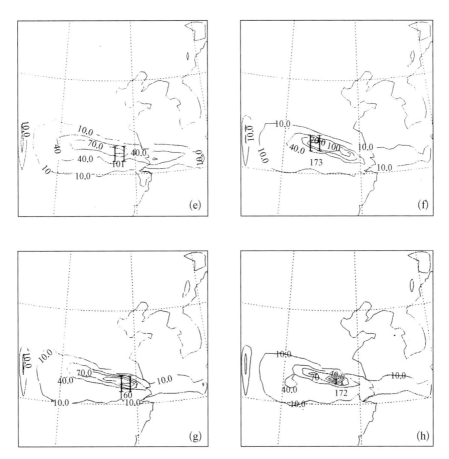

Fig.1　24-h precipitation(mm) between 0000UTC12 June and 0000UTC 13 June, 1991.
(a) Observed 24-h precipitation, (b)—(h) Forecasted 24-h precipitation for test 1(b),
test 2(c), test 3(d), test 4(e), test 5(f), test 6(g) and test 7(h).

3.4　Analysis of factors influencing precipitation for Case 1

3.4.1　Vertical velocity field

From the vertical velocity fields at 700 hPa and 850 hPa, we can see that there is close corresponding relations between vertical velocity(ω) and precipitation. Near the area with strong vertical upward motion, there is abundant precipitation on the surface, that is, strong upward motion exists in the heavy rain area. The vertical upward velocity is intensified rapidly from 850 hPa to 700 hPa and results in very strong upward flow in the middle level, which provides a favorable condition to the genesis and evolution of heavy rain. In general, the vapor source of heavy rain mainly depends on the advective transfer and convergence of sufficient vapor in the middle and lower levels (especially in the boundary layer). The convergence of lower air current and divergence of upper air current cause the very strong upward motion in the heavy rain area. And, the heavy rain cluster occurs just near the center of maximum upward motion, resulting in strong precipitation. The greater the vertical upward velocity is, the stronger the precipitation is.

We can see from the computation of vertical velocity fields(figure not shown) that the vicinity of vertical upward velocity area at 700 hPa corresponds to rain area on the surface very well. The distribution of the vertical upward velocity from tests 3,4,5,6 and 7 all take the form of band, corresponding to the banded rain area on the surface. The intensities of vertical upward motion predicted by tests 5,6, and 7 are far larger than those by test 1, in which the intensity in test 6 is the maximum with two centers, and test 7 has three centers, corresponding to the three precipitation centers on the surface. Very strong vertical upward velocities exist in the heavy rain area of all schemes. Nevertheless, the precipitation forecast from the schemes with the strongest vertical upward velocity is not the closest to the observations. The reason is that there are many kinds of factors influencing precipitation, and the vertical velocity is only one of the dynamic factors.

In addition, the changes of divergence field with time can influence the changes of vertical velocity field with height. When convergence is intensified somewhere, vertical upward motion is also developed. On the contrary, when convergence is weakened or divergence is intensified somewhere, vertical upward motion will be weakened or sinking motion will be strengthened. Before or after heavy rain cluster occurs, the changes of the divergence in lower level with time are very great. When the changes of divergence with time are small, vertical upward motion cannot develop so that the mesoscale low is weakened and filled up quickly. Obviously, it is impossible to cause the activity of heavy rain cluster. The relation between the allocation of divergence field in lower and upper levels and severe rain cluster decides the characteristics of vertical motion. If there is only convergence in lower level, but not divergence in upper level, consequently the surface pressure is strengthened, the mesoscale low is filled up quickly, thereby convergence in lower level stops. Only under the conditions that convergence in lower level matches divergence in upper level and the total divergence is greater than the total convergence, the surface pressure is weakened sequentially, convergence in lower level is further strengthened, then vertical upward motion can develop and maintain. From the horizontal and vertical cross-section diagram of divergence field(figure not shown), we can see that strong convergence center and negative divergence area at 850 hPa correspond to the surface rain area. There are convergence centers at 700 hPa, too. At 500 hPa the intensity of convergence center is weakened. However, it turns to divergent flow field at 200 hPa. Comparing divergence of test 7 with that of test 1, the intensity of convergence center in test 7 is stronger than that in test 1, the relation between negative divergence area and rain-band is better than that in test 1, the results from test 7 are more consistent with observations. Therefore it can be obtained that the appearance of the strong convergence center in the boundary layer and the formation and maintenance of intense pumping are important conditions of the genesis and development of heavy rain cluster.

3.4.2 *Analysis of vorticity field*

From 12-h predicted vorticity fields at 850 hPa(figure not shown), we see that the slightly southern area under the center of strong positive vorticity fields at 850 hPa corresponds to the rain area, and the rain area center is close to the positive vorticity center. It may be seen from the vertical cross-section diagram(figure not shown) of vorticity that there is positive vorticity area below 500 hPa in the heavy rain area, while corresponding divergence field is convergent, however it becomes negative vorticity area above 500 hPa. The vertical distribution of vorticity is just reverse in the rainless area. Comparison of convergence fields between 12-h forecast and 24-h forecast shows that during this heavy rain event, positive vorticity moves eastward and is strengthened gradually, at the same time divergence field is convergent. It has been verified with experiments that convergence plays a predominant role in the genesis and development of vorticity(The group of meso and small scale test base heavy rain in the middle of Hunan Province, 1988). The increase of positive vorticity demonstrates that the genesis and development of cyclonic circulation are favorable for the movement of mesoscale low and heavy rain cluster. The distribution of positive vorticity is closely related to the distribution of heavy rain area. Comparison of different schemes shows that test 7 is the best scheme, there are the best correspondence relations between vorticity field distribution, strong vorticity center and the distribution of heavy rain and precipitation center. Vorticity field predicted by tests 2—7 are all more consistent with observations than that by original model. It is proved that the improvements of the boundary layer scheme make the vorticity be improved, further influence precipitation and cause the difference of precipitation forecast, which shows that the vorticity is one of the important dynamic factors influencing precipitation, too.

3.4.3 *Low level jet*

Commonly, the low level jet (LLJ) is considered as the most important factor supplying vapor and momentum to mid-latitude heavy rain and severe storm. The trigger action of low level jet to heavy rain was studied from dynamic point of view. Uccellini et al. and Wang Jizhi(see Zheng, 1989) explained the allocation relations between heavy rain and upper and low level jets by discussing the adjustment between mass and momentum fields connected with upper and low jets, and presented a viewpoint that the coupling of upper and low jets might trigger and maintain the heavy rain mesoscale convective system. It can be found from comparison of LLJ from different schemes that the southwestern-northeastern LLJ existed at 700 hPa at 1200UTC 12 June for these schemes and heavy rain appeared in left front of the LLJ maximum velocity area and the right back of upper level jet. Figs. 2a,b depict the 24-h predicted LLJ at 850 hPa. We analyzed the 12-h predicted LLJ(figure not shown) too, For these scheme, the LLJ appeared at 700 hPa at 1200UTC 12 June, and differences among these schemes are not obvious. But for 24-h forecast(at 0000UTC 13 June), LLJ is strengthened, and differences among these schemes are more obvious. LLJ from these improved schemes are more obvious than that from test 1. LLJ from test 7 is the strongest and has the closest relationship with the rain area. The stronger LLJ is, the wider the scopes of the corresponding heavy rain area are and the stronger the intensity is. The reason is that the strong or weak degree of jet reflects approximately the accumulative degree of kinetic energy. The stronger the jet is, the most kinetic energy accumulates and the more obvious its dynamic effect is. There are even more favorable for the genesis of heavy rain. In addition, the changes of LLJ intensity have a close relationship with heavy rain. LLJ is strengthened continually in the process of 24-h forecast. But it has been found that primary precipitation sometimes appears after LLJ is strengthened. Fig. 3 depicts the vertical cross-section diagram of the 24-h predicted low level jet, which is the south-north cross-section passing the point(14,20). It may be seen from analysis that there exists a LLJ in test 7, and the maximum velocity may reach 18 m/s at 850 hPa. Except the forecast error from MM4 itself, the results from test 6 and test 7 are closer to observations, and the results from the improved schemes are in better agreement with observations than that from test 1. It is found from vertical cross-section diagram of vorticity, divergence and vertical velocity(figure not shown) that the left of low level jet is convergent(negative divergence) area with positive vorticity and upward motion. The right of LLJ is divergent(positive divergence) area with negative vorticity and downward motion predominates. The three centers, i.e., positive vorticity center, convergence center and maximum upward motion center are close to each other. The precipitation during his heavy rain event appears primarily in this region. The above analysis shows that low level jet is a warm and moist flow with high speed, it not only is important channel of vapor transfer, but also produces the convergence of a great deal of vapor on the left of jet. At the same time it assures the supply of unstable energy. There are strong convergence and upward motion on its left, potential unstable energy got released, and the convective motion occurred and developed. The genesis and evolution of convective motion promote the maintenance and strength of low level jet. The maintenance of low level jet assures the supply and complement of vapor and unstable energy until the characteristics are changed and LLJ is weakened and disappears with the weakness and cease of convective motion. Then the heavy rain event is over. Even though the atmospheric stratifications in the middle and lower levels on the right of LLJ are still potential unstable, because corresponding motion is divergent and sinking, suppressing the release of potential unstable energy. It is not favorable for the evolution of convective motion. LLJ, heavy rain and other intense convective weather make up some allocation relation due to the thermal and dynamic characteristics of LLJ. Thus LLJ is also a very important dynamic factor influencing precipitation.

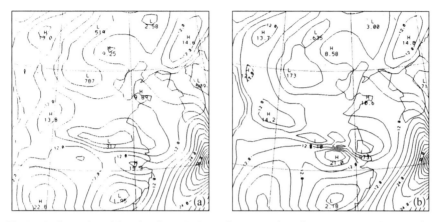

Fig.2   24-h predicted low-level jet(LLJ)(m/s) at 850 hPa for test 1(a) and test 7(b).

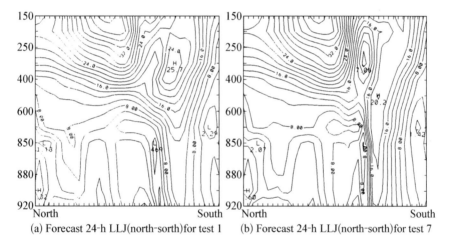

(a) Forecast 24-h LLJ(north-sorth)for test 1   (b) Forecast 24-h LLJ(north-sorth)for test 7

Fig.3   Vertical cross-section diagram of the 24-h predicted LLJ(m/s) passing(14,20).
(a) for test 1,(b) for test 7.

3.4.4   Comparison of θ_{se}

Air is always in motional state. Its state parameters(such as: temperature, pressure, and humidity) also keep varying. However, there are some characteristic quantities, such as potential pseudo-equivalent temperature, which is invariable with air parcel motion. Figures 4 and 5 show the profiles of θ_{se} passing the point(14,21)(in the rain case) from test 1 and test 7 respectively. Curve A is a profile of θ_{se} at the initial time, and B is the 12-h predicted θ_{se}. $\partial\theta_{se}/\partial z < 0$ is usually considered as a potential instability criterion. From the profile of θ_{se} between 850 hPa and 500 hPa in Fig.4 and Fig.5, it is seen that θ_{se} decreases with the increase of height under 500 hPa. This shows that atmosphere in middle and lower levels of the troposphere is potential unstable. It can be seen from comparison of the two figures that the reduction of θ_{se} under 500 hPa with the increase of height from test 7 was faster than that from test 1 at 1200UTC 12 June. This shows that atmospheric stratification is more unstable for test 7. Point(14,21) lies on the left of LLJ and is close to the rain area center. An upward motion area corresponding to strong convergence is located on the left of LLJ where potential unstable energy is released, and it is favorable for the development of convective activity and the genesis and evolution of heavy rain.

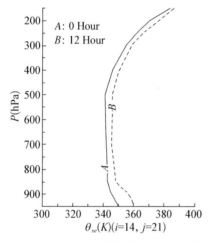
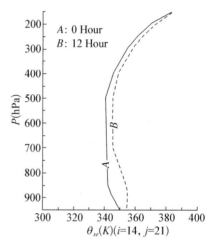

Fig.4　θ_{se} profile passing(14,21) for test 1(K).　　　Fig.5　θ_{se} profile passing(14,21) for test 7(K).

Based on the above analysis, the improvement of boundary layer schemes influences the distribution of heavy rain and precipitation intensity by influencing many factors including vorticity, divergence, low level jet, vertical motion velocity and θ_{se}. Studies show that test 7 is most successful in simulating heavy rain from 0000UTC 12 June to 0000UTC 13 June 1991. For this case, the forecast by the original scheme is good, then the improvement of boundary layer parameterizations makes heavy rain forecast more accurate. For the cases with unsuccessful precipitation forecasts by the original scheme, the results from these improved schemes in this paper are not good enough, too. This shows the boundary layer processes depend extremely on the dynamic frame of the mesoscale model. Therefore, dynamic processes are primary factors influencing heavy rain. As for the boundary layer process, it makes heavy rain forecast more exact on the basis of better dynamic frame. Obviously, the influence of the boundary layer cannot be neglected.

3.5　Case 2 analysis

The case of 0000UTC 24 May—1200UTC 25 May 1991 is simulated by these schemes, the model is integrated for 36 h. This case is a heavy rain during the beginning of the Meiyu period, which is convective weather with the strong Meiyu front. There was a great deal of precipitation throughout the country in the period of 1200UTC 24 May—1200UTC 25 May, and the rain area extended all over North China, middle China and East China. But the heavy precipitation distributed primarily in the Yangtze River and Huaihe River basins. The maximum observed 24-h precipitation was 173 mm.

It is found throughout comparison of synoptic situation that there is small difference between tests 2,3,4 and the original scheme. This kind of difference is more obvious than 24-h forecast of case 1, and there is greater difference between tests 5,6,7 and the original scheme. Except for the forecast error from MM4 itself, the results from test 5, test 6 and test 7 are closer to observations. This shows that the difference of synoptic situations will increase with the increase of integral time. Conclusions are analogous to case 1.

The comparison of precipitation is described in the following table. Table 1 shows the predicted maximum precipitation between 1200UTC 24 May and 1200UTC 25 May.

Table 1　Comparison of forecast of maximum precipitation among different schemes

	Forecast(mm)	Observation(mm)
Test 1	251	173
Test 2	246	173
Test 3	198	173
Test 4	238	173
Test 5	225	173
Test 6	178	173
Test 7	193	173

For the maximum precipitation, the result from test 6 is the closest to the observations. But from predicted 24-h precipitation figures, combining both the distribution of rain area and center position, the results of test 7 are better than test 6. The conclusion that the position of precipitation center forecasted by test 7 is very good is mentioned in case 1. Test 7 is superior to test 6 from this viewpoint. In general, the precipitation forecasts from tests 2—7 are closer to the observations than that the original scheme. We can see by reviewing case 1 that the predicted precipitation by improved surface fluxes algorithms is greater than that by the original scheme(test 1). In this case the predicted precipitation by improved surface fluxes algorithms is smaller than that by the original scheme. The results from the two cases are all closer to the observations. This shows that the improvement of surface fluxes is valid to precipitation forecast.

Conclusion resulting from the analyses of vorticity, divergence, vertical upward velocity and low level jet are analogous to case 1. Characteristics of vorticity, divergence, vertical upward velocity, low level jet at 850 hPa and rain area distribution are analogous to case 1. These improved schemes can simulate LLJ well, the results are closer to the observations, and the structures of LLJ are similar to case 1.

It is worth noting that the results from tests 6 and 7 are all good for the above two cases. Sometimes the result of test 6 is better than that of test 7, the reason is that the difference between E-ε-l closure scheme and E-ε closure scheme is small, although E-ε-l is more perfect than E-ε model in theory, the results are complicated due to the complexity of affecting factors in the real atmosphere. It is sure that the results of E-ε-l method and E-ε method are better than the original scheme, even than level 2.5 method after improving exchange coefficient K of boundary layer parameterization.

3.6 *Case 3 analysis*

Case 3 is from 1200UTC 30 June to 0000UTC 2 July 1998. The models are integrated for 36 h. The observed precipitation between 0000UTC 1 July and 0000UTC 2 July was located in a northeast-southwest banded rain area along the line Xiangfan-Kaifeng-Jinan, and the 24-h maximum precipitation was 145 mm.

In this case, we focus on the comparison between test 1 and test 7. The conclusions from this case are analogous to case 1 and case 2. The distribution of rain area forecasted by the two schemes are close to observations. The maximum precipitation simulated by test 7 is closer to observations than by test 1, which is 74.0 mm for test 7, but 66.6 mm for test 1. Although predicted precipitation intensities are all weak, test 7 is still better than test 1, because of its 11.1% improved rainfall forecast from boundary layer parameterization. This magnitude is rational basically.

4 SUMMARY AND CONCLUSIONS

From the forecast of several heavy rain processes in the Yangtze River and the Huaihe River basins by above seven schemes we see that there are differences of forecasts on precipitation intensity and rain area distribution among different boundary layer parameterizations. In general, the results from the improved boundary layer parameterization schemes with the improvements of either exchange coefficient K or surface fluxes, are closer to the observations than the original scheme. On the improvement of exchange coefficient K, the schemes in which both E and ε are prognostic are more rational than the scheme in which only E is prognostic, but ε is diagnostic, and the forecast is also better for the former than for the latter. After the surface fluxes algorithm is improved, the scheme with E-ε-l turbulence closure and new surface fluxes algorithm is the most perfect in theory. Summing up forecast results from several tests, test 7 is better than other schemes and can reflect truly the influence of boundary layer process on the circulation pattern and precipitation during the short-range heavy rain event. Whether test 7 is the best scheme in other mesoscale models or not, the conclusion is uncertain in this paper. It needs to be tested by a lot of experiments. The simulated cases in this paper are the cases that successful mesoscale forecasts have been produced with the original scheme. The cases that the difference between results forecasted by the original scheme and observations is rather great were simulated by tests 2—7 in this study, too, however, the errors are still great. This explains that the boundary layer process depends strongly upon the mesoscale dynamical frame.

In addition, we also find that the influence of the improvement of boundary layer parameterization on the forecast of weather pattern field(temperature, pressure) is not obvious in the short-range weather forecast(for example 24-h), but there is much influence on precipitation intensity and rain area distribution. The reason is that different boundary layer processes have an effect on the intensity and structure of various elements, including LLJ, convergence and divergence fields. This shows that precipitation not only depends on synoptic situation, but also the boundary layer plays an important role in the microstructure of precipitation. It can be seen from this research that boundary layer processes are sensitive to short-range weather forecast. Firstly, the lower level atmosphere is influenced obviously, secondly, the upper and wider atmosphere is influenced through turbulence, diffusion and advection process. So the boundary layer process is very important and cannot be neglected in the numerical weather prediction model.

From the improvement of PBL process in the mesoscale model MM4, we can not only research its influence on precipitation but also analyze the microstructure of boundary layer (for example, wind, temperature profile in boundary layer, E, ε), which will be discussed in another paper.

The present schemes also can be applied to boundary layer parameterization in MM5. It will be studied in the future.

Thanks are due to Tang Jianping of Nanjing University for his help in this paper.

REFERENCES

Alapaty K., Sethu Raman and R.V. Madala, 1994: Simulation of monsoon boundary layer processes using a regional scale nested grid model, Boundary Layer Meteor., 67,407 - 426.

Anthes, R.A., and Y.H.Kuo, 1987: Description the Pen State/NCAR Mesoscale Model Version 4(MM4), NCAR Tech., Note NCAR/TN—282+STR.

Chen Yuchen, Qian Zhengan et al., 1995: The comparative experiment of influences about surface drag coefficient in boundary process on numerical boundary process on numerical weather forecasting heavy rain, Plateau Meteorology, 14,434 - 442(in Chinese).

Detering, H.W., and D. Etling, 1985a: Application of the E-ε turbulence model to the atmospheric boundary layer, Boundary Layer Meteor., 33,113 - 133.

Detering, H.W., and D. Etling, 1985b: Application of the energy-dissipation turbulence model to mesoscale atmospheric flows, Seventh Symp. on Turbulence and Diffusion, Boulder, Amer Meteor. Soc., 281 – 284.

Duynkerke, P.G., and A.G.M. Driedonks, 1987: A model for the turbulent structure of the stratocumulus-topped atmospheric boundary layer, J.Atmos. Sci., 44, 43 – 64.

Duynkerke, P.G., 1988: Application of E-ε turbulence closure model to the neutral and stable atmospheric boundary layer, J.Atmos. Sci., 45, 865 – 880.

Gerber,H.S. Chang, and T.Holt, 1989: Evolution of a marine boundary layer jet, J.Atmos. Sci., 46, 1312 – 1326.

Lee, H.N., and S.K.Kao, 1979: Finite-element numerical modelling of atmospheric turbulent boundary layer, J.Appl. Meteor., 18, 1287 – 1295.

Ly, L.N., 1991: An application of E-ε turbulence model for studying coupled air-sea boundary layer structure, Boundary Layer Meteor., 54, 327 – 346.

Mason, P.J., and R.I.Sykes, 1980: A two-dimensional numerical study of horizontal roll vortices in the neutral atmospheric boundary layer, Q. J. Roy. Meteor. Soc., 106, 351 – 366.

Mellor,G.L., and Tetsuji Yamada,1982: Development of a turbulence closure model for geophysical fluid problems, Reviews of Geophysics and Space Physics, 20, 851 – 875.

Ren junfang, Su Bingkai, Zhao Ming, 1999: The influences of scalar roughness on earth-atmosphere exchange, Chinese J. Atmos. Sci., 23,349 – 358(in Chinese).

The group of meso and small scale test base heavy rain in the middle of Hunan Province, 1988: Analysis and Prediction of Mesoscale Heavy Rain, Beijing: China Meteorological Press(in Chinese).

Xu Dapeng and Peter A. Taylor, 1997: An E-ε-l turbulence closure scheme for planetary boundary-layer models: The neutrally stratified case, Boundary Layer Meteor., 84,247 – 266.

Zeng, Xubin, Ming Zhao, and Robert E. Dickinson, 1998: Intercomparison of bulk aerodynamic algorithms for computation of sea surface using TOGA COARE and TAO data, J Climate, 11, 2628 – 2644.

Zheng Liangjie, 1989: Diagnostic Analysis and Numerical Simulation of Mesoscale Synoptic System, Beijing: China Meteorological Press, 189pp(in Chinese).

2.8 A PLANETARY BOUNDARY-LAYER NUMERICAL MODEL CONTAINING THIRD ORDER DERIVATIVES[①]

Abstract: In this paper, the third-order derivative of velocity with respect to height is included in the traditional motion equations of the neutral PBL. The nonlinear equations are solved numerically to obtain the vertical distribution of wind in the PBL and some PBL characteristic parameters. Reasonable simulations of "Leipzig wind profile" using these parameters show the success of this kind of non-local closure in a real PBL simulation.

1 INTRODUCTION

In investigation using numerical models for the PBL, the turbulent friction force term expressed by the vertical derivative of eddy momentum flux in the motion equation is usually treated by first-order closure, i.e., using K- theory except for higher closure and some non-local closure schemes developed recently. For K- theory, the eddy momentum flux is expressed by the product of turbulent exchange coefficient K and the vertical gradient of the velocity; this expression may also be obtained if only the first-order approximation in the Taylor expansion of the flux is adopted(Dunst, 1982). As a result, the friction force is expressed in terms of the second-order derivative of the velocity. The eddy flux of a conserved quantity will depend on the second-order derivative of the quantity if the second approximation in the Taylor expansion is adopted. For example, the momentum flux can be expressed through the first and second derivatives of the velocity and the friction force on both the second- and third-order derivatives of the velocity. Physically, this is because the turbulent mixing in the z direction extends to a distance which has the magnitude of large eddies; so not only the first derivative but also the higher derivatives of a conserved quantity influence the process of turbulent mixing(Dunst, 1982). Liu et al. (1992) studied the PBL equation containing the third-order derivative of the velocity, but only some dynamics.

In this paper, we shall apply the motion equation containing the third-order derivative of the velocity(we shall simply call this kind of equation a third-order equation or TOE and

---

① 原刊于《Boundary-Layer Meteorology》,1994 年,69,71 - 82,作者:赵鸣。

call the traditional PBL equation a second-order equation or SOE) to simulate the real PBL. For simplicity, the PBL is considered to be neutral, barotropic, steady-state and horizontally homogeneous. We shall use this model to simulate the well-known "Leipzig wind profile" which is usually considered as the wind profile most representative of ideal conditions(Lettau, 1950) and which is usually applied to verify model results for the neutral PBL. Finally, we also calculate some characteristic parameters of the PBL using this model.

2　THE PBL MOTION EQUATION

We shall derive the expression of turbulent flux at level z from mixing-length theory, which is similar to Dunst's derivation. The fluctuating quantity s' at level z caused by the eddies from below may be expressed by:

$$s' = \bar{s}(z-l) - \bar{s}(z) = -\frac{\partial \bar{s}}{\partial z}l + \frac{l^2}{2}\frac{\partial^2 \bar{s}}{\partial z^2} \tag{1}$$

and from above by:

$$s' = \bar{s}(z+l) - \bar{s}(z) = \frac{\partial \bar{s}}{\partial z}l + \frac{l^2}{2}\frac{\partial^2 \bar{s}}{\partial z^2} \tag{2}$$

here l is the mixing length. The second order terms in the Taylor expansion have been included, which is different from classical treatment.

Following Dunst(1982), the turbulent flux $\overline{w's'}$ at level z is produced by the eddies both from above and below that level. Then we have:

$$\overline{w's'} = a(\overline{w's'})_u + (1-a)(\overline{w's'})_l \tag{3}$$

here $\overline{w's'}$ is net flux across the level z, $(\overline{w's'})_u$ is the flux caused by the eddies from above and $(\overline{w's'})_l$ is from below, and a is a weight factor describing the fraction of the flux from above. Substituting(1) and(2) into(3) yields:

$$\overline{w's'} = a\left(-\overline{|w'|l}\frac{\partial \bar{s}}{\partial z} - \frac{\overline{|w'|l^2}}{2}\frac{\partial^2 \bar{s}}{\partial z^2}\right) + (1-a)\left(-\overline{|w'|l}\frac{\partial \bar{s}}{\partial z} + \frac{\overline{|w'|l^2}}{2}\frac{\partial^2 \bar{s}}{\partial z^2}\right)$$
$$= -\overline{|w'|l}\frac{\partial \bar{s}}{\partial z} + (1-2a)\frac{\overline{|w'|l^2}}{2}\frac{\partial^2 \bar{s}}{\partial z^2} \tag{4}$$

This result is similar to Dunst's. This parameterization should give a better representation of the net effect of the eddies from all other levels on the flux at level z.

When only the first-order term is taken in the Taylor expansion, Equation (4) reduce to:

$$\overline{w's'} = -\overline{|w'|l}\frac{\partial \overline{s}}{\partial z} = -K\frac{\partial \overline{s}}{\partial z} \tag{5}$$

here the turbulent exchange coefficient is:

$$K = \overline{|w'|l} \tag{6}$$

which comes from classical K- theory. Equation(4) may be rewritten as:

$$\overline{w's'} = -K\frac{\partial \overline{s}}{\partial z} + \gamma\frac{\partial^2 \overline{s}}{\partial z^2} \tag{7}$$

here

$$\gamma = (1-2a)\frac{\overline{|w'|l^2}}{2} = \frac{\varepsilon}{2}\overline{|w'|l^2} \tag{8}$$

With $\varepsilon = 1-2a$. We shall call γ a dispersion coefficient(Liu et al.,1992).

Dunst (1982) considered that $a < 0.5$. We shall take $a = 0.3$ in the following computations, i.e., $\gamma > 0$.

The shear stresses in the PBL may be written as:

$$\tau_x = \tau_{x1} + \tau_{x2} = K\frac{\partial u}{\partial z} - \gamma\frac{\partial^2 u}{\partial z^2} \tag{9}$$

$$\tau_y = \tau_{y1} + \tau_{y2} = K\frac{\partial v}{\partial z} - \gamma\frac{\partial^2 v}{\partial z^2} \tag{10}$$

Then the motion equation for the PBL take the form:

$$\frac{\partial}{\partial z}K\frac{\partial u}{\partial z} - \frac{\partial}{\partial z}\gamma\frac{\partial^2 u}{\partial z^2} + f(v-v_g) = 0 \tag{11}$$

$$\frac{\partial}{\partial z}K\frac{\partial v}{\partial z} - \frac{\partial}{\partial z}\gamma\frac{\partial^2 v}{\partial z^2} - f(u-u_g) = 0 \tag{12}$$

From Equation(6) we shall assume that the following expression for K as usually used in the numerical model of a PBL can still be applied:

$$K = l^2\left[\left(\frac{\partial u}{\partial z}\right)^2 + \left(\frac{\partial v}{\partial z}\right)^2\right]^{1/2} \tag{13}$$

From Equations(6) and(8) we may write

$$\gamma = \frac{\varepsilon}{2}l^3\left[\left(\frac{\partial u}{\partial z}\right)^2 + \left(\frac{\partial v}{\partial z}\right)^2\right]^{1/2} \tag{14}$$

Equations(11)—(14) form a nonlinear system which need to be solved numerically.

The following expression for the mixing length l in the whole PBL is applied as usual (Blackadar, 1962):

$$l = k_1(z + z_0) / \left(1 + \frac{k_1(z + z_0)}{\lambda}\right) \tag{15}$$

$$\lambda = 0.000\ 27 \frac{G}{f} \tag{16}$$

here z_0 is the roughness length, λ is the mixing length at infinity and G is the geostrophic wind speed. Equation(15) is the extension of the expression for the mixing length in the surface layer, and k_1 is the Karman constant in Blackadar's model. In the surface layer, $l = k_1(z + z_0)$, corresponding to Equation(15), where the empirical constant k_1 must be taken as the Karman constant so that the following logarithmic wind profile in the constant flux layer can be derived by using a constant flux condition if K- theory is applied, i.e., when only the first-order approximation is taken in the Taylor expansion of the flux:

$$u = \frac{u_*}{k_1} \ln \frac{z + z_0}{z_0} \tag{17}$$

here u_* is friction velocity. However, if the second-order approximation in the Taylor expansion of the flux is also taken, Equation(17) can not be obtained from $l = k_1(z + z_0)$ in the condition of a constant flux layer. In this case, another value for k_1 must be taken so that the following realistic logarithmic wind profile can be obtained theoretically:

$$u = \frac{u_*}{0.4} \ln \frac{z + z_0}{z_0} \tag{18}$$

We shall deal with this problem in the next section. In summary, we shall use Equation (15) for l but the empirical constant k_1 should be substituted by another value which will be determined later.

3　THE SOLUTION FOR THE SURFACE LAYER

In this section, we shall derive a wind profile formula for the surface layer in the case of TOE. Assuming that the x axis is along the wind direction in the surface layer, based on Equations(9) and(10), in the surface layer, yields:

$$\tau_x = u_*^2 = \tau_{x1} + \tau_{x2} = K \frac{\partial u}{\partial z} - \gamma \frac{\partial^2 u}{\partial z^2} = \text{const} \tag{19}$$

Substituting Equations(13),(14) into(19), we have:

$$l^2 \left(\frac{\partial u}{\partial z}\right)^2 - \frac{\varepsilon l^3}{2} \frac{\partial u}{\partial z} \frac{\partial^2 u}{\partial z^2} = u_*^2 \tag{20}$$

As mentioned above, the logarithmic law can not be obtained if $l = k_1(z + z_0)$ is taken in Equation(20), where k_1 is the Karman constant. Assume:

$$l = k_2(z + z_0) \tag{21}$$

Putting $\xi = \partial u / \partial z$, we may rewrite Equation(20) as:

$$\frac{\partial \xi^2}{\partial z} - \frac{4}{\varepsilon l} \xi^2 + \frac{4u_*^2}{\varepsilon l^3} = 0 \tag{22}$$

The solution of Equation(22) after considering Equation(21) is:

$$\xi^2 = C (z + z_0)^{4/\varepsilon k_2} + \frac{u_*^2}{k_2^2 (z + z_0)^2 (1 + k_2 \varepsilon / 2)}$$

here C is an integral constant. It is easy to show that $C = 0$ because $\partial u / \partial z$ should be limited when $z \to \infty$. So we have:

$$\xi = \frac{\partial u}{\partial z} = \frac{u_*}{k_2 \sqrt{1 + k_2 \varepsilon / 2} (z + z_0)}$$

$$u = \frac{u_*}{k_2 \sqrt{1 + k_2 \varepsilon / 2}} \ln \frac{z + z_0}{z_0} \tag{23}$$

This is the logarithmic wind profile in the surface layer in the case of a TOE. In the real atmosphere, Equation(18) is accurate; so we get:

$$k_2 \sqrt{1 + k_2 \varepsilon / 2} = 0.4$$

If we take $a = 0.3$, i.e., $\varepsilon = 0.4$, then:

$$k_2 = 0.385 \tag{24}$$

This means that the accurate profile formula(18) in the surface layer may be deduced theoretically if the constant k_2 in Equation (21) is taken as (24). Similarly, the corresponding Equation(15) for l in the whole PBL should be changed as follows:

$$l = \frac{k_2(z + z_0)}{1 + \frac{k_2(z + z_0)}{\lambda}} \tag{25}$$

4 THE SOLUTION OF THE PBL EQUATIONS

Taylor and Delage(1971) tested different difference schemes for solving the PBL motion equations. Using a log-linear grid system, they found that the numerical solution is independent of the number of grid points and they also suggested that one should introduce a wall layer near the lower boundary. We shall use the same log-linear grid system as theirs, i.e., the following coordinate transformation is applied:

$$\zeta = \frac{Q}{k}\left(\ln\frac{z+z_0}{z_0} + \frac{z}{L}\right) \tag{26}$$

where Q and L are constants. The height of the upper boundary is located at $H = 1\,200$ m and 39 grid points are taken from $z = 0$ to $\zeta = 38$. For example, the lowest 12 grid points are listed in the first line of Table I. When the geostrophic wind speed is higher as in the "Leipzig wind profile", the higher value of H (e.g., 1800 m) should be taken; the second line in Table I corresponds to that system.

TABLE I　The levels of the lowest 12 grid points

No.	1	2	3	4	5	6	7	8	9	10	11	12
Z(m)	0	0.01	0.02	0.05	0.11	0.22	0.41	0.77	1.4	2.7	4.9	8.7
Z(m)	0	0.01	0.03	0.07	0.14	0.29	0.59	1.17	2.3	4.5	8.6	16.1

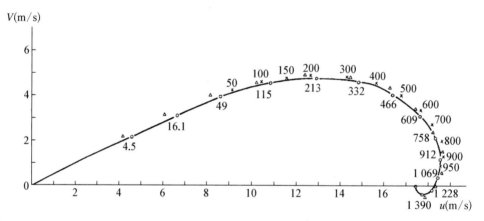

Fig.1　The wind spiral in the boundary layer. The figures on the curve are heights.
○, the model for TOE; △, the model for SOE; ×, observations.

As pointed out by Taylor and Delage(1971) for the Estoque and Bhumralkar grids system, here we also find that the effects of different roughnesses can not be achieved in the case of small roughness when a no-slip lower boundary condition is applied. Hence, we apply the following lower boundary condition:

$$\frac{\partial u}{\partial z} = \frac{u_*}{k(z+z_0)}\frac{u}{V} = \frac{u}{(z+z_0)\ln\dfrac{z+z_0}{z_0}}$$

$$\frac{\partial v}{\partial z} = \frac{u_*}{k(z+z_0)}\frac{v}{V} = \frac{v}{(z+z_0)\ln\dfrac{z+z_0}{z_0}} \quad \text{at } z = h \tag{27}$$

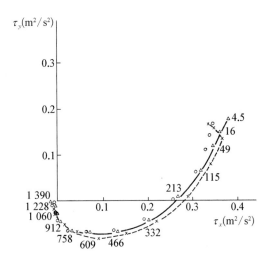

Fig.2 The stress spirals. The figures on the curves represents the heights
Δ, is for τ; $\bigcirc$, is for τ_1 in TOE; $\times$, is for τ in SOE.

where $V=\sqrt{u^2+v^2}$ and h is a low level near the ground(for example, we use $h=1.44$ m or $h=2.31$ m in Table Ⅰ). Condition(27) means that the wind profile is logarithmic around $z=h$. We shall not solve the equation below $z=h$, where the logarithmic distribution is used to compute the wind profile based on the wind at $z=h$. It is implied that a wall layer has been introduced where $z \leqslant h$. Computation indicates that the solution corresponding to this condition can give a reasonable profile and a sensible response to the roughness.

The upper boundary condition is as follows:

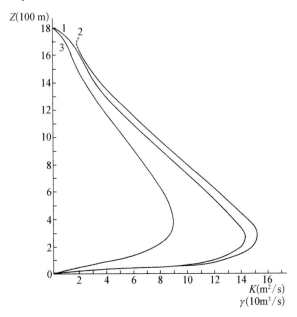

Fig.3 The vertical distribution of the eddy exchange coefficient K and the dispersion coefficient γ:
curve 1, K in the TOE model; curve 2, K in the SOE model; curve 3, γ in the TOE model.

$$u = u_g, v = v_g \quad \text{at} \quad z = H \tag{28}$$

$$\frac{\partial u}{\partial z} = \frac{\partial v}{\partial z} = 0 \quad \text{at} \quad z = H \tag{29}$$

After the coordinate transformation(26), Equations(10),(11) become:

$$A \frac{\mathrm{d}^3 u}{\mathrm{d}\zeta^3} + B \frac{\mathrm{d}^2 u}{\mathrm{d}\zeta^2} + C \frac{\mathrm{d}u}{\mathrm{d}\zeta} + f(v - v_g) = 0 \tag{30}$$

$$A \frac{\mathrm{d}^3 v}{\mathrm{d}\zeta^3} + B \frac{\mathrm{d}^2 v}{\mathrm{d}\zeta^2} + C \frac{\mathrm{d}v}{\mathrm{d}\zeta} - f(u - u_g) = 0 \tag{31}$$

where

$$\left. \begin{array}{l} A = -\gamma^2 \left(\dfrac{\mathrm{d}\zeta}{\mathrm{d}z}\right)^2, B = -3\gamma \dfrac{\mathrm{d}\zeta}{\mathrm{d}z} \dfrac{\mathrm{d}^2\zeta}{\mathrm{d}z^2} - \dfrac{\mathrm{d}\gamma}{\mathrm{d}\zeta}\left(\dfrac{\mathrm{d}\zeta}{\mathrm{d}z}\right)^3 + K \left(\dfrac{\mathrm{d}\zeta}{\mathrm{d}z}\right)^2 \\[3mm] C = -\gamma \dfrac{\mathrm{d}^2\zeta}{\mathrm{d}z^2} - \dfrac{\mathrm{d}\gamma}{\mathrm{d}\zeta} \dfrac{\mathrm{d}\zeta}{\mathrm{d}z} \dfrac{\mathrm{d}^2\zeta}{\mathrm{d}z^2} + K \dfrac{\mathrm{d}^2\zeta}{\mathrm{d}z^2} + \dfrac{\mathrm{d}K}{\mathrm{d}\zeta}\left(\dfrac{\mathrm{d}\zeta}{\mathrm{d}z}\right)^2 \end{array} \right\} \tag{32}$$

It is easy to obtain the difference analog of Equations(30),(31). The central difference is used for both the first-and second-order derivatives; the third-order derivative is expressed through:

$$\frac{\mathrm{d}^3 u}{\mathrm{d}\zeta^3} = \left(\left. \frac{\mathrm{d}^2 u}{\mathrm{d}\zeta^2} \right|_{i+1} - \left. \frac{\mathrm{d}^2 u}{\mathrm{d}\zeta^2} \right|_i \right) / \Delta\zeta \tag{33}$$

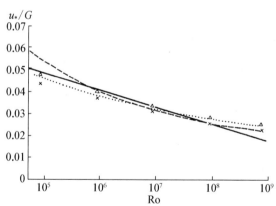

Fig.4　The variation of u_*/G with the Rossby number Ro:
$\triangle$　is for the TOE model; $\times$　is for the SOE model; ＿＿　is for the best-fitting curve for observations; ……　is the old resistance law; －－－　is the new simplified resistance law.

It is not difficult to write the corresponding difference schemes of Equations(13),(14) and the lower boundary condition(27). Then we can solve the difference equation system. An appropriate numerical scheme and iteration procedure can make the numerical solution of the difference equation system corresponding to the nonlinear Equations(30),(31), (13),(14) sufficiently accurate. After the solution is found, we can compute the friction velocity from the logarithmic wind law.

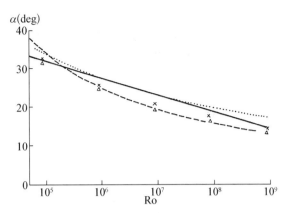

Fig.5 The variation of cross-angle α with Rossby number Ro. The legend is identical to that in Figure 4.

TABLE Ⅱ Some characteristic parameters for the "Leipzig wind profile"

	u_* (m/s)	α (deg)	h_v (m)	φ (deg)
Observation	0.65	26.1	530	2.8
Results for TOE	0.73	25.7	533	2.9
Results for SOE	0.67	27.2	550	3.5

5 ANALYSIS OF THE COMPUTATIONAL RESULTS

Wind observations which are sufficiently accurate and representative to verify the model are scarce; the "Leipzig wind profile" appears to be the only one. We shall simulate the profile with our model. According to Lettau(1962), $z_0 = 0.3$ m, $G = 17.5$ m/s and $f = 0.000114$ s^{-1} which we shall use as input data. Assuming that the x axis is along the geostrophic wind direction, we have $v_g = 0$. The wind spiral computed from our model is shown in Figure 1. The Leipzig wind profile and the results of SOE with the same lower boundary condition and upper boundary condition(28) are also shown in this figure. For SOE, Equation(13) is for K, (15) is for l with $k_1 = 0.4$. Table Ⅱ gives the computed and observed friction velocity u_*, the surface cross-angle α between the surface and geostrophic wind, the height h_v at which the wind speed attains its geostrophic value and the angle φ between the wind vector at 950 m, the uppermost level of the observed data and the geostrophic wind vector, which reflects the rate at which the wind vector approaches the geostrophic wind.

Because the model levels are different from the observed levels, it is difficult to compare profile with the observed one directly, but from Figure 1 it still can be seen that the computed wind profile simulates the observations well and is slightly better than the SOE below 700 m. Table Ⅱ also shows that the parameters are better than the SOE except for u_*. Of course, this is only an example, and one can not conclude that TOE is better than the traditional equation due to the errors of observation and some model parameters, and probably, because recently Riopelle and Stubley(1989) pointed out that there were some effects of stratification in the "Leipzig wind profile". However, the TOE model has its advantage since more factors, viz., non-local factors have been included.

It is noted that although a finite height for the upper boundary has been taken, which results in a kind of "truncated" spiral in the model as compared with an infinite upper boundary, the main computed parameters of the PBL and the wind profile in the lower part of the boundary layer are not sensitive to the value of H. Computation also shows that the simulated wind profile near the surface satisfies the logarithmic law very well, as expected.

This is the case of the TOE, it can be seen from Equations(9) and(10) that the eddy stress consists of two parts: $\tau = \tau_1 + \tau_2$; otherwise, only τ_1 exists. The stress spirals for τ_1, τ in the TOE and τ in the SOE are illustrated in Figure 2. It is obvious that τ_1 is the main part of τ for the TOE, the difference between τ_1 and τ in the TOE mainly exists in the lower part of the PBL. There is also a small difference between τ for the TOE and τ for the SOE models, reflecting non-local influences.

Figure 3 illustrates the turbulent exchange coefficient K, the dispersion coefficient γ and the K in the SOE. It is seen that K in the TOE is slightly less than that in the SOE. The distribution of γ is similar to K, i.e., it increases with height in the lower part of the PBL and deceases with height further up, but the level for γ_{max} is greater than that for K_{max}.

In order to find boundary-layer characteristic parameters such as u_*/G and α, $G = 10$ m/s and different roughness from 10^{-4} m to 1 m are taken to run the model. The results are shown in Figures 4 and 5, which also include the best-fit curve of observed data and the simplified new PBL resistance law(Warmsley, 1992) for comparison. The results for SOE are also illustrated. It can be seen that for u_*/G, the results of the TOE on the whole are better than those for the SOE in the case of the best-fit curve; on the contrary, the SOE is better than the TOE for α. It is interesting that the values of α for the TOE almost follow the curve of the simplified new resistance law.

We tried other representations of λ in Equation(16), e.g., $\lambda = 0.0004\,G/f$ and $\lambda = 0.00015\,G/f$, but Equation(16) is the best. We also tried $a = 0.4$ instead of $a = 0.3$ in Equation(8)(the k_2 in Equation(21) is changed correspondingly). All the results are between the results of the SOE and the TOE with $a = 0.3$. The exact value of parameter a can not be determined until further verification of the model is obtained with more appropriate data.

6 CONCLUDING REMARKS

In this paper, the third-order derivative terms are introduced into the motion equation for a neutral PBL in which the turbulent exchange coefficient and the the dispersion coefficient are expressed through the mixing length and the vertical wind shear. A numerical solution can be found by an appropriate numerical method. We used this model to simulate the "Leipzig wind profile" and compute some boundary-layer parameters. The results show that this model can successfully simulate the real observations, yielding reasonable boundary-layer parameters. The inclusion of the third-order term can be seen as a kind of non-local closure of turbulent exchange. The difference of the results for the TOE and the SOE can be considered as due to non-local effects. Because data in strictly neutral stratification are too scarce to compare with the theoretical results, further assessment of the model is required, especially, extension to non-neutral stratification.

ACKNOWLEDGMENT

This work was supported by The National Science Foundation of China.

REFERENCES

Blackadar, A. K.: 1962, The vertical distribution of wind and turbulent exchange in the neutral atmosphere, J. Geophys. Res., 67, 3095 – 3102.

Dundt, M.: 1982, On the vertical structure of the eddy diffusion coefficient in the PBL, Atmos. Environ., 16, 2071 – 2074.

Lettau, H. H.: 1950, A re-examination of the "Leipzig Wind Profile" considering some relations between wind and turbulence in the friction layer, Tellus, 2, 125 – 129.

Lettau, H. H.: 1962, Theoretical wind spiral in the boundary layer of a barotropic atmosphere, Britr. Phys. Atmos., 35, 195 – 212.

Liu, S., Huang, W. and Rong, P.: 1992, Effects of turbulent dispersion of atmospheric balance motion of PBL, Adv. Atmos. Sci., 9, 147 – 156.

Riopelle, G. and Stubley, G. D.: 1989, The influence of atmospheric stability on the "Leipzig" boundary-layer structure, Boundary-Layer Meteorol., 46, 207 – 228.

Taylor, P. A. and Delage, Y.: 1971, A note on finite-difference schemes for the surface and planetary boundary layer, Boundary-Layer Meteorol., 2, 108 – 121.

Warmsley, J. L.: 1992, Proposal for new PBL resistance laws for neutrally-stratified flow, Boundary-Layer Meteorol., 60, 271 – 306.

2.9 THE THEORETICAL DISTRIBUTION OF WIND IN THE PLANETARY BOUNDARY LAYER WITH CIRCULAR ISOBARS[①]

Abstract: The equations of motions are solved for concentric circular flow in the planetary boundary layer(PBL) under the assumption of $K = l^2 \mid \partial \vec{V}/\partial z \mid$ and gradient wind independent of radius r. The theoretical distribution of wind is obtained for $r \geqslant 300$ km. Other parameters of the PBL are also calculated. Finally, equilibrium of the forces in the PBL is analyzed.

1 INTRODUCTION

There are many theoretical works that investigate the vertical distribution of wind in the planetary boundary layer(PBL). Before the 1960's, the theories usually were linear. The turbulent exchange coefficient K was assumed to be a known function of height. A summary was given by Wippermann(1973). Blackadar(1962) gave a non-linear model under the assumption that K is a function of mixing length and the wind distribution. He numerically solved the non-linear equation of motion in the neutral PBL. The vertical distribution of wind and some parameters in the PBL were obtained, and the results were in agreement with the observations. There were other non-linear theories for the neutral PBL(Lettau, 1962, Wippermann, 1972; etc.), all of which assumed that the isobars were straight lines. Estoque(1967) gave a non-linear theory for the neutral PBL with circular isobars, but it is suitable only at lower latitudes where the Coriolis force is small. In this paper, a numerical model for a neutral PBL with circular isobars is given, and a numerical solution of this model gives some theoretical estimates of wind and other parameters in the PBL. There are no accurate PBL data under conditions of circular isobars, but there is some qualitative knowledge that can be used to verify the solution.

2 GOVERNING EQUATION

In this paper, we shall assume that the atmospheric PBL is neutral, barotropic and the

---

① 原刊于《Boundary-Layer Meteorology》,1983 年,26,209－226,作者:赵鸣。

isobars are circular.

We assume that the motion in the PBL is stationary, axially symmetrical and we neglect the variation of air density with height. Then, in a cylindrical coordinate system, the motion equation for the air in the PBL are(Estoque, 1967):

$$\frac{\partial}{\partial z}\left(K\frac{\partial v_\theta}{\partial z}\right)-v_r\frac{\partial v_\theta}{\partial r}-w\frac{\partial v_\theta}{\partial z}-v_r\left(\frac{v_\theta}{r}+f\right)=0 \tag{1a}$$

$$\frac{\partial}{\partial z}\left(K\frac{\partial v_r}{\partial z}\right)-v_r\frac{\partial v_r}{\partial r}-w\frac{\partial v_r}{\partial z}+v_\theta\left(\frac{v_\theta}{r}+f\right)=\frac{1}{\rho}\frac{\partial p}{\partial r}=\pm fV_{gr}+\frac{V_{gr}^2}{r} \tag{1b}$$

Here, r is radius, K is turbulent exchange coefficient, f is Coriolis parameter, v_θ is the tangential component of velocity, v_r is the radial component of the velocity. In Equation(1) the horizontal turbulent transfer is neglected. We assume that the magnitude of f is 0.0001/s, a typical value for middle latitude, and we shall neglect the variation of f with the latitude, as in the investigation of the wind distribution in cyclones and anticyclones in the free atmosphere. V_{gr} is the gradient wind. On the right-hand side of Equation (1b), "$+$" corresponds to cyclone, and "$-$" to anticyclone conditions.

From Equation(1), it is seen that the difference between the motion equation with straight isobars and circular isobars is that, with circular isobars, curvature terms $v_r v_\theta/r$, v_θ^2/r and horizontal advection terms $v_r(\partial v_\theta/\partial r), v_r(\partial v_r/\partial r)$ appear. Also, because homogeneity in the radial direction is lacking, vertical motions appear; thus vertical advection terms $\partial v_\theta/\partial z$, $\partial v_r/\partial z$ also appear.

In Equation(1), K should be a function of mixing length and the vertical distribution of the wind; we assume the following relation,

$$K=l^2\left|\frac{\partial\vec{V}}{\partial z}\right| \tag{2}$$

Here l is mixing length. According to Blackadar(1962):

$$l=\frac{0.4(z+z_0)}{1+\dfrac{0.4(z+z_0)}{\lambda}} \tag{3}$$

$\lambda=0.0063u_*/f$ is assumed according to recent research (Blackadar, 1979), z_0 is the roughness length of the surface and u_* is friction velocity. In order to investigate the effect of z_0 on the wind distribution, two z_0 values, 1 cm and 1 m are chosen, which represent the smooth and rough cases, respectively. When $v_\theta^2/r, v_r v_\theta/r$ and the advection terms are neglected, Equation(1) becomes the equation with straight isobars.

The lower boundary condition is:

$$\vec{V}=0 \qquad \text{when} \qquad z=0 \tag{4}$$

In order to compare the solutions at different r, we assume that the upper boundary conditions are the same for different r, i.e., the gradient wind at the upper boundary(which is assumed as 1000 m) does not change with r. Then the upper boundary condition is

$$\vec{V} = \vec{V}_{gr} \qquad \text{when} \qquad z = 1\,000 \text{ m} \qquad (5)$$

In this paper, we shall investigate the solution of Equation(1) where $r \geqslant 300$ km, i.e., where the effects of r are not very strong. Specially, we shall find the numerical solutions of Equation(1) at $r = 300$, 400, 600, 800 and 1000 km. For $r \geqslant 1000$ km, the method in this paper can be applied analogously.

Under the condition of $\partial V_{gr}/\partial r = 0$, Equation(1) can be simplified as follows. For different r, the tangential component of velocity v_θ increases from 0 at $z = 0$ to V_{gr} at the upper boundary. According to the preliminary analysis(Haurwitz, 1941), the wind profiles are still spiral at different r, but the rate at which the winds approach their values at the upper boundary changes with r. Because the values of V_{gr} are the same for different r's, and Δr is similar to r in the range of r to be investigated, it is expected that $|\Delta v_\theta/\Delta r| \ll |v_\theta/r|$ as shown in Figure 1; here Δv_θ is the difference of v_θ between r and $r + \Delta r$ at the same height. Then $|v_r\partial v_\theta/\partial r| \ll |v_r v_\theta/r|$, so $v_r(\partial v_\theta/\partial r)$ can be neglected compared to $v_r v_\theta/r$ in Equation(1).

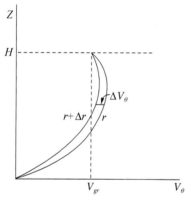

Fig.1　The variation of the tangential component of wind velocity with height at different radii. H is the top of the PBL.

Because $v_r = v_\theta \tan \alpha$ (here α is the angle between the wind vector and the isobar), then

$$\frac{\partial v_r}{\partial r} = \frac{\partial v_\theta}{\partial z}\tan \alpha + v_\theta \frac{\partial \tan \alpha}{\partial r} = \tan \alpha \frac{\partial v_\theta}{\partial r} + v_\theta \sec^2\alpha \frac{\partial \alpha}{\partial r}$$

$$v_r \frac{\partial v_r}{\partial r} = v_\theta \tan^2\alpha \frac{\partial v_\theta}{\partial r} + v_\theta^2 \tan \alpha \sec^2\alpha \frac{\partial \alpha}{\partial r}$$

Since $O(\Delta r) \approx r$ and $|\partial v_\theta/\partial r| \ll |v_\theta/r|$, if we choose $30°$ as the typical value of α, then even if $\Delta \alpha$ (between r and $r + \Delta r$) is as large as $10°$, we still can prove that

$$v_r \frac{\partial v_r}{\partial r} \approx 0.33 v_\theta \frac{\partial v_\theta}{\partial r} + 0.134 \frac{v_\theta^2}{r} \ll \frac{v_\theta^2}{r}$$

So, $v_r(\partial v_r/\partial r)$ can be neglected compared to v_θ^2/r.

In Equation(1), the turbulent friction force, the pressure gradient force and the Coriolis force are the most important forces in the range of r to be investigated. The ratios of the magnitude of the curvature term $v_r v_\theta/r$ to the Coriolis term fv_r and v_θ^2/r to fv_θ are v_θ/fr. In our case, when r is small and z is large, the curvature terms have the same order of magnitude as the Coriolis terms; although they are less than the Coriolis terms, they can not be neglected. In fact, the effects of r are represented by them. In the next section, we shall prove that the neglect of the horizontal advection terms is reasonable.

As to the vertical advection term, we first estimate the magnitude of w by use of the continuity equation:

$$\frac{\partial v_r}{\partial r} + \frac{v_r}{r} + \frac{\partial w}{\partial z} = 0 \tag{6}$$

From Equation(6), we obtain:

$$O(w) = \frac{v_r z}{r}, O\left(w \frac{\partial \theta}{\partial z}\right) = \frac{v_r v_\theta}{r}, O\left(w \frac{\partial v_r}{\partial z}\right) = \frac{v_r^2}{r}$$

so that $w(\partial v_\theta / \partial z)$ is of the same order as $v_r v_\theta / r$ and cannot be neglected. As to $w(\partial v_r / \partial z)$, it is much less than v_θ^2 / r or less than v_θ^2 / r depending on α. In general, we shall retain the vertical advection terms in Equation(1). Equation(1) becomes:

$$\frac{\partial}{\partial z}\left(K \frac{\partial v_\theta}{\partial z}\right) - v_r \left(\frac{v_\theta}{r} + f\right) - w \frac{\partial v_\theta}{\partial z} = 0 \tag{7a}$$

$$\frac{\partial}{\partial z}\left(K \frac{\partial v_r}{\partial z}\right) + v_\theta \left(\frac{v_\theta}{r} + f\right) - w \frac{\partial v_r}{\partial z} = \pm f V_{gr} + \frac{V_{gr}^2}{r} \tag{7b}$$

In fact, according to our numerical solution of Equation(7), the vertical advection term in Equation(7a) has the same order of magnitude as the term $v_r v_\theta / r$ at some heights although it usually is less than the latter; at other heights, it is much less than the curvature term, and in Equation(7b), the vertical advection term usually is much less than v_θ^2 / r. If we compare the numerical solution of Equation(7) and Equation(7) without the vertical advection terms(see next section), the differences of the solutions of v_θ usually are less than 1%; the differences for v_r are less than 1% if r is large and the heights are small, but the differences may attain 20% or more if r is small and heights are large. So it is better to keep the vertical advection terms in Equation(1).

3   THE NUMERICAL SCHEME

The numerical solution of Equation(7) is obtained in two steps. In the first step, because the vertical advection terms are less than other terms, we neglect the vertical advection terms to solve to Equation(8):

$$\frac{\partial}{\partial z}\left(K \frac{\partial v_\theta}{\partial z}\right) - v_r \left(\frac{v_\theta}{r} + f\right) = 0$$

$$\frac{\partial}{\partial z}\left(K \frac{\partial v_r}{\partial z}\right) + v_\theta \left(\frac{v_\theta}{r} + f\right) = \pm f V_{gr} + \frac{V_{gr}^2}{r} \tag{8}$$

Because the effects of r are represented by the factor $1/r$ in the terms $v_r v_\theta / r$ and v_θ^2 / r, it is easy to solve this equation for different values of r separately. We have solved Equation(8) with relative errors（Here relative errors are defined as $|(v_\theta^{(n+1)} - v_\theta^{(n)})|/|v_\theta^{(n)}|$ and $|(v_r^{(n+1)} - v_r^{(n)})|/|v_r^{(n)}|$, (n) represents the n th approximation of the solution）of 10^{-5}—10^{-6}. For example, we can solve Equation（8）at $r = 1020$, 1010 and 1000 km separately; the solutions will be the first approximations of the solutions of equation（7）at these r. In the second step, after the first approximation are obtained, the vertical velocity w at 1010, 1000 km are evaluated by use of Equation（6）. The result will be the first approximations of w at these r values. With the first approximations of w substituted into Equation（7）, the second approximations of v_θ, v_r can be solved at $r = 1010$ and 1000 km. Similarly we can obtain the second approximation of w and third approximation of v_θ and v_r at $r = 1000$ km. The solutions at other r are obtained similarly.

According to our computation, the relative differences between the second and the first approximations of w usually are less than 0.3%. When $r - 400$ km, the maximum relative differences between them may increase to 3%. These occur at upper levels such as 400 and 600 m. When $r = 300$ km, the third approximation must be calculated in order to attain this accuracy.

The relative differences between the second and third approximations of v_θ（$|(v_\theta^{(3)} - v_\theta^{(2)})|/|v_\theta^{(2)}|$）usually are less than 10^{-4}; only when $r = 300$ km, at higher levels, they can attain 10^{-3}. The relative differences between the second and third approximations of v_r usually are less 10^{-3}, except that when $r = 300$ and 400 km, at individual heights, they may increase to 10^{-2}. Since we are interested mainly in the lower and middle parts of the PBL, the foregoing accuracy is enough.

Table Ⅰ shows the vertical grid system used in this investigation.

v_θ and v_r are defined at these grid points and the K's are defined at $j +1/2$, half way between these points. The turbulent shear stresses τ are defined at the same grid points as K.

The finite-difference analog of Equation（8）is：

TABLE Ⅰ　The vertical grid system

j	1	2	3	4	5	6	7	8	9	10	11	12	13	14	15	16
z (m)	0	0.25	0.5	1	2	6	16	32	64	100	200	300	400	600	800	1000

$$\frac{K^{(n-1)}\left(j+\frac{1}{2}\right)[v_\theta^{(n)}(j+1) - v_\theta^{(n)}(j)]}{[z(j+1) - z(j)][z(j+1) - z(j-1)]} - \frac{K^{(n-1)}\left(j-\frac{1}{2}\right)[v_\theta^{(n)}(j) - v_\theta^{(n)}(j-1)]}{[z(j) - z(j-1)][z(j+1) - z(j-1)]}$$

$$- v_r^{(n)}(j)\left(\frac{v_\theta^{(n-1)}(j)}{r} + f\right) = 0$$

$$\frac{K^{(n-1)}\left(j+\frac{1}{2}\right)[v_r^{(n)}(j+1) - v_r^{(n)}(j)]}{[z(j+1) - z(j)][z(j+1) - z(j-1)]} - \frac{K^{(n-1)}\left(j-\frac{1}{2}\right)[v_r^{(n)}(j) - v_r^{(n)}(j-1)]}{[z(j) - z(j-1)][z(j+1) - z(j-1)]}$$

$$+ v_\theta^{(n)}(j)\left(\frac{v_\theta^{(n-1)}(j)}{r} + f\right) = \pm fV_{gr} + \frac{V_{gr}^2}{f} \tag{9}$$

Symbol(n) represents the nth approximation. The difference analog of K is:

$$K\left(j + \frac{1}{2}\right) = l^2\left(j + \frac{1}{2}\right)\frac{\{[v_r(j+1) - v_r(j)]^2 + [v_\theta(j+1) - v_\theta(j)]^2\}^{1/2}}{z(j+1) - z(j)} \tag{10}$$

where

$$l\left(j + \frac{1}{2}\right) = \frac{0.4\left[z\left(j + \frac{1}{2}\right) + z_0\right]}{1 + \dfrac{0.4\left[z\left(j + \frac{1}{2}\right) + z_0\right]}{\lambda}} \tag{11}$$

In order to solve Equation(8), we first put $r = \infty$ in Equation(8) to solve the equation for straight isobars:

$$\frac{\partial}{\partial z}\left(K\frac{\partial v_\theta}{\partial z}\right) - fv_r = 0$$

$$\frac{\partial}{\partial z}\left(K\frac{\partial v_r}{\partial z}\right) + fv_\theta = fV_g \tag{12}$$

Here V_g is the geostrophic wind; its value is the same as V_{gr} in Equation(8). The difference analog of Equation(12) is obtained by putting $r = \infty$ in Equation(9).

We use the following method to find the numerical solution of Equation(12). First, $K = 10$ m^2/s is assumed at each level as the first approximation of K. With K in the difference equation corresponding to Equation(12), the first approximation of v_θ and v_r are easily obtained using the method suggested by Richtmyer and Morton(1957). We have chosen the value of τ at 4 m height as the surface value of the turbulent shear stress τ_0; the friction velocity u_* can be evaluated by use of the following equation:

$$u_* = \left|\frac{\vec{\tau_0}}{\rho}\right|^{1/2} = \left(K\left|\frac{d\vec{V}}{dz}\right|\right)^{1/2}_{z=4m} \tag{13}$$

The corresponding difference analog is:

$$u_* = \left\{\frac{K\left(5\frac{1}{2}\right)([v_\theta(6) - v_\theta(5)]^2 + [v_r(6) - v_r(5)]^2)}{z(6) - z(5)}\right\}^{1/2} \tag{14}$$

With the first approximation of K, v_θ, v_r, the first approximation of u_* can be calculated by use of Equation(14). Then the second approximations $K^{(2)}$ can be obtained using Equation(10). The process can be repeated. We find that the following iteration process can make the iteration converge quickly.

When $K^{(n)}$, $v_\theta^{(n)}$, $v_r^{(n)}$, $u_*^{(n)}$ are obtained, we use Equation(10) to calculate $K^{(n+1)}$; then, using($K^{(n)} + K^{(n+1)}$) /2 as the new $(n+1)$-th approximations of K to solve $v_\theta^{(n+1)}$, $v_r^{(n+1)}$, the values $K^{(n+2)}$ are calculated by use of Equation(10) and $u_*^{(n+1)}$. After the $v_\theta^{(n+2)}$, $v_r^{(n+2)}$, $u_*^{(n+2)}$, and $K^{(n+3)}$ are obtained, we use($K^{(n+3)} + K^{(n+2)}$) /2 as new $K^{(n+3)}$, and repeat the previous process. The iteration converges quickly. The accuracy of the solution may attain 10^{-5} (i.e., $|(v_\theta^{(n+1)} - v_\theta^{(n+2)})/v_\theta^{(n+1)}| < 10^{-5}$, $|(v_r^{(n+1)} - v_r^{(n+2)})/v_r^{(n+1)}| < 10^{-5}$), and in some cases, even 10^{-6} after repeating the iteration process 50 times.

After the numerical solution of Equation(12) is obtained, we use its solutions of v_θ and K as the first approximations $v_\theta^{(1)}$, $K^{(1)}$ of Equation(9) for large r (for example $r = 1020$ km) to solve Equation(9), i.e., with $v_\theta^{(1)}$ and $K^{(1)}$ substituted for $v_\theta^{(n-1)}$ and $K^{(n-1)}$ in Equation(9), the second approximations $v_\theta^{(2)}$, $v_r^{(2)}$, $u_*^{(2)}$, and $K^{(2)}$ can be derived, and the process is repeated. We still use the previous method to make the iteration converge quickly. After the solution at $r = 1020$ km is obtained, we use the solutions of v_θ, K as the first approximations of the solutions at $r = 1010$ km to solve the v_θ, v_r at $r = 1010$ km, then 1000 km. The solutions of Equation(9) at $r = 820, 810, 800$ km can be obtained analogously, etc.

The vertical velocities w at $r = 1010, 1000$ km are evaluated in the following way:

$$w(j+1) = w(j) - \frac{r_1[v_{r1}(j) + v_{r1}(j+1)] - r[v_r(j) + v_r(j+1)]}{2r\Delta r} \tag{15}$$

where $\Delta r = 10$ km. For example, when we calculate w at $r = 1010$ km, $r_1 = 1020$ km, v_{r1} is v_r at 1020 km, and we assume $w = 0$ at $z = 0$.

After the values of w at 1010, 1000 km are obtained, we can numerically solve Equation(7) at $r = 1010$ km and 1000 km. The difference scheme of Equation(7) is similar to Equation(9) except the vertical advection terms $w(j)[v_\theta(j) - v_\theta(j-1)]/[z(j) - z(j-1)]$ and $w(j)[v_r(j) - v_r(j-1)]/[z(j) - z(j-1)]$ are added. The solutions of Equation (9) are the first approximations of Equation(7). The method of the iteration of this equation is the same as Equation (9). The solution obtained above are the second approximations of Equation(7) at $r = 1010$ km and 1000 km. Again, we use Equation(15) to evaluate the second approximations of w at $r = 1000$ km. Then we solve Equation(7) numerically again to obtain the third approximations of v_r, v_θ, u_*, and K at $r = 1000$ km.

Similarly, with the solution of Equation (9) at $r = 820, 810, 800$ km as the first approximations of Equation(7) at the same r, the third approximations of Equation(7) at $r = 800$ km can be obtained, etc. Sometimes, the previous method of iteration, i.e., using $(K^{(n+1)} + K^{(n)})/2$ as the new $K^{(n+1)}$, does not work well; we find that using $(aK^{(n)} + bK^{(n+1)})/c$ as the new $K^{(n+1)}$ to iterate can make the iteration process converge quickly, with $c = a + b$, for example, $c = 4, a = 1, b = 3$. The solutions of Equation(7) at $r = 1000$, 800, 600, 400, 300 km are thus obtained.

In the last section, we proved that the horizontal advection terms $v_r(\partial v_r/\partial r)$ and

$v_r(\partial v_\theta/\partial r)$ can be neglected. Now we see how they affect the results if we take them into account in Equation(8). Here we only consider the cyclonic case. When the horizontal advection terms are taken into account, Equation(8) becomes:

$$\frac{\partial}{\partial z}\left(K\frac{\partial v_\theta}{\partial z}\right) - v_r\left(\frac{v_\theta}{r} + f\right) - v_r\frac{\partial v_\theta}{\partial r} = 0$$

$$\frac{\partial}{\partial z}\left(K\frac{\partial v_r}{\partial z}\right) + v_\theta\left(\frac{v_\theta}{r} + f\right) - v_r\frac{\partial v_r}{\partial r} = fV_{gr} + \frac{V_{gr}^2}{r} \tag{16}$$

The difference analog of Equation(16) is written as:

$$\frac{K^{(n-1)}\left(j+\frac{1}{2},r\right)\left[v_\theta^{(n)}(j+1,r) - v_\theta^{(n)}(j,r)\right]}{[z(j+1)-z(j)][z(j+1)-z(j-1)]}$$

$$-\frac{K^{(n-1)}\left(j-\frac{1}{2},r\right)\left[v_\theta^{(n)}(j,r) - v_\theta^{(n)}(j-1,r)\right]}{[z(j)-z(j-1)][z(j+1)-z(j-1)]} - v_r^{(n)}(j,r)\left[\frac{v_\theta^{(n-1)}(j,r)}{r} + f\right]$$

$$- v_r^{(n-1)}(j,r)\frac{v_\theta^{(n-1)}(j,r+\Delta r) - v_\theta^{(n)}(j,r)}{\Delta r} = 0$$

$$\frac{K^{(n-1)}\left(j+\frac{1}{2},r\right)\left[v_r^{(n)}(j+1,r) - v_r^{(n)}(j,r)\right]}{[z(j+1)-z(j)][z(j+1)-z(j-1)]}$$

$$-\frac{K^{(n-1)}\left(j-\frac{1}{2},r\right)\left[v_r^{(n)}(j,r) - v_r^{(n)}(j-1,r)\right]}{[z(j)-z(j-1)][z(j+1)-z(j-1)]} + v_\theta^{(n)}(j,r)\left[\frac{v_\theta^{(n-1)}(j,r)}{r} + f\right]$$

$$- v_r^{(n-1)}(j,r)\frac{v_r^{(n-1)}(j,r+\Delta r) - v_r^{(n)}(j,r)}{\Delta r} = fV_{gr} + \frac{V_{gr}^2}{r} \tag{17}$$

which is similar to that used by Estoque and Bhumralkar(1970). We choose approximate solutions v_θ, v_r of Equation(9) at $r=1000$ km as $v_\theta(j,r+\Delta r)$ and $v_r(j,r+\Delta r)$ to solve Equation(17) at $r=990$ km; here Δr is 10 km. The solutions v_θ, v_r, and K of Equation(9) at $r=1000$ km are used as the first approximations $v_\theta^{(1)}$, $v_r^{(1)}$ and $K^{(1)}$ of Equation(17) at $r=990$ km. The iteration process is identical to that used in the solution of Equation(9). The solution of Equation(17) at $r=990$ km is calculated until the accuracy 10^{-5}—10^{-6} is obtained. After the convergent solutions at $r=990$ km are found, we use them as new $v_\theta(j,r+\Delta r)$ and $v_r(j,r+\Delta r)$ and the first approximations of the solutions at $r=980$ km to solve Equation(17) at $r=980$ km, etc, until the solutions at 300 km are obtained.

　　Comparing the solutions of Equations (17) and (9), it is found that the relative difference between them is usually less than 10^{-3}; only occasionally, can it attain 10^{-2} in the case of v_r. Hence, the application of the simplified Equation(8) instead of Equation (16) is reasonable.

4　THE DISTRIBUTION OF WIND AND TURBULENT STRESS IN PBL WITH CIRCULAR ISOBARS

4.1　*The characteristics of the distribution of the wind*

From the numerical solution of Equation(7), we can obtain the vertical distribution of the wind at different r. At each r, the wind velocity increases with height from its value 0 at the surface and approaches the gradient wind at the top of the PBL; wind directions turn toward right with increasing height. These characteristics are similar to the wind distribution when the isobars are straight. The rate of the variation of wind with height depends on r. In cyclonic conditions, this rate is faster than that when the isobars are straight; the smaller the values of r, the faster the rate is, and the lower the height is at which the wind speed and wind direction take on the value of $\vec{V}_{gr}$. In anticyclonic conditions, the reverse is true. This characteristics of the variation of the wind with height is in agreement with the qualitative analysis of the linearized equation given by Haurwitz (1941). This paper gives quantitative results. The wind spiral in cyclones and anticyclones at $r = 400$ km are shown in Figure 2a and 2b.

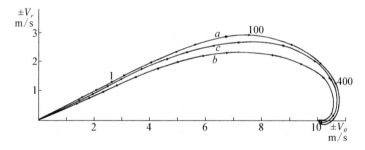

Fig.2a　The wind spirals for $z_0 = 1$ m.

(a) $r = 400$ km in cyclone; (b) $r = 400$ km in anticyclone; (c) straight isobars, "$+ v_\theta, - v_r$" is for(a) and (c); "$- v_\theta, + v_r$" is for(b).

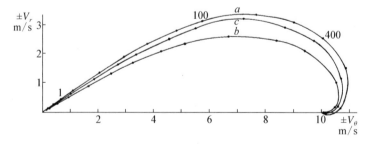

Fig.2b　The wind spirals for $z_0 = 1$ m.

(a) $r = 400$ km in cyclone; (b) $r = 400$ km in anticyclone; (c) straight isobars, "$+ v_\theta, - v_r$" is for(a) and (c); "$- v_\theta, + v_r$" is for(b).

In Table Ⅱ, the height at which the wind speed and wind direction becomes that of $\vec{V}_{gr}$ are listed; these are obtained by linear interpolation.

It is seen that the heights at which the wind speed and wind direction attain the values of $\vec{V}_{gr}$ are lower in cyclones than those in anticyclones. For example, when $z_0 = 1$ cm, the relative difference of the heights at which the speeds attain the value of $\vec{V}_{gr}$ is 10% between $r = 1000$ km and 300 km in a cyclone, but this difference attains 20% in an anticyclone. At $r = 300$ km in a cyclone, this height is 1.5 times smaller than that in an anticyclone. When $z_0 = 1$ m, the wind speeds at the lower heights are smaller than those when $z_0 = 1$ cm, and the heights at which the wind speed and wind direction attain the values of $\vec{V}_{gr}$ are higher than those when $z_0 = 1$ cm. If we define the wind at $z = 6$ m as the surface wind, the surface wind in a cyclone are larger than in an anticyclone as shown in Table Ⅱ.

TABLE Ⅱ The parameters of the PBL at different radii of the isobars[*]

Radius	u_*/V_{gr}	α_0 (deg)	v_{6m} (m/s)	h_s (m)	h_d (m)
$z_0 = 1$cm					
300(cycl)	0.0368	26.2	4.55	254	600
400(cycl)	0.036 1	26.0	4.47	262	635
600(cycl)	0.035 4	25.8	4.38	271	665
800(cycl)	0.035 0	25.6	4.34	276	667
1000(cycl)	0.034 8	25.5	4.31	279	684
∞	0.033 7	25.0	4.18	291	709
1000(anti)	0.032 6	24.4	4.04	309	731
800(anti)	0.032 2	24.2	4.00	316	736
600(anti)	0.031 7	23.8	3.93	325	744
400(anti)	0.0304	22.8	3.77	348	766
300(anti)	0.0288	21.4	3.58	375	$\approx$790
$z_0 = 1$m					
300(cycl)	0.0478	34.0	2.36	353	$\approx$800
400(cycl)	0.046 7	33.6	2.30	363	$\approx$800
600(cycl)	0.045 5	33.2	2.25	374	>800
800(cycl)	0.044 8	33.0	2.22	379	>800
1000(cycl)	0.044 5	32.8	2.20	383	>800
∞	0.042 8	32.1	2.12	397	>800
1000(anti)	0.041 0	31.2	2.04	429	>800
800(anti)	0.040 5	31.0	2.01	438	>800
600(anti)	0.039 6	30.5	1.97	453	>800
400(anti)	0.037 6	29.3	1.88	485	>800
300(anti)	0.035 3	27.7	1.77	529	>800

[*] "cycl" represents cyclonic, "anti" represents anticyclonic, v_{6m} is the speed at $z = 6$ m, h_s is the height at which the speed becomes the value of the gradient wind, h_d is the height at which the wind direction becomes the value of the gradient wind.

The angle between the isobars and the surface wind is another important parameter.

The angle changes slightly with the radius. In a cyclone, when r decreases, α_0 increases slightly; in an anticyclone, α_0 decreases slightly with decreasing radius. There are no accurate observations of α_0 corresponding to different r, especially because actual observations cannot be carried out under the exact condition that we have assumed; there is enormous variability. Hence, the values of the angle in Table Ⅱ give the information about how α_0 behaves under these conditions. The values of the angle 25° with straight isobars when $z_0=1$ cm and 32° when $z_0=1$ m in Table Ⅱ are in agreement with actual observations (see Estoque,1973) and other theoretical results.

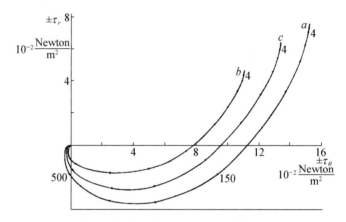

Fig.3a   The turbulent shear stress spiral for $z_0=1$ cm.
(a) $r=400$ km in cyclone;(b) $r=400$ km in anticyclone;(c) straight isobars.
"$+\tau_\theta, -\tau_r$" is for(a) and(c);"$-\tau_\theta, +\tau_r$" is for(b)

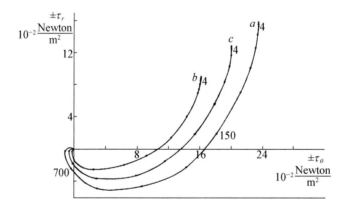

Fig.3b   The turbulent shear stress spiral for $z_0=1$ m.
(a) $r=400$ km in cyclone;(b) $r=400$ km in anticyclone;(c) straight isobars.

4.2   *Turbulent shear stress*

From the numerical solutions v_θ, v_r and K of Equation(7), the turbulent shear stress can be easily calculated. Figure 3a and b are the vertical distribution of the turbulent shear stresses for straight isobars and $r = 400$ km in a cyclone and anticyclone. Both in a cyclone and anticyclone, the vertical distribution of the stress still has the form of a spiral, similar to the stress with straight isobars. In cyclonic condition, the stresses are larger than the stresses with straight isobars, and their variation with height is faster. This phenomenon corresponds to the faster rate of the variation of speed in a cyclone. In an anticyclone, the reverse is true.

It is found that below 4 m, the magnitude of the change of stress is usually less than 1%; we have chosen the stress at 4 m as the surface stress to calculate the friction velocity u_* and the gradient drag coefficient.

When $r = 400$ km, the surface stress in a cyclone is larger than the stress in an anticyclone by about 40%. Obviously, the smaller r is, the larger the difference of the stresses in the cyclone and anticyclone is.

4.3 *Gradient drag coefficient*

The geostrophic drag coefficient is defined as u_*/V_g, here V_g is the geostrophic wind speed, the wind at the top of the PBL. When the isobars are circular, the wind at the top of the PBL is the gradient wind. If we use the gradient wind speed V_{gr} instead of the geostrophic wind speed to calculate the geostrophic drag coefficient and call it the "gradient drag coefficient", then it is easy to calculate the gradient drag coefficient at different r as shown in Table Ⅱ. Here in the condition of straight isobars, the geostrophic drag coefficients are in good agreement with other theoretical results and observations(Estoque, 1973) both when $z_0 = 1$ cm and $z_0 = 1$ m. When r decreases, u_*/V_{gr} increases in a cyclone and decreases in an anticyclone. If we compare the u_*/V_{gr} at $r = 300$ km in a cyclone and anticyclone, then the relative difference will be 30%.

4.4 *Turbulent transfer coefficient*

The effect of isobaric curvature on the turbulent transfer coefficient K is shown in Figure 4a and b, where K profiles with straight isobars and $r = 400$ km in a cyclone and anticyclone are shown. The shapes of the K profiles are similar and are similar to other theoretical results in the condition of straight isobars(Blackadar, 1962). The difference of the K profiles is apparent in the magnitude of K. K is larger in a cyclone than in an anticyclone; this corresponds to the larger wind shear in a cyclone. The maximum differences about 25% for $z_0 = 1$ cm and 30% for $z_0 = 1$ m appear at the height of 100—200 m, where the maximum value of K appears. It is certain that as r becomes small, the difference becomes larger. It probably can be deduced that atmospheric diffusion is weaker in the anticyclone than in the cyclone. When $z_0 = 1$ m, it is expected that K is larger than when $z_0 = 1$ cm.

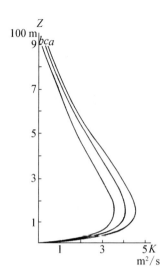

Fig.4a　The variation of the turbulent transfer coefficient with height for $z_0 = 1$ cm

(a) $r = 400$ km in cyclone;

(b) $r = 400$ km in anticyclone; (c) straight isobars.

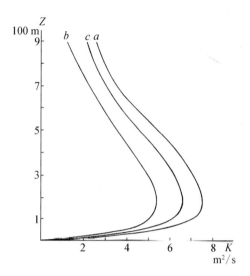

Fig.4b　The variation of the turbulent transfer coefficient with height for $z_0 = 1$ m

(a) $r = 400$ km in cyclone; (b) $r = 400$ km in anticyclone; (c) straight isobars.

4.5　*Vertical velocity*

Vertical velocities at different heights and different radii are show in TABLE Ⅲ. It is seen that the absolute value of w increases with increasing height and decreasing radius. Near the top of the PBL, w may reach 10^{-3} m/s in order of magnitude when $z_0 = 1$ cm. At $z = 800$ m the w at $r = 300$ km is almost three times larger than its values at $r = 1\,000$ km.

Table Ⅲ　The vertical velocity(10^{-6} m/s) *

	Cyclone					Anticyclone				
r (km)	1 000	800	600	400	300	300	400	600	800	1 000
z (m)										
$z_0 = 1$ cm										
6	8.4	10.5	14.1	21.4	27.4	−31.7	−22.1	−14.2	−10.6	−8.5
32	64	80	107	162	219	−242	−168	−108	−81	−64
100	242	303	405	613	827	−921	−637	−409	−304	−242
400	906	1 135	1 519	2 300	3 095	−3 710	−2 435	−1 544	−1 142	−909
800	≈1 060	≈1 330	≈1 980	≈2 680	≈3 600	≈−4 660	≈−2 900	≈−1 810	≈−1 340	≈−1 070
$z_0 = 1$ m										
6	4.3	5.4	7.2	10.9	14.8	−15.6	−11.3	−7.3	−5.4	−6.3
32	48	61	81	122	165	−175	−126	−82	−61	−48
100	220	276	369	558	752	−804	−575	−372	−277	−220
400	1 091	1 366	1 830	2 772	3 738	−4 200	−2 904	−1 853	−1 374	−1 094
800	≈1 610	≈2 020	≈2 700	≈4 100	≈5 530	≈−6 810	≈−4 400	≈−2 760	≈−2 040	≈−1 620

* The accuracy of these values has been discussed in Section 3.

It should be noted that these values of w were obtained under the assumption that $V_{gr} = 10$ m/s. If V_{gr} increases, the w should also be increased.

5　THE EQUILIBRIUM OF FORCES IN THE PBL

For a stationary condition, the motion in the PBL mainly depends on the equilibrium of pressure gradient force, Coriolis force and turbulent friction force $1/\rho \partial \vec{\tau}/\partial z$. The "quasi-centrifugal force" is included when isobaric curvature appears. Here we have called the resultant of $v_r v_\theta / r$ and v_θ^2 / r as "quasi-centrifugal force". It is easy to prove that it is perpendicular to the velocity vector and is directed towards increasing r.

Different forces at different heights and different radii have been computed to show how these forces change with height and r.

When $z_0 = 1$ cm, the vertical distribution of different forces at $r = 400$ km in a cyclone and anticyclone is shown in Table Ⅳ.

Table Ⅳ　The vertical distribution of different forces* (10^{-4} newton/kg)

Height(m)	F_f	F_{co}	F_{ce}	F_p	F_f	F_{co}	F_{ce}	F_p
6	8.35	4.47	0.45	12.5	4.54	3.77	0.33	7.5
32	6.68	6.25	0.89	12.5	3.64	5.34	0.66	7.5
100	4.97	8.05	1.51	12.5	2.81	7.07	1.18	7.5
300	2.36	10.31	2.61	12.5	1.60	9.67	2.29	7.5
600	0.81	10.56	2.78	12.5	0.32	10.53	2.77	7.5

*　F_f represents the turbulent friction force; F_{co} represents the Coriolis fore; F_{ce} represents the quasi-centrifugal force; F_p represents the pressure gradient force.

Because the computed results show that the vertical advection terms $w(\partial v_\theta / \partial z)$ and $w(\partial v_r / \partial z)$ are very small, they are neglected in Table Ⅳ.

Figure 5 shows the equilibrium among the different forces. In the range of r that we have considered and in the lower part of the PBL, i.e., below 32 m, say, the main forces are the pressure gradient force, the Coriolis force, and the turbulent friction force; the friction force is even larger than the Coriolis force. The friction force decreases with increasing height; at height 600 m, its value is one order of magnitude smaller than its surface value. The quasi-centrifugal force and the Coriolis force increase with height. In the upper part of the PBL, the quasi-centrifugal force also plays an important role, and the friction force may be larger or smaller than the quasi-centrifugal force depending on r.

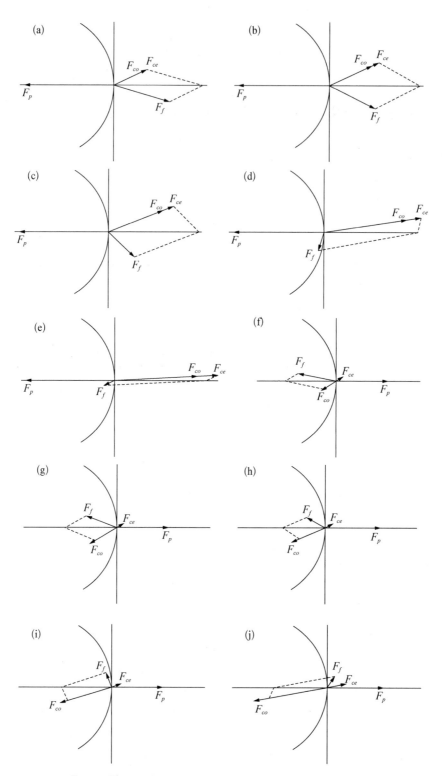

Fig.5　The equilibrium of forces in the PBL at $r = 400$ km.

(a)—(e) for $z_0 = 1$ cm in cyclone; (f)—(j) for $z_0 = 1$ m in anticyclone.

The heights are: (a) 6 m; (b) 32 m; (c) 100 m; (d) 300 m; (e) 600 m; (f) 6 m; (g) 32 m; (h) 100 m; (i) 300 m; (j) 600 m.

Because we have assumed $V_{gr} = 10$ m/s both in the cyclone and anticyclone cases, the pressure gradient force is larger in the cyclone but all other forces are also larger than in the cyclone than in the anticyclone case. In particular, the friction force, at $r = 400$ km in a cyclone, is almost two times larger than in an anticyclone at the same r. Relatively. The friction force plays a more important role in a cyclone than in an anticyclone in the equilibrium of the forces.

The direction of the friction force is interesting. At 6 m height, it makes an angle of $50°$ to the direction opposed to the velocity vector, the angle being almost the same in the cyclone and anticyclone. The friction force vector rotates clockwise with increasing height. In a cyclone, it rotates slightly faster than in an anticyclone. The directions of the other forces(except pressure gradient force) also change with height at a slightly faster rate in the cyclone; this phenomenon is in agreement with the fact that the velocity vector rotates with height at a slightly faster rate in a cyclone than in an anticyclone.

The foregoing analysis is based on the results at $r = 400$ km. When r changes, all the magnitudes of the force change, and the quasi-centrifugal force changes obviously. But the characteristics of the variation of all the forces with height are still in agreement with the previous conclusions.

When $z_0 = 1$ m, the main characteristics are the same, but the friction force is more important.

6　SUMMARY

Under the assumption that the gradient wind speed does not change with radius, the effects of the radius on the distribution of the wind in the PBL have been investigated. Some quantitative results are obtained. The main conclusions are:

(1) The wind profiles in the cyclone and anticyclone are spirals, and the rate of the variation with height is faster in cyclone than in the anticyclone.

(2) The angle between the isobars and the surface velocity vector is lager when the roughness length is larger, changes slightly with changing radius, and is slightly larger in the anticyclone than in the cyclone case.

(3) The gradient drag coefficient is larger in a cyclone than in an anticyclone.

(4) The turbulent transfer coefficient is larger in a cyclone than in an anticyclone.

(5) The absolute values of the vertical velocities increase with decreasing radius, the larger the height, the larger the vertical velocity.

(6) The profiles of the turbulent shear stresses are spirals both in the cyclone and anticyclone cases, changing with height more quickly in a cyclone than in an anticyclone. The magnitude of the stress is larger in a cyclone than in an anticyclone for the same

gradient wind speed.

(7) In the lower part of the PBL, the turbulent friction force, pressure gradient force and the Coriolis force are the most important forces when the radius is not very small. The friction force decreases with height quickly. In the upper part of the PBL, the quasi-centrifugal force also plays an important role.

ACKNOWLEDGMENTS

I wish to express my sincere appreciation to professor A. K. Blackadar who has gone over the manuscript carefully and made valuable and important suggestions.

REFERENCES

Blackadar, A. K.: 1962, The vertical distribution of wind and turbulent exchange in a neutral atmosphere, J. Geophys. Res., 67, 3095 - 3102.

Blackadar, A. K.: 1979, "High resolution models of the planetary boundary layer", in J. R. Pfafflin and E, N. Ziegler(eds), Advances in environmental science and engineering, 1, Gordon and Breach.

Estoque, M. A.: 1967, An approximation to boundary layer wind profile, Tellus, 19, 560 - 565.

Estoque, M. A. and Bhumralkar, C. M.: 1970, A method for solving the planetary boundary layer equations, Boundary Layer Meteorol., 1, 169 - 194.

Estoque, M. A.: 1973, Numerical modelling of the planetary boundary layer, in D. A. Haugen(ed.), Workshop on Micrometeorology, Amer Meteorol. Soc.

Haurwitz, B.: 1941, Dynamic Meteorology, McGraw Hill Book Co.

Lettau, H. H.: 1962, Theoretical wind profiles in the boundary layer of a barotropic atmosphere, Beit. Phys. Atmos., 35,195 - 212.

Richtmyer, R. D. and Morton, K. W.: 1957, Difference Methods for Initial Value Problems, New York, Interscience.

Wippermann, F.: 1972, Universal profiles in the barotropic planetary boundary layer, Beit. Phys. Atmos., 45,148 - 163.

Wippermann, F.: 1973, The planetary boundary layer of the atmosphere, Ann. Meteorol. 7, Deutscher Wetterdienst.

2.10 考虑背景风压场影响的边界层数值模式[①]

摘　要： 本文提出一个在中性情况下边界层数值模式中考虑背景风压场影响的方法，背景风压场的水平非均匀影响了边界层运动方程中的惯性力项及边界层的上界风速。本文将三维问题用一种线性化方法简化为一维问题，只要知道背景气压场的空间分布，即可求出考虑了背景场影响的边界层风场。

关键词： 边界层，背景场，数值模式

1　引言

　　长期以来，边界层数值模式的研究基本上不考虑大、中尺度背景风压场的影响，只着重考虑边界层内部的物理过程。例如常忽略平流惯性力，在下垫面水平均匀时忽略惯性力意味着假定背景场水平均匀，一般边界层模式的上边界风取为地转风，这实际上也未考虑背景场的水平非均匀性，因为边界层上界的风即实际的自由大气风与地转风是有差别的。上述这些传统做法使模式研究带有较大的局限性，也影响了精度。伍荣生和 Blumen[1] 考虑了大尺度背景地转风场的非均匀性对边界层结构的影响，用地转动量近似方法处理边界层方程组，从而把原来三维问题化为一维问题，既考虑了大尺度背景场对边界层结构的影响又简化了计算；谈哲敏和伍荣生[2] 则进一步用 Ekman 动量代替地转动量，也得到了一系列背景场对边界层影响的新结果。赵鸣[3,4] 又把地转动量近似的边界层模型用到近代边界层数值模式中，从而使背景场的影响能直接在数值模式中实现，获得了比不计背景场更合理、精确的结果，此法当实用于实际时，缺点是对每一个需计算的点都必须求解一个一维的非线性边界层方程组，较为复杂。Panchev[5] 对在边界层模式中考虑惯性力的影响提出另一种方案，即把气压场，地转风场，边界层风场均按水平坐标 x,y 展开。气压场取到二次项，风场取到一次项。边界层风场展开式的系数则是高度的函数，然后据边界层方程组求出各系数的方程，从求出的各系数即可得不同 x,y 处的边界层风场，而不需在每点均解一个边界层方程组，由各 x,y 处边界层风分布，容易总结出背景场对边界层风的影响。然而 Panchev 只进行了动力学上的研究，其方案在实用上并不合适，由于他采用了不随时空变化的交换系数，因而从现代边界层数值模式观点说，其很多推导并不很合理，但其用展开处理的方法不失为处理背景场对边界层影响的一个好方法。

　　本文采用 Panchev 的思路，但不限于研究动力学本身，而是寻找 Panchev 模型在实际大

---

①　原刊于《大气科学》，1997 年 3 月，21(2)，247 - 256，作者：赵鸣。

气边界层数值模式中实现的可能性,提供一种考虑背景场影响的边界层模式的计算方案并分析其结果。

2　模式方程的推导

正如 Panchev 所说,设边界层正压,将气压场展开成

$$\tilde{p}(x,y)=p_0+p_{10}x+p_{20}y+\frac{1}{2}p_{11}x^2+\frac{1}{2}p_{22}y^2+p_{12}xy \tag{1}$$

其中 $\tilde{p}=p/\rho$,而

$$p_{nk}=\frac{\partial^{n+k}p}{\partial x^n\partial y^k} \qquad n,k=1,2$$

(1)中各系数不难从实际气压场的水平分布推出,由(1)得地转风场为

$$\begin{cases} fu_g=-\dfrac{\partial\tilde{p}}{\partial y}=-p_{20}-p_{12}x-p_{22}y=a_0+a_1x+a_2y \\[2mm] fv_g=\dfrac{\partial\tilde{p}}{\partial x}=p_{10}+p_{11}x+p_{12}y=b_0+b_1x+b_2y \end{cases} \tag{2}$$

展开式(1)、(2)在气压与速度场的运动学中广泛被采用,著名的 WANGARA 资料中也用此法求地转风[6]。

在展开式(2)中,fu_g 由基本场 a_0 和随 x,y 变化的部分组成,一般情况下 $a_1x\ll a_0$,$a_2y\ll a_0$,即 a_0/f 视为基本地转流。b_0 与 b_1x,b_2y 比则可大可小(y 向北)。

完整的大气边界层方程组在略去铅直平流时为

$$\begin{cases} \dfrac{\partial u}{\partial t}+u\dfrac{\partial u}{\partial x}+v\dfrac{\partial u}{\partial y}=f(v-v_g)+\dfrac{\partial}{\partial z}K\dfrac{\partial u}{\partial z} \\[3mm] \dfrac{\partial v}{\partial t}+u\dfrac{\partial v}{\partial x}+v\dfrac{\partial v}{\partial y}=-f(u-u_g)+\dfrac{\partial}{\partial z}K\dfrac{\partial v}{\partial z} \end{cases} \tag{3}$$

在边界层顶的自由大气中,(3)简化为

$$\begin{cases} \dfrac{\partial u}{\partial t}+u\dfrac{\partial u}{\partial x}+v\dfrac{\partial u}{\partial y}=f(v-v_g) \\[3mm] \dfrac{\partial v}{\partial t}+u\dfrac{\partial v}{\partial x}+v\dfrac{\partial v}{\partial y}=-f(u-u_g) \end{cases} \tag{4}$$

设(4)有如下形式的解:

$$\begin{cases} u_f(x,y,t)=u_{f0}+u_{f1}x+u_{f2}y \\[2mm] v_f(x,y,t)=v_{f0}+v_{f1}x+v_{f2}y \end{cases} \tag{5}$$

下标 f 表自由大气,系数 u_{f0},u_{f1} 和 u_{f2} 是 t 的函数。对照(2)式,因地转风展成类似的式

子,那么实际风场这样展开亦是可行的一种做法,这实际上是一种分离变量的处理方法。在展开式(5)中与(2)相对应,$u_{f0} \gg u_{f1}x$,$u_{f0} \gg u_{f2}y$。

对方程(3)的解也用类似做法:

$$\begin{cases} u_b(x,y,t) = u_{b0} + u_{b1}x + u_{b2}y \\ v_b(x,y,t) = v_{b0} + v_{b1}x + v_{b2}y \end{cases} \tag{6}$$

与(5)的区别是现在 $u_{b0}, \cdots\cdots v_{b2}$ 等6个系数是 z,t 的函数,下标 b 表示边界层风,相应地(6)中 $u_{b0} \gg u_{b1}x$,$u_{b0} \gg u_{b2}y$。

先求(4)的解,把(5)代入(4),使含 x,y 的项及不含 x,y 的项分别相等,得

$$\begin{cases} \dfrac{\partial u_{f0}}{\partial t} + u_{f0}u_{f1} + v_{f0}u_{f2} = fv_{f0} - b_0 \\[2mm] \dfrac{\partial u_{f1}}{\partial t} + u_{f1}^2 + v_{f1}u_{f2} = fv_{f1} - b_1 \\[2mm] \dfrac{\partial u_{f2}}{\partial t} + u_{f2}u_{f1} + v_{f2}u_{f2} = fv_{f2} - b_2 \\[2mm] \dfrac{\partial v_{f0}}{\partial t} + u_{f0}v_{f1} + v_{f0}v_{f2} = -fu_{f0} + a_0 \\[2mm] \dfrac{\partial v_{f1}}{\partial t} + u_{f1}v_{f1} + v_{f1}v_{f2} = -fu_{f1} + a_1 \\[2mm] \dfrac{\partial v_{f2}}{\partial t} + u_{f2}v_{f1} + v_{f2}^2 = -fu_{f2} + a_2 \end{cases} \tag{7}$$

方程组(7)可求 $u_{f0}, \cdots\cdots v_{f2}$ 等6个分量,再从(5)可得自由大气的实际风场,这样处理好处在于对不同 x,y 点,只要求出 $u_{f0}, \cdots\cdots v_{f2}$ 等6个分量即可得任意 x,y 处的速度。(5)是自由大气风场的解,是惯性力、气压梯度力、科里奥利力平衡下的结果。以(5)的解作为边界层方程组(3)的上边界条件显然要比传统的用地转风作边界层方程上边界条件要好,这也不同于半地转模式中的结果[1,3],比后者更实际。为简单计,我们将如同 Panchev[5] 的工作,作 $\partial/\partial t = 0$ 的假定,从而(7)写成

$$\begin{cases} u_{f0}u_{f1} + v_{f0}u_{f2} = fv_{f0} - b_0 \\[1mm] u_{f1}^2 + v_{f1}u_{f2} = fv_{f1} - b_1 \\[1mm] u_{f2}u_{f1} + v_{f2}u_{f2} = fv_{f2} - b_2 \\[1mm] u_{f0}v_{f1} + v_{f0}v_{f2} = -fu_{f0} + a_0 \\[1mm] u_{f1}v_{f1} + v_{f1}v_{f2} = -fu_{f1} + a_1 \\[1mm] u_{f2}v_{f1} + v_{f2}^2 = -fu_{f2} + a_2 \end{cases} \tag{8}$$

我们将用(8)的解作方程(3)的上界条件,显然(8)的解反映了由背景气压场决定的实际风分布,它不同于地转风,(8)是非线性代数方程组,存在不止一个的解,对具体问题,可选取一个合适的解,见以后的例子。

现在考虑边界层方程(3),(3)包含惯性力项,因此它反映了背景场的水平非均匀性。

(3)中的 K 场亦应作展开：

$$K = K_0 + K_1 x + K_2 y \tag{9}$$

显然 K_0, K_1, K_2 均应是 z 和 t 的函数，在 $\partial/\partial t = 0$ 假定下将只是 z 的函数。相应，$K_0 \gg K_1 x$，$K_0 \gg K_2 y$。

将(6)，(9)代入(3)得 $u_{b0}, \cdots v_{b2}$ 的 6 个方程，再将含 x, y 项及不含 x, y 项分别相等，而得 $u_{b0}, \cdots v_{b2}$ 的 6 个方程：

$$\begin{cases} u_{b0} u_{b1} + v_{b0} u_{b2} = f v_{b0} - b_0 + \dfrac{\partial}{\partial z} K_0 \dfrac{\partial u_{b0}}{\partial z} \\[2mm] u_{b0} v_{b1} + v_{b0} v_{b2} = -f u_{b0} + a_0 + \dfrac{\partial}{\partial z} K_0 \dfrac{\partial v_{b0}}{\partial z} \\[2mm] u_{b1}^2 + v_{b1} u_{b2} = f v_{b1} - b_1 + \dfrac{\partial}{\partial z} K_0 \dfrac{\partial u_{b1}}{\partial z} + \dfrac{\partial}{\partial z} K_1 \dfrac{\partial u_{b0}}{\partial z} \\[2mm] u_{b1} v_{b1} + v_{b1} v_{b2} = -f u_{b1} + a_1 + \dfrac{\partial}{\partial z} K_0 \dfrac{\partial v_{b1}}{\partial z} + \dfrac{\partial}{\partial z} K_1 \dfrac{\partial v_{b0}}{\partial z} \\[2mm] u_{b2} u_{b1} + v_{b2} u_{b2} = f v_{b2} - b_2 + \dfrac{\partial}{\partial z} K_0 \dfrac{\partial u_{b2}}{\partial z} + \dfrac{\partial}{\partial z} K_2 \dfrac{\partial u_{b0}}{\partial z} \\[2mm] u_{b2} v_{b1} + v_{b2}^2 = -f u_{b2} + a_2 + \dfrac{\partial}{\partial z} K_0 \dfrac{\partial v_{b2}}{\partial z} + \dfrac{\partial}{\partial z} K_2 \dfrac{\partial v_{b0}}{\partial z} \end{cases} \tag{10}$$

由(10)解 $u_{b0}, \cdots v_{b2}$，从而由(6)得边界层风解。

中纬地区，边界层方程中的惯性力项比其余项小一个数量级，展开后的(10)式亦如此。

3　交换系数的处理

实际边界层模式中，中性时最常用的是 Blackadar 的 K 模式[6]：

$$K = l^2 \left[\left(\frac{\partial u}{\partial z} \right)^2 + \left(\frac{\partial v}{\partial z} \right)^2 \right]^{1/2} \tag{11}$$

取

$$l = \frac{0.4(z + z_0)}{1 + \dfrac{0.4(z + z_0)}{\lambda}}, \lambda = \frac{27 \times 10^{-5} G}{f} \tag{12}$$

l 为混合长，z_0 为粗糙度，G 为地转风速。将(6)代入(11)再考虑到含 $\partial u_{bi}/\partial z, \partial v_{bi}/\partial z$ （$i = 1, 2$）的项远小于含 $\partial u_{b0}/\partial z, \partial v_{b0}/\partial z$ 的项，即可近似得

$$K = l^2 \left[\left(\frac{\partial u_{b0}}{\partial z} \right)^2 + \left(\frac{\partial v_{b0}}{\partial z} \right)^2 \right]^{1/2} + l^2 \left[\left(\frac{\partial u_{b0}}{\partial z} \right)^2 + \left(\frac{\partial v_{b0}}{\partial z} \right)^2 \right]^{1/2} \times$$

$$\left[\frac{\dfrac{\partial u_{b0}}{\partial z} \dfrac{\partial u_{b1}}{\partial z} x + \dfrac{\partial v_{b0}}{\partial z} \dfrac{\partial v_{b1}}{\partial z} x + \dfrac{\partial u_{b0}}{\partial z} \dfrac{\partial u_{b2}}{\partial z} y + \dfrac{\partial v_{b0}}{\partial z} \dfrac{\partial v_{b2}}{\partial z} y}{\left(\dfrac{\partial u_{b0}}{\partial z} \right)^2 + \left(\dfrac{\partial v_{b0}}{\partial z} \right)^2} \right] \tag{13}$$

比较(13)和(9),可得

$$K_0 = l^2 \left[\left(\frac{\partial u_{b0}}{\partial z} \right)^2 + \left(\frac{\partial v_{b0}}{\partial z} \right)^2 \right]^{1/2} \tag{14}$$

$$K_1 = l^2 \left[\frac{\frac{\partial u_{b0}}{\partial z}\frac{\partial u_{b1}}{\partial z} + \frac{\partial v_{b0}}{\partial z}\frac{\partial v_{b1}}{\partial z}}{\left[\left(\frac{\partial u_{b0}}{\partial z} \right)^2 + \left(\frac{\partial v_{b0}}{\partial z} \right)^2 \right]^{1/2}} \right] = \alpha \frac{\partial u_{b1}}{\partial z} + \beta \frac{\partial v_{b1}}{\partial z} \tag{15}$$

$$K_2 = l^2 \left[\frac{\frac{\partial u_{b0}}{\partial z}\frac{\partial u_{b2}}{\partial z} + \frac{\partial v_{b0}}{\partial z}\frac{\partial v_{b2}}{\partial z}}{\left[\left(\frac{\partial u_{b0}}{\partial z} \right)^2 + \left(\frac{\partial v_{b0}}{\partial z} \right)^2 \right]^{1/2}} \right] = \alpha \frac{\partial u_{b2}}{\partial z} + \beta \frac{\partial v_{b2}}{\partial z} \tag{16}$$

其中

$$\alpha = \frac{l^2 \frac{\partial u_{b0}}{\partial z}}{\left[\left(\frac{\partial u_{b0}}{\partial z} \right)^2 + \left(\frac{\partial v_{b0}}{\partial z} \right)^2 \right]^{1/2}}, \beta = \frac{l^2 \frac{\partial v_{b0}}{\partial z}}{\left[\left(\frac{\partial u_{b0}}{\partial z} \right)^2 + \left(\frac{\partial v_{b0}}{\partial z} \right)^2 \right]^{1/2}} \tag{17}$$

并可得

$$\begin{cases} \frac{\partial K_1}{\partial z} = \frac{\partial \alpha}{\partial z}\frac{\partial u_{b1}}{\partial z} + \frac{\partial \beta}{\partial z}\frac{\partial v_{b1}}{\partial z} + \alpha \frac{\partial^2 u_{b1}}{\partial z^2} + \beta \frac{\partial^2 v_{b1}}{\partial z^2} \\ \frac{\partial K_2}{\partial z} = \frac{\partial \alpha}{\partial z}\frac{\partial u_{b2}}{\partial z} + \frac{\partial \beta}{\partial z}\frac{\partial v_{b2}}{\partial z} + \alpha \frac{\partial^2 u_{b2}}{\partial z^2} + \beta \frac{\partial^2 v_{b2}}{\partial z^2} \end{cases} \tag{18}$$

现在(10)可写成

$$\begin{cases} u_{b0}u_{b1} + v_{b0}u_{b2} = fv_{b0} - b_0 + \frac{\partial K_0}{\partial z}\frac{\partial u_{b0}}{\partial z} + K_0 \frac{\partial^2 u_{b0}}{\partial z^2} \\ u_{b0}v_{b1} + v_{b0}v_{b2} = -fu_{b0} + a_0 + \frac{\partial K_0}{\partial z}\frac{\partial v_{b0}}{\partial z} + K_0 \frac{\partial^2 v_{b0}}{\partial z^2} \\ u_{b1}^2 + v_{b1}u_{b2} = fv_{b1} - b_1 + \frac{\partial K_0}{\partial z}\frac{\partial u_{b1}}{\partial z} + K_0 \frac{\partial^2 u_{b1}}{\partial z^2} + \frac{\partial K_1}{\partial z}\frac{\partial u_{b0}}{\partial z} + K_1 \frac{\partial^2 u_{b0}}{\partial z^2} \\ u_{b1}v_{b1} + v_{b1}v_{b2} = -fu_{b1} + a_1 + \frac{\partial K_0}{\partial z}\frac{\partial v_{b1}}{\partial z} + K_0 \frac{\partial^2 v_{b1}}{\partial z^2} + \frac{\partial K_1}{\partial z}\frac{\partial v_{b0}}{\partial z} + K_1 \frac{\partial^2 v_{b0}}{\partial z^2} \\ u_{b2}u_{b1} + v_{b2}u_{b2} = fv_{b2} - b_2 + \frac{\partial K_0}{\partial z}\frac{\partial u_{b2}}{\partial z} + K_0 \frac{\partial^2 u_{b2}}{\partial z^2} + \frac{\partial K_2}{\partial z}\frac{\partial u_{b0}}{\partial z} + K_2 \frac{\partial^2 u_{b0}}{\partial z^2} \\ u_{b2}v_{b1} + v_{b2}^2 = -fu_{b2} + a_2 + \frac{\partial K_0}{\partial z}\frac{\partial v_{b2}}{\partial z} + K_0 \frac{\partial^2 v_{b2}}{\partial z^2} + \frac{\partial K_2}{\partial z}\frac{\partial v_{b0}}{\partial z} + K_2 \frac{\partial^2 v_{b0}}{\partial z^2} \end{cases} \tag{19}$$

(14),(15)(16),(17),(19)构成闭合方程组,可求 u_{b0},······v_{b2} 等6个分量。

4　求解方法

　　(19)可如下求解,在中纬度一般情况下,边界层运动方程中科里奥利力,气压梯度力,摩擦力是大项,都远大于平流惯性力,因而(19)左端比右端小一个量级,先设左端为零,则(19)可写成

$$
\begin{cases}
K_0 \dfrac{\partial^2 u_{b0}}{\partial z^2} + \dfrac{\partial K_0}{\partial z}\dfrac{\partial u_{b0}}{\partial z} + f v_{b0} - b_0 = 0 \\[2mm]
K_0 \dfrac{\partial^2 v_{b0}}{\partial z^2} + \dfrac{\partial K_0}{\partial z}\dfrac{\partial v_{b0}}{\partial z} - f u_{b0} + a_0 = 0 \\[2mm]
\left(K_0 + \alpha \dfrac{\partial u_{b0}}{\partial z}\right)\dfrac{\partial^2 u_{b1}}{\partial z^2} + \left(\dfrac{\partial \alpha}{\partial z}\dfrac{\partial u_{b0}}{\partial z} + \alpha \dfrac{\partial^2 u_{b0}}{\partial z^2} + \dfrac{\partial K_0}{\partial z}\right)\dfrac{\partial u_{b1}}{\partial z} + \\[2mm]
\beta \dfrac{\partial u_{b0}}{\partial z}\dfrac{\partial^2 v_{b1}}{\partial z^2} + \left(\dfrac{\partial \beta}{\partial z}\dfrac{\partial u_{b0}}{\partial z} + \beta \dfrac{\partial^2 u_{b0}}{\partial z^2}\right)\dfrac{\partial v_{b1}}{\partial z} + f v_{b1} = b_1 \\[2mm]
\left(K_0 + \beta \dfrac{\partial v_{b0}}{\partial z}\right)\dfrac{\partial^2 v_{b1}}{\partial z^2} + \left(\dfrac{\partial \beta}{\partial z}\dfrac{\partial v_{b0}}{\partial z} + \beta \dfrac{\partial^2 v_{b0}}{\partial z^2} + \dfrac{\partial K_0}{\partial z}\right)\dfrac{\partial v_{b1}}{\partial z} \\[2mm]
+ \alpha \dfrac{\partial v_{b0}}{\partial z}\dfrac{\partial^2 u_{b1}}{\partial z^2} + \left(\dfrac{\partial \alpha}{\partial z}\dfrac{\partial v_{b0}}{\partial z} + \alpha \dfrac{\partial^2 v_{b0}}{\partial z^2}\right)\dfrac{\partial u_{b1}}{\partial z} - f u_{b1} = -a_1 \\[2mm]
\left(K_0 + \alpha \dfrac{\partial u_{b0}}{\partial z}\right)\dfrac{\partial^2 u_{b2}}{\partial z^2} + \left(\dfrac{\partial \alpha}{\partial z}\dfrac{\partial u_{b0}}{\partial z} + \alpha \dfrac{\partial^2 u_{b0}}{\partial z^2} + \dfrac{\partial K_0}{\partial z}\right)\dfrac{\partial u_{b2}}{\partial z} \\[2mm]
+ \beta \dfrac{\partial u_{b0}}{\partial z}\dfrac{\partial^2 v_{b2}}{\partial z^2} + \left(\dfrac{\partial \beta}{\partial z}\dfrac{\partial u_{b0}}{\partial z} + \beta \dfrac{\partial^2 u_{b0}}{\partial z^2}\right)\dfrac{\partial v_{b2}}{\partial z} + f v_{b2} = b_2 \\[2mm]
\left(K_0 + \beta \dfrac{\partial v_{b0}}{\partial z}\right)\dfrac{\partial^2 v_{b2}}{\partial z^2} + \left(\dfrac{\partial \beta}{\partial z}\dfrac{\partial v_{b0}}{\partial z} + \beta \dfrac{\partial^2 v_{b0}}{\partial z^2} + \dfrac{\partial K_0}{\partial z}\right)\dfrac{\partial v_{b2}}{\partial z} \\[2mm]
+ \alpha \dfrac{\partial v_{b0}}{\partial z}\dfrac{\partial^2 u_{b2}}{\partial z^2} + \left(\dfrac{\partial \alpha}{\partial z}\dfrac{\partial v_{b0}}{\partial z} + \alpha \dfrac{\partial^2 v_{b0}}{\partial z^2}\right)\dfrac{\partial u_{b2}}{\partial z} - f u_{b2} = -a_2
\end{cases}
\tag{20}
$$

(20)中我们已应用了(15)—(18)。

　　先求解(20)的前两个方程得到 u_{b0}, v_{b0},同时由(15)得 K_0,把 $u_{b0} v_{b0}$、K_0 作为已知由(20)其余 4 个方程解 $u_{b1} v_{b1} u_{b2} v_{b2}$,得到的这 6 个 $u_i, \cdots v_i$($i = 0,1,2$)是(10)无左端的解,故只能看成是(10)的第一近似。将第一近似解 $u_{b1}, v_{b1}, u_{b2}, v_{b2}$ 代入(19)左端,再解(19)第一、第二方程得 u_{b0}, v_{b0} 第二近似,再同法由(19)其余方程得 $u_{b1}, v_{b1}, u_{b2}, v_{b2}$ 的第二近似,此时 $u_{b0} v_{b0}, K_0$ 是已知第二近似值。我们即以 u_i, v_i 的第二近似值作为我们的解。

　　我们用文献[7]的方法采用坐标变换并将微分方程化为差分方程,即取有壁层的方案。

　　下界条件对 u_i, v_i($i = 0,1,2$)均使用文献[7]的条件,即在离下垫面某小距离处取

$$
\begin{cases}
\dfrac{\partial u_{bi}}{\partial z} = \dfrac{u_*}{k(z+z_0)}\dfrac{u_{bi}}{V_{bi}} = \dfrac{u_{bi}}{(z+z_0)\ln\dfrac{z+z_0}{z_0}} \\[4mm]
\dfrac{\partial v_{bi}}{\partial z} = \dfrac{u_*}{k(z+z_0)}\dfrac{v_{bi}}{V_{bi}} = \dfrac{v_{bi}}{(z+z_0)\ln\dfrac{z+z_0}{z_0}}
\end{cases}
\tag{21}
$$

u_* 为摩擦速度，k 为卡曼常数，$V_{bi} = \sqrt{u_{bi}^2 + v_{bi}^2}$。

在解一、二近似时，上界条件均取由(8)式获得的解：

$$u_{bi} = u_{fi}, v_{bi} = v_{fi} \tag{22}$$

5　计算

5.1　个例1

设由(2)确定的气压场中 $a_0 \neq 0, a_2 \neq 0$，其余 a_i 和 b_i 为0，相应于

$$u_g = \frac{a_0}{f} + \frac{a_2}{f}y, v_g = 0$$

先求自由大气的风解，(8)成为

$$\begin{cases} u_{f0}u_{f1} + v_{f0}v_{f2} = fv_{f0}, & u_{f1}^2 + u_{f1}v_{f2} = fv_{f1}, \\ u_{f2}u_{f1} + v_{f2}u_{f2} = fv_{f2}, & u_{f0}v_{f1} + v_{f0}v_{f2} = -fv_{f0} + a_0 \\ u_{f1}v_{f1} + v_{f1}v_{f2} = -fu_{f1}, & u_{f2}v_{f1} + v_{f2}^2 = -fu_{f2} + a_2 \end{cases} \tag{23}$$

一个合适的解是

$$u_{f0} = a_0/f, v_{f0} = 0, u_{f1} = v_{f1} = v_{f2} = 0, u_{f2} = a_2/f$$

即

$$u_f = \frac{a_0}{f} + \frac{a_2}{f}y, v_f = 0 \tag{24}$$

即此时自由大气的风与地转风同。此时由于自由大气风即边界风不随 x 变，边界层风亦将如此。研究以原点为中心，东西南北各 200 km 范围内的风情况，此情况取(17)中 $\beta = 0$。参数是 $a_0 = 10^{-3}$ m/s²，（相应于 $y = 0$ 处，$u_g = u_f = 10$ m/s），$a_2 = -10^{-9}$ /s²，这时边界层内最大风速以及其他高度的风速与上界风速一样随 y 增加而减少，此最大风速超地转约 6% 左右，此结果与当地上界风速不存在水平梯度时解出的结果差不多，即此时背景场对边界层内最大风速影响甚小，但在垂直廓线上能看出影响。例如 $x = -200$ km，$y = 200$ km 一点处的垂直风螺旋，在相同高度处，不计背景风影响即不计平流时较低高度处前者 u 分量比后者大些而 v 分量小些，结果造成地面风与上界风的夹角略小些。这可解释如下：在方程(3)中当计入左端时，即计入背景场影响时，由于 $v\partial u_f/\partial y < 0$ 使 $v\partial u/\partial y < 0$，这相当于在(3)的第一方程中使左端为零而同时使右端 v_g 减少，于是使 v 减少；由于同样原因，因 $v\partial v/\partial y < 0$，使(3)中第二方程中当左端为零时使 u_g 增加，而使 u 也增加，由于(3)中还有摩擦力项与科里奥利力，气压梯度力共同平衡，因此总结果不会使上述分析完全正确，结果是较低高度处上述结论成立，致使 α 角略有减少。

在 $a_0 = 10^{-3}$ m/s^2, $a_2 = 10^{-9}$ /s^2 时,情况正相反,上界风与地转风相等,但随 y 增而增,结果最大风高度处(517 m)平均超地转大小与上例中差不多,南北稍有差别,南部超地转略强些,由于 $\partial u_f / \partial y > 0$,于是对廓线而言,所有分析与上例完全相反,致使低层 u 略减而 v 略增,使 α 角略增。例1由于系统简单,所以总的说背景场对边界层风影响不大。

5.2　个例2

设由(2)确定的气压场中 $a_2 \neq 0$, $b_1 \neq 0$,其余除 a_0 外均为零,由于 v_g 基态为零,故亦取 $\beta = 0$,先设

$$a_0 = 10^{-3} \text{ m/s}^2, a_2 = 10^{-9} \text{ /s}^2, b_1 = -10^{-9} \text{ /s}^2$$

此例相当于一个反气旋环流分布迭加上一个 x 方向平移速度,即

$$u_g = \frac{a_0}{f} + \frac{a_2}{f} y, \quad v_g = \frac{b_1}{f} x$$

(8)式的解是

$$
\begin{cases}
u_{f0} = \dfrac{2a_0}{f + \dfrac{a_2 + b_1}{f} - \sqrt{\left(f + \dfrac{a_2 + b_1}{f}\right)^2 - 4a_2}} \\
v_{f0} = 0, u_{f1} = 0, v_{f2} = 0 \\
u_{f2} = \dfrac{f + \dfrac{a_2 + b_1}{f} - \sqrt{\left(f + \dfrac{a_2 + b_1}{f}\right)^2 - 4a_2}}{2} \\
v_{f1} = \dfrac{-f + \dfrac{a_2 + b_1}{f} - \sqrt{\left(f + \dfrac{a_2 + b_1}{f}\right)^2 - 4a_2}}{2}
\end{cases}
\tag{25}
$$

由此确定了上界风速。

图1是最大风速高度处(576 m)风,上界风,地转风速的水平分布,可见地转风速由北向南减少,东西两侧则又略比中心高,上界风及边界层最大风亦如此。而边界层上界风比地转风大,这与反气旋涡度时梯度风大于地转风是一致的,因为(8)式的解实际上就是考虑惯性力后的梯度风,而边界层内最大风速又比上界风大,当然比地转风更大,其超上界风的程度在北部 5% 左右,南部 4%;超地转的程度则在 17% 左右,如果以地转风速为上边界风同时不计平流项,即经典边界层结果,则超地转程度在 7%,显然反气旋涡度时更易造成超地转,如果取 $a_2 = -10^{-9}$ /s^2,

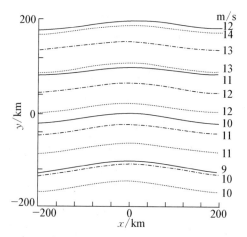

图 1　风速的水平分布, $a_0 = 10^{-3}$ m/s^2,
$a_2 = 10^{-9}$ /s^2, $b_1 = -10^{-9}$ /s^2,
实线为 576 m 处风,虚线为上界风,点划线为地转风

$b_1 = 10^{-9}/\mathrm{s}^2$，即气旋涡度，在同样 a_0，用(25)式求出的上界风速比地转风小，符合气旋时梯度风小于地转风的结论，此时边界层内部风虽仍超上界风，但却不出现超地转的现象。背景场出现反气旋涡度时更易产生低空急流现象也为 Paegle 等[8]的模式及理论所证实。

图 2 给出在 $x = -200\ \mathrm{km}$，$y = -200\ \mathrm{km}$ 处，当 $a_2 = 10^{-9}/\mathrm{s}^2$，$b_1 = -10^{-9}/\mathrm{s}^2$，即反气旋涡度与 $x = -200\ \mathrm{km}$，$y = 200\ \mathrm{km}$ 处 $a_2 = -10^{-9}/\mathrm{s}^2$，$b_1 = 10^{-9}/\mathrm{s}^2$，即气旋涡度处(此两点地转风相同)的风螺线。由于上界风不同，不好比较同高度的风大小，但在气旋涡度时，风向上界风接近的过程的速度明显快于反气旋涡度时，即在较低高度上，气旋涡度时边界层风就可与上界风一致，而反气旋涡度时则反之。这一结论也与以前结果[9]一致。其他即使地转风不同，点亦具有如此特征，显示了背景场对边界层内部结构的作用。

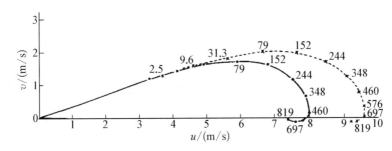

图 2　点 $(-200\ \mathrm{km}, 200\ \mathrm{km})$ 处气旋涡度与点 $(-200\ \mathrm{km}, -200\ \mathrm{km})$ 处反气旋涡度的风螺线
实线为气旋，虚线为反气旋，已取上界风为 x 轴，$a_0 = 10^{-3}\ \mathrm{m/s}^2$

6　结语

本文得到了一种考虑背景场对边界层结构影响的计算方法，只要解出一个点上的边界层风场即可用代数方法寻出其他点上风场，背景场的影响表现于两个方面，一是上边界条件用自由大气方程的解得到的风代替传统方法中的地转风，二是在边界层方程中计入由于背景场非均匀性引起的平流惯性力项。个例计算结果得到了合理结果，如反气旋涡度时边界层内部超地转的风速更大于不计背景场影响时，气旋性涡度时较难形成边界层内超地转急流，反气旋涡度时风向上界风的接近更慢于气旋涡度时。实际的背景场可能很复杂，不规则，其对边界层的影响可以通过本文方法求得。本文难点之一是必须求解一个非线性代数方程组以得到上界风场，本文提供的解析解是特例，在得不到解析解时可以数值方法获得，又本文因为设上界风，边界层风均是 x，y 的线函数，因此研究的距离不能太大，只能局限于中尺度范围，进一步的工作可以考虑层结性及斜压性以及局地变化项。

参考文献

[1] Wu，R. and W. Blumen，1982，An analysis of Ekman boundary layer dynamics incorporating the geostrophic momentum approximation，J.Atmos. Sci.，39，1774 - 1782.

[2] Tan，Z. and Wu，R.，1994，The Ekman momentum approximation and its application，Boundary Layer Meteorol.，68，193 - 199.

[3] Zhao, M., 1988, A numerical experiment of the PBL with geostrophic momentum approximation, Adv. Atmos. Sci., 5, 47 - 56.

[4] Zhao, M., 1988, A numerical experiments on applicating geostrophic momentum approximation to the baroclinic and non-neutral PBL, Adv. Atmos. Sci., 5, 287 - 299.

[5] Panchev, S. and T. S. Spassova, 1987, A barotropic model of the Ekman planetary boundary layer based on the geostrophic momentum approximation, Boundary Layer Meteorol., 40, 339 - 347.

[6] Blackadar, A. K., 1962, The vertical distribution of wind and turbulent exchange in a neutral atmosphere, J. Geophys. Res., 67, 3095 - 3102.

[7] Zhao, M., 1994, A PBL numerical model containing third-order derivative terms, Boundary Layer Meteor., 69, 71 - 82.

[8] Paegle, J. and G.E. Rasch., 1973, Three dimensional characteristics of diurnal varying boundary layer flows, Mon. Wea. Rev., 101, 746 - 756.

[9] 徐银梓,赵鸣,1987,半地转三段 K 边界层运动,气象学报,46,267 - 275.

A PBL NUMERICAL MODEL CONSIDERING THE EFFECTS OF BACKGROUND WIND AND PRESSURE FIELDS

Abstract: A method considering the effects from both background wind and pressure fields in the neutral Planetary Boundary Layer (PBL) model is suggested in this paper. The horizontal inhomogeneity of the background wind and pressure fields influences the term of the inertial force in the motion equation and the wind speed at the upper boundary of the PBL. A linearized method is suggested to simplify the problem with three dimensions into the problem with one dimension. According to this method, the wind field considering the effects of background fields in the PBL can be obtained as long as the spatial distribution of the background pressure field is given.

Key words: boundary layer, background field, numerical model

2.11　赤道带边界层结构的数值研究①

摘　要：在气压随纬度的不同分布条件下,数值求解了二维赤道带大气边界层非线性运动方程组,得到了不同气压分布下赤道带边界层运动特征,显示了平流的重要作用。在赤道带存在低压槽或气压单调随纬度增加而减少的情况下,都得出在赤道附近某纬度有一相应于赤道辐合带(ITCZ)的垂直运动大值集中区域存在,克服了前人用临界纬度机制解释边界层大抽吸速度时略去重要的非线性项的处理上的困难。

关键词：赤道带,边界层,数值研究

1　引言

大气边界层的观测和理论及数值研究在中纬度地区已日趋完善,现有的一套边界层成熟的理论模型主要适用于中高纬地区,该地区边界层运动主要处于气压梯度力、科氏力和湍流摩擦力的三力平衡之下,但赤道低纬地区的边界层研究目前仍然很少,这一方面由于赤道带地区观测资料稀少,另一方面由于地转偏向力小,传统的三力平衡模式已不适用,即传统的边界层模型对赤道带失效,给理论研究也带来困难。以往的研究中,Mahrt[1],Krishinamuti[2,3]的数值研究证明了平流作用的重要性,特别是越赤道气流对赤道带边界层的重要性,但他们的模式的上边界没有与自由大气的风场联系起来。按一般处理,边界层方程的上边界条件应取自由大气无摩擦时的风,他们未这样做,因而削弱了边界层与自由大气间的作用。另一方面,他们都是设气压单调随纬度增加而减少,只反映了部分地区的实际状况,例如 Krishinamuti 这样做,是为了模拟东非的索马里急流,但这却不能代表处于南北半球信风交汇地带的赤道边界层,在这些地区,气压场应是邻近赤道某纬度,有低压槽存在,气压向南北两方向增加。Krishinamuti 在上述给定的气压场下,在 10°N 以北,在西南风与西北风之间模拟出了 ITCZ 的流动特征,虽然不能由此得出 ITCZ 的动力学成因,却说明了在一定气压场下边界层与 ITCZ 间有重要关系存在。然而这一结果与一般南北半球信风交汇处由西南和东北风间形成的 ITCZ 是不同的。Krivelevich[4]的研究则设气压场是对赤道对称的,并不符合大多数实际情况,而且没有结合赤道带天气系统来研究。某些赤道带边界层的解析研究[5]也因未计入重要的平流项而意义不大。

本研究目的有二:一是模拟不同气压随纬度分布情况下边界层的结构,特别是平流的影响;二是研究赤道带边界层抽吸速度分布与气压分布的关系,并研究其与 ITCZ 的可能关系。临界纬度理论曾对赤道带某些纬度处得出大的边界层抽吸速度[6],但该理论的一个主

───────────────
①　原刊于《气象学报》,1995 年 2 月,53(1),10-18,作者:赵鸣。

要缺点是略去了对低纬来说非常重要的平流项。前面已述,对赤道带来说,边界层运动处于四力平衡态,平流是很重要的,因而临界纬度理论的这一线性化处理是有问题的。本文结果将说明,在考虑平流的情况下,不论在赤道带出现低压槽或是如 Krishinamuti 那样压力随纬度增加而减少的情况,在某纬度能出现一个垂直速度大值的集中窄带,相应于 ITCZ。虽然如 Krishinamuti 一样,本文是在气压场给定时研究流场的,因而不能据此得出 ITCZ 的动力学成因,但说明了边界层与 ITCZ 间的重要关系。

2　模式

在赤道带大气运动的研究中常忽略东西方向(x 方向)的变化,即取 $\partial/\partial x = 0$,只研究二维问题[1,4,5],我们小如此处理,于是在赤道 β 平面中定常边界层运动方程可写成:

$$v\frac{\partial u}{\partial y} + w\frac{\partial u}{\partial z} = \beta y v + \frac{\partial}{\partial z}K\frac{\partial u}{\partial z} \tag{1}$$

$$v\frac{\partial v}{\partial y} + w\frac{\partial v}{\partial z} = -\frac{1}{\rho}\frac{\partial p}{\partial y} - \beta y u + \frac{\partial}{\partial z}K\frac{\partial v}{\partial z} \tag{2}$$

y 轴指向北,坐标原点在赤道。在边界层上界,即自由大气,运动方程应是[1]:

$$v\frac{\partial u}{\partial y} = \beta y v \tag{3}$$

$$v\frac{\partial v}{\partial y} = -\frac{1}{\rho}\frac{\partial p}{\partial y} - \beta y u \tag{4}$$

先研究自由大气中的运动。由式(3)可见,x 方向的运动与气压场无关,只决定于坐标 y 和 u 的边值:

$$u = u_0 + \frac{1}{2}\beta(y^2 - y_0^2) \tag{5}$$

u_0 为起始点 y_0 处 u 值,设气压场或气压梯度力是 y 的已知函数,将式(5)代入式(4),得:

$$v^2 = v_0^2 + \frac{1}{2}\beta u_0 y_0^2 - \frac{1}{4}\beta^2 y_0^4 - \beta u_0 y^2 + \frac{1}{4}\beta^2 y_0^2 y^2 + \frac{1}{4}\beta^2 y^4 - \frac{2}{\rho}(p - p_0) \tag{6}$$

v_0 为 y_0 处 v 值,u_0, v_0 作为边条件给定。为了体现越赤道气流的影响,我们(如 Mahrt[1])把 y_0 取为 3°S 处。并且设 $u_0 < 0, v_0 > 0$,即赤道以南是东南风,相当于南半球的东南信风,这样由式(5),(6)确定的自由大气风场就是在给定气压场下由南半球吹来的东南信风沿 y 方向的变化。模式的北边界我们做了两种试验,一种取在 10°N,$\Delta y = 0.5$ 纬距,即 $\Delta y = 55\,000$ m,共 27 个网格点,另一种取在 23°N,$\Delta y = 110\,000$ m,格点数不变,原计划取到 10°N 止,但在某些气压场下,10°N 以南还不足以描述某些边界层运动特征,因此将范围扩大了。

由式(5)可见,因 $u_0 < 0$,从南边界开始 u 先是小于零,以后逐渐变为大于零,即由东风分量变为西风分量。再由式(4)可见,不论气压梯度力正负与否,因赤道以北某 y 值以后 u

要大于零,因此式(4)右端第 2 项将随着 y 的增加负值愈来愈大,最后总会使得 $v\partial v/\partial y < 0$。因为初始 $v_0 > 0$,故 v 分量最后总会从某一个 y 值开始向北,其正值逐渐变小,以致在某一个纬度减到零,此时由式(4),u 分量将达到地转平衡,即:

$$u = -\frac{1}{\beta y \rho} \frac{\partial p}{\partial y} \tag{7}$$

如果在该处 $\partial p/\partial y > 0$,即气压随纬度增加而增加,则 $u < 0$,即吹东风,此时将在此处有大的东西风切变,如果该处 $\partial p/\partial y < 0$,则变为纯西风,而其南侧则是西南风。在达到地转平衡以后,式(5),(6)不再成立,认为再往北大气即处于地转平衡态。因此,在式(6)应用的区域内,因 $v_0 > 0$,故 v 恒大于零,即不会有北风出现,这是自由大气风在设定的边值下的总特征。由式(5),(6)确定的自由大气风即取为边界层方程组(1),(2)的上界条件,这种处理完全合乎现代边界层模式的处理方法。考虑到低纬边界层高度较高,我们把式(1),(2)求解区域的上界 H 取为 2 000 m。为了对比,我们也试验了 $H = 1 500$ m 的情况。对于式(1)、(2)中的 K,我们将取 Krishnamurti[2] 的非线性形式,这比取其为常数要合理得多:

$$K = \Lambda^2 \left| \frac{\partial \vec{V}}{\partial z} \right| \tag{8}$$

其中

$$\Lambda = 0.4(z + z_0)\left(1 - 0.92\frac{z}{H}\right)^{1.45} \tag{9}$$

z_0 为下面粗糙度,此处取 $z_0 = 10^{-4}$ m 代表低纬处主要下垫面的洋面。

连续方程为

$$\frac{\partial v}{\partial y} + \frac{\partial w}{\partial z} = 0 \tag{10}$$

这样式(1),(2),(8)—(10)构成闭合方程组。上界条件前面已述,下界条件取:

$$u = 0, v = 0 \qquad 当 z = 0 \tag{11}$$

侧界条件取方程(1),(2)无平流项时的解。垂直格点如表1。第 2 行为 $H = 2 000$ m 时用,第 3 行为 $H = 1 500$ m 时用。

表1 垂直网格

No.	1	2	3	4	5	6	7	8	9	10
z (m)	0	10	20	50	100	200	500	1 000	1 500	2 000
z (m)	0	5	10	20	50	100	200	500	1 000	1 500

对于 $-1/\rho\,\partial p/\partial y$,我们研究两种情况。一种是研究在赤道带发生南北信风交汇的情况,此时在赤道带存在低压槽,故设气压从南边界开始向北减至北半球某纬度后改为向北增,即在某纬度出现低压带。观测事实指出 ITCZ 常伴有这样的气压系统,此时将会出现西南风与东北风之间的辐合。西南风我们已解释过如何从式(4),(5)得出,而东北风则主要是

由于当气压随纬度增而增时,由式(7)$u<0$,边界层中出现三力平衡产生穿越等压线指向低压的气流,即东北风,这也可看成是副高南侧的东北信风。另一种$-1/\rho\partial p/\partial y$的取值是考虑 Krishnamurti[2]对东非索马里急流研究时的情况,该情况下气压单调由南向北减,我们亦将研究此情况下的边界层结构和垂直速度场。我们发现上述两种气压分布下均可形成强的辐合带和上升区,相应于两种不同类型的 ITCZ。

不计斜压性,这在低纬通常满足。方程积分步骤如下:先求出方程(1),(2)中当平流项为零时的解,即解如下方程:

$$\beta y v + \frac{\partial}{\partial z} K \frac{\partial u}{\partial z} = 0 \tag{12}$$

$$-\frac{1}{\rho} \frac{\partial p}{\partial y} - \beta y u + \frac{\partial}{\partial z} K \frac{\partial v}{\partial z} = 0 \tag{13}$$

上界条件仍用(5),(6),这时得到的解设为u_1,v_1。它们显然为y,z的函数。其解法如下:先设K为某一常值,分别对各水平格点求解方程(12),(13),再由式(8)求K,再解方程(12),(13),直至收敛。不同w处方程(12),(13)是分别解出的,各y处的解之间并无关系,这样求出u_1,v_1后,以其为初值求下列非定常边界层方程的解:

$$\frac{\partial u}{\partial t} + v \frac{\partial u}{\partial y} + w \frac{\partial u}{\partial z} = \beta y v + \frac{\partial}{\partial z} K \frac{\partial u}{\partial z} \tag{14}$$

$$\frac{\partial v}{\partial t} + v \frac{\partial v}{\partial y} + w \frac{\partial v}{\partial z} = -\frac{1}{\rho} \frac{\partial p}{\partial y} - \beta y u + \frac{\partial}{\partial z} K \frac{\partial v}{\partial z} \tag{15}$$

即方程(1),(2)再加时间变化项。(14),(15)是二维方程组,边界条件前面已述。在侧、上、下界条件均固定时,非定常方程积分若干时步后将得到定常解,即方程组(1),(2)的解。其中w由连续方程(10)求出。积分时对扩散项取隐式方案,u,v,w定义于表1的网格点上,K定义于两个网格点之间处。时间步长取 5 min,再采取适当的平滑措施,积分 1 000 步即可得定常解,以方程(14)为例,其差分方案如下:

$$\frac{u_{i,j}^m - u_{i,j}^{m-1}}{\Delta t} + v_{i,j}^m \frac{u_{i+1,j}^{m-1} - u_{i-1,j}^{m-1}}{2\Delta y} + w_{i,j}^{m-1} \frac{u_{i+1,j}^{m-1} - u_{i-1,j}^{m-1}}{z_{j+1} - z_{j-1}}$$

$$= \beta y v_{i,j}^m + 2 \left(K_j \frac{u_{i,j+1}^m - u_{i,j}^m}{z_{j+1} - z_j} - K_{j-1} \frac{u_{i,j}^m - u_{i,j-1}^m}{z_j - z_{j-1}} \right) / (z_{j+1} - z_{j-1}) \tag{16}$$

下标i表示y方向格点,j表示铅直向格点,上标表示时步。这样得到的解即是我们寻求的解,它与不计平流的解u_1,v_1差别甚大。

3　边界层风的纬向分布和垂直速度

先分析气压由南向北减至 4°N,$1/\rho\partial p/\partial y = -5 \times 10^{-5}$ ms^{-2},4°N 以北变为随y增加而增加,$1/\rho\partial p/\partial y = 10^{-4}$ ms^{-2} 的情况,这些值都是赤道带典型值。这种气压分布是南北半球信风交汇的形式。设$u_0 = -2$ m/s,$v_0 = 2$ m/s,此时边界层上界处风矢随y的分布如图 1a。

在 4.5°N 以南为东南风,以北转为西南,向北则西风分量渐增,至 8°N 为地转平衡,当 $H = 2\,000$ m, $\Delta y = 55\,000$ m 时边界层 100 m 高处风矢随纬度分布如图 2a。可见 100 m 处风向与上界处风向差不大,这是由于地转偏向力很小所致。100 m 处风也是在 4.5°N 由东南转为西南。再向北 100 m 处风与上界风速之差变大,而在 6—7°N 之间变为东北风,此处,也就是在地转平衡处以南一两个纬距处产生强的辐合,相应于 ITCZ。此时低压区在 4°N,故与观测的在 ITCZ 附近为低压区的结论是一致的[7]。此辐合带的位置也与观测的 ITCZ 相当接近[8]。当然这还与 u_0,v_0 有关,以后将讨论不同 u_0,v_0 的影响。

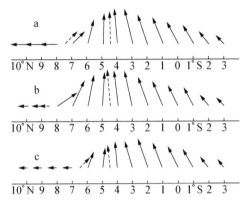

a,低压槽在 4°N,$1/\rho\,\partial p/\partial y = -5 \times 10^{-5}$ ms^{-2},where $\varphi < 4°$N
$1/\rho\,\partial p/\partial y = 10^{-4}$ ms^{-2},where $\varphi > 4°$N

b,低压槽在 4°N,$1/\rho\,\partial p/\partial y = -5 \times 10^{-5}$ ms^{-2},where $\varphi < 4°$N
$1/\rho\,\partial p/\partial y = 5 \times 10^{-5}$ ms^{-2},where $\varphi > 4°$N

c,低压槽在 2°N,$1/\rho\,\partial p/\partial y = -5 \times 10^{-5}$ ms^{-2},where $\varphi < 4°$N
$1/\rho\,\partial p/\partial y = 5 \times 10^{-5}$ ms^{-2},where $\varphi > 4°$N

图 1 边界层上界风矢的纬度分布
($u_0 = -2$ m/s,$v_0 = 2$ m/s)

若 4°N 以北梯度值变小为 $1/\rho\,\partial p/\partial y = 5 \times 10^{-5}$ ms^{-2},则上界风如图 1b,显然 4°N 以南不受影响,而以北则由于压力梯度变小,使南风分量向北减少的速度变慢,变为地转平衡的纬度亦向北推至 9°N,100 m 处风见图 2b,与图 2a 比,此时辐合带亦向北推了一个纬度。

若气压低槽区位于 2°N,即更南,槽以南及以北的气压梯度仍同图 1b,图 2b,则显见,上界风的南风分量向北减得更快,地转平衡在更南的纬度处才达到,辐合带亦比图 2b 偏南一个纬距,见图 1c,图 2c。若低槽位于 6°N,即偏北,则所有变化形式均偏北,辐合带亦偏北(图略),但辐合带位置总与低压槽位置有一偏差,辐合带的位置虽然有变,但与实际的 ITCZ 位置仍是很相近的。

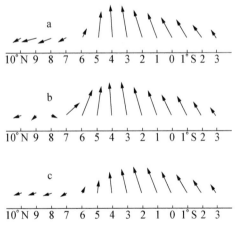

图 2 100 m 处风矢随纬度分布
(图 2 的 a,b,c 分别
相应于图 1 的 a,b,c)

计算的边界层顶垂直速度见图 3,它相应于图 1 的气压分布,可见 w 在某一狭纬度带变得很大,有一明显峰值,w 最大的位置与前述辐合带位置完全一致。图 3a 的低压槽以北气压梯度较大,相应的 w 最大值也比其他两种情况大。从图 3b,c 的比较可见,若低压槽位置偏北,则南北风分量之间的辐合及 w 也愈大。从图 2 可见,若低压槽区愈北,则西南风向北

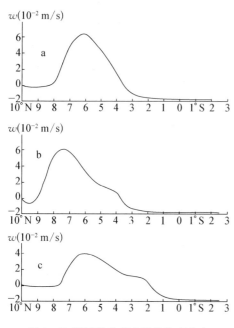

图 3　边界层顶垂直速度的纬度分布
（相应的气压分别为图 1a-c）

的衰减愈慢，造成与北风分量之间的大辐合。从图 3 见，w 值达几个 cm/s，相当大。Holton[6] 的临界纬度理论虽然得到了大值 w 的存在，但他略去了不应略去的平流作用，我们在平流存在情况下获得了在窄纬度带内大值 w 存在的结果，因而克服了他的困难。后面在讲气压单调随纬度增而降时也有此结论。可以看到除辐合带外，其他纬度的 w 要小许多，甚至为负。

若取 $\Delta y = 110\,000$ m 的结果，则各种情况下的风场特征，辐合带位置，垂直速度分布都基本与 $\Delta y = 55\,000$ m 的一致，只是算出的 w 值要小些，但量级相同。

上述是取 $H = 2\,000$ m 的情况，当 $H = 1\,500$ m，则上述各种特征也完全相同，只因 H 变小，求 w 的积分区间变小，当然求出的 w 值也要小些，但量级同样是相同的。例如在图 1a 相应的气压场，最大边界层顶 w 约 4.6 cm/s，但在 $H = 2\,000$ m 时，其值约 6.3 cm/s。

既然不同 H 并不影响所有运动特征，我们在研究不同边值 u_0，v_0 影响时，将用 $H = 1\,500$ m 的结果。现在取 $u_0 = -4$ m/s，$v_0 = 2$ m/s，气压分布同图 1a，则在相同 H 及气压场下，新 u_0，v_0 的结果显示边界层风由西南向东北风的转换比原 u_0，v_0 的结果向北移了一个纬距，即辐合带位置在 7—8°N；而 $u_0 = 0$ m/s，$v_0 = 2$ m/s 时辐合带则较原来 $u_0 = -2$ m/s，$v_0 = 2$ m/s 的位置略偏南，即在 6°N，w 量级也相同。此结果亦可获简单解释，当 $|u_0|$ 变大，则东风分量变为西风分量的纬度亦将偏北，于是一切系统偏北，$|u_0|$ 减少则反之。可见边值不同，会产生风系的南北位移，但这种移动都不大，辐合带位置总在几个纬度处，这与观测显示的 ITCZ 位置是基本一致的。

现在再考查气压单调随纬度增高而减小的情况，这时同样能出现强的辐合带，但这是西南与西北风之间的辐合带，在达地转平衡时，吹西风，边界层摩擦产生的西北风与南面的西南风之间产生强辐合，位置比前述辐合带偏北，我们将在 3°S—23°N 间用 $\Delta y = 110\,000$ m 的计算结果进行分析。设 $1/\rho\,\partial p/\partial y = -5 \times 10^{-5}$ ms^{-2}，$H = 2\,000$ m，$u_0 = -2$ m/s，$v_0 = 2$ m/s，边界层上界处的风及 100 m 处风分别见图 4a，b。从边界层风可见随着 y 的增加，西南风逐渐为西北风所取代，与气压槽型时的西南风为东北风所取代是完全不同的，于是在此气压场下，在西南风与西北风之间产生强辐合，而相应于文献[2]中讲的 ITCZ，其性质与前一类型是不同的。在图 4 相应的边值下，地转平衡在 11°N，辐合带及最大 w 位于 10°N。图 4c 是相应的边界层顶 w 的纬度分布，当 $u_0 = -4$ m/s，$v_0 = 2$ m/s 时，地转平衡北移 1 纬距，w 最大亦相应北移 1 纬距至 11°N，若 $u_0 = 0$，$v_0 = 2$ m/s 时，则南移 1 纬距，理由前面已述。可见边值不同，会影响辐合带位置，但敏感性不大，因而上面讲的位置是有代表性的。文献[2]得到的 ITCZ 位置在 13°N，已与我们结果接近，若取 $1/\rho\,\partial p/\partial y$ 在 5°N 以北为 -2×10^{-4} ms^{-2}，

$u_0 = -2\,\mathrm{m/s}, v_0 = 2\,\mathrm{m/s}$，则我们得出的 ITCZ 位置也在 13°N，因为此压力梯度已和文献[2] 用的接近了。总之，此类型的 ITCZ 位置比前一类型的偏北。

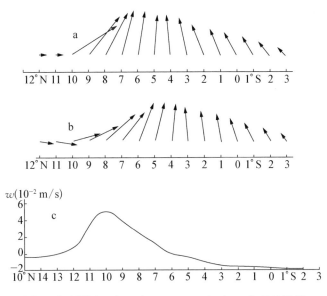

图 4 气压梯度 $1/\rho\,\partial p/\partial y = -5 \times 10^{-5}\,\mathrm{ms}^{-2}$ 时的风场
$u_0 = -2\,\mathrm{m/s}, v_0 = 2\,\mathrm{m/s}$；a,边界层上界处风矢；b,1 000 m 处风矢；c,边界层顶垂直速度

4 边界层风廓线与力平衡

三力平衡边界层风矢随高度在北半球右旋，南半球左旋，加上平流后的四力平衡则完全不同，以 1a 的气压场为例，取 $u_0 = -2\,\mathrm{m/s}, v_0 = 2\,\mathrm{m/s}$，则积分区域在 3°S—10°N 时的结果显示在 9°N 以南风随高度分布均为左旋，9°N 处才显示典型的三力平衡边界层，而地转平衡在 8°N 处已达到。这说明即使上界已处于地转平衡，平流等于零，但边界层内部平流仍在起作用，要更北一些才能体现三力平衡。图 5a,b 分别是图 1a 所示气压下在 5°N 和 9°N 处的风螺旋，可见两处左右旋不同的特点。如果将气压场中低压槽南移及北移，则相应的左右旋分界区亦作相应移动，这与前面讲的整个风系的移动是一致的。造成在北半球左旋的原因是：一方面平流作用大，改变了三力平衡特征，产生了特殊的"平流边界层"[3]，另一方面作为边界层上界处的风也不是地转平衡下的风，即式(5)，(6)被用为上界条件，即使边界层方程中不计平流，由于上边界是非地转的，因此得到的边界层风也不具备典型的中纬边界层风的螺旋形状。对压力随 y 增加单调减小的情况，上述左右旋各种特征也完全适用，不赘述。

从图 5 可见，风螺旋的一个特点是风速上下差不大，与传统的三力平衡边界层有很大差别，这是平流的影响。我们曾作了试验，使边界层方程中不计平流项（包括水平及垂直），其余不变，结果边界层上下间风速差就变大了。

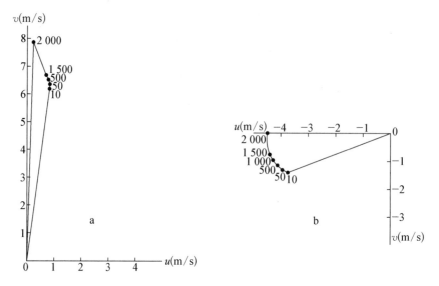

图 5　风矢端迹图

(气压场相应于图 1a 中的值,a 为 5°N,b 为 9°N,$u_0 = -2$ m/s,$v_0 = 2$ m/s,曲线上数字为高度(m))

　　下面具体分析一下赤道带边界层中力的平衡情况。图 6 是与图 1a 相应的气压场中当 $u_0 = -2$ m/s,$v_0 = 2$ m/s 时在 $\varphi = 5°N$ 及 9°N 处,高度 100 m 处力平衡图。5°N 处左旋,是平流作用大的地区,9°N 处风右旋,平流作用小。从图可见,5°N 处平流很大,平流惯性力矢 A 最大,9°N 处 A 就小得多,但仍不等于零,不过它已不影响边界层内的右旋。至于上界风的非地转影响在图中是看不出的。另外摩擦力 F 在赤道带普遍较小是由于风垂直切变小所致,其理由前已述,这也是平流边界层特点之一。

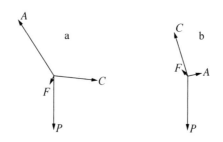

图 6　力平衡图

(气压场相应于图 1a 中值,$u_0 = -2$ m/s,$v_0 = 2$ m/s,高度 100 m 处,a,$\varphi = 5°N$,b,$\varphi = 9°N$,
P 为气压梯度力,F 为摩擦力,A 为平流惯性力)

5　结语

　　本文在两种不同类型的气压场分布下,用含平流的大气运动方程的解作为上界条件,求出了赤道带二维大气边界层运动方程的数值解,得到合理的风场。分析结果表明,当存在从南半球来的越赤道气流时,不论在近赤道存在一个低压槽区或是气压单调随纬度增加而减小,都会在某低纬度出现一个强辐合带,边界层的强辐合产生了大的边界层顶垂直速度,求出的辐合位置与实测的 ITZC 很相近,说明了 ITCZ 与边界层作用之间有很大关系,为研究 ITCZ 的成因提供有益的资料。由于赤道带平流作用很大,使边界层内风廓线与中纬度三力平衡决定的风廓线根本不同。在本文论述的气压场及边界条件下,在地转平衡以南的纬度风矢反时针旋转,即使上界风已地转平衡,边界层内还要再往北一些才会出现风矢的顺转。力平衡的分析也证实了平流的重大作用。正是由于低纬运动的非地转性质,低纬大气边界层的动力学应在有别于中纬度的一套理论体系上建立起来,并亟待开展研究。本文假设变数不随 x 变化,与实际状况多少有偏差存在。如果考虑到这些偏差,则本文结果的一些细节可能会有变化,但主要流动特征应是成立的。前人对赤道带边界层的处理,或者上界条件取得与本文有别,或者气压场取得不一般化,或者湍流交换系数取得太简单,本文在这些方面都作了较全面的考虑,结果应该是比较周全的。由于赤道带的观测资料缺乏,如何把观测与理论结合起来进行分析,并进一步改进理论,应是今后的方向。

参考文献

[1] Mahrt M.，A numerical study of the influence of advective acceleration in an idealized low latitude，J. Atmos. Sci.，1972，29：1477 - 1484.

[2] Krishnamurti T N, Wong V.，A PBL model for the Somali jet，J. Atmos. Sci.，1979,36：1895 - 1907.

[3] Krishnamurti T N et al.，A three dimensional PBL model for the Somali jet，J. Atmos. Sci.，1983，40：894 - 908.

[4] Krivelevich L M.，Laichtmam D L.，Equatorial boundary layer model of ocean，Papers on Physics of atmosphere and ocean，1975，11：1301 - 1308.(in Russian)

[5] Dobreshiman E M.，Dynamics of equatoral atmosphere(1980)，吕克利等译,赤道大气动力学,北京:气象出版社,1987,267.

[6] Holton J R.，On the boundary layer dynamics and the ITCZ，J. Atmos. Sci.，1971，28：275 - 280.

[7] 喻世华,陆胜元.热带天气学概论,北京:气象出版社,1986,102.

[8] Krishnamurti T N.，Tropical Meteorology. WMO，1979,柳崇健等译,热带气象学,北京:气象出版社,1987，97.

A NUMERICAL STUDY OF THE PBL STRUCTURE OVER EQUATORAL ZONE

Abstract：In this paper，the nonlinear motion equation for the PBL over equatorial zone is solved numerically with different distributions of the pressure with latitude and the motion characteristics of the PBL over the equatorial zone are obtained. The results show the important role played by advection and the solution indicates that corresponding to ITCZ，near the quarter there exists a concentrated zone where the vertical velocity at the top of the PBL is great both when there is a low pressure zone near the equator and the pressure decreases with the increase of latitude monotonically，this overcomes the difficulty of the critical latitude mechanism which neglects the large nonlinear advective terms.

Key words：Equatorial zone，PBL，Numerical study.

2.12　圆形涡旋非线性大气边界层中风的分布[①]

提　要：在圆形涡旋的行星边界层中，考虑梯度风随半径变化的一般情况，在 $K = l^2 \left| \dfrac{\partial \mathbf{V}}{\partial z} \right|$ 的假定下，解边界层运动方程得到风及边界层某些参数的分布。还计算了边界层顶部的垂直速度，并将其与某些其他工作中的垂直速度作了比较。

1　引　言

　　水平均匀大气边界层中风的研究最早是设湍流交换系数为常数得到的 Ekman 模式，其优点是便于理论研究，由其得到的边界层顶垂直速度也具有正确的量级，但它对边界层风的模拟定量上并不精确。以后出现的非线性模式得到了在细节上也符合实际的风分布。水平非均匀时，运动方程中必须考虑平流项。伍荣生[1,2]等曾运用 $K =$ 常数，在地转动量假定及其他某些假定下求得 Ekman 边界层的一般解，并在圆形涡旋这一特定气压场中求得风廓线及边界层顶垂直速度，在总体特征上说明了水平非均匀 Ekman 层的特征。但由于用 $K =$ 常数，细节上仍存在不精确之处。

　　在水平非均匀边界层中用非线性 K 模式是提高精确度的途径。文献[3]在气压场分布为圆形涡时在梯度风不随半径而变的假定下求出了不同半径处边界层风分布，但由于作了上述假定，因而其结果也不是一般性的。本文改进[3]中工作，取消梯度风不随半径而变的假定，用非线性 K 模式求出边界层方程组的数值解，在圆形涡这一气压场中得到较合实际的风廓线及边界层参数，并求出边界层顶垂直速度。

2　基本方程

　　设大气中性、正压，等压线为圆形，略去密度随高度的变化，在定常轴对称运动时，柱坐标中边界层运动方程是：

$$\frac{\partial}{\partial z} K \frac{\partial v_\theta}{\partial z} - v_r \frac{\partial v_\theta}{\partial r} - w \frac{\partial v_\theta}{\partial z} - v_r \left(\frac{v_\theta}{r} + f \right) = 0 \tag{1}$$

$$\frac{\partial}{\partial z} K \frac{\partial v_r}{\partial z} - v_r \frac{\partial v_r}{\partial r} - w \frac{\partial v_r}{\partial z} + v_\theta \left(\frac{v_\theta}{r} + f \right) = \frac{1}{\rho} \frac{\partial p}{\partial r} = \pm f V_{gr} + \frac{V_{gr}^2}{r} \tag{2}$$

---

①　原刊于《气象学报》，1987 年 5 月，45(2)，150 - 158，作者：赵鸣。

K 为湍流交换系数，f 为柯氏参数，v_θ 为切向风速，v_r 为径向风速，V_{gr} 为梯度风速。(2)式中"＋"号相应于气旋，"－"号相应于反气旋。设 $f = 10^{-4}\,\mathrm{s}^{-1}$，代表中纬度典型值。$V_{gr}$ 决定于气压分布，因 $V_{gr}(r)$ 是解方程所需的上界条件，设其为已知，即认为气压随半径分布已知。

按湍流理论，K 与混合长及风垂直切变有关。现在大多数边界层数值模式所采用的且较精确的一种形式是[4]：

$$K = l^2 \left| \frac{\partial \boldsymbol{V}}{\partial z} \right| \tag{3}$$

$\boldsymbol{V}$ 为风矢，l 为混合长，按 Blackadar[4]：

$$l = \frac{0.4(z + z_0)}{1 + \dfrac{0.4(z + z_0)}{\lambda}} \tag{4}$$

z_0 为粗糙度，而

$$\lambda = \frac{0.006\,3 u_*}{f} \tag{5}$$

u_* 为摩擦速度，由下式决定：

$$u_* = \left(K \left| \frac{\partial \boldsymbol{V}}{\partial z} \right| \right)^{1/2}_{z = z_s} \tag{6}$$

z_s 为近地层内某高度。z_0 不同时边界层风特征的差别我们在[3]中已述，本文只用 $z_0 = 1\,\mathrm{cm}$ 作为个例来研究。

连续方程：

$$\frac{\partial v_r}{\partial r} + \frac{v_r}{r} + \frac{\partial w}{\partial z} = 0 \tag{7}$$

方程(1)—(7)成闭合组，可数值解。下界条件是：

$$\boldsymbol{V} = 0 \qquad \text{当 } z = 0 \tag{8}$$

方程求解的上界高度取为 1 000 m，该处：

$$v_r = 0, \qquad v_\theta = \pm \boldsymbol{V}_{gr}(r) \tag{9}$$

其中正号相应于气旋，负号为反气旋。为了看出不同 V_{gr} 分布的影响，我们取如下两组 V_{gr}：

$$V_{gr} = V_{gr1} - \frac{R - r}{R} C \tag{10}$$

$$V_{gr} = V_{gr2} + \frac{R - r}{R} C \tag{11}$$

R 为某常值 r，如取 1 000 km，C 为常数，V_{gr1}，V_{gr2} 为 $r = R$ 处的 V_{gr}，(10)、(11)各代表 V_{gr}

随 r 线性增加及减少。其相应的边界层内运动在 r 方向的速度平流正相反,故研究(10)、(11)两种分布可得知不同水平平流时边界层解的差别。

同一 r 处除 V_{gr} 分布不同外,V_{gr} 本身大小不同也将造成不同解。为了看出 V_{gr} 分布不同造成的解的差别,应在同一 V_{gr} 值下比较。作为例子,我们取 $r=400$ km,令 $V_{gr2}=4$ m/s,$V_{gr1}=16$ m/s,$C=10$ m/s,(10)、(11)式所决定的 V_{gr} 在 $r=400$ km 处均等于 10 m/s,我们即在该处比较(10)、(11)两种分布得到的解。文献[3]得到不计水平平流项时 $r=400$ km处 $V_{gr}=10$ m/s 时的解,于是比较该解与(10)、(11)所确定的解即可看出平流的影响。将平流影响与[3]中该 r 处风的特征加在一起,便得到了圆形涡中该 r 处边界层风的总的特征。其他 r 处风特征亦可类似推得。

3　方程的数值解

铅直网格系统如表 1。

表 1　铅直网格点

No. (j)	1	2	3	4	5	6	7	8	9	10	11	12	13	14	15	16
z (m)	0	0.25	0.5	1	2	6	16	32	64	100	200	300	400	600	800	1 000

v_r,v_θ 定义于各网格点,K 定义于这些点当中。先求方程(1)、(2)不计铅直平流项的解。任意 r 处,气旋差分格式是:

$$\frac{2K^{(n-1)}\left(j+\frac{1}{2},r\right)\left[v_\theta^{(n)}(j+1,r)-v_\theta^{(n)}(j,r)\right]}{\left[z(j+1)-z(j)\right]\left[z(j+1)-z(j-1)\right]}$$

$$-\frac{2K^{(n-1)}\left(j-\frac{1}{2},r\right)\left[v_\theta^{(n)}(j,r)-v_\theta^{(n)}(j-1,r)\right]}{\left[z(j+1)-z(j-1)\right]\left[z(j)-z(j-1)\right]}-v_r^{(n)}(j,r)\left[\frac{v_\theta^{(n-1)}(j,r)}{r}+f\right]$$

$$-v_r^{(n-1)}(j,r)\frac{v_\theta(j,r+\Delta r)-v_\theta^{(n)}(j,r)}{\Delta r}=0 \tag{12}$$

$$\frac{2K^{(n-1)}\left(j+\frac{1}{2},r\right)\left[v_r^{(n)}(j+1,r)-v_r^{(n)}(j,r)\right]}{\left[z(j+1)-z(j)\right]\left[z(j+1)-z(j-1)\right]}$$

$$-\frac{2K^{(n-1)}\left(j-\frac{1}{2},r\right)\left[v_r^{(n)}(j,r)-v_r^{(n)}(j-1,r)\right]}{\left[z(j+1)-z(j-1)\right]\left[z(j)-z(j-1)\right]}+v_\theta^{(n)}(j,r)\left[\frac{v_\theta^{(n-1)}(j,r)}{r}+f\right]$$

$$-v_r^{n-1}(j,r)\frac{v_r(j,r+\Delta r)-v_r^{(n)}(j,r)}{\Delta r}=fV_{gr}+\frac{V_{gr}^2}{r} \tag{13}$$

反气旋时应将 $v_r\dfrac{\partial v_\theta}{\partial r}$ 改写成 $v_r^{(n-1)}(j,r)\dfrac{v_\theta^{(n)}(j,r)-v_\theta(j,r-\Delta r)}{\Delta r}$,$v_r\dfrac{\partial v_r}{\partial r}$ 亦相应

改,且(13)式右端 fV_{gr} 前取负号,上式各量 (n) 表迭代次数。

方程(12)、(13)应对不同 r 处分别求解。在解任意 r 处方程时,$r \pm \Delta r$ 处的 v_r 被看成已知,于是方程(12)、(13)实际上是含 $v_r^{(n)}$,$v_\theta^{(n)}$ 的四对角方程组,不难求解。

欲求 $v_r(r \pm \Delta r)$,必须先求方程在 $r \pm \Delta r$ 处的解。对气旋讲,我们必须对 r 由大到小逐步将各 r 处的解均求出。而对反气旋讲,则 r 由小到大逐步解出。对气旋,设我们从 $r = 1\,000\,\text{km}$ 开始由大到小求各 r 处(12)、(13)的解。将 $r = 1\,000\,\text{km}$ 视为 $r + \Delta r$,令 $\Delta r = 10\,\text{km}$,由(12)、(13)求 $r = 990\,\text{km}$ 处解,如此依次求各 r 处解。为了截止,我们设 $1\,000\,\text{km}$ 处解即由(12)、(13)中不计水平平流项且边界条件为 V_{gr1} 或 V_{gr2} 而解得。这也可理解为设在 $r \geqslant 1\,000\,\text{km}$ 时,V_{gr} 不随 r 变,故不计平流项,其解法见[3]。现简述(12)、(13)求解步骤:

将上述 $1\,000\,\text{km}$ 处不计平流项的解 v_0,v_r,K 作为 $r = 990\,\text{km}$ 处解的第一近似 $v_\theta^{(1)}$,$v_r^{(1)}$,$K^{(1)}$,以代替方程(12)、(13)中的 $v_r^{(n-1)}$,$v_\theta^{(n-1)}$,$K^{(n-1)}$,从而得解 $v_\theta^{(2)}$,$v_r^{(2)}$,然后由(6)求 u_* 的第二近似 $u_*^{(2)}$,其中 z_s 可取 $4\,\text{m}$,再由(5)求 $\lambda^{(2)}$,由(3)式求 $K^{(2)}$。以 $K^{(2)}$ 代入(12)、(13)解得 $u^{(3)}$,$v^{(3)}$,如此重复。采用[3]中的办法可使上述迭代过程迅速收敛。在求得 $r = 900\,\text{km}$ 处解后,类似可求 $r = 980\,\text{km}$,$970\,\text{km}$,$\cdots$ 处的解,原则上可解到 $r \to 0$,本文解到 $r = 300\,\text{km}$ 止。

在上述解求得后,用方程(7)求 w,设地面 $w = 0$。这样得的 w 是方程(1)、(2)中 w 的第一近似 $w^{(1)}$,用 $w^{(1)}$ 求解带有垂直平流项的方程(1)、(2),其差分格式与(12)、(13)同,只是再加上垂直平流项 $w(j) \dfrac{v_\theta(j) - v_\theta(j-1)}{z(j) - z(j-1)}$ 及 $w(j) \dfrac{v_r(j) - v_r(j-1)}{z(j) - z(j-1)}$,求解时亦用上述迭代解法。这样解出的 v_r,v_θ,K 是(1)、(2)解的第一近似,由第一近似用(7)式求 w 的第二近似,再由 $w^{(2)}$ 求方程(1)、(2)的第二近似解 v_r,v_θ,K,我们即以这第二近似解作为方程(1)、(2)的最后解,因为这第二近似与第一近似一般相差都小于 1%。由第二近似解 v_r 还可由(7)式求 $w^{(3)}$,我们即以 $w^{(3)}$ 作为我们求出的 w。

对反气旋,我们从 $r = 300\,\text{km}$ 解起,r 由小到大。$r = 300\,\text{km}$ 处解我们用无水平平流项的解,如上面 $r = 1\,000\,\text{km}$ 处解的处理一样。对反气旋,同样取 $\Delta r = 10\,\text{km}$,一直解至 $1\,000\,\text{km}$。然后再计入 w,步骤同气旋。上述同样方法亦可用于其他 $V_{gr}(r)$ 时的解。

4 边界层中风的分布

图 1 是在(10)、(11)两种 V_{gr} 分布下在 $r = 400\,\text{km}$ 处气旋中的解。可见在 V_{gr} 随 r 增而增加时,即有正速度平流时,各高度上风绝对值均比 V_{gr} 随 r 增而减时大。无平流时的解恰在二者之间(未画出),这说明平流的作用是在原来只有曲率影响的基础上再加上上风方向速度平流的影响,使原来无平流时的风加大(或减小)。显然若 V_{gr} 梯度大,则平流影响跟着大。图 2 是反气旋情况,因(10)式相应于负速度平流,(11)式反之,故(10)时的解比(11)时的解速度更小些。若将这两种平流时的解与等压线为直线,地转风取 $r = 400\,\text{km}$ 处梯度风

值时的解相比较,则气旋时的这两个解仍具有气旋的特性,即风随高度的变化快于等压线是直线时,且风达梯度风时的高度低于等压线是直线时。反气旋时亦可类推。

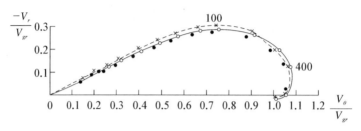

图 1   气旋中的风螺旋

(实线为 V_{gr} 随 r 增而增,虚线反之,·为等压线是直线时的解)

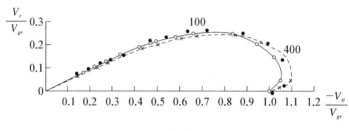

图 2   反气旋中的风螺旋

(图例同图 1)

现在来看其他边界层参数。表 2 是 $r=400\ \text{km}$ 处 V_{gr} 为(10),(11)时及 V_{gr} 不随 r 变时的各参数的比较,此处 α 为梯度风与地面风的夹角,h_d 为风向达梯度风时的高度,h_s 为风速达梯度风时高度。

表 2   边界层参数

	$\dfrac{u_*}{V_{gr}}$	α (度)	h_s (m)	h_d (m)
气旋(10)式	0.036 1	25.85	260	629
V_{gr} 不随 r 变(11)式	0.036 0	26.41	262	635
	0.035 7	26.99	274	657
反气旋(11)式	0.030 9	23.07	320	749
V_{gr} 不随 r 变(10)式	0.030 4	23.15	348	766
	0.030 3	24.46	352	794

这几个参数中 $\dfrac{u_*}{V_{gr}}$ 随不同平流的变化较小,但若仔细分析,则仍可见微小的差别,即气旋中当正速度平流时,$\dfrac{u_*}{V_{gr}}$ 略大些。这是由于正速度平流也略微使 u_* 增大之故。另一方面,我们也可看成由于 $\dfrac{\partial V_{gr}}{\partial r}>0$,则(10)式时的涡度将比其他两种情况大,[3]中已知,V_{gr}

已知时,当 r 愈小,即气旋性涡度愈大,则 $\dfrac{u_*}{V_{gr}}$ 愈大,而 h_s, h_d 愈低。现在(10)式使气旋性涡度加强,故 h_s, h_d 较小,$\dfrac{u_*}{V_{gr}}$ 亦略大一些(虽然增大很微小)。反气旋时亦可类推。

对 α 讲,起主要作用的是 V_{gr},据水平均匀边界层的解(方法见[3],此处只讲结果),当地转风 $G=4$ m/s,$z_0=1$ cm,则 $\alpha=26.94°$;$G=16$ m/s,则 $\alpha=25.22°$,即 G 大则 α 小,这符合近代边界层的 Rossby 数相似性理论。同样,在无水平平流 $r=1\,000$ km 处,当 $V_{gr}=4$ m/s,则 $\alpha=27.06°$;$V_{gr}=16$ m/s,则 $\alpha=25.11°$,亦是 V_{gr} 大时 α 小,于是在(10)式,即 V_{gr} 随 r 增而增时,便将大 V_{gr} 时小 α 的特性带入,使 α 亦较小。反气旋亦可类推。

图 3 是 $r=400$ km 处,V_{gr} 取(10),(11)式时气旋中的 K 分布。在(10)式,由于平流使边界层中速度较大,铅直切变亦大,故 K 略大;反气旋则反之,见图 4。综上所述,边界层中风廓线及各参数可用无水平平流时的特征加上平流过程的影响来解释。

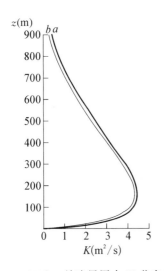

图 3　$r=400$ km 处边界层中 K 分布(气旋)
(曲线 a 为(10)式条件,b 为(11)式条件)

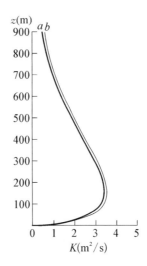

图 4　$r=400$ km 处 K 分布(反气旋)
(图例同图 3)

5　垂直速度

按前述,我们在求出不同 r 处边界层中风的同时,也得到了不同 r 处各高度的垂直速度 w。大尺度问题主要关心边界层顶的垂直速度,它与半径、V_{gr} 的大小及其分布形式有关。在其他条件相同时,一般说 V_{gr} 愈大,则垂直速度绝对值亦愈大。为比较不同平流时的 w,我们在(10)、(11)式两种情况下比较 $r=400$ km 处的 w,并与无平流时比较,见表 3。

表 3　$r = 400\,\mathrm{km}$ 处边界层顶垂直速度(m/s)

	气旋			反气旋		
	(10)式的 V_{gr}	V_{gr} 不随 r 变	(11)式的 V_{gr}	(11)式的 V_{gr}	V_{gr} 不随 r 变	(10)式的 V_{gr}
本文结果	0.46×10^{-2}	0.27×10^{-2}	0.62×10^{-3}	-0.1×10^{-2}	-0.29×10^{-2}	-0.55×10^{-2}
C-E公式, $K = 2\,\mathrm{m^2/s}$	0.41×10^{-2}	0.25×10^{-2}	0.95×10^{-3}	-0.2×10^{-2}	-0.25×10^{-2}	-0.3×10^{-2}
C-E公式, $K = 5\,\mathrm{m^2/s}$	0.64×10^{-2}	0.40×10^{-2}	0.15×10^{-2}	-0.32×10^{-2}	-0.4×10^{-2}	-0.47×10^{-2}

由表见,(10)式情况,气旋时由于气旋性涡度较大,w 较大。反气旋时亦是反气旋性涡度大时 $|w|$ 较大。不同 V_{gr} 分布对 w 的影响远超过对风廓线的影响。这是因 w 决定于相距 Δr 处的两个 v_r,而该两处因 V_{gr} 不同,v_r 相差也较大。

表 3 中还给出了 Charney-Eliassen 公式的结果:

$$w = \sqrt{\frac{K}{2f}} \zeta_g \tag{14}$$

ζ_g 为地转涡度,正确选择(14)式中的 K 是一个值得研究的问题。Holton[5]用 Ekman 解得边界层高度:

$$h = \frac{\pi}{\sqrt{\dfrac{2K}{f}}} \tag{15}$$

设 $h = 1\,\mathrm{km}$,得 $K = 5\,\mathrm{m^2/s}$。我们用此 K 及由(10)、(11)的梯度风求出的地转涡度,由 (14)式求 w (见表 3 第三行)。可见 $|w|$ 一般比本文大百分之几十。这是因本文取 $z_0 = 1\,\mathrm{cm}$,这是很光滑的下垫面,若取 $z_0 = 1\,\mathrm{m}$,按[3],w 可达 $0.4\,\mathrm{cm/s}$ 的量级,即与 C-E 公式差不多。若按本文 $z_0 = 1\,\mathrm{cm}$ 时的 K 廓线(图3,图4),取平均 $K = 2\,\mathrm{m^2/s}$,则求得结果见表 3 第四行,与本文结果较接近。但 $K = 5\,\mathrm{m^2/s}$,求法本身有缺陷,它未反映出风及其切变的影响;而 $K = 2\,\mathrm{m^2/s}$ 也是在数值解方程后才知道的,直接运用(14)式有 K 难确定的缺点,而本文无此困难,一切均由方程自然解出。z_0 增加,则本模式求出 w 亦增,故本模式还得出 z_0 对垂直速度的影响。

在 V_{gr} 是其他分布时,我们同样可求出解。下面我们用文献[1]中圆形涡中的气压场,用本模式求出 w,并与 C-E 公式及 W-B[1]地转动量近似时 Ekman 模式所得的 w 相比较。

按文献[1],无量纲高度场偏差取为(星号表无量纲量):

$$\phi^* = \pm \left(1 - \frac{A}{2} r^{*2}\right) \mathrm{e}^{-\frac{A}{2} r^{*2}} \tag{16}$$

正号相应于反气旋,负号相应于气旋,取 $A = 0.5$,W-B 在 $\mathrm{Ro} = \dfrac{V}{fL} = 0.3$ 时求出了解。现在令 $L = 10^3\,\mathrm{km}$,由 $\mathrm{Ro} = 0.3$ 得 $V = 30\,\mathrm{m/s}$,由(16)式得有量纲地转风:

$$G = \mp A r^* V \left(2 - \frac{A r^{*2}}{2}\right) \mathrm{e}^{-\frac{1}{2} A r^{*2}} \tag{17}$$

由此得梯度风公布(梯度风用绝对值)：

$$V_{gr} = \left| \frac{-fr + \sqrt{f^2 r^2 \mp 4\,|\,G\,|\,fr}}{2} \right| \tag{18}$$

因而即可用本文方法求各 r 处边界层顶垂直速度。对气旋，由 $r=1\,500$ km 开始对 r 由大到小求各 r 处解，$r=1\,500$ km 处 v_r，v_θ 解取无平流时解。反气旋由 $r=700$ km 开始对 r 由小到大求解（$r<700$ km，(16)式不满足梯度风风压关系，V_{gr} 无解），亦取 $\Delta r=10$ km，再将 W-B 解的无量纲 w 化为有量纲，与本结果比较见图 5 和图 6。

在运用 C-E 及 W-B 结果时，同样存在一个如何确定 K 的问题，因为此时地转风及梯度风均比用(10)、(11)式时大得多，可达 10—30 m/s，不能再用 $K=5$ m²/s。按梯度风大小，在反气旋我们取 $K=10$ 及 20 m²/s 两个值，在气旋，取 $K=5$ 及 10 m/s 二值。由图 5，反气旋时 $K=10$ m²/s 时，W-B 及 C-E 结果与我们的 w 量级差不多。气旋时则 W-B 的 $K=10$ m²/s 与我们符合得更好些。W-B 及 C-E 方法共同缺点是 K 缺乏客观确定的方法，而本文则不需要。又在(18)式梯度风情况下，V_{gr} 随 r 变化大，而 W-B 及 C-E 不同 r 处均用同一个 K 计算，显然不精确，而本文因不同 r 处 K 自然不同，结果也更合理。因此本文方法更具普遍性。

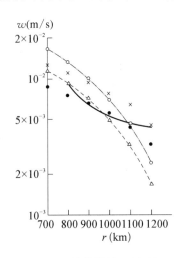
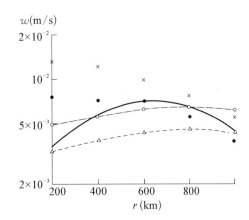

图 5　w 计算结果(反气旋)　　　　　　图 6　w 计算结果(气旋)

（○　W-B，$K=20$ m²/s；×　C-E，$K=20$ m²/s；　　（○　W-B，$K=10$ m²/s；×　C-E，$K=10$ m²/s；

△　W-B，$K=10$ m²/s；•　C-E，$K=10$ m²/s；　　△　W-B，$K=5$ m²/s；•　C-E，$K=5$ m²/s；

——本文)　　　　　　　　　　　　　　　　　——本文)

6　结语

在圆形涡这一特定气压系统中，当梯度风随半径变化，K 取非线性模式时对非线性边界层方程求数值解，求得在平流及曲率项共同作用下边界层内的风及边界层参数的分布。气旋、反气旋中风的基本特征与[3]同，即气旋中风随高度变化更快些等等。由于平流项的作用,使这些特征还受平流项影响,边界层特征除由 V_{gr},f,z_0,r 决定外,还要再考虑平流作用及由此而造成的涡度变化所带来的一些特征。

本文计算了边界层顶垂直速度,在平流作用不同时,w 可以有较大改变。本模式好处是不需像其他模式那样确定一个难定的 K。

由于取非线性 K,因此在解释风分布及边界层参数方面更切合实际一些,它的一些结论改进了某些边界层参数化方面的认识。

参考文献

［1］Wu, R., and W. Blumen, An analysis of Ekman boundary layer dynamics incorporating the geostrophic momentum approximation, J. Atmos, Sci, 39, 1774 - 1782, 1982.

［2］伍荣生,非线性 Ekman 层的动力特征,气象学报,42,269 - 278,1984.

［3］Zhao, M., The theoretical distridution of wind in the PBL with circular isobars, Boundary Layer Meteorol. 26, 209 - 226, 1983.

［4］Blackadar, A. K., High resolution models of the PBL, in J. R. Pfafflin & E. N. Ziegler, (eds), Advances in Environmental Science and Engineering, 1, Gordon and Breach, 1979.

［5］Holton, J. R., An introduction to dynamic meteorology, Academic Press, 1979.

THE WIND DISTRIBUTION IN THE NONLINEAR ATMOSPHERIC BOUNDARY LAYER OF A CIRCULAR VORTEX

Abstract: In PBL of a circular vortex in which the gradient wind is a function of radius, the equations of motion are solved under the assumption of $K = l^2 \left| \dfrac{\partial \vec{V}}{\partial z} \right|$. The distribution of wind and some boundary layer parameters are obtained. The vertical velocities at the top of PBL are also computed. Finally, the vertical velocities are compared with other works.

3 大气边界层动力学

　　这部分研究大气边界层在大气中的动力作用,以往的经典研究是将大气边界层作为一个整体来看,而不考虑其内部结构。此处则将现代关于大气边界层结构的新知识运用过来进行研究,得到一些新的结果。

　　大气边界层顶的垂直速度是边界层与自由大气间沟通的桥梁,进行着各种物理量的交换,经典的工作是在边界层内湍流交换系数为常数的情况下进行。我们对此做了系列改进,首先用近代边界层数值模拟得到的层结为中性情况下的湍流交换系数的近似解析表达式求解边界层运动方程[3.1],下边界条件与下垫面粗糙度有关,由此求出边界层顶垂直速度不仅与地转风及其涡度有关,也与下垫面粗糙度有关,说明了在下垫面粗糙时比光滑时边界层顶垂直速度更大。进一步根据近代在边界层层结为自由对流时的不稳定和稳定情况下的湍流交换系数得到边界层运动方程的解,由此得到风的解析表达[3.2],并由此求出边界层顶垂直速度的解析表达,它除了与地转风及其涡度有关,还与下垫面热通量,粗糙度等有关。层结稳定时其值很小,因而对自由大气作用很小,也说明了此时气压系统较难由抽吸作用而减弱。我们还用边界层顶的垂直速度与地面湍流应力的关系求出边界层顶的垂直速度与边界层特征参数如层结稳定度,粗糙度,地转风以及这些参数的水平梯度间的关系[3.3]。在低纬,地转风场较难确定,我们研究出用地面风求边界层顶垂直速度的方法,显示了惯性力和 β 效应的重要影响[3.4]。

　　边界层对自由大气的一个重要作用是旋转减弱。经典的工作用了简单的边界层模型,我们用考虑了边界层细致结构的风模型下求出的边界层顶垂直速度的解析表达式求解涡度方程得到更合理的抽吸速度[3.5],例如在下垫面粗糙时抽吸作用比较光滑时强等合理结果。

边界层对自由大气的一个重要作用是对大气运动动能的耗散,以往的工作未考虑到边界层的结构如稳定度,下垫面粗糙度等的影响,且主要限于定常,水平均匀地转风场时。我们用边界层相似理论关于边界层内外参数的关系求出了这些参数对动能耗散的影响,如不稳定时大于稳定时,下垫面粗糙时大于光滑时并得到具体大小[3.6]。自由大气中斜压波动的稳定性的研究与天气系统发展的研究密切相关,我们改进了经典的工作,用考虑边界层细致结构的边界层顶垂直速度做下边界条件求解准地转涡度方程,得到波幅的增长率与边界层特征的关系[3.7],一般说,湍流弱更易造成波动的发展。

边界层对冷锋的影响是我们研究的一个问题,我们用地转动量近似下的边界层运动方程,考虑了冷锋上下温差引起的附加气压梯度力,得到冷锋流场的特征,如冷锋坡度随地转涡度增而增,锋面高度以下有下滑,而以上有上滑运动等[3.8]。

从大尺度观点讲,大地形上研究边界层流场的动力结构,平流影响必须考虑,将边界层分为近地层和爱克曼层,爱克曼层中的湍流交换系数的分布用线性,先设水平均匀,运动方程求出零级近似解,用以求平流项,再求一级近似解,得到更精确的大地形存在时地形和摩擦共同影响下的流场,散度场,垂直速度场等的特征和新认识[3.9]。

我们用一种新方法研究了地形上的锋生过程[3.10],用复变函数论中的保角变换法将地形上变形场中的准地转锋生方程化为平地上的方程,求出解后再反演到地形上,得到更合理精细的结果。

3.1 ON THE PARAPMETERIZATION OF THE VERTICAL VELOCITY AT THE TOP OF PLANETRY BOUNDAR LAYER[①]

Abstract: In this paper, an equation of the vertical velocity at the top of PBL is derived by use of a PBL model which is based on an analytic and actual form of K. Results show that the vertical velocity is a function of geostrophic vorticity, geostrophic wind speed, Coriolis parameter and the roughness of the ground, thus improving Charney-Eliassen's formula. The order of magnitude of the vertical velocity computed from our equation is in agreement with that from the latter, but more factors affecting the vertical velocity are included.

1 INTRODUCTION

The vertical velocity at the top of PBL (planetary boundary layer) is an important parameter in large-scale and mesoscale meteorology. The so-called Ekman pumping process has often been taken into account in many numerical models in which the vertical velocity at the top of PBL must be known. So far, the widely used Charney-Eliassen formula (Charney and Eliassen, 1949) based on the Ekman model has the form:

$$w = \sqrt{\frac{K}{2f}} \zeta_g \tag{1}$$

where K is the constant eddy transfer coefficient, f the Coriolis parameter and ζ the geostrophic vorticity. According to the concept of modern micrometeorology, the Ekman solution is not accurate enough because of the constant K, especially in the lower boundary layer where the wind speeds in solutions of the Ekman model are much less than the actual winds. Hence the vertical velocity in Eq. (1), derived from the divergence of the Ekman velocity field, is not accurate enough, either. Furthermore, there has been lack of objective methods to determine the constant K in Eq. (1), which is, in turn, often determined by experience. Physically, however, K should depend on the wind speed and the vertical shear, or the profile of the wind, according to turbulence theory.

From the viewpoint of the similarity theory of PBL, the wind velocity in the neutral PBL should be a function of geostrophic wind speed G, the roughness of ground z_0 and the

---

① 原刊于《Advance in Atmospheric Sciences》,1987 年 5 月,4(2),233 - 239,作者:赵鸣。

Coriolis parameter f, besides the height z. Obviously, the vertical velocity at the top of PBL should be a function of G, f and z_0. However, Eq.(1) can not completely reflect the roles of these three parameters in determining the vertical velocity, i. e., the factors considered in C-E formula are not perfect, thus decreasing its accuracy.

In modern parameterization model of boundary layer(Bhumralkar, 1975; Tennekes, 1973), the boundary layer Rossby number $Ro_b = G/(fz_0)$ (in order to distinguish it from the large-scale Rossby number Ro, here Ro_b is called boundary layer Rossby number instead of Rossby number Ro referred to in many literatures on boundary layer metorology) has been used to determine the turbulent fluxes in the PBL, i. e., G, f and z_0 are used as independent variables in parameterization. The wind velocities in the neutral PBL are also determined by these parameters and height. G, f are the model variables in large-scale models. z_0 is a micrometeorological parameter, but its values are usually estimated from the characteristics of the ground in the modern models of PBL parameterization. Therefore z_0 can be used in large-scale models. For example, Dubov(1977) took $z_0 = 1$ m for forest, 5 cm for plain, 4 cm for desert, etc. It is expected that w at the top of PBL can also be parameterized by G, f and z_0 in order that it may be computed from the model variables in large-scale models.

In a large-scale model, it is not convenient to apply the complicated modern boundary layer model to compute the precise wind distribution and w in a given boundary layer. The purpose of this paper is to find out the parameterized equation of w from a PBL model, in which an actual and analytic K profile is used. In this parameterized equation, the influences of G, f and z_0 can be shown and applied to large- or meso-scale models. The main method here is the same one as used by Charney and Eliassen, by which reasonable results can be obtained though they are not very strict theoretically.

2　THE PBL MODE

The solution of PBL equation depends on the form of K, Based on the turbulence theory, Blackadar(1962) derived an expression for K, from which the solutions obtained were in agreement with observations. However, by means of his K, the PBL equations can only be solves numerically, Nieuwstadt(1983) found that the following dimensionless form of K closely fitted in with the neutral K distribution derived from Wyngaard's second-order model(Wyngaard et al., 1974) and approached the real distribution of K, namely,

$$K = c\eta(1-\eta)^2 \tag{2}$$

Where $K = K^*/(u_*^* h^*)$ (hereinafter the dimensional variables are denoted by superscript asterisk) is the dimensionless eddy transfer coefficient; η the dimensionless height z^*/h^*;

h^* the height of boundary layer; u_*^* the friction velocity; c a constant and approximately equal to 0.2. In this paper, we shall apply K in Eq.(2) to find out the wind profile in PBL and, finally, to give the vertical velocity.

If all the velocities are scaled by u_*^*, and K^* and z^* are replaced by their dimensionless values, then the dimensionless motion equations can be written as:

$$\frac{\mathrm{d}}{\mathrm{d}\eta}K\frac{\mathrm{d}u}{\mathrm{d}\eta}+\frac{fh^*}{u_*^*}(v-v_g)=0 \tag{3}$$

$$\frac{\mathrm{d}}{\mathrm{d}\eta}K\frac{\mathrm{d}v}{\mathrm{d}\eta}-\frac{fh^*}{u_*^*}(u-u_g)=0 \tag{4}$$

where u and v are dimensionless wind components; u_g and v_g, dimensionless geostrophic wind components. By defining the complex velocities $W=u+iv$ and $W_g=u_g+iv_g$, the motion equations(3) and(4) become

$$\frac{\mathrm{d}}{\mathrm{d}\eta}K\frac{\mathrm{d}W}{\mathrm{d}\eta}-i\frac{fh^*W}{u_*^*}=-i\frac{fh^*W_g}{u_*^*} \tag{5}$$

The upper boundary($\eta=1$) condition is

$$W=-W_g \tag{6}$$

and the lower boundary ($\eta=\eta_0$, η_0 is dimensionless roughness) condition is

$$W=0 \tag{7}$$

For the lower boundary condition(7), $\eta=\eta_0$ instead of $\eta=0$ is chosen due to the fact that the solution of Eq.(5) is divergent at $\eta=0$ when K in Eq.(2) is used. In fact, from Eq.(2), when η is small, K is proportional to η. In this case, it is well known in micrometeorology that wind velocity should be a linear function of $\ln\eta$; in other words, wind can not be defined with $\eta=0$, and the wind speed should vanish at η_0. Consequently, our Eq.(5) has no solution at $\eta=0$. Then this model implicitly includes the existence of roughness which is naturally introduced in the model. For the upper boundary condition(6), taking $\eta=1$ to be the upper boundary is closer to the reality than taking $\eta\to\infty$ as in the Ekman model and the former is more convenient to be used in large-scale models.

We define the frictionally induced velocity $W^B=W-W_g$, then the equation for W^B becomes

$$\frac{\mathrm{d}}{\mathrm{d}\eta}K\frac{\mathrm{d}W^B}{\mathrm{d}\eta}-i\frac{fh^*W^B}{u_*^*}=0 \tag{8}$$

The boundary conditions are:

$$W^B=0 \qquad \text{where} \quad \eta=1 \tag{9}$$
$$W^B=-W_g \qquad \text{where} \quad \eta=\eta_0 \tag{10}$$

Eq.(8) may be written as

$$\frac{\mathrm{d}^2 W^B}{\mathrm{d}\eta^2} + \frac{1-3\eta}{\eta(1-\eta)} \frac{\mathrm{d}W^B}{\mathrm{d}\eta} - \mathrm{i}\frac{fh^* W^B}{c\eta(1-\mu)^2 u_*^*} = 0 \tag{11}$$

Eq.(11) is the Fuchs-type equation with regular singularities 0,1 and ∞ which can be solved in series form by standard method. The solution of Eq.(11) satisfying condition (9) is

$$W^B = C(1-\eta)^{\alpha-1} F(\alpha+1, \alpha-1; 2\alpha; 1-\eta) \tag{12}$$

Where C is a constant, $F(a,b;c;x)$ the hypergeometric series, $\alpha = \frac{1}{2} + \frac{1}{2}\sqrt{1+4\mathrm{i}Q}$ and

$Q = \frac{fh^*}{cu_*}$. From condition(10), we have

$$C = \frac{-W_g}{(1-\eta_0)^{\alpha-1} F(\alpha+1, \alpha-1; 2\alpha; 1-\eta_0)} \tag{13}$$

and thus we get the solution of Eq.(5)

$$W = W_g \left[1 - \frac{(1-\eta)^{\alpha-1} F(\alpha+1, \alpha-1; 2\alpha; 1-\eta)}{(1-\eta_0)^{\alpha-1} F(\alpha+1, \alpha-1; 2\alpha; 1-\eta_0)} \right] \tag{14}$$

Eq.(14) is the horizontal wind distribution that we need to find out the vertical velocity, and can be applied in the region $\eta > \eta_0$. But no solution can be found at $\eta = 0$ because the hypergeomtric series does not converge there(for $c = a+b$, $F(a,b;c;x)$ does not converge at $x = 1$).

3　THE VERTICAL VELOCITY

The wind distribution in Eq.(14) is used to find out the vertical velocity. In general, we should utilize the solution of the boundary layer equation under the horizontally inhomogeneous condition to compute the vertical velocity just as Wu(1984) did. However, on account of the complexity of K form in this paper, we shall simply use Eq.(14), i.e., the solution of the motion equation without the horizontal advection terms, to compute the vertical velocity as Charney and Eliassen(1949) did.

For a large-scale motion, the horizontal velocity should be nondimensionalized by the velocity scale U in such motion. If the horizontal length scale in a large-scale motion is L, the vertical velocity scale in the boundary layer is Uh^*/L according to Pedlosky(1979). Consequently, the dimensionless continuity equation has the form

$$\frac{\partial u}{\partial x} + \frac{\partial v}{\partial y} + \frac{\partial w}{\partial \eta} = 0 \tag{15}$$

Integrating Eq.(15) yields the vertical velocity at the top of boundary layer as follows

$$w = -\int_{\eta_0}^1 \left(\frac{\partial u}{\partial x} + \frac{\partial v}{\partial y} \right) \mathrm{d}\eta \tag{16}$$

In Eq.(14), the dimensional velocities are nondimensionalized by the friction velocity u_*^*. If all the dimensionless velocities in Eq.(14) are changed to be nondimemsionalized by U, then Eq.(14) will not be altered. Assume all the velocities in Eq.(14) to be nondimensionalized by U, and substitute Eq.(14) into Eq.(16). Then the vertical velocity

$$w = -\int_{\eta_0}^1 \left(\frac{\partial}{\partial x}\mathrm{Re}W + \frac{\partial}{\partial y}\mathrm{Im}W \right) \mathrm{d}\eta = -\frac{\partial}{\partial x}\mathrm{Re}\int_{\eta_0}^1 W \mathrm{d}\eta - \frac{\partial}{\partial y}\mathrm{Im}\int_{\eta_0}^1 W \mathrm{d}\eta$$
$$= -\mathrm{Re}\frac{\partial}{\partial x}\int_{\eta_0}^1 W \mathrm{d}\eta - \mathrm{Im}\frac{\partial}{\partial y}\int_{\eta_0}^1 W \mathrm{d}\eta \tag{17}$$

can be yielded. Substituting Eq.(14) into Eq.(17) and using the formula

$$\int (1-\eta)^{\alpha-1} F(\alpha+1,\alpha-1;2\alpha;1-\eta)\mathrm{d}\eta = -\frac{1}{\alpha}(1-\eta)^\alpha F(\alpha,\alpha-1;2\alpha;1-\eta) \tag{18}$$

to calculate the integral in Eq.(17), we obtain

$$\int_{\eta_0}^1 (1-\eta)^{\alpha-1} F(\alpha+1,\alpha-1;2\alpha;1-\eta)\mathrm{d}\eta = \frac{1}{\alpha}F(\alpha,\alpha-1;2\alpha;1-\eta_0) \tag{19}$$

Usually $\eta_0 < 10^{-3}$; thus $1-\eta_0 \to 1$. From the properties(Abramowitz and Stegun, 1965) of the hypergeometric series $F(\alpha,\alpha-1;2\alpha;1-\eta_0)$ in which $c = a+b+1$ for $F(a,b;c;x)$, it is accurate enough to retain the first term on the expansion. Consequently,

$$\int_{\eta_0}^1 (1-\eta)^{\alpha-1} F(\alpha+1,\alpha-1;2\alpha;1-\eta)\mathrm{d}\eta = \frac{1}{\alpha} \frac{\Gamma(2\alpha)}{\Gamma(\alpha)\Gamma(\alpha+1)} = \frac{\Gamma(2\alpha)}{\alpha^2 \Gamma^2(\alpha)} \tag{20}$$

where $\Gamma(x)$ is the Gamma function. The value of the series in the denominator of Eq.(14) can be calculated by the following approximation equation(Whittaker and Watson, 1927)

$$F(a,b;c;x) = \frac{\Gamma(a+b)}{\Gamma(a)\Gamma(b)}\ln\frac{1}{1-x}, \qquad \text{where} \quad c = a+b \quad \text{and} \quad x \to 1 \tag{21}$$

Then Eq.(17) turns into

$$w = \left(-\mathrm{Re}\frac{\partial}{\partial x} - \mathrm{Im}\frac{\partial}{\partial y} \right) \left[W_g \left(1 - \frac{\dfrac{\Gamma(2\alpha)}{\alpha^2\Gamma^2(\alpha)}}{\dfrac{\Gamma(2\alpha)}{\Gamma(\alpha+1)\Gamma(\alpha-1)}\ln\dfrac{1}{\eta_0}} \right) \right]$$

$$= \left(-\mathrm{Re}\frac{\partial}{\partial x} - \mathrm{Im}\frac{\partial}{\partial y} \right) \left[W_g \left(1 + \frac{\Gamma(\alpha-1)}{\alpha\Gamma(\alpha)\ln\eta_0} \right) \right]$$

$$= \left(-\mathrm{Re}\frac{\partial}{\partial x} - \mathrm{Im}\frac{\partial}{\partial y} \right) \left[W_g \left(1 + \frac{1}{\alpha(\alpha-1)\Gamma(\alpha)\ln\eta_0} \right) \right]$$

$$= \left(-\operatorname{Re} \frac{\partial}{\partial x} - \operatorname{Im} \frac{\partial}{\partial y} \right) (W_g \varphi) \tag{22}$$

where

$$\varphi = 1 - i \frac{1}{Q \ln \eta_0} = 1 - i \frac{c u_*^*}{f h^* \ln \eta_0} \tag{23}$$

In Eq. (15), the vertical velocity is scaled by $U h^* / L$, i. e., h^* has been treated as a constant. Taking the boundary layer height h^* to be a constant is a method usually used in large-scale models(Bhumalkar, 1976). Therefore h^* in Eq.(23) does not change with the horizontal coordinate. We assume that W_g in Eq.(22) depends on the horizontal coordinate, and that u_*^* is independent of x and y when $W_g \varphi$ is differentiated with respect to x and y. This treatment is similar to Charney-Eliassen's work, in which W_g depends on x and y but K is independent of the horizontal coordinates. It is, of course, not theoretically strict and introduce some approximation into the results. Thus Eq.(22) becomes

$$w = -\frac{\partial u_g}{\partial x} \operatorname{Re} \varphi + \frac{\partial v_g}{\partial x} \operatorname{Im} \varphi - \frac{\partial u_g}{\partial y} \operatorname{Im} \varphi - \frac{\partial v_g}{\partial y} \operatorname{Re} \varphi$$

$$= \zeta_g \operatorname{Im} \varphi = -\zeta_g \frac{c u_*^*}{f h^* \ln \eta_0} \tag{24}$$

Transforming Eq.(24) into a dimensional form and omitting the asterisk superscript, we obtain

$$w = \zeta_g \frac{c u_*}{f \ln \dfrac{h}{z_0}} \tag{25}$$

Because u^* in Eq.(25) is not the variable in large-scale models, we try to express it in terms of the latter. In Eq.(25), there is an identity $c u_* = c \dfrac{u_*}{G} G$. Noting that $c = 0.2$ is only an estimated value, thus we can also substitute the estimated value of u_*/G into Eq.(25) to calculate w. The quantity u_*/G has been investigated in detail in the modern PBL parameterization technique. Here we use its typical value as its estimated value. In a large-scale motion, $\mathrm{Ro}_b = 10^6$ is a typical value of Ro_b. In this case, u_*/G may take a value 0.036 (Tenneks, 1973), and then Eq.(25) may be written as

$$w = \frac{0.007 \, G}{f \ln \dfrac{h}{z_0}} \zeta_g \tag{26}$$

Formula(26) is our final result, showing that w is proportional to geostrophic vorticity, in agreement with Eq. (1). Eq. (26) also shows the effects of G, f and z_0 on the vertical velocity: the larger the G and z_0 are taken, the larger the w will be, which is reasonable.

The effect of K on the w is expressed from the G in the numerator. Eq.(26) can be used in large-scale models to parameterize the vertical velocity at the top of the PBL.

As an application, we calculate w in the following geopotential field in a cyclone(Wu and Blumen,1982):

$$\varphi = -\left(1 - \frac{1}{4}r^2\right)e^{-\frac{1}{4}r^2} \qquad (27)$$

where φ is the dimensionless geopotential deviation, r the dimensionless radius, and the horizontal length scale $L = 10^3$ km. Assuming Ro $= 0.3$, $z_0 = 10$ cm, $h = 1$ km, then $U = 30$ m/s, if $f = 10^{-4}$ s^{-1} is taken. From Eq.(26), $w = 0.46$ cm/s at $r = 1$, If we take $K = 5$ m^2/s(According to Holton's work(1979), $h = \pi / \sqrt{2K/f}$ in Ekman model, then $K = 5$ m^2/s if $h = 1$ km and $f = 10^{-4}$ s^{-1} are taken), the C-E formula(1) gives $w = 0.39$ cm/s. In this example, our result is slightly larger than C-E's value. If we choose $z_0 = 1$ cm, then $w = 0.37$ cm/s is obtained, i.e., it is slightly smaller than C-E's value. In general, the orders of magnitude are the same as the latter. The common shortcoming of C-E's work and our work is that the wind profile are calculated by means of horizontally homogeneous PBL models, but vertical velocities are calculated in the case of horizontally inhomogeneous conditions. Both have some approximations. However, our result can give the effects of G and z_0 and include more governing factors, so it is an improvement to C-E's formula.

4 CONCLUDING REMARKS

In this paper, the parameterized expression of vertical velocity at the top of PBL has been derived on the basis of the PBL model in which the actual height-dependent eddy coefficient K is adopted. It expresses w as a function of ζ_g, G, f, z_0 and h and can be used in large-scale models. The expression derived above is able to compute the vertical velocity under various cases of the geostrophc wind, geostrophic vorticiy, Coriolis parameter and roughness. The order of magnitude for our computation is in agreement with that of Charney-Eliassen's classical formula. Although our result improves the classical result of Charney and Eliassen, it still has some approximation treatment, and some constant values are not very accurate. The calculation of accurate vertical velocity should adopt the modern numerical model of PBL. It is, however, too complicate to be used in large-scale model. Therefore our result has its practical significance.

The other shortcoming in this paper is that the K expression only in neutral condition is used. It is necessary to consider the effects of thermal stability, and to find out the K expression for different kinds of stability in order that accurate PBL model can be built. At the same time, the effect of topography should also be taken into account. All of these need to be further investigated.

REFERENCES

Abramowitz, M. and Segun, I. A.(1965), Handbook of Mathematical Functions, Dover, 559 pp.

Bhumralkar, C. M.(1975), A survey of parameerization technique for the PBL in atmospheric circulation models, R-1653 ARPA. ORDER. No. 189 - 1.

Bhumralkar, C. M.(1976), Parameterization of the PBL in atmospheric circulation models, Rev. Geophys. Space Phys., 14: 215 - 226.

Blackadar, A. K.,(1962),The vertical distribution of wind and turbulent exchange in a neutral atmosphere, J. Geophys. Res., 67: 3095 - 3102.

Charney J. G. and Eliassen, A.(1949), A numerical method for predicting the perturbations of the middle-latitude westerlies, Tellus, 1: 38 - 54.

Dubov, A. S.(1977), The computation of heat flux from ocean to atmosphere in hydrodynamic prediction of geopotential field, Trudy GGO, 382: 13 - 23.(in Russian)

Holton, J. R.(1979), An Introduction to Dynamic Meteorology, Academic Press, 109 pp.

Nieuwstadt, F. T. M.(1981),On the solution of the stationary baroclinic Ekman layer equation with a finite boundary layer height, Bondary Layer Meteorol., 26: 377 - 390.

Pedlosky, J.(1979), Geophysicsl Fluid Dynamics, Springer-Verlag, pp189 - 190.

Tennekes, H.(1973), Similarity laws and scale relations in PBL, in Workshop on mcrometeorology,Amer. Met. Soc., 177 - 216.

Whittaker, E.T. and Watson, E. N.(1927), Modern Analysis, Cambridge, 299 pp.

Wu, R. and Blumen, W. (1982): An analysis of Ekman boundary layer dynamics incorporating the geostrophic momentum approximation, J. Atmos. Sci., 39: 1774 - 1782.

Wu Rongsheng(1984): Dynamics of non-linear Ekman boundary layer, Acta Meteorolgica Sinica, 42: 269 - 278. (in Chinese with English abstract).

Wyngaard, J.C., Cote, O. R. and Rao, K. S.(1974), Modelling the atmospheric boundary layer, Adv. in Geophys., 18A, Academic Press, pp193 - 212.

3.2 自由对流与稳定层结边界层风廓线的解析表达和边界层顶抽吸速度[①]

提　要： 基于近年来对自由对流和稳定边界层湍流交换特征的研究，求解边界层运动方程，得到这两种层结下边界层风的解析表达式。廓线与边界层特性参数符合观测特征。还求出了这两种层结下边界层顶抽吸速度的解析表达及其与某些参数的关系，结果表明，抽吸速度与层结有关，其特征可从物理上加以解释。

关键词： 对流边界层，稳定边界层，边界层风廓线，抽吸速度

1 引言

不同层结大气边界层中风垂直分布的理论研究近年来取得了若干进展，但大部分都是用数值方法，得不到风分布的解析表达。风解析表达的研究早年有二层模式，其中上层取交换系数为常数。近年来徐银梓等[1,2]发展了三层及多层模式，但这种方法主要应用于中性层结，非中性时只能通过对近地层的影响而间接影响交换系数，因而该模式对非中性层结有较大的局限性，特别当大气处于自由对流态，近地层的 Businger-Dyer 公式不能应用，因而该模式也不能应用。从研究方法说，要获得非中性层结下风的解析解，关键在于有一个好的 $K(z)$ 表达式，它既能较好地代表非中性的 K 分布，又能使方程得到解析解。

稳定情况下，通过对大气边界层观测资料的分析及有关理论研究，Nieuwstadt[3]曾获得了的 $K(z)$ 表示式。而不稳定层结，迄今仍未有好的解析表达式，但在自由对流时，最近对 $K(z)$ 的研究有进展，我们将引用这些工作来求边界层风的解析表达。

边界层顶抽吸速度的研究常用的有基于 Ekman 理论的 Charney-Eliassen 公式，但该公式所根据的边界层模式太简单，没有考虑到各种因子如层结性的作用，常值交换系数如何取也无定论。我们将运用本文得到的风解析表达来寻求此速度，即由于边界层摩擦在大尺度气压场中由横截等压线风分量造成的边界层顶垂直速度。

2 自由对流时边界层风的解析表达

我们将取 Mironov[4]对对流边界层的交换系数的处理，将对流边界层分为三层，第一层紧邻地面，层结处理为中性，有

---

① 原刊于《大气科学》，1992 年 1 月，16(1)，18 - 28，作者：赵鸣。

$$K_1 = ku_* z \tag{1}$$

k 为卡曼常数，u_* 为摩擦速度。第二层取著名的 4/3 次方定律，即

$$K_2 = c_0 (\beta Q_s)^{1/3} z^{4/3} \tag{2}$$

$\beta = g/T$，c_0 为常数。第三层取

$$K_3 = c_1 (\beta Q_s)^{1/3} h^{4/3} \left(1 - \frac{z}{h}\right)^{1/3} \tag{3}$$

h 为边界层顶高度，c_1 为常数。Mironov 并未用这些 K 求解运动方程以得到适用于全边界层的风廓线，而在第一、二层分别使用了对数律以及由自由对流相似理论得出的风表达式。本文将用(1)，(2)，(3)式的 K 寻求全边界层统一的风模式，由(1)，(3)可见 K，因而风分布应与 Q_s，h，u_*（因而与地转风速 G）有关。

我们将沿用 Mironov 从配合阻尼定律出发，求出各层分界高度及各式中的有关常数的方法。

三力平衡的边界层运动方程在引用复速度 $W = u + iv$ 及 $W_g = u_g + iv_g$（复地转风）后可写成

$$\frac{\mathrm{d}}{\mathrm{d}z} K \frac{\mathrm{d}W}{\mathrm{d}z} - if(W - W_g) = 0 \tag{4}$$

上界条件为

$$W = W_g \qquad\qquad 当 z = h \tag{5}$$

下界条件为

$$W = 0 \qquad\qquad 当 z = z_0 \tag{6}$$

z_0 为粗糙度。(1)式适用的上界为 $z_1 = -\zeta_0 L$ [4]，L 为 M-O 长度，常数 $\zeta_0 = 0.14$。取 z_1 处(1)，(2)相等，得

$$c_0 = k^{4/3} \zeta_0^{-1/3}$$

(2)式适用范围在 $z_1 \leqslant z \leqslant z_2 = \zeta_2 h$，Mironov 由与阻尼定律的比较得 $\zeta_2 = 1/3$。
(1)代入(4)，得

$$\frac{\mathrm{d}}{\mathrm{d}z} ku_* z \frac{\mathrm{d}W_1}{\mathrm{d}z} - if(W - W_g) = 0 \tag{7}$$

令 $z^{1/2} = \eta$，(7)变成

$$\frac{\mathrm{d}^2 W_1}{\mathrm{d}\eta^2} + \frac{1}{\eta} \frac{\mathrm{d}W_1}{\mathrm{d}\eta} - \frac{4if}{ku_*}(W_1 - W_g) = 0 \tag{8}$$

设边界层大气为正压，(8)式可求解析解，回到变数 z，得

$$W_1 = W_g + C_1 J_0(\alpha_1 z^{\frac{1}{2}}) + C_2 N_0(\alpha_1 z^{\frac{1}{2}}) \tag{9}$$

W_1 表示第一层解，$\alpha_1 = 2\sqrt{-\mathrm{i}f/ku_*}$，$J_0$，$N_0$ 分别为零阶 Bessel 和 Neumann 函数。C_1，C_2 为待定复常数。

(2)代入(4)得

$$\frac{\mathrm{d}}{\mathrm{d}z}\lambda_2 z^{4/3}\frac{\mathrm{d}W_2}{\mathrm{d}z} - \mathrm{i}f(W_2 - W_g) = 0 \tag{10}$$

其中 $\lambda_2 = c_0(\beta Q_s)^{1/3}$，令 $W_2 - W_g = \omega z^{-1/6}$，$z^{1/3} = \eta$，则(10)变成

$$\frac{\mathrm{d}^2\omega}{\mathrm{d}\eta^2} + \frac{1}{\eta}\frac{\mathrm{d}\omega}{\mathrm{d}\eta} - \left(\frac{1}{4}\eta^{-2} + \mathrm{i}\frac{9f}{\lambda_2}\right)\omega = 0 \tag{11}$$

(11)式可解为

$$\omega = C'_3 J_{1/2}(\alpha_2\eta) + C'_4 J_{-1/2}(\alpha_2\eta) \tag{12}$$

$\alpha_2 = 3\sqrt{-\mathrm{i}f/\lambda_2}$，$C'_3$，$C'_4$ 为复常数，利用半整阶 Bessel 函数的性质，回到原变数后，(12)式可写成

$$W_2 = W_g + C_3 z^{-1/3}\sin(\alpha_2 z^{1/3}) + C_4 z^{-1/3}\cos(\alpha_2 z^{1/3}) \tag{13}$$

C_3，C_4 为复常数。(13)即第二层解。

(3)代入(4)，并令 $c_1(\beta Q_s)^{1/3}h^{4/3} = \lambda_3$，则(4)化为

$$\frac{\mathrm{d}}{\mathrm{d}z}\lambda_3\left(1 - \frac{z}{h}\right)^{1/3}\frac{\mathrm{d}W_3}{\mathrm{d}z} - \mathrm{i}f(W_3 - W_g) = 0 \tag{14}$$

由 K 在 z_2 处连续，可定得

$$c_1 = k^{4/3}\zeta_2^{4/3}\zeta_0^{-1/3}(1 - \zeta_2)^{1/3}$$

因而即知 λ_3，令 $\eta = (1 - z/h)^{5/6}$，$W_3 - W_g = \omega\eta^{2/5}$，化(14)为

$$\frac{\mathrm{d}^2\omega}{\mathrm{d}\eta^2} + \frac{1}{\eta}\frac{\mathrm{d}\omega}{\mathrm{d}\eta} + \left(-\frac{16}{25}\zeta\mathrm{i} - \frac{4}{25}\eta^2\right)\omega = 0 \tag{15}$$

此处 $\zeta = \frac{9}{4}\lambda_3^{-1}fh^2$，(15)可用 Bessel 函数解出，回到原变数：

$$W_3 = W_g + C_5\left(1 - \frac{z}{h}\right)^{1/3}J_{2/5}\left[\frac{4}{5}\sqrt{-\mathrm{i}\zeta}\left(1 - \frac{z}{h}\right)^{5/6}\right] +$$
$$C_6\left(1 - \frac{z}{h}\right)^{1/3}J_{-2/5}\left[\frac{4}{5}\sqrt{-\mathrm{i}\zeta}\left(1 - \frac{z}{h}\right)^{5/6}\right] \tag{16}$$

若令 $\alpha_3 = \frac{6}{5}\sqrt{-\mathrm{i}}\left(\frac{\mu_1}{c_1}\right)^{1/2}$，$\mu_1 = \left(\frac{h^2f^3}{\beta Q_s}\right)^{1/3}$，则(16)中 $\frac{4}{5}\sqrt{-\mathrm{i}\zeta} = \alpha_3$，故

$$W_3 = W_g + C_5\left(1 - \frac{z}{h}\right)^{1/3}J_{2/5}\left[\alpha_3\left(1 - \frac{z}{h}\right)^{5/6}\right] + C_6\left(1 - \frac{z}{h}\right)^{1/3}J_{-2/5}\left[\alpha_3\left(1 - \frac{z}{h}\right)^{5/6}\right]$$
$$\tag{17}$$

此即第三层解,用各层分界处风及其铅直导数连续的条件加上上下界条件定出常数 C_1 至 C_6 为

$$C_4 = \frac{A}{B-C}, C_3 = \frac{PX-Y\Omega}{Z\Omega-DX}C_4, C_2 = \frac{C_3E+C_4F-T}{S},$$

$$C_1 = \frac{-W_g-C_2N_0(\alpha_1z_0^{1/2})}{J_0(\alpha_1z_0^{1/2})}, C_5 = \frac{C_3D+C_4P}{\Omega}, C_6 = 0 \tag{18}$$

其中

$$\Omega = \frac{-2}{3h}(1-\zeta_2)^{-2/3}J_{2/3}[\alpha_3(1-\zeta_2)^{5/6}] + \frac{1}{h}(1-\zeta_2)^{1/6}\sqrt{-i}\sqrt{\frac{\mu_1}{c_1}}J_{7/5}[\alpha_3(1-\zeta_2)^{5/6}],$$

$$A = \frac{SQ-TR}{SM-ER}, B = \frac{PX-Y\Omega}{Z\Omega-DX}, C = \frac{FR-HS}{SM-ER},$$

$$E = -\frac{1}{3}z_1^{-4/3}\sin(\alpha_2z_1^{1/3}) + \frac{1}{3}z_1^{-1}\alpha_2\cos(\alpha_2z_1^{1/3})$$

$$D = -\frac{1}{3}z_2^{-4/3}\sin(\alpha_2z_2^{1/3}) + \frac{1}{3}z_2^{-1}\alpha_2\cos(\alpha_2z_2^{1/3})$$

$$F = -\frac{1}{3}z_1^{-4/3}\cos(\alpha_2z_1^{1/3}) - \frac{1}{3}z_1^{-1}\alpha_2\sin(\alpha_2z_1^{1/3}), H = z_1^{-1/3}\cos(\alpha_2z_1^{1/3}),$$

$$M = z_1^{1/3}\sin(\alpha_2z_1^{1/3}), P = -\frac{1}{3}z_2^{-4/3}\cos(\alpha_2z_2^{1/3}) - \frac{1}{3}z_2^{-1}\alpha_2\sin(\alpha_2z_2^{1/3}),$$

$$Q = \frac{-W_gJ_0(\alpha_1z_1^{1/2})}{J_0(\alpha_1z_0^{1/2})}, R = N_0(\alpha_1z_1^{1/2}) - \frac{N_0(\alpha_1z_0^{1/2})J_0(\alpha_1z_1^{1/2})}{J_0(\alpha_1z_0^{1/2})},$$

$$S = \frac{N_0(\alpha_1z_0^{1/2})}{J_0(\alpha_1z_0^{1/2})}\frac{\alpha_1}{2}z_1^{-1/2}J_1(\alpha_1z_1^{1/2}) - N_1(\alpha_1z_1^{1/2})\frac{\alpha_1}{2}z_1^{-1/2},$$

$$T = \frac{W_g}{J_0(\alpha_1z_0^{1/2})}\frac{\alpha_1}{2}z_1^{-1/2}J_1(\alpha_1z_1^{1/2}), X = (1-\zeta_2)^{1/3}J_{2/5}[\alpha_3(1-\zeta_2)^{5/6}]$$

$$Y = z_2^{-1/3}\cos(\alpha_2z_2^{1/3}), Z = z_2^{-1/3}\sin(\alpha_2z_2^{1/3}) \tag{19}$$

W_1 中含 u_*,它应由边条件及有关参数定出,又 z_1 中含 L 因而含 u_*,故 z_1 亦待定。Q_s 和 G(地转风值)设已知,此时 u_* 由下法定出。上界高度 h 设已知,由 u_* 定义有

$$u_* = \left(K\frac{dW}{dz}\right)_{z=z_s}^{1/2} = ku_*z_s\left|\frac{\alpha_1}{2}C_1z_s^{-1/2}J_1(\alpha_1z_s^{1/2}) + \frac{\alpha_1}{2}C_2z_s^{-1/2}N_1(\alpha_1z_s^{1/2})\right|^{1/2} \tag{20}$$

z_s 可取第一层内某高度,如 2 m。由(20)隐式解 u_*,因而求出 L,z_1。 至此,我们已获得自由对流下的全边界层风廓线。图 1 是 $Q_s = 0.1\ \text{K} \cdot \text{m/s}$(典型值,见文献[5]),$G = 6\ \text{m/s}$,$f = 10^{-4}\text{s}^{-1}$,$z_0 = 0.1\ \text{m}$,$h = 1\ 200\ \text{m}$ 时的风螺旋,地转风与地面风夹角 α 很小,只有 $3.5°$。低层风较大,这正反映了对流边界层的重要特征,即强不稳定导致的动量强烈下传。

表 1 是几组参数时的计算例子,可见其他条件相同时,Q_s 愈大,则 u_* 愈大,α 角愈小;

G 愈大则 u_* 愈大,但 u_*/G 略小,这符合边界层 Rossby 数相似理论,从表中 $u_*/G, \alpha$ 与稳定度 μ, Rossby 数 Ro 的关系看,其变化关系与数值都与公认的规律一致[6]。各参数对 h 则不敏感。我们还计算了 f 及 z_0 的影响,也都符合理论及观测的一般特征。

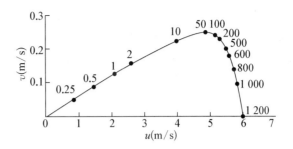

图 1 自由对流时理论风螺旋
曲线上数字为高度(单位:m)

表 1 $f = 10^{-4}\,\mathrm{s}^{-1}, z_0 = 0.1\mathrm{m}$ 时各有关参数

Ro	G (m/s)	h (m)	Q_s (K·m/s)	u_* (m/s)	u_*/G	$\alpha(°)$	μ	w (cm/s)
6×10^5	6	1 200	0.1	0.35	0.059	3.5	−41	0.11
$6\times J0^5$	6	1 200	0.2	0.38	0.063	2.7	−75	0.09
6×10^5	6	1 500	0.1	0.36	0.06	3.7	−42	0.14
10^6	10	1 200	0.1	0.51	0.051	4.3	−19	0.12
10^6	10	1 200	0.2	0.54	0.054	3.2	−36	0.09

用实测风资料验证理论风廓线有一定困难,因为必须同时有实测热通量资料,又因理论模式假定了正压,实际一般较难满足,实测资料同时有热成风的更少。我们从美国 Argonne 实验室的 Sangamon 野外试验资料[7]中选出既有热通量,又有热成风,地转风资料的 1975 年 7 月 25 日 11 时及同年 7 月 27 日 11 时两次小球测风资料来检验本模式的适合程度。观测地点纬度为 $39°32'N$,粗糙度可定为 0.1 m,由探空资料可定对流边界层顶高度。我们进行了两项计算,一个是不计热成风,把地面地转

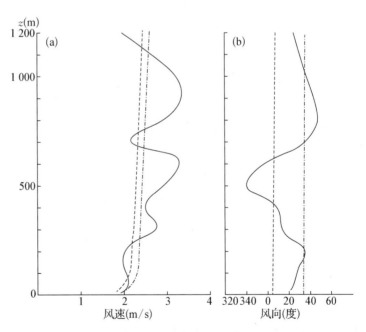

图 2 1975 - 07 - 25 11:00 Sangamon 资料与模式对比
(a) 为风速,(b) 为风向。实线为实测,虚线为考虑热成风的结果,
点划线是用地面地转风的结果($h = 1 200$ m)

风取为边界层顶地转风作为上界条件,也取作方程中的 W_g;另一个是由地面地转风和热成风计算边界层顶地转风,以其作为上界条件及方程中的 W_g,实测风速及风向随高度的分布

以及两个模式计算值见图 2 和图 3。由图见,模式结果反映了自由对流风廓线分布的一个重要特征,即铅直方向变化较小,这也正是为大量观测事实及边界层数值模拟所证实了的。图中实测值的弯曲是由于小球测风的局限性,风速不可能在稍长一些时间内取平均的结果,但从风速大小看,结果是好的。因地转风和热成风需由气压场及温度场水平分布算出,精确度不可能很高。

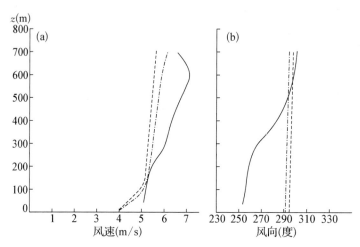

图 3　其他说明同图 2,但时间为 1975 - 07 - 27　11:00(h =700 m)

3　对流边界层顶抽吸速度

我们将在上节中求出的风廓线基础上研究抽吸速度,先由廓线求散度,此时 W_g 是空间位置的函数。由于内参数随水平坐标的变化对抽吸速度 w 影响甚小,我们只计 W_g 的变化。由(18),(19)知, C_1— C_5 中均含一个 W_g 因子,若令

$$C_1 = C_{11}W_g , C_2 = C_{21}W_g , C_3 = C_{31}W_g , C_4 = C_{41}W_g , C_5 = C_{51}W_g$$

则 C_{11}— C_{51} 均为与 W_g 无显式关系,仅与内参数有关而与 z 无关的常数。由各层 W_i (i = 1—3),求散度

$$\mathrm{div}\,\vec{V_i} = \mathrm{Re}\,\frac{\partial W_i}{\partial x} + \mathrm{Im}\,\frac{\partial W_i}{\partial y}$$

再分别在各层内对 z 积分,即得各层顶处由各该层内散度引起的垂直速度,然后将其相加,即得边界层顶处抽吸速度。由于第一层厚度一般只有边界层总厚度的 1/100 量级,加之第一层内风速也比上面小,我们将略去第一层散度对 w 的贡献(实际计算也表明第一层顶的垂直速度确实很小,只相当于 w 的 10^{-3})。将 W_2 和 W_3 求散度再积分,对结果的繁琐解析表达式各项进行量级比较,略去小项,可得第二,三层各自在该层顶处产生的垂直速度是

$$w_2 = \frac{9\zeta_g}{4a^3} z_2^{1/3} \{-\sin(az_2^{1/3})[\mathrm{ch}(az_2^{1/3})\mathrm{Re}C_{31} + \mathrm{sh}(az_2^{1/3})\mathrm{Im}C_{41}] +$$

$$\cos(az_2^{1/3})[\mathrm{sh}(az_2^{1/3})\mathrm{Im}C_{31} + \mathrm{ch}(az_2^{1/3})\mathrm{Re}C_{41}]\} -$$

$$\frac{9\zeta_g}{4a^3} z_1^{1/3} \{-\sin(az_1^{1/3})[\mathrm{ch}(az_1^{1/3})\mathrm{Re}C_{31} + \mathrm{sh}(az_1^{1/3})\mathrm{Im}C_{41}] +$$

$$\cos(az_1^{1/3})[\mathrm{sh}(az_1^{1/3})\mathrm{Im}C_{31} + \mathrm{ch}(az_1^{1/3})\mathrm{Re}C_{41}]\} \tag{21}$$

$$w_3 = \zeta_g h \left[\frac{3}{5}\mathrm{Im}(C_{51}\Lambda_1)(1-\zeta_2)^{5/3} - \frac{3}{10}\mathrm{Im}(C_{51}\Lambda_2)(1-\zeta_2)^{10/3} \right] \tag{22}$$

其中 ζ_g 为地转涡度

$$a = \frac{3}{2}\sqrt{\frac{2f}{\lambda_2}}, \quad \Lambda_1 = \frac{1}{\Gamma(1.4)}\left(\frac{\alpha_3}{2}\right)^{2/5}, \quad \Lambda_2 = \frac{1}{\Gamma(1.4)}\left(\frac{\alpha_3}{2}\right)^{12/5}$$

边界层顶抽吸速度即是

$$w = w_2 + w_3 \tag{23}$$

由(21)可见 w_2 与 ζ_g 成正比，Q_s 的影响体现于 a 及各复常数中，函数关系很复杂，对通常的 Q_s 值可验证它对 w_2 的影响是随 Q_s 增而减，h 的影响含于 z_2 中亦隐含于复常数中，h 增加主要使 w_2 增加。G 的影响隐含于复常数中，G 增则 w_2 增。

由(22)则可见 w_3 也与 ζ_g 成正比，故 w 亦与 ζ_g 正比，这符合经典结论。从(22)还明显看出 h 增加导致 w_3 增加（其他因子中 h 影响不如此明显），Q_s,G 的影响含于 $\mathrm{Im}(C_{51}\Lambda_i)$ 中，计算证明 Q_s 增大及 G 的变小均导致 w_3 变小，这可从其对 $\mathrm{Im}(C_{51}\Lambda_i)$ 的影响推出。与 w_2 联合，对 w 的影响亦是随 Q_s 增及 G 减而使 w 减。设 $\zeta_g = 3\times10^{-5}\mathrm{s}^{-1}$，其他参数用表 1 中数值，则 w 结果亦见表 1。

为了验证 Q_s 影响结论是否正确，我们又数值求解由(3),(10),(14)组成的边界层方程，结果与本文解析解很相近，由连续方程求得的 w 亦很相近，我们的 w 公式不仅体现了与 ζ_g 成正比，还包括了 Q_s,h,G 等影响，对自由对流态，应更全面些。

造成自由对流时当其他参数不变，而 Q_s 增大时 w 反而小的原因是此时各高度上风与等压线的交角 α 均很小，w 主要决定于垂直于等压线风的分量，即与 $\sin\alpha$ 有关，α 小时，因 Q_s 增大 α 减少产生的垂直于等压线风分量减小的影响超过了因 Q_s 增加使边界层风速增加而使垂直于等压线风增加的影响，因此造成 Q_s 大 w 反而小的现象。w 随 G 增而增物理上是明显的，虽然内参数对 h 并不敏感，但 w 是由散度积分而得，所以 h 愈大 w 愈大。

对于不是自由对流的一般不稳定层结，由于 α 角不像自由对流时那样小，由于不稳定的增加使 u_* 增加（即湍流加强）造成的对 w 影响是主要的。我们曾对如下 K 表示的不稳定层结

$$K = l^2\left[\left(\frac{\partial u}{\partial z}\right)^2 + \left(\frac{\partial u}{\partial z}\right)^2 - \frac{g}{\theta}\frac{\partial\theta}{\partial z}\right]^{1/2} \tag{24}$$

求数值积分边界层方程求风解及抽吸速度，其中 θ 是位温，l 为混合长，取 f,z_0,ζ_g 如前，设 $G = 10 \mathrm{m/s}$，边界层上下界间位温差 $-2\,\degree C$，则 $w = 0.45 \mathrm{cm/s}$，不稳定度再增，w 还要大些。

此 w 大于自由对流时,这是由于此时 α 在 20°左右,造成垂直于等压线风分量较大之故。

我们讨论的是由摩擦产生的横越等压线风产生的 w,上面这些结论亦仅对此而言。自由对流时在边界层顶与自由大气的分界面上物理过程非常复杂,有不同尺度的质量交换发生,如果把这些垂直速度也加进去,实际的边界层顶垂直速度可以比本文大得多,本文讨论的 Ekman 抽吸仅能反映边界层与自由大气质量交换的一部分,由各种物理过程形成的总垂直速度如何定量处理是要进一步研究的。

4　稳定层结时边界层风的解析表达和边界层顶抽吸速度

稳定边界层的研究取得的成果远较对流边界层为少,也不很成熟,我们将根据近年来一些研究给出稳定边界层风解析分布的一些近似结果。近年来稳定边界层的一些模式结果虽然作了一些假定[9,10],但得到的某些结论还是大体上符合实况的。Nieuwstadt 得[3]

$$K = ku_* L \left(1 - \frac{z}{h}\right)^2 \mathrm{Rf} \tag{25}$$

其中 Rf 取 0.2,(25)亦可写成

$$K = \lambda_4 \left(1 - \frac{z}{h}\right)^2 \tag{26}$$

$\lambda_4 = 0.2 ku_* L$,我们用(26)来寻求稳定边界层中风分布,但由于(26)或(25)式是在假定 Rf 不随高度变时得到的,这在靠近地面会带来误差。(26)代入(4),得

$$\frac{\mathrm{d}}{\mathrm{d}z} \lambda_4 \left(1 - \frac{z}{h}\right)^2 \frac{\mathrm{d}W}{\mathrm{d}z} - \mathrm{i}f(W - W_g) = 0 \tag{27}$$

令 $h - z = x$,(27)可化为 Euler 方程:

$$x^2 \frac{\mathrm{d}^2 W}{\mathrm{d}x^2} + 2x \frac{\mathrm{d}W}{\mathrm{d}x} - \mathrm{i} \frac{h^2}{\lambda^4}(W - W_g) = 0 \tag{28}$$

求解后再回到原变数,即得(27)之解是

$$W = W_g + C_7 (h - z)^{-\frac{1}{2} + \frac{1}{2}\sqrt{1 + 4\mathrm{i}h^2 f/\lambda_4}} + C_8 (h - z)^{-\frac{1}{2} - \frac{1}{2}\sqrt{1 + 4\mathrm{i}h^2 f/\lambda_4}} \tag{29}$$

因指数中根式的实部大于 1,为满足上界条件应有 $C_8 = 0$,故

$$W = W_g + C_7 (h - z)^{-\frac{1}{2} + \frac{1}{2}\sqrt{1 + 4\mathrm{i}h^2 f/\lambda_4}} \tag{30}$$

由下界条件可求 C_7,(30)式可写成

$$W = W_g - W_g \left(\frac{h - z_0}{h - z}\right)^{\frac{1}{2} - \frac{1}{2}\sqrt{1 + 4\mathrm{i}h^2 f/\lambda_4}} \tag{31}$$

(31)式 λ_4 中含 u_*, L,应与方程解同时求出,而 Q_s, G, h 视为已知,同前,设 $z_s = 2\mathrm{m}$,有

$$u_* = \left(K \left|\frac{\mathrm{d}W}{\mathrm{d}z}\right|\right)_{z=z_s}^{1/2} = \lambda_4^{1/2}\left(1-\frac{z}{h}\right)\left|\frac{\frac{1}{2}-\frac{1}{2}\sqrt{1+4\mathrm{i}h^2 f/\lambda_4}}{h-z_s}W_g\left(\frac{h-z_0}{h-z_s}\right)^{\frac{1}{2}-\frac{1}{2}\sqrt{1+4\mathrm{i}h^2 f/\lambda_4}}\right|^{1/2}$$

$$(32)$$

可用逐步近似法由(32)求解 u_*，再得 L，同时得解(31)，据实践试验，求解过程中，若 λ_4 中先给定 L，解 u_*，然后求 Q_s，则数学求解容易一些，但从物理上说，仍然认为是 Q_s 先给定，而 u_* 是待定的。图 4 是当 $h=200$ m（典型的稳定边界层值，如文献[8]），$G=10$ m/s，$f=10^{-4}$ s^{-1}，$Q_s=-0.0048$ K·m/s，$z_0=0.1$ m 时的理论风螺旋。据计算，边界层的特性参数对 h 并不敏感，此与对流时基本

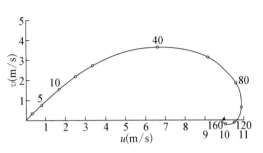

图 4　稳定边界层理论风螺旋

一致。对图 4 的例子，$u_*=0.18$ m/s，$\alpha=49°$。稳定边界层 α 角大是其特点，此处是大了些，但按 Orlenko[11]，稳定时 α 角可在 40°—50° 之间，故也还合理。由于(27)式的 K 在接近地面处有误差，故可给 α 带来误差。此例 $\mu=74$，Ro$=10^6$，对照边界层特性参数与 μ，Ro 的关系[6]，本例结果可讲还是合理的。表 2 给出各不同参数时稳定边界层的各有关特征，已取 $f=10^{-4}$ s^{-1}，$z_0=0.1$ m，$h=200$ m，G，Q_s 为输入，可见在表中 μ 变化的一定范围内，u_*/G 的变化趋势符合已有的理论及实测特征。根据各廓线分析，层结愈稳定，则风随高度更快地趋于地转风，且地面风也愈弱，这都说明理论模型能代表稳定边界层的许多特征。

表 2　稳定边界层特性参数和 w

Ro	G (m/s)	Q_s (K·m/s)	u_* (m/s)	u_*/G	$\alpha(°)$	μ	w (cm/s)
6×10^6	6	-0.018	0.13	0.022	48	53	0.061
6×10^6	6	-0.017	0.16	0.027	50	32	0.09
10^5	10	-0.048	0.19	0.019	49	74	0.071
10^6	10	-0.046	0.23	0.023	51	36	0.10

由(31)式用与前节相同的办法即由散度可求边界层顶抽吸速度，其结果是

$$w = -\zeta_g\left\{\frac{\varphi(h-z_0)^{\gamma+1}}{(\gamma+1)^2+\delta^2}\left[(\gamma+1)\cos(\delta\ln(h-z_0))+\delta\sin(\delta\ln(h-z_0))\right]+\right.$$
$$\left.\frac{\psi(h-z_0)^{\gamma+1}}{(\gamma+1)^2+\delta^2}\left[(\gamma+1)\sin(\delta\ln(h-z_0))-\delta\cos(\delta\ln(h-z_0))\right]\right\}$$

$$(33)$$

其中

$$\varphi = (h-z_0)^{-\gamma}\cos[\delta\ln(h-z_0)],\psi = -(h-z_0)^{-\gamma}\sin[\delta\ln(h-z_0)]$$

$$\gamma = -\frac{1}{2}+\frac{1}{2}\sqrt{\frac{\sqrt{1+\theta^2}+1}{2}},\delta = \frac{1}{2}\sqrt{\frac{\sqrt{1+\theta^2}-1}{2}},\theta = \frac{4h^2 f}{\lambda_4}$$

各参数时的计算结果见表2中最后一列,可见在同一个 G 值下,稳定时 w 比不稳定要小得多,这是因稳定时湍流弱的缘故,相同 G 时,$|Q_s|$ 愈大则 w 愈小,即湍流愈弱 w 愈小,物理上这是明显的,w 随 G 的变化是 w 随 G 增而增,虽然从表2看 G 小时 $|Q_s|$ 也小,但第一行和第三行都相应于 $L=10\text{m}$,仍能反映出纯动力因子对 w 的影响。

5　结语

本文用近年来对层结边界层中湍流交换系数的研究成果来研究自由对流和稳定层结下边界层风廓线的解析表达式,并以此研究边界层顶抽吸速度,所得廓线表达式及有关边界层参数基本反映了各自层结下的边界层特征,求出的抽吸速度随地转风速及地面热通量的变化特征等都能从物理上加以解释。层结作用既受热通量影响,也受风大小影响,本文讨论的层结影响在风越小时越易成立。由于本文考虑了地转风场,地面热通量,粗糙度,实际的边界层顶高度,因而在抽吸速度的研究中考虑的物理因子比经典工作更多些。一天中层结有日变,因而一天中不同时刻抽吸速度是不同的。在某些盛行同一层结的地区,例如高纬冬季大陆常有强稳定层结的边界层控制,这时 w 一直很小,这也部分解释了为何高纬大陆冷高压能较长时间维持而不被"旋转减弱"所衰减的原因。

本文未计入中小尺度对流的上升,其水平尺度比本文考虑的要小,也会在自由大气与边界层的相互作用中及各种物理量的交换中起重要作用,若将这些因素计入,如第三节所述,需考虑边界层顶处一系列物理过程,现在还不很清楚。

参考文献

[1] 徐银梓,赵鸣,1988,半地转三段模式边界层运动,气象学报,46,267-275.

[2] Xu, Yinzi and Zhao, M., 1989, The wind field in the nonlinear multilayer planetary boundary layer, Boundary Layer Meteor., 49, 219-230.

[3] Nieuwstadt, F. T. M, 1984, Some aspects of the turbulent stable boundary layer, Boundary Layer Meteor., 30, 31-55.

[4] Mironov, D. V., 1989. Turbulent viscous and resistance law in PBL in case of convection, Paper on physics of atmosphere and ocean, 25,14-19.(in Russian)

[5] Kaimal, J. A., 1976. Turbulence structure in the convective boundary layer, J. Atmos. Sci., 33, 2152-2169.

[6] Tennekes, H., 1973, Similarity laws and scale relation in PBL, in: Workshop on Micrometeorology (ed. by D. A. Haugen), Amer. Mete. Soc., 177-216.

[7] Hicks, B. B. et al., 1981, The Sangamon field experiments: Observations of the diurnal evolution of the PBL over land, ANL/RER-81-1.

[8] Caughey, S. C., Wyngaard, J.C., Kaimal, J. A., 1979, Turbulence in the evolving stable boundary layer, J. Atmos. Sci., 36, 1041-1052.

[9] Nieuwstadt, F. T. M., 1984, The turbulent structure of the stable boundary layer, J. Atmos. Sci., 41, 2202-2216.

[10] 李兴生,1989,稳定大气边界层的湍流结构和相似律,气象学报,47,257-264.

[11] Orlenko, L. R., 1979, The Structure of Atmospheric Boundary Layer, Gidrometeoizdat, 77. (in Russian)

THE EXPRESSIONS FOR THE WIND PROFILES OF FREE CONVECTIVE AND STABLE BOUNDARY LAYERS AND THE PUMPING VELOCITY AT THE TOP OF THE PLANETARY BOUNDARY LAYER

Abstract: Based on recent studies of the turbulent transfer in free convective and stable boundary layers, analytic expressions for wind profiles in these two cases are obtained, the profiles and boundary layer parameters are in agreement with observational characteristics. Furthermore, the analytic expressions for the pumping velocity at the top of the PBL and their relations to some parameters are also derived. The results show that the pumping velocity is connected with stratification and may be explained physically.

Key words: Convection boundary layer; Stable boundary layer; Boundary layer wind profile; Pumping velocity.

3.3 边界层特征参数对边界层顶垂直速度的影响[①]

提　要：本文从正斜压及有层结时的边界度相似理论及阻力定律出发，由边界层顶垂直速度与地面端应力的关系求出了层结、粗糙度、它们的水平梯度及地转风的水平梯度、斜压性对边界层顶垂直速度 w 的影响的解析式，可用于模式计算。计算结果表明层结影响可使 w 差 1—2 个量级，不稳定时粗糙度影响也使 w 差几倍。除地转涡度决定 w 外，地转风、层结稳定度和粗糙度及其水平梯度也起了重要作用，还讨论了斜压性的影响。

关键词：边界层特征参数，边界层顶垂直速度，阻力定律，粗糙度，稳定度参数

1　引言

　　边界层顶垂直速度的研究对边界层与自由大气的相互作用、天气系统的发展等动力学问题关系至关重要。多年来沿用经典的 Charney-Eliassen 公式（以下简称 C-E 公式），它是由边界层运动方程在湍流交换系数为常数的假定下推得的。由于假定简单，除了地转涡度的影响外，不能得到 w 与边界层各种性质，如层结性、粗糙度、斜压性等因素的影响。近代中尺度模式的发展已能对边界层结构作出详细的描述，显然，在计算 w 时简单的 C-E 公式已不能解决问题，建立一个考虑各种因子影响下的计算方法是十分必要的。文献[1]对湍流交换系数采用了近代边界层理论中较详细的参数化方案，求解边界层方程得到 w 除正比于地转涡度外，还与地转风速成正比，并可考虑进去粗糙度的影响，这些结果在物理上是完全合理的。但该工作仅考虑层结为中性，且不计其斜压性的影响，原因是迄今为止，尚无可用于任意层结条件下的边界层风场的解析解（极端情况除外）以计算 w。以前虽然有些工作计入了层结[2]，但对层结的处理过于简单，且主要用于理论研究。通过运动方程由速度场求 w 的一个缺点是由于风速公式中含地转风速 G 及边界层的内参数，当求 $\partial u/\partial x$ 时一般只计入 $\partial G/\partial x$ 而不计其内参数的水平变化，因此仍是不严格的（C-E 公式及文献[1]均如此）。文献[3]使用中性层结时风场的解析解求 w 时计入了内参数的水平变化，结论是内参数的水平变化对 w 影响很小，主要是地转风水平变化的影响，但此结论只适用于中性层结，该工作仍假设层结及粗糙度为水平均一，对非中性层结且其边界层特征有水平变化时的一般情况仍不清楚，因此用求运动方程解析解的方法来找 w 就有相当的局限性。Bernhardt[4] 曾用阻力定律直接求 w，但只限于理论探讨，没有提出用于实际计算的方法，而且稳定度及粗糙度的水平变化，斜压性等影响也未考虑。本文用边界层相似理论和阻力定律的方法，考虑影响

---

　　① 原刊于《大气科学》，1994 年 7 月，18(4)，413 - 422，作者：赵鸣。

边界层结构的各特征参数及其水平变化以及斜压性的影响,给出能适用于气象数值模式的,由气象模式参数(边界层外参数)表示的解析表达式。由于考虑的因子全面,因此项数较多,但物理概念清晰、合理。且由于是显式表达,因而通过各项所代表的物理意义能清楚看出不同因子对 w 的影响。

2 模式

w 与地面湍流应力的关系式是[5]

$$\vec{w} = \frac{1}{f} \nabla \times \vec{\tau}_0 \tag{1}$$

$\vec{\tau}_0$ 是地面水平湍流应力矢量(不计密度),$\vec{\tau}_0 = u_* \vec{u}_*$,$u_*$ 为摩擦速度,是内参数,其与地转风速 G、粗糙度 z_0 和稳定度的关系在边界层的阻力定律中已研究得比较充分,在斜压边界层中也有研究成果。因此可用来研究 w,还能以此研究地转风、稳定度及粗糙度水平不均匀的影响;而用运动方程的解由连续方程求 w 的传统方法就很难讨论上述这些复杂影响。

将 $\vec{u}_*$ 在 $\vec{G}$ 和 $\vec{k} \times \vec{G}$ 为坐标轴的直角坐标中进行分解,$\vec{k}$ 为铅直单位矢量,则

$$\vec{u}_* = \vec{G}\frac{u_*}{G}\cos\alpha + \vec{k} \times \vec{G}\frac{u_*}{G}\sin\alpha \tag{2}$$

α 为地转风与地面应力矢量,即地面风矢量间的夹角。由(1)式得

$$\vec{w} = \frac{1}{f} \nabla \times (c_g^2 G\cos\alpha\,\vec{G} + c_g^2 G\sin\alpha\,\vec{k} \times \vec{G}) \tag{3}$$

其中 $c_g = u_*/G$ 为地转拖曳系数,c_g 和 α 这两个内参数以及外参数 G, z_0 及稳定度(可用外参数表示)的关系已研究得相当充分。

运用矢量微分公式,可将(3)式化为

$$\begin{aligned}\vec{w} &= \frac{1}{f}\big[c_g^2 G\cos\alpha\,\nabla\times\vec{G} + \nabla(c_g^2 G\cos\alpha)\times\vec{G} + c_g^2 G\sin\alpha\,\nabla\times(\vec{k}\times\vec{G}) + \\ &\quad \nabla(c_g^2 G\sin\alpha)\times(\vec{k}\times\vec{G})\big] \\ &= \frac{1}{f}\big(c_g^2 G\cos\alpha\,\nabla\times\vec{G} + c_g^2\cos\alpha\,\nabla G\times\vec{G} + G\nabla(c_g^2\cos\alpha)\times\vec{G} + \\ &\quad c_g^2\sin\alpha(\nabla G\cdot\vec{G})\vec{k} + G\nabla(c_g^2\sin\alpha)\cdot\vec{G}\,\vec{k}\big)\end{aligned} \tag{4}$$

其中运用了地转风矢量的散度为零。(4)式右端第一项正比于地转涡度,即经典结果,该项还正比于 G,与文献[1]一致;系数 $c_g^2\cos\alpha$ 是稳定度,z_0 和 G 的函数,故这些因子的影响在(4)式第一项中已表现出来。经典工作中 w 就只有这一项,而现在多了 4 项,这是由于用解运动方程求 w 的经典方法未考虑内参数的水平变化之故。(4)式中 c_g^2, α 是内参数,下面将用外参数(气象模式中的变量)将其表出以便于实际应用。

　　按 Yordanov 的作法[6]，c_g 和 α 可用外参数 $\mathrm{Ro} = G/fz_0$ 和 $S = (g/T)(\Delta\theta/fG)$ 来计算，Ro 即边界层 Rossby 数，S 为稳定度参数，当 $\mathrm{Ro} \in (10^4 - 10^{10})$，$S \in (-700 \sim 700)$时，有

$$c_g = \sum_{j=0}^{3} \sum_{i=0}^{2} a_k \widetilde{\mathrm{Ro}}^i \widetilde{S}^j \qquad k = 3j + i \tag{5}$$

$$\alpha = \sum_{j=0}^{3} \sum_{i=0}^{2} b_k \widetilde{\mathrm{Ro}}^i \widetilde{S}^j \tag{6}$$

S 中 $\Delta\theta$ 为边界层顶底间位温差，可以由气象模式预报出，为外参数，故由 $\Delta\theta, G, f, z_0$ 即可求内参数 c_g 和 α，(5)式和(6)式中 $\widetilde{\mathrm{Ro}} = \lg\mathrm{Ro}$，$\widetilde{S} = S/1\,000$，系数 a_k 和 b_k 见文献[6]。

　　下面将推导 $\nabla(c_g^2 \cos\alpha)$ 和 $\nabla(c_g^2 \sin\alpha)$。由阻力定律式[5]

$$\sin\alpha = c_g \frac{A(\mu)}{\kappa} \tag{7}$$

直接得

$$c_g^2 \cos\alpha = c_g^2 \sqrt{1 - c_g^2 \frac{A^2(\mu)}{\kappa^2}} \tag{8}$$

其中 $A(\mu)$ 是已知相似性函数，$\mu = \kappa u_* / fL$ 为稳定度内参数，L 为 Monin-Obukhov 长度，κ 为 Karman 常数。

　　对(8)式取对数再作梯度运算：

$$\nabla(c_g^2 \cos\alpha) = c_g^2 \cos\alpha \left[(2 - p) \frac{\nabla c_g}{c_g} - q \nabla\mu \right] \tag{9}$$

其中

$$p = \frac{1}{\dfrac{1}{c_g^2} \dfrac{\kappa^2}{A^2} - 1}, \qquad q = \frac{p}{A} \frac{\mathrm{d}A}{\mathrm{d}\mu} \tag{10}$$

(9)式中含 $\nabla\mu$，且 ∇c_g 中也含有稳定度，z_0 及 G 等因子的水平变化。于是稳定度，z_0 及 G 等的水平变化就此被引入。

　　现在看 ∇c_g，由阻力定律另一表达式[5]

$$\ln\mathrm{Ro} = B(\mu) - \ln c_g + \sqrt{\frac{\kappa^2}{c_g^2} - A^2(\mu)} \tag{11}$$

其中 $B(\mu)$ 为另一已知相似性函数，可得

$$\frac{\nabla G}{G} = \frac{1}{f} \nabla f - \frac{1}{z_0} \nabla z_0$$

$$= -\frac{\nabla c_g}{c_g} \left(1 + \frac{\kappa^2}{c_g^2 A} \sqrt{p} \right) - \left(A \frac{\mathrm{d}A}{\mathrm{d}\mu} \frac{1}{\sqrt{\dfrac{\kappa^2}{c_g^2} - A^2}} - \frac{\mathrm{d}B(\mu)}{\mathrm{d}\mu} \right) \nabla\mu \tag{12}$$

在通常情况下,设 z_0 和 G 在 10^6 m 量级的距离上变化的数量等于其自身的大小,即 $O\left(\dfrac{\nabla z_0}{z_0}\right) = 10^{-6}$, $O\left(\dfrac{\nabla G}{G}\right) = 10^{-6}$, 而在中纬地区,$O\left(\dfrac{\nabla f}{f}\right) = 10^{-7}$, 故在(12)式中可略去 $\nabla f / f$, 有

$$m \frac{\nabla c_g}{c_g} = -\zeta \nabla \mu - \frac{\nabla G}{G} + \frac{\nabla z_0}{z_0} \tag{13}$$

其中

$$m = 1 + \frac{\kappa^2}{c_g^2 A}\sqrt{p} \qquad \zeta = \frac{dA}{d\mu}\sqrt{p} - \frac{dB}{d\mu} \tag{14}$$

将(13)式代入(9)式得

$$\nabla(c_g^2 \cos\alpha) = c_g^2 \cos\alpha \left\{ (2-p)\left[-\frac{\nabla G}{mG} + \frac{\nabla z_0}{mz_0} \right] + \left[(p-2)\frac{\zeta}{m} - q \right] \nabla\mu \right\} \tag{15}$$

(15)式右端 $c_g^2 \cos\alpha$ 已用外参数表达,但在 $\nabla\mu$ 中仍含内参数,且在 p, ζ 中也含内参数 μ, 若将 μ 用外参数表示,则(15)右端即可全部用外参数计算。

仍用 Yordanov 的结果[6], 得

$$\mu = \begin{cases} \displaystyle\sum_{i=0}^{3}(c_i \widetilde{\mathrm{Ro}}^i) S & S < 0 \\ 0.147 S & S > 0 \end{cases} \tag{16}$$

系数 c_i 见文献[6], 由(16)式,当 $S < 0$, 可求出

$$\frac{\nabla\mu}{\mu} = \frac{0.43 c_1 \dfrac{\nabla\mathrm{Ro}}{\mathrm{Ro}} + 2.043 c_2 \lg\mathrm{Ro}\dfrac{\nabla\mathrm{Ro}}{\mathrm{Ro}} + 3.043(\lg\mathrm{Ro})^2\dfrac{\nabla\mathrm{Ro}}{\mathrm{Ro}}}{\displaystyle\sum_{i=0}^{3} c_i \widetilde{\mathrm{Ro}}^i} + \frac{\nabla S}{S} \tag{17}$$

取长度尺度 10^6 m, 在 z_0 水平变化不是很大的海上或陆上,可认为 $O\left(\dfrac{\nabla\mathrm{Ro}}{\mathrm{Ro}}\right) \sim O\left(\dfrac{\nabla S}{S}\right) \sim 10^{-6}$, 根据文献[6]的 c_i 数值及 Ro 的大小可证明(17)式右端第一项相对于第二项可忽略,于是有

$$\frac{\nabla\mu}{\mu} = \frac{\nabla S}{S} \tag{18}$$

而当 $S > 0$ 时,则可由(16)式直接得(18)式。对于 z_0 水平梯度很大的情况,将在后面讨论。

这样,(15)式成为

$$\nabla(c_g^2 \cos\alpha) = c_g^2 \cos\alpha \left\{ (2-p)\left(-\frac{\nabla G}{mG} + \frac{\nabla z_0}{mz_0} \right) + \left[(p-2)\frac{\zeta}{m} - q \right]\frac{\mu}{S}\nabla S \right\} \tag{19}$$

至此,我们已全部用外参数来表达 $\nabla(c_g^2 \cos\alpha)$。

由(7)式可得

$$\frac{\nabla (c_g^2 \sin \alpha)}{c_g^2 \sin \alpha} = \frac{3}{c_g} \nabla c_g + \frac{\frac{\mathrm{d}A}{\mathrm{d}\mu} \nabla \mu}{A} \tag{20}$$

再用(13)、(18)式得

$$\nabla (c_g^2 \sin \alpha) = c_g^2 \sin \alpha \left[3\left(-\frac{\nabla G}{mG} + \frac{\nabla z_0}{mz_0} \right) + \left(\eta - \frac{3\zeta}{m} \right) \frac{\mu}{S} \nabla S \right] \tag{21}$$

其中

$$\eta = \frac{1}{\eta} \frac{\mathrm{d}A}{\mathrm{d}\mu} \tag{22}$$

故(21)式右端亦已全部由外参数表示。对于 $A(\mu), B(\mu)$，我们用文献[6]的结果，并以此推导 $\mathrm{d}A(\mu)/\mathrm{d}\mu, \mathrm{d}B(\mu)/\mathrm{d}\mu$，则

$$\left. \begin{aligned} A &= \frac{10}{\sqrt{|\mu|}}, B = \ln |\mu| - \frac{4.2}{\sqrt{|\mu|}} + 0.4 \\ \frac{\mathrm{d}A}{\mathrm{d}\mu} &= \frac{5}{|\mu|^{3/2}}, \frac{\mathrm{d}B}{\mathrm{d}\mu} = -\frac{1}{|\mu|} - \frac{2.1}{|\mu|^{3/2}} \end{aligned} \right\} \quad \mu < 0 \tag{23}$$

$$\left. \begin{aligned} A &= 2.6\sqrt{\mu}, B = \ln \mu - 2.6\sqrt{\mu} - 0.7 \\ \frac{\mathrm{d}A}{\mathrm{d}\mu} &= \frac{1.3}{\sqrt{\mu}}, \frac{\mathrm{d}B}{\mathrm{d}\mu} = \frac{1}{\mu} - \frac{1.3}{\sqrt{\mu}} \end{aligned} \right\} \quad \mu > 0 \tag{24}$$

现在(4)式成为

$$\vec{w} = \frac{1}{f} \Big\{ c_g^2 \cos \alpha G \nabla \times \vec{G} + c_g^2 \cos \alpha \nabla G \times \vec{G} +$$

$$G c_g^2 \cos \alpha \left[(2-p)\left(-\frac{\nabla G}{mG} + \frac{\nabla z_0}{mz_0} \right) + \left((p-2)\frac{\zeta}{m} - q \right) \frac{\mu}{S} \nabla S \right] \times \vec{G} +$$

$$c_g^2 \sin \alpha (\nabla G \cdot \vec{G}) \vec{k} + G c_g^2 \sin \alpha \left[3\left(-\frac{\nabla G}{mG} + \frac{\nabla z_0}{mz_0} \right) + \left(\eta - \frac{3\zeta}{m} \right) \frac{\mu}{S} \nabla S \right] \cdot \vec{G} \vec{k} \Big\} \tag{25}$$

(25)式再经过合并整理可写成下面几个分量之和：

$$\vec{w} = \vec{w_1} + \vec{w_2} + \vec{w_3} + \vec{w_4} + \vec{w_5} + \vec{w_6} + \vec{w_7}$$

$$= \frac{1}{f} \{ c_g^2 \cos \alpha G \nabla \times \vec{G} + c_g^2 \cos \alpha \sigma \nabla G \times \vec{G} + c_g^2 \sin \alpha \psi \nabla G \cdot \vec{G} \vec{k} +$$

$$G c_g^2 \cos \alpha \varphi \nabla z_0 \times \vec{G} + G c_g^2 \sin \alpha \gamma \nabla z_0 \cdot \vec{G} \vec{k} + G c_g^2 \cos \alpha \lambda \frac{\mu}{S} \nabla S \times \vec{G} +$$

$$G c_g^2 \sin \alpha \xi \frac{\mu}{S} \nabla S \cdot \vec{G} \vec{k} \} \tag{26}$$

其中

$$\left.\begin{array}{l} \sigma = 1 + \dfrac{p-2}{m}, \psi = 1 - \dfrac{3}{m}, \varphi = \dfrac{2-p}{mz_0}, \gamma = \dfrac{3}{mz_0}, \\[2mm] \lambda = (p-2)\dfrac{\zeta}{m} - q, \xi = \eta - \dfrac{3\zeta}{m} \end{array}\right\} \tag{27}$$

(26)式中 w_1 即是经典结果,由地转涡度产生,并同时与 G 成正比,其系数 $c_g^2 \cos \alpha$ 受稳定度及粗糙度影响;w_2 和 w_3 是由地转风的梯度产生,反映了内参数 u_* 的水平变化,在经典工作及文献[1]中均未计及。w_4 和 w_5 是由粗糙度的水平变化产生。w_6 和 w_7 是稳定度的水平变化引起,由于 z_0 和 S 都影响边界层结构,影响风场,故其水平非均匀必然引起水平风场的梯度,产生 w。已知气压场以及稳定度 S 和 z_0 的水平分布(它们可由气象模式提供),即可由(26)式计算 w。由(26)式还可看出,w_1 至 w_7 均受稳定度及粗糙度的影响。

3　实例计算

从(26)式可见,各 w 的组成部分中参数由于变化范围很大,因此 w 各组成部分变化也很大,为看出典型 w 的大小和特征,我们进行一些个例计算,稳定度、粗糙度、地转风等取代表性数值。例如稳定度、粗糙度各取代表较强的稳定及不稳定以及代表陆地和海洋的数值。具体说 S 取 ± 400,z_0 分别取 10^{-4}m(代表海)和 0.05 m(代表平坦陆地),而 S 和 z_0 介于上述两个数值之间的情况便可间接推断出来。气压场取气旋,这是一种典型的天气形势。因此虽然计算是个例,但可窥见 w 特征的大致情况。设气旋的无量纲位势场偏差是

$$\varphi = -\left(1 - \frac{a}{2}r^2\right)e^{-\frac{a}{2}r^2} \tag{28}$$

r 为无量纲半径,$a = 0.5$,设长度尺度 $L = 10^6 \text{m}$,$f = 10^{-4} \text{s}^{-1}$,速度尺度 $V = 13 \text{ ms}^{-1}$,由于个例计算是较强的稳定和不稳定,此时风速不应太大,上述 V 值即为此目的而设,这样得到的 G 值在 $r = 0.4, 0.6, 0.8$ 和 1.0 处分别为 $4.9, 6.8, 8.1, 8.8$ m/s,研究气旋中沿纬圈方向半径上各点的 w 场,即 X 轴上的 w 场,由(28)式可得

$$G = arV\left(2 - \frac{ar^2}{2}\right)e^{-ar^2/2}$$

得到 $\partial G / \partial r$ 后可计算出

$$\nabla \times \vec{G} = \left(\frac{G}{r} + \frac{\partial G}{\partial r}\right)\vec{k}$$

再设 ∇z_0 和 ∇S 沿 X 轴,有

$$\nabla G \times \vec{G} = G\frac{\partial G}{\partial r}\vec{k}, \nabla G \cdot \vec{G} = 0, \nabla S \times \vec{G} = \frac{\partial S}{\partial x}G\vec{k},$$

$$\nabla z_0 \times \vec{G} = \frac{\partial z_0}{\partial x}G\vec{k}, \nabla S \cdot \vec{G} = 0, \nabla z_0 \cdot \vec{G} = 0$$

故(26)中 $w_3 = w_5 = w_7 = 0$，图 1a 至图 1d 是在前述两个 S 值和两个 z_0 值下，在 $r = 0.4$ 至 $r = 1$ 间 w_1, w_2, w_4, w_6 及 w 的分布，$\partial z_0/\partial x$ 和 $\partial S/\partial x$ 取值见图 1 的说明。

由图可见，不论何种层结及 z_0 大小，各半径处均是 w_1 最大，经典工作只有地转涡度这一项，因此经典公式还是说明了 w 的主要部分。但本文区分了稳定度和粗糙度的影响，从各 w 分量看，稳定层结时 z_0 影响不大，即层结因子占有主导地位；但不稳定时，由于存在较强的湍流，z_0 不同可导致 w 相差几倍，z_0 大则 w 大。层结变化的影响则比 z_0 变化的影响大得多，在相同 z_0 下，不稳定层结能比稳定时 w 大一个量级，这是由于热力湍流随不稳定度增加而明显增强之故，再看 w_1 本身，从图 1a 中 ζ_g 曲线，可见 ζ_g 随 r 减少而增加，但 w_1 并不随 r 的减少而单调增加，在 $r = 0.4$ 处反而降，这是因 w_1 除正比于 ζ_g 外，还正比于 $G, r = 0.4$ 处，小的 G 值使 w_1 小于 $r = 0.6$ 处。这在经典的 C-E 公式中得不出如此精细的结果。

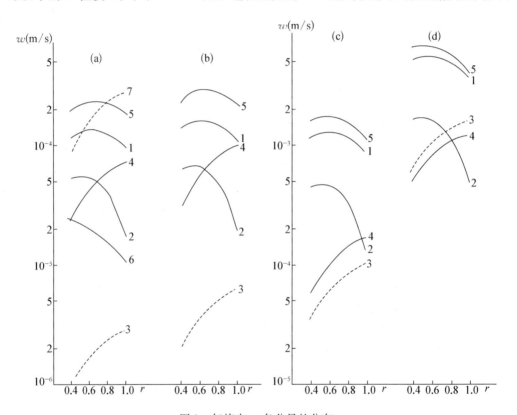

图 1　气旋中 w 各分量的分布

$\partial z_0/\partial x = -10^{-7}$(陆)，$\partial z_0/\partial x = -10^{-10}$(海)，$\partial S/\partial x = -5 \times 10^{-4}$ m^{-1}，虚线表示 $w < 0$

(a)$z_0 = 10^{-4}$ m,$S = 400$；(b) $z_0 = 0.05$ m,$S = 400$；(c) $z_0 = 10^{-4}$ m,$S = -400$；(d) $z_0 = 0.05$ m,$S = -400$

曲线 1，w_1；曲线 2，w_2；曲线 3，w_4；曲线 4，w_6；曲线 5，w；曲线 6 为 ζ_g(图 1a)；曲线 7，$|\nabla z_0|$ 大时的 w_4(图 1a)

若不计 z_0 和 S 的水平变化，则除 w_1 外，就是由内参数水平分布不均引起的 w_2，在 ζ_g 小时，它比 w_1 小好几倍，但 ζ_g 较大时，只比 w_1 小 2—3 倍。不同稳定度均有此性质，因此文献[3]所得到的内参数水平变化引起的 w 可忽略的结论应只适用于 ζ_g 不大时的结果。若计入 z_0 和 S 的水平变化，即 w_4 和 w_6，则 w_6 可以达到与 w_2 同量级的大小（视稳定度不同而异）。本例中 w_4 较小是因 $|\nabla z_0|/z_0$ 取得较小（只考虑单纯的海或陆），现在来看当

$|\nabla z_0|$ 较大时的情况,例如在海陆交界附近,$|\nabla z_0|$ 较大,此时(18)式在不稳定时需作改变。此时(17)式右端第一项不再能略去,从(17)式得 $S < 0$ 时,则

$$\frac{\nabla \mu}{\mu} = \rho \frac{\nabla \text{Ro}}{\text{Ro}} + \frac{\nabla S}{S} \qquad (29)$$

此处

$$\rho = \frac{0.43c_1 + 0.86c_2 \lg \text{Ro} + 1.29c_3 (\lg \text{Ro})^2}{\sum_{i=0}^{3} c_i \widetilde{\text{Ro}}^i} \qquad (30)$$

以(29)式替换以前推导中的 $\dfrac{\nabla \mu}{\mu}$,则仍得(26)式,有

$$\begin{aligned} &\sigma = 1 + \frac{p-2}{m} + \left[(p-2)\frac{\zeta}{m} - q \right]\mu\rho, \quad \psi = 1 - \frac{3}{m} + \left(\eta - \frac{3\zeta}{m} \right)\mu\rho, \\ &\varphi = \frac{2-p}{mz_0} - \left[(p-2)\frac{\zeta}{m} - q \right]\mu\rho, \quad \gamma = \frac{3}{mz_0} - \left(\eta - \frac{3\zeta}{m} \right)\frac{\mu\rho}{z_0} \end{aligned} \right\} \qquad (31)$$

即 $w_2 - w_5$ 均有改变。仍用图 1a 中的例,$z_0 = 10^{-4}$ m 代表海上,但 $|\nabla z_0|$ 加大两个量级,即 $\partial z_0/\partial x = -10^{-8}$,则 w_4 算出如图 1a 中的曲线 7,可见此时 $|w_4|$ 变大了两个量级左右,在 w 中占有最主导地位,使总 w 产生巨大改变,甚至符号变化。因此在 z_0 梯度特大的地区,由 z_0 梯度引起的 w 将是主要项,必须予以考虑。

若图 1 的例中 ∇z_0 与 ∇S 方向相反,则相应的 w_4 及 w_6 将反号。若 ∇z_0 和 ∇S 指向南,则 $w_4 = w_6 = 0$,但 w_5 和 w_7 存在,而 w_5 和 w_7 分别与 w_4 及 w_6 有相同量级或相差不大,此处不再叙述。

上例中 z_0 陆上取 0.05 m 代表平坦地面,某些下垫面如森林、起伏地面其有效 z_0 要大得多。我们对图 1 的例计算了 $z_0 = 1$ m 的情况。结果与前面的陆地上的计算特征相同,在稳定时 w 仅比 $z_0 = 0.05$ m 时略大一点,但不稳定时 $z_0 = 1$ m 的 w 可比 $z_0 = 0.05$ m 时大 2—3 倍,达到 1—2 cm/s 的量级。

图 1 的计算例中,地转风取值不大,在大值 G 时,虽然此时层结趋近中性,但由于风大了,ζ_g 及 G 均大,因而 w 同样可以有较大数值。此处不再详述。

对于反气旋情况,地转风方向与气旋时相反,由(26)可见,w 与气旋相比,大小相等而方向相反。

以上的例子是 w_1 占有主导地位的情况,也有 w_1 不是主要的例子,例如在等位势线是双曲线的变形场中 $\zeta_g = 0$,$w_1 = 0$,但此时由于(26)中还有其他项,即使不计稳定度和粗糙度的梯度,w 也仍然存在,但经典工作就得出 $w = 0$,由此也可见到本模式的优越性。实际的气压场千变万化,本节个例当然不能包括所有特征,(26)式的解析形式可以直接研究不同气压场及边界层参数对 w 的影响。

4   斜压影响

上面讨论的均为正压情况,斜压边界层在给定 G(地面地转风)、z_0 及 S 等外参数后,其

c_g, α, μ 等内参数均不同于正压时,故 w 将与正压时不同。我们将用外参数和斜压参数来求 w,公式仍为(26)式,设给定斜压参数为

$$\eta_x = -\frac{g\kappa^2}{\theta f^2}\frac{\partial\theta}{\partial y'}, \qquad\qquad \eta_y = \frac{g\kappa^2}{\theta f^2}\frac{\partial\theta}{\partial x'} \qquad\qquad (32)$$

κ 为 karman 常数,x' 为沿地面风方向的坐标轴,按斜压边界层阻力定律[7],此时仍有(7)和(11)式,但 $A(\mu)$ 和 $B(\mu)$ 变为斜压参数 η_x 与 η_y 的函数,按文献[7]

$$A(\mu) = A_0(\mu) - \frac{\eta_x - \eta_y}{2A_0(\mu)}, \qquad\qquad B(\mu) = B_0(\mu) + \frac{\eta_x + \eta_y}{2A_0(\mu)} \qquad (33)$$

A_0, B_0 是正压时数值,前面已给,故只要知道 $\partial\theta/\partial x'$ 和 $\partial\theta/\partial y'$,即可求斜压时 A, B,再由(7),(11)式求 c_g, α。x' 指向地面风向,其与地转风向夹角 α 正是待求量。设已知沿地转风向的 $\partial\theta/\partial x$(设 x 轴沿地转风向)以及 $\partial\theta/\partial y$,我们可用类似文献[8]中的方法用逐步逼近法求出各内参数,即先设定一合适的 α 值,再由坐标变换从 $\partial\theta/\partial x$ 和 $\partial\theta/\partial y$ 找出 $\partial\theta/\partial x'$ 和 $\partial\theta/\partial y'$,从而知 η_x 与 η_y,由(33)得 A 和 B,由(11)式和下式联立求 c_g 及 μ:

$$\mu = k^3 S c_g^{-1}[\ln(\mathrm{Ro}\cdot c_g) - C(\mu)]^{-1} \qquad\qquad (34)$$

其中 S 和 Ro 为已知输入外参数,$C(\mu)$ 见文献[6]:

$$C(\mu) = \ln|\mu| - \frac{4.2}{\sqrt{|\mu|}} + 3.2 \qquad\qquad \mu < 0 \qquad\qquad (35a)$$

$$C(\mu) = \ln\mu - 3.9\sqrt{\mu} - 1.3 \qquad\qquad \mu > 0 \qquad\qquad (35b)$$

求出 c_g 和 μ 后,由(7)式求新 α,再求新 $\partial\theta/\partial x'$ 和 $\partial\theta/\partial y'$…重复,直至收敛,即得斜压时 c_g,α, μ 等,再从(26)式得 w,因 A 和 B 已不同,故 $\mathrm{d}A/\mathrm{d}\mu$ 与 $\mathrm{d}B/\mathrm{d}\mu$ 亦相应变为

$$\frac{\mathrm{d}A}{\mathrm{d}\mu} = \frac{\mathrm{d}A_0}{\mathrm{d}\mu} + \frac{\eta_x - \eta_y}{2A_0^2}\frac{\mathrm{d}A_0}{\mathrm{d}\mu} \quad \frac{\mathrm{d}B}{\mathrm{d}\mu} = \frac{\mathrm{d}B_0}{\mathrm{d}\mu} - \frac{\eta_x + \eta_y}{2A_0^2}\frac{\mathrm{d}B_0}{\mathrm{d}\mu} \qquad (36)$$

斜压时 G 是随高度变的,斜压边界层阻力定律中 c_g 中的 G 及 α 等均是取地面值,因此(26)式中 $G, \nabla G, \nabla\times\vec{G}$ 等均用地面值。显然,热成风的取向和大小决定了斜压的影响大小。个例计算说明当热成风与地面地转风同向时,因湍流略有增强,w 要比正压时大些。但总的说来斜压影响比起稳定度,粗糙度的影响都小,与正压时的差别并不大,在一级近似情况下,可不计斜压影响。稳定时因 w 本来就小,故斜压影响更弱。

5　结语

本文基于 w 与地面应力的关系,推导了用宏观气象参数计算边界层顶垂直速度的公式,计入了层结,粗糙度,其水平梯度、斜压性等的影响,结果合理,可应用于模式计算,而传统的用边界层方程解由连续方程积分的方法却无法计入这么多的因子的影响,这是本文方

法的优点和特点。前人经典工作只有地转涡度项,本文证明由内参数水平变化引起的部分在涡度大时不能忽路,而由稳定度和粗糙度水平变化引起的部分也达到了与内参数水平变化部分相当的大小,而当粗糙度梯度大时,其产生的 w 甚至很重要。各分量都受稳定度与粗糙度响,一般愈不稳定,粗糙度愈大则 w 愈大。

参考文献

［1］Zhao Ming, 1987, On the parameterization of the vertical velocity at the top of PBL, Adv. Atmos. Sci., 4, 233 - 239.

［2］徐银梓,赵鸣,1988,半地转三段 K 模式边界层运动,气象学报,46,267 - 375.

［3］赵鸣,1990,大地形上边界层场的动力学研究,气象学报,48,404 - 414.

［4］Bernhardt, K., 1970, Der ageostrophische Massenfluss in der Bodenreibungsschicht bei beschleungigungsfreier Stromung, Zeit. Mete., 21,259 - 279.

［5］Zilitinkevich, S. S., 1970, Dynamics of atmospheric boundary layer, Gidrometeoizdat, 143, 153.(in Russian)

［6］Yordanov, D., Sytakov, D. and Djolov, G., 1983, A barotropic PBL, Boundary Layer Meteorol., 25, 363 - 373.

［7］Yordanov, D. L., 1976, On the universal function in the resistance law of PBL, Papers on physics of atmosphere and ocean, 12, 769 - 771.(in Russian)

［8］赵鸣,1989,大气运动的动能在湍流边界层中的耗散,气象学报,47,348 - 353.

EFFECTS OF BOUNDARY LAYER CHARACTERISTIC PARAMETERS ON THE VERTICAL VELOCITY AT THE TOP OF PLANETARY BOUNDARY LAYER

Abstract: By using the similarity theory and resistance law of PBL in barotropic and baroclinic conditions, we have derived a formula for the vertical velocity w at the top of the PBL which includes the effects of stratification, roughness, their horizontal gradients, the gradient of geostrophic wind speed and baroclinity based on the relation between w and eddy stress in the surface layer. The equation can be used in the model computation. The results show that the effects of the stratification can change w by one or two orders of magnitude; the effect of the roughness during unstable conditions can change w by several times; the horizontal gradients of the geostrophic wind, stratification parameter and the roughness all may contribute to the w, besides geostrophic vorticity. The effect of baroclinity is also discussed.

Key words: characteristic parameters for PBL; the vertical velocity at the top of PBL; resistance law; roughness length; stability parameters.

3.4 ON THE COMPUTATION OF THE VERTICAL VELOCITY AT THE TOP OF PBL IN LOW LATITUDE AREAS[①]

Abstract: This paper suggests a method to compute the vertical velocity at the top of PBL in low latitude areas by use of the wind data on(sea) surface and some characteristics of the vertical velocity are shown. The results show the important roles played by the inertial forces and β effect.

Key words: vertical velocity on top of PBL, low latitude, sea surface wind.

1 INTRODUCTION

The vertical velocity at the top of the planetary boundary layer of the atmosphere is an important parameter that determines the exchange among various physical quantities between the PBL and the free atmosphere. Research in this respect has been mainly decided by the geostrophic wind field that is based on the boundary layer model being free of the effects of inertial force, whether the Charney-Eliassen(C-E) formula, derived from the classic Ekman solution, or the similarity theory for the boundary layer(Zhao, 1994), is used. The methods are generally applicable to mid-latitudes. In low latitudes, it is more difficult to determine the geostrophic winds due to smaller geostrophic parameters and pressure gradient. The use of the methods prove to be ineffective for motions especially in low latitudes where the inertial force is comparable with other forces. Additionally, the β effect is obvious there that it is necessary to study its effects on vertical velocity at the top of boundary layer. In contrast to mid-latitudes, the work seems more significant for low latitudes where the cumulus convection plays a vital role in the synoptic development there. For the current treatment, the cumulus convection is derived through the computation of the amount of water vapour flowing into the free atmosphere from the boundary layer on basis of the pumping effects at the top of the boundary layer. In the meteorology for low latitudes, the importance of computing the velocity is not emphasized because of the persistent, wide use of the C-E formula in the study of low latitude convection by cumulus and of some other problems in the field of low-latitude dynamics. It is attempted in this paper that the surface rather than geostrophic winds are used to compute the vertical

① 原刊于《Journal of Tropical Meteorology》,1997 年 12 月,3(2),202 - 207,作者:赵鸣。

velocity at the top of the layer, taking into account in the meantime the inertial and β effects. A number of relevant characteristics are obtained. The surface winds here follow the conventional value at the height of 10 m and especially denote that over the sea since the low-latitude is dominated by the ocean.

2　DERIVATION OF FORMULA

Generally, the vertical velocity at the top of the boundary layer is derived in the continuity equation using the solutions of the motion equation for PBL, like the Charney-Eliassen formula. A negative aspect involved in this method is that the result is much dependent upon the form of coefficient of turbulent exchange. The derivation here is done directly by the stress from the vertical integration rather than the solutions, concerning the PBL motion equations. Neglecting the inertial force, the equilibrium equations involving the pressure gradient, frictional, and Coriolis forces are shown in:

$$\frac{d\tau_x}{dz} + f(v - v_g) = 0 \tag{1}$$

$$\frac{d\tau_y}{dz} - f(u - u_g) = 0 \tag{2}$$

where τ_x, τ_y are the turbulent shearing stress in x, y directions, u_g, v_g are the geostrophic components. with the x axis pointing to the east and y axis the north. Eq. (2) is differentiated respect to x with subtraction of differentiation of Eq. (1) with respect to y before integration over the height from the ground surface to the top of the boundary layer. Considering that $w = 0$ at the surface and the stress equals to zero at the top, the vertical velocity then(in the continuity equations) becomes

$$\vec{w}_h = \frac{1}{f} \nabla \times \vec{\tau}_0 + \frac{\beta \tau_{x0}}{f^2} \vec{k} \tag{3}$$

$$w_h = \frac{1}{f} \left(\frac{\partial \tau_{y0}}{\partial x} - \frac{\partial \tau_{x0}}{\partial y} \right) + \frac{\beta \tau_{x0}}{f^2} \tag{4}$$

the subscript "0" denotes the value at the surface. Though the incompressible equation of continuation is used in the derivation of Eq. (3), the shape of the wind profile within the boundary layer is needless to know, i. e. relevant model is not required. If the β effects are negligible, Eq. (4) becomes the form widely cited in documentation. The surface shearing stress τ_{x0}, τ_{y0} can be expressed by the ground(and sea) surface winds. The formula seeking w_h by winds at ground(and sea) surface is derived by use of Eq. (4). Generally, the inertial force is introduced to Eqs. (1) and(2) so that

$$\frac{\partial u}{\partial t} + u \frac{\partial u}{\partial x} + v \frac{\partial u}{\partial y} - \frac{\mathrm{d}\tau_x}{\mathrm{d}z} - f(v - v_g) = 0 \tag{5}$$

$$\frac{\partial v}{\partial t} + u \frac{\partial v}{\partial x} + v \frac{\partial v}{\partial y} - \frac{\mathrm{d}\tau_y}{\mathrm{d}z} + f(u - u_g) = 0 \tag{6}$$

where vertical advection is omitted for approximation. First of all, the term of inertial force is linearized. According to the PBL theory(Zilitinkevich, 1970), the angle of intersection is usually small between the surface winds and upper limit of PBL for low-latitude sea surface; observations show that there is a mixed layer in the PBL in which the potential temperature varies over a mild range (Krishnamurti, 1987); strong turbulent mixing restrains the variation of winds with height in PBL above surface layer and to a more remarkable extent over body of warm water(Bond, 1992). In this work, the vertical mean of $\bar{u}$, $\bar{v}$ of the horizontal velocity of winds at the height range of PBL are used to replace the advection velocity in Eqs.(5) and(6) for linearization. Then, the procedure deriving the vorticity equation is applied to Eqs.(5) and(6), the linearized vorticity equation containing the terms of stress, is integrated from $z = 0$ to $z = h$ (PBL top). Applying the equation of continuity, we obtain the vertical velocity at the top of PBL

$$w_h = \frac{\dfrac{\partial \tau_{y0}}{\partial x} - \dfrac{\partial \tau_{x0}}{\partial y}}{f + \bar{\zeta}} + \frac{h \dfrac{\mathrm{d}\bar{\zeta}}{\mathrm{d}t}}{f + \bar{\zeta}} + \frac{\beta h}{f(f + \bar{\zeta})} \frac{\mathrm{d}\bar{u}}{\mathrm{d}t} + \frac{\beta \tau_{x0}}{f(f + \bar{\zeta})} \tag{7}$$

where $\bar{\zeta} = \dfrac{1}{h} \displaystyle\int_0^h \zeta \mathrm{d}z$ is the mean velocity of PBL as in

$$\frac{\mathrm{d}\bar{\zeta}}{\mathrm{d}t} \equiv \frac{\partial \bar{\zeta}}{\partial t} + \bar{u} \frac{\partial \bar{\zeta}}{\partial x} + \bar{v} \frac{\partial \bar{\zeta}}{\partial y} \qquad\qquad \frac{\mathrm{d}\bar{u}}{\mathrm{d}t} \equiv \frac{\partial \bar{u}}{\partial t} + \bar{u} \frac{\partial \bar{u}}{\partial x} + \bar{v} \frac{\partial \bar{u}}{\partial y}$$

In Eq.(7), the first and fourth terms correspond to Eq.(4) that is free of the inertial force but with the denominator changed to $f + \zeta$. For areas outside the low latitudes, $\bar{\zeta}$ is much smaller than f in the denominator of Eq.(7) so that sum of the first and fourth terms corresponds to Eq.(4). Apparently, the introduction of $\bar{\zeta}$ in the terms accounts for the inertial force. The identical order of magnitude for f and $\bar{\zeta}$ shown for low latitudes suggests the same thing between the inertial force and the frictional term. Apart from it, the inertial force is also present in the second and third terms of Eq.(7).

Treating τ_{x0}, τ_{y0} in Eqs.(7) and(4) with simple parameterization yields

$$\vec{\tau}_0 = C_D V \vec{V} \tag{8}$$

where C_D is the drag coefficient, $V = \sqrt{u^2 + v^2}$ is the total wind velocity at ground(and sea) surface. Then,

$$\tau_{x0} = C_D u V \qquad\qquad \tau_{y0} = C_D v V \tag{9}$$

C_D can be simplified as constant or, with more complicated situation, set as the function of stratification and wind velocity. As stratification parameter is not readily available at the near-surface layer, C_D is set as constant of 1.3×10^{-3}, to be exactly, according to the latest data(Hedde, 1994). Substituting Eq.(9) into(7) or(4) leads to solution of the first and fourth terms in Eq.(7) using the distribution of ground(and sea) surface wind while the second and third terms, inaccurately accessed, are estimated based on the same distribution. Since the vertical mean winds are, as illustrated above, already linearized in the PBL at low latitudes, the second and third terms in Eq.(7) can be estimated by neglecting the angle of intersection between the vertical mean winds and ground(or sea) surface winds and approximating the vertical mean winds of the PBL. The wind velocity at the sea surface is generally about 70% of that at the upper limit of the PBL(Zhao,1987). The surface wind is estimated to be around 85% of the mean wind in PBL. It is, therefore, possible to estimated the vertical mean winds of the PBL given the direction and velocity at the surface of ground(and sea) and further on to determine the second and third terms and $\bar{\zeta}$, with values being inaccurate but right in the order of magnitudes.

3　COMPUTATIONAL EXAMPLE AND RESULTS WITHOUT ACCOUNT OF INERTIAL FORCE

As an example of computation, the first step is to set in a constant easterly flow, or $v=0$, in which the wind velocity acts only as the function of y. Thus, the inertial force is made zero so that Eq.(4) is applicable. From Eqs.(4) and(9), we get

$$w_h = \frac{C_D}{f}\left(\frac{\partial vV}{\partial x} - \frac{\partial uV}{\partial y}\right) + \frac{\beta C_D uV}{f^2} \tag{10}$$

As a particular case, w_h at $10°$N is computed with the assumption of $u=-8$ m/s. $\partial u/\partial y = \pm 10^{-5}\,\mathrm{s}^{-1}$, and as $f = 2.5 \times 10^{-5}\,\mathrm{s}^{-1}$, $\beta = 2.2 \times 10^{-11}\,\mathrm{s}^{-1}\mathrm{m}^{-1}$, the result may be derived from Eq.(10) as in

$$w_h = \pm \frac{2C_D}{f}u\frac{\partial u}{\partial y} - \frac{\beta C_D u^2}{f^2} = \begin{cases} -1.12 \times 10^{-2}\ \mathrm{m/s} \\ 5.4 \times 10^{-3}\ \mathrm{m/s} \end{cases}$$

Specifically, when $\partial u/\partial y > 0$, or, the easterly decreases towards the north to display anticyclonic vortex, $w_h < 0$; $w_h > 0$ otherwise. Of the contribution, the β term always enables $w_h < 0$ while the westerly makes $w_h > 0$ hold without exception.

With the same vorticity, the small measure of f at the low latitudes always increases the absolute value of w_h, which decreases accordingly as the wind velocity becomes small. For the particular case shown above, the first term is about 2 to 3 times larger than the second one in Eq.(10). It is clear, therefore, that the β effects cannot be neglected in low latitudes.

4　COMPUTATIONAL EXAMPLE AND RESULTS WITH INERTIAL FORCE

Let $u=-8$ m/s, $\partial u/\partial x=0$, $v=1.6$ m/s be constant, $\partial u/\partial y=\pm 10^{-5}\,\mathrm{s}^{-1}$ remains valid so that there is the inertial force. The vertical mean winds are estimated with the method presented in Section 2, that is, $\bar{u}=-9.4$ m/s, $\bar{v}=1.8$ m/s. Let $\partial u/\partial y=\pm 1.2\times 10^{-5}\,\mathrm{s}^{-1}$, $\zeta=\mp 1.2\times 10^{-5}\,\mathrm{s}^{-1}$ is obtained. The computation is still for $10°$N. As $\mathrm{d}\zeta/\mathrm{d}t=0$, and the second term in Eq.(7) equals to zero, the first term on the right hand side of Eq.(7) is derived from Eq.(9) and set $h=10^3$ m and we have that

$$w_h=\sum_{i=1}^{4}w_i=\begin{cases}-0.016+0+1.42\times 10^{-3}-5.2\times 10^{-3}=-0.02 \text{ m/s}\\ 5.61\times 10^{-3}+0-5\times 10^{-4}-1.82\times 10^{-3}=3.29\times 10^{-3} \text{ m/s}\end{cases}$$

It is known, therefore, that the first and fourth terms are more important in this case and as the case before, the sign of w_h, is determined by the area of positive and negative vorticity. The β effects are not negligible for this case.

Let's examine another case. Let $u=-8$ m/s, $v=-6$ m/s, $\partial u/\partial y=\pm 10^{-5}\,\mathrm{s}^{-1}$, $\partial^2 u/\partial y^2=10^{-11}\,\mathrm{s}^{-1}\,\mathrm{m}^{-1}$, then the second and third terms in Eq.(7) become nonzero. Repeating the forthgoing treatment, we have that

$$w_h=\begin{cases}-16\times 10^{-3}+6.46\times 10^{-3}+5.73\times 10^{-3}-5.74\times 10^{-3}=-9.55\times 10^{-3} \text{ m/s}\\ 5.62\times 10^{-3}+2.27\times 10^{-3}-2.01\times 10^{-3}-2.02\times 10^{-3}=3.87\times 10^{-3} \text{ m/s}\end{cases}$$

It is also obvious that the magnitude of the second and third terms is too large to be neglected.

5　COMPUTATIONAL EXAMPLE OF EASTERLY WAVE

Assuming that the air current is expressed by

$$\begin{cases}u=U(y)+A\cos(kx+\omega t)\\ v=-B\sin(kx+\omega t)\end{cases}\tag{11}$$

where $U(y)$ is the zonal basic flow and set $y=0$ at the point of computation($10°$N). Let $U(0)=-7$ m/s, $\left(\dfrac{\mathrm{d}U}{\mathrm{d}y}\right)_0=\pm 10^{-5}\,\mathrm{s}^{-1}$, $k=2.1\times 10^{-6}\,\mathrm{m}^{-1}$, or, a wavelength of 3 000 km, a cycle of 4 days, an assumption that corresponds to $\omega=1.82\times 10^{-5}\,\mathrm{s}^{-1}$, $A=B=1$ m/s. The preceding procedure is used to treat the vertical mean winds and the term of $\bar{\zeta}$ for derivation of the wave at $\sin(kx+\omega t)=1$, $\cos(kx+\omega t)=0$ by

$$w_h = \sum_{i=1}^{4} w_i = \begin{cases} -1.38 \times 10^{-2} + 0.2 \times 10^{-3} - 0.86 \times 10^{-3} - 4.35 \times 10^{-3} = -1.8 \times 10^{-2} \text{ m/s} \\ 5 \times 10^{-3} + 0.07 \times 10^{-3} + 0.3 \times 10^{-3} - 1.25 \times 10^{-3} = 4.1 \times 10^{-3} \text{ m/s} \end{cases}$$

Due to a small amplitude of wave fluctuation the first and fourth terms are significant in this case, w_h is computed as $\begin{cases} -1.94 \times 10^{-2} \text{ m/s} \\ 4.5 \times 10^{-3} \text{ m/s} \end{cases}$ if $A = B = 2$ m/s is taken, a result that is somewhat larger than the previous one, and the second and third terms in Eq.(7) are more than 3 times as large as that when $A = B = 1$ m/s.

With $A = B = 1$ m/s, the wave is computed at a point where $\sin(kx + \omega t) = 0$, $\cos(kx + \omega t) = 1$ and we get

$$w_h = \sum_{i=1}^{4} w_i = \begin{cases} -13.3 \times 10^{-3} + 0 + 0 - 3.9 \times 10^{-3} = -1.72 \times 10^{-2} \text{ m/s} \\ 5 \times 10^{-3} + 0 + 0 - 1.2 \times 10^{-3} = 3.8 \times 10^{-3} \text{ m/s} \end{cases}$$

Though the second and third terms are zero in the case, they are different from Eq.(4), the case without the inertial force, by showing that

$$w_h = \begin{cases} -7.27 \times 10^{-3} \text{ m/s} \\ 5.25 \times 10^{-3} \text{ m/s} \end{cases}$$

It is obvious that the inertial force still plays an important role.

6 CONCLUSIONS

The advantage in using ground(and sea) surface winds in the computation of vertical velocity at the top of PBL is that the geostrophic wind, which is difficult to obtain precise results due to not only the scarcity of sounding and pressure data over low-latitude oceans, but also the impossibility of exact determination of the pressure gradient itself, is avoided to be used. It is feasible that the vertical velocity at the top of PBL can be derived by the use of sea surface winds because they are more readily available(by mean of buoys and ships for example) and easier in obtaining spatial derivatives in respect with the ground surface winds for complicated nature of the underlying topography. One more desirability is the inclusion of the inertial effects and β term in the computation. The present result shows that for low latitude areas, these factors are too vital to ignore, and specifically, the role of the inertial term is already in the same order of magnitude in the term of stress gradient as is achieved when it is ignored, but its effects can be significant or negligible on the other two terms contributing to w_h, depending on flow field accompanied.

REFERENCES

Bond N, 1992. Observation of PBL structure in the eastern equatorial Pacific. J. Climate. 5: 699 – 706.

Gill A E, 1982. Atmosphere-Ocean Dynamics, New York, Academic Press, 326.

Hedde T, Durand P, 1994. Turbulence intensities and bulk coefficients in the surface layer above sea level. Boundary Layer Meteor., 71: 415 - 432.

Krishnamurti T N, 1987. Tropical Meteorology [Translation by Liu Chongjian et al.] Beijing: Meteorological Press, 46.

Zilitinkevich S S, 1970. Dynamics of atmospheric boundary layer, Leningrad, Gidrometeoizdat, 190 - 194. (in Russian)

Zhao Ming, 1994. The effects of PBL characteristic parameters on the vertical velocity at the top of PBL. Scientia Atmospherica Sinica, 18: 413 - 422.(in Chinese)

Zhao Ming, 1987. Numerical model for steady, neutral atmospheric boundary layer with variable roughness of water surface. Scientia Atmospherica Sinica, 11: 247 - 256.(in Chinese)

3.5　边界层抽吸引起的旋转减弱[①]

提　要： 本文在边界层顶垂直速度正比于地转涡度和地转风速，并与下垫面粗糙度有关的前提下，研究了边界层抽吸引起的涡度变化，在圆对称气压系统内得到了不同粗糙度情况下的涡度场和气压场的变化速率，修正了经典理论的结果。在湍流交换系数是地转风速及高度的函数的前提下，推导了地形存在时边界层顶垂直速度的公式，并用来讨论地形存在时的旋转减弱问题。

1　引言

大气边界层在大气的运动中起了重要的作用。这些作用之一是由于边界层内摩擦作用在边界层顶产生的垂直速度使边界层和自由大气间产生质量交换，从而引起涡度变化，这就是所谓"旋转减弱"问题。在气旋涡度区，将引起涡度减少和气压系统的填塞，在反气旋涡度区亦将引起涡度绝对值的减少。经典的 Ekman 理论设湍流交换系数不随时间和空间而变，导出了边界层顶垂直速度是[1]

$$w = \sqrt{\frac{K}{2f}}\,\zeta_g \tag{1}$$

其中 K 为常值湍流交换系数，f 为科氏参数，ζ_g 为地转涡度。再用涡度方程可得[2]

$$\zeta_g = \zeta_{g0}\,\mathrm{e}^{-\lambda t} \tag{2}$$

$$\lambda = \sqrt{\frac{fK}{2H^2}} \tag{3}$$

此处 ζ_{g0} 为初始地转涡度，H 为气层厚度。由(2)式可进一步分析气压场变化的情况。从现代边界层动力学的观点说，交换系数与边界层内风的垂直切变有关，当然也应与地转风速大小有关，这点在(1)，(2)式的推导中均未反映出来。(1)式中的 w 正比于 ζ_g 反映由风的水平不均匀产生的边界层顶由于摩擦造成的垂直速度，但没有反映出地转风速大小的影响，这是由于常值 K 造成的。再者，从近代边界层理论得知，边界层内的运动与下垫面状况密切相关。在水平均匀下垫面上，粗糙度的不同会造成不同的风分布及 w 的大小。这在(1)，(2)式中也未有反映。而现代某些大尺度模式中边界层的参数化处理上，粗糙度已作为一个参数引进来[3]，因此有可能讨论其对垂直速度及旋转减弱的影响。若下垫面有地形起伏，则地形产生的垂直速度可以更大，对旋转减弱的影响也可以更大。本文将经典的(1)，(2)式用现

①　原刊于《大气科学》，1989 年 9 月，13(3)，343－351，作者：赵鸣。

代边界层动力学的观点加以推广,并引进粗糙度的影响,然后进一步引进地形存在时的垂直速度,从而讨论地形存在时的旋转减弱问题。

2　边界层顶垂直速度引起的涡度变化

在文献[4]中我们得到了根据近代边界层模式求出的边界层顶垂直速度

$$w = \frac{0.2 C_g G}{f \ln \dfrac{h}{z_0}} \zeta_g \tag{4}$$

G 为地转风速,h 为边界层顶高度(此处边界层顶高度取为风速为地转风时的高度),z_0 为粗糙度,$C_g = u_*/G$ 为地转阻力系数,u_* 为摩擦速度。按现代边界层资料[5],在一般中性层结及常见的风速范围,在海面 C_g 可取值 0.025 左右;较粗糙的陆面可取值 0.04 左右。(4)式说明 w 正比于 ζ_g,符合经典结果。此外,w 还与地转风速 G 成正比,这就反映了风速大小对 w 的影响,它是由于在(4)式推导过程中运用了交换系数 K 与 u_* 成正比的结果,显然,这一结果比仅考虑 K 为常数的(1)式要合理得多。w 与乘积 $\zeta_g G$ 成正比在文献[6]中也得到此结果,只是它是由边界层相似理论得出,方法不同而已,$\zeta_g G$ 前的系数也不同。我们的(4)式则得到了粗糙度对 w 的影响,z_0 愈大,则 w 愈大,这也是符合物理事实的。边界层高度 h 实际变化的幅度比 z_0 要小得多,不像后者在自然界可变化几个量级,因而 h 对 w 的影响不大。

和其他讨论旋转减弱的工作一样,在正压涡度方程中将涡度用地转涡度代替,经运算得[2,7]

$$\frac{d\zeta_g}{dt} = -\frac{f + \zeta_g}{H} w \tag{5}$$

ζ_g 为地转涡度,H 为气层厚度。由于现在考虑非定常过程,w 除了(4)式决定的以外,还应包括加速过程中产生的附加 w [7,8],我们将采用文献[8]中线性理论的结果,得后者(即边界层顶由加速过程产生的附加 w)大小为 $\dfrac{h}{f}\dfrac{\partial \zeta_g}{\partial t}$,于是边界层顶总的垂直速度是

$$w = \frac{0.2 C_g G}{f \ln \dfrac{h}{z_0}} \zeta_g + \frac{h}{f}\frac{\partial \zeta_g}{\partial t} \tag{6}$$

代入(5)式,并与文献[8]一样讨论线性问题,即将(5)式中的 $d\zeta_g/dt$ 用 $\partial\zeta_g/\partial t$ 代替,得

$$\frac{\partial \zeta_g}{\partial t} = -\frac{f + \zeta_g}{H}\left(\frac{0.2 C_g G}{f \ln \dfrac{h}{z_0}} \zeta_g + \frac{h}{f}\frac{\partial \zeta_g}{\partial t}\right) \tag{7}$$

$$\frac{\partial \zeta_g}{\partial t} + \frac{f + \zeta_g}{H}\frac{h}{f}\frac{\partial \zeta_g}{\partial t} = -\frac{f + \zeta_g}{H}\left(\frac{0.2 C_g G}{f \ln \dfrac{h}{z_0}} \zeta_g\right) \tag{8}$$

按 Mahrt[7]，位涡 $(f+\zeta_g)/H$ 在变化中取为守恒量，即对时间为常数，于是(8)成

$$\left(1+\frac{Bh}{f}\right)\frac{\partial\zeta_g}{\partial t}=-B\left[\frac{0.2C_gG}{f\ln\dfrac{h}{z_0}}\zeta_g\right] \tag{9}$$

其中

$$B=\frac{f+\zeta_g}{H}$$

3 圆对称涡旋的涡度与气压场变化

我们以圆对称气旋为例来研究由(9)式所确定的涡度场及气压场的变化。由于边界层摩擦产生的径向气流使气压系统内除了大的切向气流外还叠加了一个小的径向二级环流，它在自由大气中是由内向外的，由于整个气流层厚度远大于边界层厚度，故自由大气中的径向分量远小于边界层中径向分量。为讨论方便起见，作为近似，略去自由大气中径向分量，而将整个大气看成是轴对称的切向气流。将柱坐标原点取在圆对称涡旋中心。(9)式可写成

$$\frac{\partial\zeta_g}{\partial t}=-\frac{B}{1+\dfrac{Bh}{f}}\frac{0.2C_gG}{f\ln\dfrac{h}{z_0}}\zeta_g \tag{10}$$

在粗糙度均匀分布的下垫面上，$A=\dfrac{B}{1+\dfrac{Bh}{f}}\dfrac{0.2C_g}{f\ln\dfrac{h}{z_0}}$ 为常数(和文献[4]一样，此处取 h 是常数，这在现代大尺度模式中也应用，文献[7]在研究旋转减弱时亦如此处理)，其中 B 因是常数，只要取其初值即可，因此 A 亦只要取初值即可，当然，不同半径处，A 并不同。

于是(10)式可写成

$$\frac{\partial\zeta_g}{\partial t}=-A\zeta_gG \tag{11}$$

由于是圆对称气压场，地转风只有切向分量 v_g，于是(11)式化为：

$$\frac{\partial}{\partial t}\left(\frac{\partial v_g}{\partial r}+\frac{v_g}{r}\right)=-A\left(\frac{\partial v_g}{\partial r}+\frac{v_g}{r}\right)v_g \tag{12}$$

r 为半径，或者，因是正压大气，将 v_g 用地面气压场 p_0 表示，则得 p_0 方程是：

$$\frac{\partial}{\partial t}\left(\frac{\partial^2p_0}{\partial r^2}+\frac{1}{r}\frac{\partial p_0}{\partial r}\right)=-\frac{A}{\rho_0f}\frac{\partial p_0}{\partial r}\left(\frac{\partial^2p_0}{\partial r^2}+\frac{1}{r}\frac{\partial p_0}{\partial r}\right) \tag{13}$$

ρ_0 为地面空气密度。

由(13)式可求气压场的时间变化,为看出气压系统内不同半径处的气压变化,设充分大半径处气压不变。作为个例,取边界条件之一是:

$$p_0 = 1\ 000\ \text{hPa} \qquad\qquad 当\ r = 1\ 000\ \text{km} \qquad (14)$$

考虑 $r = 0$ 处由于对称性,得另一边界条件是:

$$\frac{\partial p_0}{\partial r} = 0 \qquad\qquad 当\ r = 0 \qquad (15)$$

初值 p_0 设取文献[9]中的例子,即取与如下无量纲位势偏差相应的地面气压偏差:

$$\Delta\varphi = -\left(1 - \frac{1}{2}\alpha r^2\right)\mathrm{e}^{-\frac{1}{2}\alpha r^2} \qquad (16)$$

$\Delta\varphi$ 为无量纲位势偏差, r 为半径。(16)式中 $\Delta\varphi$ 是以 fUL 无量纲化, U 为速度尺度, L 为长度尺度。 L 取 10^6 m, U 取 30 m/s, f 取 $10^{-4}\,\text{s}^{-1}$, α 取常数 0.5。由(14),(16)式即可推求各 r 处初始气压。

方程(13)为非线性方程,现求其数值解。方程(13)的差分方程写成:

$$\frac{p_{0,i+1}^{(n+1,k+1)} - 2p_{0,i}^{(n+1,k+1)} + p_{0,i-1}^{(n+1,k+1)}}{(\Delta r)^2 \Delta t} - \frac{p_{0,i+1}^{(n)} - 2p_{0,i}^{(n)} + p_{0,i-1}^{(n)}}{(\Delta r)^2 \Delta t} + \frac{p_{0,i+1}^{(n+1,k+1)} - p_{0,i-1}^{(n+1,k+1)}}{2\Delta r r_i \Delta t}$$

$$-\frac{1}{r_i}\frac{p_{0,i+1}^{(n)} - p_{0,i-1}^{(n)}}{2\Delta r \Delta t}$$

$$= -\frac{A}{\rho_0 f}\left(\frac{p_{0,i+1}^{(n+1,k)} - p_{0,i-1}^{(n+1,k)}}{2\Delta r}\right) \times \left(\frac{p_{0,i+1}^{(n+1,k)} - 2p_{0,i}^{(n+1,k)} + p_{0,i-1}^{(n+1,k)}}{(\Delta r)^2} + \frac{1}{r_i}\frac{p_{0,i+1}^{(n+1,k)} - p_{0,i-1}^{(n+1,k)}}{2\Delta r}\right)$$

$$(17)$$

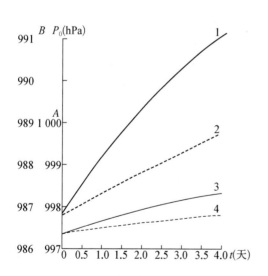

图 1　地面气压场的变化曲线

1, $r = 400$ km, $z_0 = 0.1$ m;2, $r = 400$ km, $z_0 = 10^{-4}$ m;
3, $r = 900$ km, $z_0 = 0.1$ m;4, $r = 900$ km, $z_0 = 10^{-4}$ m。
纵坐标 A 相当于曲线 3,4,纵坐标 B 相当于曲线 1,2。

n 代表第 n 时步值, k 表示第 k 次迭代值,步骤如下,求出第 n 时步值 $p_0^{(n)}$ 后,以其作为(17)式中的 $p_0^{(n+1,1)}$,即 $k = 1$ 时的值,由(17)式解 $p_0^{(n+1,2)}$,得 $k = 2$ 时的迭代值,如此重复,直至第 k 次迭代值与第 $k+1$ 次迭代值相等为止,然后再求第 $n+1$ 时步的值,一般 10 次迭代即足够。数值解时 Δr 取 50 km, Δt 取 10 分钟。在气压场求出后,地转风、地转涡度亦相应解得。

各参数如下: $h = 10^3$ m, $H = 10^4$ m。为显示不同 z_0 的影响,取海面 $z_0 = 10^{-4}$ m, $C_g = 0.025$,陆面 $z_0 = 10$ cm, $C_g = 0.04$。

考虑到用地转涡度代替涡度的近似性,我们不用 r 很小时的解,图 1 是 $r = 900$ km 及 $r = 400$ km 处 $z_0 = 0.1$ m 及 10^{-4} m 时的 p_0 随时间的变化。先看 $r =$

400 km,在陆面,p_0 从 987 hPa 在 4 天内上升到 991 hPa,即上升 4 hPa;而在水面情况,则只上升约 2 hPa,增长速度先快后慢。海面 p_0 增加慢是由于海面垂直速度较小之故,由此可以看出下垫面粗糙度的影响。海面上气压系统一般维持时间要长些,上述这种旋转减弱过程的差异可能也是原因之一。当然斜压性造成的系统发展与衰退应是主要原因,但无疑边界层抽吸引起的旋转减弱亦应是原因之一。在 $r = 900$ km 处,由于原先气压就比较高(997.4 hPa),当然趋近平衡值 1 000 hPa 的速度也慢得多,4 天内只增长 1 hPa,海面则还要少,本文结果给出了旋转减弱过程造成气压场变化速率的大概的量级。

图 2,3 分别是上述两个 z_0 下,在 $r = 400$ km 及 900 km 处地转涡度的时间变化。

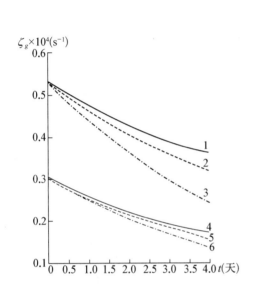

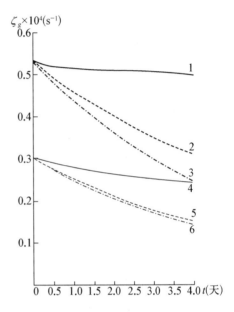

图 2 地转涡度的时间变化 $z_0 = 0.1$ m
曲线 1,$r = 400$ km,
2,$r = 400$ km,K 取常数,其值为 $G/2$(m^2/s),
3,$r = 400$ km,K 取常数 $10\ \text{m}^2/\text{s}$,
4,$r = 900$ km,
5,$r = 900$ km,K 取常数,其值为 $G/2$(m^2/s),
6,$r = 900$ km,K 取常数 $10\ \text{m}^2/\text{s}$

图 3 地转涡度的时间变化 $z_0 = 10^{-4}$ m
曲线 1,$r = 400$ km,
2,$r = 400$ km,K 取常数,其值为 $G/2$(m^2/s),
3,$r = 400$ km,K 取常数 $10\ \text{m}^2/\text{s}$,
4,$r = 900$ km,
5,$r = 900$ km,K 取常数,其值为 $G/2$(m^2/s),
6,$r = 900$ km,K 取常数 $10\ \text{m}^2/\text{s}$

由图可见,z_0 大时,因 w 大,涡度下降也更快,而下降的速度也是先快后慢。为看出本文结果与经典的(2)式的差别,图 2,3 中也画出了用(2)式而令 $K = 10\ \text{m}^2/\text{s}$ 的结果。可见本文结果比用(2)式时涡度降低慢些,按(2)式,ζ_g 约在 4 天内衰减 e 倍,本文则 4 天内衰减还不到 1 倍,$z_0 = 10^{-4}$ m 时衰减还要慢些。显然这是由于经典结果未计及 K 的变化之故。进一步我们设 K 随 G 变,但不随高度变,例如数值上我们取 $K(\text{m}^2/\text{s}) = G/2$($\text{m}^2/\text{s}$),由于 K 不随高度变,故仍可用(1)式求得 w,然后再求涡度变化,此时因 K 随 r 变,故涡度变化速率将是 r 的复杂函数。由图可见,这样的结果较接近我们的结果,而与经典结果差别较大。我们结果因 K 既与 G 有关,也与高度有关,且用的经验常数也取自近代边界层数值试验及观测结果,因此应更可靠些。

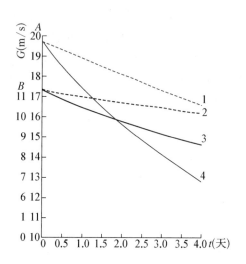

图 4 地转风随时间变化
曲线 1,$r = 900$ km,$z_0 = 10^{-4}$ m,
2,$r = 400$ km,$z_0 = 10^{-4}$ m,
3,$r = 400$ km,$z_0 = 10^{-1}$ m,
4,$r = 900$ km,$z_0 = 10^{-1}$ m,
纵坐标 A 相当于曲线 1,4,
纵坐标 B 相当于曲线 2,3。

在 $p_0(r,t)$ 求出后,即可用地转风关系式求出 G 的时间变化,图 4 是上两种 z_0 时 $r = 400, 900$ km 处地转风速 G 随时间的变化,$r = 900$ km 处,气压梯度较大,故 G 大,400 km 处则小些,可见在两个半径处,粗糙度大的陆面,G 随时间的减少比海上都要快得多,差不多要快一倍,有趣的是 $r = 900$ km 与 $r = 400$ km 相比,$r = 900$ km 处气压梯度大,地转风大,地转风降得也快,但相应的气压随时间的增加却较慢(见图 1),这是由于地转风决定于气压梯度,而不是气压本身。

4 有地形时的垂直速度

我们将推广文献[4]中的工作,研究地形存在时边界层顶的垂直速度,设地面从海平面算起的高度为 h_s^*(此节我们规定右上角带星号的量为有量纲变数),地形以上存在边界层,设边界层高度相对于 h_s^* 言是 h^* 并取其为常数,则边界层顶的海平面高度为 $h_u^* = h_s^* + h^*$,在大尺度模式中,某格点的地形高度总代表某一大块网格面积上的代表性地形高度,而不同网格点上地形高度是不同的,对某一网格点,我们可以应用均匀地表上的边界层模式求出该点边界层内的速度,然后按 Charney-Eliaassen[1] 方法由连续方程求垂直速度。现在对某网格点取局地铅直坐标,令地面高度为零,于是在边界层顶 $z^* = h^*$ 处(z^* 是从某点地面算起的高度),考虑正压大气,设 $z^* = h^*$ 处风为地转风,而 $z^* = 0$ 处,风速为零。

边界层运动方程是

$$\frac{\mathrm{d}}{\mathrm{d}z^*} K^* \frac{\mathrm{d}u^*}{\mathrm{d}z^*} + f(v^* - v_g^*) = 0 \left.\right\}$$
$$\frac{\mathrm{d}}{\mathrm{d}z^*} K^* \frac{\mathrm{d}v^*}{\mathrm{d}z^*} - f(u^* - u_g^*) = 0 \quad (18)$$

令 $\eta = z^*/h^*$,$K = K^*/u_*^* h^*$ 为无量纲高度和交换系数,和文献[4]一样,取 $K = c\eta(1-\eta)^2$(见文献[11]),$c = 0.2$,引入 $W = u + iv$,$W_g = u_g + iv_g$,u_g, v_g 是地转风分量,则(18)式变成:

$$\frac{\mathrm{d}}{\mathrm{d}\eta} c\eta(1-\eta)^2 \frac{\mathrm{d}W}{\mathrm{d}\eta} - i \frac{fh^* W}{u_*^*} = -\frac{ifh^* W_g}{u_*^*} \quad (19)$$

边界条件为

$$W = 0, \eta = \eta_0 \left.\right\}$$
$$W = W_g, \eta = 1 \quad (20)$$

此处 $\eta_0 = z_0^*/h^*$ 为无量纲粗糙度。按文献[4]，(19)的解是：

$$W = W_g\left[1 - \frac{(1-\eta)^{\alpha-1}F(\alpha+1,\alpha-1;2\alpha;1-\eta)}{(1-\eta_0)^{\alpha-1}F(\alpha+1,\alpha-1;2\alpha;1-\eta_0)}\right] \tag{21}$$

其中，$\alpha = \frac{1}{2} + \frac{1}{2}\sqrt{1+4\mathrm{i}Q}$，$Q = fh^*/cu_*$，$F$ 为超几何级数。

现在回到以海平面为铅直坐标原点的坐标系中。设 Z^* 为由海平面算起的铅直坐标，则在某网格点上边界层运动方程的解中即(21)式中，只要令 $\eta = (Z^* - h_s^*)/(h_u^* - h_s^*) = (Z^* - h_s^*)/h^*$（$h_s^* < Z^* \leqslant h_u^*$）即得以海平面为起点的高度 Z^* 处的无量纲边界层风，由此求出的风可求边界层内 $\partial u/\partial x$ 和 $\partial v/\partial y$，从而得 w。在对 x 和 y 微分时与平地不同的是除了 W_g 随 x,y 变外，此时 η 亦是 x,y 的函数，因地形高度 h_s 是 x 和 y 的函数的缘故。这由 $\eta(x,y)$ 造成的 w 就体现了地形造成的 w，相似于文献[4]，由(21)式用连续方程求 w，与文献(4)的差别是此时 η 是 x,y 的函数，其余运算同文献[4]，就得边界层顶垂直速度是

$$w = -\int_{\eta_0}^1\left(\frac{\partial u}{\partial x} + \frac{\partial v}{\partial y}\right)\mathrm{d}\eta - \int_{\eta_0}^1\left(\frac{\partial}{\partial x}\mathrm{Re}W + \frac{\partial}{\partial y}\mathrm{Im}W\right)\mathrm{d}\eta$$

$$= -\int_{\eta_0}^1\left(\mathrm{Re}\frac{\partial W}{\partial x} + \mathrm{Im}\frac{\partial W}{\partial y}\right)\mathrm{d}\eta = -\int_{\eta_0}^1\mathrm{Re}\left(\frac{\partial W_g}{\partial x}\theta\right)\mathrm{d}\eta$$

$$- \int_{\eta_0}^1\mathrm{Im}\left(\frac{\partial W_g}{\partial y}\theta\right)\mathrm{d}\eta - \int_{\eta_0}^1\mathrm{Re}\left(W_g\frac{\partial\theta}{\partial x}\right)\mathrm{d}\eta - \int_{\eta_0}^1\mathrm{Im}\left(W_g\frac{\partial\theta}{\partial y}\right)\mathrm{d}\eta \tag{22}$$

此处

$$\theta = \left[1 - \frac{(1-\eta)^{\alpha-1}F(\alpha+1,\alpha-1;2\alpha;1-\eta)}{(1-\eta_0)^{\alpha-1}F(\alpha+1,\alpha-1;2\alpha;1-\eta_0)}\right]$$

(22)中右端前两项即是文献[4]中的结果，它代表无地形作用时仅由地转风涡度引起的部分，按文献[4]，则

$$w_1 = \frac{0.2C_gG\zeta_g}{h^*f\ln\frac{h}{z_0}} \tag{23}$$

(22)中后两项之和是

$$w_2 = -\int_{\eta_0}^1\mathrm{Re}\left(W_g\frac{\partial\theta}{\partial\eta}\frac{\partial\eta}{\partial x}\right)\mathrm{d}\eta - \int_{\eta_0}^1\mathrm{Im}\left(W_g\frac{\partial\theta}{\partial\eta}\frac{\partial\eta}{\partial y}\right)\mathrm{d}\eta$$

$$= -\frac{\partial\eta}{\partial x}\mathrm{Re}\left\{W_g\left[1 - \frac{(1-\eta)^{\alpha-1}F(\alpha+1,\alpha-1;2\alpha;1-\eta)}{(1-\eta_0)^{\alpha-1}F(\alpha+1,\alpha-1;2\alpha;1-\eta_0)}\right]_{\eta_0}^1\right\} - \frac{\partial\eta}{\partial y}$$

$$\times \mathrm{Im}\left\{W_g\left[1 - \frac{(1-\eta)^{\alpha-1}F(\alpha+1,\alpha-1;2\alpha;1-\eta)}{(1-\eta_0)^{\alpha-1}F(\alpha+1,\alpha-1;2\alpha;1-\eta_0)}\right]_{\eta_0}^1\right\}$$

$$= -\frac{\partial\eta}{\partial x}\mathrm{Re}W_g - \frac{\partial\eta}{\partial y}\mathrm{Im}W_g = \frac{\frac{\partial h_s^*}{\partial x^*}}{h_u^* - h_s^*}\mathrm{Re}W_g + \frac{\frac{\partial h_s^*}{\partial y^*}}{h_u^* - h_s^*}\mathrm{Im}W_g \tag{24}$$

将 w_1 与 w_2 相加,再化为有量纲量,并略去有量纲量的星号,得

$$w = \frac{0.2 C_g G \zeta_g}{f \ln \frac{h}{z_0}} + u_g \frac{\partial h_s}{\partial x} + v_g \frac{\partial h_s}{\partial y} \tag{25}$$

(25)式说明地形存在时的 w 是二者之和,一个是当地面平坦,仅由地转涡度引起,另一个是地形坡度引起的强迫垂直运动,这与 Pedlosky[10] 取 $K =$ 常数时的结果完全一致,此处与 Pedlosky 的差别是取了随地转风及高度而变的 K,显然要合理得多。

5 地形存在时的旋转减弱

将地形存在时的 w 即(25)式引入(5)式,同样只考虑 ζ_g 的局地变化,即得地形存在时由于 Ekman 抽吸引起的涡度变化:

$$\frac{\partial \zeta_g}{\partial t} = -\frac{f + \zeta_g}{H} w = -\frac{f + \zeta_g}{H} \left[\frac{0.2 C_g G \zeta_g}{f \ln \frac{h}{z_0}} + u_g \frac{\partial h_s}{\partial x} + v_g \frac{\partial h_s}{\partial y} + \frac{h}{f} \frac{\partial \zeta_g}{\partial t} \right] \tag{26}$$

其中已计入了非定常产生的附加 w,由(26)式可估计涡度变化。为简单计,仍设圆对称圆形涡旋(在某一时刻可这样假定,但在变化过程中由于地形的非对称,气压场也将变为不对称),此时由(26)式得:

$$
\begin{aligned}
\frac{\partial \zeta_g}{\partial t} &= -\frac{f + \zeta_g}{H} \left[\frac{1}{1 + \dfrac{h(f + \zeta_g)}{fH}} \right] \left[\frac{0.2 C_g \zeta_g G}{f \ln \dfrac{h}{z_0}} + u_g \frac{\partial h_s}{\partial x} + v_g \frac{\partial h_s}{\partial y} \right] \\
&= -\frac{f + \zeta_g}{H} \left[\frac{1}{1 + \dfrac{h(f + \zeta_g)}{fH}} \right] \left[\frac{0.2 C_g \zeta_g}{f \ln \dfrac{h}{z_0}} + \frac{\partial h_s}{\partial n} \right] G
\end{aligned} \tag{27}
$$

$\partial h_s / \partial n$ 为地转风方向上的地形坡度。

试比较(27)式中最后一个因子中两项的相对大小,其中第一项为纯由地转涡度引起的,第二项即地形引起的,设取如下参数:$\zeta_g = 0.3 \times 10^{-4} \text{s}^{-1}$,$f = 10^{-4} \text{s}^{-1}$,$h = 10^3 \text{m}$,$z_0 = 10^{-1} \text{m}$,$H = 10^4 \text{m}$,$\partial h_s / \partial n = 10^{-3}$,$C_g = 0.04$,则第一项为 2.605×10^{-4},小于第二项的 10^{-3},即此时地形造成的旋转减弱相当于纯由地转涡度引起的 4 倍。若 $\partial h_s / \partial n = -10^{-3}$,即在背风坡,则地形影响产生负 w,而总的 w 亦将为负值,在上述例中气旋涡度将会加强,低压系统将发展。当然这只是个例,综合地形及地转涡度的作用以后,总的对涡度变化的影响将视地形坡度及其他气象参数而定,根据(27)式,可以具体判断二者影响的相对大小,并可估计出对涡度变化影响的大小。由(27)式可见,地形影响的相对大小应视 $\partial h_s / \partial n$,$\zeta_g$,$f$,$H$,$z_0$ 等而变,ζ_g 愈大,f 愈小,z_0 愈大,则地形影响相对来说小,$\partial h_s / \partial n$ 大,显然地形影响大,地转涡度为正时,不考虑地形时,总是使涡度减弱,地形存在时,总的结果则要视两个影响相对强弱来决

定,上坡时,地形影响总是使涡度减弱,下坡时,若地形影响大,则可造成涡度增加。实际大气中,因引起涡度变化的因素多种多样,本文讨论的只是多种因子中的一种,由于本文假定了正压大气,因此所得结果只在量级上是正确的,但在实际大气过程中上述影响有时也是重要的,例如,实践证明,地形最低点往往是气旋生成频率最大的地区[12],本文讨论的机制便可能是重要的。

6 结语

本文用近代边界层模式得到的边界层垂直速度,由正压涡度方程讨论了涡度变化问题,与经典结果比较,定量地改进了经典的结果。进一步推求了地形存在时的边界层顶垂直速度,由此讨论地形存在时由于边界层抽吸引起的涡度变化,得到了地形影响的相对大小,根据气象参数和地形参数可以估计由边界层抽吸引起的涡度变化。

参考文献

[1] Charney, J., Elissen, A., 1949, A numerical method for predicting the perturbation of the middle latitudes, Tellus, 1, 38 - 54.

[2] Holton, J., 1979, Introduction to dynamic meteorology, Academic Press, 113 - 114.

[3] Dubov A. S., 1977, On the computation of heat flux from ocean to atmosphere, Journal of main geophysical observatory, 382,13 - 23.(in Russian)

[4] Zhao, M., 1987, On the parameterization of the vertical velocity at the top of planetary boundary layer. Adv. Atmos. Sci., 4, 233 - 239.

[5] Tennekes, H, 1973, Similarity laws and scale relations in PBL. in Workshop on Micrometeorology, Amer. Met. Soc., 177 - 246.

[6] Bernhardt, K., 1970,Der ageostrophische Massenfluss in der Bodenreibungsschicht bei beschteunigungsfreier Stromung, Zeit. Mete., 21, 259 - 279.

[7] Mahrt, L., Soon-Ung Park., 1976, The influence of boundary layer pumping on synoptic-scale flow, J. Atmos-Sci., 33, 1505 - 1520.

[8] Young, J. A., 1973, A theory for isallobaric air flow in the planetary boundary layer, J.Atmos.Sci., 30,1584 - 1590.

[9] Wu, R., BJumen, W., 1982, An analysis of Ekman boundary layer dynamics incorporating the geostrophic momentum approximation, J.Atmos. Sci., 39,1774 - 1782.

[10] Pedlosky, J.,1979, Geophysical Fluid Dynamics, Springer-Verlag.,215.

[11] Nieuwstadt. F. T. M., 1983, On the solution of the stationary baroclinic Ekman layer equations with a finite boundary layer height, Boundary Layer Meteorol., 26, 377 - 390.

[12] 卢敬华,1986,西南低涡概论,气象出版社,31.

3.6 大气运动的动能在湍流边界层中的耗散[①]

在大气能量学中,大气平均运动的动能通过湍流摩擦力转化为脉动运动的能量并最终转化为内能的"变性能量"是大气动能的"汇",正确估计其大小对研究动能的收支,以至天气系统的生衰,发展均有一定意义[1]。此项由于与湍流通量有关,因而难于从大尺度气象参数计算。以往的研究中[2-6]或是将动能平衡方程中其余各项算出,而将此项作为余项估计出,或用地转风由粗浅的边界层模式算出。实际上,此项不仅与地转风有关,也与大气层结、斜压性、地面粗糙度等有关。本文运用边界层相似理论和阻力定律,用上述这些大尺度参数通过数值方法计算变性能量,得出它与这些参数的关系,改进了对变性能量的认识。本文只限于研究边界层内的能量耗散,边界层外也有湍流,但由于理论不成熟,在此不讨论。

1 模式

众所周知,边界层单位面积气柱内的变性能量可以写成:

$$T_r = \int_0^h \left(\tau_x \frac{\partial u}{\partial z} + \tau_y \frac{\partial v}{\partial z} \right) dz = \int_0^h \left[\frac{\partial (\tau_x u)}{\partial z} + \frac{\partial (\tau_y v)}{\partial z} \right] dz - \int_0^h \left(u \frac{\partial \tau_x}{\partial z} + v \frac{\partial \tau_y}{\partial z} \right) dz$$

$$= -\int_0^h \left(u \frac{\partial \tau_x}{\partial z} + v \frac{\partial \tau_y}{\partial z} \right) dz \tag{1}$$

τ_x, τ_y 为切应力分量,h 为边界层顶高度。

定常边界层运动方程可写为:

$$\frac{1}{\rho} \frac{d\tau_x}{dz} + f(v - v_g) = 0 \tag{2}$$

$$\frac{1}{\rho} \frac{d\tau_y}{dz} - f(u - u_g) = 0 \tag{3}$$

或:

$$\frac{d}{dz} K \frac{du}{dz} + f(v - v_g) = 0 \tag{4}$$

$$\frac{d}{dz} K \frac{dv}{dz} - f(u - u_g) = 0 \tag{5}$$

---

① 原刊于《气象学报》,1989 年 8 月,47(3),347-352,作者:赵鸣。

u_g，v_g 为地转风的两个分量。(2)式乘 $u-u_g$，(3)式乘 $v-v_g$，相加得：

$$u \frac{\mathrm{d}\tau_x}{\mathrm{d}z} + v \frac{\mathrm{d}\tau_y}{\mathrm{d}z} = u_g \frac{\mathrm{d}\tau_x}{\mathrm{d}z} + v_g \frac{\mathrm{d}\tau_y}{\mathrm{d}z} \tag{6}$$

代入(1)式得：

$$T_r = -\int_0^h \left(u_g \frac{\mathrm{d}\tau_x}{\mathrm{d}z} + v_g \frac{\mathrm{d}\tau_y}{\mathrm{d}z} \right) \mathrm{d}z = u_{g0}\tau_{x0} + v_{g0}\tau_{y0} + \int_0^h \left(\tau_x \frac{\mathrm{d}u_g}{\mathrm{d}z} + \tau_y \frac{\mathrm{d}v_g}{\mathrm{d}z} \right) \mathrm{d}z$$

$$= V_{g0}\tau_0 \cos\alpha + \int_0^h \left(\tau_x \frac{\mathrm{d}u_g}{\mathrm{d}z} + \tau_y \frac{\mathrm{d}v_g}{\mathrm{d}z} \right) \mathrm{d}z \tag{7}$$

其中 u_{g0}，v_{g0} 为地面地转风分量，V_{g0} 为地面地转风速，α 为地面风矢(即地面切应力矢 τ_0 的方向)与地面地转风矢的夹角，是一个边界层内参数，与 V_{g0}，层结，z_0，f 等有关。τ_0 为地面切应力大小，也与这些参数有关。故 T_r 为上述这些因子的函数。(7)式中右端第二项在斜压情况下不为零。我们设法把(5)式所示的 T_r 用 V_{g0}，f，z_0，宏观稳定度参数 $\Delta\theta$(边界层上下界之间的位温差)或 $S = \dfrac{g\Delta\theta}{fV_gT}$，斜压性参数 $\eta_x = -\dfrac{gk^2}{\theta f^2}\dfrac{\partial\theta}{\partial y}$，$\eta_y = \dfrac{gk^2}{\theta f^2}\dfrac{\partial\theta}{\partial x}$ 计算出来。其中 k 为卡门常数。x 方向指向地面风方向。

我们先用边界层数值模式检验(7)式中右端两项的大小。模式方程为(4)，(5)式，其中 K 取：

$$K = l^2 \left[\left(\frac{\partial u}{\partial z} \right)^2 + \left(\frac{\partial v}{\partial z} \right)^2 - \frac{g}{\theta} \frac{\partial\theta}{\partial z} \right]^{\frac{1}{2}} \tag{8}$$

而位温 θ 满足：

$$\frac{\mathrm{d}}{\mathrm{d}z} K \frac{\mathrm{d}\theta}{\mathrm{d}z} = R \tag{9}$$

此处已设动量和热量的湍流交换系数相等。(9)式中的 R 是辐射引起的温度变化，我们采用下述 Yamamoto[7] 的简单参数化方案：

$$R = \delta\gamma(T - T_s) \tag{10}$$

T_s 为下垫面温度，$\gamma = 0.5 \times 10^{-5}\,\mathrm{s}^{-1}$，当 $T - T_s > 0$ 时 $\delta = 1$，否则 $\delta = 0$。(4)，(5)中的 u_g，v_g 在斜压时是高度的已知函数，可由 η_x，η_y 求出。(8)式中 l 为混合长，取常用的 Blackadar 的形式[8]。此组方程的边界条件是：

$$u = u_{gh}, v = v_{gh}, \theta = \theta_h \qquad 当 z = z_h \tag{11}$$

$$u = 0, v = 0, \theta = \theta_0 \qquad 当 z = 0 \tag{12}$$

下标 h 表 h 处值，0 表地面值。我们在 $\partial\theta/\partial x = 0$，$\partial\theta/\theta y = \pm 10\,\mathrm{K}/10^6\,\mathrm{m}$，$V_{g0} = 10, 20\,\mathrm{m/s}$，$\Delta\theta = \pm 10\,\mathrm{K}, 20\,\mathrm{K}$，$z_0 = 10^{-4}\,\mathrm{m}$(代表水面)的情况下求解(4)，(5)，(8)，(9)，(10)，得到(7)式中右端第二项比第一项要小 1 到 2 个量级，因而证明，(7)式可写为：

$$T_r = V_{g0} \tau_0 \cos \alpha \tag{13}$$

τ_0, α 为边界层内参数,相似理论可以将其表示为 $V_{g0}, f, z_0, \eta_x, \eta_y, S$ 的函数,因而我们可用这些外参数来计算 T_r。这比从数值模式寻找 T_r 要方便,也便于与大尺度模式结合使用。

按斜压及非中性时边界层的阻力定律[1],有:

$$\sin \alpha = \frac{u_*}{kV_{g0}} A(\mu, \eta_x, \eta_y) \tag{14}$$

$$\ln \text{Ro} = B(\mu, \eta_x, \eta_y) - \ln \frac{u_*}{V_{g0}} + \sqrt{\frac{k^2}{\left(\frac{u_*}{V_{g0}}\right)^2} - A^2(\mu, \eta_x, \eta_y)} \tag{15}$$

$\text{Ro} = V_{g0}/fz_0$ 为 Rossby 数,μ 为稳定度参数,$u_* = \sqrt{\tau/\rho}$ 为摩擦速度。μ 与宏观稳定度参数 S 间有如下关系:

$$\mu = k^3 S \left(\frac{u_*}{V_{g0}}\right)^{-1} \left[\ln \left(\text{Ro} \frac{u_*}{V_{g0}}\right) - C(\mu, \eta_x, \eta_y)\right]^{-1} \tag{16}$$

在 A, B, C 作为 μ, η_x, η_y 的函数为已知的情况下,从(14)—(16)式由 $V_{g0}, f, z_0, \eta_x, \eta_y, S$ 求 u_*, α,从而得 τ_0,由(13)式得 T_r。

我们用 Yordanov[9] 的 A, B, C 表达式:

$$A(\mu, \eta_x, \eta_y) = A(\mu) - \frac{\eta_x - \eta_y}{2A(\mu)} \tag{17}$$

$$B(\mu, \eta_x, \eta_y) = B(\mu) + \frac{\eta_x + \eta_y}{2A(\mu)} \tag{18}$$

$$A(\mu) = \frac{10}{\sqrt{|\mu|}} \qquad\qquad 当 \mu < -10 \tag{19}$$

$$B(\mu) = \ln|\mu| - \frac{4.2}{\sqrt{|\mu|}} + 0.4 \qquad 当 \mu < -10 \tag{20}$$

$$A(\mu) = 2.6\sqrt{\mu} \qquad\qquad 当 \mu > 10 \tag{21}$$

$$B(\mu) = \ln\mu - 2.6\sqrt{\mu} - 0.7 \qquad 当 \mu > 10 \tag{22}$$

$$C(\eta_x, \eta_y, \mu) = \ln|\mu| - \frac{4.2}{\sqrt{|\mu|}} + 3.2 \qquad 当 \mu < -10 \tag{23}$$

$$C(\eta_x, \eta_y, \mu) = \ln\mu - 3.8\sqrt{\mu} - 1.3 \qquad 当 \mu > 10 \tag{24}$$

(17)—(22)中的 $A(\mu), B(\mu)$ 是正压时的值。上面各式中 η_x, η_y 中 x 轴沿地面风向。在给定地转风时地面风向是待求的,宏观气象参数只能给出固定方向 x', y' 上的 $\partial\theta/\partial x', \partial\theta/\partial y'$。不失一般性,设地面地转风向指向东,取其为 x' 轴,于是 $\eta_{x'} = -\frac{gk^2}{\theta f^2}\frac{\partial\theta}{\partial y'}$ 和 $\eta_{y'} = \frac{gk^2}{\theta f^2}\frac{\partial\theta}{\partial x'}$ 设作为已知值给定,而有:

$$\eta_x = \eta_{x'}\cos\alpha + \eta_{y'}\sin\alpha \tag{25}$$

$$\eta_y = -\eta_{x'}\sin\alpha + \eta_{y'}\cos\alpha \tag{26}$$

由(14)—(26)式求 α 及 u_* 步骤如下:先假定一个合适的第一近似 α 值,由(25)、(26)求 η_x,η_y,由(16)式求 μ,因(16)式中 C 及 u_*/V_{g0} 均是 μ 函数,故需用数值方法求解联立方程(15)—(24)。这样得到的 η_x,η_y,μ,u_*/V_{g0} 为第一近似值。然后由(14)求 α 第二近似,再由(25)、(26)得 η_x,η_y 第二近似,再解 μ,u_* 第二近似……。一般二、三次迭代即可使前后两次的 α 值相差在 1 度之内,求出 u_*,α 后,由(13)得 T_r。

若令 $\eta_x = \eta_y = 0$,则同法可求正压时 T_r。若层结中性,则斜压时可用[10]:

$$A = A_0 - 0.25\eta_x + 0.06\eta_y \tag{27}$$
$$B = B_0 + 0.06\eta_x + 0.25\eta_y \tag{28}$$

A_0,B_0 为中性正压时 A,B 值,按 Deacon[11],$A_0 = 4.7$,$B_0 = 1.9$。用(27)、(28)式同法可求中性 T_r。

2　变性能量与外参数关系

1) T_r 与稳定度 S 的关系

图 1 是 5 种不同 S,即 $S = \pm180, \pm360, 720$(相当于 $V_{g0} = 10$ m/s,$f = 10^{-4}$ s^{-1},$\Delta\theta = \pm5$ K,±10 K,20 K)及 $S = 0$(中性)时,4 种斜压情况($\eta'_x = \pm10$ K/10^6 m,$\eta'_y = \pm10$ K/10^6 m)及正压情况下的变性能量,并取了 2 种粗糙度(10^{-1} 及 10^{-4} m)进行计算。由图可见,T_r 随稳定度的增加迅速减少,在图 1 的稳定度范围内,不稳定时 T_r 要比稳定时大 1—2 个量级。故稳定度是决定 T_r 的重要因子。因为不稳定时,在其他参数相同时,湍流强,有最大的湍应力及最小的 α 角,故 T_r 大。

2) T_r 与粗糙度关系

由图 1 见,不论何种稳定度及斜压参数,z_0 愈大,则 T_r 愈大,这种差别在不稳定时更显著。例如 $S = -180$ 时,陆上($z_0 = 10^{-1}$ m)要比海上 T_r 大 3 倍左右。这是由于 z_0 大,则 τ 大,虽然 α 也增加,但其影响没有 τ 大而造成。稳定时,因 τ 本身已很小,因而 z_0 影响也就小。

3) 地转风速对 T_r 的影响

V_{g0} 因影响 τ 及 α,也影响 T_r。表 1 是在 $f = 10^{-4}$ s^{-1},$z_0 = 0.1$ m,$V_{g0} = 10, 30$ m/s,$\Delta\theta = \pm5$ K,±10 K(相应于 $S = \pm60, \pm120, \pm180, \pm360$)正压时的 T_r(斜压时特征类似):

表 1　V_{g0} 对 T_r 的影响

V_{g0} (m/s)	10				30			
$\Delta\theta$(K)	−10	−5	5	10	−10	−5	5	10
S	−360	−180	180	360	−120	−60	60	120
$T_r\left(\dfrac{\text{J}}{\text{m}^2\text{s}}\right)$	4.54	3.31	0.336	0.187	58.56	42.29	17.13	11.41

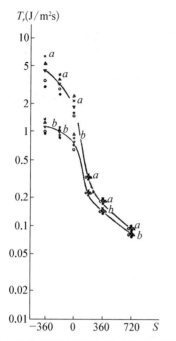

图 1　单位截面边界层气柱中的变性能量
随稳定度 S,粗糙度,斜压参数的
变化($f=10^{-4}\,\mathrm{s}^{-1}$, $V_{g0}=10\,\mathrm{ms}^{-1}$)
$a:z_0=0.1\,\mathrm{m}$, $b:z_0=10^{-4}\,\mathrm{m}$
- ● 　$\partial\theta/\partial y'=10\,\mathrm{K}/10^6\,\mathrm{m}$, $\partial\theta/\partial x'=0$
- × 　$\partial\theta/\partial y'=-10\,\mathrm{K}/10^6\,\mathrm{m}$, $\partial\theta/\partial x'=0$
- △ 　$\partial\theta/\partial y'=0$, $\partial\theta/\partial x'=10\,\mathrm{K}/10^6\,\mathrm{m}$
- ○ 　$\partial\theta/\partial y'=0$, $\partial\theta/\partial x'=-10\,\mathrm{K}/10^6\,\mathrm{m}$
- ▽ 　正压

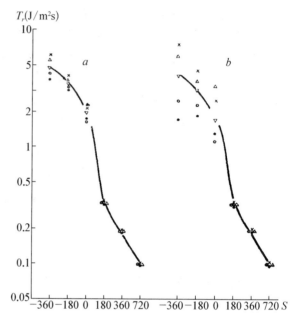

图 2　不同纬度处单位截面边界层气柱中的变性能量
随 S 及斜压参数的变化($a:f=1.3\times10^{-4}\,\mathrm{s}^{-1}$
$b:f=0.7\times10^{-4}\,\mathrm{s}^{-1}$,斜压性图例同图 1)

可见在同样的 $\Delta\theta$ 下,地转风速虽然只相差 3 倍,但 T_r 相差却达 1—2 个量级。这种差别在稳定时尤为显著,这由于稳定时主要是机械湍流,而地转风速正是影响了机械湍流。总的说,地转风速也是影响 T_r 的一个重要因子,在众多因子中,它与稳定度是最重要的。

4)斜压性的影响

从图 1 上 4 种不同斜压参数及正压时的对比,可见斜压性主要出现在不稳定及中性时,稳定时因 T_r 本身已小,故差别亦小。

从不稳定及中性来分析,可见 $\partial\theta/\partial y'<0$ 及 $\partial\theta/\partial x'>0$ 两种情况 T_r 大于正压时,而 $\partial\theta/\partial y'>0$ 及 $\partial\theta/\partial x'<0$ 时比正压时小。解释是:$\partial\theta/\partial y'<0$,则地转风速随高度增大,边界层顶风速将大于地面地转风速,此时边界层内风速及地面切应力,u_* 均应更大,同样可解释 $\partial\theta/\partial y'>0$ 的情况。$\partial\theta/\partial x'>0$,热成风使 α 角变大,$\partial\theta/\partial x'<0$ 反之,但它们对 T_r 的影响要由它们对角 α 及地面切应力的影响共同决定。在图 1 所示斜压参数下,前者使 T_r 比正压时大,后者则反之。若斜压参数取得不同,此时结论可能会改变。

5)纬度的影响

取 $V_{g0}=10\,\mathrm{ms}^{-1}$, $z_0=10^{-1}\,\mathrm{m}$, $S=0,\pm180,\pm360,720$, $f=1.3\times10^{-4}\,\mathrm{s}^{-1}$ 及 $f=0.7\times10^{-4}\,\mathrm{s}^{-1}$,

结果见图 2。可见稳定时,由于 T_r 本身小,纬度的差异带来的变化可忽略,在不稳定及中性时,正压时的结果可见 T_r 随纬度降低而略减少,这是因纬度降低,则 Ro 数变大,按正压边界层理论,此时 τ_0 变小,故 T_r 变小,只是这种变化较小,远不如 V_{g0},z_0,S 等明显。斜压时,则斜压参数不同,f 的影响亦不同。在高纬,对 $\partial\theta/\partial y'<0$ 及 $\partial\theta/\partial x'>0,T_r$ 比低纬略小,而对 $\partial\theta/\partial y'>0$ 及 $\partial\theta/\partial x'<0$ 则反之。且低纬处不同斜压性之间的差别也大些。

3　动能耗散的时间尺度

刚金[6]假定大气中动能的耗散集中于边界层内,求出了动能耗散的时间尺度。现用本结果与之比较。为简单起见,只讨论正压情况。考虑均质大气,标高 $H = 8\,000$ m,设 $V_{g0} = 10$ m/s,$f = 10^{-4}$/s,则单位面积总动能为 520 000 J/m^2,考虑 $\Delta\theta = 0$ K,± 5 K,± 10 K,我们可求出相应的 T_r。设此动能耗散速度不变,则可求出动能全部耗散完的时间,见表 2。可见稳定度不同,P 差别很大,稳定不稳定时可相差一个量级以上,文献[6]中在 $V_g = 10$ m/s 时得出 $P = 100$ h,它既未考虑层结,又未考虑粗糙度。若考虑这些因子,则本文结果更精确些,并得到了具体气象参数的影响。与表 2 比,[6]的结果只反映了大气的平均状况。

表 2　动能全部耗散的时间 P

$\Delta\theta$(K)	S	T_r ($J/m^2 s$)	P(h)
-10	-360	4.543	31.8
-5	-180	3.307	43.7
0	0	1.870	77.2
5	180	0.336	429.9
10	360	0.187	777.2

4　结语

本文从边界层动力学的相似理论及阻力定律出发,给出根据宏观外参数来求边界层中动能耗散的方法及结果,得到了层结,斜压性,粗糙度,地转风速及纬度的影响,改进了变性能量的计算方法。本文方法可直接应用到大尺度模式中以估计边界层的动能耗散,因而对大气动能平衡的研究,对从能量观点研究天气系统的发展、维持有一定意义。

参考文献

[1] Bhumralkar, C. M., A survey of parametrization technique for the PBL in atmospheric circulation models,R-1653 ARPA ORDER No. 189-1,1975.

[2] Pai, S. Y. T., and P. J. Smith., A kinetic energy climatology of flow regime associated with 500 mb waves over North America in winter and spring,Mon. Wea. Rev. 109, 1862 – 1878,1981.

［3］Fuelberg, H. E. and J. R. Soggins, Kinetic energy budget during the life cycle of intense convective activity, Mon. Wea. Rev., 106, 637 – 653, 1978.

［4］Robertson, F. R. and P. J. Smith, The kinetic energy budget of two severe storms producing extratropical cyclone, Mon. Wea. Rev., 108, 127 – 143, 1980.

［5］Kung, E. C., and W, E., Baker, Energy transformation in middle-latitude disturbances, Q. J. Roy. Met. Soc., 101, 793 – 815, 1975.

［6］刚金等,动力气象学基础(下册),中译本,高等教育出版社,533,1958.

［7］Yamamoto, G., A. Shimanuki, M. Aida, and N. Yasuda, Diurnal variation of wind field in the Ekman layer, 气象集志, 51, 377 – 387, 1973.

［8］Zhao, M., The theoretical distribution of wind in PBL with circular isobars, Boundary-Layer Meteorol., 26, 209 – 226, 1983.

［9］Yordanov, D. L., V. P. Penenko, and A. E. Aloyn, Parameterization of stratified baroclinic PBL for numerical simulation of atmospheric process, Papers of physics for atmosphere and ocean, 14, 815 – 823, 1978.(in Russian)

［10］Yordanov, D. L., Parameterization of effect of baroclinity in PBL, Papers of physics for atmosphere and ocean, 19, 783 – 786, 1974.(in Russian)

［11］Deacon, E. L., Geostrophic drag coefficient, Boundary-Layer Meteorol., 5, 321 – 340, 1973.

THE DISSIPATION OF THE ATMOSPHERIC KINETIC ENERGY IN THE TURBULENT BOUNDARY LAYER

Abstract: The dissipation of the kinetic energy caused by turbulent friction is difficult to be evaluated in atmospheric energetics. In this paper, based on the parameterization method in the modern boundary layer dynamics, a method for calculating the dissipation from the external parameters including geostrophic wind speed, the bulk stratification parameter for the boundary layer, the baroclinity parameters, the roughness of the ground and the Coriolis parameter is suggested and the numerical results for the relations between the dissipation and these parameters are obtained, improving the knowledge about the dissipation of the kinetic energy. The method in this paper can be applied in the large and meso-scale models to evaluate the dissipation of the kinetic energy caused by the turbulent friction in the boundary layer.

3.7 边界层摩擦和地形对斜压波不稳定性的影响①

提　要:本文用新的边界层顶垂直速度参数化方案,研究了当地形和边界层摩擦同时存在时二者对 Eady 波不稳定性的影响,得到了边界层层结、地面粗糙度、地形坡度的影响,还研究了摩擦和地形对一般化 Eady 波不稳定性的影响。

1 引言

斜压波的稳定性问题是研究天气系统发展的重要理论方法之一。斜压波的稳定性理论常用的有地转风线性随高度增加且下边界条件取垂直速度为零的 Eady 模式[1]。为使条件更接近实际大气,一些作者在此基础上考虑了更多的物理因子,例如边界层摩擦的影响[2,3],这类工作的特点是只对边界层作粗略的参数化,使边界层结构及下垫面状态的影响无从进行考虑。也有人考虑了地形对斜压波稳定性的影响,来解二层问题或 Eady 问题[4-6],并与山区气旋的发展问题联系起来,但却未计入摩擦的作用。本文目的是在比较完备的边界层参数化基础上讨论摩擦对斜压波稳定性的影响,并同时考虑地形的作用。本文先用准地转模式研究三维 Eady 问题,再研究地转风的高度变化非线性时的一般化 Eady 问题中摩擦及地形对稳定性的影响,再考虑边界层层结的影响解二维 Eady 问题以看出边界层热力结构及下垫面状况对 Eady 波稳定性的影响,从而使边界层与自由大气的关系得到更深入的认识。

2 摩擦和地形对 Eady 波影响的同时考虑

按文献[3],不计柯氏参数 f 的纬度变化,无量纲准地转位涡方程可写成(本文除带下标"1"的变量为有量纲者外,均为无量纲):

$$\left(\frac{\partial}{\partial t}+\frac{\partial \psi}{\partial x}\frac{\partial}{\partial y}-\frac{\partial \psi}{\partial y}\frac{\partial}{\partial x}\right)\left[\nabla^2\psi+\frac{1}{\rho_s}\frac{\partial}{\partial z}\left(\frac{\rho_s}{B}\frac{\partial \psi}{\partial z}\right)\right]=0 \tag{1}$$

ψ 为地转流函数,由 fVL 来尺度,V 为速度尺度,L 为长度尺度,ρ_s 为密度,$B=N_s^2H^2/f^2L^2$ 为 Burger 数,N_s 为 Brunt 频率,H 为高度尺度,即考虑的大气层厚度。如一般处理[3],可设 ρ_s 不随高度变。

---

① 原刊于《气象学报》,1990 年 5 月,48(2),150-161,作者:赵鸣。

将 ψ 视为基态与扰动态之和：

$$\psi(x,y,z,t)=\Psi(y,z)+\varphi(x,y,x,t) \tag{2}$$

$$\frac{\partial\psi}{\partial y}=\frac{\partial\Psi}{\partial y}+\frac{\partial\varphi}{\partial y}=-u(y,z)+\frac{\partial\phi}{\partial y} \tag{3}$$

则(1)式化为：

$$\left(\frac{\partial}{\partial t}+U\frac{\partial}{\partial x}\right)q+\frac{\partial\varphi}{\partial x}\frac{\partial\Pi_0}{\partial y}+\frac{\partial\varphi}{\partial x}\frac{\partial q}{\partial y}-\frac{\partial\varphi}{\partial y}\frac{\partial q}{\partial x}=0 \tag{4}$$

其中

$$q=\frac{\partial^2\varphi}{\partial x^2}+\frac{\partial^2\varphi}{\partial y^2}+\frac{\partial}{\partial z}\left(\frac{1}{B}\frac{\partial\varphi}{\partial z}\right) \tag{5}$$

$$\Pi_0=\frac{\partial^2\Psi}{\partial y^2}+\frac{\partial}{\partial z}\left(\frac{1}{B}\frac{\partial\Psi}{\partial z}\right) \tag{6}$$

略去小量的二次项,则(4)式成：

$$\left(\frac{\partial}{\partial t}+U\frac{\partial}{\partial x}\right)q+\frac{\partial\varphi}{\partial x}\frac{\partial\Pi_0}{\partial y}=0 \tag{7}$$

设 U 与 y 无关, $U(z)$ 可取为 z 高度处的 x 方向地转风速,于是(4)式成：

$$\left(\frac{\partial}{\partial t}+U\frac{\partial}{\partial x}\right)\left[\nabla^2\phi+\frac{\partial}{\partial z}\left(\frac{1}{B}\frac{\partial\phi}{\partial x}\right)\right]-\frac{\partial\phi}{\partial x}\left[\frac{\partial}{\partial z}\left(\frac{1}{B}\frac{\partial U}{\partial z}\right)\right]=0 \tag{8}$$

此处 ∇^2 为二维拉氏算子。对 Eady 问题, U 随高度线性增加,且 B 不随高度变,即得：

$$\left(\frac{\partial}{\partial t}+U\frac{\partial}{\partial x}\right)\left(\nabla^2\phi+\frac{1}{B}\frac{\partial^2\phi}{\partial z^2}\right)=0 \tag{9}$$

前人考虑边界层摩擦引起的垂直速度的影响时是将边层顶垂直速度在下边界处引入,显然此下边界应是边界层顶,只是为处理方便将此高度取为零。我们亦如此处理,但改变 Eady 问题中取下边界处 $U=0$ 的做法。既然下边界处垂直速度是边界层顶的 w,则下边界处 U 就不能为零。在下边界即边界层顶处,可取地转风速为基流速度,即 $V_g\approx U(0)\equiv G$,此时边界层顶有量纲垂直速度是[7]：

$$w_{f1}=\frac{0.2c_g G_1\zeta_{g1}}{f\ln\dfrac{h_1}{z_0}} \tag{10}$$

如前述,下标"1"表示有量纲量, h_1 为边界层顶高度(计算 w_{f1} 时取 $h_1=1\,000$ m), ζ_{g1} 为地转涡度, $c_g=u_*/V_g\approx u_*/G$,为地转阻力系数, u_* 为摩擦速度, z_{01} 为地面粗糙度。按文献[3],下边界条件在 w 存在时为

$$\left(\frac{\partial}{\partial t}+U\frac{\partial}{\partial x}\right)\frac{\partial \varphi}{\partial x}-\frac{\partial U}{\partial z}\frac{\partial \varphi}{\partial x}+\frac{w}{\varepsilon_r}B=0 \qquad \text{当 } z=0 \qquad (11)$$

$\varepsilon_r=V/fL$ 为 Rossby 数,本文取 0.1。(11)式中 w 在无地形时为边界层摩擦引起的 w_f,在地形存在时还应包括地形引起的强迫垂直运动。作为近似处理[4,6],在地形存在时,我们仍将下界取为 $z=0$,边界层顶地形引起的垂直速度为[3]:

$$w_t=\vec{V}_g \cdot \nabla \frac{h_{B1}}{H} \qquad (12)$$

h_{B1} 为地形高度,$\vec{V}_g$ 为边界层顶地转风矢。(12)式是在交换系数为常数时得到,但文献[8]中已证,在交换系数取其他高度的已知函数时,(12)式也成立。

不计地形与摩擦的相互作用,取 w 的尺度因子是 VH/L,(11)式中的 w 应是 w_t 与 w_f 之和[3]:

$$w=\frac{0.2c_gG_1\zeta_g}{f\ln\dfrac{h}{z_0}}\frac{V}{H}+V_{gx}\frac{\partial h_B}{\partial x}+V_{gy}\frac{\partial h_B}{\partial y} \qquad (13)$$

V_{gx} 和 V_{gy} 为 $\vec{V}_g$ 的分量。和文献[6],[13]一样,仅考虑无限伸展的东西向山脊,即 $\partial h_B/\partial x=0$,设 $\partial h_B/\partial y=\alpha_n$,因 $V_{gy}=\partial \varphi/\partial x$,(11)式成

$$\left(\frac{\partial}{\partial t}+U\frac{\partial}{\partial x}\right)\frac{\partial \varphi}{\partial z}-\frac{\partial U}{\partial z}\frac{\partial \varphi}{\partial x}+B\left(RG\nabla^2\varphi+\alpha\frac{\partial \varphi}{\partial x}\right)=0 \qquad \text{当 } z=0 \qquad (14)$$

其中 $\alpha=\alpha_n/\varepsilon_r$,而

$$R=\frac{0.2c_gV}{\varepsilon_r f\ln\dfrac{h}{z_0}H} \qquad (15)$$

上界条件相应于垂直速度为零时是:

$$\left(\frac{\partial}{\partial t}+U\frac{\partial}{\partial x}\right)\frac{\partial \phi}{\partial z}-\frac{\partial U}{\partial z}\frac{\partial \phi}{\partial x}=0 \qquad \text{当 } z=1 \qquad (16)$$

在 Eady 问题中设 $\partial U/\partial z=1$,因本文中取 $z=0$ 处,$U=G$,故 $z=1$ 处 $U=1+G$,令

$$\varphi=\Phi e^{ik(x-ct)} \qquad (17)$$

则(9)式成,

$$(U-c)\left[\frac{1}{B}\frac{\partial^2\Phi}{\partial z^2}+\frac{\partial^2\Phi}{\partial y^2}-k^2\Phi\right]=0 \qquad (18)$$

而(14),(16)式分别成为

$$(G-c)\frac{\partial \Phi}{\partial z} - \Phi = -B\left[\frac{\left(-k^2\Phi + \dfrac{\partial^2 \Phi}{\partial y^2}\right)GR}{ik} + \alpha\Phi\right] \qquad 当 z=0 \qquad (19)$$

$$(G+1-c)\frac{\partial \Phi}{\partial z} - \Phi = 0 \qquad\qquad 当 z=1 \qquad (20)$$

仿文献[3]，令

$$\Phi = A(z)\cos l_n y \qquad l_n = (n+1)\frac{\pi}{2}$$

取 $n=0$ 进行研究，$l_n = \dfrac{\pi}{2} = l$，则(18)—(20)式成：

$$\frac{\mathrm{d}^2 A}{\mathrm{d}z^2} - \mu^2 A = 0 \qquad (21)$$

$$\mu = [B(k^2+l^2)]^{1/2} \qquad (22)$$

其中

$$(G-c)\frac{\mathrm{d}A}{\mathrm{d}z} - \left\{1 - B\left[(ikGR+\alpha) + \frac{iGRl^2}{k}\right]\right\}A = 0 \qquad 当 z=0 \qquad (23)$$

$$(G+1-c)\frac{\mathrm{d}A}{\mathrm{d}z} - A = 0 \qquad\qquad 当 z=1 \qquad (24)$$

(21)式的解为

$$A = C_1 \mathrm{ch}\mu z + C_2 \mathrm{sh}\mu z \qquad (25)$$

代入(23)，(24)求本征值问题，得波速 c：

$$c = G + \frac{1}{2} + \frac{\mathrm{cth}\mu}{2\mu}(P-1) \pm \left[\frac{1}{4} + \frac{(P-1)^2\mathrm{cth}^2\mu}{4\mu^2} - \frac{1}{2\mu}(P+1)\mathrm{cth}\mu + \frac{P}{\mu^2}\right]^{1/2}$$

$$(26)$$

其中

$$P = 1 - B\left[ikGR + \alpha + \frac{iGRl^2}{k}\right] = 1 - \frac{iGR}{k}\mu^2 - B\alpha \qquad (27)$$

(26)式中 $c = c_r + ic_i$，c_i 即决定了波动的稳定性。

由(26)、(27)可见，当 R,G,α 一定，即当摩擦与地形一定时，c 同时与 B,μ 有关，与经典 Eady 问题中 c 仅与 μ 有关不同。(15)式可见，R 含 c_g，而 c_g 按现代 PBL 理论与 G,f,z_0 有关，故 R 与 G,f,z_0 有关，由此可见，影响 Eady 波增长的因子是很多的。

下面讲计算结果。考虑 $B=0.25$ 及 $B=0.1$ 两种情况，取 $L=2\times10^6$ m，$H=10^4$ m，$f=10^{-4}\mathrm{s}^{-1}$，$V=20$ m/s（$\varepsilon_r=0.1$），则前者相应于 $\partial\theta_s/\partial z = 0.27°/100$ m，后者 $\partial\theta_s/\partial z = 0.09°/100$ m，θ_s 为位温，前者更接近于实际大气，后者仅为了比较。对(15)式中的 c_g 作如

下处理,按文献[9]中对 c_g 的研究结果,在不计边界层层结时,c_g 可看成是 $Ro_b = G_1/fz_{01}$,即边界层 Rossby 数的函数。且有如下公式:

$$c_g = \sum_{i=0}^{3} \alpha_i \widetilde{Ro}_b^i \tag{28}$$

此处 $\widetilde{Ro}_b = \lg Ro_b$,系数见文献[9]。

图 1 是在 α, k 坐标中画的波增长率 $\gamma = kc_i$ 的等值线分布图。此图已令(23)式中 $R = 0$,即不计摩擦(为的与其他图比较),此时由(26)、(27)式,c_i 仅为 $\delta = \alpha B$ 及 μ 的函数,但 γ 还与 k 有显式关系,此图已令 $B = 0.25$,可见 $\alpha = 0$ 时,约 $k < 5$ 为不稳定区域,$\alpha > 0$,即南坡,γ 的高值中心随 α 增加而向小 k 方向移动,γ 在 $\alpha = 1.6$ 附近达最大。在 $\alpha < 0$,随 $|\alpha|$ 增大,不稳定区域越来越窄,这一特征与文献[6]中二维的 Eady 解的特征完全一致。对照 $B = 0.1$,因此时坡度影响以 δ 的形式出现,故现在因 B 变小,同样的 δ 所相应的 α 变大,同样的 μ 其 k 变大,故曲线向大 α 及大 k 方向移动。且因 k 变大,相应的 γ 亦变大。因同一个 μ 相应的 k 变大了,故在 k 坐标中不稳定的范围变大了。

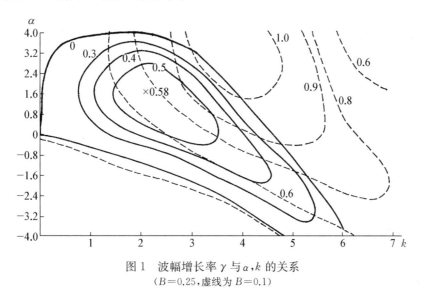

图 1   波幅增长率 γ 与 α, k 的关系
($B = 0.25$,虚线为 $B = 0.1$)

图 2 是 $B = 0.25$,$G = 0.4$,计入 R 后当取 $z_{01} = 0.1$ m 时的结果,此相当于陆地情况。与无摩擦比,γ 高值中心附近的 γ 值变小,但在离高值中心较远的部分,γ 增加了,不稳定带变宽,这与文献[2]中无地形时的结果一致。对于不稳定带的增宽,Pedlosky[3] 从能量变换上作过解释,文献[2]中的数值试验也说明了此问题。本文计算结果说明,在不稳定带增宽的部分,其 γ 值均很小,且随离 γ 高值中心的距离的增加衰减很快,除接近原来及 $R = 0$ 时的不稳定带的边缘部分以外,大部分区域其 γ 值均可忽略不计。

由图 2 见,对 α 的变化仍然是 $\alpha > 0$ 部分 γ 更大,而 $\alpha < 0$ 时不稳定带变窄,其特征与图 1 同,$B = 0.1$ 的情况亦类似图 1,因此有地形摩擦时的结果反映了摩擦与地形的共同影响。这是由于本文下界条件是线性的,包括了地形与摩擦,因而解中简单地反映了两个因子相加后的结果。

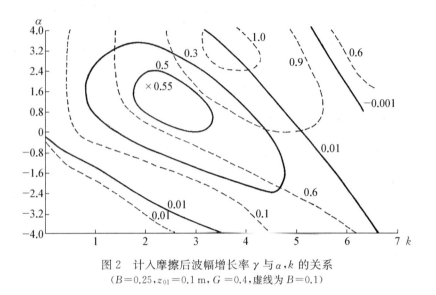

图 2　计入摩擦后波幅增长率 γ 与 α,k 的关系
($B=0.25, z_{01}=0.1\,\text{m}, G=0.4$, 虚线为 $B=0.1$)

图 2 可见 $\gamma_{\max}$ 中心在南坡,即南坡更有利于斜压不稳定的发展。$\gamma_{\max}$ 中心在 $k=2$—3 间,相当于波长在 4 000—6 000 km 间;而北坡,$\gamma_{\max}$ 在 $k=4$—5 间,相应波长 $<3\,000$ km,南坡相应的不稳定波长更接近实际一些。由于 γ 值南坡大,因此南坡总的说有利于斜压不稳定,这支持了文献[4,5]中关于阿尔卑斯山背风气旋生成频率高的解释。

我们还计算了 γ 对 G 和 f 的敏感性。当 $G=0.6$,$B=0.25$,结果在 γ 高值中心附近,γ 略小一些,而其余部分略增一些。当 $G=0.4$,但 f 取相应于纬度 $60°$ 的值,即更高纬度,且 $B=0.25$,则 γ 高值中心部分 γ 略增一些,而其余部分略减一些。反映了大 G 及小 f 相应于大摩擦所具有的特征。这从(14),(15)式亦可解释。

3　一般化 Eady 问题中摩擦和地形的影响

上面研究了风线性随高度增加的 Eady 模式,William[10] 提出了地转风对高度不是线性增加的一般化 Eady 问题。我们将讨论这种情况下摩擦和地形的影响。为了能得到解,William 假定在 $B(z)$ 或 $\partial\theta/\partial z$ 的铅直分布与风速的铅直分布间存在一定的关系。我们采用 William 的基本假定,但在本文尺度系统中进行。由于此时考虑 B 不再是常数,且 U 对 z 不是线性,则由(8)式,在设 $\varphi=\Phi e^{ik(x-ct)}$ 后即得:

$$\frac{\partial}{\partial z}\left(\frac{1}{B}\frac{\partial\Phi}{\partial z}\right)+\frac{\partial^2\Phi}{\partial y^2}-k^2\Phi-\frac{\Phi}{U-c}\left[\frac{\partial}{\partial z}\left(\frac{1}{B}\frac{\partial U}{\partial z}\right)\right]=0 \tag{29}$$

仿 William,设 $\dfrac{1}{B(z)}\dfrac{\partial U}{\partial z}=$ 常数,并设:

$$\frac{\partial U}{\partial z}=\sigma=(1-\varepsilon z)^{-4/3} \tag{30}$$

又设

$$B(z) = \frac{N_s^2 H^2}{f^2 L^2} = \frac{H^2 N_0^2}{f^2 L^2} n^2 \tag{31}$$

其中

$$n^2 = \sigma \tag{32}$$

N_0 是 $z=0$ 处的 N 值，(30)式中参数 ε 决定了风铅直切变的大小，而假定(32)式则给定了一个层结的约束，这样就能简单地得到解，为避免这假定的过分失真，我们将在 ε 变化不大时求解。在设 $\Phi = A(z)\cos ly$ 后(29)式成为：

$$\frac{\partial}{\partial z}\left(\frac{1}{B}\frac{\partial A}{\partial z}\right) - (l^2 + k^2)A = 0 \tag{33}$$

$$\frac{f^2 L^2}{H^2 N_0^2}\frac{\partial}{\partial z}\left(\frac{1}{n^2}\frac{\partial A}{\partial z}\right) - (l^2 + k^2)A = 0 \tag{34}$$

令 $B_0 = \dfrac{H^2 N_0^2}{f^2 L^2}$，并令 $B_0 n^2 \mathrm{d}z = \mathrm{d}\eta$，由(31)式见 B_0 是 $z=0$ 处的 B，于是(34)式化为：

$$\frac{\partial^2 A}{\partial \eta^2} - \frac{l^2 + k^2}{B_0 n^2}A = 0 \tag{35}$$

(35)式之解为

$$A = (1 - \varepsilon z)^{-1/3}\{A_1 e^{\frac{3\lambda}{\varepsilon}[1 - (1 - \varepsilon z)^{1/3}]} + A_2 e^{-\frac{3\lambda}{\varepsilon}[1 - (1 - \varepsilon z)^{1/3}]}\} \tag{36}$$

其中

$$\lambda = (l^2 + k^2)^{1/2} B_0^{1/2}$$

可见 λ 相当于前一节中的 μ，(33)式的边界条件仿(23)、(24)式应为：

$$(G - c)\frac{\mathrm{d}A}{\mathrm{d}z} - \left\{\frac{\partial U}{\partial z} - B_0\left[(\mathrm{i}kRG + \alpha) + \frac{\mathrm{i}RGl^2}{k}\right]\right\}A = 0 \qquad 当\ z = 0 \tag{37}$$

$$\left[G + \frac{3(a^{-1} - 1)}{\varepsilon} - c\right]\frac{\mathrm{d}A}{\mathrm{d}z} - \frac{\partial U}{\partial z}A = 0 \qquad 当\ z = 1 \tag{38}$$

此时已设大气中 U 由 $z=0$ 处的 G 按(30)式增加到 $z=1$ 处的 $\dfrac{3(a^{-1} - 1)}{\varepsilon} + G$，此处

$$a = (1 - \varepsilon)^{1/3}$$

由(36)—(38)式解本征值问题，得：

$$a_2 c^2 + b_2 c + c_2 c = 0 \tag{39}$$

其中

$$a_2 = \lambda^2 + \frac{\varepsilon}{3}(a^{-1}-1)\lambda\,\mathrm{cth}\zeta - \left(\frac{\varepsilon}{3}\right)^2 a^{-1}$$

$$b_2 = -2\lambda^2 G - \left(1 - \frac{G\varepsilon}{3} - B_0\xi\right)\left(\lambda\,\mathrm{cth}\zeta + \frac{\varepsilon}{3}a^{-1}\right) - \frac{\varepsilon}{3}a^{-2}(1-a)\zeta\,\mathrm{cth}\zeta -$$

$$\lambda\,\mathrm{cth}\zeta\left(\frac{2\varepsilon}{3}Ga^{-1} - a^{-2} - \frac{\varepsilon G}{3}\right) + \left(\frac{\varepsilon}{3}\right)^2(a^{-1}G + a^{-2}\zeta/\lambda) - \lambda\zeta a^{-1} - \frac{\varepsilon}{3}a^{-2}$$

$$c_2 = \left(1 - \frac{G\varepsilon}{3} - B_0\xi\right)\left(\lambda G\,\mathrm{cth}\zeta + \frac{\varepsilon}{3}a^{-1}G + \zeta a^{-1}\,\mathrm{cth}\zeta + \frac{1}{3}\varepsilon a^{-2}\zeta/\lambda - a^{-2}\right) +$$

$$G\lambda\left(G\lambda + \frac{\varepsilon}{3}a^{-1}G\,\mathrm{cth}\zeta + \frac{\varepsilon}{3}a^{-2}\zeta\,\mathrm{cth}\zeta/\lambda - a^{-2}\,\mathrm{cth}\zeta + \zeta a^{-1}\right)$$

而

$$\zeta = 3\lambda\frac{1-a}{\varepsilon}, \xi = ikRG + \alpha + i\frac{iRGl^2}{k}$$

由(39)式求 c,即可得 c_i,因太繁,我们不再写出。

图 3 是 $\varepsilon=0.1,G=0.4,B_0=0.25,R=0$ 时的 γ 图,此 ε 值相当于风随高度增加快于线性,与图 1 相比,最大 γ 比图 1 大,最大增长率相应的 k 值仍如前,但北坡增长比图 1 大,范围也宽,整个来说不稳定范围也比图 1 大。图 4 是 $\varepsilon=-0.25$,即风增长慢于 Eady 波时的情况,可见不稳定区主要限于 $\alpha>0$,即变化趋势与图 3 正相反,且 γ 极值亦变小,不稳定范围亦变小。这说明地形影响与风切变有关。这也说明斜压性越强,则 γ 值亦越大,不稳定范围亦越大。如果看 $\alpha=0$ 的特例,比较图 $1,3,4$,对不同 ε,γ_{max} 均在 $k=3$ 附近,但 $\varepsilon<0$ 时 γ_{max} 最小,$\varepsilon>0$ 则反之。

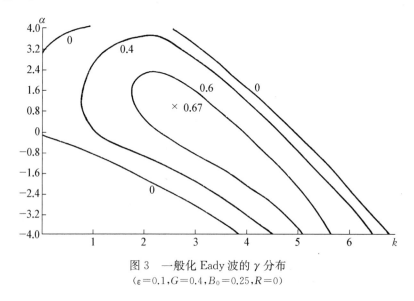

图 3　一般化 Eady 波的 γ 分布

($\varepsilon=0.1,G=0.4,B_0=0.25,R=0$)

若计入摩擦,如图 5,和 Eady 波类似,在扩大的不稳定区内,虽然增长率大于零,但很小,而在 γ 的高值区,摩擦使 γ 减少,但总的说,γ 高值部分减弱并不大。总之,在一般化

Eady 波中考虑地形和摩擦时,其结果中保持了地形和摩擦各自作用的影响,摩擦影响的特征同 Eady 波,但地形影响与 Eady 波有差别。

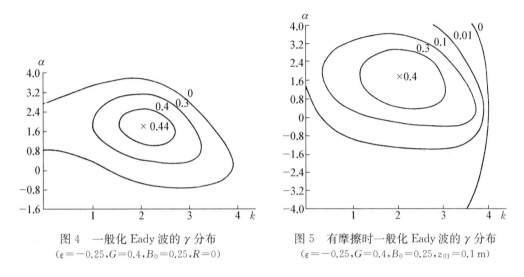

图 4　一般化 Eady 波的 γ 分布
$(\varepsilon=-0.25,G=0.4,B_0=0.25,R=0)$

图 5　有摩擦时一般化 Eady 波的 γ 分布
$(\varepsilon=-0.25,G=0.4,B_0=0.25,z_{01}=0.1\ \mathrm{m})$

在实际大气中风的铅直增长到对流层上部逐渐变慢,若把整层大气一起考虑,近似地说,主要是相应于 $\varepsilon<0$ 的情况,有的研究[4,5]指出对阿尔卑斯背风气旋的发展来讲,与山南侧斜压波动的发展密切有关,我们曾分析 Mesinger[11] 等所研究的几次阿尔卑斯背风气旋的情况,在扰动的上游风随高度的增长速率基本上是愈上愈慢,即相应于 $\varepsilon<0$,按我们的结果,扰动应集中在南坡,这也支持了文献[4,5]的结果。

4　边界层层结的影响

以上讨论摩擦时,(10)式的 w 是设边界层层结为中性时得到的,在边界层为非中性时,我们先从 PBL 相似理论出发推导一个二维 Eady 问题中适用的非中性边界层顶垂直速度公式,然后讨论摩擦的影响。二维 Eady 问题即是将(9)式中∇^2取为$\partial^2/\partial x^2$而得,边条件仍用(11)及(16)式。在推导 w 公式时,我们用有量纲量。边界层顶垂直速度可写成[12]:

$$w_{f1}=\frac{1}{\rho_1 f}(\nabla\times\vec{\tau}_1)_z=\frac{1}{\rho_1 f}\vec{k}\cdot(\nabla\times\vec{\tau}_1) \tag{40}$$

$\vec{\tau}_1$ 为地面湍流切应力矢,下标 z 表 z 方向分量。$\vec{k}$ 为铅直方向单位矢。(40)式可写成:

$$w_{f1}=\frac{1}{\rho_1 f}\vec{k}\cdot(\nabla\times\rho_1 u_{*1}\vec{u}_{*1}) \tag{41}$$

$\vec{u}_{*1}$ 为摩擦速度矢,它与 $\vec{\tau}_1$ 同向,略去 ρ_1 的铅直变化,并视边界层为正压,将 $\vec{u}_{*1}$ 在 $\vec{V}_{g1}$ 及 $\vec{k}\times\vec{V}_{g1}$ 为轴的坐标系中分解,则:

$$w_{f1} = \frac{1}{f}\vec{k} \cdot \nabla \times (c_g^2 \cos\beta V_{g1}\vec{V}_{g1}) + \frac{1}{f}\vec{k} \cdot \nabla \times (c_g^2 \sin\beta V_{g1}\vec{k} \times \vec{V}_{g1}) \tag{42}$$

c_g 定义见第一节，β 为 $\vec{u}_{*1}$ 与 $\vec{V}_{g1}$ 间夹角，从 PBL 理论可知[12]，c_g，β 是 $\mathrm{Ro}_b = G_1 / f z_{01}$ 及稳定度参数 $S = \dfrac{g}{\theta_1}\dfrac{\Delta\theta_1}{fG_1}$ 的函数。$\Delta\theta_1$ 是边界层顶底间位温差。文献[9]中有如下公式：

$$c_g = \sum_{j=0}^{3} \sum_{i=0}^{2} a_k \ \widetilde{\mathrm{Ro}}_b^i \ \widetilde{S}^j \qquad k = 3j + i \tag{43}$$

$$\beta = \sum_{j=0}^{3} \sum_{i=0}^{2} b_k \ \widetilde{\mathrm{Ro}}_b^i \ \widetilde{S}^j \qquad k = 3j + i \tag{44}$$

其中 $\widetilde{\mathrm{Ro}}_b = \lg \mathrm{Ro}_b$，$\widetilde{S} = 0.001S$，系数 a_k，b_k 见文献[9]。由此知道 G，$\Delta\theta$，z_0，f 等参数即可求 c_g 及 β。实际上 c_g 和 β 随空间位置的变化远小于 V_{g1} 随空间的变化。在(42)式中将其提出微分号外：

$$w_{f1} = \frac{1}{f}\vec{k} \cdot c_g^2 \cos\beta \ \nabla \times (V_{g1}\vec{V}_{g1}) + \frac{1}{f}\vec{k} \cdot c_g^2 \sin\beta \ \nabla \times (V_{g1}\vec{k} \times \vec{V}_{g1}) \tag{45}$$

用矢量微分公式对(45)式运算，注意到 $\nabla \cdot \vec{V}_{g1} = 0$，得：

$$w_{f1} = \frac{\vec{k}}{f} \cdot c_g^2 \cos\beta (\nabla V_{g1} \times \vec{V}_{g1} + V_{g1} \nabla \times \vec{V}_{g1}) + \frac{\vec{k}}{f} \cdot c_g^2 \sin\beta (\nabla V_{g1} \cdot \vec{V}_{g1})\vec{k} \tag{46}$$

对(46)式作线性化处理，即微分号外的 V_{g1} 或 $\vec{V}_{g1}$ 以 x 方向基流 G_1 或 $\vec{G}_1$ 代替(实际上在二维情况，因 $\partial\phi/\partial y = 0$，$x$ 方向扰动速度等于零)，

$$w_{f1} = \frac{c_g^2 \cos\beta G_1}{f}(\nabla \times \vec{V}_{g1})_z + \frac{c_g^2 \sin\beta}{f}G_1 \frac{\partial V_{g1}}{\partial x}$$

再化为无量纲，得：

$$w_{f1} = \left(\frac{c_g^2 \cos\beta G}{f}\frac{\partial^2 \phi}{\partial x^2} + \frac{c_g^2 \sin\beta G \dfrac{\partial\phi}{\partial x}}{fV_g}\frac{\partial^2 \phi}{\partial x^2} \right) \frac{V}{H} \tag{47}$$

因 $|\partial\varphi/\partial x| \ll G$，又对大气中一般的 β 角，$\sin\beta < \cos\beta$ 于是可忽略(47)式中第二项，

$$w_{f1} = \left(\frac{c_g^2 \cos\beta G}{f}\frac{\partial^2 \phi}{\partial x^2} \right) \frac{V}{H} \tag{48}$$

边界层层结及粗糙度影响了 c_g 及 β，于是也影响 w 及波动不稳定性，将(48)式引入(11)式，得下界条件如(14)式，而

$$R = \frac{1}{\varepsilon_r f}c_g^2 \cos\beta \frac{V}{H}$$

上界条件仍如(16)式。此时 Eady 本征值问题的解仍如(26)式，只要令(22)，(27)式中 $l = 0$

即可。取 $z_{01}=0.1$ m，$B=0.25$，$G=0.4$，$\Delta\theta_1=10°$ 及 $-5°$ 分别代表稳定及不稳定层结，其 γ 值分别如图 6，7。二者相比，可见图 6 的 γ 值要大得多，原来 $R=0$ 时稳定的区域现在变为不稳定的程度都比图 7 小。又不仅图 6 γ 极值较大，而且高 γ 值的区域面积也较大。造成这些现象的原因正是由于二者有不同温度层结，图 7 相应于不稳定层结，故湍流加强，摩擦加大。

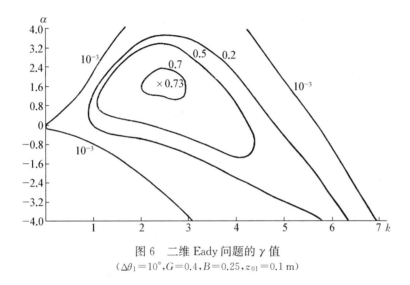

图 6　二维 Eady 问题的 γ 值
（$\Delta\theta_1=10°$，$G=0.4$，$B=0.25$，$z_{01}=0.1$ m）

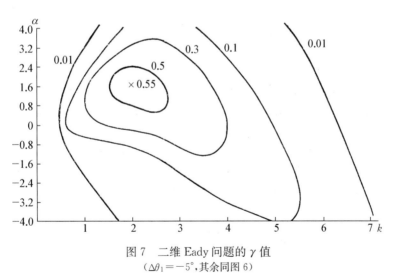

图 7　二维 Eady 问题的 γ 值
（$\Delta\theta_1=-5°$，其余同图 6）

图 8 是 $\Delta\theta_1=-5°$，但，$z_{01}=10^{-4}$ m，$\alpha=0$ 时的 γ 与 $z_{01}=10^{-1}$ m 时 γ 值之比，此 z_{01} 值分别代表海、陆。可见虽然 $\Delta\theta_1$ 相同，但若 z_{01} 小则摩擦小，从而 γ 大，这说明边界层热层结及下垫面粗糙度均对 γ 有影响。

实际大气中扰动的发展有各种原因，本节讨论的边界层影响只是一种，不一定是主要的，例如暖下垫面的加热作用可能是某些气旋发展的重要原因，但这时较大的边界层摩擦可能抵消了一部分加热的影响。另一方面，全球气旋的高发生频率区有不少是在大洋上，洋面

上 z_0 小,容易造成不稳定增长亦可能是原因之一。

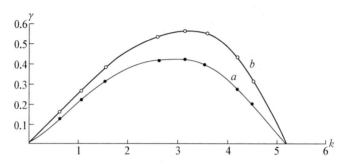

图 8　$\Delta\theta_1=-5°,B_0=0.25,\alpha=0$ 时 $z_{01}=10^{-1}$ m 及 $z_{01}=10^{-4}$ m 的 γ 值比较

（曲线 a 为 10^{-1} m,b 为 10^{-4} m）

5　结论

本文研究了边界层摩擦和地形对斜压不稳定的影响,用了新的边界层参数化方法,能较精确地得到对波幅增长率影响的估计。特别讨论了边界层热力层结及粗糙度的影响,得到了一些新的结论,对进一步探讨边界层与自由大气的相互作用有意义。对地形,本文不仅将其与边界层层结结合起来,而且探讨了一般 Eady 波。本文的一些结论还主要限于理论方面,需要结合天气实践进一步探讨,理论方法也需进一步完善。

参考文献

[1] Eady, E. T., Long waves and cyclone waves, Tellus, 1, 33 - 52, 1949.

[2] Fischer, G., E. Heise and V. Renner, The effect of surface friction on the development of cyclone-waves in numerical model, Beitr. Phys. Atmos., 46, 157 - 181,1973.

[3] Pedlosky, J., Geophysical Fluid Dynamics, 423 - 539, Springer-Verlag, 1979.

[4] Speranza, A., A. Buzzi, A. Trevisan and P. Malguzzi, A theory of deep cyclogenesis in the lee of Alps, part 1: Modification of baroclinic instability by localized topography, J. Atmos. Sci., 42 1521 - 1535, 1985.

[5] Buzzi, A., and A. Speranza, A theory of deep cyclogenesis in the lee of Alps, Part 2: Effects of finite topographic slope and height, J. Atmos. Sci., 43, 2826 - 2837, 1986.

[6] Blumsack, S. L., and P. J. Gierasch, Mars: The effects of topography on baroclinic instability, J. Atmos. Sci., 29, 1081 - 1089, 1972.

[7] Zhao, M., On the parameterization of the vertical velocity at the top of the PBL, Adv. Atmos.Sci., 4, 233 - 239, 1987.

[8] 赵鸣,边界层抽吸引起的旋转减弱,大气科学,13,342 - 351, 1989.

[9] Yordanov, D., S. Syrakov and G. Djolov, A barotropic PBL, Boundary Layer Meteorol., 25, 363 - 374, 1983.

[10] William, G. F., Generalized Eady waves, J. Fluid Mec., 62, 643 - 655, 1974.

[11] Mesinger, F., and F. Strickler, Effect of mountain on Genoa cyclogenesis, J. Mete. Soc., Japan, 60, 326 – 338, 1982.

[12] Zilitinkevich, S. S., Dynamics of atmospheric boundary layer, 143, 235, Gidrometeoizdat, 1970. (in Russian)

[13] Mechoso, C. R., Baroclinic instability of flows along aloping boundaries, J. Atmos. Sci., 37, 1393 – 1399, 1980.

THE EFFECTS OF BOUNDARY LAYER FRICTION AND TOPOGRAPHY ON THE INSTABILITY OF BAROCLINIC WAVES

Abstract: In this paper, the simultaneous effect of boundary layer friction and topography on the instability of Eady wave is investigated by using a new parameterization of the vertical velocity at the top of PBL and the influences of the stratification of the PBL, roughness and the slope of terrain are shown. Furthermore, the effects of boundary layer friction and topography on the generalized Eady wave are also investigated.

3.8　边界层内冷锋流场的动力学特征[①]

摘　要： 文中求解了锋面存在时地转动量近似下的大气边界层运动方程,得到了边界层内冷锋流场的一些特征,如冷锋坡度随地转涡度增加而增加,随地转风速时间倾向的增加而增加,随沿锋面传播方向的热成风分量的减少而增加。而边界层内冷锋面上下的流场与锋面坡度,地转风及其时空变化特征有关,共同特点是在冷锋面高度以下有下滑运动,而其上有一层上滑运动区。

关键词： 冷锋,边界层,地转动量近似

1　引言

锋面是引起强烈天气变化的系统之一,当前有关锋面的动力学研究主要集中在锋生理论等方面。锋面在边界层内的动力学特征研究得并不充分。近年来观测表明,锋面坡度在边界层内并不如经典的马古列斯公式那样,而是陡得多[1,2],因此,锋面在边界层内由于湍流摩擦作用会产生不同于自由大气的动力学特征。边界层内锋面特征的动力学研究除边界层与锋生外[3],主要是锋面坡度与边界层流场的理论研究[4,5],文献[4]用经典的三力平衡边界层运动方程,考虑锋面的存在研究了锋面的流场特征,文献[5]虽然也用边界层方程研究锋面,但将地转风随下风距离的变化作为未知量一起求解,不具有一般性,文献[4,5]的共同特点是用地转风作为上界条件求解定常问题,且不考虑惯性力影响。文中引入了惯性力,用地转动量近似(GMA)下的边界层方程处理含锋面的边界层运动,并考虑了地转风在边界层内随高度变化的一般情况,因而可得到地转风的时空变化对边界层内锋面流场的影响,推广了前人的工作。

2　锋面影响的地转动量近似边界层方程

如 Gutman[4],设锋面以常速 c 沿 x 方向传播,锋沿 y 轴。考虑 x-z 平面内的二维问题。设锋面在传播过程中形状不变。锋面存在时,三力平衡边界层方程中的气压梯度力,除大尺度气压梯度力(由地转风表征)外,还有由冷暖空气密度不同造成的附加气压梯度力,方程是[4]

$$f(v_i - v_g) + k\frac{\partial^2 u_i}{\partial z^2} - \mu\frac{\partial h}{\partial x}\delta_{i1} = 0 \tag{1}$$

$$-f(u_i - u_g) + k\frac{\partial^2 v_i}{\partial z^2} = 0 \tag{2}$$

---

①　原刊于《气象学报》,2001 年 6 月,59(3),271-279,作者:赵鸣。

$i = 1,2$ 分别表示锋面下、上的气层，u_g，v_g 为地转风分量，h 为锋面高度，而 $\mu = -g \dfrac{\Delta\theta}{\Theta}$，$\Theta$ 为基态位温，$\Delta\theta$ 为冷暖空气位温差。此处已设湍流交换系数为常数。

现考虑四力平衡边界层，通过 GMA 引入惯性力[6]，方程是

$$\frac{\partial u_g}{\partial t} + u_i \frac{\partial u_g}{\partial x} + v_i \frac{\partial u_g}{\partial y} = f(v_i - v_g) + k \frac{\partial^2 u_i}{\partial z^2} - \mu \frac{\partial h}{\partial x} \delta_{i1} \tag{3}$$

$$\frac{\partial v_g}{\partial t} + u_i \frac{\partial v_g}{\partial x} + v_i \frac{\partial v_g}{\partial y} = -f(u_i - u_g) + k \frac{\partial^2 v_i}{\partial z^2} \tag{4}$$

先不考虑边界层内地转风随高度的变化[4,5]，虽然这是近似，但其结果与后文考虑地转风随高度变化时相比，仍显示出了摩擦对锋面边界层影响的主要特征。在二维问题中，式(3)，(4)内 $\partial u_g/\partial y = \partial v_g/\partial y = 0$，因地转风散度为零，又有 $\partial u_g/\partial x = 0$。先用式(3)，(4)的一般形式

$$k \frac{\partial^2 u_i}{\partial z^2} + a_1 u_i + b_1 v_i = c_1 \tag{5}$$

$$k \frac{\partial^2 v_i}{\partial z^2} + a_2 u_i + b_2 v_i = c_2 \tag{6}$$

$$a_1 = -\frac{\partial u_g}{\partial x} \qquad b_1 = -\frac{\partial u_g}{\partial y} + f \qquad c_1 = f v_g + \frac{\partial u_g}{\partial t} + \mu \frac{\partial h}{\partial x} \delta_{i1}$$

$$a_2 = -f - \frac{\partial v_g}{\partial x} \qquad\qquad b_2 = -\frac{\partial v_g}{\partial y} \qquad\qquad c_2 = -f u_g + \frac{\partial v_g}{\partial t} \tag{7}$$

二维情况下，$a_1 = b_2 = 0$，$b_1 = f$，

取式(7)中 $i = 2$ 时 $c_1 = c_3$，即

$$c_3 = c_1 - \mu \frac{\partial h}{\partial x} \tag{8}$$

式(5)，(6)是 GMA 下的边界层方程，其主要特点是将地转风的时空导数视为已知，来寻求其对边界层流场的影响[6-10]。

定解条件：在上界，取自由大气的 GMA 解

$$u_2 = u_T = \frac{c_3 b_2 - b_1 c_2}{D^4} \qquad\qquad 当 z \to \infty \tag{9}$$

$$v_2 = v_T = \frac{a_1 c_2 - c_3 a_2}{D^4}$$

其中

$$D^4 = a_1 b_2 - a_2 b_1 \tag{10}$$

二维时

$$u_T = -\frac{c_2 b_1}{D^4} \qquad v_T = -\frac{c_3 a_1}{D^4} \qquad D^4 = -b_1 a_2 \tag{11}$$

下界处

$$u_1 = v_1 = 0 \qquad\qquad 当\ z = 0 \tag{12}$$

$z = h$ 处有连接条件:

$$u_1 = u_2 \qquad v_1 = v_2 \qquad 当\ z = h \tag{13}$$

不难求出常系数方程组(5),(6)的解,在锋面以下为

$$u_1 = u'_T (1 - e^{-\zeta} \cos \zeta) - c_1 D^{-2} e^{-\zeta} \sin \zeta \tag{14}$$
$$v_1 = v'_T (1 - e^{-\zeta} \cos \zeta) - c_2 D^{-2} e^{-\zeta} \sin \zeta \tag{15}$$

锋面以上为

$$u_2 = u_1(\zeta) + \frac{\mu \dfrac{\partial h}{\partial x}}{D^2} e^{-(\zeta - \eta)} \sin (\zeta - \eta) \qquad \zeta > \eta \tag{16}$$

$$v_2 = v_1(\zeta) + \frac{a_2 \mu \dfrac{\partial h}{\partial x}}{D^4} \left[1 - e^{-(\zeta - \eta)} \cos (\zeta - \eta) \right] \qquad \zeta > \eta \tag{17}$$

其中 $\zeta = \beta z$, $\eta = \beta h$, $\beta = D / \sqrt{2k}$

$$u'_T = \frac{c_1 b_2 - b_1 c_2}{D^4} = \frac{-b_1 c_2}{D^4} \qquad\qquad v'_T = \frac{a_1 c_2 - c_1 a_2}{D^4} = \frac{-c_1 a_2}{D^4} \tag{18}$$

比较式(9)与式(18)得

$$u_T = u'_T \qquad v_T = v'_T + \frac{a_2 \mu \dfrac{\partial h}{\partial x}}{D^4} \tag{19}$$

可证(14)—(17)满足上下边条件及连接条件式(13),通过计算还可证明式(14)和(16)满足连续方程的积分形式

$$\frac{\partial}{\partial x} \int_0^\infty u \, \mathrm{d}z = 0 \tag{20}$$

因而解是合理的。若不计 $\partial h / \partial x$,式(14)—(17)就化为经典 GMA 的结果[6],若再不计地转风的导数,就回到 Ekman 解。

3　边界层内锋面坡度与流场

类似于 Gutman[4] 的方法,用条件:

$$\int_0^h (u_1 - c) \, \mathrm{d}z = 0 \tag{21}$$

可求坡度 $\partial h / \partial x$,将式(14)代入式(21)并引入无量纲量

$$\xi = \frac{f u_T}{\mu} \beta x \qquad \bar{c} = \frac{c}{u_T}$$

得无量纲锋面坡度

$$\frac{\partial \eta}{\partial \xi} = -\{1 + \alpha - 2(1 - \bar{c})\eta - e^{-\eta}[(1 + \alpha)\cos \eta + (\alpha - 1)\sin \eta]\}/\{D^{-2}f[1 - e^{-\eta}(\cos \eta + \sin \eta)] - 2\eta b_2 D^{-4}f - b_2 D^{-4}f - b_2 D^{-4}fe^{-\eta}(\sin \eta + \cos \eta)\} \qquad (22)$$

其中

$$\alpha = \left(f v_g + \frac{\partial u_g}{\partial t}\right)\frac{D^{-2}}{u_T} = c_3 \frac{D^{-2}}{u_T} \qquad (23)$$

考虑到 $b_2 = 0$，则

$$\frac{\partial \eta}{\partial \xi} = -\frac{1 + \alpha - 2(1 - \bar{c})\eta - e^{-\eta}[(1 + \alpha)\cos \eta + (\alpha - 1)\sin \eta]}{D^{-2}f[1 - e^{-\eta}(\cos \eta + \sin \eta)]} \qquad (24)$$

对冷锋而言，$\partial \eta / \partial \xi < 0$，因 f 一般比相对涡度大一个量级，因而 D^2 一般大于零，将(24)分母中 $e^{-\eta}$，$\cos \eta$，$\sin \eta$ 展成级数，可证明(24)分母一般大于零，故 $\partial \eta / \partial \xi$ 的符号决定于分子，在 η 小时，式(24)成为

$$\frac{\partial \eta}{\partial \xi} = -\frac{2\bar{c} + (\alpha - 1)\eta}{D^{-2}f\eta} = -\frac{2\bar{c}D^2}{f\eta} - \frac{(\alpha - 1)D^2}{f} \qquad (25)$$

当 η 足够大时，则式(24)成为

$$\frac{\partial \eta}{\partial \xi} = -\frac{(1 + \alpha) - 2(1 - \bar{c})\eta}{D^{-2}f} = -\frac{(1 + \alpha)D^2}{f} + \frac{2(1 - \bar{c})\eta D^2}{f} \qquad (26)$$

由(25)，(26)可见，$\partial \eta / \partial \xi$ 的符号主要决定于 $\bar{c}$，α 两个因子，因 u_T 与 u_g 相差不大，而 $\partial u_g / \partial t$ 较小，α 主要决定于 v_g / u_T 或 v_g / u_g，由式(25)，(26)，$\bar{c}$ 愈大，愈易使 $\partial \eta / \partial \xi < 0$，$\alpha$ 愈大亦如此，即使 $\bar{c} < 1$，只要 α 足够大，仍可出现冷锋条件，如果 $\bar{c}$ 很大，即使 $\alpha < 0$，只要 $|\alpha|$ 小，亦可维持冷锋。

由式(25)，当 $\eta \to 0$，即愈近地面处，$\partial \eta / \partial \xi \to \infty$，于是锋面坡度愈大，几乎垂直于地面，这已为观测事实所证明[1,2]，也为数值试验所证实[11]。二维时，

$$D^4 = -b_1 a_2 = \left(f + \frac{\partial v_g}{\partial x}\right)f$$

当 $\partial v_g / \partial x > 0$ 时，即正地转涡度，D 增加，负地转涡度则反之，由式(25)，(26)，正地转涡度增加坡度(绝对值，下同)，反之亦然。

用龙格-库塔方法数值积分式(24)，得到冷锋面的廓线如图1，参数取 $k = 2 \text{m}^2/\text{s}$，$f = 10^{-4} \text{s}^{-1}$，$\partial v_g / \partial x = \pm 10^{-5} \text{s}^{-1}$，积分在 $\eta = 0$ 到 $\eta = 3$ 间进行，β 在 0.005 m^{-1} 左右，$\eta = 3$ 相应于 $h = 600 \text{ m}$ 左右，其余参数是 $u_g = 3 \text{ m/s}$，$v_g = 15 \text{ m/s}$，$\bar{c} = 0.8$，$\Delta\theta = 8 \text{ ℃}$。

由图1可见正地转涡度时坡度大于负地转涡度时，在 $\eta = 0.1$ 处，前者 $\partial \eta / \partial \xi = -22.32$，

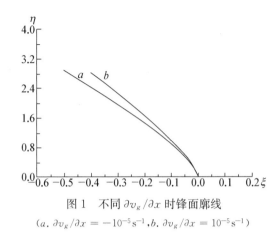

图 1　不同 $\partial v_g/\partial x$ 时锋面廓线

($a.\ \partial v_g/\partial x = -10^{-5}\,\mathrm{s}^{-1}$, $b.\ \partial v_g/\partial x = 10^{-5}\,\mathrm{s}^{-1}$)

后者为 -19.72，因此正地转涡度时相应的锋面上垂直运动亦应愈大，再看地转风的时间倾向的影响，由式(7)，地转风的时间倾向项出现于 c_1(或 c_3)和 c_2 中，当 $\partial u_g/\partial t > 0$，相应于增加 v_g，由式(23)，v_g 及 $\partial u_g/\partial t$ 的增加均使 α 增加，从而增加坡度。由于式(7) $\partial v_g/\partial t > 0$ 相应于减少 u_g，从而减少 u_T，再从式(23)亦可见增加 α，增加坡度。

表 1 是不同地转风倾向时在 $\eta = 0.1$ 处 $\partial \eta/\partial \xi$ 的值。其他参数与图 1 中曲线 b 参数相同，可见地转风倾向大于零增加坡度，反之亦然。因此在天气系统加强期，即地转风随时间加强时，锋面变陡，相应造成较剧烈天气。

表 1 地转风倾向对 $\eta = 0.1$ 处锋面坡度的影响

$\partial u_g/\partial t$ (m/s^2)	$1/7\,200$	$-1/7\,200$	0	0
$\partial v_g/\partial t$ (m/s^2)	0	0	$1/7\,200$	$-1/7\,200$
$\partial \eta/\partial \xi$	-23.35	-21.31	-27.10	-20.58

仿照 Gutman[4] 的方法定义相对于移动锋面的坐标中的流函数

$$\Psi = \int_0^\zeta \left(\frac{u}{u_T} - \bar{c} \right) \mathrm{d}\zeta \tag{27}$$

可得垂直速度

$$w = -\frac{f u_T^2}{\mu} \frac{\partial \Psi}{\partial \xi} \tag{28}$$

将(14)，(16)代入式(27)，求得

$$\Psi = -\bar{c}\zeta + \zeta - \left[\frac{1}{2} + \frac{e^{-\zeta}}{2}(\sin\zeta - \cos\zeta) \right] + \left(c_3 + f u_T \frac{\partial \eta}{\partial \xi} \right)$$

$$\left\{ \left[\frac{e^{-\zeta}}{2}(\sin\zeta + \cos\zeta) - \frac{1}{2} \right] / D^2 u_T \right\} + \frac{f \frac{\partial \eta}{\partial \xi}}{2D^2} \{ 1 - e^{-(\zeta-\eta)}[\sin(\zeta-\eta) + \cos(\zeta-\eta)] \} \tag{29}$$

图 2 是当参数取相应于图 1 中曲线 b 的参数(正地转涡度)时，移动坐标中垂直于锋线的剖面中流场图。因方程只在 $\partial h/\partial x \neq 0$ 时求解，故图中主要画出锋区垂直剖面中的风分布，地面锋位置在 $\xi = 0$，$\xi > 0$ 时不存在锋面，在 $\xi > 0$ 某处取 $\partial h/\partial x = 0$ 求出式(5)，(6)的解，然后在 $\xi > 0$ 和 $\xi = 0$ 间内插即可求出锋线右侧的流线，因此 $\xi > 0$ 的这部分解只能看作近似(其大致特征)。由图 2 可见，锋下是下滑运动，存在顺时针环流，与 Gutman[4] 的研究结果一致。锋面以上的一个层次内有沿锋面的上滑运动。由于 $\bar{c} < 1$，在边界层较高处，因风速大于 c 在 x 方向出现了正风速，这些高度上边界层摩擦作用已较小，风已接近上界风。

在负地转涡度($\partial v_g / \partial x < 0$)的情况下,由于锋面坡度较小,$\eta = 3$ 对应于更远的 ξ 值,上升运动也较小,流线系统相似于图 2,但比图 2 偏右(图略)。

图 3 是 $\bar{c} > 1$ 的例子,参数是 $u_g = 5 \, \text{m/s}, v_g = 10 \, \text{m/s}, \bar{c} = 1.5$,其他参数同图 2 的参数。与图 2 相比 $\bar{c}$ 更大,α 变小,此时锋下近地面锋线处仍是下滑及顺时针环流,锋面以上有上滑运动,但锋下离锋线较远处有上滑及反时针环流。较高处(摩擦作用较弱时)主要是沿负 x 方向的运动,图 3 与图 1 差别是由于 $\bar{c} > 1$ 所致。

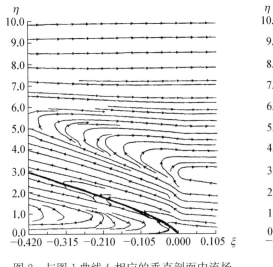
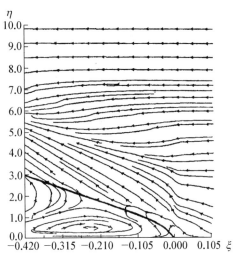

图 2　与图 1 曲线 b 相应的垂直剖面中流场
(粗线为锋面)

图 3　垂直剖面流线
($u_g = 5 \, \text{m/s}, v_g = 10 \, \text{m/s}, \bar{c} = 1.5$,其余参数同图 2)

再看 $\alpha < 0$ 的例子,取 $\bar{c} = 1.5, u_g = 5 \, \text{m/s}, v_g = -5 \, \text{m/s}$,此时 $\alpha < 0$ 但 $|\alpha|$ 小,按上面分析,仍为冷锋,此时坡度比上例小(图略),垂直运动也较弱。与图 3 相比锋面上下流场特征仅坡度与垂直运动小,即虽然 $\alpha < 0$,但不改变 $\bar{c} > 1$ 时的主要特征。

不同个例虽然流场结构各异,但相同之处是锋面以下均有下滑及顺时针环流,而锋面以上有一上滑运动区。

4　地转风随高度变化时冷锋的坡度及流场

现考虑边界层内地转风随高度变化的一般情况,假定地转风的高度变化由大尺度温度场决定,不影响锋面两侧的温度对比,仿照研究斜压边界层时常用的处理方法,即设 u_g, v_g 为高度的线性函数(下标零为地面处值)[12]

$$u_g = u_{g0} + \rho z \qquad v_g = v_{g0} + \lambda z \tag{30}$$

λ, ρ 为常数,此时方程仍为(3),(4)即(5),(6),此时式(7)中地转风各导数为简单起见,如文献[13],取其对高度的平均,因而式(7)中各参数 a_i, b_i 对高度为常数,而参数 c_1, c_2, c_3 现在是高度的函数:

$$c_1 = fv_g(z) + \frac{\partial u_g}{\partial t} \qquad c_3 = fv_g(z) \qquad c_2 = -fu_g(z) + \frac{\partial v_g}{\partial t} \qquad (31)$$

上界条件仍为式(9)，但 u_T, v_T 中的 c_3, c_2 应按(31)取。当上界高度为 z_T 时式(9)为

$$u_2 = u_T(z_T) = \frac{c_3(z_T)b_2 - b_1c_2(z_T)}{D^4}$$

$$v_2 = v_T(z_T) = \frac{a_1c_2(z_T) - c_1(z_T)a_2}{D^4} \qquad (32)$$

此时式(5),(6)之解是

$$u_1 = u'_{T0}(1 - e^{-\zeta}\cos\zeta) - c_{10}D^{-2}e^{-\zeta}\sin\zeta - \frac{a_1f\lambda - b_1f\rho}{\beta D^4}\zeta \atop v_1 = v'_{T0}(1 - e^{-\zeta}\cos\zeta) - c_{20}D^{-2}e^{-\zeta}\sin\zeta - \frac{a_2f\lambda - b_2f\rho}{\beta D^4}\zeta \Bigg\} \qquad (33)$$

$$u_2 = u_1(\zeta) + \frac{\mu\frac{\partial h}{\partial x}}{D^2}e^{-(\zeta-\eta)}\sin(\zeta - \eta) \qquad \zeta > \eta \qquad (34a)$$

$$v_2 = v_1(\zeta) + \frac{a_2\mu\frac{\partial h}{\partial x}}{D^4}[1 - e^{-(\zeta-\eta)}\cos(\zeta - \eta)] \qquad \zeta > \eta \qquad (34b)$$

u'_{T0} 和 v'_{T0} 是式(18)中的 u'_T, v'_T 当 c_1, c_2 取式(31)中 $z=0$ 时的值的结果，c_{10}, c_{20} 是 c_1, c_2 取 $z=0$ 时的值，可证(33),(34)满足式(20)。令

$$\xi = \frac{fu_{T0}}{\mu}\beta x \qquad \alpha = c_{30}\frac{D^{-2}}{u_{T0}} = \left(fv_{g0} + \frac{\partial u_g}{\partial t}\right)\frac{D^{-2}}{u_{T0}}$$

其中 u_{T0} 为式(9)中 u_T 当 c_2, c_3 取式(31)中 $z=0$ 时的值的结果，v_{g0} 是 $z=0$ 时的 v_g 值。再用条件式(21)，即得锋面坡度，二维时是

$$\frac{\partial\eta}{\partial\xi} = -\frac{1 + \alpha - 2(1-\bar{c})\eta - e^{-\eta}[(1+\alpha)\cos\eta + (\alpha-1)\sin\eta] - \frac{b_1f\rho\eta^2}{\beta D^4 u_{T0}}}{D^{-2}f[1 - e^{-\eta}(\cos\eta + \sin\eta)]} \qquad (35)$$

由式(35)可见，只有 x 方向地转风的高度变化才会影响锋面坡度，且除了 $\bar{c}$ 愈大，α 愈大，愈易使 $\partial\eta/\partial\xi < 0$ 外，当 $\rho < 0$，即 u_g 随高度减少时愈易使坡度变大。

图4是 $\rho = \pm 5/1\,000$ s^{-1} 及 $\rho = 0$ 时由式(35)解出的 $\eta(\xi)$ 廓线图，参数与图2相同，可见 $\rho < 0$ 坡度更陡，$\rho > 0$ 则反之。

由式(27),(28)可求 Ψ 及 w，但要

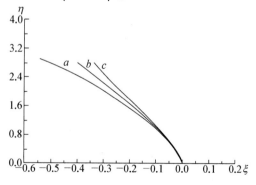

图4 地转风随高度变化时锋面廓线
(a. $\rho = 5/1\,000$s^{-1}, b. $\rho = 0$, c. $\rho = -5/1\,000$s^{-1}，其余参数同图2)

将 u_T 换成 u_{T0}，Ψ 是

$$\Psi = -\bar{c}\zeta + \zeta - \left[\frac{1}{2} + \frac{e^{-\zeta}}{2}(\sin\zeta - \cos\zeta)\right] + \frac{c_{10}D^{-2}}{u_{T0}}\left[\frac{e^{-\zeta}}{2}(\sin\zeta + \cos\zeta) - \frac{1}{2}\right] +$$

$$\frac{b_1 f\rho}{\beta u_{T0}D^4}\frac{\zeta^2}{2} + \frac{f\dfrac{\partial\eta}{\partial\xi}}{2D^2}\{1 - e^{-(\zeta-\eta)}[\sin(\zeta-\eta) + \cos(\zeta-\eta)]\} \tag{36}$$

图 5,6 是 $\rho = \pm 5/1\,000\ \mathrm{s}^{-1}$ 时的垂直剖面流线,其余参数同图 2。与图 2 相比,可见地转风的高度变化对流场的影响,就锋面以下流场而言,$\rho > 0$ 与 $\rho = 0$ 相似,均为下滑运动,但 $\rho < 0$ 时,在离锋线不远处上游就有上滑运动。这是由于此时边界层风随高度增长变慢,与 c 相减后出现负向运动所致。在锋面以上,$\rho > 0$ 时,边界层上部锋很快变成与 x 方向地转风向一致,即沿正 x 方向吹,仅至近锋面的上方才有上滑运动,与图 2 比,上滑变弱,范围也变小,而 $\rho < 0$ 时,因较高高度上地转风沿负 x 方向,使边界层风亦沿负 x 向,从而造成上滑运动增强,当然这种增强也有 $\rho < 0$ 时坡度变大的因素。

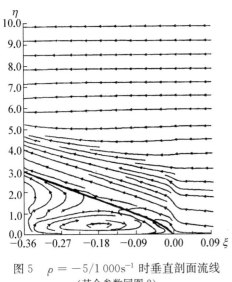
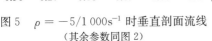
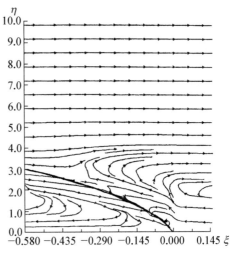

图 5 　$\rho = -5/1\,000\mathrm{s}^{-1}$ 时垂直剖面流线
（其余参数同图 2）

图 6 　$\rho = 5/1\,000\mathrm{s}^{-1}$ 时垂直剖面流线
（其余参数同图 2）

对于其他 $u_g, v_g, \bar{c}$ 取值的个例,对于上述不同符号 ρ 造成的流场特征同样出现,地转风导数的影响其结论同前。

5　结论

文中用 GMA 下的边界层运动方程研究了锋面存在时冷锋在边界层中的流场特征,考虑了背景地转风场时空分布的影响,主要结论有:

（1）冷锋坡度主要与参数 α 及传播速度有关,两者愈大,坡度愈大,冷锋坡度愈近地面愈陡,甚至几乎垂直,有实测资料的支持。在地转涡度为正时坡度增加,反之亦然。地转风时

间倾向大于零时,造成坡度增加,沿传播方向地转风随高度减少时,坡度增加。

(2) 锋面上下的流场与坡度,地转风值及其空间变化,时间倾向以及锋面传播速度有关,但共同特征是锋面以下有一下滑运动,锋上邻近锋处有上滑运动。若坡度大,则上下滑运动增强。沿传播方向地转风随高度增加时将减弱上滑运动,反之则增强。

本文仅考虑了边界层湍流作用,没有引入大尺度的有关动力学过程对锋面的影响。本文也作了不少假定与简化处理,除第二节包含的以外,还有斜压性不影响 k,不改变 $\Delta\theta$ 等,因此结论也应适用于这些前提,有一定的局限性。实际过程就比本文考虑的复杂。但有关结论物理上是合理的,可信的,总体上反映了边界层摩擦对锋面的动力作用及锋面流场的影响。

参考文献

[1] 苗曼倩,赵鸣,潘裕强.用铁塔资料研究地面冷锋的结构.南京大学学报,1994.30:541-550.

[2] Shapiro M A. Meteorological tower measurements of a surface cold front. Mon. Wea. Rev.,1984,112:1634-1639.

[3] 谈哲敏,伍荣生,Ekman.动量流的动力特征与锋生.中国科学,1990,12(B):1322-1332.

[4] Gutman.中尺度气象过程非线性理论引论(中译本).北京:科学出版社,1976,90-104.

[5] Egger J., Frictionally induced circulation in fronts. Con Atmos Phys.,1988,61:140-142.

[6] Wu R,Blumen W. An analysis of Ekman boundary layer dynamics incorporating the geostrophic momentum approximation, J. Atmos. Sci.,1982,1174-1182.

[7] Liu Q,Qin Z. Dynamics of nonlinear baroclinic Ekman boundary layer. Adv. Atmos. Sci.,1986,3:424-431.

[8] 赵鸣,马继军.一个诊断非平坦地形上边界层风的数值模式.应用气象学报,1993,4:58-64.

[9] Zhao M, A numerical experiment of planetary boundary layer with geostrophic momentum approximation. Adv Atmos Sci.,1988,5:47-56.

[10] 王春在,秦曾灏.地转动量近似下海-气边界层动力学特征.海洋学报,1987,9:698-708.

[11] 王兴宝.地形摩擦非绝热过程对锋生环流的影响:[学位论文].南京:南京大学大气科学系.2000,133pp.

[12] Bannon P R,Salem T L., Aspect of the baroclinic Ekman layer. J. Atmos. Sci.,1995,52:574-596.

[13] 徐银梓,赵鸣.半地转三段 K 边界层运动,气象学报,1988,46(3):267-275.

DYNAMICAL CHARACTERISTICS OF THE STREAM FIELD OF COLD FRONT IN BOUNDARY LAYER

Abstract: In this paper, we have solved the motion equation of the atmospheric boundary layer under the geostrophic momentum approximation when a front exists, and obtained the characteristics of the stream field of the cold front in the boundary layer, for example, the slope of the cold front increases with the increases of geostrophic vorticity, the tendency of the geostrophic wind speed, and also increases with the decrease of the thermal wind speed along the motion direction of the front. The stream field below and above the cold front surface in the boundary layer depends on the slope of the front, the geostrophic wind speed and its temporal and spatial distributions. The common characteristics are that there exists updraft motion above the cold front surface and downdraft motion below that.

Key words: Cold front, Boundary layer, Geostrophic momentum approximation.

3.9　大地形上边界层流场的动力学研究^①

提　要： 本文应用边界层气象学中 Estoque 数值模式关于湍流交换系数及分层的处理方法，求得了大地形存在时定常边界层方程的零、一级解析解，并用来得到大地形存在时边界层的散度场、垂直速度场，改进了前人的结果。

1　引言

不计地形时研究大气边界层的各种流场特征的经典工作从动力学观点言，主要基于 Ekman 理论[1]，在散度及垂直速度上有 Charney[2] 等的经典工作，其主要缺点是用了一个常值湍流交换系数 K，以及用水平均匀的边界层方程的解来求散度、涡度。实际上，K 既与高度有关，也与风、压场等有关；而当对速度场进行水平微分时，已认为速度场水平非均匀，但用的速度场却是从没有平流项的水平均匀方程得到的，这就使经典工作的物理基础还不够坚实。地形存在时，Panchev[3] 将铅直坐标的起点放在局地地面上，对交换系数作了简单假定，得到了大地形存在时的散度场，垂直速度场，显然也有改进的必要。Panchev[3] 还提出如下设想，先用水平均匀 PBL 方程求零级近似风分布，然后以之求零级平流项，再以之求非均匀 PBL 方程的解，从而得到一级近似下非线性 PBL 方程的解，以此来求地形存在时的流场特征。本文运用 Estoque 边界层数值模式中的 K 分布及有关处理方法，先求出零级风分布，再用 Panchev 的设想求出一级风解及边界层散度、垂直速度场，得到大地形时更现实的流场特征。

2　零级近似 PBL 风场

按 Estoque 模式[4]，PBL 分两层，近地层中用熟知的规律，Ekman 层设 K 线性减少至顶处的零（或微量），我们以之为零级近似。

设铅直坐标 z 为从局地地面算起，Z 从海平面算起，z_h 为地形的海拔高度，$z_h = z_h(x,y)$，则

$$z = Z - z_h \tag{1}$$

任一函数 F 在 X,Y,Z 坐标中为 F_X，在 x,y,z 坐标中为 F_x，则有：

---

①　原刊于《气象学报》，1990 年 11 月，48(4)，404-414，作者：赵鸣。

$$\frac{\partial F_X}{\partial X} = \frac{\partial F_x}{\partial x} + \frac{\partial F_x}{\partial z}\frac{\partial z}{\partial x} = \frac{\partial F_x}{\partial x} - \frac{\partial F_x}{\partial z}\frac{\partial z_h}{\partial x} \tag{2}$$

本文考虑大尺度流场,为简单计,设 PBL 为中性以代表平均状况,又设正压。近地层中风分布为对数律,取近地层顶高为 100 m,定常 PBL 方程:

$$\frac{\mathrm{d}}{\mathrm{d}z}K\frac{\mathrm{d}u}{\mathrm{d}z} + f(v - v_g) = 0 \tag{3a}$$

$$\frac{\mathrm{d}}{\mathrm{d}z}K\frac{\mathrm{d}v}{\mathrm{d}z} - f(u - u_g) = 0 \tag{3b}$$

u_g, v_g 为地转风分量,令 $W = u + \mathrm{i}v$,$W_g = u_g + \mathrm{i}v_g$,则,

$$\frac{\mathrm{d}}{\mathrm{d}z}K\frac{\mathrm{d}W}{\mathrm{d}z} - \mathrm{i}f(W - W_g) = 0 \tag{4}$$

设边界层上界在 $z = H = 1\,000$ m,有上界条件

$$W = W_g \qquad\qquad 当 z = H \tag{5}$$

设实轴沿近地层风向,则近地层中有:

$$W = \frac{u_*}{k}\ln\frac{z}{z_0} \tag{6}$$

u_* 为摩擦速度,k 为卡门常数。z_0 为粗糙度,u_* 与地转风及 z_0 有关。设 α 为近地面风向与上界风向的夹角,则对北半球(5)式可写成:

$$W = G\cos\alpha - \mathrm{i}G\sin\alpha \qquad 当 z = H \tag{7}$$

$G = |W_g|$,方程(4)下界条件为近地层顶 $z = h$ 处,

$$W = \frac{u_*}{k}\ln\frac{h}{z_0} \qquad\qquad 当 z = h \tag{8}$$

设 $z = H$ 处,K 取小值 K_H,因 $z = h$ 处有 $K_h = ku_*h$,故在 Ekman 层中有:

$$K = K_h - C(z - h) \tag{9}$$

$C = \dfrac{K_h - K_H}{H - h}$ 为常数。令 $\eta = K_h - C(z - h)$,置 $W^* = W - W_g$,则方程(4)可化为:

$$\frac{\mathrm{d}^2 W^*}{\mathrm{d}\eta^2} + \frac{1}{\eta}\frac{\mathrm{d}W^*}{\mathrm{d}\eta} - \frac{\mathrm{i}f W^*}{C^2 \eta} = 0 \tag{10}$$

(10)式可用柱函数解出[5]:

$$W^* = C_1 H_0^{(1)}\left(\frac{2}{C}\sqrt{f[K_h - C(z - h)]}\ \mathrm{e}^{3\pi\mathrm{i}/4}\right) + C_2 H_0^{(2)}\left(\frac{2}{C}\sqrt{f[K_h - C(z - h)]}\ \mathrm{e}^{3\pi\mathrm{i}/4}\right) \tag{11}$$

此处 $H_0^{(1)}$,$H_0^{(2)}$ 为第一,二类零阶 Hankel 函数,C_1,C_2 为任意常数。(11)式代表风矢端迹为螺旋线,其形状与 K 分布有关。(11)式的边条件是:

$$W^* = 0 \qquad\qquad 当\ \eta = K_H \qquad\qquad (12)$$

$$W^* = \frac{u_*}{k}\ln\frac{h}{z_0} - W_g \qquad 当\ \eta = K_h \qquad (13)$$

由边界条件定得,

$$C_1 = -\frac{H_0^{(2)}(H)\left(\dfrac{u_*}{k}\ln\dfrac{h}{z_0} - W_g\right)}{P}, C_2 = \frac{H_0^{(1)}(H)\left(\dfrac{u_*}{k}\ln\dfrac{h}{z_0} - W_g\right)}{P} \qquad (14)$$

$$P = H_0^{(1)}(H)H_0^{(2)}(h) - H_0^{(2)}(H)H_0^{(1)}(h) \qquad (15)$$

$H_0^{(1)}(H)$ 为 $H_0^{(1)}$ 的宗量中的 z 取 H 时的值,$H_0^{(2)}$ 仿此,$H_0^{(1)}(h)$ 等亦类此定义。故 PBL 风解由(6)及(11)式定。现在 u_* 未知,又因实轴方向尚未定出,W_g 的方向或 α 夹角尚未知,需另一条件来定 u_* 及 α,取 $z = h$ 处切应力即 $\partial W/\partial z$ 连续,经大量计算得:

$$\sin\alpha = \frac{\dfrac{u_*}{kh}\sqrt{\dfrac{K_h}{f}}(\mathrm{Im}A - \mathrm{Re}A)}{\sqrt{2}G(\mathrm{Re}^2A + \mathrm{Im}^2A)} \qquad (16)$$

$$u_* = \frac{\sqrt{2}G\cos\alpha\,\mathrm{Re}A + \sqrt{2}G\sin\alpha\,\mathrm{Im}A - \dfrac{u_*}{k}\ln\dfrac{h}{z_0}\mathrm{Re}A}{\dfrac{1}{kh}\sqrt{\dfrac{K_h}{f}}} \qquad (17)$$

$$A = \frac{H_0^{(1)}(H)H_1^{(2)}(h) - H_0^{(2)}(H)H_1^{(1)}(h)}{P} \qquad (18)$$

(16)、(17)式中 A 及 K_h 为 u_* 的函数,用逐步近似法求解。可见 u_* 及 α 是 G, f, z_0 的函数,这符合近代 PBL 理论,而比经典 Ekman 解合理得多。

将(6)式及(11)式求出的 $W(W = W^* + W_g)$ 在 Z 坐标中对水平坐标微分,考虑 z_h,W_g, u_* 的水平变化,可求得散度在大地形存在时的表达式。其中 $\dfrac{\partial u_*}{\partial x} = \dfrac{\partial u_*}{\partial G}\dfrac{\partial G}{\partial x}$,$\dfrac{\partial u_*}{\partial G}$ 可由 $\dfrac{\Delta u_*}{\Delta G}$ 来逼近。$\dfrac{\partial G}{\partial x}$ 可由给定的地转风分布求出,经计算,相应于 W_g 水平变化的散度是(Ekman 层):

$$(\nabla \cdot \vec{V})_{1e} = -\zeta_g\mathrm{Im}\left[\frac{Q(z)}{P}\right] \qquad (19)$$

$$Q = H_0^{(2)}(H)H_0^{(1)}(z) - H_0^{(1)}(H)H_0^{(2)}(z) \qquad (20)$$

即与地转涡度 ζ_g 成正比,与经典结果一致,但更细致。相应于 u_* 变化的部分的散度是(Ekman 层):

$$(\nabla \cdot \vec{V})_{2e} = \frac{\partial u_*}{\partial G}\frac{\partial G}{\partial x}\left[u_g\mathrm{Re}\left(\frac{R(z)}{P} - \frac{Q(z)S}{P^2}\right)\right.$$
$$\left. -v_g\mathrm{Im}\left(\frac{R(z)}{P} - \frac{Q(z)S}{P^2}\right) + \frac{1}{k}\ln\frac{h}{z_0}\mathrm{Re}\frac{T(z)}{P} - \frac{u_*}{k}\ln\frac{h}{z_0}\mathrm{Re}\left(\frac{R(z)}{P} + \frac{T(z)S}{P^2}\right)\right]$$

$$+\frac{\partial u_*}{\partial G}\frac{\partial G}{\partial y}\Big[u_g\,\mathrm{Im}\Big(\frac{R(z)}{P}-\frac{Q(z)S}{P^2}\Big)+v_g\,\mathrm{Re}\Big(\frac{R(z)}{P}-\frac{Q(z)S}{P^2}\Big)$$

$$+\frac{1}{k}\ln\frac{h}{z_0}\mathrm{Im}\Big(\frac{T(z)}{P}\Big)-\frac{u_*}{k}\ln\frac{h}{z_0}\mathrm{Re}\Big(\frac{R(z)}{P}-\frac{T(z)S}{P^2}\Big)\Big] \tag{21}$$

其中

$$R(z)=\big[H_0^{(1)}(H)H_1^{(2)}(z)-H_0^{(2)}(H)H_1^{(1)}(z)\big]$$

$$\Big[\frac{\sqrt{f}}{C}\mathrm{e}^{3\pi i/4}\frac{kh(1-\gamma)}{\sqrt{ku_*h-C(z-h)}}-\frac{2\sqrt{f}\,\mathrm{e}^{3\pi i/4}\sqrt{ku_*h-C(z-h)}}{C^2}\frac{kh}{H-h}\Big]$$

$$\gamma=\frac{z-h}{H-h}$$

$$S=\big[H_0^{(2)}(H)H_1^{(1)}(h)-H_0^{(1)}(H)H_1^{(2)}(h)\big]\Big[\frac{\sqrt{f}}{C}\mathrm{e}^{3\pi i/4}\sqrt{\frac{kh}{u_*}}-\frac{2\sqrt{f}}{C^2}\mathrm{e}^{3\pi i/4}\sqrt{ku_*h}\,\frac{kh}{H-h}\Big]$$

$$T(z)=H_0^{(1)}(H)H_0^{(2)}(z)-H_0^{(2)}(H)H_0^{(1)}(z)$$

相应于地形 z_h 水平变化的 Ekman 层中的散度是:

$$(\nabla\cdot\vec{V})_{3e}=\Big(\mathrm{Re}\frac{U(z)}{P}\Big)\vec{V}_g\cdot\nabla z_h+\mathrm{Im}\Big(\frac{U(z)}{P}\Big)(\vec{V}_g\times\nabla z_h)_z$$

$$-\frac{u_*}{k}\ln\frac{h}{z_0}\Big[\mathrm{Re}\frac{U(z)}{P}\frac{\partial z_h}{\partial x}+\mathrm{Im}\frac{U(z)}{P}\frac{\partial z_h}{\partial y}\Big] \tag{22}$$

下标 z 表示矢量在 z 方向分量值,而

$$U(z)=\big[H_0^{(1)}(H)H_1^{(2)}(z)-H_0^{(2)}(H)H_1^{(2)}(z)\big]\frac{\sqrt{f}\,\mathrm{e}^{3\pi i/4}}{\sqrt{ku_*h-C(z-h)}}$$

Ekman 层中总散度是上述三者之和。

不难由(6)式求近地层中由于 u_* 及 z_h 变化引起的散度(其中 x',y' 为地转风方向为 x' 轴的坐标系,此处 $\dfrac{\partial u_*}{\partial x'}=\dfrac{\partial u_*}{\partial G}\dfrac{\partial G}{\partial x'}$, $\dfrac{\partial \alpha}{\partial x'}=\dfrac{\partial \alpha}{\partial G}\dfrac{\partial G}{\partial x'}$, $\dfrac{\partial u_*}{\partial G}$, $\dfrac{\partial \alpha}{\partial G}$ 由差分来逼近):

$$(\nabla\cdot\vec{V})_s=\frac{1}{k}\frac{\partial u_*}{\partial x'}\ln\frac{z}{z_0}\cos\alpha-\frac{u_*}{k}\ln\frac{z}{z_0}\cos\alpha\frac{\partial \alpha}{\partial x'}+\frac{1}{k}\frac{\partial u_*}{\partial y'}\ln\frac{z}{z_0}\sin\alpha$$

$$+\frac{u_*}{k}\ln\frac{z}{z_0}\cos\alpha\frac{\partial \alpha}{\partial y'}-\frac{u_*}{kz}\frac{\partial z_h}{\partial x} \tag{23}$$

散度求出后,不难求出垂直速度场,为节省篇幅,此处 w 的表达式从略。显然它也由上述同样的三部分组成。在 PBL 顶处的 w,其中地形引起的部分可证明等于 $\vec{V}_g\cdot\nabla z_h$,即地转风爬坡的分量。这是零级近似的结果,在一级近似中此结论即改变,由地转风引起的边界层顶垂直速度仍与 ζ_g 成正比,只是因考虑了微结构,数值上应更精确些。而 u_* 变化引起的部分是经典理论没有的。

3　一级近似边界层风场

按引言所述,定常时一级近似 Ekman 层方程是:

$$\frac{\partial}{\partial z}K\,\frac{\partial u}{\mathrm{d}z}+f(v-v_g)=u_0\,\frac{\partial u_0}{\partial x}+v_0\,\frac{\partial u_0}{\partial y}+w_0\,\frac{\partial u_0}{\partial z} \tag{24}$$

$$\frac{\partial}{\partial z}K\,\frac{\partial v}{\mathrm{d}z}-f(u-u_g)=u_0\,\frac{\partial v_0}{\partial x}+v_0\,\frac{\partial v_0}{\partial y}+w_0\,\frac{\partial v_0}{\partial z} \tag{25}$$

下标 0 表零级近似,上面已得。由(24)、(25)式确定的一级近似风场能体现地转风水平非均匀及地形带来的影响,因其影响了方程的右端。(24),(25)式可改写成:

$$\frac{\partial}{\partial z}K\,\frac{\partial W}{\mathrm{d}z}-\mathrm{i}f(W-W_g)=u_0\,\frac{\partial W_0}{\partial x}+v_0\,\frac{\partial W_0}{\partial y}+w_0\,\frac{\partial W_0}{\partial z} \tag{26}$$

(26)式的上边界条件是[3]

$$(\vec{V}\cdot\nabla)\vec{V}=-f\,\vec{k}\times(\vec{V}-\vec{V}_g) \tag{27}$$

按文献[3],(27)式左端可由零级近似风在边界层顶处的值代替,即,

$$\vec{V}=\vec{V}_g+\frac{1}{f}\,\vec{k}\times(\vec{V}_0\cdot\nabla)\vec{V}_0 \qquad\qquad 当\,z=H \tag{28}$$

(26)式下界条件仍是:

$$W=\frac{u_*}{k}\ln\frac{h}{z_0} \qquad\qquad 当\,z=h \tag{29}$$

我们先求(26)式当其右端为零时在条件(28)、(29)式下的解,然后再求(26)式在(29),(28)式下的解。(28)式可写成:

$$W=W_g+N \qquad\qquad 当\,z=H \tag{30}$$

其中复数 N 如下:

$$N=-\frac{1}{f}\left(u_0\,\frac{\partial v_0}{\partial x}+v_0\,\frac{\partial v_0}{\partial y}+w_0\,\frac{\partial v_0}{\partial z}\right)+\mathrm{i}\frac{1}{f}\left(u_0\frac{\partial u_0}{\partial x}+v_0\frac{\partial u_0}{\partial y}+w_0\frac{\partial u_0}{\partial z}\right) \tag{31}$$

上面已求出当上界条件为 $W=W_g$ 时无右端的方程(26)式的解(11)式(因 $W=W_g+W^*$),而该解的实轴为相应于该解近地层风的方向。在此坐标中,不难求出 N 值,设为 N_0($\partial u_0/\partial z$,$\partial v_0/\partial z$ 可取差分计算)。现在在解无右端的(26)式而边条件取(29),(30)时,相应的近地层解仍是:

$$W=\frac{u_*}{k}\ln\frac{z}{z_0} \tag{32}$$

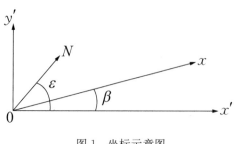

图 1　坐标示意图

只是 u_* 大小已与(6)式不同,且近地层风向亦与以前不同,即实轴亦与前不同。亦即在解尚未求出时,(30)式中的 N 方向是未知的,但 $|N|=|N_0|$,N 与新实轴的方向的夹角需与解同时确定。

设相应于(30)式的无右端(26)式的解已求得,其地面风向即实轴方向与地转风成角 β,如图 1,由 N_0 可求 N_0 方向与地转风向夹角 ε,于是,在新坐标中,

$$N=|N_0|\cos(\varepsilon-\beta)+i|N_0|\sin(\varepsilon-\beta) \tag{33}$$

(30)成为:

$$W=W_g+|N_0|\cos(\varepsilon-\beta)+i|N_0|\sin(\varepsilon-\beta)=W_g+N \qquad 当 z=H \quad (34)$$

无右端的(26)式若用 W^* 写,则与(10)式同,而上界条件是:

$$W^*=W-W_g=N \tag{35}$$

N 即用(33)式,于是无右端的方程(26)式的解形式用 W^* 写也是(11)式。由(35),(29)式定得 C_1,C_2 是

$$C_2=\frac{H_0^{(1)}(H)\left(\dfrac{u_*}{k}\ln\dfrac{h}{z_0}-W_g\right)-NH_0^{(1)}(h)}{P} \tag{36}$$

$$C_1=-C_2\frac{H_0^{(2)}(H)}{H_0^{(1)}(H)}+\frac{N}{H_0^{(1)}(H)} \tag{37}$$

此处因 u_* 不同于前一节的结果,故 P 值亦与前一节不同。C_1,C_2 中 N 含 β,u_* 亦未知,W_g 亦需等 β 确定后才能定。由 $z=h$ 处 $\partial W/\partial z$ 连续来定 β 和 u_*,其结果是:

$$\sin\beta=\frac{2B_1D_1-\sqrt{4B_1^2D_1^2-4(B_1^2+B_2^2)(D_1^2-B_2^2)}}{2(B_1^2+B_2^2)} \tag{38}$$

$$u_*=\frac{G(\cos\beta\,\mathrm{Re}A+\sin\beta\,\mathrm{Im}A)-\dfrac{u_*}{\sqrt{2}\,kh}\sqrt{\dfrac{K_h}{f}}-\mathrm{Im}(NA_1)\dfrac{1}{\sqrt{2}}+\dfrac{1}{\sqrt{2}}\mathrm{Re}(NA_1)}{\dfrac{1}{k}\ln\dfrac{h}{z_0}\mathrm{Re}A} \tag{39}$$

A 即(18)式,而

$$A_1(u_*)=\mathrm{e}^{3\pi i/4}\frac{H_0^{(2)}(h)H_1^{(1)}(h)H_0^{(1)}(H)-H_0^{(1)}(h)H_1^{(2)}(h)H_0^{(1)}(H)}{H_0^{(1)}(H)P}$$

$$B_1=\sqrt{2}G(\mathrm{Re}^2A+\mathrm{Im}^2A)-(\mathrm{Im}A+\mathrm{Re}A)(-|N_0|\cos\varepsilon\,\mathrm{Re}A_1+|N_0|\sin\varepsilon\,\mathrm{Im}A_1)-$$
$$(\mathrm{Re}A-\mathrm{Im}A)(|N_0|\sin\varepsilon\,\mathrm{Re}A_1+|N_0|\cos\varepsilon\,\mathrm{Im}A_1)$$

$$B_2=(\mathrm{Im}A+\mathrm{Re}A)(|N_0|\sin\varepsilon\,\mathrm{Re}A_1+|N_0|\cos\varepsilon\,\mathrm{Im}A_1)+$$

$$(\mathrm{Re}A - \mathrm{Im}A)(|N_0|\cos\varepsilon\,\mathrm{Re}A_1 - |N_0|\sin\varepsilon\,\mathrm{Im}A_1)$$

$$D_1 = \frac{u_*}{kh}\sqrt{\frac{K_h}{f}}(\mathrm{Im}A_1 - \mathrm{Re}A_1)$$

由(39)、(38)式求出 u_*,β 后,实轴方向定出,Ekman 层及近地层解均解出。

再求方程(26)式在(29),(30)式下的解。我们在无右端的方程(26)式满足(29),(30)式得出的近地层风向为实轴的坐标——β 坐标中求解。此坐标中实轴与地转风成角 β。称零级近似解中用的坐标为 α 坐标,其中实轴与地转风成角 α。(26)式右端在 α 坐标中易算出,设为 ξ,则在 β 坐标中为 $\xi\mathrm{e}^{\mathrm{i}(\alpha-\beta)}$,为已知。

(26)式用 W^* 写出,为

$$\frac{\partial^2 W^*}{\partial\eta^2} + \frac{1}{\eta}\frac{\mathrm{d}W^*}{\mathrm{d}\eta} - \frac{\mathrm{i}fW^*}{C^2\eta} = \frac{\Phi}{C^2\eta} \tag{40}$$

$\Phi = \xi\mathrm{e}^{\mathrm{i}(\alpha-\beta)}$,(40)式的上界条件为(35)式,与(40)式相应的齐次方程的解我们已求出为(11),(36),(37)式,故(40)式的解用常数变易法即可求得,即设 C_1,C_2 为 $\eta(z)$ 的函数,然后得 C_1,C_2 的方程,从而得:

$$\begin{cases}\dfrac{\mathrm{d}C_2}{\mathrm{d}z} = \dfrac{-H_0^{(1)}(z)\Phi}{\sqrt{f[K_h - C(z-h)]}\,\mathrm{e}^{3\pi\mathrm{i}/4}[H_1^{(1)}(z)H_0^{(2)}(z) - H_0^{(1)}(z)H_1^{(2)}(z)]} \\ \dfrac{\mathrm{d}C_1}{\mathrm{d}z} = \dfrac{-H_0^{(2)}(z)}{H_0^{(1)}(z)}\dfrac{\mathrm{d}C_2}{\mathrm{d}z}\end{cases} \tag{41}$$

由此,

$$\begin{cases}C_2(z) = \displaystyle\int\frac{\mathrm{d}C_2}{\mathrm{d}z}\mathrm{d}z + C_4 = F_2(z) + C_4 \\ C_1(z) = \displaystyle\int\frac{\mathrm{d}C_1}{\mathrm{d}z}\mathrm{d}z + C_3 = F_1(z) + C_3\end{cases} \tag{42}$$

C_3,C_4 为常数,现在(40)式解为

$$W^* = (F_1(z) + C_3)H_0^{(1)}(z) + (F_2(z) + C_4)H_0^{(2)}(z) \tag{43}$$

由条件(35)式,

$$N = (F_1(H) + C_3)H_0^{(1)}(H) + (F_2(H) + C_4)H_0^{(2)}(H) \tag{44}$$

在 β 坐标中 N 是已知的,由于方程(40)式不同于无右端的(26)式,故与(40)式相应的近地层风向不与 β 坐标中的实轴相合,而是与 β 坐标的实轴有夹角 δ(设对 β 坐标实轴右偏 δ 角),此时在 β 坐标中与(40)式相应的近地层解是:

$$W = \frac{u_*}{k}\ln\frac{z}{z_0}\mathrm{e}^{-\mathrm{i}\delta} \tag{45}$$

u_* 与 δ 待定。由 $z=h$ 处风连续,由(43),(45)式得:

$$\frac{u_*}{k}\ln\frac{h}{z_0}\mathrm{e}^{-i\delta} - W_g = [F_1(h) + C_3]H_0^{(1)}(h) + [F_2(h) + C_4]H_0^{(2)}(h) \tag{46}$$

由(44)、(46)式求 C_3，C_4，代回(43)式，最后得：

$$W = W_g + H_0^{(1)}(z)\left[\int_h^z \frac{\mathrm{d}C_1}{\mathrm{d}z}\mathrm{d}z + \right.$$

$$\frac{-H_0^{(2)}(h)H_0^{(2)}(H)\int_h^H \frac{\mathrm{d}C_2}{\mathrm{d}z}\mathrm{d}z - H_0^{(1)}(H)H_0^{(2)}(h)\int_h^H \frac{\mathrm{d}C_1}{\mathrm{d}z}\mathrm{d}z + \left(W_g - \frac{u_*}{k}\ln\frac{h}{z_0}\mathrm{e}^{-i\delta}\right)H_0^{(2)}(H) + NH_0^{(2)}(h)}{P}\right]$$

$$+ H_0^{(2)}(z)\left[\int_h^z \frac{\mathrm{d}C_1}{\mathrm{d}z}\mathrm{d}z + \right.$$

$$\left.\frac{H_0^{(1)}(H)H_0^{(1)}(h)\int_h^H \frac{\mathrm{d}C_1}{\mathrm{d}z}\mathrm{d}z - H_0^{(2)}(H)H_0^{(1)}(h)\int_h^H \frac{\mathrm{d}C_2}{\mathrm{d}z}\mathrm{d}z - \left(W_g - \frac{u_*}{k}\ln\frac{h}{z_0}\mathrm{e}^{-i\delta}\right)H_0^{(1)}(H) + NH_0^{(1)}(h)}{P}\right]$$

$$\tag{47}$$

(47)式即是(26)式在条件(30)式及下边界条件 $W = \frac{u_*}{k}\ln\frac{h}{z_0}\mathrm{e}^{-i\delta}$ 下的解，其中积分需数值计算，再用 $z = h$ 处 $\partial W/\partial z$ 连续可得如下的迭代式以求 u_* 及 δ：

$$\sin\delta = \frac{u_*(\mathrm{Im}B_3\mathrm{Re}B - \mathrm{Im}B\mathrm{Re}B_3) - \dfrac{u_*}{kh}\mathrm{Im}B}{|B|^2} \tag{48}$$

$$u_* = \frac{-\dfrac{u_*}{kh} + \mathrm{Re}B\cos\delta - \mathrm{Im}B\sin\delta}{\mathrm{Re}B_3} \tag{49}$$

其中 B，B_3 为复杂的关系式，为节省篇幅，不再列出。至此，一级近似解全部解出。

　　图2为 $G = 10\,\mathrm{m/s}$，$f = 10^{-4}\,\mathrm{s}^{-1}$，$z_0 = 0.1\,\mathrm{m}$，$-\partial u'_g/\partial y' = \zeta_g = \pm 3 \times 10^{-5}\,\mathrm{s}^{-1}$（带撇号的量表示在以地转风矢为 x' 轴的坐标中的量），不计地形，也不计其他因素引起的垂直平流，即(26)式右端只计水平平流时得到的边界风层风螺旋（在 x'，y' 坐标中，下面对方程(24)—(26)的讨论均在 x'，y' 坐标中进行），显见，$\zeta_g > 0$ 时，地转风与地面风夹角变小，而风速随高度增加的速率略快些，$\zeta_g < 0$ 则反之。可解释如下：据计算，$\zeta_g > 0$ 时，(26)式右端水平平流项实、虚部均负，即(24)、(25)式中右端水平平流项为负，相当于使(24)式中 v'_g 变小，(25)式中 u'_g 变大，而使得边界层内部 u' 变大，v' 变小，从而出现图示特征。$\zeta_g < 0$ 时亦可类似解释。文献[6]用地转动量近似处理方程中平流项，用该文中的方法亦可推断出在 $\partial u'_g/\partial y'$ 大或小于零时，边界层风特征也应具有图2的形状。图3是考虑地形及各种因子引起的垂直速度后对边界层风螺旋的影响，可见由于铅直平流的存在，改变了仅有水平平流时的结果，但 ζ_g 大或小于零时的差别仍然保持。总之，一级近似解考虑因子多，更实际一些。

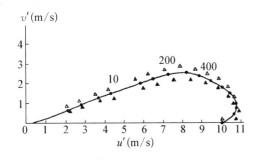

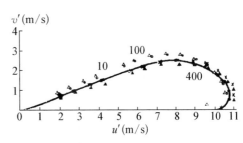

图 2　一级近似边界层风螺旋,不计地形及垂直速度
（实线及·为零级近似,横轴沿地转风向,
▲ $\zeta_g > 0, \Delta \zeta_g < 0$,数字表示高度）

图 3　一级近似边界层风螺旋
（实线及·为零级近似;▲ $\zeta_g > 0$ $\partial z_h / \partial x < 0$;× $\zeta_g > 0$,
$\partial z_h / \partial x > 0$;△ $\zeta_g < 0, \partial z_h / \partial x > 0$;○ $\zeta_g < 0, \partial z_h / \partial x < 0$,
ζ_g 值同图 2,$\partial z_h / \partial x = \pm 10^{-3}$ ）

4　散度场特征

我们在第二节已求出零级近似的散度,具体计算表明,在天气尺度条件下,散度主要由地转涡度及地形项造成,由 u_* 引起的部分比之小得多(图例见下)。现在一级近似风求出后,可求一级近似下的散度和垂直速度。做法同第二节,只是略去了 u_* 水平变化引起的部分,由(47)式求 $\partial W / \partial x, \partial W / \partial y$,得散度(Ekman 层)有

$$
\begin{aligned}
\frac{\partial W}{\partial x} = \frac{\partial W_g}{\partial x} - H_1^{(1)}(z) & \frac{\sqrt{f}\, \mathrm{e}^{3\pi/4}}{\sqrt{K_h - C(z-h)}} \frac{\partial z_h}{\partial x} \left[\int_h^z \frac{\mathrm{d}C_1}{\mathrm{d}z}\mathrm{d}z - \frac{H_0^{(2)}(h)H_0^{(2)}(H)}{P} \right. \\
& \int_h^H \frac{\mathrm{d}C_2}{\mathrm{d}z}\mathrm{d}z - \frac{H_0^{(1)}(H)H_0^{(2)}(h)}{P}\int_h^H \frac{\mathrm{d}C_1}{\mathrm{d}z}\mathrm{d}z + \\
& \left. \frac{\left(W_g - \frac{u_*}{k}\ln\frac{h}{z_0}\mathrm{e}^{-\mathrm{i}\delta}\right)H_0^{(2)}(H) + NH_0^{(2)}(h)}{P} \right] + H_0^{(1)}(z)\left[\frac{\partial}{\partial x}\int_h^z \frac{\mathrm{d}C_1}{\mathrm{d}z}\mathrm{d}z - \right. \\
\frac{H_0^{(2)}(H)H_0^{(2)}(h)}{P} & \frac{\partial}{\partial x}\int_h^H \frac{\mathrm{d}C_2}{\mathrm{d}z}\mathrm{d}z - \frac{H_0^{(1)}(H)H_0^{(2)}(h)}{P}\frac{\partial}{\partial x}\int_h^H \frac{\mathrm{d}C_1}{\mathrm{d}z}\mathrm{d}z + \frac{H_0^{(2)}(H)}{P}\frac{\partial W_g}{\partial x} \right] - \\
H_1^{(2)}(z) & \frac{\sqrt{f}\, \mathrm{e}^{3\pi/4}}{\sqrt{K_h - C(z-h)}}\frac{\partial z_h}{\partial x}\left[\int_h^z \frac{\mathrm{d}C_2}{\mathrm{d}z}\mathrm{d}z + \frac{H_0^{(1)}(H)H_0^{(1)}(h)}{P}\int_h^H \frac{\mathrm{d}C_1}{\mathrm{d}z}\mathrm{d}z + \right. \\
& \left. \frac{H_0^{(2)}(H)H_0^{(1)}(h)}{P}\int_h^H \frac{\mathrm{d}C_2}{\mathrm{d}z}\mathrm{d}z - \frac{\left(W_g - \frac{u_*}{k}\ln\frac{h}{z_0}\mathrm{e}^{-\mathrm{i}\delta}\right)H_0^{(1)}(H) + H_0^{(1)}(h)N}{P} \right] \\
+ H_0^{(2)}(z) & \left[\frac{\partial}{\partial x}\int_h^z \frac{\mathrm{d}C_2}{\mathrm{d}z}\mathrm{d}z + \frac{H_0^{(1)}(H)H_0^{(1)}(h)}{P}\frac{\partial}{\partial x}\int_h^H \frac{\mathrm{d}C_1}{\mathrm{d}z}\mathrm{d}z + \frac{H_0^{(2)}(H)H_0^{(1)}(h)}{P} \right. \\
& \left. \frac{\partial}{\partial x}\int_h^H \frac{\mathrm{d}C_2}{\mathrm{d}z}\mathrm{d}z - \frac{H_0^{(1)}(H)}{P}\frac{\partial W_g}{\partial x} \right]
\end{aligned} \tag{50}
$$

此式中根据量级分析已略去了 $NH_0(h)$ 项的水平微分。作为上界条件 N 的影响,已主要包

含在 $H_0^{(1)}(z)$,$H_0^{(2)}(z)$,$\mathrm{d}C_1/\mathrm{d}z$,$\mathrm{d}C_2/\mathrm{d}z$ 中,类似有 $\partial W/\partial y$。(50)式中有两项如下算:

$$H_0^{(1)}(z)\frac{\partial}{\partial x}\int_h^z \frac{\mathrm{d}C_1}{\mathrm{d}z}\mathrm{d}z + H_0^{(2)}(z)\frac{\partial}{\partial x}\int_h^z \frac{\mathrm{d}C_2}{\mathrm{d}z}\mathrm{d}z$$

$$=H_0^{(1)}(z)\left[\int_h^z \frac{\partial}{\partial x}\frac{\mathrm{d}C_1}{\mathrm{d}z}\mathrm{d}z - \frac{\partial z_h}{\partial x}\frac{\mathrm{d}C_1}{\mathrm{d}z}\bigg|_z\right] + H_0^{(2)}(z)\left[\int_h^z \frac{\partial}{\partial x}\frac{\mathrm{d}C_2}{\mathrm{d}z}\mathrm{d}z - \frac{\partial z_h}{\partial x}\frac{\mathrm{d}C_2}{\mathrm{d}z}\bigg|_z\right]$$

(50)式中 $\frac{\partial}{\partial x}\int_h^H \frac{\mathrm{d}C_1}{\mathrm{d}z}\mathrm{d}z$ 和 $\frac{\partial}{\partial x}\int_h^H \frac{\mathrm{d}C_2}{\mathrm{d}z}\mathrm{d}z$ 可写成 $\int_h^H \frac{\partial}{\partial x}\frac{\mathrm{d}C_1}{\mathrm{d}z}\mathrm{d}z$ 和 $\int_h^H \frac{\partial}{\partial x}\frac{\mathrm{d}C_2}{\mathrm{d}z}\mathrm{d}z$,由(41)式计算被积函数。因(41)式右端 $\varPhi$ 含有(26)式的右端,于是这两个积分的被积函数中包含了零级近似风速,其一、二阶导数及其乘积,这些一、二阶导数可由零级近似推求,此处不再写出。散度计算中的各定积分均数值计算。

现在看影响一级散度的因子。由 $\partial W/\partial x$ 及 $\partial W/\partial y$,可发现由地转风的水平变化引起的贡献:

$$(\nabla \cdot \vec{V})_{1e} = -\mathrm{Im}\left(\frac{Q_1}{P}\right)\zeta_g \tag{51}$$

Q_1 形式同 Q,只是因 u_* 不同,使 Hankel 函数宗量不同,故这部分贡献与零级近似不同。也不难找出与地形明显有关即含 $\partial z_h/\partial x$ 及 $\partial z_h/\partial y$ 项的贡献

$$(\nabla \cdot \vec{V})_{2e} = \frac{\partial z_h}{\partial x}\left[\mathrm{Re}\frac{\sqrt{f}\,\mathrm{e}^{3\pi i/4}}{\sqrt{K_h - C(z-h)}}(-H_1^{(1)}(z)R_1 - H_1^{(2)}(z)R_2) - H_0^{(1)}(z)\frac{\mathrm{d}C_1}{\mathrm{d}z}\bigg|_z - \right.$$
$$\left. H_0^{(2)}(z)\frac{\mathrm{d}C_2}{\mathrm{d}z}\bigg|_z\right] + \frac{\partial z_h}{\partial y}\mathrm{Im}\left[\frac{\sqrt{f}\,\mathrm{e}^{3\pi i/4}}{\sqrt{K_h - C(z-h)}}(-H_1^{(1)}(z)R_1 - H_1^{(2)}(z)R_2) - \right.$$
$$\left. H_0^{(1)}(z)\frac{\mathrm{d}C_1}{\mathrm{d}z}\bigg|_z - H_1^{(2)}(z)\frac{\mathrm{d}C_2}{\mathrm{d}z}\bigg|_z\right] \tag{52}$$

其中 R_1,R_2 分别为(50)式中第一及第三个方括号中的表达式。

现在散度中还有几项,我们且记以 $(\nabla \cdot \vec{V})_{3e}$

$$(\nabla \vec{V})_{3e} = \mathrm{Re}\left[\frac{H_0^{(2)}(z)H_0^{(2)}(H)H_0^{(1)}(h) - H_0^{(1)}(z)H_0^{(2)}(H)H_0^{(2)}(h)}{P}\right.$$
$$\frac{\partial}{\partial x}\int_h^H \frac{\mathrm{d}C_2}{\mathrm{d}z}\mathrm{d}z + H_0^{(1)}(z)\int_h^z \frac{\partial}{\partial x}\frac{\mathrm{d}C_1}{\mathrm{d}z}\mathrm{d}z + H_0^{(2)}(z)\int_h^z \frac{\partial}{\partial x}\frac{\mathrm{d}C_2}{\mathrm{d}z}\mathrm{d}z +$$
$$\left. \frac{H_0^{(2)}(z)H_0^{(1)}(H)H_0^{(1)}(h) - H_0^{(1)}(z)H_0^{(1)}(H)H_0^{(2)}(h)}{P}\frac{\partial}{\partial x}\int_h^H \frac{\mathrm{d}C_1}{\mathrm{d}z}\mathrm{d}z\right] +$$
$$\mathrm{Im}\left[H_0^{(1)}(z)\int_h^z \frac{\partial}{\partial y}\frac{\mathrm{d}C_1}{\mathrm{d}z}\mathrm{d}z + H_0^{(2)}(z)\int_h^z \frac{\partial}{\partial y}\frac{\mathrm{d}C_2}{\mathrm{d}z}\mathrm{d}z + \right.$$
$$\frac{H_0^{(2)}(z)H_0^{(2)}(H)H_0^{(1)}(h) - H_0^{(1)}(z)H_0^{(2)}(H)H_0^{(2)}(h)}{P}$$
$$\left. \frac{\partial}{\partial y}\int_h^H \frac{\mathrm{d}C_2}{\mathrm{d}z}\mathrm{d}z + \frac{H_0^{(2)}(z)H_0^{(1)}(H)H_0^{(1)}(h) - H_0^{(1)}(z)H_0^{(1)}(H)H_0^{(2)}(h)}{P}\frac{\partial}{\partial y}\int_h^H \frac{\mathrm{d}C_1}{\mathrm{d}z}\mathrm{d}z\right]$$

$$\tag{53}$$

前已述 $\int_h^H \dfrac{dC_1}{dz} dz$ 等积分中含许多项,从这些项可见 $(\nabla \cdot \vec{V})_{2e}$ 中有的是由地转风水平变化引起的,有的是地形产生的,也有此二因素互相作用交叉在一起形成的。因此对一级近似散度言,不像零级那样可将地转风部分及地形部分简单分开。现在地转风变化部分及地形影响部分除有各自分开的部分外,还有互相作用的部分,这是零级和一级的明显区别。在实际情况,由于不同气压场,地形有不同的气流分布及垂直速度,也造成各不相同的速度的一、二阶导数,故规律性非常复杂,很难找出简单的规

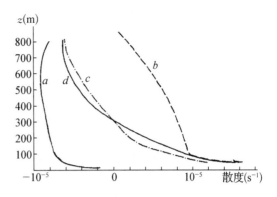

图 4 边界层中散度场的高度分布曲线
(a 为零级近似由地转风及 u_* 引起的总和,
b 为零级近似由地形引起,c 为零级近似总和,d 为一级近似)

律。现举例计算,取 $G = 10 \text{ m/s}$,$f = 10^{-4} \text{ s}^{-1}$,$z_0 = 0.1 \text{ m}$,$\partial u'_g / \partial y' = -3 \times 10^{-5} \text{ s}^{-1}$ 即 $\zeta_g = 3 \times 10^{-5} \text{ s}^{-1}$,$\partial z_h / \partial x = -10^{-3}$,则零级近似由地转风及 u_* 水平变化共同引起的,地形引起的,总零级近似散度及一级近似总散度示于图 4 中。一级近似总散度即三部分之和。可见对零级而言,地转风及 u_* 引起的部分是负散度,这主要是由于 $\zeta_g > 0$ 造成;地形引起的是正散度,这由于地形是降低的。零级总和在下半为正上半为负。而一级近似则使下半的正散度变大,上半的负散度变小。于是造成边界层顶垂直速度亦有不同。在零级,为 $-0.002\,2 \text{ m/s}$,一级为 $-0.002\,7 \text{ m/s}$。当然,这仅是个例。

5 结语

本文用逐步近似法处理边界层运动方程中的非线性项,求出了在大地形存在时边界层一级近似风场、散度场以及边界层顶垂直速度,改进了前人用水平均匀 PBL 方程处理非均匀问题的结果。所得结果与零级的差别可以用平流项的影响来解释,结果比零级近似更合理,一级近似散度场不仅含有地转风空间变化及地形引起的各自的成分,也含有二者相互作用引起的部分。再加上本文用了近代 PBL 模式关于 K 的处理,因而方法的结果应比经典结果更可靠些,有助于地形对大气运动影响的深入研究。用本文方法同样可得到边界层的涡度场,此处不再赘述。

参考文献

[1] Pedlosky, J., Geophysical Fluid Dynamics, Springer-Verlag, 168, 1979.

[2] Charney, J. G., and A. Eliassen, A numerical method for predicting the perturbation of the middle-latitude westerlies, Tellus, 1, 38 - 54, 1949.

[3] Panchev, S and D. Atanasov, Some nonlinear effects in PBL over mountain, Bagarsko Geophys. Paper, 5, 19 - 24, 1979. (in Russian)

［4］Estoque, M. A., Numerical modelling of the PBL, in "workshop on micrometeorology", Amer. Meteor. Soc., 217 - 270, 1973.

［5］Watson, G. N., A treatise on the theory of Bessel function, Cambridge Univ. Press, 97, 1952.

［6］Zhao, M., A numerical experiment of the PBL with geostrophic momentum approximation, Adv. Atmos. Sci., 5, 47 - 56. 1988.

A DYNAMICAL STUDY OF THE FLOW FIELD IN THE PBL OVER LARGE-SCALE TOPOGRAPHY

Abstract: In this paper, the eddy coefficient and the treatment for dividing layers of Estoque's numerical model in modern PBL dynamics have been applied to derive the zero order and first order analytic solutions of the steady PBL equation over large-scale topography, the solutions are used to obtain the divergence and the vertical velocity, improving the previous results.

3.10 THE EFFECT OF TOPOGRAPHY ON QUASI-GEOSTROPHIC FRONTOGENESIS[①]

Abstract: This paper improves Bannon's work on the quasi-geostrophic frontogenesis in a horizontal deformation field. By setting the lower boundary condition for the equation of potential temperature on the realistic topography instead of on $z = 0$, a general solution for the temperature field is derived after applying conformal mapping to the equation for the potential temperature, the vertical velocity and divergence field are also calculated. The general characteristics for the frontogenetic process still are frontolytic for warm front and frontogenetic for cold front in downstream of a mountain and the reverse is true upstream of a mountain, but more fine spatial structure of the temperature field and frontogenetic characteristics than Bannon's are obtained near surface because of the treatment of lower boundary condition. It is concluded that the frontogenetic characteristics are related to the translating speed of the deformation field with respect to the topography.

1 INRODUCTION

The application of deformation field to the research of frotogenesis has been made some achievements. The typical work about quasi-geostrophic model(William and Plotkin, 1968) and semi-geostrophic model(Hoskins and Bretherton, 1972) showed that a front could be formed in a horizontal deformation field. Bannon(1983, 1984)had investigated the effect of topography on the frontogenesis, his first work using the quasi-geostrophic model found some typical conclusions, the quasi-geostrophic model which can show the main dynamic process of the effect of the topography on the frontogenesis was not satisfactory because the advection due to ageostrophic wind was not included. Bannon(1984)'s semi-geostrophic model considered the effect of ageostrophic wind, however, the effect of the topography could not be studied on a fixed geometric form of the topography on account of semi-geostrophic coordinate transformation. It seems that a systemetic and definite conclusion about the effect of the topography on the strength of a front still is lacking from synoptic meteorological analysis, because there are no enough observations in the mountain area, hence, the importance of theoretical research in this field is obvious.

① 原刊于《Advances in Atmospheric Sciences》,1991 年 2 月,8(1),23 - 40,作者:赵鸣。

In order to solve the problem conveniently, a linear approximation in the lower boundary condition had been applied in Bannon's quasi-geostrophic model, i.e., the lower boundary condition was not set at the level of topography, but at $z = 0$, therefore, the frontogenesis characteristics near the mountain level and surface could not be demonstrated obviously. This paper improves Bannon's quasi-geostrophic work by putting the lower boundary condition at the level of the topography and more general results are derived.

2　THE BASIC MODEL

Similar to Bannon(1983), the nondimensional adiabatic quasi-geostrophic potential vorticity equation in the f plane can be written as:

$$\frac{\mathrm{d}}{\mathrm{d}t}\left[\nabla^2\psi+\frac{1}{\rho_s}\frac{\partial}{\partial z}\left(\frac{\rho_s}{S}\frac{\partial\psi}{\partial z}\right)\right]=0 \tag{1}$$

where ∇^2 is horizontal Laplace operator, ψ the geostrophic streamfunction, ρ_s the environmental density, $S \equiv \dfrac{N^2D^2}{f^2L^2}$, the Burger number, N the Brunt frequency, D and L, the scales of depth and length respectively,

$$\frac{\mathrm{d}}{\mathrm{d}t}\equiv\frac{\partial}{\partial t}+u_0\frac{\partial}{\partial x}+v_0\frac{\partial}{\partial y} \tag{2}$$

and we have:

$$u_0=-\frac{\partial\psi}{\partial y}, v_0=\frac{\partial\psi}{\partial x} \tag{3}$$

$$\theta=\frac{\partial\psi}{\partial z} \tag{4}$$

$$w_1=-\frac{1}{S}\frac{\mathrm{d}\theta}{\mathrm{d}t} \tag{5}$$

θ is the zeroth order term in the expansion of the nondimensional deviation of the potential temperature from a stably stratified basic state value Θ_0 according to εF, where ε is Rossby number, $F = \dfrac{f^2L^2}{gD}$ (Pedlosky, 1979), w_1 is the first order term in the expansion of vertical velocity w according to ε.

The w caused by the topography may be written as(Pedlosly, 1979)

$$w_1=\frac{\mathrm{d}}{\mathrm{d}t}\left(\frac{h_B}{\varepsilon D}\right)\qquad\text{at}\qquad z=\frac{h_B}{D} \tag{6}$$

where h_B is the dimensional height of the topography. We only research two—dimensional problem and set $\dfrac{h_B}{D} \equiv h(x,t)$, here h_B is taken as a function of time t because deformation field has been assumed to be motionless when it moves with respect to the toporaphy. In this paper, $\varepsilon = 0.3$, $D = 10$ km, $L = 10^3$ km, $f = 10^{-4}\,\mathrm{s}^{-1}$ are taken, $V = 30$ m/s. We put

$$\psi(x,y,z,t) = \psi_0(x,y) + \varphi(x,z,t) \tag{7}$$

$\psi_0 = \alpha xy$ is the horizontal deformation field which is independent of time, α the strength of the deformation field. Neglecting the variation of ρ_s with height, we may write Eq.(1) as:

$$\left(\frac{\partial}{\partial t} - \alpha x \frac{\partial}{\partial x}\right)\left(\frac{\partial^2 \theta}{\partial x^2} + \frac{1}{S}\frac{\partial^2 \theta}{\partial z^2}\right) = 0 \tag{8}$$

Setting $S = 1$ $\left(\text{corresponding to } \dfrac{\partial \Theta_0}{\partial z} = 0.3\ ℃/100\ \mathrm{m}\right)$, we obtain the lower boundary condition from (5),(6),(8) as follows:

$$\left(\frac{\partial}{\partial t} - \alpha x \frac{\partial}{\partial x}\right)\left(\theta + \frac{h}{\varepsilon}\right) = 0 \qquad \text{where} \qquad z = \frac{h_B}{D} \tag{9}$$

The upper and lower boundary conditions are that θ is finite where $z \to \infty$ and $|x| \to \infty$.

Similar to Bannon (1983), the initial value of θ is taken as:

$$\theta(x,z,0) = F(x) \tag{10}$$

From (8), we have:

$$\frac{\partial^2 \theta}{\partial x^2} + \frac{\partial^2 \theta}{\partial z^2} = \frac{\mathrm{d}^2 F(x)}{\mathrm{d}x^2}\bigg|_{x e^{\alpha t}} \tag{11}$$

The lower boundary condition has the form:

$$\theta(x,h,t) = F(x e^{\alpha t}) + \frac{1}{\varepsilon}[h(x e^{\alpha t},0) - h(x,t)] \tag{12}$$

Bannon(1983) set the lower boudary condition(12) at $z = 0$, this treatment could not demonstrate the situation near the mountain. This paper improves this treatment, set the lower boundary condition at $z = h$, then the effects of blocking, strengthening or weakening of the topography on the front can be described more obviously. Bannon's treatment could simplify the procedure for finding an analytic solution, but his solution was not accurate between $z = 0$ and $z = h$, which will be solved in this paper. Because the lower boundary is curvilinear, we shall use conformal mapping to transfer the curvilinear boundary into straight boundary, then solve Poisson equation(11), the solution with curvilinear lower boundary can be obtained through transformation of variables from the analytic solution with the straight lower boundary. In order to simplify the problem, assuming that the shape of the mountain is semi-circular in the above mentioned nondimensionl coordinate system, i.e.,

$$h = \sqrt{r^2 - x^2} \qquad \text{for} \quad |x| \leqslant r$$
$$h = 0 \qquad \text{for other} \quad x \qquad (13)$$

where r is the radius of the semi-circle, and the center of the semi-circle is located at the center of the deformation field. At first, we shall assume that the mountain will not remove its location with respect to the deformation field, later, we shall consider the situations that the center of the mountain is not located at the center of the deformation field and that the mountain moves with respect to the latter by coordinate transformation.

Assuming that the conformal mapping

$$\zeta + i\eta \equiv W = \Phi(Z) = \Phi(x + iz) \qquad (14)$$

can transform the semi-circle convex and the real axis outside the semi-circle in the Z-plane into the real axis, i.e., $\eta = 0$ in the W-plane as shown in Fig.1 To find this transformation, we first use $T = Z/r$ to transform the semi-circle with radius r into the semi-circle with radius 1, then use the transformation

$$W = \frac{1}{2}\left(T + \frac{1}{T}\right) = \frac{1}{2}\left[\frac{Z}{r} + \frac{1}{\frac{Z}{r}}\right] \qquad (15)$$

Fig.1　The conformal mapping.

to transform the semi-circle with unit radius and the real axis outside the semi-circle into the whole real axis in the W-plane. The two points $(r,0)$, $(-r,0)$ in the Z-plane are transformed into the points$(1,0)$ and $(-1,0)$ in the W-plane respectively, the semi-circle in the Z-plane is transformed into the line segment between -1 and 1 in the W-plane, the line segments between$(r,0)$ and $(\infty,0)$, $(-r,0)$ and $(-\infty,0)$ in the Z-plane are transformed into the line segments between$(1,0)$ and $(\infty,0)$, $(-1,0)$ and $(-\infty,0)$ respectively, the point $(0,r)$ in the Z-plane becomes the origin in the W-plane. The Eq. (11) in the W-plane becomes:

$$\frac{\partial^2 \theta}{\partial \zeta^2} + \frac{\partial^2 \theta}{\partial \eta^2} = \left\{\frac{\mathrm{d}^2 F(x)}{\mathrm{d}x^2}\bigg|_{x\,eal} \cdot \frac{1}{\left|\frac{\mathrm{d}\Phi}{\mathrm{d}Z}\right|^2}\right\}_{\substack{x=\varphi_1(\zeta,\eta)\\z=\varphi_2(\zeta,\eta)}} \qquad (16)$$

where $x = \varphi_1(\zeta, \eta)$, $y = \varphi_2(\zeta, \eta)$ mean that the x, z in (16) are expressed through ζ, η by the reverse transformation:

$$Z = \Phi_1(w) \tag{17}$$

Because the lower boundary in the W-plane has become the straight line, so that the condition (12) may be written as:

$$\theta(\zeta, 0, t) = F[\varphi_1(\zeta, \eta)_{\eta=0} e^{at}] + \frac{1}{\varepsilon}[h(x e^{at}, 0) - h(x, t)]_{x=\varphi_1(\zeta, \eta)_{\eta=0}}$$

$$\text{where} \qquad \eta = 0 \tag{18}$$

The upper and lateral boundary conditions still are:

$$\theta \qquad \text{is finite} \qquad \text{where} \qquad \eta \to \infty, \ |\zeta| \to \infty \tag{19}$$

Now the problem is to solve Eq. (16) under the conditions (18), (19). Setting the r.h.s. of Eq. (16) as $\Omega(\zeta, \eta)$, we have the solution of Poisson equation (16)

$$\theta(\zeta, \eta) = \frac{\eta}{\pi} \int_{-\infty}^{\infty} \frac{F[\varphi_1(\lambda, 0) e^{at}] + \left[\dfrac{1}{\varepsilon} h(x e^{at}, 0) - \dfrac{1}{\varepsilon} h(x, t)\right]_{x=\varphi_1(\lambda, 0)}}{(\lambda - \zeta)^2 + \eta^2} d\lambda +$$

$$\frac{1}{4\pi} \int_0^{\infty} d\sigma \int_{-\infty}^{\infty} d\lambda \, \Omega(\lambda, \sigma) \ln \frac{(\lambda - \zeta)^2 + (\sigma - \eta)^2}{(\lambda - \zeta)^2 + (\sigma + \eta)^2} \tag{20}$$

The solution in the Z-plane may be found through expressing the ζ, η in Eq. (20) in terms of x, z by means of (14). As and example, assuming $r = 0.25$, we have $T = 4Z$, Eq. (14) becomes:

$$\zeta = \frac{1}{2}\left[4x + \frac{x}{4(x^2 + z^2)}\right], \qquad \eta = \frac{1}{2}\left[4z - \frac{z}{4(x^2 + z^2)}\right] \tag{21}$$

In order to find $x = \varphi_1(\zeta, \eta)$, $Z = \varphi_2(\zeta, \eta)$, first we find Z from (15), then obtain x and z:

$$x = r\left\{\zeta \pm \frac{1}{2}\sqrt{2[\sqrt{(\zeta^2 + \eta^2 - 1)^2 + 4\zeta^2 \eta^2} + (\zeta^2 - \eta^2 - 1)]}\right\} = \varphi_1(\zeta, \eta) \tag{22}$$

$$z = r\left\{\eta \pm \frac{1}{2}\sqrt{2[\sqrt{(\zeta^2 + \eta^2 - 1)^2 + 4\zeta^2 \eta^2} - (\zeta^2 - \eta^2 - 1)]}\right\} = \varphi_2(\zeta, \eta) \tag{23}$$

if $\zeta > 0$, positive signs are chosen both in (22) and (23), when $\zeta < 0$, negative and positive signs are taken in φ_1 and φ_2 respectively, $\left|\dfrac{d\Phi}{dZ}\right|^2$ in (16) may be found from (15):

$$\left|\frac{d\Phi}{dZ}\right|^{-2} = 4\left[\frac{(x^2 + z^2)^2}{(x^2 + z^2)^2 - 2(x^2 - z^2) + 1}\right] r^2$$

which can be expressed in terms of ζ, η by (22) and (23).

3 COMPUTATIONAL PROCEDURE AND THE EXTENSION OF THE MODEL

We shall discuss the computation of the integral (20), as an example, similar to Bannon (1983), assume:

$$F(x) = \frac{2}{\pi} \arctan x$$

The integral of the term containing F in the first integral in (20) may be written as:

$$
S_1 = \frac{\eta}{\pi} \int_{-\infty}^{\infty} F \frac{[\varphi_1(\lambda,0)e^{at}]}{(\lambda - \zeta)^2 + \eta^2} d\lambda = \frac{\eta}{\pi} \left[\int_{-\infty}^{-1} (\,)d\lambda + \int_{-1}^{0} (\,)d\lambda + \int_{0}^{1} (\,)d\lambda + \int_{1}^{\infty} (\,)d\lambda \right]
$$

$$
= \frac{\eta}{\pi} \int_{-\infty}^{-1} \frac{2}{\pi} \frac{\arctan[(\lambda - \sqrt{\lambda^2 - 1})re^{at}]}{(\lambda - \zeta)^2 + \eta^2} d\lambda + \frac{\eta}{\pi} \int_{-1}^{0} \frac{2}{\pi} \frac{\arctan(r\lambda e^{at})}{\pi(\lambda - \zeta)^2 + \eta^2} d\lambda +
$$

$$
\frac{\eta}{\pi} \int_{0}^{1} \frac{2}{\pi} \frac{\arctan(re^{at})}{(\lambda - \zeta)^2 + \eta^2} d\lambda + \frac{\eta}{\pi} \int_{1}^{\infty} \frac{2}{\pi} \frac{\arctan[(\lambda + \sqrt{\lambda^2 - 1})re^{at}]}{(\lambda - \zeta)^2 + \eta^2} d\lambda
$$

$$
= \frac{\eta}{\pi} \left\{ -\int_{1}^{\infty} \frac{2}{\pi} \frac{\arctan[(\lambda + \sqrt{\lambda^2 - 1})e^{at}r]}{(\lambda + \zeta)^2 + \eta^2} d\lambda + \int_{1}^{\infty} \frac{2}{\pi} \frac{\arctan[(\lambda + \sqrt{\lambda^2 - 1})e^{at}r]}{(\lambda - \zeta)^2 + \eta^2} d\lambda - \right.
$$

$$
\left. \frac{2}{\pi} \int_{0}^{1} \frac{\arctan(\lambda e^{at}r)}{(\lambda + \zeta)^2 + \eta^2} d\lambda + \int_{0}^{1} \frac{2}{\pi} \frac{\arctan[(\lambda e^{at}r)]}{(\lambda - \zeta)^2 + \eta^2} d\lambda \right\}
$$

$$
= \frac{\eta}{\pi} \left\{ \frac{2}{\pi} \int_{1}^{\infty} \arctan[(\lambda + \sqrt{\lambda^2 - 1})e^{at}r] \left[\frac{1}{(\lambda - \zeta)^2 + \eta^2} - \frac{1}{(\lambda + \zeta)^2 + \eta^2} \right] d\lambda + \right.
$$

$$
\left. \frac{2}{\pi} \int_{0}^{1} \arctan(\lambda e^{at}r) \left[\frac{1}{(\lambda - \zeta)^2 + \eta^2} - \frac{1}{(\lambda + \zeta)^2 + \eta^2} \right] d\lambda \right\}
$$

$$\tag{24}$$

The integral of the term containing h in the first integral of (20) may be computated as follows: because $h(xe^{at}, 0)/\varepsilon$ is not zero only in the interval $|x| \leqslant \dfrac{0.25}{e^{at}}$, hence the integration interval for the function $h(xe^{at}, 0)/\varepsilon$ in the W-plane is $|\zeta| = \dfrac{0.25}{e^{at}} \dfrac{1}{r} = \dfrac{1}{e^{at}} < 1$, consequently, the integration interval for $h(x,t)$ term is between $\zeta = \pm 1$, then the integral of the term containing h may be written:

$$
S_2 = \frac{\eta}{\pi} \int_{-e^{-at}}^{e^{-at}} \frac{\frac{1}{\varepsilon}\sqrt{r^2 - (r\lambda)^2 e^{at}}}{(\lambda - \zeta)^2 + \eta^2} d\lambda - \frac{\eta}{\pi} \int_{-1}^{1} \frac{\frac{1}{\varepsilon}\sqrt{r^2 - (\lambda r)^2}}{(\lambda - \zeta)^2 + \eta^2} d\lambda \tag{25}
$$

Obviously, the integrals (24), (25) only can be computated numerically. In order to compute the integral with infinite limit, we set $\lambda = \dfrac{1}{\xi}$, (24) becomes:

$$S_1 = \frac{\eta}{\pi}\left\{\frac{2}{\pi}\int_0^1 \arctan\left[\left(\frac{1}{\xi}+\sqrt{\frac{1}{\xi^2}-1}\right)e^{at}r\right]\left[\frac{1}{(1-\xi\zeta)^2+\eta^2\xi^2}-\frac{1}{(1+\xi\zeta)^2+\eta^2\xi^2}\right]d\xi+\right.$$
$$\left.\frac{2}{\pi}\int_0^1 \arctan(\lambda e^{at}r)\left[\frac{1}{(\lambda-\zeta)^2+\eta^2}-\frac{1}{(\lambda+\zeta)^2+\eta^2}\right]d\lambda\right\} \tag{26}$$

The double integral S_3 in (20) is computed as follows, because

$$\Omega = \frac{2}{\pi}\frac{(-2e^{at}x)}{(1+x^2 e^{2at})^2}\bigg|_{x=\varphi_1(\lambda,\sigma)}\cdot 4r^2\left[\frac{(x^2+z^2)^2}{(x^2-z^2)^2-2(x^2-z^2)+1}\right]_{\substack{x=\varphi_1(\lambda,\sigma)\\z=\varphi_2(\lambda,\sigma)}}$$

we have

$$S_3 = \frac{1}{4\pi}\int_0^\infty d\sigma\int_{-\infty}^\infty d\lambda\,\Omega\ln\frac{(\lambda-\zeta)^2+(\sigma-\eta)^2}{(\lambda-\zeta)^2+(\sigma+\eta)^2} = \frac{1}{4\pi}\int_0^\infty d\sigma\left[\int_{-\infty}^0 (\ )d\lambda+\int_0^\infty (\ )d\lambda\right] \tag{27}$$

the x, z in Ω should be substituted by λ, σ according to (22), (23), this yields:

$$S_3 = \frac{1}{4\pi}\int_0^\infty d\sigma\left(\int_0^\infty d\lambda\,\Omega_1\ln\frac{(\lambda+\zeta)^2+(\sigma-\eta)^2}{(\lambda+\zeta)^2+(\sigma+\eta)^2}+\int_0^\infty d\lambda\,\Omega\ln\frac{(\lambda-\zeta)^2+(\sigma-\eta)^2}{(\lambda-\zeta)^2+(\sigma+\eta)^2}\right)$$
$$= \frac{1}{4\pi}\int_0^\infty d\sigma\int_0^\infty d\lambda\,\Omega_1\ln\frac{[(\lambda+\zeta)^2+(\sigma-\eta)^2][(\lambda-\zeta)^2+(\sigma+\eta)^2]}{[(\lambda+\zeta)^2+(\sigma+\eta)^2][(\lambda-\zeta)^2+(\sigma-\eta)^2]} \tag{28}$$

where $\Omega_1 = -\Omega$, putting $\xi^{-1}=\lambda$, $s^{-1}=\sigma$, we may rewrite (28) as:

$$S_3 = \frac{1}{4\pi}\left(\int_0^1 d\sigma\int_0^\infty (\ )d\lambda+\int_1^\infty d\sigma\int_0^\infty (\ )d\lambda\right) = \frac{1}{4\pi}\left(\int_0^1 d\sigma\int_0^1 (\ )d\lambda+\int_0^1 d\sigma\int_1^\infty (\ )d\lambda+\right.$$
$$\left.\int_1^\infty d\sigma\int_0^1 (\ )d\lambda+\int_1^\infty d\sigma\int_1^\infty (\ )d\lambda\right)$$
$$= \frac{1}{4\pi}\left[\int_0^1 d\sigma\int_0^1 d\lambda\,\Omega_1\ln\frac{[(\lambda+\zeta)^2+(\sigma-\eta)^2][(\lambda-\zeta)^2+(\sigma+\eta)^2]}{[(\lambda+\zeta)^2+(\sigma+\eta)^2][(\lambda-\zeta)^2+(\sigma-\eta)^2]}+\right.$$
$$\int_0^1 d\sigma\int_0^1 d\xi\,\frac{\Omega_1}{\xi^2}\ln\left\{\frac{[(1+\zeta\xi)^2+(\sigma-\eta)^2\xi^2]}{[(1+\lambda\xi)^2+(\sigma+\eta)^2\xi^2]}\times\frac{[(1-\zeta\xi)^2+(\sigma+\eta)^2\xi^2]}{[(1-\zeta\xi)^2+(\sigma-\eta)^2\xi^2]}\right\}+$$
$$\int_0^1 d\lambda\int_0^1\frac{ds}{s^2}\ln\left\{\frac{[s^2(\lambda+\zeta)^2+(1-\eta s)^2]}{[s^2(\lambda+\zeta)^2+(1+\eta s)^2]}\frac{[s^2(\lambda-\zeta)^2+(1+\eta s)^2]}{[s^2(\lambda-\zeta)^2+(1-\eta s)^2]}\right\}\Omega_1+$$
$$\left.\int_0^1 d\sigma\int_0^1\frac{d\xi}{s^2\xi^2}\Omega_1\ln\left\{\frac{[s^2(1+\zeta\xi)^2+(1-\eta s)^2\xi^2][s^2(1-\zeta\xi)^2+(1+s\eta)^2\xi^2]}{[s^2(1+\zeta\xi)^2+(1+\eta s)^2\xi^2][s^2(1-\zeta\xi)^2+(1-s\eta)^2\xi^2]}\right\}\right] \tag{29}$$

The summation of (25), (26), (29) is the solution of Eq.(16) in the W - plane, the solution in the Z-plane can be found through expressing ζ, η in terms of x, z according to (21). The integrals in the above formulas may be computed numerically using Simpson formula. It is not difficult to prove that the individual singular points in the integrals do not affect the existence and convergence of these integrals.

The θ field is thus obtained, adding the basic state potential temperature (assuming $\Theta_0 = 280$ K at $z = 0$), we get total potential temperature $\Theta = \Theta_0 \left(1 + \varepsilon \dfrac{fL^2}{gD} \theta \right)$ (Pedlosky, 1979). After θ is computed, we can calculate $w_1 = -\left(\dfrac{\partial \theta}{\partial t} - \alpha x \dfrac{\partial \theta}{\partial x} \right)$ from (5), and the divergence of the ageostrophic wind from $\dfrac{\partial u_1}{\partial x} = -\dfrac{\partial w_1}{\partial z}$ (using the finite difference analog).

We have solved the problem for which the center of the mountain is located at the center of the deformation field, if the center of the mountain is located at $x = a$, which is not the center of the deformation field, we can see that the lower boundary $z = h$ will take a new form but the equation and the lower boundary condition do not change. In order to apply conform mapping, we first use the transformation $T_1 = Z - a$ to transform the center of the mountain from $x = a$ to the origin, then use the above conformal mapping, hence,

$$W = \frac{1}{2} \left[\frac{Z-a}{r} + \frac{1}{\dfrac{Z-a}{r}} \right] \tag{30}$$

i.e.,

$$\zeta = \frac{1}{2} \left[\frac{x-a}{r} + \frac{r(x-a)}{(x-a)^2 + z^2} \right] \tag{31}$$

$$\eta = \frac{1}{2} \left[\frac{z}{r} - \frac{rz}{(x-a)^2 + z^2} \right] \tag{32}$$

x and z can be found from (30) as:

$$x = r \left[\zeta \pm \frac{1}{2} \sqrt{2 [\sqrt{(\zeta^2 + \eta^2 - 1)^2 + 4\zeta^2 \eta^2} + (\zeta^2 - \eta^2 - 1)]} \right] + a \tag{33}$$

$$z = r \left[\eta \pm \frac{1}{2} \sqrt{2 [\sqrt{(\zeta^2 + \eta^2 - 1)^2 + 4\zeta^2 \eta^2} - (\zeta^2 - \eta^2 - 1)]} \right]$$

The procedure for solving the Poisson equation is similar to that when the mountain is located at the center of the deformation field, but the integration (25) should be changed, in this case, $h = \sqrt{r^2 - (x-a)^2}$ for $|x-a| \leqslant r$, and $h = 0$ at other x, the integration should be altered correspondently.

We have discussed the situation that the mountain is motionless with respect to the deformation field, next, we shall discuss the mountain removing with respect to the deformation field. Similar to Bannon (1983), we assume that the deformation field is motionless but the mountain removes, we solve the problem in the coordinate system at the time t. In the Z-plane, the origin is assumed to be located at the center of the static deformation field. The coordinate of the mountain center is $x = a$ at $t = 0$ but $x = a_1$ at time t, in this case, according to (9), the lower boundary condition should be:

$$\theta(x,h,t) = \theta(x,h_0,0) + \frac{1}{\varepsilon}[h_0(xe^{at},0) - h(x,t)] \tag{34}$$

where subscript 0 represents the value corresponding to the mountain shape at $t=0$ because the shapes of the lower boundary are different at different times. On the lower boundary at $t \neq 0$, the boundary condition should be:

$$\theta = F(xe^{at},h_0,0) + \frac{1}{\varepsilon}[h_0(xe^{at},0) - h(x,t)] \tag{35}$$

We apply the conformal mapping at time t, transform the mountain with the center at a_1 and the real axis outside the mountain in the Z-plane into the real axis in the W-plane and the point (a_1,r) is transformed into origin, in this new W-plane, we can solve the problem with above mentioned method, the lower boundary condition at time t may be easily expressed in the W-plane, in this case, h_0 should be the topography at $t=0$ in the coordinate system at time t.

For example, as have been described, the location of the mountain center is $x=a$ at $t=0$ but $x=a_1$ at time t in the Z-plane, assuming that the mountain shapes at these two times do not overlap each other. At time $t=0$ in the Z-plane, the mountain shape in the coordinate system for which the origin is located at the center of the deformation field is:

$$h_0 = \sqrt{r^2 - (x-a)^2} \qquad \text{where} \qquad -r < x - a < r$$
$$h_0 = 0 \qquad \text{for other} \qquad x$$

At time t, in the W-plane for which the mountain peak in the Z-plane is transformed into the origin.

$$\begin{cases} h_0(xe^{at},0) = \sqrt{r^2 - \{[r(\zeta \pm \sqrt{\zeta^2-1}) + a_1]e^{at} - a\}^2} & \text{where} \quad -r < [r(\zeta \pm \sqrt{(\zeta^2-1)} + a_1]e^{at} - a < r \\ h_0(xe^{at},0) = 0 & \text{for other } \zeta \end{cases} \tag{36}$$

$$\begin{cases} h(x,t) = \sqrt{r^2 - (r\zeta)^2} & \text{where} \quad |\zeta| \leqslant 1 \\ h(x,t) = 0 & \text{for other } \zeta \end{cases} \tag{37}$$

Eq.(29) needn't to be changed because it is independent of the lower boundary condition, but (24), (25) must be changed. The lower boundary condition (35) is linear, so that the solution corresponding to (35) may be taken as the summation of the solutions when the each term in

(35) appears separately. The solution corresponding to the first term of (35) is (see (24)):

$$\theta_1 = \frac{\eta}{\pi}\left\{\int_{-\infty}^{-1}\frac{2}{\pi}\frac{\arctan\{[r(\lambda-\sqrt{\lambda^2-1})+a]e^{at}\}}{(\lambda-\zeta)^2+\eta^2}d\lambda + \int_{-1}^{0}\frac{2}{\pi}\frac{\arctan\{e^{at}(r\lambda+a)\}}{(\lambda-\zeta)^2+\eta^2}d\lambda\right.$$

$$\left.+\int_{0}^{1}\frac{2}{\pi}\frac{\arctan\{(r\lambda+a)e^{at}\}}{(\lambda-\zeta)^2+\eta^2}d\lambda + \int_{1}^{\infty}\frac{2}{\pi}\frac{\arctan\{e^{at}[r(\lambda+\sqrt{\lambda^2-1})+a]\}}{(\lambda-\zeta)^2+\eta^2}d\lambda\right\} \quad (38)$$

with preceding transformation, $\int_{-\infty}^{-1}$ can be changed into $\int_{0}^{1}$ and $\int_{1}^{\infty}$ into $\int_{0}^{1}$. The solution corresponding to the second and third terms of (35) is:

$$\theta_2 = \frac{\eta}{\pi}\int_{\zeta_{\min}}^{\zeta_{\max}}\frac{\frac{1}{\varepsilon}\sqrt{r^2-\{[r(\lambda\pm\sqrt{\lambda^2-1})+a_1]e^{at}-a\}^2}}{(\lambda-\zeta)^2+\eta^2}d\lambda - \frac{\eta}{\pi}\int_{\zeta'_{\min}}^{\zeta'_{\max}}\frac{\frac{1}{\varepsilon}\sqrt{r^2-(r\lambda)^2}}{(\lambda-\zeta)^2+\eta^2}d\lambda$$

$$(39)$$

where $\zeta_{\min}$, $\zeta_{\max}$, $\zeta'_{\min}$ and $\zeta'_{\max}$ are the upper and lower limits of ζ which coresponds to the non-zero value of h. The solution of θ should be the summation of θ_1, θ_2 and (29). The solution for the removing mountain is thus derived.

4　THE RESULTS IN CASE THAT THE MOUNTAIN IS LOCATED AT THE CENTER OF DEFORMATION FIELD

We analyse the frontogenesis at different times from the isoline of Θ. At $t=0$, the Θ isolines should be the horizontal straight lines. Fig.2 depicts the Θ isoline at $at=2$ without the topography, the basic state Θ at ground level is assumed to be 280 K. It is seen that the isolines are concentrated obviously at the lower levels of the central part of the deformation field, i.e., the frontogenesis phenomenon occurs there. Fig.3 depicts the Θ isolines in case that the mountain is located at the center of the deformation field. It can be seen that at the level corresponding to the mountain level, the $|\nabla\theta|$ on the r.h.s. of the figure(i.e., the warm sector) is stronger than that over flat ground and the reverse is true for the l.h.s., in other words, the warm front will strengthen and the cold front will weaken in the upslope side, it is in agreement with Bannon's results. It can be explained from (18), because the mountain is higher in the central part, it makes the effect of $h(x,t)$ be greater than that of $h(xe^{at},0)$, this means that the effect of the topography in the lower boundary condition is the cooling caused by the forced ascending motion due to the topography (Bannon, 1983), which results in that the potential temperatures of the mountain surface and over the mountain will be lower than that at the same level in case of flat ground, this makes the vertical gradient of the potential temperature over the mountain increase, i.e., the static stability will be greater than that over the flat ground.

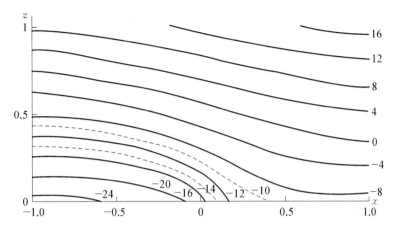

Fig.2   The Θ isolines above flat ground at $\alpha t = 2$, the interval of the isolins is 4 K,
near the mountain the interval is doubled, the values in this figure correspond
to the real value subtracting 300 K.

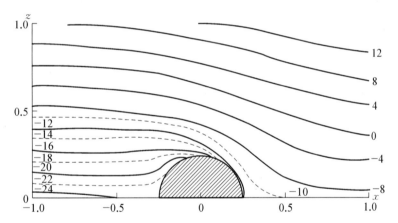

Fig.3   The Θ isolines at $\alpha t = 2$ in case that the mountain is located
at the center of the deformation field.

In the horizontal direction, because air over the mountain is cooler, the $|\nabla \theta|$ to the r. h.s. will be greater, this results in that the r. h. s. of the mountain is of advantage to frontogenesis and the l.h.s. is of advantage to frontolysis. Bannon(1983)'s work only can obtain the characteristics of the frontogenesis and frontolysis at the level of the mountain on account of his treatment on the lower boundary condition. In this paper, the frontogenesis and frontolysis characteristics not only at the mountain height but also on the mountain slopes are demonstrated. It is shown that on the mountain slope, the frontogenesis and frontolysis phenomena are more remarkable than that at the mountain peak level. From the Θ isolines it can be seen that the frontogenetical areas are located on the warm side and peak of the mountain. Far away the mountain, the frontogenesis phenomenon is not notable. From the distributions of $\partial\theta/\partial x$ and frontogenesis function $\dfrac{\mathrm{d}}{\mathrm{d}t}\nabla\theta=-\dfrac{\partial u}{\partial x}\dfrac{\partial\theta}{\partial x}-\dfrac{\partial w}{\partial x}\dfrac{\partial\theta}{\partial z}$ in the vertical cross section(Fig.4), it can be seen that the main frontogenetical area is located at the mountain slope in the warm sector and mountain peak, the frontolytical area is located at the slope of the cold sector.

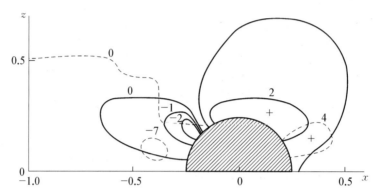

Fig.4　The distributions of $\partial\theta/\partial x$ and frontogenesis function when the mountain is located at the center of the deformation field, solid line is for $\partial\theta/\partial x$, dashed line is for frontogenesis function.

The vertical velocity w_1 is depicted in Fig.5, which shows there are ascending motion in the warm sector and descending motion in the cold sector, which are caused by the deformation field, similar to Bannon's results, but there exists an ascending motion region near the mountain in cold sector caused by climbing mountain process. The ascending motion in the warm sector is also located on the slope with the same cause as that in the cold sector. The dashed line in Fig.5 represents the vertical velocity in case of flat ground. The difference between the solid and dashed lines shows the remarkable dynamic effect of the topography.

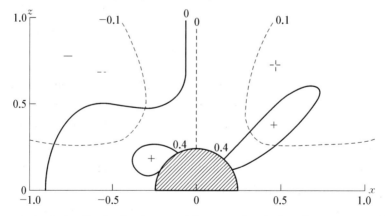

Fig.5　The vertical velocity distribution in case of flat ground and when the mountain is located at the center, dashed line represents w_1 in case of flat ground, solid line is for w_1 in case of mountain.

Fig.6 displays the divergence field due to ageostrophic wind. Convergence is present on the two sides of the center near the surface, divergence distributes over all other places. In comparing with the case of the flat ground, we can see that when the topography is not included, there is convergence in the lower part and divergence aloft in the warm sector, the reverse is true in the cold sector. When the topography is considered, convergence is present on the two sides of the center below the mountain level which is also caused by the dynamical effect of the topography, i. e., the blocking effect of the mountain causes deceleration and convergence. Because convergence is present in the lower part of cold sector which makes divergence aloft, so that the divergence field in the cold sector is just reverse to that over the flat ground. In summary, below the level of the mountain peak, both sides of the mountain there exists $\partial u_1/\partial x < 0$, i.e., the mountain plays the blocking role on air flow and the moving speed of the front.

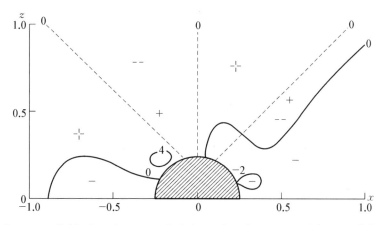

Fig.6　The divergence field when the mountain is located at the center and in case of the flat ground, dashed line represents the zero isoline of divergence in case of the flat ground.

5　THE RESULTS WHEN THE MOUNTAIN IS NOT LOCATED AT THE CENTER OF THE DEFORMATION FIELD

Assuming the center of the mountain to be located at $a = 0.5$, i.e., on the r.h.s. of the deformation field, it is not difficult to obtain the solution by using the coordinate transformation is Section 3. Fig.7 displays the Θ distribution at $\alpha t = 2$. Comparing with Fig.1 for the case of the flat ground, the similar phenomenon appears like the case when the mountain is located at the center, near the peak, the decrease of the Θ is equivalent to raising the Θ isolines, hence, at the peak level, $|\nabla \theta|$ between the mountain and warm air on the r.h.s. will increase, the reverse is true between the mountain and cold air on the left.

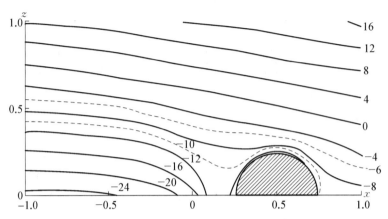

Fig.7　The Θ distribution when the mountain is located on the r.h.s. of the deformation field.

At $z = 0$, the result is more complicated, in case of the flat ground, there is frontogenesis at $z = 0$ level near the origin, but when the mountain is located on the r.h.s. of the deformation field, the potential temperature will increase at the surface level between the mountain and the center of the deformation field on account of the role of the term $h(x e^{\alpha t}, 0)$ in Eq.(18) (i.e. Bannon's "warm anomaly"), this will strengthen the gradient of θ between this region and cold air on the l.h.s. of the deformation field, in other words, $|\nabla \theta|$ will be greater near the origin. In summary, under this relative location of the topography with respect to the deformation field, on the left of the mountain, frontogenesis will occur at the level of the mountain peak, but there will be frontolysis between the warm and cold air at the surface level. On the other hand, the above mentioned increase of θ at the surface level will make the $|\nabla \theta|$ in the space to the mountain body decrease.

The topography characteristics of the above discussed cases are that the mountain is located at the warm part of the deformation field, in this case, in general, there will be of advantage to frontogenesis upstream of the mountain and frontolysis downstream of the mountain for the warm front, at the same time, the frontogenesis characteristics on the slope and surface will be more complicated. $\partial\theta/\partial x$ and $\dfrac{\mathrm{d}}{\mathrm{d}t}\nabla\theta$ are also have similar characteristics. Although the mountain is assumed to be motionless with respect to the deformation field here , but the conclusion is in agreement with Bannon's (1983) that it is of advantage to the frontogenesis in front of the mountain and to the frontolysis behind the mountain for warm front, even Bannon's conclusion is for the moving warm front. Our results are finer than Bannon's over the slope and flat terrain.

The w_1 distribution is shown in Fig.8 $w_1 < 0$ on the l.h.s. of the figure retains the characteristics over the flat ground, on the r.h.s. of the figure, there appears ascending motion on the right and descending motion on the left of the mountain on account of the forced effect of the mountain, the importance of the force by the topography can be seen. For the static stability, it increases over the mountain peak, but decreases on the two sides of the mountain as before. The divergence field is depicted in Fig.9, it retains basically the characteristics that the convergence and divergence are present in the lower and upper parts of the warm sector respectively and vice versa for the cold sector, except that, there appear divergence and convergence in the lower and upper parts respectively between the mountain and the center of the deformation field, which is caused by downslope motion on the left of the mountain.

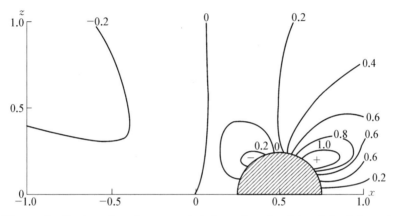

Fig.8 The w_1 distribution when the mountain is located on the right of the deformation field.

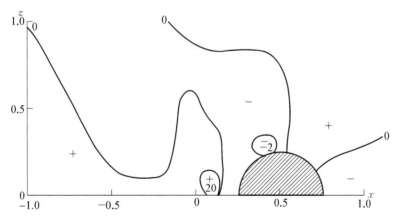

Fig.9 The divergence field when the mountain is located on the right of the deformation field.

Fig.10 demonstrates the Θ field at $\alpha t = 2$ when the mountain center is located at $a = -0.5$, the left part of the deformation field. The distribution is just reverse to that when $a = 0.5$ because the Θ decreases on the level of the mountain height. The $|\nabla\theta|$ to the warm air on the right side increases, that to the cold air on the left decreases, even $\nabla\theta$ changes the sign. For the level of the flat ground behind the mountain, on account of the small increase of temperature caused by the "warm anomaly", the gradient of temperature to the warm sector is both smaller than that at the mountain level and that in case of flat terrain (Fig. 1), i.e., on the flat ground behind the mountain the frontogenesis effect to the warm air will decrease.

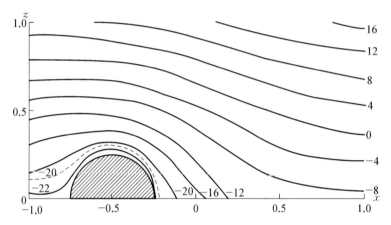

Fig.10　The Θ distribution when the mountain is on the left of the deformation field.

As for the w_1 distribution, the ascending motion retains in the warm sector due to the absence of the mountain, in the cold sector, a positive center appears in front of the mountain due to the climbing mountain movement as Fig. 11, in contrast with the descending motion in case of flat terrain. For $\partial u_1/\partial x$, there still are convergence in the lower and divergence in the upper parts in the warm sector, but for the cold sector, the convergence in the lower and divergence in the upper parts in front of the mountain appear in contrast with the divergence in the lower and convergence in the upper parts over the flat terrain. Obviously, this is caused by the retardation effect of the topography.

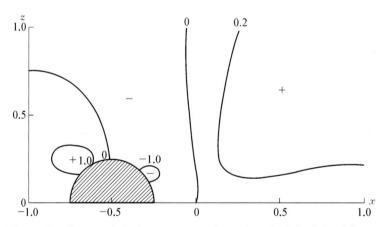

Fig.11　The w_1 distribution when the mountain is located on the left of the deformation field.

Next we shall consider the case of moving mountain, assuming $a = 0.5$ at $t = 0$, but the mountain removes to the $a = -0.5$ at $\alpha t = 2$, the Θ distribution is displayed in Fig. 12 according to (35), the temperature at the lower boundary will be affected by the reverse roles of the h at new time and the h at $t = 0$. This case corresponds to the case that the deformation field removes from the left to the right of the mountain. It should be mentioned that the method in this paper can not research the evolution of a mature front across the mountain, becausse at $t = 0$ the Θ isolines still are flat, the frontogenesis occurs gradually only in the removing process of the deformation field with respect to the mountain, i.e., the method in this paper only can investigate the effect of the mountain on the forming condition of the front. Comparing with Fig.10, at $\alpha t = 2$, the decreasing of the temperature over the mountain caues the $|\nabla \theta|$ to increase on the r.h.s. of the mountain and vice cersa on the l.h.s., therefore, the conclusion that the area behind the mountain is of advantage to the frontogenesis for the cold front is again obtained. Its difference to that for the motionless mountain in Fig.10 is that the locations of the mountain at $t = 0$ are different, on account of the effect of the mountain at $t = 0$, the difference of the temperature on the two sides of the center of the deformation field for Fig.12 is stronger than that in Fig.10, so that it is of advantage to the frontogenesis both at the level of the mountain and on the ground near the center of the deformation field.

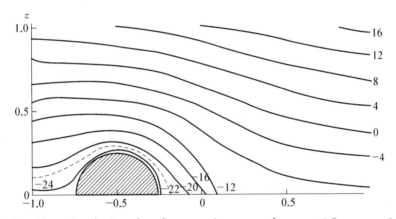

Fig.12　The Θ distribution when the mountain removes from $a = 0.5$ to $a = -0.5$.

For the case that the mountain center is located at $a = -0.5$ at $t = 0$ and $a = 0.5$ at $\alpha t = 2$, i.e., corresponds to that the deformation field removes from right to the left, the Θ distribution is similar to Fig.7 approximately except that $|\nabla \theta|$ near the center of the deformation field is weaker slightly than that in Fig.7 due to the slight increase of temperature below the level of the mountain caused by the "warm anomaly" at $t = 0$, i.e., for warm front, the frontogenetical effect is weakened near the surface behind the mountain.

6　CONCLUSIONS

In this paper, real terrain is included for the lower boundary condition in Bannon's quasi-geostrophic frontogenesis model, the influences of the topography on the frontogenesis are obtained. We not only prove the general characteristics of the effect of the topography on the cold and warm fronts, i.e., it is of advantage to frontogenesis for the warm front and frontolysis for the cold front in front of the mountain and the reverse is true behind the mountain, but also derive the fine structures of the frontogenesis and frontolysis effects between the mountain peak and the flat ground where the characteristics of the frontogenesis and frontolysis are different from that at the mountain peak level. The characteristics are also different when the deformation field is motionless or moving, i.e., the frontogenetical characteristics depend on the moving speed of the deformation field with respect to the topography For w_1 and divergence fields of ageostrophic wind, their characteristics reflect the summation of both the effects of the deformation field and the forced motion by the topography which shows the importance of the dynamic effect of the topography. It is noted that the conclusion of this paper is derived under the assumption that the initial potential temperature disturbance is independent of z, the actual condition may be more complex than this ideal case. Furthermore, the disturbed wind field εu_1 from the approximate result of $\partial u_1/\partial x$ in this paper can be estimated approximately, it is shown that the disturbed wind speed usually is much less than or less than the basic wind speed except near the center of the deformation field where the basic wind speed is of the same order of magnitude as the disturbed wind, hence, the linearized method in this paper usually is available except near the center of the deformation field. Due to this disturbed wind field, the real wind field has some deviation to the ideal deformation field both when the mountain is motionless and moving, all of these affect the accuracy of this paper. But from the viewpoint of dynamics, this paper demonstrates the dynamic process of the effect of the topography on the quasi-geostrophic frontogenesis. As have been shown in the previous section, the method of this paper can only study the advantageous or disadvantageous effects of the topography in the formation process of the front, but not be used to research the variation experienced by a mature front as it moves across a mountain, which needs to be investigated by more complex models.

REFERENCES

Bannon, P. R.(1983), Quasi-geostrophic frontogenesis over topography, J. Atmos. Sci., 40: 2266 - 2277

Bannon, P. R.(1984), A semi-geostrophic model of frontogenesis, Beitr. Phys. Atmos., 57: 393 - 409.

Hoskins, B. J. and F. P. Bretherton(1972), Atmospheric frontogenesis model: Mathematical formulation and solution, J. Atmos. Sci., 29: 11 - 37.

Pedlosky, J (1979), Geophysical Fluid Dynamics, Springer Verlag.

Williams, R. and J. Plotkin(1968), Quasi-geostrophic frontogenesis, J. Atmos. Sci., 25: 201 - 206.

4 大气边界层与下垫面的相互作用

　　下垫面和大气边界层之间的动量,热量,水汽的交换过程是天气,气候数值模式中非常重要的部分。早期是用简单的参数化方法,即用地气温差和风速用简单的公式计算。随着边界层研究的进展,逐渐发展为用边界层通量廓线关系用模式提供的地气温差和风速计算,方法也愈加复杂。我们这方面的工作也与时俱进,根据边界层通量廓线关系的研究进展不断提出新方法,如考虑海面粗糙度随风速的变化[4.1],考虑自由对流时的廓线并考虑热量粗糙度和水汽粗糙度[4.2],与观测比较证明比以前的结果更好。并考虑用半解析的方法在同样精度下简化了计算量[4.2],还提出了用虚位温差代替位温差的理论上更合理的方法[4.3]。我们用上述这些较完善的方法,用热带西太平洋上的观测资料计算了海面的各种通量,分析其与气象要素的关系,证明潜热和动量通量主要决定于风速,而感热通量主要决定于海气温差[4.4]。还发展了应用边界层上下界的位温差和地转风速求通量的方法[4.1]。

　　大气模式中通量的计算是在网格点上进行,前提是下垫面在网格内均匀,实际当然不可能,我们理论上分析了当下垫面不均匀时通量计算的误差,当不均匀较大时误差达到一定的程度,如热通量的误差能达到 10 W/m² 的量级[4.5]。

4.1 海面空气阻力系数 C_D 计算方法的研究①

提 要：本文根据边界层气象学的最新成果提出两个由常规海上气象观测资料求阻力系数 C_D 的方法，一个由海气温差及 10 米高处的风速，另一个由地转风速及边界层上下界间的位温差 $\Delta\theta$，此二法可直接应用于实际计算及模式中求 C_D。

1 引言

海气间各物理量之间的交换是近代气象学的一个热门问题，在长期预报、气候变化的研究中，在各种数值模式中，海气间物理量的交换起着重要的作用，特别是低纬度的海洋。近年来，各国及国际上多次进行了近海及远洋的海洋气象考察，进行了海面风温场、湍流场的观测，获得了关于动量、热量、水汽的垂直通量及气象场的资料，其中一个重要目的是寻找各物理量的垂直湍流通量与宏观气象场的关系。因为垂直湍流通量是用脉动量定义的，精确的测定需要脉动场观测。而在常规气象观测中并不易做到，因此实际应用中都是根据常规气象资料（主要是风）来找这些通量值。其依据主要就是根据这些海上观测找出的通量与气象参数（主要是风）的关系用经验关系式来推求。例如，对于海气间的动量交换，常用公式是：

$$\tau = \rho C_D V^2 \tag{1}$$

τ 为湍流切应力即气向海的动量通量，C_D 为阻力系数，V 为海面风速（常取海平面以上 10 米高处的风速）。在 C_D 已知时即可由 V 求 τ。而 C_D 则由观测的 τ，V 经验地求出。历年来许多作者根据大量的海上观测求出了大量有关 C_D 的数据，但由于不同作者所用资料的观测地点，观测状况，仪器，观测条件等各不相同，因而求得的 C_D 量级虽然都是 10^{-3}，但数值各不相同，加上海上观测的困难及仪器的误差，这些数值的精度都不高。但多数人都得出 C_D 不是常数，而是随风速增高而增大，并根据观测资料求出了 C_D 与 V 之间的经验关系。由于前面提到的各种原因，各人的这种关系式并不相同。文献[1]，[2]对各作者的 C_D 值及 C_D 与风的关系作了总结。由于各作者的 C_D 并不相同，使用起来似乎并无客观标准。另一方面，如前述，现有研究结果多数是在 C_D 与风速间找关系，实际应用中亦如此，例如在大尺度模式中计算海气间动量交换时，或取 C_D 为常数，或取 C_D 与风速关系为线性。但从微气象观点说，C_D 不仅与风有关，也应与大气的温度层结，即热力稳定度有关，但迄今为止，C_D 与层结间的关系的研究尚未见到系统的工作。

我们认为，由于前述的种种原因，在实际应用中最好能有一种比较客观的方法，它不受

---

① 原刊于《气象科学》，1989 年 9 月，9(3)，246 - 254，作者：赵鸣，马继军。

不同作者所使用的不同资料的限制,直接由风及层结资料算出 C_D 来。近代边界层气象学的发展已能做到这一点,我们将提出两种方法,一种由 10 米高风速及海气间温差来求 C_D,另一种由地转风或边界层顶的风及边界上下界之间的位温差来求 C_D,给出具体计算方法及图表;本文使用的方法是运用了边界层气象学中著名的通量-梯度关系以及阻力定律,其中也含有一些经验常数,但这些关系已为大量边界层观测所证实,当把这些关系运用到海面时又考虑了海面的特点作了改进,计算得到的 C_D 数值上是合理的,方法上是可行的。

2　由 10 米处风及海气温差求 C_D

由定义,$C_D = (u_*/u_{10})^2$,u_* 为摩擦速度,u_{10} 为 10 米处风速。由近地层 M-O 相似定律求出的通量-梯度关系或廓线公式不难得到:

$$C_D = \frac{k^2}{\left[\ln \dfrac{z}{z_0} - \psi_m\left(\dfrac{z}{L} \right) \right]^2} \tag{2}$$

k 为卡门常数,z_0 为粗糙度,L 为 M-O 长度,ψ_m 为某一普适函数,其具体表示式将在以后给出。M-O 关系最早是研究陆上的,但从原理上讲海面也应照常能运用。例如 Overland[3],Isozaki[4] 都这样运用过。现在,在海面情况,我们考虑 z_0 不再是常数,而是风速的函数。常用的有 Charnock[5] 公式:

$$z_0 = \alpha \frac{u_*^2}{g} \tag{3}$$

α 的取值各人不同,Garratt[2] 取 0.014 4,我们即取此值。(3)式适用于空气动力学粗糙流,对光滑流,有下列公式[7]

$$z_0 = \frac{\nu}{9u_*} \tag{4}$$

其中 ν 为空气分子粘性系数。

函数 ψ_m 按近代边界层研究结果取下列 Bnsinger-Dyer 公式[8]:

$$\psi_m = 2\ln \frac{1+x}{2} + \ln \frac{1+x^2}{2} - 2\arctan x + \frac{\pi}{2} \qquad 当 \frac{z}{L} < 0 \tag{5a}$$

$$\psi_m = -5 \frac{z}{L} \qquad 当 \frac{z}{L} > 0 \tag{5b}$$

其中 $x = \left(1 - 16 \dfrac{z}{L} \right)^{1/4}$。

由(2)可见,中性时 C_D 与层结无关,因而和 z_0,u_* 有关,因 z_0 和 u_* 有关,而 u_* 和 u_{10} 有关,因而中性时 C_D 与 u_{10} 有关,即 C_D 应当是 u_{10} 的函数,这就是一般文献中取 C_D 与 u_{10} 有关的原因。Garratt[2] 并用迭代法由(2)求出中性时 u_{10} 与 C_D 的线性回归关系。非中性时,由

(2)可见，C_D 应也是 T_* 的函数，即 C_D 是层结的函数，但在一般的工作中都被忽略了。本文将用 10 米高气温与海温之差为输入参数来由它及 u_{10} 共同确定 C_D。

由近地层温度廓线关系式可写出：

$$T_* = \frac{k\,\Delta\theta}{\ln\dfrac{z}{z_{0h}} - \psi_h\left(\dfrac{z}{L}\right)} \tag{6}$$

$\Delta\theta$ 是某高度(我们取 10 米)处与海面位温差，$\Delta\theta$ 可由温差 ΔT 推求。ψ_h 为另一普适函数，z_{0h} 为 θ 取海面值时的高度，它可取[9]

$$z_{0h} = 7.4 z_0 \exp\left[-2.46\left(\frac{u_* z_0}{\nu}\right)^{1/4}\right] \tag{7}$$

M-O 长度 L 取如下公式

$$L = \frac{u_*^2\,\overline{\theta}}{kg T_*} \tag{8}$$

式中 $\overline{\theta}$ 为所求气层的平均位温，T_* 为摩擦温度，取[8]：

$$\psi_h = 2\ln\frac{1+y}{2} \qquad 当\frac{z}{L}<0 \tag{9a}$$

$$\psi_h = -5\frac{z}{L} \qquad 当\frac{z}{L}>0 \tag{9b}$$

式中 $y = \left(1 - 16\dfrac{z}{L}\right)^{1/2}$。

方程(2)—(9)构成闭合方程组，可由 $\Delta\theta$ 及 u_{10} 求出 u_*，L，进而求出 C_D。步骤如下，先赋 u_*，T_* 以一个合理的试探值由(8)求 L，令 $z=10$ 米，(5)，(9)求出 ψ_m，ψ_h，利用(3)(或(4)式)、(7)求出 z_{0m}，z_{0h} 代入(2)，(6)求出 u_*，T_*，再由(8)式求 L，再求 u_*，T_* …直至 $\left|\dfrac{A^{n+1}-A^n}{A^n}\right| < 10^{-4}$(其中 A 代表 u_*，T_*，A^n 代表第 n 次迭代时得到的 A 值)即认为得到收敛解。于是我们就由 u_{10}，$\Delta\theta$ 这两个宏观参数求出了 C_D。计算过程中 $\Delta\theta$ 即取 10 米高处位温与海面位温差。各式中 z 取 10 米。显然这样求出的 C_D 是 u_{10} 及 $\Delta\theta$ 的函数，它比只取 C_D 为 u_{10} 的函数要合理得多。

我们对日本、澳大利亚等国在 1974—1975 年间在东海低纬海域进行的气团变性试验(AMTEX)的部分资料进行分析，该资料(取位于 124°E, 24°N 的 Tarama 站)有海面上铁塔观测及海面通量观测数据，可以寻找由实测的通量求出的 C_D 与 u_{10} 的关系，我们选取 10 米处的 Ri 数在 $-0.1\sim0.1$ 之间，$u_{10}>5$ 米/秒的如下 21 组资料(u_{10} 单位是米/秒)

u_{10}	9.05	9.47	10.38	11.28	12.07	11.72	10.16
$10^3 \times C_D$	1.2	1.22	2.4	2.15	1.95	1.43	1.55
u_{10}	10.93	10.08	10.04	9.25	9.33	10.63	10.94

续　表

$10^3 \times C_D$	1.49	1.91	1.61	1.18	1.60	1.85	1.99
u_{10}	10.92	11.54	11.92	11.53	10.59	9.87	9.71
$10^3 \times C_D$	2.02	2.19	1.62	1.54	1.52	1.91	1.58

线性回归后得到如下关系：

$$10^3 C_D = 0.358 + 0.137 u_{10} \tag{10}$$

相关系数 $r = 0.269$。

我们选取同一时间范围内测得的 u_{10} 及 $\Delta\theta$ 用以上叙述的方法，理论求出 C_D。同样选取资料时要求 10 米处的 Ri 数在 $-0.1 \sim 0.1$ 之间，$u_{10} > 5$ 米/秒，则有如下 35 组资料：

u_{10}	6.74	6.92	6.08	5.10	7.09	9.05	9.47
$10^3 \times C_D$	1.20	1.22	1.16	1.07	1.20	1.34	1.37
u_{10}	10.38	11.28	12.07	11.72	10.94	10.16	9.30
$10^3 \times C_D$	1.12	1.53	1.68	1.54	1.45	1.35	1.21
u_{10}	9.80	9.33	10.16	10.86	11.12	10.93	10.08
$10^3 \times C_D$	1.27	1.29	1.44	1.48	1.54	1.47	1.43
u_{10}	10.04	9.25	9.47	9.33	10.63	10.94	10.92
$10^3 \times C_D$	1.43	1.27	1.28	1.37	1.46	1.50	1.47
u_{10}	9.47	11.54	11.92	11.53	10.59	9.87	11.90
$10^3 \times C_D$	1.43	1.52	1.54	1.55	1.45	1.43	1.50

线性回归后得到如下关系：

$$10^3 C_D = 0.638 + 0.076 u_{10} \tag{11}$$

这时的相关系数高达 0.928，相关很好的原因很可能是因为理论公式不受各种不确定因素的限制。

由方程(10)和(11)，当 u_{10} 在常见的 5—10 米/秒范围内，两式结果符合还是很好的，尽管两式的系数并不相等。实际上，由于非定常、非均匀等的影响，用实测资料求(10)式时，u_{10} 与 C_D 间的相关程度比(11)式差，(11)式代表性应更好些，因它代表了没有各种扰动因素情况下的关系，这从一个侧面反映了我们的方法是可行的。对不同的 $\Delta\theta$ 时我们方法的计算结果显然是符合边界层变化的一般规律，它比不考虑 $\Delta\theta$ 时当然要更合理些。

为了看出不同 $\Delta\theta$ 对 C_D 影响及 u_{10} 对 C_D 的影响，图 1 给出了不同 $\Delta\theta$ 及 u_{10} 时相应的 C_D 图，可见在 $\Delta\theta < 0$ 时 C_D 与 u_{10} 可看成近似有线性关系存在，但其斜率与截距对不同 $\Delta\theta$ 是不同的，当 $\Delta\theta > 0$，则只有当 $u_{10} > 16$ 米/秒，才可看成有线性关系。总之，由本文结果可见，若不计温度层结影响，笼统地将 C_D 与 u_{10} 之间的关系用统一的线性关系式来表达是不够精确的。图 1 提供了由 $\Delta\theta$ 及 u_{10} 求 C_D 的简便方法。图 1 中也用虚线给出了光滑流时的曲线，其与粗糙流的差别是 z_0 取值不同。按[10]，我们可取地转风速大于 5 米/秒时为粗糙流，反之为光滑流，相应的 u_{10} 界限大致是 3 米/秒。即 $u_{10} < 3$ 米/秒，可运用图中光滑流的

曲线,反之使用粗糙流的曲线。由图可知对不稳定时的光滑流,随 u_{10} 的增加,C_D 反而减少,这与 Kondo[11] 结果是一致的,因而通常使用的 C_D 随 u_{10} 线性增加的表达式不适用于稳定时的光滑流。稳定时,因 z_0 影响相对小,光滑流规律相似于粗糙流。因光滑流时,风速小,海气间交换亦弱,故光滑流部分影响并不大。

由(2)可见,中性时有

$$C_{Dn} = \left(\frac{k}{\ln \dfrac{z}{z_{0n}}} \right)^2 \tag{12}$$

式中 C_{Dn} 为中性时的 C_D 值,z_{0n} 为中性时的 z_0 值,即(3),(4)中令 u_* 为由中性廓线计算出的值。若在上面计算 C_D 的过程中在求出非中性的 z_0 后形式上令(2)中 $\psi_m = 0$,则得

$$C_{DN} = \left(\frac{k}{\ln \dfrac{z}{z_0}} \right)^2 \tag{13}$$

此 C_{DN} 形式上是中性时 C_D,但实质上与 C_{Dn} 有差别,我们来看看 C_{DN} 的大小。因为 C_D 与 C_{Dn} 的差别主要由两点造成,一是(2)中 ψ_m 项的影响,另一是 z_0 的不同造成的影响。研究 C_{DN} 可以使我们看出在非中性 C_D 与中性 C_{Dn} 差别间,是哪个因素起的作用更大。

图 2 即是不同 $\Delta\theta$ 及 u_{10} 时的 C_{DN} 图,可见 C_{DN} 随 u_{10} 变化的趋势与 C_D 同,但不同 $\Delta\theta$ 的差别要比相应的 C_D 小得多。对照图 1,2 可见,引起非中性时 C_D 与中性时 C_{DN} 的差别主要是由(2)中 ψ_m 项引起的,由于层结不同造成的 z_0 的差异起的作用较小。

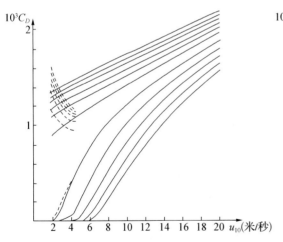

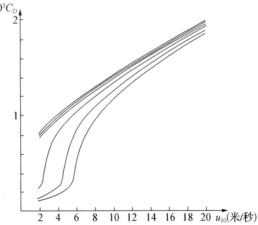

图 1　不同 u_{10} 及 $\Delta\theta$ 时的 C_D 图

虚线为光滑流,按[10],在 $u_{10} < 3$ 米/秒时可用光滑流
公式从上到下实线相应的 $\Delta\theta$ 是 $-21, -17, -13, -9, -5,$
$-1, 3, 7, 11, 15, 19$ 度,虚线相应的 $\Delta\theta$ 是
$-21, -17, -13, -9, -5, -1, 3$ 度

图 2　不同 $\Delta\theta$ 与 u_{10} 时的 C_{DN}

从上到下曲线相应的 $\Delta\theta$ 是 $-21, -13, -5, 3, 11, 19$ 度

3　由地转风及边界层上、下界位温差求 C_D

上面讲的由 10 米高处风及海气温差求 C_D 的方法是用了常规气象观测,避免了用脉动观测,因此较便于实用。但 10 米高风速及温度的观测资料也不多,在大部分辽阔的海面上这些资料也还是难得的,又从大尺度数值模式讲,地转风(或用边界层顶的风,例如 850mb 处的风)及边界层上下界间的位温差 $\Delta\theta_G$ 容易从模式得出,如果能用这两个参数计算出 C_D,则模式应用中会更方便一些,近代边界层理论有将这两个参数与地面通量联系起来的关系式,即边界层阻力定律,再加上海面的特点,我们可以设计出具体的计算方案来,根据边界层阻力定律,有[12]:

$$\ln\mathrm{Ro}=A(\mu)-\ln\frac{u_*}{G}+\sqrt{\frac{k^2}{(u_*/G)^2}-B^2(\mu)} \tag{14}$$

$$\frac{T_*}{k\,\Delta\theta_G}=\frac{1}{\ln\left(\dfrac{u_*}{G}\mathrm{Ro}\right)-C(\mu)} \tag{15}$$

此处 $\mathrm{Ro}=G/fz_0$ 为 Rossby 数,G 为地转风速,μ 为边界层稳定度参数,A,B,C 为 μ 的经验函数,我们取 Arya[13] 的结果:

当 $\mu\geqslant-50$

$$A(\mu)=1.01-0.125\mu-0.000\,99\mu^2+0.000\,000\,81\mu^3$$
$$B(\mu)=5.14+0.142\mu+0.001\,17\mu^2-0.000\,003\,3\mu^3$$
$$C(\mu)=-2.95-0.346\mu-0.001\,87\mu^2+0.000\,021\,1\mu^3 \tag{16}$$

当 $\mu<-50$

$$A(\mu)=3.69,B(\mu)=1.38,C(\mu)=7.01 \tag{17}$$

μ 是边界层内参数,其定义是 $\mu=ku_*/fL$,本身难以计算,我们用 Yordanov[6] 的结果将它们用外参数 $S=\dfrac{g}{\theta}\dfrac{\Delta\theta_G}{fG}$ 计算出来,而 S 则从 $\Delta\theta_G$ 及 G 即可求得,S,μ 的关系是:

$$\mu=0.147S \qquad\qquad 当\ S>0 \tag{18a}$$

$$\mu=\sum_{i=0}^{3}(C_{1i}\,\widetilde{\mathrm{Ro}}^i)S \qquad 当\ S<0 \tag{18b}$$

其中 $\widetilde{\mathrm{Ro}}=\lg\mathrm{Ro},C_{10}=1.057,C_{11}=-0.23,C_{12}=0.021,C_{13}=-6.66\times10^{-4}$,现在从(14)—(18),加上(3),(4)即可由 $\Delta\theta_G,G$ 求出 u_*,L,对(3),(4)式的选择仍与上面一样,即当 $G>5$ m/s 用(3)式,反之用(4)式,具体迭代过程如下:先赋一个合适的 $\mathrm{Ro}^{(1)}$,由 Ro 定义求出 $u_*^{(1)}$,由(14)算出 $\lg\mathrm{Ro}^{(2)}$,对 $\lg\mathrm{Ro}^{(2)}$ 加适当修正求得第二近似 $\lg\mathrm{Ro}^{(2)}$,由此再求 $u_*^{(2)}$ …直至 $|\,u_*^{(n)}-u_*^{(n-1)}\,|/u_*^{(n)}\leqslant10^{-4}$,即认为得到收敛解。迭代过程中用到(16)—(18)式。在迭

代过程中稳定度参数 μ 自然得到。由 μ 定义，L 亦可求得，Yordanov 的(18)式是由(14)，(15)得到的近似结果，使用方便。

图 3 是不同 $\Delta\theta_G$ 及 G 时的 C_D 图。

由图 3 可见，$\Delta\theta_G < 0$ 时，在粗糙流范围内(实际的情况绝大多数为粗糙流) C_D 与 G 线性关系还较好，而 $\Delta\theta_G > 0$ 时，则满足线性关系的临界 G 值要比 5 米/秒大些，不同 $\Delta\theta_G$，C_D 相差比较大，说明温度层结对 C_D 的影响还是相当大的。

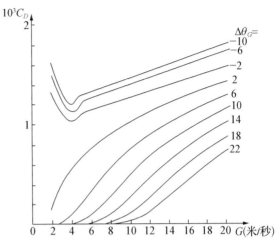

图 3 不同 $\Delta\theta_G$ 及 G 时的 C_D，$G < 5\ \mathrm{m/s}$ 可用光滑流

由图 3，内插到中性，即 $\Delta\theta_G = 0$ 的情况，我们求得此时对粗糙流，$5\ \mathrm{m/s} < G < 15\ \mathrm{m/s}$(这包括最常见的地转风速)时的 C_D 与 G 回归关系如下：(相关系数 $r = 0.87$，22 组值)

$$10^3 C_D = 0.695\,3 + 0.044\,8G \tag{19}$$

由此式我们可以直接由 G 求出中性时的 C_D。

在由 G 及 $\Delta\theta_G$ 求 C_D 的过程中，u_*，z_0，L 均是求出的副产品，我们自然可以据此求出 u_{10}，把中性时求出的 C_D 与相应的 u_{10} 回归可得：($5 < u_{10} < 15\ \mathrm{m/s}$，$r = 0.98$，18 组数据)

$$10^3 C_D = 0.708\,3 + 0.064\,8 u_{10} \tag{20}$$

若将此式与前面用第一种方法得到的近中性的(11)式相比，结果是相当一致的，这也从一个侧面说明了这第二种方法是可靠的。

4 结语

以往有大量的 C_D 与 u_{10} 的经验关系式，由于观测误差，稳定度影响等因素，这些关系式互不相同，客观上比较难以选择使用。本文运用近代边界层气象学中比较通用的廓线关系式并考虑了粗糙度的变化，运用一定的数学方法求出了 C_D 对 u_{10} 及 $\Delta\theta$ 的关系，可以直接计算或查图表计算。还提出一个由地转风速及边界层上下界间位温差来求 C_D 的方法，而地转风速及边界层上下界间位温差可以直接由天气图讯息得到。与直接实测值的对比证明这两种方法是合理的、可靠的。除了这两种方法都给出了图表外，我们还给出了中性时 C_D 与 u_{10} 及 G 的回归关系式。计算证明，在通常风速范围内，中性时 C_D 对 u_{10} 及 G 的线性关系是近似成立的。$\Delta\theta$ 或 $\Delta\theta_G$ 的影响最好由具体计算确定。本文的计算证明：$\Delta\theta$ 及 $\Delta\theta_G$ 的影响是大的，稳定不稳定情况下 C_D 可相差一倍(见图 1，3)，因此在海气相互作用的计算中光考虑 C_D 是 u_{10} 的函数是不够的，必须考虑层结的影响。

参考文献

[1] Greernaert, G. L., On the importance of the drag coefficient in air-sea interface, Dynamics Atm. Ocean, 11,19 - 38,1987.

[2] Garratt, J. G., Review of drag coefficients over oceans and continents, Mon. Wea. Rev., 105, 915 - 929,1977.

[3] Overland, J. E. and Gemmil, W. H., Prediction of marine winds in the New York Bight, Mon. Wea. Rev., 105, 1003 - 1008, 1977.

[4] Isozaki, I., Uji, T., Numerical models of marine surface wind and its application to the prediction of ocean wind waves, Papers Met. Geophys., 25,197 - 231,1974.

[5] Charnock, H., Wind stress on a water surface. Q. J. Roy. Met. Soc., 81, 639 - 640,1955.

[6] Yordanov. D. L, Ponenko, V. V., Aloyn, A. E., Parametrization of stratified and baroclinic PBL for the numerical simulation of atmospheric process, Papers on physics of atmosphere and ocean, 14, 813 - 823, 1978.(in Russian)

[7] Roll. H.U., Physics of the marine atmosphere. Academic press, 1966.

[8] Panofsky, H. A. and Dutton, J.A., Atmospheric Turbulence, John Wiley and sons, 1984.

[9] Brutsaert, W. H., Evaporation into the Atmosphere, D. Reidel Co., 1982.

[10] 赵鸣,水面粗糙度可变时大气边界层数值模式,大气科学,11,247 - 256,1987.

[11] Kondo, J., Air-sea bulk transfer coefficients in diabatic conditions, Boundary layer Met., 9, 91 - 112, 1975.

[12] Zilitinkevich,S. S., Dynamics of atmospheric boundary layer, Gidrometeoizdat, 1970.(in Russian)

[13] Arya, S. P. S, Geostrophic drag and heat transfer relation for the atmospheric bonndary layer, Q. J. Roy. Met. Soc., 101, 147 - 161, 1975.

A STUDY OF THE COMPUTING METHODS FOR THE DRAG COEFFICIENT C_D IN AIR OVER SEA

Abstract: In this paper, two methods for computing the drag coefficient C_D in air over sea have been suggested by use of the routine meteorological observation over sea according to the newest achievement of the boundary layer meteorology, one is to apply the air-sea temperature difference and the wind speed at 10m height, another is to use geostrophic wind speed and the difference of the potential temperature between the top and bottom of the PBL, these two methods can be used to compute C_D in practice and models.

4.2 关于海面湍流通量参数化的两种方案试验[①]

摘　要：本文对海气间湍流通量计算的参数化进行了两个方案的试验。第一个是对气候模式 CCM3 中的计算方案作了改进,用半解析的计算方法代替纯迭代的方法,减少了计算量而达到相同精度。第二个是用 Brutsaert 提出的廓线函数计算海面通量,达到了与当前最精确模式相同的精度。这两种方案均可用于大气模式或用于由实测气象资料求通量。

关键词：海面通量,通量-廓线关系,标量粗糙度

1　引言

　　近代大气模式中越来越重视地面与大气间的动量,热量和水汽的交换,即地气间各种通量的计算,因为这些通量是大气中动能,热量和水分的重要源汇之一,特别对大气中水分而言,这是唯一的源,而模式中对地面通量的计算方案现在一般都是基于 Monin-Obukhov 的相似理论,用模式中大气最低层(现代模式垂直层次较多,最低层常在近地层内)的风、温、湿和地表的温度和湿度来进行参数化,具体说就是应用 Monin-Obukhov 相似理论得出的通量-廓线关系,将大气模式中的最下层与地面看成两个高度,由该二高度上的风、温、湿求出通量来,因这个通量-廓线关系的代数表达式较复杂,需要用一定的计算方案迭代解出通量,再者,现代的边界层理论考虑地气间的热量、水汽交换与动量交换机理并不相同,对热量、水汽而言,其相应的粗糙度我们称为标量粗糙度即 z_{0T},z_{0q} 与风速相应的粗糙度 z_0 并不相同,因此,用通量-廓线关系计算通量就更复杂一些。对海面而言,同样如此,现代模式中还考虑海面粗糙度随风速而变,这样使通量的计算又困难一些。计算表明,通量对各粗糙度是敏感的,因此必须考虑各粗糙度的取值。这些均增大了通量计算的计算量。

　　现在的通量-廓线关系有几种不同形式,且计算方法的处理上也各不相同,再加上各粗糙度的计算方案也有好几种,因而用不同方法对通量的计算结果是不同的,对此,文献[1]有过评论。一个好的通量参数化的方法不仅要求精确性高,而且要求计算方案尽量简单以节省计算时间,这在气候模式中更显重要。CCM3 是一种物理过程较为全面,新颖的气候模式,其中海面通量的计算用了常用的 Businger-Dyer 廓线公式,而 z_0 则与风速有关,具体计算中采用了一种迭代方案,每次迭代均需对各通量计算一次。对不稳定层结 B-D 公式很繁,迭代计算也繁。针对 CCM3 的这一纯隐式迭代方案,我们对不稳定层结提出一个半显式即半解析形式的计算方案,计算量比原 CCM3 少而能达到与原 CCM3 同样的精度。

---

　　① 原刊于《气象科学》,2000 年 9 月,20(3),317 - 325,作者:赵鸣。

　　文献[1]用 TOGA COARE 实测海面通量资料比较了各种通量计算方案,如 NCEP,ECMWF,CCM3 及 UA 等。这些方案中廓线函数及粗糙度方案各不相同,文献[1]发现 UA 方案及 Fairall 的 f2.5 方案[2]结果更好一些,本文在第二部分中用了另一种通量廓线关系,即 Brutsaert 的关系来计算海面通量,结果证明这一模式达到与 f2.5 及 UA 相似的精确度,这证明了 Brutsaert 模式在通量参数化中也有良好的应用前景。

2　CCM3 通量计算方案的一种改进方案

　　CCM3 中应用的通量-廓线关系是:

$$u = \frac{u_*}{k} \left[\ln \frac{z}{z_0} - \psi_m \left(\frac{z}{L_v} \right) \right] \tag{1}$$

$$\Delta\theta = \frac{T_*}{k} \left[\ln \frac{z}{z_{0T}} - \psi_h \left(\frac{z}{L_v} \right) \right] \tag{2}$$

$$\Delta q = \frac{q_*}{k} \left[\ln \frac{z}{z_{0q}} - \psi_h \left(\frac{z}{L_v} \right) \right] \tag{3}$$

u_* 为摩擦速度,$T_* = -\dfrac{H}{c_p \rho u_*}$ 为温度尺度,$q_* = -\dfrac{F}{\rho u_*}$ 为湿度尺度,F/ρ 为蒸发量,L_v 为计入水汽影响的 M-O 长度,$\Delta\theta, \Delta q$ 为气海间位温和比湿差。k 为卡门常数,ψ 取 Businger-Dyer 的原始形式:

$$\psi_m = \psi_h = -5\zeta \qquad\qquad 当 \zeta = z/L_v > 0$$

$$\psi_m = 2\ln \frac{1+x}{2} + \ln \frac{1+x^2}{2} - 2\arctan x + \frac{\pi}{2} \quad 当 \zeta < 0$$

$$\psi_h = 2\ln \frac{1+x^2}{2} \qquad\qquad 当 \zeta < 0$$

$$x = (1 - 16\zeta)^{\frac{1}{4}}$$

$$\zeta = \frac{z}{L_v} = \frac{kgz}{u_*^2} \left(\frac{T_*}{\theta_v} + \frac{0.61q_*}{1 + 0.61q} \right) \tag{4}$$

θ_v 为虚位温,并用总体(bulk)形式定出通量:

$$\tau = \rho C_D u^2 \tag{5}$$

$$H = -\rho c_p C_H u \Delta\theta \tag{6}$$

$$E = -\rho L C_E u \Delta q \tag{7}$$

其中 H 为感热通量,E 为潜热通量,τ 为由上向下的动量通量,L 为蒸发潜热。C_D, C_H, C_E 为相应的传输系数,则

$$C_D = \frac{k^2}{\left(\ln \dfrac{z}{z_0} - \psi_m \right)^2} \tag{8}$$

$$C_H = \frac{k^2}{\left(\ln\frac{z}{z_0} - \psi_m\right)\left(\ln\frac{z}{z_{0T}} - \psi_h\right)} \tag{9}$$

$$C_E = \frac{k^2}{\left(\ln\frac{z}{z_0} - \psi_m\right)\left(\ln\frac{z}{z_{0q}} - \psi_h\right)} \tag{10}$$

CCM3 对海上 z_0 如下处理,中性时由(8)得:

$$z_0 = 10\exp(\ -kC_{10n}^{-1/2}) \tag{11}$$

C_{10n} 为 10 m 高处的中性 C_D,高度 z 处中性 C_D 取:

$$C_{Dn} = C_1 u_n^{-1} + C_2 + C_3 u_n \tag{12}$$

其中 $C_1 = 0.002\,7$,$C_2 = 0.000\,142$,$C_3 = 0.000\,076\,4$,u_n 为中性风,若 u_n 取 10 m 处的值,则

$$C_{10n} = C_1 u_{10n}^{-1} + C_2 + C_3 u_{10n} \tag{13}$$

可见 z_0 与 10 m 处中性风有关,一般模式提供的或观测的风并不在 10 m,也非中性情况,因此需要计算出 u_{10n},而 z_{0T},z_{0q} 则较简单:

$$z_{0T} = 2.2 \times 10^{-9}\,\text{m} \qquad 当 \zeta > 0$$
$$= 4.9 \times 10^{-5}\,\text{m} \qquad 当 \zeta < 0$$
$$z_{0q} = 9.5 \times 10^{-5}\,\text{m}$$

CCM3 在由上述方程组求通量时采用了纯迭代方法,由(8)、(11)式找出 C_D 与 C_{10n} 间关系式,并求出由 C_D,C_{10n} 求 u_{10n} 的公式,然后在这些式子与(5)、(6)、(7)、(4)等式间互相迭代,通量公式(5)—(7)要迭代 3 次,最后得到收敛的通量结果。

现在我们尽量用解析解以减少迭代次数,用模式最下层(或观测高度)z 处的风设法求出 u_{10n},由(11)、(13)

$$\ln z_0 = \ln 10 - \frac{k}{(C_1 u_{10n}^{-1} + C_2 + C_3 u_{10n})^{\frac{1}{2}}} \tag{14}$$

设 z 处中性时风速为 V_n,则由风的对数律,得:

$$\frac{u_{10n}}{V_n} = \frac{\ln 10 - \ln z_0}{\ln z - \ln z_0} \tag{15}$$

(14)式代入(15)式,若 V_n 已知,得 u_{10n} 的三次代数方程

$$u_{10n}^3 + h u_{10n}^2 + l u_{10n} + m = 0 \tag{16}$$

其中

$$h = \frac{(\ln z - \ln 10)^2 C_2 - k^2}{(\ln z - \ln 10)^2 C_3}$$

$$l = \frac{(\ln z - \ln 10)^2 C_1 + 2k^2 V_n}{(\ln z - \ln 10)^2 C_3}$$

$$m = \frac{-k^2 V_n^2}{(\ln z - \ln 10)^2 C_3}$$

(16)可解出 u_{10n}

$$u_{10n} = U - \frac{h}{3} \tag{17}$$

其中若 $\frac{b^2}{4} + \frac{a^2}{27} > 0$，则

$$U = \sqrt[3]{-\frac{b}{2} + \sqrt{\frac{b^2}{4} + \frac{a^3}{27}}} + \sqrt[3]{-\frac{b}{2} - \sqrt{\frac{b^2}{4} + \frac{a^3}{27}}}$$

其中

$$a = \frac{1}{3}(3l - h^2), \qquad b = \frac{1}{27}(2h^3 - 9hl + 27m)$$

若 $\frac{b^2}{4} + \frac{a^2}{27} < 0$，则

$$U = 2\sqrt{-\frac{a}{3}}\cos\frac{\varphi}{2}, U = 2\sqrt{-\frac{a}{3}}\cos\left(\frac{\varphi}{2} + \frac{2\pi}{3}\right), U = 2\sqrt{-\frac{a}{3}}\cos\left(\frac{\varphi}{2} + \frac{4\pi}{3}\right)$$

取其中 $U < V_n$ 的一个作为解，

$$\varphi = \arccos\left(\frac{-b}{2\sqrt{\frac{-a^3}{27}}}\right)$$

本来解析解的好处是用显式代数运算，但由于现在 V_n 尚不知，已知的是当时层结下的 V，不是中性时值，故仍要迭代，但参加迭代的方程个数减少，次数也可减少。

先假定 z 处模式提供的或观测的速度是 u_{10n}，于是由(11)、(13)解得 z_0，由 z 处的风、温、湿及海面温、湿可计算总体虚 Ri 数 Rb_v，即

$$\mathrm{Rb}_v = \frac{\Delta\theta_v g}{u^2 \theta_v} z$$

按文献[9]，$\mathrm{Rb}_v \ln\frac{z}{z_0}$ 在很高的精度上可以代替 z/L_v，于是从

$$\frac{z}{L_v} = \mathrm{Rb}_v \ln\frac{z}{z_0} \tag{18}$$

可得 z/L_v 的第一估计值，由下式即由近地层廓线公式可由 z 处的风 u 求出 z 处的中性风 V_n

$$\frac{V_n}{u} = \frac{\ln \frac{z}{z_0}}{\ln \frac{z}{z_0} - \phi_m \left(\frac{z}{L_v}\right)} \tag{19}$$

算出 V_n 后,现在可由(17)得 u_{10n},由(11),(13)得 z_0 新值,再由(18)得新 z/L_v,即可由(1)—(3)得新 u_*,T_*,q_*,即得到通量。对通量公式而言,迭代了一次,若再进一步,求得 u_* 后由

$$u = \frac{u_*}{k} \ln \frac{10}{z_0}$$

得新 u_{10n},则(11),(13)得新 z_0,并用上面得到的 u_*,T_*,q_*,由(4)求 z/L_v,再用(1)—(3)得 u_*,T_*,q_*,即是第二次迭代式结果。

我们用 TOGA COARE 计划中位于赤道西太平洋中的 Moana Wave 观测船上的观测资料来验证上述方法的精确度。该船在 1992 年 11 月至 1993 年 2 月有小时资料,包括海面上各通量,我们用 Fairall[3] 的计算海面冷肤效应的方法将其订正到海表面的温度,即可用 CCM3 的计算方法及我们改进的方法计算各通量,并与观测的通量比较,资料总共有 1 600 多组,剔除一些质量较次的资料,有 530 组资料用来检验,文献[1]表明动量及潜热通量资料质量较好,感热较差,我们对三个通量均比较,但着重动量通量 τ 和潜热 E 的结果。比较时我们计算了平均绝对误差和平均相对误差,见表 1,表中下标 ab 为绝对误差,re 为相对误差,第一行为 CCM3 原方案结果,第二行是我们改进方案迭代一次的结果,第三行是迭代两次的结果。

表 1　CCM3 及各改进方案的通量计算误差

Table 1　The errors of computed fluxes from scheme CCM3 and improved scheme

	τ_{ab} (N/m^2)	H_{ab} (W/m^2)	E_{ab} (W/m^2)	τ_{re}	H_{re}	E_{re}
CCM3	0.004 6	3	17	0.229 3	0.543 9	0.203 8
改进方案一次	0.004 8	3	17	0.231 5	0.538 2	0.213 8
改进方案两次	0.004 6	3	17	0.210 8	0.530 1	0.201 1
CCM3+f.c	0.004 4	3	16	0.181 5	0.535 2	0.189 1
改进方案+f.c	0.004 4	3	16	0.173 0	0.520 4	0.186 5

可见迭式两次的结果已全面超过 CCM3 原方案的精确度。而迭代过程也较 CCM3 方案简单。计算的 τ 和 E 与实测 τ 和 E 的比较见图 1 和图 2。总的说误差的正负分布较为均匀,但在小值 τ 及 E 时计算值比观测值偏高,而文献[8]表明影响通量 τ 和 E 的最主要因子是风,即风小时计算值偏高。原因是 CCM3 采取了当风速小时,最小风取 1 m/s 的处理。实际上在赤道上风速常常小于 1 m/s,这就使小风时计算偏高了,如果去除这一处理,将会改进小风时的结果。

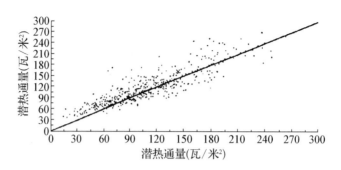

图 1　改进的 CCM3 方案计算的潜热通量 E 与观测的比较,横坐标为观测值

Fig.1　The comparison of computed and observed latent heat fluxes from improved CCM3 scheme, the abscissa is observed

　　文献[1]在廓线公式中在 Businger-Dyer 公式基础上加上自由对流的处理,结果能得到对公式的改进。我们在(1)—(3)廓线公式中也作加上自由对流的处理,即当 $z/L_v <$ $\zeta_m = -1.574$ 时用如下廓线公式:

$$u = \frac{u_*}{k}\{\ln(\zeta_m L_v/z_0) - \psi_m(\zeta_m) + 1.14[(-\zeta)^{1/3} - (-\zeta_m)^{1/3}]\} \tag{20}$$

当 $\zeta < \zeta_h = -0.046\,5$ 时用:

$$\Delta\theta = \frac{T_*}{k}\{\ln(\zeta_h L_v/z_{0T}) - \psi_h(\zeta_h) + 0.8[(-\zeta_h)^{-1/3} - (-\zeta)^{-1/3}]\} \tag{21}$$

q 廓线同 θ,z_{0T} 代以 z_{0q},在加上(20)、(21)式后的 CCM3 原方案结果见表 1 中第四行,而我们改进方案在加上(20)、(21)式后结果见表 1 中第五行,可见都在原有基础上又提高了一步。因此加入自由对流也是改进 CCM3 方案的方法之一。但若画出与图 1,2 类似的图(图略),则仍然在小风时计算值偏大,这是 CCM3 用了最小风速等于 1 m/s 造成的,不用处理可提高小风时的精度,530 组资料中自由对流条件满足的有 115 组,可见比例还不小。

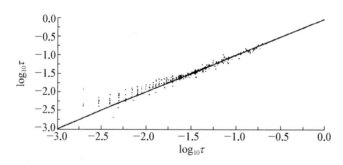

图 2　改进的 CCM3 方案计算的动量通量 τ 与观测的比较,横坐标为观测值(纵横坐标均为 $\log_{10}\tau$)

Fig.1　The comparison of computed and observed momentum fluxes from improved CCM3 scheme, the abscissa is observed(both coordinates are $\log_{10}\tau$)

3　Brutsaert 通量-廓线关系的应用

Brutsaert[4]曾提出一个包括自由对流在内的通量-廓线关系应用于不稳定近地面层,而陆上用其计算的感热通量表明优于 Businger-Dyer 的结果[5],本文用此廓线于海上,廓线是:

$$\psi_m = 0 \qquad\qquad 当 |\zeta| < 0.005\,9$$

$$\psi_m = 1.47\ln\frac{0.28+(-\zeta)^{0.75}}{0.28+(0.005\,9-\zeta_0)^{0.75}} - 1.29\big[(-\zeta)^{1/3} - (0.005\,9-\zeta_0)^{1/3}\big]$$

$$当\ 0.005\,9 < |\zeta| < 15.025 \qquad (22)$$

$$\psi_m = \psi_m(15.025) \qquad\qquad 当 |\zeta| > 15.025$$

$$\psi_h = 1.2\ln\frac{0.33+(-\zeta)^{0.78}}{0.33}$$

$\zeta_0 = z_0/L_v$,对于粗糙度 z_0,取常用的 Smith[6]的公式,即与摩擦速度有关(ν 是空气粘性系数):

$$z_0 = 0.011\frac{u_*^2}{g} + 0.11\frac{\nu}{u_*} \qquad (23)$$

而对 z_{0T}, z_{0q},则用 Liu[6]等的公式,也是与摩擦速度等有关:

$$z_{0T} = a\left(\frac{u_* z_0}{\nu}\right)^b \qquad (24)$$

z_{0q} 亦如此,参数 a, b 对 z_{0T}, z_{0q} 不同,且分段取值。

这种 z_0 与 z_{0T}, z_{0q} 取值也在现代其他模式中使用,如 Fairall[2]。进一步,我们不用 CCM3 取最小风速为 1 m/s 的处理,并考虑小风时湍流对平均风的影响,而取

$$u = (u_x^2 + u_y^2 + w_g^2)^{1/2} \qquad (25)$$

u_x, u_y 为风的分量,w_g 则是湍流影响项:

$$w_g = \left(-\frac{g}{\theta}\beta\theta_{v*} u_* z_i\right)^{1/3} \qquad (26)$$

(26)式中 $\beta = 1.2$,θ_{v*} 是虚摩擦温度,z_i 是混合层厚度 600 m,对 Moana Wave 同样资料计算结果,误差见表 2。

表 2　Brutsaert 廓线计算通量的误差
Table 2　The errors of computed fluxes from scheme Brutsaert

	τ_{ab} (N/m²)	H_{ab} (W/m²)	E_{ab} (W/m²)	τ_{re}	H_{re}	E_{re}
Brutsaert	0.003 8	3	16	0.139 1	0.525 2	0.167 7
f2.5	0.003 7	3	16	0.135 5	0.525 3	0.169 0

将其与表 1 比较,可见其结果比 CCM3,我们的改进方案,甚至加自由对流的都要好,而对动量通量的改进则明显,在低风速时也纠正了计算通量偏大的现象,如图 3,4 是 Brutsaert 方案计算的潜热及动量通量与观测的比较,显然这是由于我们改变了取最小风为 1 m/s 做法的结果。Fairall 的 f2.5 方案[2]是新近发展的考虑自由对流影响,z_0 用 Smith 公式,z_{0T} 和 z_{0q} 用 Liu 等式的方案,也考虑了湍流对小风速的订正,其结果见表 2 第二行,相比之下,Brutsaert 也达到了 f2.5 的水平。

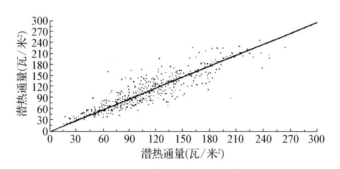

图 3　Brutsaert 方案计算的海面潜热通量与观测比较(图例同图 1)

Fig.3　The comparison of computed and observed latent heat fluxes from Brutsaert scheme(legend is identical to Fig.1)

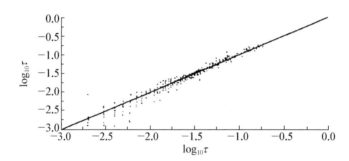

图 4　Brtsaert 方案计算的海面动量通量与观测的比较(图例同图 2)

Fig.4　The comparison of computed and observed momentum fluxes from Brutsaert scheme(legend is identical to Fig.2)

4　结论

通过本文对海面通量计算所试验的两种方案即用半显式的解析方法改进 CCM3 中不稳定时的处理方案及 Brutsaert 的廓线方案,运用 TOGA COARE 的 Moana Wave 船的实测资料对比的结果,可得如下结论:

（1）CCM3 中的隐式计算方案可用半解析的方案加以改进,减少计算量,而达到相同精度。

（2）CCM3 中的通量方案若加入自由对流对廓线的订正,则结果更佳。

（3）Brutsaert 廓线公式应用于海面,可得到与最新模式 f2.5 相媲美的结果,从而说明该模式不仅可用于陆上,亦可用于海上。

　　CCM3 的通量计算方案是一种知道大气近地层某高度与海(陆)面气象要素值时求通量的方法,先是在有实例资料时发展起来的一种方法,后来应用到模式计算中,本文对这一方法作了改进,不仅在知道实测风、温、湿时可求通量,而且可进一步在模式中应用(不同模式均可),因而有应用前景。本文工作也证明了 Brutsaert 方案可以相当高的精度应用于用实测资料算通量或用于模式中(海陆均可用,而原模式仅用于陆上)。本文只研究了不稳定层结,原因是不稳定时的 Businger-Dyer 关系复杂,迭式计算繁琐,因此本文设计了一个半解析方案以简化计算,稳定层结 B-D 关系本来较简单,也不需进一步改进,而对热带洋面讲,绝大部分时间为不稳定层结,本文改进意义较大。

　　致谢:本文资料由 Fairall 在网上提供,特致谢意。

参考文献

[1] Zeng Xubin, Zhao Ming and Dickinson R E., Intercomparison of bulk aerodynamic algorithms for the computation of sea surface flux using the TOGA COARE and TAO data. J. Climate, 1998, 11: 2628 -2644.

[2] Fairall C W, et al. Bulk parametrization of air-sea fluxes in Tropical Ocean Global Atmosphere Coupled-Ocean Atmosphere Response Experiment. J. Geophys. Res., 1996, 101: C2, 3747 - 3764.

[3] Fairall C W, et al. Cold-skin and warm layer effects on sea surface temperature. J. Geophys. Res., 1996, 101: C1, 1295 - 1308.

[4] Brutsaert W H, Stability correction functions in the mean wind speed and temperature in the unstable surface layer. Geophys. Letters, 1992, 19: 469 - 472.

[5] Sugita M, et al. Flux determination over a smooth surface under strongly unstable conditions. Boundary Layer Meteorol., 1995, 73: 145 - 158.

[6] Smith S D, Coefficients for sea surface wind stress heat flux and wind profile as a function of wind speed and temperature. J. Geophys. Res., 1988, 93: 15467 - 15472.

[7] Liu T W, et al. Bulk parameterization of air-sea exchange of heat and water vapor including the molecular constraints at the interface, J Atmos. Sci., 1979, 36: 1722 - 1735.

[8] 赵鸣,曾旭斌.热带西太平洋海面通量与气象要素关系的诊断分析,热带气象学报,1999,15:280 - 288.

[9] 赵鸣,曾旭斌.关于大气模式中表面水热通量计算的一些问题,气象学报,2000,58:340 - 346.

ON THE EXPERIMENTS OF TWO SCHEMES ABOUT THE COMPUTATION OF FLUXES OVER SEA

Abstract: In this paper, two experiments on the computation of the fluxes over sea have been performed. The first is to improve the scheme in the climate model CCM3 by using a semi-analytical scheme instead of pure iteration method. This method simplifies the computation and at the same time, attains the same accuracy. The second is to compute the fluxes over sea by using the profile function suggested by Brutsaert. Its accuracy is the same as the current other most accurate model. These two schemes can be used in atmospheric models or to compute the fluxes using the observed data.

Key words: The fluxes over sea, Flux-profile relation, Scalar roughness

4.3 大气模式中表面水热通量计算的一些问题[①]

摘 要：对现有的大气模式中计算海面和大气间水、热通量的通量-廓线关系式进行了评论，提出一个理论上较完整的通量-廓线关系式。其中考虑了水汽对 M-O 参数的影响，并引进相应于虚位温的标量粗糙度。Moana Wave 的实测资料表明，由于该资料相应于温度的粗糙度和湿度粗糙度相差不大，使现有的公式计算结果与文中提出的公式差别不大。当 z_{0h}，z_{0q} 差别大时，两种公式结果有一定差别。而文中公式理论上更为合理。还将不稳定状态下计算通量的简化方法推广到海面。

关键词：水，热通量，通量-廓线关系，虚位温粗糙度

1 引言

现代气候及环流模式中对地（海）面通量的计算愈来愈重视，愈来愈精确。而基于 Monin-Obukhov 相似理论的通量-廓线关系是现代大气模式中计算湍流通量的基础。运用此关系，可由两个高度（包括海面）上的风、温、湿求出动量和热、水通量，因而得到广泛应用。近年来的发展主要是在细节上对通量-廓线关系加以完善。例如 CCM3 气候模式、NCEP 模式、ECMWF 模式、Fairall[1] 的 f2.5 模式和 UA 模式[2] 等均是如此。UA 模式考虑了自由对流对边界层的影响，并用了新的计算标量粗糙度 z_{0h}，z_{0q} 的公式。实测资料验证说明该模式略好于其他模式。一个好的公式不仅要求精确度较高，而且应当有较坚实的理论基础。为此，学者对原始的 M-O 理论和廓线公式作了发展和改进，例如对于海面，必须考虑由水汽对浮力通量的影响引起的对 M-O 理论的修正。Lo[3] 指出，由于水汽的存在，在用廓线公式计算 M-O 参数 z/L_v（L_v 是计入水汽影响的 M-O 长度）时应当用气地间虚位温差 $\Delta\theta_v$ 代替各模式中的位温差。但他在用虚位温廓线时却用了与 θ 廓线相应的 z_{0h}，在 z_{0h} 不等于 z_{0q} 时这一做法理论上不完整。Grachev[4] 研究了如何简化计算 z/L_v 的问题，提出一个由考虑 $\Delta\theta_v$ 求出的总体 Ri 数 Rb 求 z/L_v 的方法。本文目的首先是对现在常用的通量-廓线公式进行评论，提出一个由 $\Delta\theta_v$ 求 z/L_v 从而求得通量的方法，使 Lo[3] 的方法有一个完善的理论基础。其次是将 Byun[5] 在不计水汽时由总体 Ri 数 Rb 求 z/L 的方法推广到海上计入水汽影响时，得到比 Grachev[4] 更直接，简单的结果。

2 公式

现在模式中计算通量的廓线公式如下：

---

① 原刊于《气象学报》，2000 年 6 月，58(3)，340-346，作者：赵鸣、曾旭斌。

$$\Delta\theta = \frac{T_*}{k}\left[\ln\frac{z}{z_{0h}} - \psi_h\left(\frac{z}{L_v}\right)\right] \tag{1}$$

$$\Delta q = \frac{q_*}{k}\left[\ln\frac{z}{z_{0q}} - \psi_q\left(\frac{z}{L_v}\right)\right] \tag{2}$$

$\Delta\theta,\Delta q$ 是已知 θ 和比湿 q 的气地间差,k 为卡门常数,z 为温,湿的测量高度,z_{0h},z_{0q} 是相应于 θ 和 q 的粗糙度,即 θ 和 q 取海面值的高度。ψ 为层结订正函数,一般取 $\psi_h = \psi_q$,T_*,q_* 为温度和湿度尺度参数。

$$L_v = \frac{\theta_v u_*^2}{gkT_{v*}} \tag{3}$$

T_{v*} 为计入水汽的 T_*,u_* 为摩擦速度。式(1),(2)与一般陆上用的公式差别是用 z/L_v 取代了 z/L,L 即一般的 M-O 长度,这种处理方法没有经过推导。式(3)中:

$$T_{v*} = T_*(1 + 0.61q) + 0.61\theta q_* \tag{4}$$

不同模式取不同公式计算各粗糙度,但均与 u_* 有关,u_* 则由风廓线与风速 u 联系:

$$u = \frac{u_*}{k}\left[\ln\frac{z}{z_0} - \psi_m\left(\frac{z}{L_v}\right)\right] \tag{5}$$

ψ_m 是对风的稳定度订正函数。方程(1),(2),(4),(5)加上粗糙度各公式一起迭代即可由 u,$\Delta\theta$,Δq 求出动量通量(ρu_*^2)、感热通量($-\rho c_p u_* T_*$)和潜热通量($-\rho u_* q_* A_L$),A_L 为蒸发潜热。如上述,式(1),(2)简单地将陆上严格论证过的公式中 z/L 换成 z/L_v,而其他地方不动,缺乏理论基础。

Lo[3]进了一步,认为既然计入水汽,则应当用 $\Delta\theta_v$ 取代 $\Delta\theta$,他用下式取代式(1):

$$\Delta\theta_v = \frac{T_{v*}}{k}\left[\ln\frac{z}{z_{0h}} - \psi_h\left(\frac{z}{L_v}\right)\right] \tag{6}$$

式(1)中 T_* 变成 T_{v*} 是很自然的,显然式(6)比式(1)理论上进了一步,但式(6)中仍用了 z_{0h},按式(6)与 $\Delta\theta_v$ 相应的粗糙度应是 θ_v 取海面值的高度,而不是 θ 取海面值的高度 z_{0h},因 $\theta_v = \theta(1 + 0.61q)$,$\theta_v$ 取海面值的高度 z_{0v} 应与 z_{0h},z_{0q} 均不相同,且一般应在 z_{0h} 和 z_{0q} 之间。为此我们提出将式(6)改成:

$$\Delta\theta_v = \frac{T_{v*}}{k}\left[\ln\frac{z}{z_{0v}} - \psi_h\left(\frac{z}{L_v}\right)\right] \tag{7}$$

式(7)不仅理论上严格得多,而且可以将式(7)与式(1),(2)统一起来,即推导出式(1),(2)来。因

$$\begin{aligned}\Delta\theta_v &= \theta(1 + 0.61q) - \theta_0(1 + 0.61q_0) = \Delta\theta + 0.61\theta q - 0.61\theta_0 q_0\\&= \Delta\theta + 0.61q_0\Delta\theta + 0.61\theta\Delta q = \Delta\theta(1 + 0.61q_0) + 0.61\theta\Delta q\end{aligned} \tag{8}$$

θ_0,q_0 是海面值。式(8)右端 3 项大小量级为 $1,10^{-2},10^{-1}\sim 1$,将右端第二项换成 $0.61q\Delta\theta$,量级仍是 10^{-2},故当式(8)写成

$$\Delta\theta_v = \Delta\theta + 0.61q\Delta\theta + 0.61\theta\Delta q = \Delta\theta(1 + 0.61q) + 0.61\theta\Delta q \tag{9}$$

时,只有 1% 的误差,用式(4),则式(7)成:

$$\Delta\theta_v = (1+0.61q)\frac{T_*}{k}\left[\ln\frac{z}{z_{0v}} - \psi_h\left(\frac{z}{L_v}\right)\right] + \frac{0.61\theta q_*}{k}\left[\ln\frac{z}{z_{0v}} - \psi_h\left(\frac{z}{L_v}\right)\right] \tag{10}$$

对照式(9)和(10)可得

$$\Delta\theta = \frac{T_*}{k}\left[\ln\frac{z}{z_{0v}} - \psi_h\left(\frac{z}{L_v}\right)\right] \tag{11}$$

$$\Delta q = \frac{q_*}{k}\left[\ln\frac{z}{z_{0v}} - \psi_h\left(\frac{z}{L_v}\right)\right] \tag{12}$$

将式(11)和(12)写成:

$$\Delta\theta = \frac{T_*}{k}\left[\ln\frac{z}{z_{0h}} + \ln\frac{z_{0h}}{z_{0v}} - \psi_h\left(\frac{z}{L_v}\right)\right] \tag{13}$$

$$\Delta q = \frac{q_*}{k}\left[\ln\frac{z}{z_{0q}} + \ln\frac{z_{0q}}{z_{0v}} - \psi_h\left(\frac{z}{L_v}\right)\right] \tag{14}$$

于是式(10)改写成:

$$\Delta\theta_v = (1+0.61q)\frac{T_*}{k}\left[\ln\frac{z}{z_{0h}} + \ln\frac{z_{0h}}{z_{0v}} - \psi_h\left(\frac{z}{L_v}\right)\right] + \frac{0.61\theta q_*}{k}\left[\ln\frac{z}{z_{0q}} + \ln\frac{z_{0q}}{z_{0v}} - \psi_h\left(\frac{z}{L_v}\right)\right] \tag{15}$$

令

$$(1+0.61q)\frac{T_*}{k}\ln\frac{z_{0h}}{z_{0v}} + \frac{0.61\theta q_*}{k}\ln\frac{z_{0q}}{z_{0v}} = 0 \tag{16}$$

则(15)成:

$$\Delta\theta_v = \frac{(1+0.61q)T_*}{k}\left[\ln\frac{z}{z_{0h}} - \psi_h\left(\frac{z}{L_v}\right)\right] + \frac{0.61\theta q_*}{k}\left[\ln\frac{z}{z_{0q}} - \psi_h\left(\frac{z}{L_v}\right)\right] \tag{17}$$

将式(17)与式(9)比较,就得到式(1),(2),而由式(16)得:

$$z_{0v} = z_{0h}^{(1+0.61q)\frac{T_*}{T_{v*}}} z_{0q}^{\frac{0.61\theta q_*}{T_{v*}}} \tag{18}$$

因此式(1)和(2)可认为是当 z_{0v} 满足式(18)时由式(7)得出的结果。式(1)和(2)成立的前提是式(7),现有的各模式求各通量的方法是用公式(1),(2),(4),(5)及各粗糙度公式迭代,我们称为方法 I,根据本节提出的新概念,应当由式(7)由 $\Delta\theta_v$ 求 T_{v*},由式(3)得 L_v。其中 z_{0v} 由式(18)计算,式(18)中的 T_* 和 q_* 由式(1)和(2)计算,即应由式(7),(3),(18),(1),(2)和(5)迭代,我们称之为方法 II。至于 z_0,z_{0h},z_{0q} 公式可以与方法 I 相同。可以想见的是,如果 z_{0h} 和 z_{0q} 相差不大,例如 Fairall[1] 的 f2.5 的模式用 Liu[6] 对 z_{0h},z_{0q} 的计算就是如此,用下节提到的资料计算,二者只相差 1 至 2 倍,这时 $\ln(z_{0h}/z_{0v})$ 和 $\ln(z_{0q}/z_{0v})$ 均小,方法 I 和方法 II 结果差别不大,而当 z_{0h},z_{0q} 相差较大时,则方法 I、II 结果可能有差别,不论这种差别是大还是小,却只有方法 II 具有较坚实的物理基础。

3　资料验证

所用资料是 TOGA COARE 资料中 Moana Wave 船上测得的海面通量（用涡旋相关法）及 15 m 高的温、湿、风，并有海温观测资料，测于海面下 0.05 m 深，用 Fairall[7] 的方法计算出海表面温度。以此求 $\Delta\theta$，$\Delta\theta_v$，海表相对湿度取 98% 以计算海表比湿[1]，并用 Fairall[1] 的办法计入小风时湍流对风的影响。公式中的 ψ 函数取与 CCM3 和 ECMWF 一样，为常用的 Businger-Dyer 形式。z_{0h}，z_{0q} 用 Liu[6] 给的形式，z_0 与 u_* 的关系用常用的 Smith 形式，即

$$z_0 = 0.011\frac{u_*^2}{g} + 0.11\frac{\nu}{u_*} \tag{19}$$

ν 为分子粘性系数。

Moana Wave 船在 1991 年 11 月至 1992 年 2 月进行 1 h 观测。总共 1 600 多组资料，按 Fairall 对资料的处理除去质量较次的资料共 530 组，其中绝大部分是不稳定层结。设由方法 I 求出的 T_{v*} 为 T_{v*1}，方法 II 求出的为 T_{v*2}，两者比较见图 1。显然方法 I 和 II 不同，但从图 1 见到两者相符程度很好。这是由于 z_{0h}，z_{0q} 相差不大之故。图 2 是计算出的 z_{0h}，z_{0q}，z_{0v}，按文献[6] z_{0h}，z_{0q} 是粗糙度雷诺数 $Re = u_* z_0 / \nu$ 的函数，横坐标取 Re，由式(18)可见，z_{0v} 并不是 Re 的显函数，因此，z_{0v} 在图中显得分散，但可见在 z_{0h} 和 z_{0q} 之间，与预计的一致。

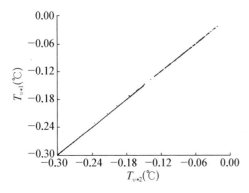
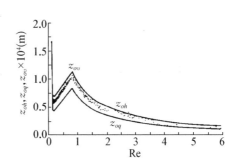

图 1　方法 I 得到的 T_{v*1} 与方法 II 得到的 T_{v*2} 的比较　　　图 2　z_{0v} 与 z_{0h}，z_{0q} 的比较
　　　（实线是为了比较而画的 $T_{v*1} = T_{v*2}$ 直线）　　　　　　　　（点为 z_{0v}）

上述是 T_{v*} 的比较，如果就通量本身，则两种方法求出的通量之差确实小，如潜热通量，相差最大的个例也只差 0.4 W/m²。

为了看 z_{0h}，z_{0q} 差较大时的结果，取陆上参数，考虑蒸发面的陆地。虽然同样是蒸发，但陆面增温要远大于海上，即不稳定时不稳定程度比海上大，取 $z_0 = 0.1$m，$z_{0h} = 10^{-4}$m，$z_{0q} = 10^{-2}$m，风、湿仍取上述资料中值，但气地温差取上述资料的 2 倍，如图 3 是用两种方法求出的 T_{v*} 的比较，T_{v*3} 是方法 I，T_{v*4} 是方法 II 的结果，可看出两者有差别，不像图 1 那样一致。这两种方法对潜热通量的差，530 组资料平均达到 1.2 W/m²，最大的个例差达到 10 W/m²，因

此在 z_{0h}，z_{0q} 差大时两种方法有差别，此时用有较好物理基础的方法 I 应更为合理。

4　近似公式

为了尽量简化计算，Byun[5] 给出在不稳定层结时 Rb 与 z/L 的简单关系，其中未计水汽影响。Grachev[4] 在计入水汽时亦作了研究，为把 Byun 的简单关系推广到计入水汽影响时，作如下简单推导，由式(7)，(5)，(3)及 Rb_v 定义式：

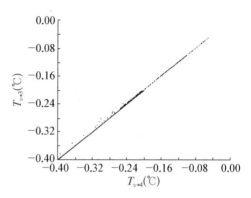

图3　z_{0h}，z_{0q} 差大时 T_{v*3}，T_{v*4} 的比较
（实线是为了比较而画的 $T_{v*3} = T_{v*4}$ 直线）

$$Rb_v = \frac{g}{\theta_v} \frac{\Delta\theta_v}{u^2} z \tag{20}$$

易得：

$$\frac{z}{L_v} = Rb_v \frac{\left[\ln\dfrac{z}{z_0} - \psi_m\left(\dfrac{z}{L_v}\right)\right]^2}{\ln\dfrac{z}{z_{0v}} - \psi_h\left(\dfrac{z}{L_v}\right)} \tag{21}$$

若略去 ψ，并设 $z_0 = z_{0v}$，则得：

$$\frac{z}{L_v} = Rb_v \ln\frac{z}{z_0} \tag{22}$$

此结果比 Grachev[4] 的更简单，更易应用，下面检验其精确度。用前述资料用方法 II 做出式(22)两边的比较图。见图4，可见一致程度很好，难以看出差异，实际上还是有差异，而式(21)两端符合程度又好于式(22)，因前者是精确式。

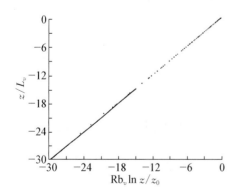

图4　式(22)两端比较
（实线为表示两端相等的直线，用以比较）

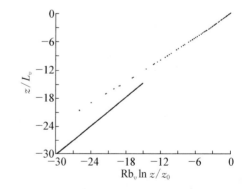

图5　Businger-Dyer 公式加自由对流订正时式(22)两端对比
（实线为表示两端相等的直线，用以比较）

计算式(21)和式(22)两端的两种相对误差，即：

$$E_1 = M\left[\left|\frac{z}{L_v} - \mathrm{Rb}_v \ln\frac{z}{z_0}\right|\right] \Big/ M\left[\left|\frac{z}{L_v}\right|\right]$$

$$E_2 = M\left[\left|\frac{z}{L_v} - \mathrm{Rb}_v \frac{\left(\ln\frac{z}{z_0} - \psi_m\right)^2}{\ln\frac{z}{z_0} - \psi_h}\right|\right] \Big/ M\left[\left|\frac{z}{L_v}\right|\right]$$

M 表示求平均,结果 $E_1 = 2.23 \times 10^{-2}$,$E_2 = 7.85 \times 10^{-8}$,所以用 $\mathrm{Rb}_v \ln\frac{z}{z_0}$ 作为 z/L 的估计值,其平均误差只有 2% 左右。

为了解稳定度变化范围更大时近似式符合的程度,设上述资料中观测高度是 30 m 及 7.5 m,风、温、湿不变,此时对前者言,稳定度趋向中性,后者更趋于非中性,结果 $z = 30$ m 时,$E_1 = 2.34 \times 10^{-2}$,$z = 7.5$ m,$E_1 = 3.4 \times 10^{-2}$,可见精确度也在同一量级,只是后者误差略大些,但即使如此,用式(22)右端代替左端也只有 3.4% 的误差。

以上 ψ 函数是取 Businger-Dyer 形式,若如 Fairall[1],在 ψ 中作自由对流的内插订正,此时用方法 Ⅱ 求出的式(22)两端对比见图 5,可见式(22)两端相等的程度远逊于 B-D 公式,但式(21)是精确式,故仍精确成立,此时 $E_1 = 1.14 \times 10^{-1}$,$E_2 = 4.49 \times 10^{-8}$,此时用式(22)右端代替左端误差达 10%,但作为第一估计值迭代还是可以的。

5 结论和讨论

现今的大气模式,在考虑水汽对 M-O 长度作订正时,通量-廓线公式却仍用位温廓线,本文引入一个用虚位温和虚位温粗糙度的廓线,以求通量。在 z_{0h},z_{0q} 差别不大时,方法与现有方法差别不大,当 z_{0h},z_{0q} 差大时,例如潮湿的陆上,则两种方法可以有差异(当然尚有待实测资料的验证)。但不论何种情况,本文的方法在理论上较完整,也合理。

用 $\mathrm{Rb}_v \ln\frac{z}{z_0}$ 作为 z/L 的近似值,在海上平均误差很小,特别当 ψ 函数用 Businger-Dyer 形式时,在 ψ 取其他形式或 z_{0h},z_{0q} 差大时,近似程度减弱。

致谢:本文资料由 Fairall,C. W. 在网上提供。特致谢意。

参考文献

[1] Fairall C W, et al. Bulk parameterization of air-sea fluxes in tropical ocean global atmosphere coupled-ocean atmosphere response experiment, J. Geophys. Res., 1996, 101: C2 3747 – 3764.

[2] Zeng Xubin, Zhao Ming, Dickinson R E. Intercomparison of bulk aerodynamic algorithms for the computation of sea surface fluxes using the TOGA COARE and TAO data, J. Climate, 1998, 11: 2628 – 2644.

[3] Lo A. The importance of humidity effect in determining flux-profile parameter of a marine surface layer, J. Appl. Meteteor., 1996, 35: 978 – 986.

[4] Grachev A A, Fairail C W. Dependence of Monin-Obukhov stability parameter on bulk Richardson

number over the ocean. J. Appl. Meteor., 1997, 36: 406 - 414.

[5] Byun D W. On the analytical solution of flux-profile relationships for the atmospheric surface layer. J. Appl. Meteteor., 1990, 29: 652 - 657.

[6] Liu T W, et al. Bulk parameterization of air-sea exchange of heat and water vapor including the molecular constraints at the interface, J. Atmos Sci., 1979, 36: 1722 - 1735.

[7] Fairail C W, et al. Cold-skin and warm layer effects on sea surface temperature. J. Geophys. Res., 1996, 101: C1 1295 - 1308.

SOME PROBLEMS IN THE COMPUTATION OF MOISTURE AND HEAT FLUXES OVER SURFACE FOR ATMOSPHERIC MODELS

Abstract: The formula of flux-profile relationship to compute the moisture and heat fluxes over sea surface in the current atmospheric models is reviewed, and a new flux-profile relationship formula is suggested which is more reasonable theoretically, in which the effect of moisture on Monin-Obukhov parameter is considered, a scalar roughness for virtual potential temperature is introduced. The computation of Moana Wave data shows that the difference of the computed results between the current formula and the formula suggested in this paper is small over sea surface because the difference between the roughnesses for temperature and humidity is not great for the used data. When the difference between these two roughnesses is great, some differences appear, the formula in this paper is more reasonable. We also extend the simplified method for the computation of the fluxes in which the effect of moisture was not considered to sea surface in unstable condition.

Key words: Moisture and heat fluxes, Flux-profile relationship, Roughness for virtual potential temperature.

4.4 热带西太平洋海面通量与气象要素关系的诊断分析①

提 要: 用 TOGA COARE 加强期在赤道带西太平洋暖池中的观测船 Moana Wave 和浮标获得的小时风、温、湿、海温资料计算了海面各种通量。分析潜热通量随海面温度 SST 的变化特征。发现小风期潜热通量 LH 在某 SST 处出现最大值,大风时不出现此现象,即 LH 随 SST 变化的主要原因是风随 SST 的变化,其次是气海湿度差 Δq 及传输系数 C_E 随 SST 的变化。用相关分析法分析小风期、西风爆发期、对流扰动期等不同时期中各通量与各气象要素的关系发现,潜热通量和动量通量主要决定于风,对感热通量起作用的主要是气海温差,降水也可通过气海温差和风影响感热通量。

关键词: TOGA COARE,赤道西太平洋,海面通量

1 引言

近代大气环流和气候研究中,海面通量是很重要的,对研究气候变化成因和进行气候预测起了很大作用。热带海面通量在热带尤为重要,近年来对热带海面通量已有不少研究。TOGA TAO,TOGA COARE 计划实施后大量资料的获得更使这方面的研究取得不少进展。我国学者也作了大量工作,如曲绍厚等[1]利用我国实验 3 号船的资料,运用随风和稳定度而变的总体传输系数研究了赤道西太平洋西风爆发时的通量特征,得到通量在西风爆发时达到最大的结论。徐静琦等[2]用"向阳红 5 号"船的资料,用从基于近地层中 Basinger - Dyer 的通量-廓线公式得到的总体传输系数研究了西太平洋暖池地区海面通量的特征,计算中还考虑了相应于温度和湿度的粗糙度与一般风速粗糙度的区别,并分析了通量与风速及稳定度的关系。高登义等[3]用"实验 3 号"、"科学一号"船的资料研究了西太平洋暖池地区不同天气系统下的海气交换差异,也得到西风爆发时通量有最大值等结论。近年来 Lau[4],Chen[5],Liu[6]等用 TOGA COARE 资料在大尺度范围内分析热带太平洋特别是西太平洋暖池中对流、降水、风、通量等的演变,Waller 等[7]对 TOGA COARE 中的各浮标进行了系统全面的分析,用 WHOI 浮标资料分析了 COARE 加强期(IOP)西太平洋暖池地区在不同时段海面气象要素及通量的时间变化特征。Zhang[8]用 TOGA COARE 在热带太平洋上几十个浮标站的日平均气象和海洋资料计算潜热通量 LH 与海面温度 SST 及风的关系,并在较长时间尺度上分析了 LH 的一些特征。

目前各种研究在用风、温、湿计算通量时基本上都是用基于相似理论的通量-廓线关系,从通量变化的机制和通量与气象要素间关系的角度来看,用小时观测值更为合理。另一方面,目前对不同天气背景即不同特征时段下通量与气象要素之间关系的研究尚不充分,通量-廓线关

① 原刊于《热带气象学报》,1999 年 8 月,15(3),280 - 288,作者:赵鸣、曾旭斌。

系式也在不断完善之中。本文用的是 IOP 期间 TOGA COARE 在西太平洋暖池中的观测资料（主要是 MoanaWave 船,并辅以 WHOI 浮标资料）,用改进的通量-廓线关系式来分析小时时间尺度上不同特征时段里各通量与个气象要素间的关系,确定决定这些通量变化特征的主要气象因子,然后进一步用相关分析法研究加强期赤道西太平洋通量与风、气海温湿差及降水等的关系。小时尺度的通量与气象要素的关系主要决定于中、小尺度系统,因此本文研究的对象是中小尺度系统造成的海面通量与中尺度气象要素场的关系,有别于大尺度系统的海气相互作用。

2　通量计算公式和资料简介

气象模式中地面通量的计算一般采用总体(bulk)系数法,由地(海)气温、湿差及风来计算。近年来,传输系数多用近地层气象学中基于相似理论的 Businger - Dyer 公式来求,并进一步考虑粗糙度随风的变化,且引入与一般粗糙度 z_0 不同的温度和湿度粗糙度 z_{0T}, z_{0q},如文献[2]、[9]中的模式、CCM3 模式、ECMWF 模式等。Fairall[10,11]新近提出了一个计算方法,部分地考虑了近地层自由对流的影响,并计入海面冷肤效应以解决实测海温常为海面下某一深度的温度而非海表温度的问题。最近 Zeng 等[12]又提出一个新的廓线公式,即在 B-D 公式中考虑自由对流对廓线的影响,并用 COARE 资料求出一个新的海面 z_0, z_{0T}, z_{0q} 随摩擦速度变化的公式,通过海面上方某高度的风、温、湿和海表温度由下列公式迭代得到通量,包括动量通量 ρu_*^2、感热通量 $-\rho c_p u_* \theta_*$、潜热通量 $-\rho L u_* q_*$。其中 L 为蒸发潜热,u_*,θ_*,q_* 分别为摩擦速度、特征温度和特征湿度。

有关公式如下：

$$u = \frac{u_*}{k} \left\{ \left[\ln \frac{\zeta_m L_v}{z_0} - \psi_m(\zeta_m) \right] + 1.14 \left[(-\zeta)^{1/3} - (-\zeta_m)^{1/3} \right] \right\} \qquad \text{当 } \zeta < \zeta_m = 1.574$$

$$(1)$$

$$u = \frac{u_*}{k} \left[\ln \frac{z}{z_0} - \psi_m(\zeta) \right] \qquad \text{当 } \zeta_m < \zeta < 0 \tag{2}$$

$$u = \frac{u_*}{k} \left[\ln \frac{z}{z_0} + 5\zeta \right] \qquad \text{当 } 0 < \zeta < 1 \tag{3}$$

$$u = \frac{u_*}{k} \left[\ln \frac{L_v}{z_0} + 5 + 5\ln \zeta + \zeta - 1 \right] \qquad \text{当 } \zeta > 1 \tag{4}$$

$$\theta - \theta_s = \Delta\theta = \frac{\theta_*}{k} \left\{ \left[\ln \frac{\zeta_h L_v}{z_{0T}} - \psi_h(\zeta_h) \right] + 0.8 \left[(-\zeta_h)^{-1/3} - (-\zeta)^{-1/3} \right] \right\} \qquad \text{当 } \zeta < \zeta_h = -0.465$$

$$(5)$$

$$\Delta\theta = \frac{\theta_*}{k} \left[\ln \frac{z}{z_{0T}} - \psi_h(\zeta) \right] \qquad \text{当 } \zeta_h < \zeta < 0 \tag{6}$$

$$\Delta\theta = \frac{\theta_*}{k} \left[\ln \frac{z}{z_{0T}} + 5\zeta \right] \qquad \text{当 } 0 < \zeta < 1 \tag{7}$$

$$\Delta\theta = \frac{\theta_*}{k} \left[\ln \frac{L_v}{z_{0T}} + 5 + 5\ln \zeta + \zeta - 1 \right] \qquad \text{当 } \zeta > 1 \tag{8}$$

用 Δq 代替 $\Delta \theta, z_{0q}$ 代替 z_{0T} 就可得到与 θ 公式类似的比湿 q 的公式。上述各式中，$\zeta = z/L_v$，其中 $L_v = \dfrac{\theta_v u_*^2}{kg\theta_{v*}}$ 为计入水汽影响的 Monin-Obukhov 常数，θ_v 为虚位温，θ_{v*} 为虚特征温度，k 为卡门常数，ψ_m, ψ_h 分别为动量和热量的稳定度函数，取常用的 Businger-Dyer 形式，海表比湿取

$$q_s = 0.98 q_{sat}(T_s)$$

$q_{sat}(T_s)$ 为与海表温度 T_s 相对应的饱和比湿，考虑微风时湍流的影响，不稳定时用

$$u = [u_x^2 + u_y^2 + (\beta w_*)^2]^{1/2}$$

$w_* = \left(-\dfrac{g}{\theta_{v*}} u_* z_i\right)^{1/3}$ 为对流速度尺度，u_i, v_i 为风分量，z_i 取 1 000 m，为混合层厚度，β 取为 1，各粗糙度是

$$z_0 = a_1 \frac{u_*^2}{g} + a_2 \frac{\nu}{u_*} \tag{9}$$

$$\ln \frac{z_0}{z_{0T}} = b_1 r_e^{1/4} + b_2 \qquad z_{0q} = z_{0T} \tag{10}$$

$r_e = u_* z_0 / \nu$，其中 ν 为空气粘性系数。Zeng 用 COARE 资料求得 $a_1 = 0.013, a_2 = 0.11, b_1 = 2.67, b_2 = -2.57$，并指出用公式(1)—(8)通量更符合实况。

Moana Wave 船位于 $1.7°S, 156°E$，为了用脉动相关法及惯性耗散法算出湍流通量，在 15m 高处用声学风速表测湍流脉动速度和温度，同时也测平均风速，脉动湿度用红外湿度计测，平均温度、湿度用 Vaisala HMP-35 型温湿表测。平均场也在 15 m 高处测量，海温则在海表下 0.05 m 处测。此外还有辐射，降水等观测。时间从 1992 年 11 月至 1993 年 2 月，资料取 10 min 为平均记录，以 50 min 平均作为小时值。数据由 Fairall 等处理并提供使用。WHOI 浮标位于 $1.76°S, 156°E$，在 2.78 m 高处测温，2.74 m 处测湿，3.54 m 处测风。海表下 0.45 m 处测海温，也有辐射，降水等资料。资料也是以小时值提供。

我们取 IOP 期间某些特征时段（对应于不同天气背景）进行分析，文献[7]证明由浮标计算的通量与邻近的船上资料很一致，文献[11]表明模式计算结果也很符合实测通量。本文即用计算的通量进行分析，同时考虑了冷肤效应。

文献[4]—[7]分析了卫星云图，探空及地面资料，也得到 IOP 期间上述船及浮标所在的 IFA 区域及整个 COARE 区域总的气象变化特征。对 IFA 区域有个较为一致的看法，即 IOP 期间未扰小风期与强对流大风期（西风爆发，但西风最强与对流最强的位相并不一致）是相间发生的。11 中至 12 月上旬大致为低风（风速<2 m/s）的未扰期，此时对流弱，降水少，SST 值高；12 月中旬至 1 月初为西风爆发期，此时降水强，是对流活跃期；12 月上、中旬对流由弱转强，风渐大，我们称之为对流扰动期；1 月上、中旬又是低风期，1 月中旬后期有一段较强降水，但东风较大；1 月下旬至 2 月，西风又加强，其中有几次风事件(event)，即短期内风增大，同时温度下降，几天后风再慢减而升温。我们将主要分析 11 月下旬至 12 月上旬的典型低风未扰期、12 月下旬的西风爆发期以及 12 月上、中旬的对流扰动期和 1 月底至 2 月初的一次风事件。

3　潜热通量对 SST 的敏感性

近年来的研究发现潜热通量并非都是随 SST 的增加而增加的。Zhang[8]用低纬太平洋几十个 TOGA TAO 计划中的浮标测得的日平均风,温,湿场计算日平均通量,发现当 SST>300 K 时 LH 随 SST 增加而降低,而当 SST<300 K 时则反之。他对此的解释是高 SST 时风与 SST 反相关,低 SST 时相反。我们用 Moana Wave 在 11 月 28 日至 12 月 3 日小风未扰期的小时资料计算出潜热通量与 SST 的关系如图 1,可见此期间 LH 约在 SST=29.6 ℃处有最大值,当 SST<29.6 ℃时 LH 随 SST 的增加而增加,当 SST>29.6 ℃则相反。此临界温度与 Zhang 的有差别,原因是 Zhang 用了分布很广的浮标资料,而且是日平均值,我们仅用了 SST 高值区一处的小时值,用小时值计算通量,更符合公式的物理基础。用 Moana Wave 全体资料取出 $|z/L_v|>1$ 即小风、强不稳定时的通量与 SST 来分析,也得到与图 1 类似的结论,但峰值在 SST=28.8 ℃处,说明在不同时段 SST 不同时,LH 峰值对应的 SST 也有区别,图 1 的 SST 正是 IOP 期间的高值时段。

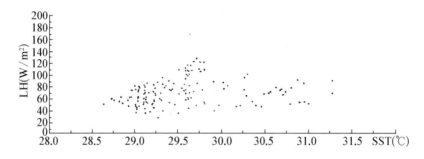

图 1　11 月 28 日至 12 月 3 日 Moana Wave 的 LH 与 SST 的关系
Fig.1　The relation between LH and SST for Moana Wave during Nov. 28 - Dec. 3.

图 2 为此期间 u 与 SST 的关系,可见在 SST=29.6 ℃两侧 u 与 SST 的关系是相反的,说明 LH 随 SST 的变化与风有关。从图 3 也可以看出 LH 与 u 的关系。

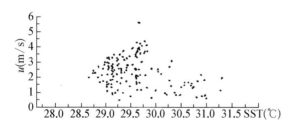

图 2　11 月 28 日至 12 月 3 日 Moana Wave 的
u 与 SST 的关系
Fig.1　The relation between u and SST for
Moana Wave during Nov. 28 - Dec. 3.

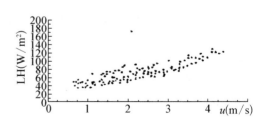

图 3　11 月 28 日至 12 月 3 日 LH 与 u 的关系
Fig.3　The relation between LH and u
during Nov. 28 - Dec. 3.

12 月 20 日至 24 日是强风期,此时 SST 值一般小于 29.3 ℃,随着 SST 的增加 LH 单调下降,相关系数为−0.49,而此时 u 与 SST 的相关系数达−0.47,可见风仍然是 LH 随 SST 变化的主因。这将在下文仔细分析。u 与 SST 的关系显然与高、低海温阶段中尺度系统的演变过程有关。

将计算潜热的总体公式写成

$$H_l = -\rho L C_E u (q - q_0) = -\rho L C_E u \Delta q \tag{11}$$

与 Zeng 的方法比较,可得

$$C_E = \frac{-H_l}{\rho L u \Delta q} = \frac{q_* u_*}{\rho L \Delta q} \tag{12}$$

算出 u_*,q_* 后即可由(12)得 C_E,将(11)式对 SST 即 T_s 进行微分:

$$\frac{\partial H_l}{\partial T_s} = -\Delta q u \rho L \frac{\partial C_E}{\partial T_s} - C_E u \rho L \frac{\partial \Delta q}{\partial T_s} - C_E \Delta q \rho L \frac{\partial u}{\partial T_s} \tag{13}$$

分别计算(13)式右端三项的大小即可知 LH 随 SST 变化过程中不同因子起的作用。算出右端三个偏导数,即可求得 $(\partial H_l/\partial T_s)_1$,$(\partial H_l/\partial T_s)_2$,$(\partial H_l/\partial T_s)_3$ 三项的大小。这三个偏导数可分别看成是 C_E,Δq,u 对 T_s 的线性回归系数(图4),而(13)式左端即是 H_l 对 T_s 的回归系数。

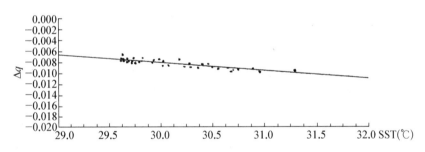

图4 11 月 28 日至 12 月 3 日 SST>29.6 ℃时 Δq 对 T_s 的回归图
Fig.4 The regression diagram between Δq and T_s during Nov.28 - Dec.3 in case of SST>29.6 ℃

从表 1 可见,右端三项之和与单独求出的(13)式左端的值相差不大,所以计算是可靠的。从表中可见,在小风高温情况下,第三项作用最大,这点与 Zhang[8]一致。第三项与前两项作用相反,并超过前两项之和,致使 SST 增加时 LH 下降。在小风而海温略低时,Zhang 认为第二项是最主要的,即 LH 的增加主要是由 T_s 增加引起$|\Delta q|$的增加所致。但从表 1 第二行可见,第二项与第三项同样重要,即我们的结果是,这种情况下 T_s 增加时风的增加具有与第二项同样重要的作用。在大风情况下(即表 1 第三行),第三项即风随 T_s 的变化起决定性作用,与 Zhang 的在 SST 较低时 Δq 作用重要的结论有所不同。另外,Zhang 认为在第一行情况下第一项不重要,此结论也不适用于此处。我们与 Zhang 所取资料范围、时段不同,资料处理也不同,在我们的分析结果中,总的来说风占有最主要的地位。

表 1　$\partial H_l/\partial T_s$ 各分量($W/m^2℃$)

Table 1　The components of $\partial H_l/\partial T_s$ ($W/m^2℃$)

	$(\partial H_l/\partial T_s)_1$	$(\partial H_l/\partial T_s)_2$	$(\partial H_l/\partial T_s)_3$	$\sum_i (\partial H_l/\partial T_s)_i$	$\partial H_l/\partial T_s$
11.28—12.3, $T_s > 29.6℃$	23.20	16.06	−55.31	−16.05	−18.71
11.28—12.3, $T_s < 29.6℃$	1.94	16.69	16.28	34.91	31.79
12.20—12.24	10.52	−12.75	−202.89	−205.12	−207.15

4　通量与气象要素的相关分析

4.1　11 月 28 日—12 月 3 日的小风未扰期

表 2 为从 Moana Wave 的 157 组资料得出的通量与 $u, \Delta q, \Delta\theta$, SST 的相关系数,表中 SH 为感热通量,$\tau$ 为动量通量。从表中可见,LH 与 u 相关最大(见图 3)。LH 在 SST = 29.6 ℃处出现峰值,与 SST 相关性并不好;Δq 与 LH 的相关也较差,可以认为风是产生 LH 的最主要因子。11 月 13 日至 11 月 22 日也是小风期,用 WHOI 浮标在这段时间的资料得到 SST 在 28.8 ℃处 LH 有峰值,同样也因为在此 SST 处有风的极值,此时的最大风速为 5—6 m/s,而 Moana Wave 的最大风速在 4—5 m/s 之间,因此最大 LH 处的 SST 在 Moana Wave 偏高些,即峰值处的 SST 随风速而变。

表 2　11 月 28 日至 12 月 3 日各要素与各通量的相关系数

Table 2　The correlation coefficients between fluxes and meteorological elements during Nov. 28-Dec. 3

	u	$\Delta\theta$	Δq	SST
LH	0.87	−0.23	−0.30	0.21
SH	0.39	−0.79	−0.47	0.46
τ	0.97	0.05	0.11	0.44
SST	−0.24	−0.74	−0.93	

对 SH 而言,相关最好的是 $\Delta\theta$,风则居次要地位。SH 与 SST 的相关说明由于 SST 增高,$|\Delta\theta|$ 增大,从而使 SH 增加。SH 与 $\Delta\theta$ 关系远比 LH 与 Δq 关系密切,可解释如下:由公式 SH $= -\rho c_p C_H u \Delta\theta$ 可见,SH 除与 $\Delta\theta$,u 有关外,还与 C_H 有关,而在我们的计算方案中,C_H 与稳定度有关,$|\Delta\theta|$ 愈大,愈不稳定,C_H 愈大,C_H 与 $\Delta\theta$ 对 SH 的影响一致,因而使 SH 与 $\Delta\theta$ 关系密切。而 LH 计算中 C_E 却不受 Δq 影响,因此 LH 与 Δq 关系远不如 $\Delta\theta$ 与 SH 关系密切。物理上很明显,风是影响动量通量的绝对主要因子。从图 5 也可看出 LH 及 u 一致的程度。其他变量与 LH 时间变化的一致性则远不如风好。

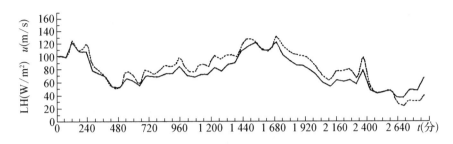

图 5   11 月 30 日至 12 月 1 日 LH 和 u 的时间变化图

实线为 LH,虚线为 u(m/s)×30

Fig.5 The temporal variations of LH and u during Nov. 30-Dec.1. Solid line stands for LH, dashed line stands for u(m/s)×30.

4.2   西风爆发期

12 月 20 日至 24 日有较强降水,风大,是对流活跃期,取这期间 Moana Wave 的 113 组资料。从表 3(表中 T 是气温)仍可见,LH 与 u、τ 与 u 关系最密,而 SH 与 $\Delta\theta$ 相关最好,u 次之,与小风时相同。u 与 SST 反相关。与小风时 LH 对 SST 有峰值出现,LH 与 SST 相关小不同,此时 LH 与 SST 相关较大。将表 3 与表 2 比较,可发现 SST 与 $\Delta\theta$,Δq 的关系远不如小风时密切,可能是因为此时风大,风在决定温度和湿度上的重要性加大使得 $\Delta\theta$,Δq 对 SST 的依赖性降低。τ 与 SST 的关系与小风时不同,也是由于风的关系。SST 上升,风下降。若用雨量表示对流的强度,则从表 3 可见对流对 SH 的影响较大,主要原因是此时降水使 $\Delta\theta$ 降低,即 | $\Delta\theta$ | 增加,(从雨量和气温的相关可见,降水降低了气温,导致 | $\Delta\theta$ | 变大。)使 SH 增加。图 6 是用 Moana Wave 资料得到的降水与 $\Delta\theta$ 的关系,从图中可见两者一致性很好。

表 3   12 月 20 日至 12 月 24 日各通量与各要素的相关系数

Table 3   The correlation coefficients between fluxes and meteorological elements during Dec. 20—24

	u	$\Delta\theta$	Δq	雨量	SST	T
LH	0.96	−0.45	−0.12	0.26	−0.49	
SH	0.63	0.90	−0.13	0.52	−0.28	
τ	0.97	−0.32	0.14	0.23	−0.53	
SST	−0.26	0.06	0.13	−0.26		
雨量	0.21	−0.50	0.01			−0.53

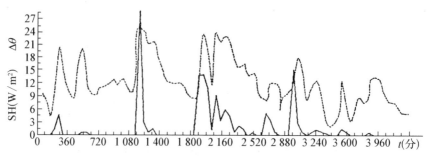

图6　12月20日至12月23日降水量与 $\Delta\theta$ 的时间变化

实线为降水量,虚线为 $|\Delta\theta| \times 6$

Fig.6　The temporal variation of rainfall and $\Delta\theta$ during Dec.20-Dec.23.

Solid line stands rainfall, dashed line stands for $|\Delta\theta| \times 6$.

12月25日至1月4日也是西风爆发期,此期间用 Moana Wave 资料仍然得到 LH 和 u、τ 和 u、、SH 和 $\Delta\theta$ 的最佳相关,即主要特征与12月20日至24日的相同,只是细节上有些差别。

用12月25日至1月4日的 WHOI 浮标资料分析的结果表明,总的特征与用 Moana Wave 资料的一致,但 LH 与降水为 -0.62 的负相关,原因是此时降水与风的相关系数达 -0.58,降水时风小了,即 LH 仍主要受风控制,与 SH 的情形不同,降水造成 SH 增加。降水与 $\Delta\theta$ 的相关系数达 -0.58。

表4　12月7日至12月17各通量与各要素的相关系数

Table 4　The correlation coefficients between fluxes and meteoroJogical elements during Dec. 7—17

	u	$\Delta\theta$	Δq	雨量	SST
LH	0.89	-0.15	-0.09	0.53	-0.21
SH	0.57	-0.70	-0.04	0.50	
τ	0.94	-0.03	0.23	0.53	
雨量	0.50	-0.20	0.09		-0.24

表5　1月28日至2月2日各通量与各要素的相关系数

Table 5　The correlation coefficient between fluxes and meteorological elements during Jan.28－Feb.2

	u	$\Delta\theta$	Δq	雨量	SST
LH	0.95	-0.58	-0.72	0.11	-0.22
SH	0.66	-0.9	-0.55	0.34	
τ	0.95	0.50	-0.48	0.04	
雨量	-0.02	-0.41	-0.22		0.16

4.3　12月7日至12月17日的对流扰动期

此阶段的风比小风期的大,但比强风期的小,对流已逐步发展,降水也增加,因 Moana Wave 资料较缺,我们用 WHOI 浮标资料分析。表4给出了240组资料的相关系数。从表中可见,此阶段 LH 与 SST 相关较差,在 SST＝29.3 ℃处出现 LH 峰值,与大风时无峰值出现的情况不同。LH 和 u、τ 和 u、SH 和 $\Delta\theta$ 仍是最佳相关。同样,降水增加通量,原因是降水时风增大,这与上面强风期间用浮标资料得到的降水与风呈反相关的情况不同,所以不同时期因为降水与风的关系不同,从而导致降水与各通量间的关系也就很不同。

此期间通量大于小风期,而小于西风爆发期,与文献[1]、[3]的西风爆发期里通量最大的结论是一致的。

4.4　1月28日至2月2日的风事件期

此阶段强风的持续时间比西风爆发期短,但风强度可达到西风爆发期的大小,一般在 7—8 m/s,最大可达 12 m/s。表 5 给出了根据 WHOI 浮标 144 组资料得出的相关系数。可以看出,此时因风大,LH 对 SST 又无峰值出现了,总的来说体现了大风时的特征。LH 和 u、τ 和 u、SH 和 $\Delta\theta$ 都有明显的相关,降水也同样使 SH 增加。由于降水与 SST 相关很小,而与 $\Delta\theta$ 的相关系数则达−0.41,可以认为仍是降水降低了气温,而致 $|\Delta\theta|$ 增加,使 SH 增加。此阶段风与降水没有相关,因此降水也不影响潜热通量,有一个特殊情况是 LH 与 Δq 有较好的相关,检查其原因可以发现风与 Δq 间相关达−0.52,而其他时段风与 Δq 间相关都很低,因此此阶段 Δq 与 LH 的高相关仍是源于风,反映了风的影响。至于风为何与 Δq 有较以前为好的相关,可能因在此次风事件中,空气本身较干[7],强风带来的是较干的空气,风使 $|\Delta q|$ 增大。

5　结论

(1) 在小风未扰期及风不很大时,LH 对 SST 有峰值出现。此峰值所在的 SST 与当时风的大小有关,风大则此临界 SST 下降。峰值出现的原因是风随 SST 的变化在峰值两边正相反。

(2) LH 随 SST 变化的主要原因是风随 SST 的变化,其次是 Δq 随 SST 的变化,另外 C_E 的影响也不可忽略。

(3) 不论风及对流的强弱,影响 LH 的主要是 u。$\Delta\theta$ 主要影响 SH,u 主要影响 τ,降水则通过影响气温及与风的关系来影响热通量。降水时风可大可小,这与当时具体中尺度气象过程有关,需另作研究。

致谢:本文资料由 Fairall C. W.和 Weller R.等在网上提供,谨对他们和 Wood Hole 海洋研究所表示感谢。

参考文献

[1] 曲绍厚,王赛.西太平洋热带海域西风爆发过程湍流通量输送的某些特征.大气科学,1996,20:188-191.
[2] 徐静琦,魏皓,顾海涛等.西太平洋暖池区海气通量输送及总体交换系数.气象学报,1997,55:703-713.
[3] 高登义,周立波.西太平洋暖池在不同天气系统下的海气交换差异.大气科学,1997,21:257-265.
[4] Lau K M. et al. Evolution of large-scale circulation during TOGA COARE. model intercomparison and

basic features, J. Climate, 1996, 9:986 - 1003.

[5] Chen S S, Houze R A. Multiscales variability of deep convection in relation to large scale circulation in TOGA COARE, J. Atmos. Sci., 1996, 53: 1380 - 1409.

[6] Lin X, Johnson R H. Kinematic and thermodynamic characteristics of the flow over the Western Pacific warm pool during TOGA COARE, J. Atmos. Sci., 1996, 53:695 - 715.

[7] Weller R A, Anderson S P. Meteorology and air-sea fluxes in the western equatorial Pacific warm pool during the TOGA coupled ocean—atmosphere response experiment. J. Climate, 1996, 9:1959—1990.

[8] Zhang G J, McPhaden M J. The relation between sea surface temperature and latent heat flux in the equatorial Pacific. J. Climate, 1995, 8: 589 - 605.

[9] 曲绍厚.西太平洋热带海域动量感热潜热等湍流通量的观测研究,气象学报,1988,46:452 - 460.

[10] Fairall C W et al. Bulk parameterization of air-sea fluxes for Tropical Ocean-Global Atmosphere Coupled-Ocean Atmosphere Response Experiment. J. Geophys. Res., 1996, 101, C2: 3747 - 3764.

[11] Fairall C W et al. Cool-skin and warm layer effects on sea surface temperature. J. Gaophys. Res., 1996, 101, Cl: 1295 - 1308.

[12] Zeng X et al. Intercomparison of bulk aerodynamic algorithms for the computation of sea surface fluxes using the TOGA COARE and TAO data. J. Climate, 1998, 11: 2628 - 2644.

A DIAGNOSTIC ANALYSIS OF THE RELATIONSHIP BETWEEN THE FLUXES OVER TROPICAL WESTERN PACIFIC AND METEOROLOGICAL ELEMENTS

Abstract: By using the hourly wind, air temperature, humidity, and sea surface temperature data measured at the vessel Moana Wave and buoy in the warm pool of western Pacific during the IOP of TOGA COARE, the fluxes over sea surface were computed. By analyzing the characteristics of the variation of the latent heat flux with sea surface temperature, it is found that during weak wind period, a maximum value of latent heat flux appears at some certain SST, but this phenomenon does not occur during strong wind period. So the variation is mainly caused by the variation of wind, and then by the humidity difference between air and sea, and the transfer coefficient with SST. The relationship between the fluxes and the meteorological elements during weak wind period, westerly burst period and convection disturbed period are also analyzed by using correlation method. The main conclusions are: latent heat flux and momentum flux are mainly determined by wind, sensible heat flux by the potential temperature difference between air and sea. Precipitation affects the sensible heat flux through the potential temperature difference and wind.

Key words: TOGA COARE, Equatorial western Pacific, Fluxes over sea

4.5 A THEORETICAL ANALYSIS OF THE EFFECT OF SURFACE HETEROGENEITY ON THE FLUXES BETWEEN GROUND AND AIR[①]

SUMMARY: The computation of the fluxes between ground surface and air in atmospheric models is based on the assumption that the surfaces parameters are horizontally homogeneous. In reality, the surface is heterogeneous, inducing a difference between the computed and realistic fluxes. Assuming that the distributions of temperature and humidity of the surface are normal, the difference of the fluxes for homogeneous and heterogeneous surface is found theoretically. The results show that the effect of the heterogeneity on the radiation flux is small, but attains a certain degree on the sensible and latent heat fluxes. However, this effect on the heat fluxes is not great when the standard deviation of the distribution of the surface parameters is also small. Only in case of great standard deviation, the difference may attain several W/m^2 even the order of magnitude of $10\ W/m^2$. Usually the computed sensible and latent heat fluxes are slightly greater for the heterogeneous case than that for homogeneous case, but when the interaction between the temperature and humidity of the surface is considered, the reverse is true.

1 INTRODUCTION

In current large or meso-scale atmospheric models, the surface parameters such as temperature and humidity in a grid box are assumed homogeneous horizontally to compute various fluxes, in reality, the temperature or humidity is heterogeneous due to terrain or other causes, then, the fluxes computed from the model should deviate from realistic fluxes. More reasonable methods include Mosaic method and statistical-dynamical method, for the former, such as Avissar and Pielke(1989), Seth et al.(1994), Koster and Suarez (1992), a grid area is divided as many blocks, the surface parameters are assumed to be homogeneous in each block, the exchange occurs between each block and atmosphere, then the average is taken over all blocks; for the latter such as Avissar(1992), Collins and Avissar(1994), the surface parameters are expressed by a probability distribution, however, the numerical computation is complex because which is performed in a lot of parameter intervals. Zeng et al.(2000a. 2000b) suggested a "combined scheme" based on

---

① 原刊于《Meteorology and Atmospheric Physics》,2002,79,47-56,作者:赵鸣。

Giorgi(1997)'s theoretical work, in the "combined scheme", the equations for surface variables are treated analytically by the above-mentioned distribution to consider the effects of the heterogeneity, the computation time does not increase. In the atmospheric models, there is a requirement to estimate the effect of the heterogeneity on the fluxes computed under the homogeneous assumption. Hu (1997) researched this problem from the theoretical method, in which a grid is divided into many blocks, similar to Mosaic method, however, he only did a theoretical discussion but not performed real computation.

In this paper, we use Hu's idea, i.e., use Taylor expansion method to analyze the difference of the fluxes computed from homogeneous and heterogeneous conditions, but a continuous, normal distribution for the surface parameters and some accurate formulas for the exchange coefficient are considered to study the effect of the surface heterogeneity on the fluxes between ground and air.

2　ANALYSIS METHOD

$\overline{P}_1, \overline{P}_2, \cdots, \overline{P}_n$ are the mean surface parameters such as temperature and humidity in a grid area, the mean surface flux in a grid computed from mean surface parameters is:

$$\overline{G} = F(\overline{P}_1, \overline{P}_2, \cdots, \overline{P}_n) \tag{1}$$

A grid area is divided into m blocks, each block is considered as homogeneous, the parameters for k-th block are $P_{1k}, P_{2k}, \cdots, P_{nk}$, the flux for the k-th block computed from these parameters is:

$$G_k = F(P_{1k}, P_{2k}, \cdots, P_{nk}) \tag{2}$$

obviously,

$$\overline{P}_i = \frac{1}{m} \sum_{i=1}^{m} P_{ik}, i = 1, \cdots, n \tag{3}$$

The average of G_k, i.e., $\overline{G}_d$ is not equal to $\overline{G}$, because the function F is nonlinear usually(except individual example). The Taylor expansion of Eq.(2) up to second order terms near the point($\overline{P}_1, \overline{P}_2, \cdots, \overline{P}_n$) in the parameter space is:

$$G_k = \overline{G} + \frac{1}{m} \sum_{i=1}^{n} (P_{ik} - \overline{P}_i) \frac{\partial \overline{G}}{\partial \overline{P}_i} + \frac{1}{2} \left[\sum_{i=1}^{n} (P_{ik} - \overline{P}_i)^2 \frac{\partial^2 \overline{G}}{\partial \overline{P}_i^2} + \right.$$

$$\left. \sum_{\substack{i=1 \\ i \neq j}}^{n} \sum_{j=1}^{n} (P_{ik} - \overline{P}_i)(P_{jk} - \overline{P}_j) \frac{\partial^2 \overline{G}}{\partial \overline{P}_i \partial \overline{P}_j} \right] \tag{4}$$

The average of G_k in a grid is the mean flux in a grid after considering the heterogeneity:

$$\overline{G}_d = \frac{1}{m} \sum_{k=1}^{m} G_k = \overline{G} + \frac{1}{2m} \sum_{k=1}^{m} \sum_{i=1}^{n} (P_{ik} - \overline{P}_i)^2 \frac{\partial^2 \overline{G}}{\partial \overline{P}_i^2} +$$

$$\frac{1}{2} \sum_{\substack{i=1 \\ i \neq j}}^{n} \sum_{j=1}^{n} \frac{\partial^2 \overline{G}}{\partial \overline{P}_i \partial \overline{P}_j} \frac{1}{m} \sum_{k=1}^{m} (P_{ik} - \overline{P}_i)(P_{jk} - \overline{P}_j) \qquad (5)$$

We use Eq.(5) to compute $\overline{G}_d - \overline{G}$ for various fluxes.

3 THE EFFECT OF THE HETEROGENEITY OF TEMPERATURE AND HUMIDITY

For short-wave radiation, the moisture influences albedo, Dickinson et al.(1993) gave an equation for the albedo of the soil:

$$A = A_{min} + \Delta A \qquad (6)$$

A_{min} is the albedo when the soil is saturated, which is the minimum, Dickinson showed that a linear relation exists between ΔA and the moisture content in the upper soil layer when the depth of the upper soil layer is fixed(0.1m is taken in BATS), we assume that the saturated content of moisture in the upper soil layer is a constant, then a linear relation should also exist between ΔA and relative content of the soil moisture(the ratio of the moisture content to the saturated content). The moisture availability M (between 0-1) is used to express the effect of the moisture of the soil in some atmospheric models, we assume that it is equivalent to the relative content of the soil water Dickinson gave the albedo for dry and saturated soils, for example, they are 0.22 and 0.11 respectively for a kind of soil. Then we have

$$\Delta A = 0.11 - 0.11M \qquad (7)$$

Equation(6) becomes

$$A = A_{min} + 0.11 - 0.11M = 0.22 - 0.11M \qquad (8)$$

The short wave flux absorbed by surface is:

$$F_S = R(1 - A) \qquad (9)$$

R is the incident radiation on the surface, the heterogeneity of M will induce the heterogeneity of A, but will not affect F_S because the relation between F_S and M is linear from Eqs.(8) and(9), it also can be shown from Eq.(5) that the second order derivatives of F_S with respect to A is zero.

For long wave radiation

$$I_u = \varepsilon \sigma_s T_g^4 \qquad (10)$$

ε is emissivity, usually its value is taken as 1, T_g is ground temperature, its heterogeneity will affect I_u, from Eq.(5),

$$\overline{I_{ud}} - \overline{I_u} = 6\varepsilon\sigma_s \overline{T_g}^2 \frac{1}{m} \sum_{k=1}^{m} (T_{gk} - \overline{T_g})^2 \tag{11}$$

Theoretically, we may reduce the size of the blocks infinitely so that the ground temperature has a continuous distribution, define $\delta T = T_{gk} - \overline{T_g}$, the distribution function of δT is $f(\delta T)$, assume that the block with temperature T_{gk} occupies area ΔS_k, its relative area $\Delta s_k = \Delta S_k / S$, S is the area of the grid, Eq.(11) becomes:

$$\overline{I_{ud}} - \overline{I_u} = 6\varepsilon\sigma_s \overline{T_g}^2 \sum_{k=1}^{m} (T_{gk} - \overline{T_g})^2 \Delta s_k = 6\varepsilon\sigma_s \overline{T_g}^2 \sum_{k=1}^{m} (\delta T)^2 \Delta s_k \tag{12}$$

we may consider that the area element with δT occupies a relative area $\mathrm{d}s_k = f(\delta T)\mathrm{d}\delta T$, suppose that the distribution function f is normal with standard deviation σ, the mean value of δT is zero obviously, Eq.(12) becomes

$$\overline{I_{ud}} - \overline{I_u} = 6\varepsilon\sigma_s \overline{T_g}^2 \int_{-\infty}^{\infty} (\delta T)^2 \frac{1}{\sqrt{2\pi}\sigma} \exp\left(-\frac{(\delta T)^2}{2\sigma^2}\right) \mathrm{d}\delta T = 6\varepsilon\sigma_s \sigma^2 \overline{T_g}^2 \tag{13}$$

According to statistical theory, the values of δT between $\pm 3\sigma$ occupy 99.7% of all the values of δT, hence the limit of the integral in Eq.(13) is taken to be ∞.

Assume $\overline{T_g} = 300$ K, obtain $\overline{I_u} = 459.3$ W/m^2, when $\sigma = 2$ ℃, $\overline{I_{ud}} - \overline{I_u} = 0.122$ W/m^2, its value is even smaller when σ is less, hence, the effect of heterogeneity of the ground temperature on the long wave radiation flux is less, can be neglected.

4　THE EFFECT OF HETEROGENEITY OF GROUND TEMPERATURE ON SENSIBLE HEAT FLUX

The sensible heat flux in the atmospheric models usually is computed as follows:

$$H_s = \rho c_p V C_H (T_g - T_a) = \rho c_p V C_H \Delta T \tag{14}$$

V is wind speed, T_a the air temperature, both take their values at the lowest layer of the model, C_H the exchange coefficient for heat, in recent atmospheric models, the exchange coefficient is computed by using surface layer theory because the lowest layer usually is located in the surface layer. From the formula in the surface layer,

$$C_H = \frac{k^2}{\left[\ln \dfrac{z}{z_0} - \psi_h\left(\dfrac{z}{L}\right)\right]^2} \tag{15}$$

where k is Karman constant, z_0 the roughness length, ψ_h the stability correction function,

L the Monin-Obukhov length, z the height that T_a is located, when the formula is applied in models, the M-O parameter z/L should be expressed by the model parameters $\Delta T = T_g - T_a$ and V, for example, from Businger-Dyer's formula(Panofsky and Dutton, 1984), for stable stratification,

$$\psi_h = -5\frac{z}{L} \tag{16}$$

there is a relation between the bulk Richardson number

$$\mathrm{Rb} = \frac{-g\Delta T}{T_a V^2}z \tag{17}$$

and z/L for stable stratification(Zhang and Anthes, 1982):

$$\frac{z}{L} = \frac{\mathrm{Rb}}{1-5\mathrm{Rb}}\ln\frac{z}{z_0} \tag{18}$$

From Eq.(15), for neutral stratification, we have

$$C_{Hn} = \frac{k^2}{\left(\ln\dfrac{z}{z_0}\right)^2} \tag{19}$$

Equation(15) may be written as

$$C_H = C_{Hn}\left[1-\frac{\psi_h}{\ln\dfrac{z}{z_0}}\right]^{-2} = 1+2\frac{\psi_h}{\ln\dfrac{z}{z_0}}+3\frac{\psi_h^2}{\left(\ln\dfrac{z}{z_0}\right)^2}+4\frac{\psi_h^3}{\left(\ln\dfrac{z}{z_0}\right)^3} \tag{20}$$

expanding Eq.(18) as a series of Rb, then substituting it into Eq.(16) with Eq.(17), we get the relation between ψ_h and ΔT, substitute this relation into Eq.(20) up to the third-order term of ΔT, a relation between C_H and ΔT is thus found:

$$\frac{C_H}{C_{Hn}} = 1+\lambda\Delta T+\mu\Delta T^2+\nu\Delta T^3 \tag{21}$$

with

$$\lambda = 10\frac{gz}{T_a V^2}, \mu = 25\left(\frac{gz}{T_a V^2}\right)^2, \nu = 0$$

For unstable stratification, Zhang and Anthes(1982) found that ψ_h in Eq.(15) for $z = 5$ m was

$$\psi_h = c_1\frac{z}{L}+c_2\left(\frac{z}{L}\right)^2+c_3\left(\frac{z}{L}\right)^3 \tag{22}$$

constant c_i were given in Zhang and Anthes(1982), for unstable case, Byun(1990) gave a relation between Richardson number Rb and z/L:

$$\frac{z}{L} = \text{Rbln}\frac{z}{z_0} \tag{23}$$

Substituting Eq.(23) into(22), then substituting it into(20) with(17), we also find Eq.(21), but

$$\lambda = -2c_1\frac{gz}{T_aV^2}, \mu = \left(2c_2\ln\frac{z}{z_0} + 3c_1^2\right)\left(\frac{gz}{T_aV^2}\right)^2$$

$$\nu = -\left[2c_3\left(\ln\frac{z}{z_0}\right)^2 + 6c_1c_2\ln\frac{z}{z_0} + 4c_1^3\right]\left(\frac{gz}{T_aV^2}\right)^3$$

From Eq.(21) we can see that because there is a distribution for T_g, ΔT also has a distribution, yielding a heterogeneity of C_H in the grid scale, the heterogeneities of C_H and ΔT will affect H_S from Eq.(14). For homogeneous condition, Eq.(14) is:

$$\overline{H}_s = \rho c_p V \overline{C_H}(\overline{T_g} - T_a) = \rho c_p V \overline{C_H}\,\overline{\Delta T} \tag{24}$$

From Eqs.(5) and(24), we have

$$\overline{H}_{sd} - \overline{H}_s = \rho c_p V \frac{1}{m}\sum_{k=1}^{m}(C_{Hk} - \overline{C}_H)(\Delta T - \overline{\Delta T})$$

$$= \rho c_p V \frac{1}{m}\sum_{k=1}^{m}C_{Hk}\Delta T - \rho c_p V \overline{C_H}\,\overline{\Delta T} \tag{25}$$

When the blocks are continuous, Eq.(25) becomes

$$\overline{H}_{sd} - \overline{H}_s = \rho c_p V\int_{-\infty}^{\infty}C_H(\Delta T)\Delta T f(\Delta T)\mathrm{d}\Delta T - \rho c_p V \overline{C_H}\,\overline{\Delta T} \tag{26}$$

$f(\delta T)$ is the distribution function of ΔT, the heterogeneity of ΔT is induced by δT, because

$$\Delta T = T_g - T_a = \overline{T_g} + \delta T - T_a = \overline{\Delta T} + \delta T$$

Equation(26) becomes

$$\overline{H}_{sd} - \overline{H}_s = \rho c_p V\int_{-\infty}^{\infty}C_H(\overline{\Delta T} + \delta T)(\overline{\Delta T} + \delta T)f(\delta T)\mathrm{d}\delta T - \rho c_p V \overline{C_H}\,\overline{\Delta T} \tag{27}$$

Assuming that the distribution function $f(\delta T)$ is normal, substituting Eq.(21) into (27), we may compute this integral, the $\overline{C}_H$ in (27) may be found as follows:

$$\overline{C}_H = C_{Hn}\int_{-\infty}^{\infty}(1 + \lambda\Delta T + \mu\Delta T^2 + \nu\Delta T^3)f(\Delta T)\mathrm{d}\delta T$$

$$= C_{Hn}\int_{-\infty}^{\infty}[1 + \lambda(\overline{\Delta T} + \delta T) + \mu(\overline{\Delta T} + \delta T)^2 + \nu(\overline{\Delta T} + \delta T)^3]f(\delta T)\mathrm{d}\delta T$$

$$= C_{Hn}[1 + \lambda\,\overline{\Delta T} + \mu\,\overline{\Delta T}^2 + \nu\,\overline{\Delta T}^3 + (\mu\sigma^2 + 3\nu\,\overline{\Delta T}\sigma^2)] \tag{28}$$

The value of (27) is

$$\Delta\overline{H}_s = \overline{H}_{sd} - \overline{H}_s = \rho c_p V C_{Hn}(\lambda\sigma^2 + 2\mu\sigma^2\,\overline{\Delta T} + 3\nu\sigma^2\,\overline{\Delta T}^2 + 3\nu\sigma^4) \tag{29}$$

Table 1 lists ΔH_s, $\overline{C_H}$ and $\overline{H_s}$ computed from Eq.(24) for $\overline{T_g} = 300$ K, $V = 5$ m/s and 3 m/s (denoted by subscript 1), $z = 5$ m, $z_0 = 0.01$ m and different values of $\overline{\Delta T}$ and σ, Table 1 shows that $\overline{C_H}$ mainly depends on $\overline{\Delta T}$ and wind speed, the effect of the heterogeneity of the ground temperature is very weak, the effect of $\overline{\Delta T}$ on $\Delta \overline{H_s}$ also is not strong, the main effect on $\Delta \overline{H_s}$ is from σ, when σ increases, i.e., the heterogeneity increases, $\Delta \overline{H_s}$ also increases, this is obvious physically. $\overline{H_s}$ depends on $\overline{\Delta T}$ and V. From Table 1, we can see that $\Delta \overline{H_s}$ always is greater than 0, which reason is that C_H becomes larger when ΔT is greater, this is also the cause of the error for the fluxes computed from mean variables. The ratio of $\Delta \overline{H_s}$ to $\overline{H_s}$ is greater for the stable stratification and weak wind cases than that for the unstable and strong wind cases. In this example, the values of $\Delta \overline{H_s}$ is usually lower than several percent of $\overline{H_s}$, except weak wind and very stable cases, and attain about 1% of $\overline{H_s}$, when σ is small, this order of magnitude is in agreement with Zeng's numerical simulation. (Zeng, 2000).

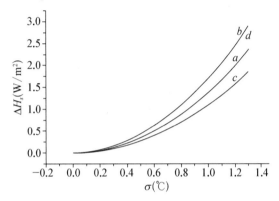

Fig.1   The relation between the difference of sensible heat flux and the standard deviation of ground temperature

$\overline{T_g} = 300$ K, a, $\overline{\Delta T} = -4℃$, $V = 5$ m/s; b, $\overline{\Delta T} = -4℃$, $V = 3$ m/s; c, $\overline{\Delta T} = 4℃$, $V = 5$ m/s; d, $\overline{\Delta T} = 4℃$, $V = 3$ m/s

From (29), $\Delta \overline{H_s}$ is independent of T_a, then $\overline{H_s}$, hence, it has general meaning. Fig.1 gives the relation between $\Delta \overline{H_s}$ and σ.

Table 1   The effect of the heterogeneity of ground temperature on sensible heat flux

$\overline{\Delta T}$ (℃)	3	3	6	6	-3	-3	-6	-6
σ (℃)	0.5	1	1	2	0.5	1	1	2
$\Delta \overline{H_s}$ (W/m^2)	0.27	1.09	1.10	4.39	0.36	1.45	1.29	5.14
C_H	4.68e−3	4.68e−3	5.24e−3	5.24e−3	3.38e−3	2.70e−3	2.70e−3	2.72e−3
$\overline{H_s}$ (W/m^2)	84.26	84.27	188.58	188.55	-60.80	-60.88	-97.48	-97.94
$\Delta \overline{H_{s1}}$ (W/m^2)	0.48	1.78	1.47	5.64	0.49	1.96	1.24	4.95
C_{H1}	5.65e−3	6.64e−3	7.04e−3	6.97e−3	2.22e−3	2.24e−3	9.33e−4	1.03e−3
$\overline{H_{s1}}$ (W/m^2)	61.00	60.95	152.09	150.60	-23.96	-24.24	-20.16	-22.28

5　THE EFFECT OF THE HETEROGENEITY OF GROUND TEMPERATURE ON LATENT HEAT FLUX (SATURATED CONDITION)

We assume that the ground is saturated, the ground temperature may be heterogeneous due to the terrain etc, the formula for latent heat flux is:

$$H_l = \rho L_v C_E V [q_m(T_g) - q_a] = \rho L_v C_E V \Delta q \qquad (30)$$

L_v is the evaporation latent heat per unit mass water, q_a the specific humidity of air, $C_E = C_H$ is the exchange coefficient for moisture, q_m the saturated humidity, which can be expressed by the series of T_g, Zeng(2000) obtained :

$$E_m(T_g) = e_0 + e_1 T_g + e_2 T_g^2 + e_3 T_g^3 + e_4 T_g^4 \qquad (31)$$

where $e_0 = 684\ 730$, $e_1 = -11\ 244.77$, $e_2 = 6\ 945\ 263$, $e_3 = -0.191\ 273\ 8$, $e_4 = 1.982\ 5e-4$ (for $T_g > 273$ K), E_m is saturated water vapor pressure, Eq.(31) may also be written:

$$q_m(T_g) = E_0 + E_1 T_g + E_2 T_g^2 + E_3 T_g^3 + E_4 T_g^4 \qquad (32)$$

where q_m is saturated specific humidity, the constants E_i may be found by constants e_i multiplied by $0.622/p$.

If the soil is not saturated, some models such as MM4, MM5 use following formulas to substitute Eq.(30):

$$H_l = \rho L_v C_E V M [q_m(T_g) - q_a] \qquad (33)$$

M is the above-mentioned moisture availability, a shortcoming of Eq.(33) is that it gives a positive latent heat flux even over a very dry ground where the evaporation is few and even negative flux exists, we change Eq.(33) by:

$$H_l = \rho L_v C_E V [M q_m(T_g) - q_a] \qquad (34)$$

i.e., consider $M q_m$ as the humidity of the ground, we first consider that the ground is saturated, i.e., $M = 1$, the mean heat flux equation corresponding to Eq.(34) is:

$$H_l = \rho L_v \overline{C_E V [q_m(T_g) - q_a]} \qquad (35)$$

From(5) and(35), we have

$$\overline{H_{ld}} - \overline{H_l} = \rho L_v V \frac{1}{m} \sum_{k=1}^{m} (C_{Ek} - \overline{C_E})(q_m - \overline{q_m})$$

$$= -\rho c_p V \overline{C_E} \overline{q_m} + \rho L_v V \int_{-\infty}^{\infty} C_E (\overline{\Delta T} + \delta T) q_m (\overline{T_g} + \delta T) f(\delta T) \mathrm{d}\delta T \qquad (36)$$

The integral in Eq.(36) may be computed as follows, from Eqs.(21) and(32):

$$\int_{-\infty}^{\infty} (\ )\mathrm{d}\delta T =$$

$$=C_{En}\int_{-\infty}^{\infty}[1+\lambda(\overline{\Delta T}+\delta T)+\mu(\overline{\Delta T}+\delta T)^2+\nu(\overline{\Delta T}+\delta T)^3][\sum_{i=0}^{4} E_i(\overline{T_g}+\delta T)^i]f(\delta T)\mathrm{d}\delta T$$

$$=C_{En}\int_{-\infty}^{\infty}[1+\lambda(\overline{\Delta T}+\delta T)+\mu(\overline{\Delta T}+\delta T)^2+\nu(\overline{\Delta T}+\delta T)^3][\alpha+\beta\delta T+\gamma(\delta T)^2+$$

$$\zeta(\delta T)^3+\eta(\delta T)^4]f(\delta T)\mathrm{d}\delta T \tag{37}$$

where

$$\alpha = E_0 + E_1\overline{T_g} + E_2\overline{T_g}^2 + E_3\overline{T_g}^3 + E_4\overline{T_g}^4$$
$$\beta = E_1 + 2E_2\overline{T_g} + 3E_3\overline{T_g}^2 + 4E_4\overline{T_g}^3$$
$$\gamma = E_2 + 3E_3\overline{T_g} + 4E_4\overline{T_g}^2$$
$$\zeta = E_3 + 4E_4\overline{T_g}, \eta = E_4$$

The result of (37) is

$$\int_{-\infty}^{\infty} (\ )\mathrm{d}\delta T =$$

$$=C_{En}[(\alpha+\gamma\sigma^2+3\eta\sigma^4)(\lambda\overline{\Delta T}+\mu\overline{\Delta T}^2+\nu\overline{\Delta T}^3)+(3\nu\alpha+2\beta\mu+9\nu\gamma\sigma^2+6\mu\zeta\sigma^2+45\nu\eta\sigma^4)$$

$$\overline{\Delta T}\sigma^2+(3\beta\nu+9\zeta\nu\sigma^2)\overline{\Delta T}^2\sigma^2+\alpha+\beta_1\sigma^2+3\delta_1\sigma^4+15\eta_1\sigma^6] \tag{38}$$

where

$$\beta_1 = \alpha\mu + \beta\lambda + \gamma$$
$$\delta_1 = \eta + \beta\nu + \gamma\mu + \lambda\zeta, \eta_1 = \zeta\nu + \eta\mu$$

the C_E in (36) may be seen in (28), and

$$\overline{q_m}(T_g) = \int_{-\infty}^{\infty}(\sum_{i=0}^{4} E_i(\overline{T_g}+\delta T)^i)f(\delta T)\mathrm{d}\delta T = \alpha+\gamma\sigma^2 \tag{39}$$

From (28),(38),(39), we get the result of (36):

$$\Delta\overline{H_l} = \overline{H_{ld}} - \overline{H_l} = \rho c L_v V C_{En}[3\eta\sigma^4(\lambda\overline{\Delta T}+\mu\overline{\Delta T}^2+\nu\overline{\Delta T}^3)+(2\beta\mu+6\nu\gamma\sigma^2+$$

$$6\mu\zeta\sigma^2+45\nu\eta\sigma^4)\overline{\Delta T}\sigma^2+3(\beta\nu+9\zeta\nu\sigma^2)\overline{\Delta T}^2\sigma^2+(\beta_1-\mu\alpha-\gamma)\sigma^2+$$

$$(3\delta_1-\mu\gamma)\sigma^4+15\eta_1\sigma^6] \tag{40}$$

Table 2 lists $\Delta\overline{H_l}$ and $\overline{H_l}$ for $\overline{T_g} = 300$ K, $V = 5$ m/s and 3 m/s(denoted by subscript 1), $q_a = 2e-2$ and different $\overline{\Delta T}$, σ, here $\overline{H_l}$ is computed from (35), z, z_0 are the same as Table 1. Table 2 shows that $\overline{H_l}$ mainly depends on $\overline{\Delta T}$ and V, it increases with the decrease of $\overline{\Delta T}$ and increase of V, but $\Delta\overline{H_l}$ mainly depends on σ, the more significant heterogeneity yields greater latent heat flux difference, for the parameters in Table 2, the relative difference only attains the order of magnitude of 1% when σ is small, but may attain a large value in cases of weak wind and very stable stratification when σ is large. Table 2 also shows that $\Delta \overline{H}_l$ is still greater than 0, the reason is when T_g increases, both C_E and surface humidity increase, the order of magnitude of the values in Table 2 also are in agreement with numerical simulation(Zeng, 2000). The value of $\overline{H}_l$ in Table 2 is computed for $q_a = 2e-2$, the value of $\overline{H}_l$ will change if q_a is changed, however, $\Delta \overline{H}_l$ is not changed by q_a, hence $\Delta \overline{H}_l$ here has general meaning.

Table 2　The effect of heterogeneity of surface temperature on the latent heat flux(saturated case)

$\overline{\Delta T}$ (℃)	3	3	6	6	−3	−3	−6	−6
σ (℃)	0.5	1	1	2	0.5	1	1	2
$\Delta \overline{H}_l$ (W/m²)	0.81	3.22	3.26	13.01	1.07	4.30	3.81	15.33
$\overline{H}_l$ (W/m²)	114.29	115.70	129.46	135.70	82.49	83.58	66.92	70.49
$\Delta \overline{H}_{l1}$ (W/m²)	1.32	5.25	4.34	16.56	1.45	5.81	3.68	14.93
$\overline{H}_{l1}$ (W/m²)	82.74	83.68	104.41	108.39	32.50	33.27	13.84	16.04

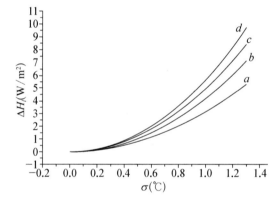

Fig.2　The relation between the difference of latent heat flux and the standard deviation of ground temperature for saturated case;

$\overline{T_g}$ =300 K, a, $\overline{\Delta T}$ =−4℃, V =5 m/s; b, $\overline{\Delta T}$ =−4℃, V =3 m/s; c, $\overline{\Delta T}$ =4℃, V =5 m/s; d, $\overline{\Delta T}$ =4℃, V =3 m/s

6　THE EFFECT OF THE HETEROGENEITY OF GROUND TEMPERATURE ON LATENT HEAT FLUX(UNSATURATED CONDITION)

Usually the temperature of wet ground is lower than that of dry ground due to the stronger evaporation(Laihtman, 1970), consequently, the heterogeneous M will result in heterogeneous T_g, and influences the latent heat flux. First, we find the approximate relation between the heterogeneity of M and the heterogeneity of T_g. Neglecting the heat flux to the soil, Laihtman (1970) expressed the equation of energy balance for the surface as

$$r = H_s + H_l$$

r is the radiation balance, their difference for different grounds is:

$$\delta r = \delta H_s + \delta H_l \tag{41}$$

the difference of radiation balance δr may be written as

$$\delta r = r - r_0 = S(A_0 - A) - 4\sigma_s T_0^3 \delta T \tag{42}$$

where subscript 0 represents original ground. For convenience, we consider the block with temperature $\overline{T_g}$ as original ground, corresponding value of M is M_1, its surface humidity is $M_1 q_m(\overline{T_g})$. The block with temperature $\overline{T_g} + \delta T$ has humidity $M[q_m(\overline{T_g}) + \delta T] = M[q_m(\overline{T_g}) + (dq_m/dT_g)\delta T]$, its humidity difference from the original block is

$$\delta q = M[q_m(\overline{T_g}) + \frac{dq_m}{dT}\delta T] - M_1 q_m(\overline{T_g}) = \delta M q_m(\overline{T_g}) + M\frac{dq_m}{dT}\delta T \tag{43}$$

when wind speed and the eddy exchange coefficient K are expressed by power law, Laihtman derived:

$$\delta H_l = \frac{\rho K_1 \varepsilon_p \delta q L_v}{2^{2p}\Gamma(1+p)z_1\xi^p}$$
$$\delta H_s = \frac{c_p \rho K_1 \varepsilon_p \delta T}{2^{2p}\Gamma(1+p)z_1\xi^p} \tag{44}$$

where $1-\varepsilon_p$ is the power of the power law for eddy exchange coefficient, K_1, q_1 are the K and q at 1 m, $p = \varepsilon_p/(m+\varepsilon_p+1)$, m is the power of the power law for the wind speed, usually $\varepsilon_p \sim m \sim 0.1$, $\xi = \varepsilon_p^2 K_1 x/(4p^2 u_1 z_1^2)$, u_1 the wind speed at 1 m, x is the distance between two grounds, because p is very small, the left-hand side of Eq. (44) is not sensitive to ξ, we take following parameters: $x = 1\,000$ m, $K_1 = 2$ m^2/s, u_1 is found from the power law.

From Eqs.(41)—(44), we get

$$S(A_0 - A) - 4\sigma_s \overline{T_g}^3 \delta T = c_p \phi \delta T + L_v \phi q_m(\overline{T_g})\delta M + L_v \phi M\frac{dq_m}{dT}\delta T \tag{45}$$

where

$$\phi = \frac{\rho K_1 \varepsilon_p}{2^{2p}\Gamma(1+p)z_1\xi^p}$$

Substituting Eq.(8) into(45), and noting $M = M_1 + \delta M$, we have

$$0.11 S\delta M - 4\sigma \overline{T_g}^3 \delta T = c_p \phi \delta T + L_v \phi q_m(\overline{T_g})\delta M + \phi L_v(M_1 + \delta M)\frac{dq_m}{dT}\delta T \tag{46}$$

we find δM from Eq.(46):

$$\delta M = \frac{-(c_p \phi + 4\sigma_s \overline{T_g}^3 + M_1 \phi L_v (\mathrm{d}q_m / \mathrm{d}T)) \delta T}{L_v \phi q_m (\overline{T_g}) - 0.11S + L_v \phi (\mathrm{d}q_m / \mathrm{d}T) \delta T}$$

$$= \frac{-(c_p \phi + 4\sigma_s \overline{T_g}^3 + M_1 \phi L_v (\mathrm{d}q_m / \mathrm{d}T)) \delta T}{L_v \phi q_m (\overline{T_g}) - 0.11S} \quad (47)$$

which is the relation between δM and δT, the second term in the denominator on the r.h.s of Eq.(47) can be neglected because usually it is two order of magnitude less than the first term, define the value in the parenthesis on the numerator of Eq.(47) as θ, we have:

$$\delta M = \frac{-\theta \delta M}{L_v \phi q_m (T_g)} \quad (48)$$

In case of $M \neq 1$, the latent heat flux computed with mean variables should be:

$$\overline{H_l} = \rho L_v \overline{C_E} \overline{V} [\overline{M} \overline{q_m} (T_g) - q_a] \quad (49)$$

The difference between $\overline{H_{ld}}$ and $\overline{H_l}$ can be written as:

$$\overline{H_{ld}} - \overline{H_l} = \rho L_v V \int_{-\infty}^{\infty} [C_E (\overline{\Delta T} + \delta T) M q_m (T_g) - C_E q_a] f(\delta T) \mathrm{d}\delta T - \rho L_v V \overline{C_E} \overline{M} (\overline{q_m} - q_a)$$

or

$$\Delta \overline{H_l} = \overline{H_{ld}} - \overline{H_l} = -\rho L_v V \overline{C_E} \overline{M} \overline{q_m} + \rho L_v V \int_{-\infty}^{\infty} C_E (\overline{\Delta T} + \delta T)(M_1 + \delta M) q_m (T_g) f(\delta T) \mathrm{d}\delta T$$

$$= -\rho L_v V \overline{C_E} \overline{M} \overline{q_m} + \rho L_v V \int_{-\infty}^{\infty} C_E (\overline{\Delta T} + \delta T) \left[\frac{-\theta \delta T}{L_v \phi q_m (T_g)} + M_1 \right] q_m (T_g) f(\delta T) \mathrm{d}\delta T \quad (50)$$

the integral of the second term in the square bracket in Eq.(50) may be computed by Eq.(38) multiplied by M_1, the first term on the r.h.s may be rewritten as:

$$-\rho L_v V \overline{C_E} \overline{M} \overline{q_m} = -\rho L_v V \overline{C_E} \overline{q_m} \int_{-\infty}^{\infty} (M_1 + \delta M) f(\delta T) \mathrm{d}\delta T$$

$$= -\rho L_v V \overline{C_E} \overline{q_m} (M_1 + \int_{-\infty}^{\infty} \frac{-\theta \delta T}{L_v \phi q_m (T_g)} f(\delta T) \mathrm{d}\delta T) \quad (51)$$

substituting(51) into(50), we find that the sum of the first term on the r.h.s. of(51) and the integral of the second term in the square bracket of (50) is just the value of(40) multiplied by M_1, then,

$$\Delta \overline{H_l} = \rho L_v V C_{En} M_1 [3\eta \rho^4 (\lambda \overline{\Delta T} + \mu \overline{\Delta T}^2 + \nu \overline{\Delta T}^3) + (2\beta \mu + 6\nu \gamma \sigma^2 +$$

$$6\mu \zeta \sigma^2 + 45\nu \eta \sigma^4) \overline{\Delta T} \sigma^2 + 3(\beta \nu + 9\zeta \nu \sigma^2) \overline{\Delta T}^2 \sigma^2 + (\beta_1 - \mu \alpha - \gamma) \sigma^2 +$$

$$(3\delta_1 - \gamma \mu) \sigma^4 + 15\eta_1 \sigma^6] + S \quad (52)$$

where

$$S = \rho L_v V \int_{-\infty}^{\infty} \left[C_E (\overline{\Delta T} + \delta T) \left[\frac{-\theta \delta T}{L_v \phi} \right] f(\delta T) \mathrm{d}\delta T - \rho L_v V \overline{C_E} \, \overline{q_m} \int_{-\infty}^{\infty} \frac{-\theta \delta T}{L_v \phi q_m (T_g)} f(\delta T) \mathrm{d}\delta T \right]$$

(53)

The value of the integral in(53) are complicated, we leave it in the Appendix.

Table 3 gives $\Delta \overline{H_l}$ from(52) and $\overline{H_l}$ computed from(49) when $V = 5$ m/s and 3 m/s (denoted by subscript 1), $T_g = 300$ K, $M_1 = 0.5$($q_m = 10\mathrm{e}{-}2$ is taken), $M_1 = 0.7$($q_a = 1.5\mathrm{e}{-}2$ is taken) and different $\overline{\Delta T}$ and $\sigma; z, z_0$ are the same as before, the normal distribution of δT is still assumed.

Table 3　The effect of heterogeneity of surface temperature on the latent heat flux(unsaturated case)

$\Delta \overline{T}(\text{℃})$	3	6	6	-3	-6	-6	3	6	-3	-6
$\sigma(\text{℃})$	1	1	2	1	1	2	1	1	1	1
M_1	0.5	0.5	0.5	0.5	0.5	0.7	0.5	0.7	0.7	0.7
$\Delta \overline{H_l}(\text{W/m}^2)$	8.80	-9.73	-39.00	-7.05	-5.78	-23.30	-11.86	3.15	-1.27	-7.55
$\overline{H_l}(\text{W/m}^2)$	63.65	71.21	93.88	45.98	36.81	48.77	20.28	22.70	14.65	11.73
$\overline{\Delta H_{l1}}(\text{W/m}^2)$	-7.40	-8.45	-33.32	-4.26	2.22	-9.40	-9.61	-11.21	-5.15	-2.59
$\overline{H_{l1}}(\text{W/m}^2)$	46.03	57.43	74.99	18.30	7.61	11.09	14.67	18.31	5.83	2.46

Table 3 shows that $\Delta \overline{H_l}$ are less than zero, the reason is that when T_g increases, although C_H increases due to the more unstable stratification, but the corresponding humidity is lower, hence, whether the evaporation increases or decreases will depend on these two opposite factors, Table 3 shows that the latter factor is important, σ is still the main factor affecting the difference of the latent heat flux. Similar to Table 2, the $\Delta \overline{H_l}$ in Table 3 has more general meaning, the value of $\overline{H_l}$ may increase if less q_a is taken. Table 3

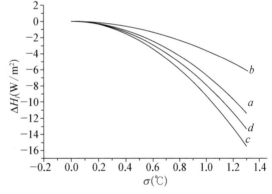

Fig.3　The relation between the difference of latent heat flux and the standard deviation of ground temperature for unsaturated case; $\overline{T_g} = 300$ K, $M_1 = 0.5$, a, $\overline{\Delta T} = -4\text{℃}$, $V = 5$ m/s; b, $\overline{\Delta T} = -4\text{℃}$, $V = 3$ m/s; c, $\overline{\Delta T} = 4\text{℃}$, $V = 5$ m/s; d, $\overline{\Delta T} = 4\text{℃}$, $V = 3$ m/s

also shows that the absolute value of $\Delta \overline{H_l}$ is greater than that for the saturated case and can not be neglected showing the important role played by the interaction between temperature and humidity of the ground. In case of $\overline{T_g} = 280$ K, the results show that the corresponding

$\Delta \overline{H}_l$ and $\overline{H}_l$ are less than that in Table 3 because the corresponding saturated specific humidity is smaller. Similar to Tables 1 and 2, the ratio of $\Delta \overline{H}_l$ to $\overline{H}_l$ is greater when V decreases and attains a large value for weak wind and very stable stratification. Figure 3 gives the relation between $\Delta \overline{H}_l$ and σ for $M_1 = 0.5$. Again, we have computed the results for $x = 100$ m, the difference between which and the results in Table 3($x = 1000$ m) is very small, which means that the results are not sensitive to the value of x.

7　CONCLUSIONS

We have computed the difference of the fluxes computed by use of the mean parameters in a grid and that computed from the heterogeneous parameters theoretically. The results show that the effect of the heterogeneity on the radiation flux can be neglected. The effect on the sensible and latent heat flux is not great in case of weaker heterogeneity; when the heterogeneity is stronger, the error may attain several W/m^2 up to the order of magnitude 10 W/m^2, usually the fluxes are greater for heterogeneous case than that homogeneous case, however, when the interaction between surface temperature and humidity is taken into account, the reverse is true and the difference of the heat flux becomes greater. The parameter values in the computation of this paper are general and representative, when the parameters change, the difference of fluxes will be changed, but the main characteristics should be not changed. Here we only analyze one grid point, and the accumulated influence is also not considered, however, numerical simulation(Zeng, 2000) showed that when a model is integrated for a long time, the difference of the climate field computed by considering and not considering the heterogeneity is greater. It seems that the consideration of the heterogeneity in the climate model is important.

APPENDIX: THE CALCULATION OF EQ.(53)

In Eq.(53), the $\mathrm{d}q_m/\mathrm{d}T$ in θ and q_m are functions of T_g, expanding them as a series of T_g, then we can calculate the integral, the result is

$$S = -\rho L_v V C_{En} M_1 (x_8 x_9 \sigma^2 + x_7 x_{11} \sigma^2 + x_5 x_{10} \sigma^4 + x_{12} \sigma^4) - \rho L_v V C_{En} \psi x_{13} \sigma^2$$
$$- \rho L_v V \overline{C_E} \, \overline{q_m} \left(\frac{\psi}{E_0} x_4 \sigma^2 - \frac{M_1}{E_0} x_6 \sigma^2 \right)$$

where

$$x_8 = 1 + \lambda \overline{\Delta T} + \mu \overline{\Delta T}^2 + \nu \overline{\Delta T}^3$$

$$x_9 = 2E_2 + 6E_3\overline{T}_g + 12E_4\overline{T}_g^2 + 12E_4\sigma^2$$

$$x_7 = \lambda + 2\mu\overline{\Delta T} + 3\nu\overline{\Delta T}^2$$

$$x_{10} = E_1 + 2E_2\overline{T}_g + 3E_3\overline{T}_g^2 + 4E_4\overline{T}_g^3 + 9E_3\sigma^2 + 36E_4\overline{T}_g\sigma^2$$

$$x_5 = \mu + 3\nu\overline{\Delta T}$$

$$x_{11} = 6E_2 + 18E_3\overline{T}_g + 36E_4\overline{T}_g^2 + 60E_4\sigma^2$$

$$x_{12} = \nu(3E_1 + 6E_2\overline{T}_g + 9E_3\overline{T}_g^2 + 12E_4\overline{T}_g^3 + 45E_3\sigma^2 + 180E_4\sigma^2)$$

$$x_{13} = \lambda + x_7 + 3\nu\sigma^2$$

$$x_4 = (E_1 + 2E_2\overline{T}_g + 3E_3\overline{T}_g^2 + 3E_3\sigma^2)/E_0$$

$$x_6 = x_1 + 2\overline{T}_g x_2 + 3\overline{T}_g^2 x_3 + 3x_3\sigma^2$$

$$x_1 = 2E_2 - E_1^2/E_0, x_2 = 3E_3 - 3E_1E_2/E_0$$

$$x_3 = 4E_4 - 4E_1E_3/E_0 - 2E_2^2/E_0$$

$$\psi = (c_p\phi + 4\sigma_s\overline{T}_g^3)/(L_v\phi)$$

Acknowledgement

This work was supported by National Key Project of China G1999043400 and National Science Foundation of China, Grant No. 49735005.

REFERENCES

Avissar R (1992) Conceptual aspects of statistical-dynamical approach to represent landscape sub-grid heterogeneities in atmospheric models. J Geophys Res 97D: 2729 - 2742.

Avissar R and Pielke RA(1989) A parameterization of heterogeneous land surface for atmospheric models and its impacts on regional meteorology. Mon Wea Rev 117: 2113 - 2136.

Byun DW(1990) On the analytical solutions of flux-profile relationships for the atmospheric surface layer. J Appl Meteorol 29: 652 - 657.

Collins DC and Avissar R(1994) An evaluation with the Fourier amplitude sensitivity test(FAST) of which land surface parameters are of greatest importance in atmospheric modeling. J Climate 7: 681 - 703.

Dickinson RE, Henderson-Sellers A and Kennedy PJ(1993) Biosphere-atmosphere transfer scheme(BATS) version le as coupled to the NCAR community climate model. NCAR/TN−387+STR, 72pp.

Giorgi F(1997) An approach for the representation of surface heterogeneity in land surface models, Part I: Theoretical frame work. Mon Rea Rev 125: 1855 - 1899.

Hu Z and Islam S(1997) Effects of spatial variability on the scaling of land surface parameterization. Boundary Layer Meteorol 83: 441 - 461.

Koster R and Suarez M(1992) Modelling the land surface boundary in climate models as composite of independent vegetation stands. J Geophys Res 97D: 2697 - 2715.

Laihtman DL(1970) Physics of atmospheric boundary layer. Leningrad: Hydrometeorological Press, 341pp (in Russian).

Panofsky HA and Dutton JA (1984) Atmospheric turbulence, models and methods for engineering applications. New York: Wiley, 397pp.

Seth A, Giorgi F and Dickinson RE (1994) Simulating fluxes from heterogeneous land surfaces: Explicit subgrid method employing the Biosphere-Atmosphere Transfer Scheme (BATS). J Geophys Res 99D: 18651 -18667.

Zeng X (2000) Numerical studies on land surface heterogeneities in the regional model. Ph.D Diss., Nanjing University, 165pp (in Chinese).

Zeng X, Zhao M and Su B (2000) A numerical study on effects of land-surface heteogeneity from 'combines approach' on atmospheric process, Part I: Principle and method. Adv Atmos Sci 17: 103 - 120.

Zeng X, Zhao M and Su B (2000) A numerical study on effects of land-surface heteogeneity from 'combines approach' on atmospheric process, Part II: Coupling model simulations. Adv Atmos Sci 17: 241 - 255.

Zhang D and Anthes RA (1982) A high resolution model of planetary boundary layer-sensitivity tests and comparison with SESAME-79 data. J Appl Meteorol 21: 1594 - 1609.

5 大气边界层与大气环境

　　污染源排放的污染物通过边界层的湍流扩散输送到其他地方,因此湍流扩散的研究是大气环境研究中的核心问题之一。湍流扩散计算的一个重要方法是求解扩散方程。传统的大气扩散方程中湍流扩散系数仅是高度的函数,从点源扩散讲,参与扩散的涡团应随下风距离的加大而加多,扩散系数应随下风距离的加大而加大,运用积分变换方法我们得到了扩散系数随下风距离的加大而加大且又是高度的函数的条件下并考虑了下垫面清除作用后扩散方程的解析解[5.1],与实测资料对比,得到了比湍流扩散系数仅是高度的函数更为合理的结果,丰富了大气扩散理论。

　　酸雨是空气污染的一个重要现象,结合大气化学,根据氮氧化物转化为酸的速率尝试用数值方法求解传统的大气扩散方程[5.2],理论上求出生成的酸的空间分布。

　　大气湍流强度是直接影响扩散的重要参数,历来只能从观测取得,我们把新的湍流参数化方法运用到中尺度数值天气预报模式中预报了大气湍流强度,从而为污染预报提供了参数的依据[5.3]。

5.1 一个大气扩散的梯度-传输理论模式及其应用[①]

提　要：本文在 $u=u(z)$，$k_y=k_y(x,z)$，$k_z=k_z(x,z)$ 及考虑下垫面对浓度场有清除作用的前提下，求解了定常连续点源三维湍流扩散方程，得到浓度场的分析解。解中含有随稳定度而变的参数。应用 Project Prairie Grass 的地面源试验资料，经验地定出了从中等不稳定到中等稳定时适用于小尺度扩散的有关参数。将本模式用来计算上述试验中的浓度，除较少的例外情况外，个例的计算浓度与实验浓度的相对误差平均在以 20% 以内，并对误差原因进行了讨论。最后对下垫面影响的不同大小计算了清除作用对地面源浓度场的影响。

1　问题的提出

在大气扩散的理论研究中，统计理论在实用上已取得一定的成果。对梯度-传输理论，目前虽已形成理论体系[1],[2]，但理论计算与实测结果究竟符合程度如何，还没有详细的报道，但由于理论本身假定上的局限性，结果与实际情况肯定有较大的差距。例如 Berliand[2] 取如下假定

$$k_y=k_0u,\quad u=u_1z^n,\quad k_z=k_1z^m$$

在下垫面全反射条件下求解定常点源扩散方程，对地面源浓度分布可以得到

$$C(x,y,0)=\frac{Qe^{-\frac{y^2}{4k_0x}}}{2\sqrt{\pi k_0x}\,(2+n-m)^{\frac{1}{2+n-m}}\Gamma\left(\frac{1+n}{2+n-m}\right)(k_1x)^{\frac{1+n}{2+n-m}}u_1^{\frac{1-m}{2+n-m}}} \tag{1}$$

由此显然可以求出 y 方向浓度分布标准差的平方 σ_y^2

$$\sigma_y^2=\frac{\int_0^\infty y^2C\mathrm{d}y}{\int_0^\infty C\mathrm{d}y}=2k_0x$$

即 $\sigma_y\propto x^{1/2}$，并得出 X 轴上峰值浓度 $C(x,0,0)\propto x^{-\left(\frac{1}{2}+\frac{1+n}{2+n-m}\right)}$，但据扩散试验[1]，$\sigma_y\propto x^s$，$s$ 是随稳定度的不同而异的量，且峰值浓度亦不与理论结论完全相符，因而模式与实际肯定有较大差距。

根据方程分析解（见下）欲使 σ_y 与峰值浓度能正确反映实际，k_x，k_y 必须是 x 的函数，k

---

①　原刊于《大气科学》，1979 年 12 月，3(4)，314-326，作者：赵鸣。

是 x 的函数的理由尚无定论,一些作者认为可理解为随着 x 增加,对 k 贡献的湍涡尺度范围愈来愈大[4]。当然,这仅是一种设想,尚无充分的论证。尽管 k 随 x 变化的物理机制尚不清楚,但这一事实必须考虑才能得出符合实验的结果。一些作者曾考虑过 k 是 x 的函数而求解过扩散方程如 Peters 和 Klinzing[3],Yeh 和 Tsai[4] 等。但他们考虑的因素都不全面,且主要偏于理论研究,没有将理论模式应用到实际中去。本文则对 u,k 作更为一般化的假定来求解扩散方程,并据实测浓度资料经验地定出有关参数,使模式既能从理论上说明扩散现象又能应用于实际。

2 基本方程及其解

设连续点源高为 H,取源正下方地面为原点,平均风下风方向为 X 轴,Y 轴水平横截风向,Z 轴铅直向上。忽略 X 方向的扩散,则定常三维湍流扩散方程可写为

$$u \frac{\partial C}{\partial x} = \frac{\partial}{\partial y}\left(k_y \frac{\partial C}{\partial y}\right) + \frac{\partial}{\partial z}\left(k_z \frac{\partial C}{\partial z}\right) \tag{2}$$

其中 u 为风速,k_y,k_z 分别为 Y、Z 方向的扩散系数,C 为浓度,作如下假定

$$u = u_1 z^n \tag{3}$$

u_1 为 1 米高处风速,

$$k_y = k_0 u x^\alpha = k_0 u_1 z^n x^\alpha \tag{4}$$

其中 k_0,α 在一定稳定度级别(扩散级别)下取常数

$$k_z = k_1 z^m x^\beta (1 + \gamma x) \tag{5}$$

k_1 为 1 米高处的铅直向扩散系数。β,γ 亦在一定稳定度下取常数。

$k_y \propto u$ 的假定可以认为是当 u 大时,则机械湍流强,导致扩散强,而稳定度的影响则主要表现于 k_0 及 α 中。(5)说明 k_z 随 z 的变化是幂次律,而 k_y,k_z 对 x 的函数关系是为了使解的结果符合实际。因我们用来对比的实测资料是小尺度的,因而上述假定亦只适合小尺度。当中性及中等稳定时 $\gamma=0$,不稳定时 $\gamma>0$。上述假定还说明了湍流是非均匀的,这比一般高斯模式假定湍流均匀要合理些。

这样,方程的完整形式是

$$u_1 z^n \frac{\partial C}{\partial x} = \frac{\partial}{\partial y}\left(k_0 u_1 z^n x^\alpha \frac{\partial C}{\partial y}\right) + \frac{\partial}{\partial z}\left[k_1 z^m x^\beta (1 + \gamma x) \frac{\partial C}{\partial z}\right] \tag{6}$$

定解条件取

$$C = 0 \qquad\qquad 当 x,y,z \to \infty \tag{7}$$

$$C = \frac{Q\delta(y)\delta(z - H)}{u(H)} \qquad\qquad 当 x = 0 \tag{8}$$

$$k_z \frac{\partial C}{\partial z} = \nu C \qquad\qquad 当 z = 0 \qquad\qquad (9)$$

ν 为某常数,它相当于下垫面对浓度场的清除速度 v_d [1] (deposition velocity)。

u_1 可从气象观测得出, k_1,n 可由近地层梯度观测算出,近地层在第一近似下可取共轭幂次律

$$m = 1 - n \qquad\qquad\qquad (10)$$

参数 k_0,α,β,γ 与气象条件有关,现时我们只能根据方程的解由有关浓度资料经验地推求。现在将其作为已知数来解方程。

令:

$$C = \chi(x,z) P(x,y) \qquad\qquad (11)$$

(11)代入(6)—(9),可分出 P 和 χ 的两个方程和两组定解条件,令 $\xi = \dfrac{x^{\alpha+1}}{\alpha+1}$, P 方程及定解条件是:

$$\frac{\partial P}{\partial \xi} = k_0 \frac{\partial^2 P}{\partial y^2}$$
$$P = 0 \qquad\qquad 当 \xi, y \to \infty$$
$$P = \delta(\xi) \qquad\qquad 当 \xi \to 0$$

其解是

$$P = \frac{e^{-\frac{y^2}{4k_0\xi}}}{2\sqrt{\pi k_0 \xi}} = \frac{(\alpha+1)^{1/2} e^{-\frac{y^2(\alpha+1)}{4k_0 x^{\alpha+1}}}}{2\sqrt{\pi k_0} \, x^{\frac{\alpha+1}{2}}} \qquad\qquad (12)$$

令:

$$\zeta = \frac{x^{\beta+1}}{\beta+1} + \gamma \frac{x^{\beta+2}}{\beta+2} \qquad\qquad (13)$$

则 χ 方程及定解条件是

$$u_1 z^n \frac{\partial \chi}{\partial \zeta} = k_1 \frac{\partial}{\partial z}\left(z^m \frac{\partial \chi}{\partial z}\right) \qquad\qquad (14)$$

$$\chi = 0 \qquad\qquad 当 \zeta, z \to \infty \qquad\qquad (15)$$

$$\chi = \frac{Q}{u(H)}\delta(z - H) \qquad 当 \zeta = 0 \qquad\qquad (16)$$

$$k_z \frac{\partial \chi}{\partial z} = \nu \chi \qquad\qquad 当 z = 0 \qquad\qquad (17)$$

令 $\overline{\chi}$ 表示 χ 对 ζ 的拉氏变换。将(14)对 ζ 施行拉氏变换,考虑到(15)—(17)得 $\overline{\chi}$ 方程

$$k_1 \frac{\mathrm{d}}{\mathrm{d}z}\left(z^m \frac{\mathrm{d}\overline{\chi}}{\mathrm{d}z}\right) - p u_1 z^n \overline{\chi} = -Q\delta(z - H) \qquad\qquad (18)$$

边界条件是

$$\overline{\chi} = 0 \qquad\qquad 当 z \to \infty \qquad\qquad (19)$$

$$k_z \frac{\partial \overline{\chi}}{\partial z} = \nu \overline{\chi} \qquad\qquad 当 z = 0 \qquad\qquad (20)$$

其中 p 为变换参数。经过一定的分析运算可得(18)的齐次方程在条件(19),(20)下的格林函数

$$G(z,\varphi) = \frac{1}{W}\left[\left[\frac{2}{2+n-m}\sqrt{\frac{pu_1}{k_1}}\varphi^{\frac{2+n-m}{2}}\right]^{\mu} I_{\mu}\left(\frac{2}{2+n-m}\sqrt{\frac{pu_1}{k_1}}\varphi^{\frac{2+n-m}{2}}\right)\right.$$
$$\left. + B\left[\frac{2}{2+n-m}\sqrt{\frac{pu_1}{k_1}}\varphi^{\frac{2+n-m}{2}}\right]^{\mu} I_{-\mu}\left(\frac{2}{2+n-m}\sqrt{\frac{pu_1}{k_1}}\varphi^{\frac{2+n-m}{2}}\right)\right]$$
$$\times\left[\left[\frac{2}{2+n-m}\sqrt{\frac{pu_1}{k_1}}z^{\frac{2+n-m}{2}}\right]^{\mu} K_{\mu}\left(\frac{2}{2+n-m}\sqrt{\frac{pu_1}{k_1}}z^{\frac{2+n-m}{2}}\right)\right]$$
$$当 \varphi < z \qquad\qquad (21a)$$

$$G(z,\varphi) = \frac{1}{W}\left[\left[\frac{2}{2+n-m}\sqrt{\frac{pu_1}{k_1}}z^{\frac{2+n-m}{2}}\right]^{\mu} I_{\mu}\left(\frac{2}{2+n-m}\sqrt{\frac{pu_1}{k_1}}z^{\frac{2+n-m}{2}}\right)+\right.$$
$$\left. B\left[\frac{2}{2+n-m}\sqrt{\frac{pu_1}{k_1}}z^{\frac{2+n-m}{2}}\right]^{\mu} I_{-\mu}\left(\frac{2}{2+n-m}\sqrt{\frac{pu_1}{k_1}}z^{\frac{2+n-m}{2}}\right)\right] \times$$
$$\left[\left[\frac{2}{2+n-m}\sqrt{\frac{pu_1}{k_1}}\varphi^{\frac{2+n-m}{2}}\right]^{\mu} K_{\mu}\left(\frac{2}{2+n-m}\sqrt{\frac{pu_1}{k_1}}\varphi^{\frac{2+n-m}{2}}\right)\right]$$
$$当 \varphi > z \qquad\qquad (21b)$$

其中 $I_{\pm\mu}$ 是第一类修正贝塞尔函数,K_{μ} 是 MacDonald 函数,而

$$W = \left(\frac{2}{2+n-m}\right)^{-\frac{n+m}{2+n-m}}\left(\frac{pu_1}{k_1}\right)^{\frac{1-m}{2+n-m}}k_1(1+B)$$

$$B = \frac{k_1(1-m)}{\nu}\frac{\Gamma(1-\mu)}{\Gamma(1+\mu)}\left(\frac{1}{2+n-m}\sqrt{\frac{pu_1}{k_1}}\right)^{2\mu}$$

$$\mu = \frac{1-m}{2+n-m} \qquad\qquad (22)$$

由(21)立刻求得当 $z < H$ 时(18)满足(19),(20)的解

$$\overline{\chi} = \frac{2Q(zH)^{\frac{1-m}{2}}}{k_1(2+n-m)(1+B)}[I_{\mu}(\eta)+BI_{-\mu}(\eta)]K_{\mu}(\psi) \qquad\qquad (23)$$

其中

$$\eta = \frac{2}{2+n-m}\sqrt{\frac{pu_1}{k_1}}z^{\frac{2+n-m}{2}}, \qquad\qquad \psi = \frac{2}{2+n-m}\sqrt{\frac{pu_1}{k_1}}H^{\frac{2+n-m}{2}}$$

χ 可由拉氏变换的反演公式求得,因 $\overline{\chi}$ 对变数 p 而言无极点,于是反演公式变成[2]

$$\chi = \frac{2}{\pi} \int_0^\infty \operatorname{Im} \overline{\chi}(\sqrt{p} = -i\omega, z) e^{-\omega^2 \zeta} \omega \, d\omega \tag{24}$$

(23)代入(24),经过繁杂的运算后得

$$\chi = \frac{2Q(zH)^{\frac{1-m}{2}}}{k_1(2+n-m)} \int_0^\infty \frac{[J_\mu(\theta) + aJ_{-\mu}(\theta)][J_\mu(\lambda) + aJ_{-\mu}(\lambda)]}{1 + a^2 + 2a\cos \pi\mu} e^{-\omega^2 \zeta} \omega \, d\omega \tag{25}$$

其中

$$a = \frac{k_1(1-m)}{\nu} \frac{\Gamma(1-\mu)}{\Gamma(1+\mu)} \left(\frac{\omega}{2+n-m} \sqrt{\frac{u_1}{k_1}} \right)^{2\mu}$$

$$\theta = \frac{2}{2+n-m} \sqrt{\frac{u_1}{k_1}} \omega H^{\frac{2+n-m}{2}}$$

$$\lambda = \frac{2}{2+n-m} \sqrt{\frac{u_1}{k_1}} \omega z^{\frac{2+n-m}{2}}$$

而 $J_{\pm\mu}$ 是第一类贝塞尔函数。对于小尺度问题,第一近似可取 $\nu = 0$,即不计下垫面清除,取 $\nu = 0$,则(25)成

$$\chi = \frac{2Q(zH)^{\frac{1-m}{2}}}{k_1(2+n-m)} \int_0^\infty J_{-\mu}(\theta) J_{-\mu}(\lambda) \omega e^{-\omega^2 \zeta} \, d\omega$$

$$= \frac{2Q(zH)^{\frac{1-m}{2}}}{k_1(2+n-m)\zeta} \exp\left[-\frac{u_1(z^{2+n-m} + H^{2+n-m})}{k_1(2+n-m)^2 \zeta} \right] I_{-\mu}\left[\frac{2u_1}{(2+n-m)^2 k_1 \zeta} (zH)^{\frac{2+n-m}{2}} \right] \tag{26}$$

当 z 或 H 很小时可将函数用级数展开后取第一项,再用(11)—(13),(22),(10),即得浓度分布

$$C = \frac{(\alpha+1)^{1/2} Q \exp\left[-\frac{(\alpha+1)y^2}{4k_0 x^{\alpha+1}} - \frac{u_1(z^{2+n-m} + H^{2+n-m})}{k_1(2+n-m)^2 \left(\frac{x^{\beta+1}}{\beta+1} + \gamma \frac{x^{\beta+2}}{\beta+2} \right)} \right]}{2\sqrt{\pi k_0} \, x^{\frac{\alpha+1}{2}} (2+n-m)^{\frac{1}{2+n-m}} \Gamma\left(\frac{1+n}{2+n-m} \right) \left[k_1 \left(\frac{x^{\beta+1}}{\beta+1} + \gamma \frac{x^{\beta+2}}{\beta+2} \right) \right]^{\frac{1+n}{2+n-m}} u_1^{\frac{n}{2+n-m}}} \tag{27}$$

(27)对地面源能很好适合。对高架源要看具体情况,如果 k_1, ζ, H, z 等量使(26)中函数 I 宗量较大,即不能只取第一项计算。

如果 $\nu \neq 0$,则取(25)式,而

$$C = \frac{Q(zH)^{\frac{1-m}{2}}(\alpha+1)^{1/2} e^{-\frac{y^2(\alpha+1)}{4k_0 x^{\alpha+1}}}}{\sqrt{\pi k_0} \, k_1(2+n-m) x^{\frac{\alpha+1}{2}}} \int_0^\infty \frac{[J_\mu(\theta) + aJ_{-\mu}(\theta)][J_\mu(\lambda) + aJ_{-\mu}(\lambda)]}{1 + a^2 + 2a\cos \pi\mu} e^{-\omega^2 \zeta} \omega \, d\omega \tag{28}$$

3　扩散特性的讨论和参数的确定

从(27)来讨论 Y 方向扩散特性,首先 Y 方向浓度分布是高斯分布,这符合一般规律[1],且易求出

$$\sigma_y^2 = \frac{2k_0 x^{\alpha+1}}{\alpha+1} \qquad (29)$$

由(29)可见 $\sigma_y \propto x^{(\alpha+1)/2}$,从实测知 $\sigma_y \propto x^s$,s 与稳定度有关,于是若令

$$\alpha = 2s - 1 \qquad (30)$$

则假定(4)就能说明 Y 方向的扩散特性。且得出 α 在不稳定时大,稳定时小,即不稳定时 k_y 随 x 增加更快。

由(27)可求出地面源 X 轴峰值浓度是:

$$C_p \propto x^{-\frac{\alpha+1}{2}} \left[\left(\frac{1}{\beta+1} + \frac{\gamma x}{\beta+2} \right) x^{\beta+1} \right]^{-\frac{1+n}{2+n-m}} \qquad (31)$$

实测资料表明[5],从中等稳定到近中性 $C_p \propto x^{-b}$,b 为随稳定度而变的常数,中性时比稳定时大。不稳定时,b 更大且随 x 增加而增加。很稳定时 b 很小且随 x 增加而减少。若我们假定 β 随不稳定增加而增加,且 γ 不稳定时大于 0,很稳定时小于零,即能解释观测到的事实。

根据轴线浓度及 Y 方向的扩散特性可间接推断 Z 方向扩散特性,或更直接地由(27)求得

$$\sigma_z^2 = \frac{\int_0^\infty Cz^2 \, dz}{\int_0^\infty C \, dz} = \frac{\int_0^\infty z^2 \exp\left[-\dfrac{u_1 z^{2+n-m}}{k_1(2+n-m)^2 \zeta} \right] dz}{\int_0^\infty \exp\left[\dfrac{-u_1 z^{2+n-m}}{k_1(2+n-m)^2 \zeta} \right] dz}$$

$$= \left[\frac{u_1}{k_1(2+n-m)^2 \zeta} \right]^{-\frac{2}{2+n-m}} \frac{\Gamma\left(\dfrac{3}{2+n-m} \right)}{\Gamma\left(\dfrac{1}{2+n-m} \right)}$$

即

$$\sigma_z^2 \propto \zeta^{\frac{2}{2+n-m}} = \left(\frac{x^{\beta+1}}{\beta+1} + \gamma \frac{x^{\beta+2}}{\beta+2} \right)^{\frac{2}{2+n-m}} \qquad (32)$$

若 $\gamma = 0$,则有

$$\sigma_z \propto \left(\frac{x^{\beta+1}}{\beta+1} \right)^{\frac{1}{2+n-m}} \qquad (33)$$

根据实测资料可粗糙地推断出 $\sigma_z \propto x^q$，q 随不稳定增加而增加，由（33），

$$q = \frac{\beta + 1}{2 + n - m}$$

因 β 随不稳定增加而增加，因而可解释观测事实。由（32）再由 γ 性质可得出 σ_z 随 x 变化的指数当不稳定时随 x 增加而增加，很稳定则随 x 增加而减少，这符合 σ_z 的已知特性（如 Pasquill 的 σ_z 曲线图）。

适当定出本模式中各参数，就能使模式符合实验结果，现在据 Project Prairie Grass 试验中二氧化硫浓度及梯度气象观测资料[6] 来确定参数 $\alpha, \beta, \gamma, k_0$，该试验在平坦草地上进行，粗糙度 $z_0 < 1$ 厘米。当然这样求出的参数只适用于类似下垫面上的扩散情况，试验在下风 50、100、200、400、800 米弧线上布点。气象资料有风和温度梯度资料及风向脉动标准差 σ_A，采样时间 10 分钟。

Cramer[5] 以 σ_A 为稳定度指标求出该资料各次试验按 σ_A 分类时各距离的平均 σ_y 值及不同距离处的 s, b 值。我们亦以 σ_A 为稳定度指标来分类求各参数，据 Cramer 给出的不同 σ_A 下的 s 值由（30）求 α，然后由（29）据各距离的 σ_y 求 k_0，不同距离处 k_0 很相近，故即取各距离处 k_0 平均作为该 σ_A 下的 k_0。

由于在强不稳定及强稳定时的资料很少，加之此时我们的模式可能还太粗糙，故我们仅计算从中等不稳定（白天 $\sigma_A = 12°$）到中等稳定（夜间 $\sigma_A = 5°$）的各参数（PPG 实验中不同 σ_A 相当的稳定度级别与 Pasquill-Gifford 的不同，据 σ_y 值，此处 $\sigma_A = 12°$ 相当于 P-G 的 $\sigma_A = 20°$，此处 $\sigma_A = 5°$ 相当于 P-G 的 $\sigma_A = 3° \sim 4°$）。我们取 5 个 σ_A 级别，$\sigma_A = 6°$（白天）和 $\sigma_A = 8°$（夜晚）作为中性，$\sigma_A = 12°$（白天）为中等不稳定，$\sigma_A = 5°$（夜间）为中等稳定，$\sigma_A = 9°$（白天）和 $\sigma_A = 6°$（夜晚）分别介于其间。各参数求出如表 1。

表 1　不同稳定度下各参数

σ_A	5°（夜）	6°（夜）	6°（白天）及 8°（夜）	9°（白天）	12°（白天）
k_0（$m^{-\alpha}$）	0.06	0.06	0.06	0.095	0.1
α	0.2	0.4	0.6	0.6	0.7
β	0.05	0.06	0.09	0.05	0.1
γ	0	0	0	0.003 5	0.008
n	0.3	0.22	0.17	0.15	0.13
m	0.7	0.78	0.83	0.85	0.87

一个有趣的事实是 k_0 在中性到中等稳定条件下近于常数 0.06，不稳定时跃变到 0.1，这可能是由于中性到中等稳定条件下热力湍流受抑，k_y 的增加仅由于机械湍流作用，不稳定时，热力湍流活跃，使 k_y 比以与 u 成正比的速率更快地增长。

表中 β, γ 如下确定：对中性及中等稳定条件，在（31）中令 $\gamma = 0$，

$$C_p \propto x^{-\frac{1+n}{2+n-m}(\beta+1)-\frac{\alpha+1}{2}} = x^{-b} \tag{34}$$

据实测的 b 及某类 σ_A 时根据梯度资料求出的平均 n,m 及 α 值由 (34) 求 β

$$\beta = \left(b - \frac{\alpha+1}{2}\right)\frac{2+n-m}{1+n} - 1$$

不稳定时,由 (31) 式,当 x 小时有

$$C_p \propto x^{-\frac{\alpha+1}{2} - (\beta+1)\frac{1+n}{2+n-m}}$$

由小 x(如 50 米以内)时 b 值可定 β,50 米以内 b 值可据 50 米以外的 b 值大致外推得到。

据 (31),200 米与 100 米处峰值浓度之比是

$$\frac{100^{\frac{\alpha+1}{2}}\left(\dfrac{100^{\beta+1}}{\beta+1} + \gamma\,\dfrac{100^{\beta+2}}{\beta+2}\right)^{\frac{1+n}{2+n-m}}}{200^{\frac{\alpha+1}{2}}\left(\dfrac{200^{\beta+1}}{\beta+1} + \gamma\,\dfrac{200^{\beta+2}}{\beta+2}\right)^{\frac{1+n}{2+n-m}}} = 2^{-s} \tag{35}$$

从 (35),由实测 s 即可求 γ。对 200—400 米,400—800 米亦可求相应的 γ 值。三个 γ 平均作为适用全距离的 γ 值。

4　对浓度估计的应用及误差讨论

将上面求出的各参数代入本文第二部分的各公式即可求出任意点的浓度。由于本模式的 $\sigma_y(x)$ 在函数形式及数值上均与实验值相同(因 k_0,α 系由实际数据求出),因而它比其他梯度-传输理论模式更切合实际,至于峰值浓度,虽然 PPG 实验中有实验得到的在风场均匀假定下得出的 uC/Q 曲线,但因本模式未作风场均匀假定,故无法与之比较以得出峰值浓度的平均精确度,而只能从个例直接计算峰值浓度与实际比较,但由于本模式峰值浓度随 x 变化的幂次与实验值相同,故这就比其他梯度-传输理论为优,因而浓度场应能较好地符合实际。

我们即将本模式应用于 PPG 地面源试验,先计算轴线浓度,然后计算 Y 方向浓度。

我们只验证已确定参数值的那些稳定度级别的浓度,对每次观测分别计算误差,然后再求平均。在用 (27) 式计算地面源浓度时,n,m 由该次实测梯度资料计算。计算 k_0 时我们用 Budiko 公式[7]

$$k_1 = \frac{0.14\Delta u}{\ln\dfrac{z_2}{z_1}}\left(1 + \frac{\Delta T}{(\Delta u)^2}\ln\frac{z_2}{z_1}\right) \tag{36}$$

Δu 是 z_1,z_2 间风速差,ΔT 是 z_1,z_2 间温度差,z_1,z_2 分别取 2 米和 0.5 米。

我们以某次试验为例,(由此例可见一般情况),将本模式计算得的峰值浓度与实测值及 Berliand 模式 (1) 的计算值加以比较,见图 1。该次试验属于 $\sigma_A = 6°$(夜)类,$k_1 = 0.15$ 米²/秒,$u_1 = 6.39$ 米/秒,从图可见计算值与实测值还比较接近,比 Berliand 模式要好得多。

我们用相对误差 E，其绝对值 E_1，计实比 ρ 来表示误差程度。定义如下：

$$E = \frac{C_计 - C_实}{C_实}, E_1 = \frac{|C_计 - C_实|}{C_实},$$

$$\rho = \frac{\max(C_实, C_计)}{\min(C_实, C_计)}$$

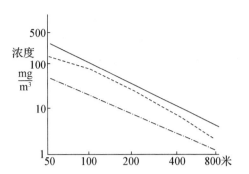

图 1 峰值浓度与实测值的比较
实线是计算值，虚线是实测值，
点划线是 Berliand 模式值

其中 $C_计$ 表各点计算值，$C_测$ 表各点实测值。每次试验对每测点均计算。计算发现，同一 σ_A 类中各试验各测点误差随距离变化不大，故对某 σ_A 类中各试验的各点求上述各量各自的平均值 $\overline{E}, \overline{E}_1, \overline{\rho}$ 表示平均误差大小，结果见表 2。

表 2 不同稳定度下峰值浓度误差

σ_A	$\overline{E}$	$\overline{E}_1$	$\overline{\rho}$	试验次数
12°	−0.13	0.42	1.63	5
9°	1.00	1.00	2.00	3
6°(白天),8°(夜)	0.96	0.96	1.96	3(不计其中一个)
6°	0.89	0.96	1.99	9(不计其中一个)
5°($k_1 = 0.01$)	3.50	3.88	5.05	4
5°($k_1 > 0.01$)	1.53	1.58	2.58	4

由表 2 见，除中等不稳定外，基本上都是理论值大于实测值。除中等稳定外，计实比一般在 2 倍以内。这样的个例精确度还是可以的。$\sigma_A = 5°$ 即中等稳定类较差。将此类再分成 $k_1 = 0.01$ 米²/秒及 $k_1 > 0.01$ 米²/秒(平均 $k_1 = 0.05$ 米²/秒)两大类，前者误差较大，而后者计实比仍在 3 倍以内，即 k_1 愈小，误差愈大。

中性及 $\sigma_A = 6°$(夜)时各略去一个例外，这例外的理论值要超过实测值好几倍，此二例外均是 k_1 特小的情况，如中性一次 $k_1 = 0.01$(其余平均为 0.18)。$\sigma_A = 6°$ 例外一次 $k_1 = 0.01$(其余平均 0.08)，故小 k_1 时误差较大是一普遍现象。

Smith(见文献[8])曾从湍流微结构的观测求出当地转风速 4 米/秒，$z_0 = 0.03$ 米时三种稳定度下各高度 k_1 值。将他的 k_1 与我们的比较，似不能说明我们的 k_1 偏小，即误差原因似不能从 k_1 解释。

我们比较中性时一次 $k_1 = 0.01$，一次 $k_1 = 0.09$ 的情况。这两次在 0.5 米—2 米间及 2 米—16 米间的平均 Ri 数是

	Ri(2—16 米)	Ri(0.5—2 米)
$k_1 = 0.01$	0.018	0.028
$k_1 = 0.09$	0.016	0.012

可见虽然 0.5—2 米 Ri 二者差较大,使两个 k_1 差较大,但 2—16 米两者 Ri 已很接近,因而较高气层两者 k 应接近。但因我们算出的 m 都是二者相近,因而使 $k_1=0.01$ 时较高气层的扩散能力被低估了,使浓度过高估计。$\sigma_A=5°$ 类的 $k_1=0.01$ 情况与此相同,因而误差原因之一是假定(5)在 k_1 小时不精确所致。

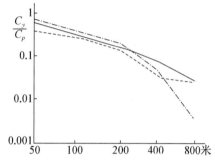

图 2　C_y/C_p 理论值与实测值的比较
实线是计算值,虚线是实测值,
点划线是 Berliand 模式值

对于侧向扩散,我们将 x 相同时横坐标为 y 处的浓度与轴线浓度之比 C_y/C_p 的理论值与实测值进行比较。由(27)

$$\frac{C_y}{C_p} = e^{-\frac{(a+1)y2}{4k_0x^{a+1}}}$$

不稳定时计算与 X 轴角距为 $10°$ 的点的浓度,中性及稳定时则取与 X 轴角距为 $6°$ 的点。我们仍用上面举过的那次试验为例说明计算值,实测值及 Berliand 模式的比较。结果见图 2。可见我们的模式比 Berliand 的更接近实际,我们对同一稳定度类同一距离各次求平均 C_y/C_p,然后计算其相对误差,结果见表 3。

表 3　C_y/C_p 计算值与实测值的相对误差

σ_A	测点对 X 轴角距	50 米	100 米	200 米	400 米	800 米
12°	10°	0.03	0.04	0.18	0.44	−0.49
9°	10°	−0.19	−0.34	−0.64	−0.42	−0.66
6°(白天),8°(夜)	6°	0.15	−0.17	−0.16	−0.12	0.37
6°(夜)	6°	0.13	0.09	−0.05	−0.05	−0.73
5°	6°	−0.20	−0.35	−0.83	−1.0	—

除 $\sigma_A=12°$ 外,大都是理论值小于实测值。相对误差大都小于 50%。因 σ_y 理论值与实测值相符,因而这种误差应由对高斯分布的小的偏差所造成,因为小的偏差也能产生一定的误差,高斯分布是各种扩散模式的共同特征,因而这一误差不能归之于本模式的缺陷。

因 Y 方向理论上的扩散比实际的弱,因而理论上的轴线浓度就要比实测的大些。表 2 与表 3 的对比可说明这一问题。因而轴线浓度过高估计的原因之一,很可能是 Y 方向误差所造成。由于轴线浓度计算偏高些,而侧向扩散计算值又偏低些,于是非轴线浓度的计算值相对误差比较小,此处不另说明。

5　下垫面影响的估计

上面进行的浓度计算都是在 $\nu=0$ 时进行的,下面进一步计算 $\nu\neq0$ 时对地面源浓度场能产生多大的影响。我们来求影响最大处即最远 800 米处地面浓度。

因 z,H 均小,可将(25)中 $J_{\pm\mu}(\theta),J_{\pm\mu}(\lambda)$ 展开后取第一项

$$\chi=\frac{2Q}{k_1(2+n-m)}\int_0^\infty \frac{(zH)^{1-m}\left(\frac{1}{2}\right)^{2\mu}\left(\frac{2}{2+n-m}\sqrt{\frac{u_1}{k_1}}\omega\right)^{2\mu}+\frac{a(z^{1-m}+H^{1-m})}{\Gamma(1-\mu)\Gamma(1+\mu)}}{1+a^2} \rightarrow$$

$$\leftarrow \frac{+\frac{a^2}{[\Gamma(1-\mu)]^2}\left(\frac{1}{2}\right)^{-2\mu}\left(\frac{2}{2+n-m}\sqrt{\frac{u_1}{k_1}}\omega\right)^{-2\mu}}{+2a\cos\pi\mu} e^{-\omega^2\zeta}\omega d\omega$$

令 $\Omega=\omega^2$,经计算得

$$\chi=\frac{Q\left[\frac{(zH)^{1-m}\nu^2}{k_1^2(1-m)^2}+\frac{\nu(z^{1-m}+H^{1-m})}{k_1(1-m)}+1\right]}{k_1^{1-\mu}(2+n-m)^{1-2\mu}[\Gamma(1-\mu)]^2 u_1^\mu}\int_0^\infty \frac{\Omega^\mu e^{-\Omega\zeta}}{(\Omega^\mu+M)^2+N}d\Omega \tag{37}$$

其中

$$M=\frac{\nu\Gamma(1+\mu)(2+n-m)^{2\mu}\cos\pi\mu}{(1-m)\Gamma(1-\mu)k_1^{1-\mu}u_1^\mu}$$

$$N=\frac{\nu^2[\Gamma(1+\mu)]^2(2+n-m)^{4\mu}\sin^2\pi\mu}{k_1^{2(1-\mu)}u_1^{2\mu}(1-m)^2[\Gamma(1-\mu)]^2}$$

(37)中令 $z=1.5$ 米(采样高度), $H=0.5$ 米,(27)中令 $z=H=0$,注意到, $n+m=1$,则从(27),(37)得

$$\frac{C_{\nu\neq0}}{C_{\nu=0}}=\frac{\chi_{\nu\neq0}}{\chi_{\nu=0}}=\left[\frac{(zH)^n\nu^2}{k_1^2 n^2}+\frac{\nu(z^n+H^n)}{k_1 n}+1\right]\frac{\zeta^{\frac{1+n}{2+n-m}}}{\Gamma\left(\frac{1+n}{2+n-m}\right)}\int_0^\infty \frac{\Omega^\mu e^{-\Omega\zeta}}{(\Omega^\mu+M)^2+N}d\Omega \tag{38}$$

我们只计算中性情况,取平均值, $k_1=0.12$ 米²/秒, $u_1=5$ 米/秒, $n=0.17,m=0.83$,于是 $\mu=0.13$,按 Owers Powell[9] 在草地上对二氧化硫的实验得 $\nu=0.6-2.6$ 厘米/秒,我们分别计算不同 ν 值时的上述比值。(38)中积分则数值计算。在不超过 1% 误差下,各 ν 时的 $C_{\nu\neq0}/C_{\nu=0}$ 见图 3。可见随 ν 增加, $C_{\nu\neq0}/C_{\nu=0}$ 减少,而减少速率愈来愈慢,如果取 ν 的典型值 0.01 米/秒,则 $C_{\nu=0.01}/C_{\nu=0}=0.8$。于是在第一近似下可忽略下垫面影响。但仔细估计浓度时应考虑该项订正。

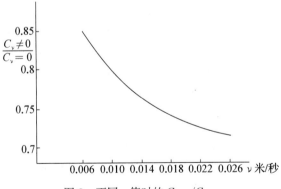

图 3　不同 ν 值时的 $C_{\nu\neq0}/C_{\nu=0}$

6　几点结论

(1) 梯度-传输理论经过一些补充假定,即考虑 k 是 x 函数亦是 z 的函数时,可使方程在扩散特性上较符合于实际结果,但有关参数现时只能由实测资料确定,资料愈多,越有代表意义。

(2) 梯度-传输理论在人们对扩散的物理本质的认识上比纯根据经验的模式前进了一步,但 k 随 x 变化的原因需进一步探索,以求进一步从理论上说明扩散现象。

(3) 本文以 σ_A 为扩散指标,以此来区分扩散级别。可能 σ_A 不一定是最好的扩散指标,亦可按其他稳定度分类来区分扩散级别,求出各级别的参数值。这需要在大量观测资料基础上进一步分析研究。

(4) 本模式对中等不稳定到弱稳定误差要比中等稳定时小,前者轴线浓度误差可在 2 倍以内,后者可在 3 倍以内或稍大一些。误差原因之一在于 k_z 随 z 变化的幂次律精确性还不够,还有侧向浓度偏离高斯分布等原因,正确估计各高度的 k 求方程的数值解是提高精确度的重要途径。

(5) 下垫面清除作用的影响在小尺度范围内第一近似下可忽略,但清除作用剧烈或尺度较大时应予考虑。本文提供了小尺度范围内估计下垫面清除作用的一种方法。

参考文献

[1] F. Pasquill, Atmospheric Diffusion. 1974, Ellis Horwood Ltd.

[2] M. E. Berliand, Modern problems of atmospheric diffusion and air pollution, 1975. Gidrometeoizdat. (in Russian)

[3] L. K. Peters & G. K. Klinzing, The effect of variable diffusion coefficient and velocity on the dispersion of pollutants, Atmos. Env., 1971,5,497.

[4] G. T. Yeh, & Y. J. Tsai, Analytical solution of a three dimensional diffusion equation with variable coefficient. Third Symposium on atmospheric turbulence diffusion and air quality, 1976, 194.

[5] H. E. Cramer, A practical method for estimating the dispersal of atmospheric contaminants, Proceedings of the conference on applied meteorology, 1957.

[6] M. L. Barad, Project Prairie Grass, a field program in diffusion, Geophys. Res. Papers. No. 59, Vols I & II.

[7] 布德科(李怀瑾等译),地表面热量平衡,1960,科学出版社。

[8] F. Pasquill, The dispersion of material in the atmospheric boundary layer, The basis for generalized, Lectures on air pollution and environmental impact analysis, 1975.

[9] M. J. Owers & A. W. Pawell, Deposition velocity of surphur dioxide on land and water surface using a ^{35}S tracer method. Atm. Env., 1974, 8, 63.

A MODEL OF K-THEORY FOR ATMOSPHERIC DIFFUSION AND ITS APPLICATIONS

Abstract: Under the assumption of $u = u(z)$, $k_y = k_y(x,z)$, $k_z = k_z(x,z)$ an analytical solution of a three dimensional turbulent diffusion equation of a stationary continuous point source with the consideration of the deposition of the pollutant on the ground is obtained. The solution contains some parameters depending on the atmospheric stability. Using the experimental data of the ground-level source diffusion in the PPG, we empirically determined these parameters which are suitable to the small scale diffusion under various atmospheric stabilities ranging from the moderate unstable condition to the moderate stable one. Except a few cases, the relative errors of concentration magnitude between the evaluated and the measured value are within 200% on the average. Finally, the effects of the deposition on the concentration field are also evaluated for various deposition velocities.

5.2 大气中由 NO_x 形成的 HNO_3 分布的估计[①]

提 要: 本文根据大气中 NO_x 形成 HNO_3 的主要化学反应求解带有化学反应的扩散方程而得到 HNO_3 生成的空间分布。HNO_3 气体形成后边扩散边被降水清洗带至地面。我们又求解了 HNO_3 气体的扩散方程,考虑降水清洗从而得到 HNO_3 被降水带至地面的湿沉降量,得到水平面上 HNO_3 在 24 h 内的分布,可用来大致估计 HNO_3 污染程度及范围。

1 引言

现今大气科学中正在研究硫和氮的氧化物在大气中的转化过程及其随降水沉降至地面的现象。与这种沉降相联系的酸雨问题涉及广泛、明显的环境效应,已经引起国内外科学工作者的极大关注。通常认为酸雨主要是污染大气中的 SO_2 和 NO_x 分别转化成 H_2SO_4 和 HNO_3 所造成的。显然,阐明 SO_2 和 NO_x 在大气中的氧化过程,并结合其在大气中的扩散传输过程,进一步定量估计形成的 H_2SO_4 和 HNO_3 在大气中和地面上的分布,对于酸雨形成机理,酸雨的分布及其污染的强弱程度的研究是十分重要的。

大气中 NO_x 主要组成是 NO_2 和 NO,它从许多源排放进入对流层,其中人类活动源主要是电厂和交通运输车辆的排放[1,2]。由于在污染的对流层中,NO 由 HO_2,RO_2 等转化为 NO_2(见下文),故本文中 NO_x 都以 NO_2 计量。本文主要介绍由 NO_x 形成的 HNO_3 分布的定量估计。

2 NO_x 在大气中的化学反应[3-6]

在污染的对流层中,NO_2 吸收阳光离解而形成活泼的基态氧原子 $O(^3P)$ 和 NO,当不存在其他产物时,氧原子与分子氧迅速反应产生 O_3,O_3 又将 NO 重新氧化产生 NO_2,实际上NO 还会与过氧基迅速反应形成 NO_2 和其他类型活性物质:

$$HO_2 + NO \longrightarrow HO + NO_2 \tag{1}$$

$$RO_2 + NO \longrightarrow RO + NO_2 \tag{2}$$

$$RCOO_2 + NO \longrightarrow RCO_2 + NO_2 \tag{3}$$

O_3 也能氧化 NO_2 为活跃的瞬态 NO_3,后者能导致 N_2O_5,或与 NO 作用又重新生成 NO_2,即

---

① 原刊于《气象学报》,1987 年 11 月,45(4),443 – 450,作者:赵鸣,莫天麟。

$$O_3 + NO_2 \longrightarrow O_2 + NO_3 \tag{4}$$

$$NO_3 + NO_2 + M \Longleftrightarrow N_2O_5 + M \tag{5}$$

$$NO_3 + NO \longrightarrow 2NO_2 \tag{6}$$

上面大部分反应是 NO 氧化成 NO_2，再由均相反应（$2NO_2 + H_2O \longrightarrow HNO_3 + HONO$）生成 HNO_3，但此热反应是很慢的，而大量实验证据表明，对流层中 NO_2 氧化为 HNO_3 的一个主要途径是

$$HO + NO_2 + M \longrightarrow HNO_3 + M \tag{7}$$

另一个重要的均相气相反应途径为[4]

$$H_2O + N_2O_5 \longrightarrow 2HNO_3 \tag{8}$$

理论上，在夜间当 NO_3 和 N_2O_5 浓度可以升高时，反应（8）可能是重要的。按化学反应动力学

$$\frac{d[NO_2]}{dt} = -\alpha[NO_2] \tag{9}$$

式中 α 为氧化速率常数。

Schwartz(1984)曾指出[6]，反应（7）的 α 值为 5%—10%h^{-1}；而文献[4]指出，NO_2 由各种过程氧化为 HNO_3 的总速率常数 α 在 20%—30%h^{-1} 之间，显然，这包括了反应（7），（8）和其他。我们在下面计算中取 α 值为 10%h^{-1}，主要考虑了主要化学反应（7），如果考虑到（8）或其他反应，α 值增加，则本文方法仍可应用。

3　扩散模式

本文主要考虑由点源排放的 NO_x，对于线源问题，在数学处理上比点源简单，我们在最后简单介绍一下结果。前面已讲过，我们将 NO_x 一律取作 NO_2 处理，因 NO_2 的清除速率由（9）式决定，则 HNO_3 的生成速率应是 $-\dfrac{M_{HNO_3}}{M_{NO_2}} \cdot \dfrac{d[NO_2]}{dt}$，$M$ 为分子量，即

$$\frac{d[HNO_3]}{dt} = -\frac{M_{HNO_3}}{M_{NO_2}} \cdot \frac{d[NO_2]}{dt} = -1.37\frac{d[NO_2]}{dt} = 1.37\alpha q \tag{10}$$

q 表示$[NO_2]$，空间各点 q 应由 NO_2 的扩散方程决定。为处理简单起见，考虑定常问题的扩散。实际上，对某一连续定常污染源而言，污染源开始作用一段时间以后，当扩散条件不变时，浓度分布即是定常分布。我们考虑一天内平均的 HNO_3 生成量，可近似认为扩散条件不变（即取一天的平均扩散条件），故解定常问题是可行的。在考虑降水的液态 HNO_3 分布时，因降水时气象要素日变化较小，解定常问题则其近似程度更好些。我们取大气为中性时的风和 K 分布作为模式中的参数，并取如下坐标系，设 x 轴平行于地转风向，y 轴在水平面内与 x 轴垂直，z 轴向上，原点在点源正下方的地面上，源高 h 设为 100 m。按大气边界层风

的分布规律,此时风速的 x 分量要比 y 分量大得多,且风向随高度而变,湍流交换系数 K 也随高度而变,此风和 K 的分布我们采用边界层气象理论求出的结果,因风在 x 方向分量较大,我们略去 x 方向的扩散,因而对 NO_2 的浓度 q 而言,平流扩散方程是(铅直平流项一般较小,不予考虑):

$$u\frac{\partial q}{\partial x}+v\frac{\partial q}{\partial y}=\frac{\partial}{\partial y}K_y\frac{\partial q}{\partial y}+\frac{\partial}{\partial z}K_z\frac{\partial q}{\partial z}-\alpha q \tag{11}$$

右端第三项为(9)式之右端,因 NO_2 与 H_2O 直接反应很慢,我们略去由于与 H_2O 反应的清除;K_y,K_z 分别为 y,z 方向扩散系数;u,v 为 x,y 方向风速,设地转风速 $G=10$ m/s 为一般代表值。按边界层理论[7,8]可得风速和 K 的铅直分布,风分布如图1所示,在求得此风速分布时,同时得到的 K_z 见图2,它是用如下的表达式(此处我们设风速的 K 与浓度的 K 相同):

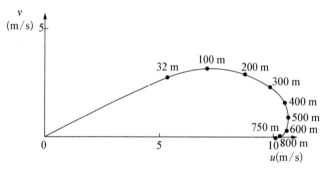

图 1　风随高度的分布
(曲线上点旁数值表示高度(m))

$$K_z=l^2\left[\left(\frac{\partial u}{\partial z}\right)^2+\left(\frac{\partial v}{\partial z}\right)^2\right]^{1/2} \tag{12}$$

其中

$$l^2=0.4(z+z_0)/[1+0.4(z+z_0)/\lambda],\lambda=0.006\,3u_*/f$$

l 为混合长,z_0 为粗糙度(取 1 cm 代表一般平坦地面),f 为地转参数,取 $f=0.000\,1$ s^{-1}代表中纬地区,与图1相应的 u_* 从边界层理论解出为 0.34 m/s。我们即用图1,2的 u,v,K_z 来解方程(11),K_z 之取值按文献[9],在近地层(设 60 m)以下取

$$K_y=\frac{K_z h_s}{z} \tag{13}$$

h_s 为近地层高,而 h_s 以上取 $K_y=K_z$。

认为 NO_2 的扩散范围是整个边界层,设边界层高度 $H=1\,000$ m,考虑 H 处及地面处 NO_2 都不能逾越,于是得边界条件是

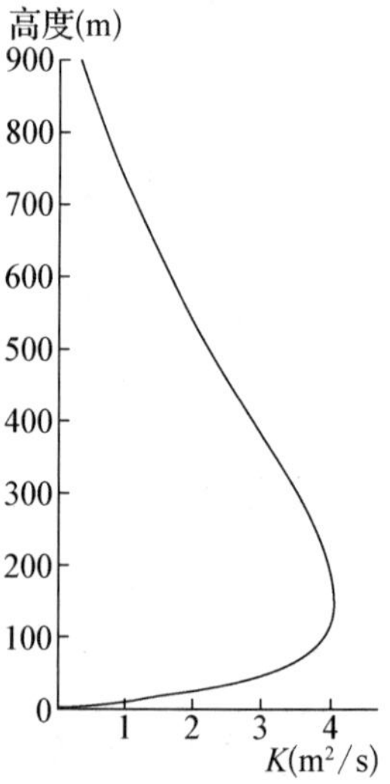

$$\partial q/\partial z=0 \qquad 当\ z=H \tag{14}$$

$$\partial q/\partial z=0 \qquad 当\ z=0 \tag{15}$$

$x=0$,则

$$q=Q/\{[u^2(h)+v^2(h)]^{1/2}\Delta z\Delta y\} \qquad 当\ y=0,z=h \tag{16a}$$

图 2　K 随高度的分布

$$q = 0 \qquad 在其他网格点 \qquad (16b)$$

式中 Q 为源强，Δz,Δy 为 z 及 y 方向格距。求解方程时 y 方向范围选取如下,考虑到 u 比 v 大得多,且大部分高度范围内 v 均大于零,只在边界层上部才小于零,而 $v < 0$ 时,$|v|$ 又很小,故在 $y < 0$ 方向平流很小,主要是扩散,而 $y > 0$ 方向主要是平流;故在 $y < 0$ 方向取边界在 $y = -10$ km,并足够精确地取该处浓度为零,得侧向边界条件为

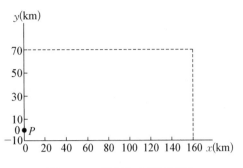

图 3　xy 平面内求解区域图
（P 为源在 xy 平面上的投影位置）

$$q = 0 \qquad 当 y = -10 \text{ km} \qquad (17)$$

$y > 0$ 方向取 $y = 70$ km 为求解边界,如图 3 是 x,y 平面内求解区域图。x 方向求解区域取至 160 km。当然,本文方法可应用到更远处。NO_2 源强取中等发电厂值,按文献[10]推算,发电量 10 万 kW 的电厂,等价 NO_2 排放量为 150 g/s,以此作源强,因方程为线性方程,浓度与源强成正比,若源强不同于上述,则求出的 HNO_3 生成量按比例变化。

格距如下,$\Delta x = \Delta y = 2$ km,铅直方向 100 m 以上至 1 000 m 取 19 点,间距 50 m,100 m 以下取 5 点,具体高度见表 1。故计算区域共有 $80 \times 40 \times 24$ 个点。上述的 NO_2 扩散方程,由其解可得 q 的空间分布,因而也可得 HNO_3 气体的单位时间生成率的空间分布即是 $1.37\alpha q$,HNO_3 气体生成后一方面继续扩散,一方面被降水带至地面而形成酸沉降,我们考虑 HNO_3 及 NO_2 仅在边界层内扩散,略去其在云内的清除（假定云底高于 1 000 m）,其主要清除是降水。按一般理论,降水清除 HNO_3 的速率是

$$\frac{dC}{dt} = -\Lambda C \qquad (18)$$

C 为气体 HNO_3 浓度。显然 Λ 既与降水强度有关,也与气体性质有关。按[11],在降水强度 1—25 mm/h 时,HNO_3 气体的 Λ 值可从 $1.3 \times 10^{-5}\,\text{s}^{-1}$ 至 $1.5 \times 10^{-3}\,\text{s}^{-1}$,我们取这两个 Λ 值分别代表弱、强两种降水,于是得 HNO_3 气体的扩散方程是

$$u\frac{\partial C}{\partial x} + v\frac{\partial C}{\partial y} = \frac{\partial}{\partial y}K_y\frac{\partial C}{\partial y} + \frac{\partial}{\partial z}K_z\frac{\partial C}{\partial z} + 1.37\alpha q - \Lambda C \qquad (19)$$

右端第三项是 HNO_3 的生成项,其中 q 即用方程(11)的解,第四项表示降水清除项,在(19)解得 C 后则即可得单位时间单位体积被降水带至地面的 HNO_3 量,最后即可求得地面上总的湿沉积量。

求解(19)时 u,v,K_y,K_z 同方程(11)所用的值,C 的边界条件:

$$\partial C/\partial z = 0 \qquad 当 z = H \qquad (20)$$

下界考虑到 HNO_3 气体极易溶于水,因此地面对 HNO_3 气体而言是一个"汇",HNO_3 遇到地面即被潮湿地面所吸收,此时边界条件可写成[12]

$$K_z \frac{\partial C}{\partial z} = v_d C \qquad\qquad \text{当 } z = 0 \qquad\qquad (21)$$

v_d 称沉积速度(Deposition velocity),而 v_d 取

$$v_d = u_*^2 / u_a \qquad\qquad\qquad (22)$$

u_a 为铅直差分网格中最近地点一点处风速,可用对数律计算,$x = 0$ 处

$$C = 1.37 \alpha q \qquad\qquad \text{在 } y = 0, z = h \qquad (23a)$$
$$C = 0 \qquad\qquad\qquad \text{在其他网格点} \qquad (23b)$$

表 1　100 m 以下铅直方向格点分布

No	1	2	3	4	5
高度(m)	0	6	16	32	64

网格系统同方程(11)。

　　用 Peaceman-Rashford 方法对方程(11)、(19)求解。在求出 C 后,我们即可得单位时间单位体积空气内 HNO_3 被降水带至地面的值,进一步可算地面单位面积 24 h 内总的降酸量,从而得到其在水平面上的分布。

4　计算结果分析

　　图 4 是由源至 x 处(在我们考虑范围内)地面上 24 h 内沉降的总酸量。由图可见,在 $\Lambda = 1.5 \times 10^{-3} \mathrm{s}^{-1}$ 时,此总酸量比 $\Lambda = 1.3 \times 10^{-5} \mathrm{s}^{-1}$ 时大得多,物理上是显然的,近源处约大两个量级,此总酸量显然随 x 增加而增加,速率先快后慢,大 x 时,两个 Λ 时的差别渐趋减小,造成这一现象的原因是小雨强时近源处 HNO_3 被降水带至地面的毕竟是少数,大部分仍在扩散,但随着距离增大,这些 HNO_3 气体最终仍被带至地面,故 x 增大时二者差别愈来愈小。

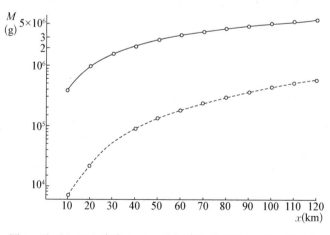

图 4　地面上 24 h 内由 0 至 x 处沉降的总酸量 M 随 x 的变化

从水平面上总酸量讲,平均来说,大雨强时的总酸量要比小雨强时大一个量级。

我们计算了大气中 24 h 内形成的 HNO_3 气体的总量,算得 0—50 km 内形成的总量为 7×10^6 g,当 $\Lambda = 1.5 \times 10^{-3} s^{-1}$ 时,在 50 km 24 h 内降到地面的总酸量为 6×10^6 g,即当雨强大时能将空气中形成的 HNO_3 的 85% 清洗到地面。

再看水平面上酸湿沉积量的分布,如图 5 和 6 分别是上述两个 Λ 值时水平面上单位面积 24 h 内酸的分布。可见大 Λ 时水平酸量分布也差不多比小 Λ 时大 1—2 个量级,当然污染范围要比小 Λ 时大得多,从这个水平分布,我们可以根据一定的酸量标准,估计相应的污染范围。从图可见,酸量分布沿 100 m 高风向在下风方向有峰值地带出现,这主要是平流的结果,由于 y 方向扩散,因此向 y 方向酸量很快减少。在 Λ 不同时的一个重要差别是大 Λ 时酸量向下风方向单调减少,但小 Λ 则在下风方 30—100 km 范围内出现一个极大的封闭中心。这现象的原因是由于 HNO_3 气体的扩散不同于 NO_2 的扩散,后者只有点源处是排放源,而前者在空间每一点均有源项,在小 Λ 时被清除的 HNO_3 少,则空间各点源项大,它们再向下风方平流扩散,这些新产生的 HNO_3 与点源处扩散来的 HNO_3 一起在下风某距离内产生极大。故雨强不同时,在水平面上酸量分布是不同的。

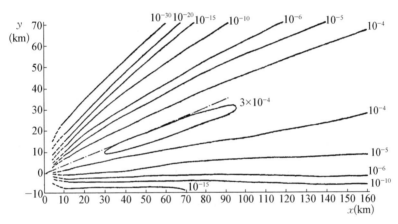

图 5　$\Lambda = 1.3 \times 10^{-5} s^{-1}$ 时单位面积上 24 h 内酸湿沉积量的水平分布
图中等值线单位为 g/(24h·m²),点划线为 100 m 高处风向

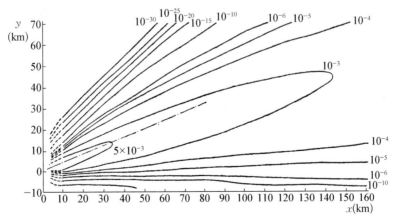

图 6　$\Lambda = 1.5 \times 10^{-3} s^{-1}$ 时单位面积上 24 h 内酸湿沉积量的水平分布
(图例同图 5)

　　考虑 NO_2 的线源排放如高速公路,则可用线源扩散模式加上化学反应及降水清洗来估计由线源产生的 HNO_3 酸量随下风方向距离的分布。处理方法是将(11)及(19)式化为线源扩散方程即可,x 轴取为地转风方向,线源在 y 方向源高 1 m,其余处理同前,源强设为 0.002 g/(s·m),代表大流量汽车的高速公路源强,计算结果在 0—50 km 内,y 方向 1 m 宽的范围内 24 h 总酸量:大 Λ 时为 36 g,小 Λ 时约为 8 g,但在小距离上,此总酸量在不同 Λ 差别就大得多,理由同前。

5　结语

　　本文考虑 NO_2 排放后在扩散过程中由化学反应生成 HNO_3 气体,后者继续扩散同时受降水清洗而降至地面,求解 NO_2 和 HNO_3 的扩散方程,从而计算了由点源 NO_2 产生的 HNO_3 的湿沉积量及其在水平面上的分布。求解时用的扩散参数及气象参数均是中性大气时理论上解得的结果,它具有一般性。在具体气象情况不同时,可用当时具体的风速及 K 来解方程,方法完全与本文一样。因此,本文方法具有一般性,在源强不同时则湿沉积量应随源强增加而增加,可间接估计。这些参数不同时算出的酸分布与本文不同,但基本分布特征相同。本文用 1 和 25 mmh^{-1} 雨强的两个 Λ 值,对其他雨强也可将结果内插而得。本文提供了一个根据 NO_2 源强定量估计 HNO_3 湿沉积量的方法。在没有足够多的 HNO_3 监测资料情况下,可用来大致估计硝酸污染的范围。当然,本文结果在数量上的正确度还有待实际观测的验证。由于模式是理想化的,也并未计及云内清除,因此,对本文结果我们也只能在整体平均的概念上去认识它。

参考文献

[1] Record, F. A. et al., Acid rain information book, 31 - 76, Noyer Data Corporation,1982.

[2] Kley, D. et al., Chemiluminescence detector for NO and NO_2, Atmos. Tech. , 12,63 - 69,1980.

[3] 莫天麟,酸雨研究进展,南京气象学院学报,1984 年第一期,121 - 128.

[4] Environmental studies board commission on physical sciences, mathematics and resources et al., Acid deposition atmospheric process in Eastern North America, 155 - 201, National Academy Press, 1983.

[5] Cox, R. A., et al. Kinetics of the reaction of nitrogen dioxide with ozone, J. Atmos. Chem.,1, 53 - 63, 1983.

[6] Schwartz, S. E., The chemistry of clouds, presented at New York academy of sciences section of environmental sciences, March 21, 1984 and to be published in the Annals of the Academy.

[7] Estoque, M. A., Numerical modelling of the planetary boundary layer, in Workshop on Micrometeorology, 217 - 270, Amer. Meteor. Soc., 1973.

[8] Blackadar, A. K., High resolution models of the planetary boundary layer, in J. R. Pfafflin and E. N. Eiegler(eds.), Advances in Environmental Sciences, 1, 50 - 85, Gordon and Breach, 1979.

[9] Lange, R., ADPIC-A three dimensional practice in cell model for the dispersion of atmospheric pollutants and its comparison to regional tracer studies, J. Appl. Meteor., 17,320 - 329, 1979.

[10] Wark, K. and C. F. Warner, Air pollution, its origin and control, 361, A Dun-Donnellery Publisher, 1976.

[11] Levine, S. Z., and S. E. Schwartz, In cloud and below cloud scavenging of nitric acid vapor. Atmos. Environ., 16,1725 – 1734, 1982.

[12] Pasquill, F., Atmospheric diffusion, 232, Van Norstrand, 1982.

AN ESTIMATION OF HNO₃ DISTRIBUTION FORMED BY NO_x IN THE ATMOSPHERE

Abstract: According to the main chemical reaction by which the HNO_3 is formed from NO_x in the atmosphere, the NO_2 diffusion equation involving the chemical reaction is solved to obtain the distribution of HNO_3 vapor. The HNO_3 vapor is scavenged and precipitated to the ground by rain at the same time of its diffusion. Then, the diffusion equation of HNO_3 vapor is solved incorporating the washout of rain to obtain the distribution of precipitated HNO_3 on the ground in the 24 hours, by which we can estimate the level and domain size of the pollution of HNO_3 approximately.

5.3 EXPERIMENT ON THE FORECAST OF CHARACTERISTIC QUANTITIES OF ATMOSPHERIC TURBULENCE BY MESOSCALE MODEL MM5[①]

Abstract: In nested nonhydrostatic mesoscale model MM5, the characteristic quantities of atmospheric turbulence, i.e. the standard deviations of the turbulent fluctuated speeds for three directions in PBL, are computed by Mellor-Yamada's level 2.5 closure scheme. The magnitudes and the vertical profiles of these quantities computed from the model are closely connected with temperature and wind speed profiles as well as the type of the ground with a significant diurnal variation, and are in agreement with known magnitudes and regularities in different stratification conditions. Hence the method in this paper is reasonable and convincible. Their horizontal distribution depends on the horizontal distribution of the stratification. The method of predicted characteristic quantities of turbulence from mesoscale model in this paper can be used in the problem of atmospheric diffusion and atmospheric environment.

Key words: atmospheric turbulence, standard deviation of turbulent speed, mesoscale model MM5, level 2.5 closure scheme.

1 INTRODUCTION

As well known, understanding the structure of atmospheric turbulence is very important for understanding the atmospheric ability of diffusion as well as the prediction and control of air pollution. Usually the characteristic quantities of atmospheric turbulence, such as the variance and standard deviation of the turbulent fluctuated speed, are obtained from observations and some empirical laws are summarized. Kaimal et al.(1976), Panofsky et al.(1977) analyzed observed data and derived some empirical formulas. Caughey and Palmer (1979), Brost and Lenschow(1982), Grant(1986), De Bruin et al. (1993), Erbrink (1995) analyzed turbulence data in PBL (planetary boundary layer) respectively. Derbyshire (1995) analyzed the variance and covariance of the turbulent quantities in stable stratification. Founda et al.(1997) studied the standard deviation over complex terrain based on observations. Xu et al. (1997) studied the standard deviation of turbulent fluctuated speed in surface layer over Nanjing area. Lei et al. (1998) studied the characteristics of the turbulent quantities based on the

---

① 原刊于《Acta Meteorologica Sinica》,2002,16(1),94 - 106,作者:赵鸣,许丽人,汤剑平。

observation in Chongqing area. Liu and Hong(2000) analyzed the data in Tibetan Plateau. Zhang et.al.(1997) analyzed the standard deviation of turbulent speed over Gobi area in western China for different weather conditions. Stull(1988) summarized previous research works. All of above works obtained interesting results. In fact, the observation for turbulence is difficult and hence, not enough, especially in the boundary layer above surface layer. On the other hand, the simulation of the characteristic quantities of turbulence field by numerical models is an appropriate method. Wyngaard(1974a;1974b; 1975) simulated the variance of the turbulence speed by using higher order closure, Derbyshire(1995) compared the observation with the large eddy simulation, Sullivan et al. (1994), Mason and Brown(1994) analyzed the variance of the turbulent speed by using the large eddy simulation method. Sharan and Gopalakrishnan (1999) studied the variation regularity of $\overline{w^2}$ with height for stable stratification. Andren(1990) diagnosed the turbulent quantities by using Mlellor-Yamada's level 2.5 scheme in PBL model and compared to the observed data. Heilman and Takle(1991) diagnosed the turbulence characteristic quantities in PBL model by level 2.5 scheme. Hurley(1997) simulated the turbulence by use of mesoscale model, but only performed some experiments under ideal conditions. All the above numerical works did not use operational mesoscale model and realistic meteorological data, hence the routine prediction of these turbulence characteristic quantities can not be performed.

In this paper, we use nested nonhydrostatic mesoscale model MM5 incorporated with Mellor-Yamada's level 2.5 turbulence closure model to simulate the turbulence in a limited domain. The horizontal resolution for the large domain is 60 km which is appropriate for the sounding data in China, but 20 km for small(nested) domain, we then can simulate and predict the turbulence quantities at model grids for different times, which is useful for the application in the environment problem such as air pollution forecast etc. The simulated variances or standard deviations of the turbulent speed represent the mean values over a grid scale. The results show that the simulated characteristic quantities of turbulence are in agreement with known regularities, therefore, the scheme of this paper may provide a method to predict the characteristic quantities of turbulence from operational numerical model.

2 MODEL, DATA AND ANALYSIS METHOD

Nonhydrostatic MM5 model in a limited area is used in this paper, the governing equations include the forecast equations of wind speeds, temperature, pressure and humidity, the details may be found in Grell et al.(1994), 16 layers in σ coordinate system are selected, i. e., $\sigma = 0.0, 0.1, 0.2, 0.3, 0.4, 0.5, 0.6, 0.7, 0.80, 0.85, 0.89, 0.93, 0.96, 0.98,$

0. 99 and 1.0.

Grell's scheme for cumulus convection parameterization is chosen and Mellor-Yamada's level 2.5 scheme for PBL parameterization is used to compute the turbulent fluxes. For large domain, the grid numbers are $55\times65\times15$ and $40\times41\times15$ for case 1 and case 2 respectively, but for small domain, $34\times37\times15$ and $37\times40\times15$ are chosen for case 1 and case 2 respectively. The central points are $(32°N, 107°E), (36°N, 117°E)$ for case 1 and case 2 respectively. Relaxation boundary condition is applied for large domain, but time-dependent and inflow-outflow conditions are used for small domain. The time step is 180 seconds.

NCEP reanalyzed data are used to run the model, the horizontal resolution of the data is $2.5°\times2.5°$, which are used to obtain initial field and lateral boundary condition. Case 1 is from 00 UTC 2 Jan. to 00 UTC 3 Jan. 1995. In the chart at 00 UTC 2 Jan., there was fine weather over large part of northern China due to the high pressure situation, but overcast or weak rainy weather over Changjiang-Huaihe Basins and southern China. Case 2 is from 00 UTC 22 Oct. to 00 UTC 23 Oct. 1994. The chart at 00 UTC 22 Oct. shows that fine weather controlled large part of China except small part in Southwest China, and maintained in the predicted 24 hours to follow.

The level 2.5 PBL parameterization scheme can not only compute the turbulent fluxes, but also predict turbulence kinetic energy. Then, after the kinetic energy is known, ten algebraic equations can be solved to find the variances or standard deviations of the turbulent speeds.

According to Mellor and Yamada (1982), for level 2.5 scheme, ten second-order moments of turbulence satisfy the following equations:

$$\overline{u^2}=\frac{q^2}{3}+\frac{l_1}{q}\left[-4\overline{wu}\frac{\partial U}{\partial z}+2\overline{wv}\frac{\partial V}{\partial z}-2\beta g\overline{w\theta}\right] \tag{1}$$

$$\overline{v^2}=\frac{q^2}{3}+\frac{l_1}{q}\left[-2\overline{wu}\frac{\partial U}{\partial z}-4\overline{wv}\frac{\partial V}{\partial z}-2\beta g\overline{w\theta}\right] \tag{2}$$

$$\overline{w^2}=\frac{q^2}{3}+\frac{l_1}{q}\left[2\overline{wu}\frac{\partial U}{\partial z}+2\overline{wv}\frac{\partial V}{\partial z}+4\beta g\overline{w\theta}\right] \tag{3}$$

$$\overline{wu}=\frac{3l_1}{q}\left[-(\overline{w^2}-C_1q^2)\frac{\partial U}{\partial z}+\beta g\overline{u\theta}\right] \tag{4}$$

$$\overline{uv}=\frac{3l_1}{q}\left[-\overline{wu}\frac{\partial V}{\partial z}-\overline{wv}\frac{\partial U}{\partial z}\right] \tag{5}$$

$$\overline{wv}=\frac{3l_1}{q}\left[-(\overline{w^2}-C_1q^2)\frac{\partial V}{\partial z}+\beta g\overline{v\theta}\right] \tag{6}$$

$$\overline{u\theta}=\frac{3l_2}{q}\left[-\overline{wu}\frac{\partial \Theta}{\partial z}-\overline{w\theta}\frac{\partial U}{\partial z}\right] \tag{7}$$

$$\overline{v\theta}=\frac{3l_2}{q}\left[-\overline{wv}\frac{\partial \Theta}{\partial z}-\overline{w\theta}\frac{\partial V}{\partial z}\right] \tag{8}$$

$$\overline{w\theta} = \frac{3l_2}{q}\left[-\overline{w^2}\frac{\partial\Theta}{\partial z} + \beta g\overline{\theta^2}\right] \tag{9}$$

$$\overline{\theta^2} = -\frac{\Lambda_2}{q}\overline{w\theta}\frac{\partial\Theta}{\partial z} \tag{10}$$

where $l_1 = A_1 l$, $l_2 = A_2 l$, $\Lambda_2 = B_2 l$, A_1, A_2, B_2 and C_1 are equal to 0.92, 0.74, 10.1 and 0.08, respectively. l is mixing length(Mellor and Yamada 1982); U, V and Θ are variables predicted from mesoscale model; q^2 is the double of turbulent kinetic energy and $\beta = g/T$.

There are 10 unknown variables in the 10 equations(1)—(10), we use elimination method to solve the equations, thus, we find the variances of turbulent speeds $\overline{u^2}$, $\overline{v^2}$, and $\overline{w^2}$. The obtained $\overline{u^2}$, $\overline{v^2}$ and $\overline{w^2}$ are the turbulent fluctuated speed variances along x, y, z directions in MM5 model. However, the variances or standard deviations in the wind direction coordinate system(taking x axis as wind direction) are more useful in atmospheric diffusion problem. We may find the variances in the wind direction coordinate system from the second-order moments in the MM5 coordinate system(see Appendix), The following variances or standard deviations in this paper are the values in the wind direction coordinate system.

3 RESULTS OF SIMULATION

We mainly analyze the nested small domain. Because there were no corresponding observed turbulence data for verification, we will see whether the stimulated results obey the general law of the turbulence quantities. The model area for case 1 includes a large part of China, the southwest corner of the nested small domain is located at point(34,43) in large domain. The small domain includes part of North China and Bohai Sea. Figure 1 is the sea surface pressure field in large domain for case 1. The northwesterly wind with fine weather predominated in the small domain. The model area for case 2 includes a large part of central and eastern China, the southwest corner of the nested small domain is located at point (16,16). The small domain also includes

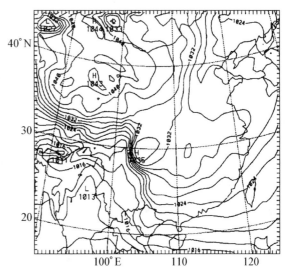

Fig.1 The predicted 12 h sea level field in large domain for case 1.

part of North China and Bohai Sea, there was northerly wind with fine weather. On the whole, the predicted synoptic situation coincides with the observation well.

3.1 *Simulated Profiles for Turbulence Quantities*

The observations in the whole boundary layer(Lei et al. 1998; Stull 1988; Sorbjan. 1986) and the numerical simulation of the atmospheric turbulence(Stull 1988; Hurley 1991; Andren 1991; Moeng 1986) show that generally, for unstable stratification during daytime, the standard deviations of turbulent speed increase with height from ground, sometimes only a slight change with height occurs at the middle of PBL because the turbulence is enhanced by work done by buoyancy, but the deviations decrease with height at the upper part of PBL due to the weak turbulence near the top of PBL. However, they decrease with height for the stable stratification during night time due to the negative work done by the buoyancy and greater wind shear at lower part of PBL. The analysis for cases 1 and 2 shows that the profiles of the standard deviations of turbulent speed, wind and temperature are in agreement with the general regularities for almost all the grid points. The following is some examples.

Figure 2 is the simulated $\sigma_{u,v,w}$, Θ and V profiles at point(4,22) in nested small domain at 4th hour(1200 BT) for case 1, corresponding to the point(35,50) in large domain. The simulated profiles are similar for these 2 points. It is seen from the potential temperature and wind profiles that there exists typical unstable stratification in PBL, the characteristics of the profiles for the standard deviations of the turbulent speed are in agreement with the above-mentioned general regularity, i. e., they increase with height at the lower part, then decrease with height at the upper part. The predicted PBL top height at 4th hour is 872.2 m, which corresponds to the profile of turbulence very well. We also can see $\sigma_u > \sigma_v > \sigma_w$. From the values of the standard deviation and the wind speed we can see that the turbulence intensities(the ratio of the standard deviation of turbulent speed to the wind speed) in 3 directions are about 0.15—0.25, a typical value for unstable condition. For example, EPA(1987) gave the lateral turbulence intensity about 0.22—0.3 and vertical turbulence intensity about 0.14—0.18 for the condition of class B of Pasquill's stability category(corresponding to typical unstable stratification) and wind speed lower than 4 m/s, and gave that the condition class E(corresponding to typical stable stratification) and wind speed less than 5 m/s corresponded to lateral turbulence intensity 0.07—0.13 and vertical turbulence intensity about 0.04—0.09, thus our magnitudes of the standard deviation are also reasonable. Figure 3 is the same profiles as Fig.2 at point(16,7) in small domain at 6th hour (1400 BT) for case 2, the profiles are similar to those at the corresponding points in large domain. All the profiles are also in agreement with the regularities for unstable conditions. The stratification is extremely unstable from the potential temperature and wind profiles(corresponding to class A) for this case, resulting in greater turbulence intensities.

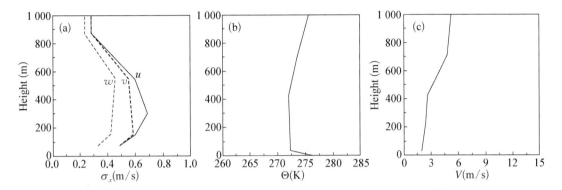

Fig.2   The predicted 4 h(1200 BT) profiles at point(4,22) in small domain for case 1:
(a) the profiles of standard deviations in 3 directions,(b) profile of potential temperature,
(c) profile of wind speed.

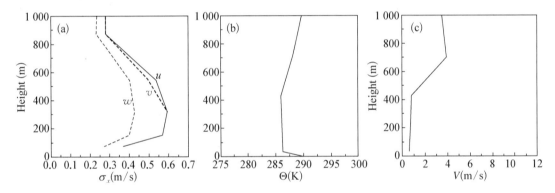

Fig.3   As in Fig.2, but for the predicted 6 h(1400 BT) profiles at point(16,7) in small domain for case 2.

Figure 4 depicts the profiles of the standard deviations of turbulent speed, potential temperature and wind at point(25,20) in small domain at 19th hour(0300 BT) for case 1, the temperature and wind profiles show that the stratification is typical stable, the standard deviations in 3 directions all decrease with height. With a greater rate of decrease at lower part, then they almost do not change after the top of PBL is reached. All the profiles are in agreement with the regularity in stable conditions. The turbulence intensities in three directions at the lowest layer are 0.11, 0.07 and 0.04, respectively, consistent with the values corresponding to above-mentioned class E.

The detailed analysis of the turbulence quantities in both large and small domains may obtain the following conclusions: the profiles of the standard deviations of turbulence speed in 3 directions, wind and potential temperature are connected closely with the stability, and obey the known general regularities for different stratifications. The profiles in large and small domains are similar. The profile for the standard deviations in small domain sometimes is more close to the general regularity. The analysis shows that the magnitudes of the standard deviations are also in agreement with the observed values.

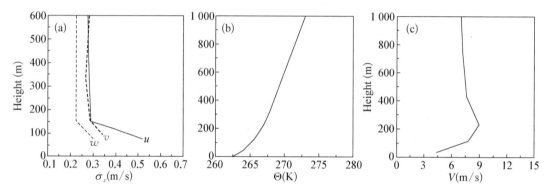

Fig.4　As in Fig.2, but for the predicted 19 h(0300 BT) profiles at point(25, 20) in small domain for case 1.

3.2　*Simulated Diurnal Variations of Turbulence Quantities*

The analysis for different points shows that the 3 standard deviations of the turbulence speed all have significant diurnal variations, the following is some examples.

Figure 5 is the diurnal variation curves for the 3 standard deviations of turbulence speed(σ_u, σ_v and σ_w) on 14th level at point(19,19) whose ground is deciduous forest in small domain for case 1. It can be seen that all the 3 standard deviations increase with time after sunrise and attain maximum at noon or in afternoon, then decrease with time. The magnitude of σ_u is similar to or larger than σ_v, both are larger than σ_w. If we compare the standard deviations over different grounds in large domain, it may be found that the values over desert are greater than that over vegetation. This is because the stratification over desert is more unstable in daytime. The case 2 is similar to case 1.

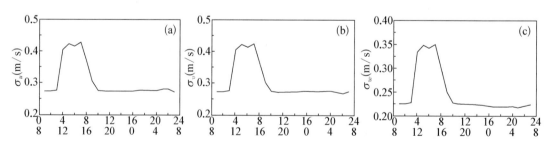

Fig.5　The diurnal variation of the variances of the turbulence speed for
14th layer at point(19,19) in small domain for case 1.
Charts(a),(b), and(c) are for u, v and w directions respectively. The numbers on the first line of the abscissa represent the integral time of the model, the second line represents the corresponding Beijing Time.

3.3 *Horizontal Distributions of Turbulence Quantities*

The terrain in the nested small domain is flat relatively, we analyze the turbulence quantities on the σ surface, the following is the example for 15th layer.

Figure 6 is the terrain in the small domain for case 1, the terrain is higher near the west and north boundaries as well as in Liaodong and Shandong Peninsulas, other land surface is flat, the types of the ground surface are deciduous forest and sea. Figure 7 is the simulated vertical gradient of potential temperature at 15th layer in small domain. The predicted gradient at 4th hour (1200 BT) shows that the stratification is more unstable over land than that over sea, a concentrated distribution of contour appears near coastline; at 16th hour (0000 BT), the stratification over land is more stable than that over sea, there exists a similar concentrated distribution near coastline. Figure 8 is the horizontal distribution of the standard deviations of the turbulence speeds across

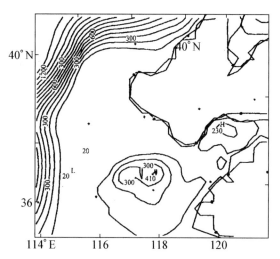

Fig.6   The terrain in the nested small domain for case 1.

wind direction at 15th layer in small domain, the figure shows that the standard deviations over land are greater than that over sea in daytime, there also exists a concentrated distribution near coastline. The greater horizontal gradient near coastline is due to the greater horizontal gradient of the vertical gradient of potential temperature near coastline. The standard deviations are greater over the area at the northwest corner because of the higher terrain, which corresponds to the predicted vertical gradient of potential temperature at 4th hour very well. At 16th hour, the standard deviations are smaller over land than that over sea because of the more stable stratification over land at night. We also find that the standard deviations are greater where the wind speed is stronger. The similar horizontal distribution appears for σ_u and σ_w. Figure 9 is the horizontal distribution of the standard deviations of the turbulence speed along wind direction at 15th layer for case 2, their characteristics of the horizontal distribution and the relation with the distribution of the vertical potential temperature gradient are similar to case 1, so are other 2 directions.

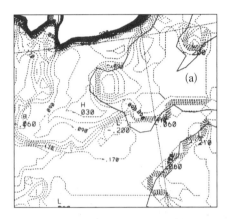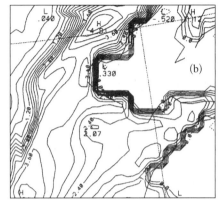

Fig.7　The horizontal distribution of the vertical gradient of potential temperature
at 15th layer in small domain for case 1.

(a) the predicted vertical gradient of potential temperature at 4th hour(10^{-2} K/m);

(b) the predicted vertical gradient of potential temperature at 16th hour.

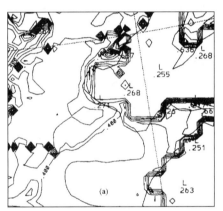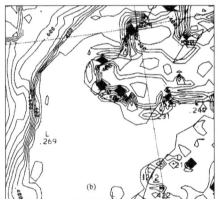

Fig.8　The horizontal distribution of σ_v (m/s) at 15th layer in small domain for case 1.

(a) the predicted values at 4th hour; (b) the predicted values at 16th hour.

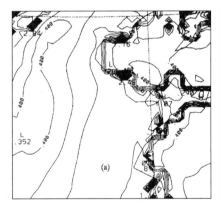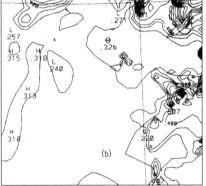

Fig.9　The horizontal distribution of σ_u (m/s) at 15th layer in small domain for case 2.

(a) the predicted values at 6th hour; (b) the predicted values at 16th hour.

4　SUMMARY

In this paper, the simplified second-order turbulence closure scheme level 2.5 is incorporated in the nonhydrostatic MM5 model system, and used to simulate the turbulence for the cases 00 UTC 22 Dec. —00 UTC 23 Dec., 1994 and 00 UTC 2 Jan. —00 UTC 3 Jan., 1995. The simulation includes the temporal and spatial distributions for the standard deviations of the turbulence speed and the profiles of wind and potential temperature, we mainly research the temporal and spatial distributions of the deviations in the nested small domain, the following conclusions are summarized.

The standard deviations of the turbulence speed decrease with height in case of stable stratification with a greater rate of decrease in lower level; however, in case of unstable stratification, they increase with height in the lower part of PBL and decrease with height in the upper part, sometimes they change slightly in the middle of PBL, then decrease with height in the upper part until the top of PBL is reached. The standard deviations are also connected with the type of ground, the standard deviations over desert are larger than that over vegetation because the stratification is more unstable over desert during daytime. The standard deviations in 3 directions all display significant diurnal variation, they increase with time after sunrise, and attain maximum near noon, then decrease with time, attain minimum at night.

The 3 standard deviations all have a greater horizontal gradient near coastline both in daytime and nighttime because of the effect of temperature difference between sea and land. They connect closely with stratification, wind speed and terrain. The stratification is more unstable over land than that over sea in daytime, resulting in greater values of the standard deviation over land, the reverse is true at night. The greater values of the standard deviation occur where more unstable vertical gradient of potential temperature, greater wind speed and higher terrain exist.

From above summary, the level 2.5 scheme incorporated with MM5 is useful and simple to predict the turbulence quantities and the results agree with known general regularity from observation and the numerical simulation of turbulence well, it can perform the simulation of the turbulence in the future time by the operational mesoscale model with less computer time, and provide the turbulence quantities in a limited area at a required time, further it can be used in air pollution forecast.

The vertical resolution of the model in this paper is not high enough, probably it can not catch some fine distributions, for example, at the lowest part of PBL, higher resolution probably can make more successful achievement.

APPENDIX: THE VARIANCES OF TURBULENCE SPEEDS IN WIND DIRECTION COORDINATE SYSTEM

Assuming that $\overrightarrow{V}$ is mean wind vector, $\vec{V}$ is wind vector, and $\vec{V}'$ is fluctuated wind vector. $\overline{u^2}$, $\overline{v^2}$, and $\overline{w^2}$ are the variances of turbulence speed along x, y, z directions respectively in mesoscale model, $\overline{u_x^2}$ is the variance of turbulence speed along wind direction, and $\overline{v_x^2}$ is the variance of turbulence speed across wind direction. The following gives the derivation of their relation:

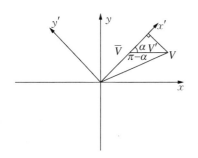

Fig.A1　Coordinate transformation, x', y' are the axes in the wind coordinate system.

$$V' = \sqrt{u^2 + v^2} \qquad (A1)$$

$$u_x = V'\cos\alpha, \quad v_x = V'\sin\alpha \qquad (A2)$$

According to the theorem in analytical geometry, we have

$$\cos\alpha = \frac{Uu + Vv}{\sqrt{U^2 + V^2}\sqrt{u^2 + v^2}} \qquad (A3)$$

Equation(A2) may be written as

$$\begin{cases} \overline{u_x^2} = \dfrac{U^2\,\overline{u^2} + 2UV\,\overline{uv} + V^2\,\overline{v^2}}{U^2 + V^2} \\[4mm] \overline{v_x^2} = \dfrac{U^2\,\overline{v^2} - 2UV\,\overline{uv} + V^2\,\overline{u^2}}{U^2 + V^2} \end{cases} \qquad (A4)$$

Then we can find the variances in the wind direction coordinate system from the variances and second order moment in the coordinate system in mesoscale model.

REFERENCES

Andren, A.(1990), Evaluation of a turbulence clousre scheme suitable for air pollution application, J.Appl. Meteor., 29: 224–239.

Andren, A.(1991), A TKE dissipation model for the atmospheric boundary layer, Boundary Layer Meteor., 56: 207–221.

Brost, R.A. and Lenschow, H.(1982), Marine stratocumulus layer. Part II, Turbulence budget, J.Atmos. Sci., 39: 818–836.

Caughey, S. J. and Palmer, S. G. (1979), Some aspects of turbulence structure through the depth the convective boundary layer, Q. J. Roy. Meteor. Soc., 105: 811–827.

De Bruin H,A. R., Kohsiek,W. and Van Den Hurk,B. J. J.M.(1993), A verification of some methods to determining the fluxes of momentum, sensible heat, and water vapor using standard deviation and structure parameter of scalar meterorological quantities, Boundary Layer Meteor., 63: 231–257.

Derbyshire, S. H. (1995), Stable boundary layers observations, models and variability. Part I: Modelling and measurements, Boundary Layer Meteor., 74: 19 – 54.

EPA(USA)(1987), On-site meteorological program guideline for regulatory modelling applications, EPA – 450/4 – 87 – 013, 172pp.

Erbrink, J. J. (1995), Use of boundary layer meteorological parameters in the Gaussian model "Stacks", Boundary Layer Meteor., 74: 211 – 235.

Founda, D., Tombrou, M., Lalas, D. P. and Asimakopoulos, D. N. (1997), Some measurements of turbulence characteristics over complex terrain, Boundary Layer Meteor., 83: 221 – 245.

Grant, A. L. M. (1986), Observations of the boundary layer structure made during the KONTUR experiment, Q. J. Roy. Mete Soc., 112: 825 – 841.

Grell, G. A., Dudhia, J. and Stauffer, D. R. (1994), A Description the Fifth-Generation Penn State/ NCAR Mesoscale Model(MM5), NCAR Tech. Note NCAR/TN—398+STR.

Heilman, W. E. and Takle, E. S. (1991), Numerical simulation of the nocturnal turbulence characteristics over Rattlesnake mountain, J. Appl. Meteor., 30: 1106 – 1116.

Hurley, P. J. (1997), An evaluation of several turbulence schemes for the prediction of mean and turbulent fields in complex terrain, Boundary Layer Meteor., 83: 43 – 73.

Kaimal, J.C., Wyngaard, J. C., Haugen, D. A., Cote, O. R. and Izumi, Y. (1976), Turbulence structure in the convective boundary layer, J. Atmos. Sci., 33: 2152 – 2169.

Lei Xiaoen, Zhang Meigen and Han Zhiwei(1998), The Basis and Model of Numerical Prediction on Air Pollution, China Meteor. Press, Beijing, 321pp.(in Chinese)

Liu Huizhi and Hong Zhongxiang(2000), The turbulence characteristics in the surface layer over Gaize area in Qinghai-Xizang Plateau, Sinica Atmos. Sci., 24: 289 – 300(in Chinese).

Mason, P. J. and Brown, A. R. (1994), The sensitivity of large-eddy simulations of turbulent shear flow to subgrid models, Boundary Layer Meteor., 70: 133 – 150.

Mellor, G. L. and Yamada, T. (1982), Development of a turbulence closure model for geophysical fluid problems, Reviews of Geophysics and Space Physics, 20: 851 – 875.

Moeng, C-H. (1986), Large eddy simulation of a stratus-topped boundary layer, Part I, Structure and budget, J. Atmos. Sci., 43: 2886 – 2900.

Panofsky, H. A., Tennekes. H., Lenschow, D. H. and Wyngaard, J. C. (1977), The characteristics of turbulent velocity components in the surface layer under convective conditions, Boundary Layer Meteor., 11: 355 – 361.

Sharan, M. and Gopalakrishnan, S. G. (1999), A local parameterization scheme for σ_w under stable conditions, J. Appl. Meteor., 38: 617 – 622.

Sorbjan, Z.(1986), On similarity in the atmospheric boundary layer, Boundary Layer Meteor., 34: 377 – 397.

Stull, R. B.(1988), An Introduction of Boundary Layer Meteorology, Kluwer Academic Publishers, 666pp.

Sullivan, P. P., Mcwiliams, J. C. and Moeng, C-H. (1994), A subgrid-scale model for large-eddy simulation planetary boundary-layer flows, Boundary Layer Meteor., 71: 247 – 276.

Wyngaard, J. C. and Cote, O. R.(1974a), The evolution of a convective planetary boundary layer a higher order closure model, Boundary Layer Meteor., 7: 298 – 308.

Wyngaard, J.C., Cote, O. R. and Rao, K. S. (1974b), Modelling the atmospheric boundary layer, Adv. Geophys., 18(A): 193 – 211.

Wyngaard, J.C. (1975), Modelling the planetary boundary layer, extension to the stable case. Boundary

Layer Meteor., 9: 441 - 460.

Xu Yumao, Zhou Chaofu, Li Zongkai and Zhang Wei(1997), Turbulent structure and local similarity in the tower layer over the Nanjing area, Boundary Layer Meteor., 82: 1 - 21.

Zhang Qiang, Zhao Ming, Liu Zhiquan, Hu Yinqiao. (1997), A preliminary analysis of the micrometeorological condition for different weather background over Gobi ground in Hexi area, J. Nanjing University, 33:112 - 121(in Chinese).

6　下垫面与气候变化

气候变化是当前科学界的热点问题,全球变暖是当前的大形势,温室气体的排放是主要原因,而下垫面的人为改变也是重要原因之一。森林减少,植被退化导致干旱化加剧。下垫面的人为改变通过改变与大气边界层间的热量,水汽,动量的交换来影响大气过程,从而改变气候。当前用气候数值模式研究气候变化是重要的方法之一,在模式中引进陆面模式是新的研究方向,我和我的学生们也在这方面做了工作,本文集只收入了个别工作[6.4]。另一种研究方法是从简单的大气能量平衡模式出发,在其中考虑人类的影响。我们用此方法研究了植被退化对局地气候变化的影响[6.1],证明由此产生的物理过程能造成气温增加而降水减少。用华北的气象参数得到的气温增和而降水减少量级上符合华北干旱化的实况[6.2]。模式结果与气候数值模式得到的结果基本一致。

用能量平衡模式还研究了南水北调造成的我国北方局地气候的变化,可造成气温的少量减少和降水量的少量增加[6.3]。

现代气候模式对陆面模式中的物理过程考虑得愈来愈细,RIEMS模式是一种较好的区域气候模式,但其中陆面过程较为简单,我们将有关的多层土壤模式引入其中,并引入国外较好的水文模型,从而改善了下垫面与大气间的交换过程,不仅改进了对大气的模拟,也改进了下垫面的模拟,还得到了水文参数,与实况比,取得比以前更好的模拟结果[6.4]。

6.1 A THEORETICAL ANALYSIS ON THE LOCAL CLIMATE CHANGE INDUCED BY THE CHANGE OF LANDUSE[①]

Abstract: The local climate change induced by the change of landuse, i.e., the degeneration of vegetation is studied by the consideration of the equilibrium among radiation, phase change and convection in an air column and the energy balance condition on the ground surface. The result shows that the increase of ground albedo and the change of the surface heat flux as well as the decrease of the surface roughness length may induce the decrease of precipitation and the increase of temperature in the northern China, similar to the numerical simulation. Considering advection, this conclusion is also true except the amounts of the decrease of precipitation and the increase of temperature are changed. The decrease of precipitation and the increase of temperature will be more serious in case of global warming.

Key words: Climate change, Albedo, Landuse

1 INTRODUCTION

Human activity is an important factor affecting climate change, besides the increasing release of carbon dioxide, the change of ground surface or landuse is one of these important factors. The deforestation and the degenerations of agricultural land and grass land change the albedo and the roughness length of the ground, then change the energy equilibrium at the surface, as a result, the local and atmospheric circulations will be affected, hence, the local climate will also be changed. A typical example is the local climate variation induced by Amazon tropical deforestation which has attracted the attention of many investigators; the research method is usually numerical, such as Sellers et al.(1993), Lean and Rowntree (1993), Sud et al.(1996), Zhang and Sellers(1996), Zhang et al.(1996) etc., a large part of research results showed that the deforestation would induce the decrease of precipitation and the increase of temperature, the method is mainly to use the land process model nested in GCM model. This method is also used to research the impact of other surface ground on the climate such as Sahel Desert(Xue and Shukla, 1993; 1996). On the other hand, there was theoretical method to research the effects of the change of land surface on radiation, convection and circulation, finally, on local climate, such as Charney(1975)'s research on

---

① 原刊于《Advance in Atmospheric Sciences》,2002 年 1 月,19(1),45 - 63,作者:赵鸣,曾新民。

Sahel draught; Eltahir and Bras(1993) studied the response of atmosphere to Amazon deforestation by dynamical method; Zeng and Neelin(1999) studied the effect of Amazon deforestation on atmosphere based on the viewpoint of increasing albedo by the method of energy and moisture equilibrium in an air column, they also reached the conclusion of decreasing precipitation and slightly increasing temperature. The advantage of the theoretical analysis works is that it can clearly and analytically express the roles played by different factors, and the shortcoming is that it cannot consider the roles of all factors completely and simultaneously like the numerical model, for instance, some assumptions of Zeng and Neelin(1999) are suitable only in tropical region, not general; in addition, some simplifications were made in their work based on the characteristics of the atmospheric motion in tropical region, however, their results still can reflect the main process that surface ground affects atmosphere. The aridification in northern China is an important climate problem which is being investigated, the change of the surface should be one of the causes. Xue(1996)'s numerical research proved that the deforestation in Inner Mongolia can induce the decrease of precipitation, Zheng(2000) studied the climate change induced by the change of vegetation from regional climate model, he also obtained the conclusion that the damage of vegetation can decrease precipitation and deteriorate climate. The aim of this paper is to analytically study the impact of the changes of the surface parameters(mainly, the albedo) which are caused by the change of the landuse on the local climate in the northern China by the method of energy equilibrium in an air column through the couple of atmospheric motion equations and the land surface process equations. The main conclusion is that the degeneration of agricultural land or deforestation will induce the decrease of precipitation accompanying with the increase of temperature, expressing that the change of the surface ground may be one of the causes of aridification in northern China, and to increase vegetation or forestation can improve the local climate.

2　THE ENERFY EQUILIBRIUM IN AIR COLUMN

The atmospheric thermodynamic and the moisture conservation equations may be written as

$$c_p\left(\frac{\partial T}{\partial t}+\vec{V}_h\cdot\nabla_h T\right)+\frac{\partial(c_p T+gz)}{\partial z}w=Q_c+Q_R-\frac{\partial F_T}{\rho\partial z} \tag{1}$$

$$L\left(\frac{\partial q}{\partial t}+\vec{V}_h\cdot\nabla_h q\right)+L\frac{\partial q}{\partial z}w=-Q_c-\frac{\partial F_q}{\rho\partial z} \tag{2}$$

where L is evaporation latent heat, q the specific humidity, Q_c and Q_R the convective (condensation) and radiative heating rates, F_T and F_q are the eddy sensible and latent heat fluxes respectively, which boundary values are the surface sensible and latent heat fluxes respectively. Zeng and Neelin(1999) neglected the advection terms in Eqs.(1) and(2) for tropical area. We will first neglect the advection terms, then take it into account. We also neglect the time derivatives because the annual mean climate state, i.e., the equilibrium state is discussed in this paper. Eqs.(1) and(2) neglecting advection term may be changed as

$$\frac{\partial(c_p T + gz)}{\partial z} w = Q_c + Q_R - \frac{\partial F_T}{\rho \partial z} \tag{3}$$

$$L \frac{\partial q}{\partial z} w = -Q_c - \frac{\partial F_q}{\rho \partial z} \tag{4}$$

Similar to Zeng and Neelin(1999)'s treatment, we assume

$$w = \Omega(z) \nabla \cdot \vec{V}_1(x, y) \tag{5}$$

$\nabla \cdot \vec{V}_1$ may be seen as the mean divergence of the air column, $\Omega(z)$ represents the variation of w with height. Vertically integrating Eqs.(3) and(4) in the whole air column which top is Z, after applying Eq.(5), we get the equilibrium equations for the heat and moisture in the air column as

$$\int_0^Z \frac{\partial(c_p T + gz)}{\partial z} \Omega \nabla \cdot \vec{V}_1 \rho dz = \hat{Q}_c + \hat{Q}_R + H \tag{6}$$

$$\int_0^Z L \frac{\partial q}{\partial z} \Omega \nabla \cdot \vec{V}_1 \rho dz = -\hat{Q}_c + E \tag{7}$$

where

$$(\hat{x}) = \int_0^Z \rho x \, dz$$

H, E are the sensible and latent heat fluxes at the surface respectively. Putting

$$M_s = \int_0^Z \frac{\partial(c_p T + gz)}{\partial z} \Omega \rho dz$$

$$M_q = \int_0^Z - L \frac{\partial q}{\partial z} \Omega \rho dz$$

then(6) and(7) become

$$M_s \nabla \cdot \vec{V}_1 = \hat{Q}_c + \hat{Q}_R + H \tag{8}$$

$$-M_q \nabla \cdot \vec{V}_1 = -\hat{Q}_c + E \tag{9}$$

let $C = M_q \nabla \cdot \vec{V}_1$ be the vertically integrating moisture convergence, then Eq.(9) becomes

$$-C = -P + E \tag{10}$$

P is the total latent heat release in the air column due to condensation, i.e., the rainfall amount in energy unit. Combining Eq.(8) with Eq.(9), we have

$$mC = \hat{Q}_R + E + H \tag{11}$$

where $m = (M_s - M_q)/M_q$, the net downward heat fluxes at the top of atmosphere and surface are as follows

$$R_t = S_0 - S_t^{\uparrow} - L_t^{\uparrow} \tag{12}$$

$$F_s = S_s^{\downarrow} - S_s^{\uparrow} + L_s^{\downarrow} - L_s^{\uparrow} - E - H \tag{13}$$

S, L are the short and long wave radiation fluxes respectively, the subscript t represents the top, s represents the surface, S_0 the short wave flux out of the atmosphere. Eq.(11) may also be written as

$$mC = R_t - F_s \tag{14}$$

Because

$$\hat{Q}_R = S_0 - S_t^{\uparrow} - S_s^{\downarrow} + S_s^{\uparrow} - L_s^{\downarrow} + L_s^{\uparrow} - L_t^{\uparrow}$$

For the annual mean state, the net heat flux at surface can be set to zero(Zeng and Neelin, 1999), Eq.(14) then becomes

$$mC = R_t \tag{15}$$

3　THE CLIMATE RESPONDS DUE TO THE CHANGE OF THE ALBEDO OF SURFACE

The downward short wave energy at the surface is

$$S_s^{\downarrow} = (1-\alpha)(1-a)S_0 \tag{16}$$

here S_0 varies with time and space, we will take its mean value in a year because we investigate the annual mean state here. We study two cases corresponding to Ningxia and Hebei Provinces in northern China which values of S_0 are set to be identical because their latitudes are similar. a and α are the sum of the absorptive coefficient and albedo of the cloud and atmosphere respectively. The upward short wave energy at the surface is

$$S_s^{\uparrow} = (1-\alpha)(1-a)AS_0 \tag{17}$$

where A is the surface albedo. At the top of atmosphere, we have

$$S_t^{\uparrow} = [(1-\alpha)^2(1-a)^2A + \alpha]S_0 \tag{18}$$

The albedo of the cloud may be considered as proportional to the cloud cover(Yi and Wu 1994), then the sum of the albedo of cloud and atmosphere may be written as

$$\alpha = \alpha_0 + \alpha_n \sigma_n \tag{19}$$

where α_0, α_n are the albedos of atmosphere and cloud respectively, σ_n the cloud cover.

The outward long wave fluxes at the top of atmosphere can be computed by Budyko's formula(Tang, 1989)

$$L_t^{\uparrow} = a_1 + b_1 T_g - (a_2 + b_2 T_g)\sigma_n \tag{20}$$

T_g is the surface temperature in Centigrade, $a_1 = 268$ W/m^2, $b_1 = 2.668$ W/(℃ m^2), $a_2 = 47.68$ W/m^2, $b_2 = 1.62$ W/(℃ m^2), the upward long wave flux at the surface can be found from the well-known Stefan formula

$$L_s^{\uparrow} = \delta\sigma(T_g + 273)^4 \tag{21}$$

δ is set to be 1, the downward long wave flux at the surface may be calculated by the following equation(Yi and Wu, 1994):

$$L_s^{\downarrow} = \varepsilon(a_3 + b_3 T_g) \tag{22}$$

$a_1 = 273^4\sigma$, $b_1 = 4 \times 273^3\sigma$ and

$$\varepsilon = \varepsilon_0 + \varepsilon_c + \varepsilon_1 T_g - \varepsilon_n\sigma_n^2 \tag{23}$$

$\varepsilon_0 = 0.191\,7$, $\varepsilon_c = 0.023\,5\ln[CO_2] + 0.053\,7$, $\varepsilon_1 = 0.004\,915(℃)^{-1}$, $\varepsilon_n = 2.159 \times 10^{-2}$, $[CO_2]$ may set to be constant 330 ppm.

When atmospheric state changes due the change of ground surface parameters, T_g, σ_n, rainfall, radiation fluxes, heat fluxes are all changed. Zeng and Neelin(1999) assumed that σ_n is proportional to the rainfall for the tropical precipitation, based on the analysis of the data observed at the meteorological stations Shijiazhuang and Yinchuan located in Hebei and Ningxia provinces respectively, we take

$$\sigma_n = \sigma_p P + b_4 \tag{24}$$

where P is the rainfall(mm), constants σ_P, b_4 are different for different stations, the values of σ_P found from the statistical method are listed in Table 1. The variation of different meteorological quantities induced by the change of the surface albedo A' can be found from Eqs.(17)—(24) as follows:

$$S_s^{\uparrow'} = \theta_{SA} A' S_0 \tag{25}$$

$$S_s^{\downarrow'} = -\theta_{S\alpha}\alpha' S_0 \tag{26}$$

where

$$\theta_{SA} = (1 - \alpha)(1 - a), \theta_{S\alpha} = 1 - a$$

$$S_t^{\uparrow'} = S_0(\theta_{tA} A' + \alpha') \tag{27}$$

where

$$\theta_{tA} = (1 - \alpha^2)(1 - a)^2$$

$$\alpha' = \alpha_n\sigma_n' \tag{28}$$

$$L_t^{\uparrow\prime} = (b_1 - b_2\sigma_n)T_g' - (a_2 + b_2 T_g)\sigma_n' \tag{29}$$

$$L_s^{\uparrow\prime} = \varepsilon_s T_g' \tag{30}$$

where

$$\varepsilon_s = 4\delta\sigma(T_g + 273)^3$$

$$L_s^{\downarrow\prime} = \varepsilon b_3 T_g' + (a_3 + b_3 T_g)(\varepsilon_1 T_g' - 2\varepsilon_n\sigma_n\sigma_n') \tag{31}$$

$$\sigma_n' = \sigma_P P' \tag{32}$$

From Eqs.(15),(12),(18),(20) and (31), we obtain the change of C

$$mC' = -S_t^{\uparrow\prime} - L_t^{\uparrow\prime} = -S_0(\theta_{tA}A' + \alpha_n\sigma_P'P') - (b - b_2\sigma_n)T_g' + (a_2 + b_2 T_g)\sigma_P P' \tag{33}$$

the perturbed state of the heat balance equation for surface satisfies the following equation due to $F_s = 0$:

$$S_t^{\downarrow\prime} - S_s^{\uparrow\prime} + L_s^{\downarrow\prime} - L_s^{\uparrow\prime} - E' - H' = 0 \tag{34}$$

Similar to Zeng and Neelin(1999), we may assume that there is a relation between perturbed latent heat flux and perturbed precipitation amount in energy unit:

$$E' = eP' \tag{35}$$

we may find e from land surface process model(see Appendix). The sensible heat flux and its perturbation in Eq.(34) can be found from bulk formula(Zeng and Neelin, 1999)

$$H = C_D c_p \rho V(T_g - T)$$

and

$$H' = \zeta T_g' \tag{36}$$

where

$$\zeta = C_D c_p \rho V = \frac{k^2 \rho V c_p}{\left(\ln\dfrac{z}{z_0}\right)^2} \tag{37}$$

the surface roughness z_0 has been included from the surface layer meteorology in order to introduce the effect of roughness, the height z in Eq.(37) may be set to be 10 m.

From Eqs.(34),(25),(26),(30),(31),(35) and(36), we have

$$-\lambda P' - \theta_{SA}S_0 A' + \mu T_g' = 0 \tag{38}$$

where

$$\lambda = S_0\theta_{Sa}\alpha_n\sigma_P + 2\sigma_n(a_3 + b_3 T_g)\varepsilon_n\sigma_P + e$$

$$\mu = (a_3 + b_3 T_g)\varepsilon_1 - \varepsilon_s + \varepsilon b_3 - \zeta$$

Eq.(33) may be written as

$$mC' = -\eta A' - \nu P' - \xi T'_g \tag{39}$$

where

$$\eta = S_0 \theta_{tA}, \nu = S_0 \alpha_n \sigma_P - (a_2 + b_2 T_g) \sigma_P, \xi = b_1 - b_2 \sigma_n$$

Combining(10) with(35) yields

$$-C' = -P' + E' = (e - 1)P' \tag{40}$$

From Eqs.(38),(39) and(40), we can find T'_g, P' from known A'

$$T'_g = \frac{-\eta\lambda + [m(1-e) + \nu]\theta_{SA}S_0}{\xi\lambda + [m(1-e) + \nu]\mu}A' \tag{41}$$

$$P' = \frac{-\theta_{SA}S_0 A' + \mu T'_g}{\lambda} \tag{42}$$

Now consider the change of surface albedo, the albedo increases when the soil becomes drier or the vegetation degenerates because the albedo of vegetation is lower than that of bare soil. Let A_s and A_f be the albedos for the bare soil and vegetation respectively, σ_f is the vegetation cover, then

$$A = (1 - \sigma_f)A_s + \sigma_f A_f \tag{43}$$

According to the land surface process model BATS(Dickinson el al., 1993), we can compute the variation of A_s with the humidity of the soil

$$A_s = 0.11 + 0.01(11 - 40w) \tag{44}$$

here the albedo of the dry soil has been set to be 0.22, w is the water content of the water in the soil, i.e., the water volume in a unit volume soil, the change of either w or σ_f may induce the variation of A, and further cause the changes of T_g and P, we mainly research the effects of σ_f, as well as w.

4 THE COMPUTATIONAL RESULTS

The parameters are set as follows: the value of S_0 is set to be the mean value of the solar radiation out of the atmosphere after considering its diurnal and annual variations, T_g, P, V and σ_n are obtained from annual mean meteorological data. For Hebei and Ningxia areas, the soil parameters are chosen as that values corresponding to No.5 and 6 in BATS, the former corresponds to the loam, the latter is more sandy compared with the former. The water content is estimated from concerned reference(You and Wang, 1996), Table 1 lists various parameters, in which the precipitation amount is the annual mean, α_0

is taken from Lu and Gao(1987), α_n from Yi and Wu(1994), A_f corresponds to the crop or high grass in BATS, z_0 is also from BATS, the absorptive coefficient is from Zeng and Neelin (1999).

Table 1　The parameter values

S_0 (W/m²)	T_g(℃)	V (m/s)	σ_n	α_0	α_n	σ_p	σ_f	w	A_f	z_{0f} (m)	α	P (mm)
350	14.3 (Hebei)	3	0.48 (Hebei)	0.09	0.5	1.69×10^{-3} (Hebei)	0.8	0.2 (Hebei)	0.08	0.06	0.28	600 (Hebei)
	11 (Ningxia)		0.4 (Ningxia)			6.14×10^{-3} (Ningxiia)		0.15 (Ningxia)				200 (Ningxia)

According to the definitions of m, M_s and M_q in Section 2, which computation needs the values of $\partial T/\partial z$ and $\partial q/\partial z$, the former may set to be -0.6 ℃/100 m, the latter can be found its mean value in an air column from the q at the surface and the value 0 at the top of atmosphere, so which is different for Hebei and Ningxia, the values of m are 0.13 and 0.2 for these two areas.

We first perform the experiments of decreasing σ_f, when σ_f decreases from 0.8 to 0, the changes of precipitation and ground temperature are shown in Figs. 1 and 2, the precipitation decreases and temperature increases both for Hebei and Ningxia areas, in agreement with observation. The precipitation decreases and temperature increases more seriously with the decrease of the value of σ_f, the precipitation amount decreases almost 40%—50% when σ_f becomes 0, Zheng (2000)'s numerical research proved that the precipitation may decrease up to 60% in case of vegetation degeneration, which is similar to our results. From the viewpoint of climate response to the energy equilibrium in an air column studied in this paper, the reason of the change of local climate induced by surface albedo is that when the albedo increases, the net downward radiation at the top of atmosphere decreases, which enables to decrease the convergence of the moisture in an air column, as a result, the precipitation decreases, meanwhile, the evaporation amount decreases due to the decrease of precipitation, which further decreases the precipitation, On the other hand, the increase of the albedo should decrease the surface temperature, however, the decreases of evaporation and latent heat flux make the temperature increase, at the same time, the decrease of cloud cover increases the short wave energy at the surface, also increases the surface temperature, the increased temperature results in increased outward long wave flux which makes surface temperature decrease. The total effect of above different factors enables the surface temperature to increase slightly which is shown in Figs. 1 and 2. The results here do no include all causes increasing the surface temperature because only changes of albedo and heat flux are considered in this paper. Here we only research the case that the vegetation is substituted by bare soil, in reality, the vegetation may also be substituted by desert, for which the albedo may change more, the numerical results in this paper will also be changed.

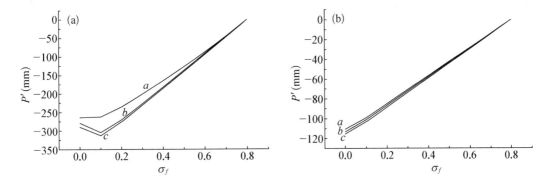

Fig.1 The change of precipitation induced by the change of σ_f

(a) is for Hebei, (b) for Ningxia, curve a does not consider the variation of z_0, b includes the varying roughness, c corresponds to the case that T_g increases 1 degree Centigrade (varying roughness), the σ marked in the abscissas represents σ_f.

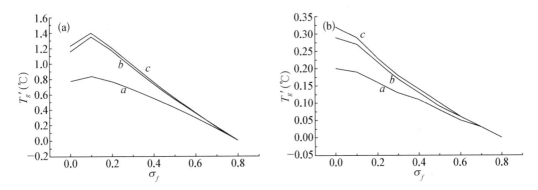

Fig.2 The change of ground temperature induced by the change of σ_f

the legend is identical to Fig.1. the meaning of curves a, b, c are also identical to Fig.1.

In case of vegetation degeneration, the roughness will also change besides albedo, we use

$$z_0 = (1-\sigma_f)z_{0s} + \sigma_f z_{0f}$$

to compute the value of roughness after σ_f changes, $z_{0s} = 0.02$ m represents the roughness of soil, z_{0f} the roughness of vegetation shown in Table 1, the decrease of z_0 will affect the sensible and latent heat fluxes by affecting the value of C_D through Eq.(37), the decrease of precipitation and the increase of temperature after considering the change of z_0 are also shown in Figs. 1a and 2a. It can be seen that after the decrease of roughness is taken into account, the more decrease of precipitation and more increase of temperature appear, which is in agreement with Zheng's (2000) numerical results. We can also see from this case study that the decrease of precipitation and the increase of temperature induced by the change of roughness are not great, i.e., when both albedo and roughness are taken into account, the effect of albedo is more important. The physical reason of the effect of roughness is that the decrease of roughness decreases the sensible and latent heat fluxes from surface, and results in the increase of surface temperature due to the heat equilibrium at the surface, meanwhile, the decrease of evaporation decreases the precipitation. A more complex reason is that the change of the heat balance at surface certainly will influence the energy equilibrium in an air column, changing the precipitation and temperature, this impact will be much greater in case of great change of roughness, for example, the forest is substituted by bare soil.

The curves c in Figs. 1 and 2 are the results when the surface temperature increases 1 degree Centigrade in order to investigate the impact of the degeneration of vegetation in case of global warming.

We have also investigated the role of soil moisture when σ_f changes, assume different soil water content w, let σ_f change from 0.8 to 0 to study the effect of w on the precipitation and temperature, the variation of w changes both albedo and evaporation, in this case the roughness for soil is applied. Fig.3 is the computational results for Hebei and Ningxia areas. The figure shows that when w increases, the decrease of precipitation and the increase of temperature are weakened, even the tendency of the variation becomes reverse, which means that the soil moisture greatly alleviates the impact of the degeneration of vegetation on the climate. Here we cannot find the evolution of the soil

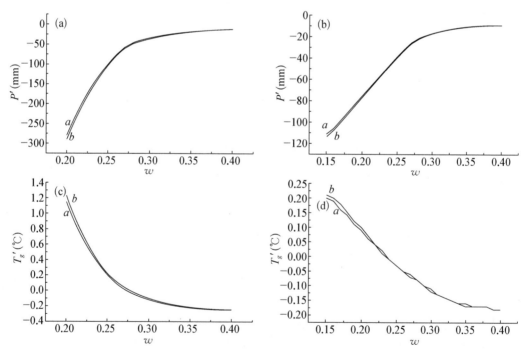

Fig.3 The effect of soil humidity on the precipitation and temperature when σ_f decreases precipitation: (a) is for Hebei, (b) is for Ningxia; surface temperature: (c) is for Hebei, (d) is for Ningxia.

moisture induced by the change of vegetation because which is not a numerical research, hence the results of this paper have limited meaning only, however, the significant role played by the soil moisture is convincible. It may also be seen that the effect of σ_f has become small in case of great w. Curve b is the result corresponding to one degree increase of temperature which shows more decrease of precipitation and more increase of temperature in case of global warming.

5 THE EFFECT OF ADVECTION

If advection is taken into account, Eqs.(3)and(4) become

$$c_p(\vec{V}_h \cdot \nabla_h T) + \frac{\partial(c_p T + gz)}{\partial z}w = Q_c + Q_R + \frac{\partial F_T}{\rho \partial z} \tag{45}$$

$$L(\vec{V}_h \cdot \nabla_h q) + wL\frac{\partial q}{\partial z} = -Q_c - \frac{\partial F_q}{\rho \partial z} \tag{46}$$

The magnitude of the horizontal advection terms is determined by the distributions of temperature, humidity and wind fields in a large domain, obviously which cannot be found from the air column model, so that we will assume their values to study their effect on precipitation and temperature, i.e., study the sensitivity to the local climate.

Let A_t and A_q represent the annual mean of the advection terms in Eqs.(45) and(46), suppose that their perturbations A'_t and A'_q are known, for this case, Eq.(34) or Eq.(38) needs not to change, but Eq.(33) or Eq.(39) is changed to be

$$A'_t + A'_q + mC' = -\eta A' - \nu P' - \xi T'_g \tag{47}$$

Eq.(40) becomes

$$-C' = -P' + E' - A'_q = (e-1)P' - A'_q \tag{48}$$

The solutions for P', T'_g, C' can be found from(38),(47) and(48)

$$T'_g = \frac{\{-\eta\lambda + [m(1-e)+\nu]\theta_{SA}S_0\}A' - (mA'_q + A'_q + A'_t)\lambda}{\xi\lambda + [m(1-e)+\nu]\mu} \tag{49}$$

$$P' = \frac{-\theta_{Sa}S_0 A' + \mu T'_g}{\lambda} \tag{50}$$

$$C' = \frac{-\eta A' - \nu P' - \xi T'_g - A'_q - A'_t}{m} \tag{51}$$

Eqs.(49) and(50) show that when A and A' are positive, T'_g increases(original T'_g is larger than 0) because the denominator of(49) is negative and $|P'|$ also increases(original P' is negative, i.e., the precipitation decreases more), and vice versa. The reason is that when $A'_q > 0$, i.e., the perturbed value of the first term in Eq. (46) is larger than 0, meaning a net lost of water vapor, the moisture in the air column decreases, meanwhile, from (47) and (51) $A'_t > 0$ and $A'_q > 0$ enable C' to be more negative, i.e., the degree of convergence decreases because C represents convergence, which results in much less precipitation and evaporation. correspondently, the surface temperature increases further, this is the conclusion when the advection is included in the energy balance in an air column.

According to the climatological computation (Lu and Gao, 1987), there is a net positive flux for the water vapor, i.e., there is import of annual mean water vapor in the Hebei area, i.e., $A_q < 0$; however, Njngxia is a more closed area, few water vapor can be exchanged with external area, where we may set $A'_q = 0$, i.e., the perturbation of the advection of water vapor may not be considered. From Lu and Gao (1987), we may estimate approximately the annual mean value of A_q for Hebei which is about -300 mm or -25 W/ m^2, then we can assume different values for A'_q. Unfortunately there are no data about A_t, but we may estimate the mean net heat flux along longitude between $30°—40°$N over the whole earth which is about $10—20$ W/ m^2 (Lu and Gao, 1987), and is the net heat export, we will approximately assume A_t to be about 1020 W/ m^2, then to give different values for A'_t.

Fig.4 shows the variations of precipitation and surface temperature with σ_f for some values of A'_t for Ningxia area, in which the change of roughness has been considered, we can see that when A'_t increases, $|P'|$ also increases, i.e., precipitation decreases more, at the same time, T'_g increases, however, the effect of the advection is relatively not great due to the drier climate in Ningxia, for example, the difference between P' and its corresponding value with no advection is about $20—30$ mm (for the values A'_t shown in the figure).

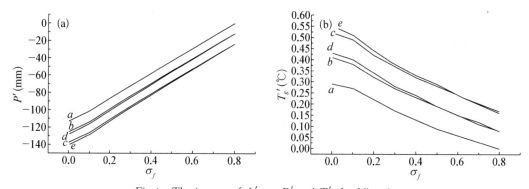

Fig.4　The impact of A'_t on P' and T'_g for Ningxia

(a) is for P', (b) for T'_g, curve a is for $A'_t = 0$, b for $A'_t = 0.5$ W/m^2, c for $A'_t = 1$ W/m^2, d is the same as b, but T_g increases 1 degree, e is the same as c but T_g increases 1 degree.

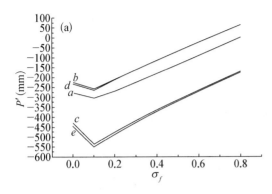
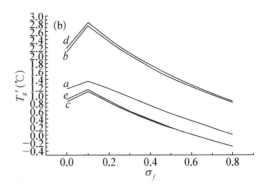

Fig.5 The impact of advection on P' and T'_g for Hebei,
(a) is for P', (b) is for T'_g. Curve a is for $A'_t=A'_q=0$, b for $A'_q=-2\ W/m^2$, $A'_t=4\ W/m^2$,
c for $A'_q=-1\ W/m^2$, $A'_t=4\ W/m^2$, d and e are the same as in Fig.4

Fig.5 is the variation of P' and T'_g with σ_f for some combinations of A'_t and A'_q for Hebei, on account of the selected $A'_q<0$, $A'_t>0$, their effect on P' and T'_g is opposite, the results are that P' are more negative compared with no advection for some cases, but are reverse for other cases. Because from Eq. (49) we can see that the effect of A'_t and A'_q is opposite and complex when their signs are opposite. The effect of advection is greater for Hebei than that for Ningxia due to the greater $|P'|$, from

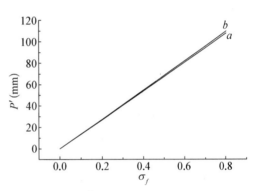

Fig.6 The P' after forestation for Ningxia, curve a does not consider global warming, curve b is for considering global warming, T'_g increases 1 degree.

Figs. 4 and 5 we also can see that the characteristics of the decrease of precipitation and the increase of temperature in case of global warming are similar to that no advection case, i.e., more serious, the amplitude of decrease or increase is almost the same compared with no advection case.

6 THE EXPERIMENT OF INCREASING VEGETATION COVER

The above experiments are all about vegetation degeneration, what result will be if the bare soil is changed by vegetation? We study the Ningxia case, first take the parameters in Table 1, then let σ_f increase from 0, the vegetation is forest which z_0 is 1 m, the precipitation may increase 108 mm when σ_f is 0.8 (see Fig.6), the surface temperature decreases slightly, the result proves that the forestation can increase precipitation, improve the climate. In case of global warming, the increase of precipitation becomes slightly stronger, i.e., global warming will strength the impact of vegetation on climate, however, the conclusion does not include the effect of vegetation on soil moisture, hence is limited, but the qualitative conclusion is convincible.

7　CONCLUSION AND DISCUSSION

The energy equilibrium model for air column is used to study the local climate change caused by the changes of albedo and sensible and latent heat fluxes at ground surface which is induced by vegetation change, cases for northern China are studied. The results show that the degeneration of vegetation can induce the decrease of precipitation and the increase of temperature, especially, in case of global warming, it may be one of the reasons of the aridificaton of northern China. To increase the vegetation can increase precipitation and improve climate. The simpler air column model in this paper contains clear physical process, however, cannot obtain continuous variation temporally and spatially by combining the physical processes in atmosphere, vegetation and soil like numerical model. For the annual mean state, the conclusions in this paper reflect realistic physical feature. The change of vegetation is only one of the causes of climate change, so the conclusion in this paper cannot be applied to discuss all the features of climate change. One of the shortcomings of the air column model is that which is an analytic model, cannot find the variation of the soil moisture induced by the variation of vegetation. On the other hand, the model needs further improvements, for example, the parameters about soil moisture are estimated from concerned references on account of lacking accurate soil and vegetation data. We find that the results are very sensitive to the saturated water content in some soil moisture parameters, when a value less than that we have chosen above is taken, the absolute values of P' and T'_g will also be less, but main conclusions are the same. There are some uncertainties for some parameters such as the constants a_i, b_i in Budyko's formula and the atmospheric albedo α_0. Further, the determination of some parameters, for example σ_p, is estimated from the data in some years, which may be different for the data in other years, all of these enable the conclusions in this paper to be limited, however, that the degeneration of vegetation induces decrease of precipitation and increase of temperature is certain, the magnitudes obtained in this paper are also reasonable(in recent 20 years, the mean decrease of precipitation is about 200—300 mm in Hebei and 100 mm in Ningxia, the increase of temperature is about 1 degree in Hebei and slightly smaller than 1 degree in Ningxia). The conclusion may be more convincible if more precise data and method determining parameter are applied.

APPENDIX　THE EVAPORATION IN LAND SURFACE MODEL

In order to find e in Eq.(35), we use some land surface models, the precipitation and evaporation in the following will not use energy unit, the equation for the soil moisture may be written

$$\frac{\partial W}{\partial t}=P-E_l-R_s-R_g-E_T\sigma_f-F_q(1-\sigma_f) \tag{A1}$$

P is the precipitation amount, E_l the interception water, R_s and R_g are the runoff over and under ground respectively, F_q is the evaporation over land, E_T the transpiration over vegetation, W the water content in soil(equivalent water depth), there are many formulas for interception water, we choose that in Seller's land surface model(Sellers and Mintz, 1986) which is

$$E_l=\sigma_f P(1-e^{-kL}) \qquad \text{when} \qquad E_l<\max \tag{A2a}$$
$$E_l=0 \qquad \text{when} \qquad E_l>\max \tag{A2b}$$

$k=0.5$, 3 is set for leaf area density L, the value of E_f may be larger or less than the maximum value in a year, we will multiply a factor φ in Eq.(A2) to consider this problem in an annual mean model, and first we will set $\varphi=0.5$, our experiment shows that the result is not sensitive to the value of φ, there is no obvious difference for $\varphi=0.5$ or 1 because of the drier climate. For R_s and R_g, we use the formulas in BATS

$$R_s=\left(\frac{w}{w_0}\right)^4(P-E_l) \tag{A3}$$

$$R_g=K_{w0}\left(\frac{w}{w_0}\right)^{2B+3} \tag{A4}$$

w_0 is the saturated value of w, $K_{w0}=8.9\times10^{-7}$ m/s, set $B=4$ corresponding to the selected soil parameters, the evaporation over bare soil applies

$$F_q=\rho C_E V(q_g-q_a) \tag{A5}$$

The value of C_E in(A5) is set to be C_D, the q at surface is computed as follows(Bosilovich, and Sun, 1988)

$$q_g=0.5\left[1-\cos\left(\frac{\pi w}{w_1}\right)\right]q_{sat} \tag{A6}$$

q_{sat} is the saturated specific humidity at corresponding temperature, w_1 is the field water content, for convenience, the transpiration is evaluated as the formula in Kan et al.(1994)

$$ET_{0i} = 1.6 \left(\frac{10T_i}{I} \right)^a \qquad (\text{mm/day}) \qquad (A7)$$

ET_{0i} is the referred transpiration for i-th month, T_i is the monthly mean air temperature and

$$I = \sum_{i=1}^{12} \left(\frac{T_i}{5} \right)^{1.514}$$

there is a regression formula on I for the exponent a (Kan et al.1994). The transpiration is calculated as follows:

$$ET_a = f_2(S) K_c ET_0 \qquad (A8)$$

ET_0 is the mean of ET_{0i}, $K_c = 1$,

$$f_2 = c \left(\frac{w - w_p}{w_j - w_p} \right)^d \qquad \text{when} \quad w < w_j$$

$$f_2 = 1 \qquad \text{when} \quad w > w_j$$

$c = 1, d = 0.7$, w_p the wilt water content, according to the surface type for Hebei and Ningxia and the parameters in BATS, 0.16 and 0.13 are chosen for it in Hebei and Ningxia respectively, $w_j = 0.28$ is the critical water content (Kan et al., 1994). From (A1) we obtain the equation for the perturbed state

$$\frac{\partial W'}{\partial t} + \left[\frac{\partial R_s}{\partial w} + \frac{\partial R_g}{\partial w} + \frac{\partial E_T}{\partial w} \sigma_f + \frac{\partial F_q}{\partial w} (1 - \sigma_f) \right] w'$$

$$= -\frac{\partial R_s}{\partial P} \left(1 - \frac{\partial E_l}{\partial P} \right) P' + \left(1 - \frac{\partial E_l}{\partial P} \right) P' = \left(1 - \frac{\partial E_l}{\partial P} \right) \left(1 - \frac{\partial R_s}{\partial P} \right) P'$$

Setting $\partial W' / \partial t = 0$, we have

$$w' = \frac{\left(1 - \dfrac{\partial E_l}{\partial P} \right) \left(1 - \dfrac{\partial R_s}{\partial P} \right) P'}{\dfrac{\partial R_s}{\partial w} + \dfrac{\partial R_g}{\partial w} + \dfrac{\partial E_T}{\partial w} \sigma_f + \dfrac{\partial F_q}{\partial w} (1 - \sigma_f)} \qquad (A9)$$

the variation of total evaporation and transpiration is

$$E' = E'_l + E'_T \sigma_f + F'_q (1 - \sigma_f) = eP'$$

after applying (A9), we get

$$e = \frac{\partial E'_l}{\partial P'} + \frac{\partial E'_T}{\partial P'} \sigma_f + \frac{\partial F'_q}{\partial P'} (1 - \sigma_F) = \frac{\partial E'_l}{\partial P'} + \left[\frac{\partial E'_T}{\partial w'} \sigma_f + \frac{\partial F'_q}{\partial w'} (1 - \sigma_f) \right] \frac{\partial w'}{\partial P'}$$

$$= \frac{\partial E_l}{\partial P} + \frac{\left[\dfrac{\partial E_T}{\partial w} \sigma_f + \dfrac{\partial F_q}{\partial w} (1 - \sigma_f) \right] \left(1 - \dfrac{\partial E_l}{\partial P} \right) \left(1 - \dfrac{\partial R_s}{\partial P} \right)}{\dfrac{\partial R_s}{\partial w} + \dfrac{\partial R_g}{\partial w} + \dfrac{\partial E_T}{\partial w} \sigma_f + \dfrac{\partial F_q}{\partial w} (1 - \sigma_f)} \qquad (A10)$$

the different partial derivatives in the r.h.s. of(A10) may be found from(A2),(A8),(A5),
(A3) and(A4), *e* may then be found from(A10).

REFERENCES

Bosilovich, K. G., and W. Y. Sun, 1998: Monthly simulation of surface fluxes and soil properties during FIFE. J. Atmos. Sci., 55. 1170 - 1184.

Charney, J. G., 1975: Dynamics of deserts and drought in the Sahel. Quart. J. Roy. Meteor.,101, 193 - 202.

Dickinson, R. E., A. H-Sellers, and P. J. Kennedy, 1993: Biosphere-Atmosphere Transfer Scheme Version 1e as coupled to the NCAR Community Climate Model, NCAR / TN—387+STR, 72pp.

Eltahir, E. A. B., and R. L. Bras, 1993: On the response of tropical atmosphere to large-scale deforestation. Quart. J.Roy. Meteor. Soc., 119, 779 - 793.

Kan, S., S. Liu, and Y. Xiong, 1994: Transfer Theory of Moisture in the Soil-Vegetation-Atmosphere Continuum and Its Application, Irrigation and Electric Power Press, 228 pp(in Chinese).

Lean, J., and P. R. Rowntree, 1993: A GCM simulation of the impact of Amazonian deforestation on climate using as improved canopy representation. Quart. J. Roy. Meteor. Soc., 119, 509 - 530.

Lu, Y., and G. Gao, 1987: Physical Climatology. China Meteorological Press, 645 pp(in Chinese).

Sellers, P. J., and Y. Mintz, 1986: A simple biosphere model(SiB) for use within general circulation model. J. Atmos. Sci., 43,505 - 531.

Sellers, P. J., R. E. Dickinson, T. B. Dubridge et al., 1993: Tropical deforestation: modelling local to regional scale climate change. J. Geophys. Res., 98(D4), 7289 - 7315.

Sud, Y. C., K. Yang, G. K. Walker, 1996: Impact of in-situ deforestation in Amazonia on the regional climate: general circulation model simulation study. J. Geophys. Res., 101(D3), 7095 - 7109.

Tang, M., 1989: An Introduction to Theoretical Climatology. China Meteorological Press, 299pp(in Chinese).

Xue, Y., and J. Shukla, 1993: The influence of land-surface properties on Sahel climate. Part I: Deforestation. J. Climate, 6. 2232 - 2245.

Xue, Y., and J. Shukla, 1996: The influence of land-surface properties on Sahel climate. Part II: Afforestation. J. Climate. 9,3260 - 3275.

Xue, Y. 1996: The impact of deforestation in the Mongolian and the inner Mongolian grassland on the regional climate. J. Climate, 9, 2173 - 2189.

Yi, Z., and R. Wu, 1994: A self-organized climate model. Acta Atmospherica Sinica, 18, 130 - 140(in Chinese).

You, M., and H. Wang, 1996: Assessment of the Water Resources in Agriculture Land. China Meteorological Press,140pp(in Chinese).

Zeng, N., and J. D. Neelin. 1999: A land-atmosphere interaction theory for the tropical deforestation problem. J. Climate, 12.857 - 872.

Zhang, H. and A. H-Sellers, 1996: Impacts of tropical deforestation. Part I, Process analysis of local climate change. J. Climate, 9.1497 - 1517.

Zhang, H., K. McGuffie, and A. H-Sellers, 1996: Impacts of tropical deforestation. Part II, The role of large-scale dynamics. J. Climate, 9.2498 - 2521.

Zhang,Y, 2020: A numerical simulation about the effect of land process in the regional climate. Ph. D dissertation, Nanjing University, 153pp(in Chinese).

6.2 用一维能量平衡模式研究华北干旱化的一些问题[①]

摘 要:近年来华北干旱化表现为降水减小和温度增加,本文用一维能量平衡模式在不计平流的条件下研究年温度增加和降水减少间的关系,所得结果符合我国北方的实际资料。还研究了在二氧化碳倍增情况下一维能量平衡模式得出的华北温度增加大小,其值在1℃左右,大致符合数值模式得出的结论,表明该模式在研究华北干旱化时有一定的用处。

关键词:能量平衡模式,华北干旱化,二氧化碳倍增

引言

近年来,我国北方的干旱化是影响我国持续发展的不利因素之一[1]。而北方干旱化的同时是北方温度的增高[2],这同时也表现在最高温度上[3]。北方干旱化是全球变化在我国北方的一种体现。温度增加是一种全球现象,不少学者认为是温室气体排放增加的结果。而我国北方的干旱化即降水逐年减少是带有区域性的,其成因应该是全球变化与我国北方具体情况共同决定的。例如有人认为土地的沙漠化是造成我国北方干旱化成因。实际上沙漠化的增加与干旱化也是互为因果的。成因的研究实际上是一个很复杂的问题。一个问题是,由于我国北方降水减少与温度增加是同时发生的,我们能否撇开其成因不论,而找出这二者之间的某种关系,从而由温度变化趋势大致判断降水变化趋势或者反之。我们在研究下垫面对局地气候影响时曾用一维能量平衡模式来研究当下垫面反射率改变时对降水和温度造成的影响,获得一定的成功[4],对我国北方而言平流对年平均气候状态影响相对较小[5],这是用一维模式研究北方气候变化相对合理的原因之一。本文目的是用一维能量平衡模式分析年平均温度与降水变化之间的关系,为预测未来华北干旱化提供一种渠道,我们的一维能量平衡模式结果用河北、陕西的实测降水和温度变化资料验证,表明结果基本是合理的,由于一维模式不考虑平流影响,加之一些参数确定上的误差和实际降水较大的年际变率,模式结果不可能与实测结果充分一致,但基本的一致性告诉我们一维模式对预测华北干旱化是一个有初步定性的工具。

1 原 理

主要方程见文献[4],在略去平流时,气柱热量和水分平衡方程是

---

① 原刊于《气象科学》,2003 年 6 月,23(2),144 - 152,作者:赵鸣。

$$\frac{\partial(c_pT+gz)}{\partial z}w=Q_c+Q_R-\frac{\partial F_T}{\rho\partial z} \qquad (1)$$

$$L\frac{\partial q}{\partial z}w=-Q_c-\frac{\partial F_q}{\rho\partial z} \qquad (2)$$

Q_c 和 Q_R 分别为对流(凝结)及辐射加热率,F_t 和 F_q 为湍流感热及潜热通量,其边值是地面感,潜热通量 H,E。L 为蒸发潜热。在设

$$w=\Omega(z)\,\nabla\cdot\vec{V}_1(x,y)$$

后,其中 $\nabla\cdot\vec{V}_1(x,y)$ 为气柱平均散度,Ω 表示 w 的垂直变化,从地面垂直积分(1),(2)至大气柱顶,得气柱的热水平衡方程:

$$\int_0^z \frac{\partial(c_pT+gz)}{\partial z}\Omega\,\nabla\cdot\vec{V}_1\rho\mathrm{d}z=\hat{Q}_c+\hat{Q}_Q+H \qquad (3)$$

$$\int_0^z L\frac{\partial q}{\partial z}\Omega\,\nabla\cdot\vec{V}_1\rho\mathrm{d}z=-\hat{Q}+E \qquad (4)$$

其中

$$(\hat{x})=\int_0^z \rho x\,\mathrm{d}z$$

置

$$M_s=\int_0^z \frac{\partial(c_pT+gz)}{\partial z}\Omega\rho\mathrm{d}z$$

$$M_q=\int_0^z -L\frac{\partial q}{\partial z}\Omega\rho\mathrm{d}z$$

则(3),(4)成

$$M_s\,\nabla\cdot\vec{V}_1=\hat{Q}_+\hat{Q}_R+H \qquad (5)$$

$$-M_q\,\nabla\cdot\vec{V}_1=-\hat{Q}_c+E \qquad (6)$$

令 $C=M_q\nabla\cdot\vec{V}_1$ 是气柱垂直积分的水汽辐合量(潜热),则(6)成

$$-C=-P+E \qquad (7)$$

P 为总潜热释放量,即以能量单位表示的降水量,(5),(6)二式可联合成:

$$mC=\hat{Q}_R+E+H \qquad (8)$$

$m=(M_s-M_q)/M_q$,大气顶向下净辐射通量为

$$R_t=S_0-S_t^\uparrow-L_t^\uparrow \qquad (9)$$

地面处净热通量为

$$F_s=S_s^\downarrow-S_s^\uparrow+L_s^\downarrow-E-H \qquad (10)$$

S,L 表示短,长波辐射通量,下标 t 表示大气顶,s 表示地面。S_0 为大气外界的短波通量,(8)式成

$$mC = R_t - F_s \tag{11}$$

这是因

$$\hat{Q}_R = S_0 - S_t^\uparrow - S_s^\downarrow + S_s^\uparrow - L_s^\downarrow + L_s^\uparrow - L_t^\uparrow$$

对年平均态,即对时间而言的定态,显然可设地面净热通量等于零,则(1)式变为

$$mC = R_t \tag{12}$$

现在我们研究地温变化 T_g' 与降水变化 P' 间的关系。

考虑大气的吸收及反射(散射),

$$S_s^\downarrow = (1-\alpha)(1-a)S_0 \tag{13}$$

α,a 分别为大气对短波的反射及吸收率。

$$S_s^\uparrow = (1-\alpha)(1-a)AS_0 \tag{14}$$

于是

$$S_t^\uparrow = [(1-\alpha)^2(1-a)^2 A + \alpha]S_0 \tag{15}$$

A 为地面对短波的反射率,可设[6][4]

$$\alpha = \alpha_0 + \alpha_n \sigma_n \tag{16}$$

α_0,α_n 分别为大气及云的反射率,σ_n 为云量。

大气顶向外长波可取布迪科经验公式[7],

$$L_t^\uparrow = a_1 + b_1 T_g - (a_2 + b_2 T_g)\sigma_n \tag{17}$$

T_g 为地面摄氏温度,$a_1 = 268$ W/m^2,$b_1 = 2.668$ W/($^\circ$C m^2),$a_2 = 47.68$ W/m^2,$b_2 = 1.62$ W/($^\circ$C m^2)。设[4]

$$\sigma_n = \sigma_p P + b_4 \tag{18}$$

资料表明该式有较高的相关系数,即成立较好。

由(18)得

$$\sigma_n' = \sigma_p P' \tag{19}$$

撇号表示变化量,现考虑地温变化为 T_g',降水变化为 P',由(12),(9)可见 C 的变化量 C' 由 $S_t^\uparrow$ 和 $L_t^\uparrow$ 变化引起,而由(15)—(17)可见 $S_t^\uparrow$ 和 $L_t^\uparrow$ 的变化又由 T_g' 及 σ_n' 引起,后者由(19)式由 P' 表达,于是得

$$mC' = -\nu P' - \xi T_g' \tag{20}$$

其中

$$\nu = S_0 \alpha_n \sigma_p - (a_2 + b_2 T_g)\sigma_p - 2(1-a)^2(1-\alpha)\alpha_n \sigma_p A S_0$$
$$\xi = b_1 - b_2 \sigma_n$$

(20)即 C'，P'，T'_g 间的第一个方程。

由(7)得

$$-C' = -P' + E' \tag{21}$$

它给出 C'，P' 间第二个方程，但引入 E'，现在，设将 C'，P' 由 T'_g 表达，则除(20)，(21)外还需一个方程。由(10)式，如上述，因对年平均而言，$F'_s = 0$，则得此第三个方程，其中 $S_s^{\downarrow}$，$S_s^{\uparrow}$ 由(13)，(14)算，由文献[6]，

$$L_s^{\downarrow} = \varepsilon(a_3 + b_3 T_g) \tag{22}$$

其中

$$a_3 = 273^4 \sigma, b_3 = 4 \times 273^3 \sigma$$
$$\varepsilon_0 = \varepsilon_0 + \varepsilon_c + \varepsilon_1 T_g - \varepsilon_n \sigma_n^2 \tag{23}$$

$\varepsilon_0 = 0.1917, \varepsilon_c = 0.0235\ln[CO_2] + 0.0537, \varepsilon_1 = 0.004915(℃)^{-1}, \varepsilon_n = 2.159 \times 10^{-2}$，$[CO_2]$ 可取值 330 ppm，σ 为 Boltzmann 常数。地表向上感热可取

$$H = C_D c_p \rho V(T_g - T) \tag{24}$$

V 为风速，C_D 为拖曳系数，T 为气温，由(24)[8,4]可得

$$H = C_D c_p \rho V T'_g = \frac{k^2 c_p \rho V}{\left(\ln \dfrac{z}{z_0}\right)^2} T'_g \tag{25}$$

z_0 为粗糙度，z 可取 10 m，而由(22)，(23)可求 $L_s^{\downarrow'}$，又

$$L_s^{\uparrow} = \sigma(T_g + 273)^4 \tag{26}$$

由(26)可得 $L_s^{\uparrow'}$，这样，由 $F'_s = 0$ 及(13)，(14)，(22)，(23)，(25)，(26)求得我们要的第三个方程

$$-\lambda P' - E' + \mu T'_g = 0 \tag{27}$$

其中

$$\lambda = S_0(1-a)\alpha_n \sigma_p + 2\sigma_n(a_3 + b_3 T_g)\varepsilon_n \sigma_p - (1-a)S_0 A \alpha_n \sigma_p$$
$$\mu = (a_3 + b_3 T_g)\varepsilon_1 - \varepsilon_s - \zeta + \varepsilon b_3$$

$\varepsilon_s = 4\sigma(T_g + 273)^3, \zeta = k^2 c_p \rho V / \left(\ln \dfrac{z}{z_0}\right)^2$。现在由(20)，(21)，(27)可联立解出 C'，P'，E'，而视 T'_g 为已知。由于我们只对 P' 感兴趣，只写出 P' 的结果：

$$P' = \frac{\mu(\xi - m\mu)}{-\mu\nu - m\mu - m\mu\lambda} T'_g \tag{28}$$

各式中地面反射率 A 如下计算,按 BATS[9] 对典型土壤,有

$$A_s = 0.11 + 0.01(11 - 40s)　　　　　　　(29)$$

A_s 为土壤反射率,s 为土壤水相对含量,在植被覆盖度为 σ_f 时,地面反射率

$$A = (1 - \sigma_f)A_s + \sigma_f A_f　　　　　　　(30)$$

A_f 为植被反射率,而 z_0 取

$$z_0 = (1 - \sigma_f)z_{0s} + \sigma_f z_{0f}$$

z_{0s},z_{0f} 为裸土及植被粗糙度,各取 0.02 m 和 0.06 m。

2　实例计算

我国北方以石家庄、延安两地为例,两地纬度相似,因为本文用的是年平均模式,气象参数由两地 1996—1998 年气象资料求年平均获得。一些物理参数如大气反射参数,吸收率,A_s,A_f,z_{0s},z_{0f} 等由文献[5][6][8][9]得,如表 1。

表 1　计算参数

Table 1　The used parameters

$S_0(\text{W/m}^2)$	T_g (℃)	V (m/s)	σ_n	α_0	α_n	σ_p	m	s	σ_f	A_f	a	P (mm)
350	14.3(石)	2	0.47(石)	0.09	0.5	1.69e-3(石)	1.3	0.2(石)	0.8	0.08	0.28	600(石)
	12.5(延)		0.43(延)			1.64e-3(延)	1.7	0.18(延)	0.4			467(延)

图 1 为对石家庄计算的不同 T'_g 下的 P',为看出对 σ_f 的敏感性,还计算了当 $\sigma_f = 0.4$ 的结果。

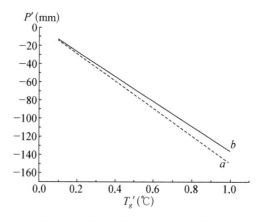

图 1　石家庄不同 T'_g 时的 P' 曲线

a 为 $\sigma_f = 0.8$, b, $\sigma_f = 0.4$

Fig.1　The relation between T'_g and P' for Shijiazhang, a is for $\sigma_f = 0.8$, b is for $\sigma_f = 0.4$

从图见在 $\sigma_f = 0.8$ 时 P' 要更大些。实际情况是 1986—1995 年间石家庄站降水平均比 1976—1985 年的 10 年平均减少 70 mm,而 T_g 增 0.4 ℃,从图 1 见在 $T'_g = 0.4$ ℃时计算的 P' 值在 $\sigma_f = 0.8$ 时为 -59.1 mm,在 $\sigma_f = 0.4$ 时为 -53.8 mm,考虑到一维模式的局限性及参数取值的误差,结果基本上是可以的。上述实例的 10 年平均差不是绝对的,若换不同的十年相减,结果也不同,我们此处只是看一个大致的比较。

对于延安的结果,实际情况 1989—1998 年 10 年间降水比 1979—1988 年少了 89 mm,而 T_g 温度上升了 0.4 ℃,计算的结果 $\sigma_f = 0.4$ 时与 $T'_g = 0.4$ ℃相对应的 P' 为 -54.1 mm,而 $\sigma_f = 0.8$ 时为 -59.4 mm,即观测与计算均在几十毫米的量级,结果基本上合理。石家庄和延安的结果也很相似。我们还试验了计算结果对土壤水分含量的敏感性,结果对 s 远不如对 σ_f 敏感,这是因此时 T_g 变化已知,s 变化不影响 T_g 之故,此处不再细述。

由于本模式是在已知 T'_g 时求 P',T'_g 不作为未知量,即本文不是寻求气候变化的原因,只是寻找 T'_g 与 P' 间的关系,因此蒸发量的变化没有从陆面模式寻求,而是由气柱能量平衡模式得到。在 T'_g 变化待求时(如下文),应从物理上的陆面模式求得。

3　二氧化碳增加对华北降水温度变化的影响

本模式可进一步用于研究当 CO_2 增加所造成的温度和降水变化。CO_2 增加主要影响逆辐射,影响温度进而影响降水,此时与第二节不同,T'_g 不能作为已知,而认为是 CO_2 增加后的结果,由(22),(23)式得

$$L_s^{\downarrow'} = \varepsilon b_3 T'_g + (a_3 + b_3 T_g)\left[\varepsilon_1 T'_g - 2\varepsilon_n \sigma_n \sigma_p P' + 0.023\,5 \frac{[CO_2]'}{[CO_2]}\right] \tag{31}$$

于是(27)式相应变成

$$-\lambda P' - E' + \mu T'_g + 0.023\,5 \frac{[CO_2]'}{[CO_2]}(a_3 + b_3 T_g) = 0 \tag{32}$$

由于 T'_g 是待求量,于是 E' 应与陆面过程的变化有关,即从陆面模式寻求,我们用[7],[3]中的办法,即设

$$E' = eP' \tag{33}$$

e 可由陆面过程方程推求,见文献[4],即据 BATS 中地表,地下径流,截留水,蒸发等公式及康绍忠给出的蒸腾公式及植被覆盖度而定,此处不再细述。

由(33),则(21)成

$$-C' = (e-1)P' \tag{34}$$

由(34),(20)得

$$-m(e-1)P' + \nu P' + \xi T'_g = 0 \tag{35}$$

得

$$T'_g = \frac{-m(1-e)-\nu}{\xi}P' \tag{36}$$

再由(32),(33),(35)解得

$$P' = \frac{0.023\,5\,\dfrac{[CO_2]'}{[CO_2]}(a_3+b_3T_g)}{\lambda+\dfrac{\mu}{\xi}[m(1-e)+\nu]+e} \tag{37}$$

即得由于$[CO_2]'$造成的T'_g与P'。

现仍用石家庄、延安两地资料,计算时,使CO_2逐步增加,步长为10^{-5},直到$[CO_2]$等于两倍现在浓度,即6.6×10^{-4}。图2、图3是石家庄、延安由于CO_2倍增造成的温度变化,并可看出不同σ_f的敏感性,为看土壤水分敏感性还算了其他s的结果。

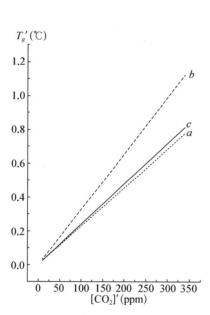

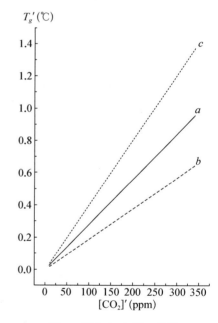

图2　石家庄由于CO_2倍增
造成的T_g变化
曲线a:$\sigma_f=0.8$,b:$\sigma_f=0.4$,c:同a但$s=0.18$
Fig.2　The change of T_g induced by the double CO_2 for Shijiazhuang
a is for $\sigma_f=0.8$, b for $\sigma_f=0.4$,
c is the same as a, but $s=0.18$

图3　延安由于CO_2倍增
造成的T_g变化
a:$\sigma_f=0.4$,b:$\sigma_f=0.8$,c:同a但$s=0.16$
Fig.3　The same as Fig.2 except for Yanan
a is for $\sigma_f=0.8$,b for $\sigma_f=0.4$,
c is the same as a, but $s=0.16$

由图可见石家庄在$\sigma_f=0.8$时,T'_g可达0.78 ℃,而在$\sigma_f=0.4$时可达1.08 ℃,现在的数值模式在用GCM及海气耦合的环流模式模拟CO_2倍增时一般全球温度会上升1—2 ℃的量级[11,10],东亚地区以及华北地区也大致是这样的量级,例如赵宗慈[12]使CO_2加倍用几个模式模拟结果在2030年华北增温约0.6—1.2 ℃,因此对石家庄地区,一维模式模拟与数值模式差别不大。对延安地区来说,CO_2 加倍在 $\sigma_f = 0.4$ 时为 $T'_g = 0.92\,℃$,$\sigma_f = 0.8$ 时为 $0.62\,℃$,也符合数值模式的量级,我们看到石家庄和延安结果不同了,因为这时 T'_g 是待求量,s 起了很大的作用,当然本文提供的结果仅是反映了一个方法的结果,数值模式结果可能更合理些,但不同数值模式之间差别也可以很大,因此本文结果可以代表不计平流影响时的一种结论。我们还看到在植被覆盖度小些时 CO_2 增温会更大些。和第二节不同,由于 T'_g 是待求量,模式对土壤水含量敏感性比上节大得多,例如同样 $\sigma_f = 0.4$,对延安来讲在 $s = 0.16$ 即比原试验小时 $T'_g = 1.33\,℃$,比原结果的 $0.92\,℃$ 要大。显然这是因 s 小,土壤蒸发变少之故。

对本文的一维能量平衡模式讲 T'_g 与 P' 是反关系,适合于我国北方情况,而数值模式的结果在 CO_2 倍增时,全球范围内降水却是增加的[10],然而不同地区结果也不同,例如赵宗慈[12]数值结果指出夏季降水(对我国而言,夏季降水是主要的)在 120°E 以西 40°N 附近却是减少的,即对华北地区而言,也存在着温度增,降水减的现象。显然由于问题的复杂性,要得到更合理可信的结果,还需要大量的不同方面的工作。

4 结语

本文从气柱能量平衡模式在不计平流影响时研究了我国北方降水减少和温度增加的关系,在当前我国北方的气象参数控制下,得到降水和温度是反关系。本文不能得到北方干旱化成因,但却指出二者之间的内部关系。实际上,降水减少,云量减少,短波增加,会使温度增高,尽管由此而来的向外长波也增加,但最后的平衡结果使温度上升,同时降水的减少使蒸发量减少也促成了地面温度的增高。本文未计平流的影响,因此是近似的,因而求出的降水减少与温度增加的定量关系不可能很精确,但与实际变化比差别不能算大(因为实际的变化,特别是降水,用不同年份统计,差别可以很大)。气候学计算证明[5],华北地区年平均而言,平流影响不大,这可能是能量平衡模式较能适用的原因。本文结果基本是合理的,对认识我国北方干旱化有一定帮助。石家庄和延安是华北的两个区域,本文结果反映了华北地区的一个侧面,由于华北地区很大,上述两地的结论还不能代表整个华北地区。

本文另一内容是用一维能量平衡模式研究我国北方在 CO_2 倍增后引起的温度变化。温度变化范围符合数值模式的结果,这是成功之处。但另一方面,数值模式指出 CO_2 增加会造成全球大气的整体变化,如季风环流的改变,从而影响降水量等气象量,而这种物理过程及动力过程的变化是能量平衡模式不能反映出来的,也就是说,大气内部不同地区发生的物理条件和过程及环流的变化不应忽略,因而本文模式用于 CO_2 倍增时降水的影响会得不到很合理的结果,而必须求助于数值模拟。

参考文献

[1] 黄荣辉.我国夏季降水的年代际变化及华北干旱化趋势,高原气象,1999,18:463 - 476.
[2] 叶笃正.中国的全球变化预研究,气象出版社,1992,101.
[3] 缪启龙.中国近半个世纪最高气温变化特征,气象科学,1998,18:103 - 112.

[4] Zhao Ming and Zeng Xinmin. A theoretical analysis on the local climate change induced by the change of landuse., Adv. Atm. Sci., 2002, 19: 45 – 63.

[5] 陆渝蓉,高国栋.物理气候学.北京:气象出版社.1987,645.

[6] 仪垂祥,伍荣生.一个自组织气候模型.大气科学,1994,18:130 – 140.

[7] 汤懋苍.理论气候学引论.北京:气象出版社.1989,299.

[8] Zeng N and Neelin J D. A land-atmosphere interaction theory for the tropical deforestation problem. J. Climate, 1999, 12: 857 – 872.

[9] Dickinson R E, et al. Biosphere-atmosphere transfer scheme, Version 1e as coupled to the NCAR Community Climate model. NCAR/TN-387+STR,1993, 72.

[10] 施雅风,王明星.中国气候与海面变化及其趋势和影响(三).全球气候变暖,济南:山东科学技术出版社.1997,480.

[11] 王彰贵.全球海气混合模式对大气 CO_2 含量变化的响应,第一部分,无海气 CO_2 循环,见:气候变化规律及其数值模拟研究论文(第二集).北京:气象出版社,1996,289 – 299.

[12] 赵宗慈,未来590年温室效应对中国气候变化的可能影响,见:气候变化规律及其数值模拟研究论文(第三集).北京:气象出版社,1996, 170 – 178.

SOME PROBLEMS OF THE ARIDIFICATION IN NORTHERN CHINA STUDIED FROM ONE DIMENSIONAL ENERGY EQUILIBRIUM MODEL

Abstract: In recent year, the decreases of precipitation and increase of temperature in northern China appear which is known as the phenomenon of the aridification in northern China. In this paper, the relation between the decrease of annual precipitation and the increase of annual temperature is studied by use of an one dimensional energy equilibrium model in which the effects of advection is not included. The results are roughly in agreement with the realistic data. Meanwhile, we have also investigated the magnitude of the increase of temperature in northern China induced by the double of carbon dioxide from the one dimensional energy equilibrium model which is around 1℃, roughly close to the result of numerical simulation, showing the availability of the application of this model in the research of aridification in northern China.

Key words: Energy equilibrium model, Aridification in northern China, Double of carbon dioxide.

6.3 南水北调对我国北方局地气候影响的一个理论分析①

摘 要：从简单的一维气柱能量平衡模式研究在我国北方土壤中增加水分含量后引起的局地气候变化,应用气柱中的辐射、降水、水汽和内、位能辐合间的平衡,可以推导出降水、温度、地表反射率各变化量之间的关系,而地表反射率的变化又与地表水分含量有关;而从地表能量平衡方程也可得到降水、温度、地表水分含量各变化量之间的关系,从上述这些关系最终可以得到地表水分变化对降水变化和温度变化的影响。结果表明降水和温度变化与植被覆盖度有关。在我国西北地区,当土壤水增加 1/15,随植被覆盖度的从大到小,年降水可增加原年降水的 1/30—1/11;在华北地区,当土壤水增加 1/20,随植被覆盖度的从大到小,年降水可增加原年降水量的 1/80—1/35。而年平均温度减少约在 0.1 ℃的量级,在线性理论范围内,降水量的增加与温度的降低均与土壤水的增加量成正比。而能量平衡模型在西北地区更为适合。

关键词：南水北调,能量平衡,气候变化

近年来我国北方降水减少和温度增加是气候变化的总趋势,由此引起的北方干旱化严重影响了我国北方的工农业生产和人民生活[1]。计划中的南水北调是一个行之有效的解决办法,规划中有东、中、西 3 条线路,南水北调后,一部分供给城市,由于城市面积小,下垫面不会明显增湿,因此对局地气候不会有多少影响,而农业用水部分将通过渠道网用于灌溉,使土壤水分增加,这将在一定程度上改变局地气候。从近地面的小气候来说,土壤湿度增加将会产生温度降低,这从下垫面的能量平衡可以推出[2]。单从小气候学的方法不能得出大范围内的气候变化,数值模拟常被用来研究下垫面变化包括土壤水分变化带来的天气气候变化。例如张耀存等[3,4]用数值模式研究下垫面的气候响应,Clark 和 Arritt[5]用一维模式得到增加土水能促进对流,增加降水量,叶笃正等[6]用大气环流模式研究土壤水分变化对气候的影响,指出土壤水分的增加可以增加降水。Giorge 和 Marinucci[7]用中尺度模式 MM4,Pan 等[8]用中尺度模式 MM5 研究了模式对土壤水分的敏感性,表明土水的增加通过大气中的系列物理过程能造成降水增加。Beljaars 等[9]用欧洲中心模式试验了降水异常对土水异常的敏感性,模式积分一个月,潮湿的土壤相应更多降水。Rowntree 和 Bolton[10] 以及 Cunnington 和 Rowntree[11]也分别用全球模式检验欧洲地区和撒哈拉沙漠地区土水的敏感性,也得到了土壤水分对降水的影响。郑益群[12]在区域气候模式中引入土壤湿度扰动得到降水的变化不仅限于局地,而且散布到周边地区,这是数值模式应用上的优点。研究下垫面的影响,除了用数值模式外,也可用较简单的解析模式,这类模式主要用辐射,对流等物理过程间的平衡来研究下垫面改变后的气候平衡态,如[13]用气柱能量平衡和水分平衡考虑了由于下垫面反射率的增加来研究亚马孙森林砍伐对大气的影响,其优点在于各因子影响能清晰表达,但他的方法针对热带特点作了简化,不具有一般性。本文目的是运用简单的气柱

---

① 原刊于《南京大学学报》(自然科学),2002 年 5 月,38(3),271 - 280,作者:赵鸣。

能量和水平衡模式,研究当我国北方下垫面土壤水分变化后(通过南水北调而增加水分)通过气柱辐射,对流,蒸发等的平衡后产生的局地降水和温度变化,为预测南水北调造成的人为气候变化服务。

1　方法原理

用气柱的能量守恒原理,在不计局地变化和水平平流时,气柱的热力学及水分守恒方程可写成[13]:

$$\frac{\partial(c_p T + gz)}{\partial z} w = Q_c + Q_R - \frac{\partial F_T}{\rho \partial z} \tag{1}$$

$$L \frac{\partial q}{\partial z} w = -Q_c - \frac{\partial F_q}{\rho \partial z} \tag{2}$$

Q_c 和 Q_R 分别为对流(凝结)及辐射加热率,F_t 和 F_q 为湍流感热及潜热通量,其边值是地面感及潜热通量 H,E。

仿文献[13],对 w 作如下处理,设

$$w = \Omega(z) \nabla \cdot \vec{V}_1(x,y) \tag{3}$$

$\nabla \cdot V_1(x,y)$ 可看成气柱的平均散度,Ω 表示 w 随 z 的变化,对整个气柱积分(1),(2),顶为 Z,用(3)后得气柱的水热平衡方程是:

$$\int_0^Z \frac{\partial(c_p T + gz)}{\partial z} \Omega \nabla \cdot \vec{V}_1 \rho dz = \hat{Q}_c + \hat{Q}_R + H \tag{4}$$

$$\int_0^Z L \frac{\partial q}{\partial z} \Omega \nabla \cdot \vec{V}_1 \rho dz = -\hat{Q}_c + E \tag{5}$$

此处

$$(\hat{x}) = \int_0^Z \rho x dz$$

令

$$M_s = \int_0^Z \frac{\partial(c_p T + gz)}{\partial z} \Omega \rho dz$$

$$M_q = \int_0^Z -L \frac{\partial q}{\partial z} \Omega \rho dz$$

则(4),(5)成:

$$M_s \nabla \cdot \vec{V}_1 = \hat{Q}_c + \hat{Q}_R + H \tag{6}$$

$$-M_q \nabla \cdot \vec{V}_1 = -\hat{Q}_c + E \tag{7}$$

令 $C = M_q \nabla \cdot \vec{V}_1$ 为垂直积分的水汽辐合量,则(7)式成

$$-C = -P + E \tag{8}$$

P 为气柱内凝结释放的潜热,即以能量单位表示的降水量。

由(6)、(7)得

$$mC = \hat{Q}_R + E + H \tag{9}$$

$m = (M_s - M_q)/M_q$,在大气顶及地面净向下热通量为:

$$R_t = S_0 - S_t^\uparrow - L_t^\uparrow \tag{10}$$

$$F_s = S_s^\downarrow - S_s^\uparrow + L_s^\downarrow - L_s^\uparrow - E - H \tag{11}$$

S,L 分别表示短、长波,下标 t 表示顶,s 表地面。S_0 为大气外界短波通量,考虑到

$$\hat{Q}_R = S_0 - S_t^\uparrow - S_s^\downarrow + S_s^\uparrow - L_s^\downarrow + L_s^\uparrow - L_t^\uparrow$$

(9)可写成

$$mC = R_t - F_s \tag{12}$$

年平均情况下,可取地面净热通量等于零[13],于是(12)变成

$$mC = R_t \tag{13}$$

而(11)式即是

$$S_s^\downarrow - S_s^\uparrow + L_s^\downarrow - L_s^\uparrow - E - H = 0 \tag{14}$$

(8),(12),(14)式即是本文用的基本方程组,它反映了气柱及地表面的能量平衡,我们将用它们研究年平均意义上的气候变化(降水和温度)。

2　土壤水分变化引起的局地气候变化

先计算各辐射通量

$$S_s^\downarrow = (1 - \alpha)(1 - a)S_0 \tag{15}$$

$$S_s^\uparrow = (1 - \alpha)(1 - a)AS_0 \tag{16}$$

A 为地面反射率,a,α 分别为云加大气的吸收和反射率,S_0 取一年中平均值,它仅与纬度有关。

$$S_t^\uparrow = [(1 - \alpha)^2(1 - a)^2 A + \alpha]S_0 \tag{17}$$

α 可写成大气反射率和云反射率之和,而云反射率认为与云量 σ_n 成正比[14]

$$\alpha = \alpha_0 + \alpha_n \sigma_n \tag{18}$$

大气顶的外出长波通量可用 Budyko 公式计算[15]

$$L_t^\uparrow = a_1 + b_1 T_g - (a_2 + b_2 T_g)\sigma_n \tag{19}$$

T_g 为地表摄氏温度，此处我们将对裸地及植被取同一 T_g 值（在年平均意义上），常数为：$a_1=226.8\ \mathrm{W/m^2}$，$b_1=2.668\ \mathrm{W/(℃\,m^2)}$，$a_2=47.68\ \mathrm{W/m^2}$，$b_2=1.62\ \mathrm{W/(℃\,m^2)}$。把地面当作黑体处理，地面向上长波可用 Stefan 公式：

$$L_s^\uparrow=\sigma\,(T_g+273)^4 \tag{20}$$

地面处向下长波用[14]：

$$L_s^\downarrow=\varepsilon(a_3+b_3T_g) \tag{21}$$

$a_3=273^4\sigma,b_3=4\times273^3\sigma$，而

$$\varepsilon=\varepsilon_0+\varepsilon_c+\varepsilon_1T_g-\varepsilon_n\sigma_n^2$$

$\varepsilon_0=0.191\,7$，$\varepsilon_c=0.023\,5\ln[CO_2]+0.053\,7$，$\varepsilon_1=0.004\,915(℃)^{-1}$，$\varepsilon_n=2.159\times10^{-2}$，$[CO_2]$ 可取常值 330×10^{-6}。

当下垫面水分改变时，地面反射率改变，且 T_g 改变，导致辐射，地表向上的感潜热均改变，从而影响气柱中的能量和水分平衡，大气中的水分也改变，即 σ_n 和降水亦改变，我们按石家庄、银川等华北台站资料分析取

$$\sigma_n=\sigma_P P+b_4 \tag{22}$$

P 为降水量(mm)，常数 σ_P,b_4 各台站不同。资料回归出的 σ_P 见表1。当地表含水量改变 w' 时（w 是 $1\,\mathrm{m^3}$ 土中水体积，亦可看成 $1\,\mathrm{m}$ 深土壤中水的深度），按照 BATS[16] 中给出的土壤反射率随土水含量 w 而变的公式

$$A_s=0.11+0.01(11-40w) \tag{23}$$

及包含裸地及植被的土壤反射率公式：

$$A=(1-\sigma_f)A_s+\sigma_fA_f$$

σ_f 为植被覆盖度，A_f 为植被反射率，我们可得 A 的改变是：

$$A'=(1-\sigma_f)A'_s=-0.4(1-\sigma_f)w' \tag{24}$$

而由(15)—(22)得由于 A' 和 T_g 及 σ_n 的改变而导致的各辐射量变化是：

$$S_s^{\downarrow\,'}=-\theta_{S\alpha}\alpha'S_0 \tag{25}$$

$$S_s^{\uparrow\,'}=\theta_{SA}A'S_0-(1-a)\alpha'AS_0 \tag{26}$$

其中 $\theta_{SA}=(1-\alpha)(1-a)$，$\theta_{S\alpha}=1-a$

$$S_t^{\uparrow\,'}=S_0(\theta_{tA}A'+\alpha')-2(1-a)^2(1-\alpha)A\alpha'S_0 \tag{27}$$

其中 $\theta_{tA}=(1-\alpha^2)(1-a)^2$

$$\alpha'=\alpha_n\sigma'_n \tag{28}$$

$$L_t^{\uparrow\,'}=(b_1-b_2\sigma_n)T'_g-(a_2+b_2T_g)\sigma'_n \tag{29}$$

$$L_s^{\uparrow\,'}=\varepsilon_sT'_g \tag{30}$$

其中 $\varepsilon_s = 4\sigma(T_g + 273)^3$，

$$L_s^{\downarrow'} = \varepsilon b_3 T_g' + (a_3 + b_3 T_g)(\varepsilon_1 T_g' - 2\varepsilon_n \sigma_n \sigma_n') \tag{31}$$

$$\sigma_n' = \sigma_P P' \tag{32}$$

这样，各辐射量的变化最终与 w'、T_g'、P' 联系起来。由(10)和(13)可见，大气顶辐射量的变化将造成 C 的变化，由(27)、(28)、(29)、(32)得：

$$mC' = -Nw' - \nu P' - \xi T_g' \tag{33}$$

其中

$$N = -0.4S_0\theta_{tA}(1-\sigma_f),$$

$$\nu = S_0\alpha_n\sigma_P - (a_2 + b_2 T_g)\sigma_P - 2(1-a)^2(1-\alpha)\alpha_n\sigma_P A S_0, \xi = b_1 - b_2\sigma_n$$

由(14)得地面热平衡的变化态是：

$$S_s^{\downarrow'} - S_s^{\uparrow'} + L_s^{\downarrow'} - L_s^{\uparrow'} - E' - H' = 0 \tag{34}$$

地面感热可取，

$$H = C_D c_p \rho V(T_g - T_a)$$

V 为风速，T_a 为气温，仿[13]取

$$H' = \zeta T_g' \tag{35}$$

$$\zeta = C_D c_p \rho V = \frac{k^2 c_p \rho V}{\left(\ln\frac{z}{z_0}\right)^2} \tag{36}$$

z_0 为地面粗糙度，高度 z 可取常用的 10 m。

下垫面潜热通量可看成是裸地上蒸发潜热 E_s 与植被上蒸腾潜热 E_T 之和。

$$E = E_T\sigma_f + (1-\sigma_f)E_s \tag{37}$$

用总体公式计算蒸发形式有多种，我们取 Deardorff 提出的一种(见文献[17])：

$$E_s = L\rho C_D Vh(q_{sat} - q_a) \tag{38}$$

L 为蒸发潜热，q_{sat} 为 T_g 时的饱和比湿，q_a 为空气比湿。

$$h = \min(1, w/w_{fc}) \tag{39}$$

w_{fc} 看成土壤饱和时 w，因土壤饱和时，应按水面蒸发，由(38)得

$$E_s' = L\rho C_D V(q_{sat} - q_a)\frac{w'}{w_{fc}} + L\rho C_D V\frac{w}{w_{fc}}\frac{dq_{sat}}{dT_g}T_g' \tag{40}$$

蒸腾按照文献[18]给出适用于我国北方的公式：

$$E_T = Lf_2(w)K_c ET_0 \tag{41}$$

ET_0 是参考蒸腾 ET_i 的平均，ET_i 是：

$$ET_i = 1.6\left(\frac{10T_i}{I}\right)^a \tag{42}$$

T_i 为月平均温度,

$$I = \sum_{i=1}^{12}\left(\frac{T_i}{5}\right)^{1.514}$$

a 对 I 有回归公式可算[18],而 f_2 是

$$f_2 = c\left(\frac{w-w_p}{w_j-w_p}\right)^d \qquad\qquad \text{当 } w < w_j \tag{43a}$$

$$f_2 = 1 \qquad\qquad \text{当 } w > w_j \tag{43b}$$

w_j 是临界含水量,取 0.28[18],w_p 为凋萎含水量,对河北、宁夏两地,参考 BATS 参数,各取 0.16 和 0.13,参数 $c=1, d=0.7, K_c=1$,由(41)得

$$E'_T = LK_c ET_0 cd\left(\frac{w-w_P}{w_j-w_P}\right)^{d-1}\frac{w'}{w_j-w_P} + \frac{\mathrm{d}E_T}{\mathrm{d}T_g}T'_g \tag{44}$$

$\mathrm{d}E_T/\mathrm{d}T_g$ 难求解析式,我们取 T_g 加 $0.1\ ℃$ 后求 E_T 与原 T_g 求出的 E_T 求差分来获得 $\mathrm{d}E_T/\mathrm{d}T_g$ 值,由(37)得

$$E' = E'_T \sigma_f + (1-\sigma_f)E'_s \tag{45}$$

由(34),(25),(26),(30),(31),(35),(36),(40),(44)得:

$$-\lambda P' + \Lambda w' + \mu T'_g = 0 \tag{46}$$

其中

$$\lambda = S_0 \theta_{Sa} \alpha_n \sigma_P + 2\sigma_n(a_3 + b_3 T_g)\varepsilon_n \sigma_P - (1-a)S_0 A \sigma_n \sigma_P$$

$$\Lambda = 0.4 S_0 \theta_{Sa}(1-\sigma_f) - \sigma_f Lcd\left(\frac{w-w_P}{w_j-w_P}\right)^{d-1}\frac{K_c ET_0}{w_j-w_P} - L(1-\sigma_f)\rho C_D V(q_{sat}-q_a)/w_{fc}$$

$$\mu = (a_3 + b_3 T_g)\varepsilon_1 - \varepsilon_s + \varepsilon b_3 - \zeta - \sigma_f \frac{\mathrm{d}E_T}{\mathrm{d}T_g} - L(1-\sigma_f)\rho C_D V \frac{w}{w_{fc}}\frac{\mathrm{d}q_{sat}}{\mathrm{d}T_g}$$

由(8),(45)得

$$-C' = -P' + E' = -P' + \omega w' + \phi T'_g \tag{47}$$

其中

$$\omega = \sigma_f Lcd\left(\frac{w-w_P}{w_j-w_P}\right)^{d-1}\frac{K_c ET_0}{w_j-w_P} - L(1-\sigma_f)\rho C_D V(q_{sat}-q_a)/w_{fc}$$

$$\phi = \sigma_f \frac{\mathrm{d}E_T}{\mathrm{d}T_g} + L(1-\sigma_f)\rho C_D V \frac{w}{w_{fc}}\frac{\mathrm{d}q_{sat}}{\mathrm{d}T_g}$$

由(33),(46),(47)可解 P', T'_g, C',而视 w' 为已知。解出 P', T'_g 如下:

$$P' = \frac{\Lambda(\xi-m\phi) - \mu(N-m\omega)}{\mu(m+\nu) + \lambda(\xi-m\phi)}w' \tag{48}$$

$$T_g{}' = \frac{(N - m\omega)\lambda + \Lambda(m+\nu)}{\mu(m+\nu) + \lambda(\xi - m\phi)}w'\tag{49}$$

C' 可由(33)得到,E' 可由(47)得到,这样,我们即得到当 w 改变 w' 时 P',T_g',E' 等变化量,从而得知土壤在人工改变其水含量后产生的局地气候变化。

3 计算结果

计算参数见表1。

表中各值均为年平均值,由石家庄和银川两站得到,对两地的土壤参数我们取相应于 BATS 中土壤类别为 No.5 和 No.6 的值,前者为一般壤土,后者更沙化一些。土壤含水量由文献[19]估计。α_0 取自文献[20],α_n 取自[14],A_f 取自 BATS 中作物或高草的相应数值。大气吸收率取自[13],我们以河北资料代表华北平原地区,宁夏资料代表西北黄土高原地区,研究此两地区的气候变化状况。

计算 m 或 M_s,M_q 需知 $\partial T/\partial z$ 和 $\partial q/\partial z$,$\partial T/\partial z$ 取 $-0.6°/100$ m,$\partial q/\partial z$ 由地面处 q 及大气顶 $q = 0$ 来计算,河北及宁夏 m 分别为 1.3 和 2,粗糙度如下算:

表 1　计算所用参数

Table 1　The parameters used in the computation

S_0(W/m²)	T_g(℃)	V(m/s)	σ_n	α_0	α_n	σ_P	w	A_f	q_a	a	P (mm)
350	14.3(冀)	3	0.48(冀)	0.09	0.5	1.69e-3(冀)	0.2(冀)	0.08	0.7%(冀)	0.28	600(冀)
	11.5(宁)		0.4(宁)			6.24e-3(宁)	0.15(宁)		0.55%(宁)		200(宁)

$$z_0 = (1-\sigma_f)z_{0s} + \sigma_f z_{0f}$$

裸土 z_{0s} 取 0.02 m,植被 z_{0f} 取 0.06 m,q_{sat} 用 Teten 公式计算。

从(48),(49)可见,由于本文是线性理论,P',T_g' 均与 w' 正比,因此我们只计算 $w' = 0.01$ 的结果,其他 w' 的情况可线性外推得到。

图 1 是不同 σ_f 时 P' 及 E' 图,图 1a 是河北,图 1b 是宁夏,可见在 $w' > 0$ 即土水增加时,降水增加,蒸发也增加,而 σ_f 大时,增加较少,原因是 σ_f 大则植被多,而植被的蒸腾比裸地蒸发小(土水相同时),即进入大气的水分在 σ_f 大时较小,即相同的土壤灌溉在 σ_f 大时对大气影响比 σ_f 小时小,这是合理的。从改变的数值看,在 $\sigma_f = 0.2$ 时,河北与宁夏差别不大,而 $\sigma_f = 0.8$ 时,差别大些,河北有稍大些的降水增加。

图 2 是 $w' = 0.01$ 时的 T_g',可见 $T_g' < 0$,即有降温,即使温度降低的幅度很小。因为降水增加幅度也不大之故。并可见 $\sigma_f = 0.8$ 即植被多时 T_g 变化小,而同样的 $\sigma_f = 0.2$,宁夏的地温变化比河北大。

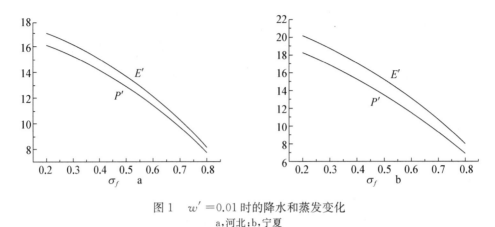

图 1　$w' = 0.01$ 时的降水和蒸发变化

a,河北;b,宁夏

Fig.1　The variation of precipitation and evaporation when $w' = 0.01$, a,Hebei; b,Ningxia

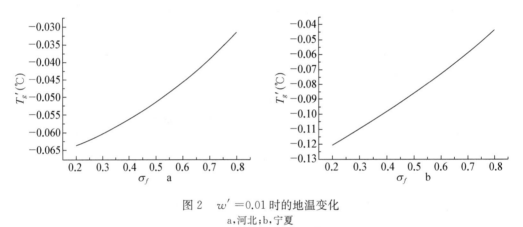

图 2　$w' = 0.01$ 时的地温变化

a,河北;b,宁夏

Fig.2　The variations of ground temperatures when $w' = 0.01$, a,Hebei; b,Ningxia

土壤水分增加导致局地气候变化的原因在于当土壤水分增加时,进入大气的蒸发量增加,在平流不重要的情况下,大气中增加的水分用于增加云量,增加降水,而蒸发增加也就导致了地温的下降,这是主要的原因,实际降水变化和温度变化还要与地表变湿形成的反射率减少,云量增加造成的地面向上及向下长波辐射的减弱和增加等辐射过程的变化造成的能量平衡各分量变化有关,而总的结果就是降水增多和温度下降。

我们可以估计一下为保持土壤水分增加 0.01 而需的灌溉水量,以宁夏为例,设不计径流及地下水,灌溉水全用于蒸发,则以 $\sigma_f = 0.6$ 为例,年蒸发量变化 13 mm,需每平方公里供水 13 000 m³,若有 15 万平方公里土地需供水(按文献[21],黄土高原有耕地 15 万平方公里),则需水 2.0×10^9 m³,即 20 亿立方米,占计划中中线南水北调总水量的 1/7,考虑到由于降水进入土壤后,除去一部分径流及地下水,降水还有一部分重新进入土壤含水量,这样,要维持上述蒸发量所需的供水要少于上述数值。

再看河北,我们以 $\sigma_f = 0.8$ 为例,为维持 0.01 的增水量,需增加年蒸发量 8 mm,此时降水增加 7 mm,若有 25 万平方公里需供水(这是黄淮海地区的耕地面积,见[21]),则为维持此蒸发量应增加供水 20 亿立方米,相当于东线计划供应量的 1/9,同样由于部分降水的补充,实际供水量要小于此值。华北地区径流强于西北地区,降水对土水的补充可能少于西北地区。

4 结论

南水北调是我国改善北方水资源缺乏的重要措施,其用于农业的部分主要用于农业的灌溉,结果将增加蒸发量和降水量,并降低温度。本文从简单的气柱能量平衡原理计算出在一定土壤增水量情况下降水,蒸发及温度改变的大小。以宁夏为例,由于宁夏年降水量为 200 mm,使土壤水分增加 0.01 即相应于增加原土壤水含量的 1/15,则随下垫面植被覆盖度的从大到小,降水可增加 7—18 mm,相应于原降水量的 1/30—1/11,说明在裸地或植被较少时获得的降水增加更大,当然需灌溉的水也更多。河北则在小植被覆盖度时略小于宁夏,而植被多时,降水增加略多于宁夏。由于河北降水量比宁夏大 3 倍,故降水量的相对变化比宁夏小得多,温度的变化即温度降低宁夏略大于河北,但都很小,甚至顶多至 0.1 ℃ 的量级。

我们还计算了降水和温度变化对土水原含量 w 的敏感性,结果敏感性不大,例如河北,使 w 从 0.18 变到 0.22,则降水量变化的差别也只有 1 mm 左右。

由于本文未计算平流影响,因此结果有很大局限性,但对宁夏等西北地区而言,平流影响较小[20],本文结果可信度将有所提高。由于本文不是数值模式,不能得到时空变化,而且一些参数的选择也有一定的不确定性,这都是缺点,但本文简单的模式能提供一个局地气候变化的大概量级,这对了解南水北调后的气候影响是有一定帮助的。我们将用气候模式继续研究此问题。

参考文献

[1] Huang R, Xu Y, Zhou L. The Interdecadal variation of summer precipitation in China and the drought trend in north China. Plateau Mete, 1999, 18: 465 - 476.

[2] Fu B, Weng D, Yu J, et al. Microclimatology. Beijing: Meteor Press, 1994. 1 - 474.

[3] Zhang Y, Qian Y. A simple model of climate system feedback and its application, J. Nanjing Univ. (Nat Sci), 1994, 30: 168 - 173.

[4] Zhang Y. Numerical modeling of climate effects of underlying surface change in the earth-air coupled system. J. Nanjing Univ. (Nat Sci), 1995, 31: 657 - 665.

[5] Clark C A, Arritt R W. Numerical simulations of the effect of soil moisture and vegetation cover on development of deep convection. J Appl Mete, 1995, 34: 2029 - 2045.

[6] Yeh T C, Wetherald R T, Manabe S. The effect of soil moisture on the short-term climate and Hydrology change, a numerical experiment. Mon Wea Rev, 1984, 112: 374 - 490.

[7] Giorge F, Marinucci R. Validation of a regional atmospheric model over Europe, sensitivity of wintertime and summertime simulations to selected physics parameterization and lower boundary conditions. Q J Roy Mete Soc., 1991. 117: 1171 - 1206.

[8] Pan Z, Talke, Zegal M, et al. Influence of model parameterization schemes on the response of rainfall to

soil moisture in the central United States. Mon Wea Rev, 1996, 124: 1786 - 1802.

[9] Beljarrs A C M, Viterbo P, Miller M J. The anomalous rainfall over the U. S during July 1993, sensitivity to land surface parameterization and soil moisture anomalous. Mon Wea Rev, 1996,124: 362 - 383.

[10] Rowntree P R, Bolton J A. Simulation of atmosphere response to soil moisture anomalies over Europe. Q J R Mete Soc, 1983, 109: 511 - 526.

[11] Cunnington W M, Rowntree P R. Simulation of Saharan atmosphere dependence on moisture and albedo. Q J R Mete Soc, 1986, 112: 971 - 999.

[12] Zheng Y. Numerical studies of land surface process on regional climate. Ph D Dissertation Nanjing Univ. 2000: 82 - 102.

[13] Zeng N, Neelin J D. A land-atmosphere interaction theory for the tropical deforestation problem, J Clim, 1999, 12: 857 - 872.

[14] Yi Z,Wu R. A self-organized climate model. Chin J Atmo Sci, 1994,18: 130 - 140.

[15] Tang M. An Introduction to theoretical climatology. Beijing: Meteor Press, 1989,1 - 299.

[16] Dickenson R E, H-Sellers A, Kennedy P J. Biosphere-atmosphere transfer scheme version 1e as coupled to the NCAR community climate model. NCAR/TN—387+STR, 1993, 1 - 72.

[17] Mihailovic D T, Kallos G. A sensitivity study of a coupled soil-vegetation boundary layer in atmospheric modeling. Boundary Layer Mete, 1997, 82: 283 - 315.

[18] Kan S, Liu X, Xiong Y. The theory on the moisture transportation in the soil-plant-atmosphere continuum and its application. Beijing: Irrig Elect Power Press, 1994,122 - 136.

[19] You M, Wang H. Assessment of water resource in agriculture land. Beijing: Meteor Press, 2000, 1 - 140.

[20] LuY, Gao G. Physical climatology. Beijing: Meteor Press, 1987,171, 518 - 540, 620 - 640.

[21] Zhang F. The situation of land in China. Beijing:Kaiming Press, 2000, 1 - 250.

A THEORETICAL ANALYSIS ON THE EFFECT OF WATER TRANSPORTATION FROM SOUTH TO NORTH CHINA ON THE LOCAL CLIMATE IN THE NORTHERN PART OF CHINA

Abstract: The local climate variation induced by the increase of water in the soil in the northern part of China is investigated by use of an one-dimensional energy equilibrium model in an air column. In the model, on the basis of the equilibrium among radiation, precipitation and convergences of the moisture, internal and potential energies of air in the air column, we can get the relation among the perturbed quantities of precipitation, temperature and the albedo of the ground. The albedo of the ground depends on the moisture in the soil. Meanwhile, from the energy equilibrium equation at ground surface, we can also derive the relation among the perturbed quantities of precipitation, temperature and the water content in the soil. Then finally we can obtain the effects of the variations of the water content in the soil on the variations of precipitation and temperature. From the computation of the above relations, we may conclude that when the soil moisture is increased by the transportation of water from south to north in China, the albedo of the ground will decrease and then the precipitation will increase while the temperature will decrease in the northern part of China. The results show that the variations of precipitation and temperature are connected with vegetation cover. In the northwest China, the annual rainfall amount may increase by 1/30—1/11 compared with the original amount with different vegetation cover when water in the soil increases by 1/15; while in the north China, annual rainfall amount may increase by 1/80—1/35 depending on the vegetation cover when the soil water increases by 1/20. The order of the magnitude for the decrease of annual mean temperature is about 0.1℃. Both the increase of rainfall and the decrease of temperature are proportional to the increase of the soil water content in the scope of the linear model of this paper. The energy equilibrium model is more appropriate in the northwestern part of China.

Key words: transportation of water from south to north China, energy equilibrium, climate variation

6.4 对 RIEMS 模式中陆面过程的一个改进[①]

摘 要：中尺度区域气候模式 RIEMS 中陆面过程使用 BATS 模式，其缺点是土壤内部过程较为简单，本文把 10 层土壤模式引入 BATS，代替原来的二层土壤模式，并采用了 TOPMODEL 水文模式中的一些处理方法，使土壤温度、水文的计算更为合理，模拟两个个例，每个例均为夏季一个月的模拟，表明在降水、气压场、流场上均较原 RIEMS 模式为优，因而是对原 RIEMS 模式的一个改进。

关键词：RIEMS 模式，BATS 模式，10 层土壤模式，TOPMODEL 模式

引言

在常用的有代表性的区域气候模式中，早期有 Giorgi[1] 的 RegCM2，它在中尺度模式 MM4 基础上耦合陆面模式 BATS[2] 和 CCM3 的辐射[3] 而成，后来中科院大气物理所东亚中心发展了 RIEM4[4]，它以 MM5 为基础，同样耦合了 BATS 和 CCM3 的辐射，在各种时间尺度上均获得了一定的成功。RegCM2 和 RIEMS 比相应的 MM4，MM5 要好，显然陆面模式的加入是重要因素。BATS 模式是在一层植被上加上二层土壤，其植被考虑比较完善，但 BATS 中土壤用的是二层，用强迫恢复法计算土表温度，而土壤水分由于只有二层，计算相对简单，在径流、上下层土壤水交换上都是采用简单的模式。在一些陆面模式如 Bonan 的 LSM 中[5]，为了更好地描写土壤中热、水交换过程，将土壤分为多层（如取 6 层），用热传导方程描写土壤中的热量输送，用水分输送方程描写土壤中水的时空变化，径流也据地表水平衡求出。Jin[6] 建立了一个雪盖-大气-土壤模式 SAST，其雪盖用三层，对植被及裸土部分仍用 BATS 的处理，但土壤用了前述 LSM 的多层土壤，取得了好的模拟效果，并将其耦合到 CCM3 气候模式中，Zeng[7] 等将新的陆面模式 CLM[8] 耦合到 CCM3 中，CLM 是较完善的陆面模式，其中用了多层土壤，并对土壤水初步考虑了 TOPMODEL 水文模式[9] 的径流产生概念，TOPMODEL 原为水文模式，其中考虑了地形对降水后地面水分布的影响，由于对 TOPMODEL 模式而言，地形对水分布影响的处理中地形是小尺度的（山坡流），在气候模式中难以实现，所以采用了一种处理，即通过地下水深度为零的面积（地表水为饱和的面积）来判断。饱和区域降水全变成径流，非饱和区域地表水除去蒸发外进入土壤。汤剑平[10] 将上述 CLM 陆面模式耦合到 MM5V3 中尺度模式中代替原来 MM5V3 中的陆面模式，取得了一定成功。本文目的是改进 RIEMS 模式中 BATS 模式中的土壤处理，将其二层土壤换成 SAST 中的十层土壤，BATS 中雪的处理也换成 SAST 中的雪模式，在本文模拟的夏季个例

---

① 原刊于《气象科学》，2006 年 4 月，26(2)，119－126，作者：赵鸣。

中,雪模式不起重要作用,因此主要改进的是土壤模式。此外为引入 TOPMODEL 的水文处理,我们也与前述 CLM 一样,将 TOPMODEL 的径流产生概念应用于土水处理中。BATS 的其他部分仍然不变。由于土壤层次的增加,改善了 BATS 中地面以下的模拟,因而总的会改善 BATS、RIEMS 的模拟结果。将此改进的 RIEMS 进行我国东部地区的夏季气候模拟(主要目的看洪涝的模拟),与原来 RIEMS 比较,表明有一定的改进,因而有实用意义。

1 多层土壤的方程

土壤热传导方程是

$$\rho c \frac{\partial T}{\partial t} = \frac{\partial}{\partial z} K \frac{\partial T}{\partial z} \tag{1}$$

ρc 为土壤体积热容量,K 为热传导系数,它们对不同类型土壤取不同值。方程(1)的下边界条件是热通量为零,而上边界条件即地表处满足热平衡方程

$$G = R_n - H_s - H_L \tag{2}$$

G 为地面向下热通量,R_n 为地面处向下净辐射,H_s,H_L 分别为感、潜热通量。可写成

$$R_n = R_s - \sigma_f(R_a - L_n) - (1 - \sigma_f)(F_l - \sigma_f L_n) \tag{3}$$

R_s 为入射的短波通量,σ_f 是植被覆盖度,R_a 为植被吸收的短波,L_n 为植被下地面接收的净长波(即植被指向地面长波减去地面放出的长波),F_l 为地面放出的长波。G,H_L 按 BATS 中方案计算。而(2)中 G 在土壤层中即是

$$G = -K \frac{\partial T}{\partial z}$$

z 为向下深度。

十层模式中差分网格取不等距网格,按下式设置网格

$$z = 0.025[e^{0.5(i-0.5)} - 1]$$

i 从 1—10。方程(1)用差分方程求解。原二层模式不能反映土壤温度垂直分布对土温变化的影响,因此新模式是一个改进。

土壤中水分的垂直通量是

$$q = -k\left(\frac{\partial \Psi}{\partial z} - 1\right) \tag{4}$$

k 为水的传导率($mm \cdot s^{-1}$),Ψ 为土壤水势(mm),θ 为体积水含量(mm^3/mm^3),则 θ 服从如下方程

$$\frac{\partial \theta}{\partial t} = \frac{\partial}{\partial z} k\left(\frac{\partial \Psi}{\partial z} - 1\right) - e = \frac{\partial}{\partial z} k\left(\frac{\partial \theta}{\partial z} \frac{\partial \Psi}{\partial \theta} - 1\right) - e \tag{5}$$

其中 e 是植被蒸腾所消耗的土壤中的 θ 值,它决定于植物根在土壤各层中的分布状况和土壤

水分大小,按一般原理[8]

$$k = k_s S^{2b+3} \tag{6}$$

k_s 为饱和值,S 是土壤水的饱和度,即土水体积及土壤中空隙体积之比。b 为物理常数。又

$$\Psi = \Psi_s S^{-b} \tag{7}$$

Ψ_s 为饱和值。k_s 取如下常用形式

$$k_s = k_{s0} e^{-fz} \tag{8}$$

k_{s0} 为 k_s 的地面值,k_{s0},Ψ_s,b 对不同土壤给定。f 为常数,取为 $0.002\,\text{mm}^{-1}$。原 BATS 只有二层,且二层间的水分交换用了一个简单的经验公式,因此十层模式在描述水分的垂直交换上明显比二层模式优越,进而更好地得到各层包括表层水分的时间变化。

在地表径流的计算中采用了 TOPMODEL 的概念,即将地表分为水饱和部分和非饱和的部分,在水饱和的部分(即地下水深度为 0),此时降水(包括从叶上落下的水)成为径流,而非饱和部分降水下渗,这时地表向下水通量应由地表水平衡得到

$$q_0 = (1 - \sigma_f)P + D_r - E_g - R_{su} \tag{9}$$

q_0 为地表向下水通量,P 为降水量,D_r 为叶面下滴水,E_g 为地表蒸发,R_{su} 为地表径流。TOPMODEL 中地表饱和的部分由地形高度分布决定,但尺度较小,在气象模式中较难实现,因此采用如下做法[8],即设地表为饱和的部分用如下经验公式表示

$$f_v = 0.3 e^{-\bar{z}/z*} \tag{10}$$

$\bar{z}$ 为地下水深度即水饱和的深度,z_* 为一长度尺度,在 SAST 中取为 $1\,000\,\text{mm}$,这样由土壤水垂直分布可定 $\bar{z}$,从而得到地表饱和的面积,再得地表径流。原二层模式地表径流只决定于降水和地表土壤水分大小,未计地表水的非均匀分布,新模式是一个改进。(9)式同时成为方程(5)求解的上边界条件,下边界条件是在下边界处,水通量

$$q_l = k_l$$

k_l 为下边界处水传导率。

在 TOPMODEL 中还有在饱和水层中地下径流的表达式

$$R_b = l_b e^{-z/z*}$$

l_b 取常数 $10^{-5}\,\text{mm}\cdot\text{s}^{-1}$,我们也以此计算地下径流,此径流在饱和水层中按层分配后从土水中减去,以计算土水含量。总径流由地表和地下径流组成。在有雪盖时,(9)式右端应是融雪量与地表径流量之差。

(5)中蒸腾 e 如下考虑。植被蒸腾量在 BATS 中已计算,但若超过植被蒸腾最大值 T_{ramax},则令其等于此最大值,此最大值与根及土水分布有关,如下计算:在 BATS 中有土水所能支持的最大蒸腾量 γ_0,该层的蒸腾阻抗因子为

$$w_{lt} = \frac{\Psi_{max} - \Psi_j}{\Psi_{max} - \Psi_s}$$

$\Psi_{\max}$ 为叶凋萎时最大负位势,为 -1.5×10^{-5} mm,Ψ_s 即饱和位势,Ψ_j 为第 j 层的 Ψ 值,w_{lt} 变化于 0 和 1 之间。设根在第 j 层中的成数是 f_{rj},第 j 层求出 $f_{rj}w_{lt}=f_j$,f_j 对 j 求和得 f_a,第 j 层的蒸腾影响因子即是 f_j/f_a,将 BATS 中算出的蒸腾量乘以 f_j/f_a,即得第 j 层承担的蒸腾水分,即 $E_{tr}f_j/f_a$,E_{tr} 为植被蒸腾量。若第 j 层厚 Δz_j,则(5)中 e 即是

$$e=\frac{E_{tr}f_j}{f_a\Delta z_j}$$

而 T_{ramax} 即是 $\gamma_0 f_a$,这里的计算与 BATS 差别是 BATS 只二层,此处 10 层。f_{rj} 如下计算

$$f_{rj}=e^{-z_f(j-1)/d}-e^{-z_f(j)/d}$$

d 为根分布的长度尺度,取 500 mm,z_f 为土分层界面处深度。

2 试验设计

本文试验了两个个例,都是在我国江淮及南方出现暴雨洪涝的个例。个例 1 是 1991 年 6 月,个例 2 是 1998 年 7 月,都是积分一个月。模式中心在 32°N,107°E,格距 60 km× 60 km,格点数为 65(东西)×55(南北),垂直 16 层,边界层方案选用 MRF 方案,积云对流方案对 1991 年 6 月为 Grell 方案,1998 年 7 月为 Kuo 方案,用 NCEP/NCAR 再分析资料作为初始值。由于本文植被部分用的 BATS,所以植被类型分布均与 RIEMS 完全相同。土壤类型及相关物理参数也与 BATS 同。

初始场除与 RIEMS 相同外,对土壤温度初始取上下等温分布,而初湿度场则如下取:在原 RIEMS 模式中对不同土壤有参数即土水有效率(availability),在 0—1 间(不同土壤不同),表示土壤干湿程度,将各层土体积水含量初值取为土水有效率乘土壤孔隙度。当有效率等于 1,即土水饱和,此时土水体积含量等于土壤孔隙度,即土内空气全被水占据。我们通过这两个个例的试验,分析模拟出的大气状态,并与原 RIEMS 模式比较,以看其优劣,由于本文陆面过程更加复杂、合理,相对来说反映的陆气交换应更切合实际,因此模拟出的大气状态应当更符合实况,我们试验的结果正说明了这一结果。

3 结果分析

图 1 是个例 1 的降水场,分别是观测场、原 RIEMS 和改进后的 RIEMS(称新 RIEMS) 的结果。从图 1a 可见江淮地区在河南有 400 mm 的降水中心,在华南沿海也有强降水中心,原 RIEMS 则降水偏大,华中、华南乃至东北出现多个超过 400 mm 的降水区域,甚至达 800 mm 以上,新 RIEMS 降水比原 RIEMS 降水少得多。整个华北、华中、华东、东北降水在量级上更接近观测场,只是河南的中心比观测偏西四、五个经度。湖南、福建一带降水偏大一些,华南西部的强降水也模拟出来了。缺点是高原地区虚拟降水太强,这是 RIEMS 模式的缺陷,即便如此,新 RIEMS 比原 RIEMS 在高原地区的强降水仍减少了许多,面积更好些。

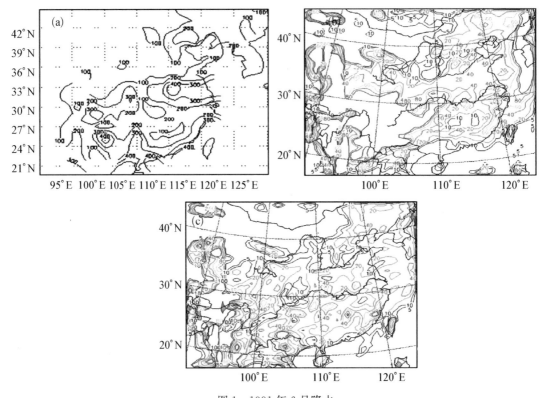

图 1　1991 年 6 月降水
（a）观测场（mm）　（b）原 RIEMS（cm）　（c）新 RIEMS（cm）
Fig.1　The precipitation on June,1991

　　再看海平面气压场，图 2a 是观测场，2b 是原 RIEMS，2c 是新 RIEMS，特征是华中为一低压带，客观分析场指出中心在 1 004 hPa，原 RIEMS 仅 996 hPa 太低，而新 RIEMS 达到了 1 002 hPa，显然气压场新 RIEMS 大为改善，这是新 RIEMS 降水场比原 RIEMS 减少的原因之一。

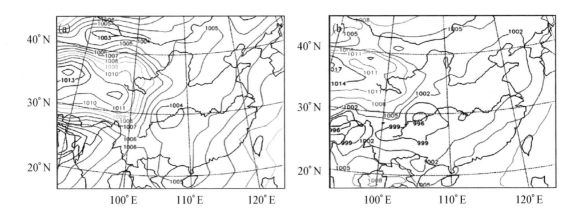

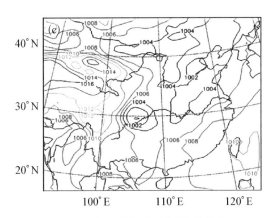

图 2　1991 年 6 月海平面气压(单位 hPa)
(a) 观测场　(b) 原 RIEMS　(c) 新 RIEMS
Fig.2　Sea surface pressure on June, 1991

　　图 3 是 850 hPa 流场,观测场显示华东、华南为西南气流,正是这股西南气流带来我国大部分地区降水需要的水汽,原 RIEMS 和新 RIEMS 都模拟出了这股西南气流,但原 RIEMS 对东北地区的气旋环流模拟太强,新 RIEMS 则好得多。

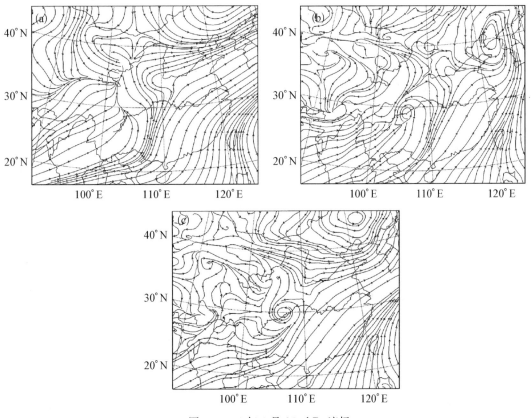

图 3　1991 年 6 月 850 hPa 流场
(a) 观测场　(b) 原 RIEMS　(c) 新 RIEMS
Fig.3　The stream field at 850 hPa on June, 1991

　　对 850 hPa 风速(图略),从观测场可见,从华南直到华东都是一个大风速区,为这些地区的降水提供了充足的水汽源。中心风速达 8 m/s,原 RIEMS 最大风速达到了 20 m/s,新 RIEMS 为 14 m/s,更接近观测,而原 RIEMS 的大风速也是造成更强降水的原因。

　　再来看个例 2,即 1998 年 7 月,从降水(图 4)观测场可见,与个例 1 有相似之处,强降水中心在湖北、四川及华南偏西部分。原 RIEMS 虽然在观测的降水中心也模拟出了降水,但强度不够,而在高原地区虚降水范围太大,且东北等地高值也太大。华南中心则偏到海南,而云南高值中心与高原连成一片,总的说模拟雨量偏大,新 RIEMS 则湖北、四川一带中心位置、强度均较好,而其他地区降水比原 RIEMS 小得多,更符合实况,只是华南偏小,华南中心虽然也偏到海南,但西南高值区比原 RIEMS 小得多,高原虚假降水也小得多,总的降水场比原 RIEMS 有改进。再看海平面气压(图略),客观分析场相似于例 1,在华中有低压带,中心 1 004 hPa,原 RIEMS 达 993 hPa,偏低太多,而新 RIEMS 为 1 000 hPa,很接近观测场,这也是降水场更好的原因之一。

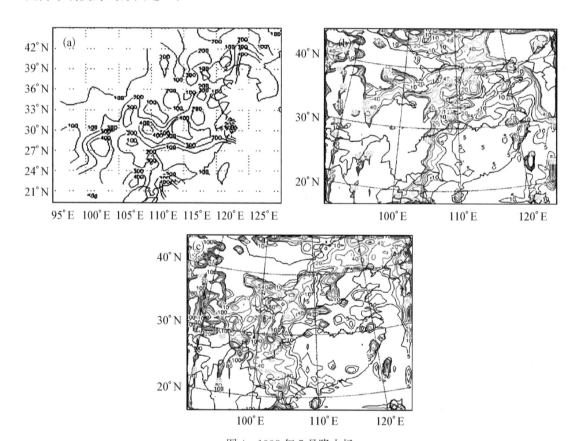

图 4　1998 年 7 月降水场
(a) 观测场(mm)　　(b) 原 RIEMS(cm)　　(c) 新 RIEMS(cm)
Fig.4　The precipitation on July,1998

　　850 hPa 流场都模拟出了我国东部地区引起强降水的西南气流(图略),RIEMS 的东北气旋显然要比原 RIEMS 更好。

图 5 是 850 hPa 风速,与个例 1 同,在华东、华南有一强风速区,观测为 11 m/s,原 RIEMS 达 15 m/s,且中心位置偏西,而新 RIEMS 为 9 m/s,接近观测,形状也比原 RIEMS 好。因为风速小于原 RIEMS,故降水也比原 RIEMS 小,更符合实况。

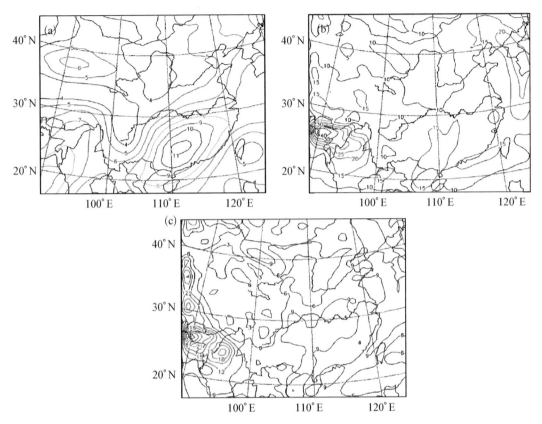

图 5　1998 年 7 月 850 hPa 风速(单位 m/s)
(a) 观测场　(b) 原 RIEMS　(c) 新 RIEMS
Fig.5　The wind speed at 850 hPa on July,1998

由这些模拟结果的比较分析,可见新 RIEMS 模式确比原 RIEMS 有所改进。我们还对其他边界层选项如 Holtslag 边界层,NB[11] 边界层等做了试验,也发现用十层土壤的 RIEMS 即新 RIEMS 要好于原 RIEMS。陆面模式的作用在于向大气模式提供合理的热量、水分通量,新 RIEMS 的陆面过程由于增加了层次,并用更为符合实际物理过程的土壤温度和水分计算方案,最终结果是改善了地气间热量和水分的交换,而热,水通量计算的改进通过大气模式又改善了低层气象场的模拟,从而使降水场等的模拟得到改进。

4　结论和讨论

陆面过程对气候模拟很重要,现有陆面模式有多种,BATS 是常用的一种,但其土壤部分较简单,影响了模拟效果,本文将十层土壤模式替换 BATS 中的土壤处理,并将其耦合到

RIEMS 中,得到了比原 RIEMS 更好的模拟效果,为区域气候模拟增加了一个工具。本文虽然用了 SAST 的十层土壤模式,但由于模拟个例在夏季,因此积雪模式没有充分运用,改动 BATS 的主要部分体现在十层土壤对土温和土水的处理上。

　　陆面模式的难处在于很多参数由于缺乏资料而难以确定,例如土壤水分的初值现在还不能由实测提供,本文中地表水饱和部分计算时用的经验公式中的常数、地下径流中的常数、植物根在土壤中的垂直分布以及本文土壤各公式中的经验常数等带有很大的经验性,一般取自其他文献,这些数值在其他文献中有的是从实测而得,有的经过数值试验确定,如何能有更适用于我国的实际的数据,则是将来需要开展的工作,因此本文工作带有一定的局限性。土壤方程的初值处理也不能做得很精确,只能基于一些假定,随着陆面模式的不断发展,这些问题终将会逐步解决,本文只能代表现阶段的工作。

　　致谢:汤剑平博士提供 SAST 程序,特此致谢。

参考文献

[1] Giorgi F, M R Marinucci, G T Bates. Development of a second-generation regional climate model(RegCM2), Part 1: Boundary Layer and radiative transfer process. Mon Wea Rev., 1993, 121: 2794 - 2813.

[2] Dickinson R E, A Henderson-Sellers and P J Kennedy. Biosphere atmosphere transfer scheme(BATS) version 1e as coupled to the NCAR community climate model. In: NCAR Technical Note. NCAR, 1993. 72.

[3] Kiehl J T, Hack J J, Bonan G B, et al. Description of the NCAR community, climate model(CCM3). In: NCAR Tech. Note NCAR/TN-420+STR. NCAR, 1996.152.

[4] Fu Congbin, Wei Helin and Qian Yun. Documentation on Regional Integrated Environmental Model System(RIEMS, Version 1), In TEACOM Science Report, No. 1. Beijing, START Regional Committee for Temperate East Asia, 2000. 39.

[5] Bonan G B, A land surface model(LSM version 1.0) for Ecological, Hydrological and Atmospheric studies: Technical description and user's guide. In: NCAR/TN-417+STR. NCAR, 1996.150.

[6] Jin Jiming. A physically-based snow model coupled to a GCM for hydro-climatological studies, [Ph. D Dissertation]. University of Arizona, 2002. 162.

[7] Zeng Xubin, Muhammad S, Dai Y, et al. Coupling of the common land model to the NCAR community climate model. J. Climate, 2002, 15: 1832 - 1854.

[8] Dai Yongjiu and coauthors. Common land model. In: Technical documentation and user's guide. NCAR, 2001. 69.

[9] Sivapalan M, Beven K and Wood E F. On hydrologic similarity 2. A scaled model of storm runoff production. Water Rescour. Res., 1978, 23: 2266 - 2278.

[10] 汤剑平.非静力区域气候模式的应用及发展.南京大学博士论文,2004,158pp.

[11] 江勇,赵鸣,汤剑平等.MM5 中新边界层方案的引入和对比试验.气象科学,2002,22:253 - 263.

AN IMPROVEMENT TO THE LAND SURFACE
PROCESS IN RIEMS MODEL

Abstract: In meso-scale regional climate model RIEMS, BATS model is used as the land surface process model, its shortcoming is that its soil internal process is simpler. In this paper, the 10 layers soil model is introduced in BATS instead of original 2 layers soil model, and some concepts of TOPMODEL hydrological model are used. Then, the temperature and water in soil can be computed more reasonably. Two cases in summer are simulated, both periods are a month long. It is shown that the precipitation, sea surface pressure, stream fields on 850 hPa are all simulated better than the original RIEMS, it is an improvement to the original RIEMS model.

Key words: RIEMS model   BATS model   10 layers soil model   TOPMODEL model

论著目录

书

赵鸣,苗曼倩,王彦昌:边界层气象学教程,气象出版社,1991,466pp.

赵鸣,苗曼倩:大气边界层,气象出版社,1992,225pp.

赵鸣:大气边界层动力学,高等教育出版社,2006,350pp.

Stul,R.B著,杨长新译,赵鸣,王彦昌校:边界层气象学导论,气象出版社,1991,738pp.

论文(按时间为序)

1. 赵鸣:一个大气扩散的梯度传输模式及应用,大气科学,3:314-325,1979.

2. 张世丰,赵鸣,王彦昌:南京地区大气扩散级别的若干气候特征,南京大学学报(自然科学),16:149-158,1980.

3. 王彦昌,赵鸣,张世丰,陈忠,王坚红,范天均:城市大气污染与气象关系的初步分析,环境科学,2(1):35-39,1981.

4. Zhao Ming, Panofsky, H.A., Ball, R.:The wind profiles over complex terrain, Bound. Layer Met., 25:221-228, 1983.

5. Panofsky, H.A., Zhao Ming:Characteristics of wind profiles over complex terrain, J. Wind Eng & Ind. Aero., 15:177-183, 1983.

6. Zhao Ming:The theoretical distribution of wind in PBL with circular isobars, Bound. Layer Met., 26:209-226, 1983.

7. 苗曼倩,马福建,李宗恺,潘云仙,蒋维楣,赵鸣等:渡口市污染气象特征分析,环境科学,5(3):23-26,1984.

8. 赵鸣,曾旭斌,王彦昌:近中性大气塔层风速的计算,气象科学,6:7-16,1986.

9. 赵鸣,苗曼倩,王彦昌:一种估计混合层高度的客观方法,气象科学,7:20-23,1987.

10. 赵鸣,王彦昌,金皓:一种预报逆温层高度的方法,气象科学,7:24-30,1987.

11. 赵鸣:圆形涡旋非线性大气边界层中风的分布,气象学报,45:150-158,1987.

12. 赵鸣:非定常过程对大气边界层内参数和风廓线的影响,气象学报,45:385-393,1987.

13. 赵鸣,莫天麟:大气中由 NO_x 形成 HNO_3 分布的估计,气象学报,45:443-450,1987.

14. 曾旭斌,赵鸣,苗曼倩:稳定层结140米以下风廓线的研究,大气科学,11:153-159,1987.

15. 赵鸣：水面粗糙度可变时定常中性大气边界层数值模式,大气科学,11：247 -256,1987.

16. 苗曼倩,赵鸣,王彦昌：近地层湍流通量计算及几种塔层风廓线模式研究,大气科学,11：420 - 429,1987.

17. Zhao Ming：On the parameterization of vertical velocity at the top of PBL,Adv. Atm. Sci., 4：233 - 239, 1987.

18. Zhao Ming：A numerical model of steady state neutral ABL over water with varying roughness, Chinese J. Atm. Sci., 11：293 - 305, 1987.

19. Miao Manqian, Zhao Ming, Wang Yancheng：Calculation of turbulent fluxes in the surface boundary layer and the study of several wind profile models, Chinese J. Atm. Sci., 11：483 - 495, 1987.

20. Zeng Xubin, Zhao Ming, Miao Manqian：A study of wind profiles below 140 m under stable condition, Chinese J. Atm. Sci., 11：183 - 191, 1987.

21. Zhao Ming：Wind distribution in the nonlinear PBL of a circular vortex, Acta Met. Sinica, 2：507 - 516, 1988.

22. 赵鸣,钟世远,卞新棣：非定常过程对大气边界层内参数和风廓线的影响(二),气象学报,46：210 - 218,1988.

23. Zhao Ming：A numerical experiments of PBL with geostrophic momentum approximation Adv. Atm. Sci., 5：47 - 56, 1988.

24. Zhao Ming：The numerical experiments on applicating geostrophic momentum approximation to the baroclinic and nonlinear PBL, Adv. Atm. Sci., 5：287 - 299, 1988.

25. 徐银梓,赵鸣：半地转三段 K 边界层运动,气象学报,46：267 - 275,1988.

26. Xu Yinzi, Zhao Ming：Motions on the PBL under the geostrophic momentum approximation incorporating three section K, Acta Met. Sinica, 3：635 - 644, 1989.

27. Zhao Ming：Influence of nonstationary process on internal parameters and wind profile, Acta Met. Sinica, 3：175 - 184, 1989.

28. 卞新棣：赵鸣,王彦昌：塔层风廓线与湍流通量关系的理论和实验研究(一),大气科学,13：213 - 221,1989.

29. 柳洪,赵鸣：自由大气扰动对边界层结构影响的二维数值研究,气象科学,9：159 - 167,1989.

30. 赵鸣,马继军：海面空气阻力系数 C_D 计算方法研究,气象科学,9：246 - 254,1989.

31. 赵鸣：海面粗糙度可变时定常非中性大气边界层数值模式,大气科学,13：92 - 100,1989.

32. 赵鸣：边界层抽吸引起的旋转减弱,大气科学,13：343 - 351,1989.

33. Zhao Ming, Xu Yinzi, Wu Rongsheng：The wind structure in the PBL, Adv. Atm. Sci., 6：365 - 376, 1989.

34. 赵鸣：大气运动的动能在湍流边界层中的耗散,气象学报,47：348 - 352,1989.

35. Zhao Ming：A numerical model of stationary non-neutral PBL over sea surface

with varying roughness, Chinese J. Atm. Sci., 13: 107 - 116, 1989.

36. Zhao Ming: The spin-down caused by Ekman pumping, Chinese J. Atm. Sci., 13: 343 - 354, 1989.

37. Bian Xindi, Zhao Ming, Wang Yancheng: A theoretical and experimental research on relationship between wind profiles and turbulent fluxes in tower layer, Chinese J. Atm. Sci., 13: 223 - 232, 1989.

38. Xu Yinzi, Zhao Ming: The wind field in the non-linear multi-layer PBL, Bound. Layer Met., 49: 219 - 230, 1989.

39. 徐银梓,赵鸣:非线性多层行星边界层风场,气象科学,10:115 - 128,1989.

40. 赵鸣:边界层摩擦与地形对斜压波不稳定的影响,气象学报,48:150 - 161,1990.

41. Zhao Ming: Effects of boundary layer friction and topography on instability of baroclinic wave, Acta Met. Sinica, 4: 454 - 463, 1990.

42. 赵鸣:大地形上边界层流场的动力学研究,气象学报,48:404 - 414,1990.

43. Zhao Ming: The effect of topography on quasi-geostrophic frontogenesis, Adv. Atm. Sci., 8: 23 - 40, 1991.

44. 赵鸣:试评美国"大气物理学引论",外国教材研究文集:197 - 200,南京大学出版社,1991.

45. Zhao Ming: A dynamical study of flow field in the PBL over large area topography, Acta Met. Sinica, 6: 332 - 344, 1992.

46. 张雷鸣,赵鸣:地形对冷空气的影响,计算物理,9:799 - 804,1992.

47. 赵鸣:自由对流和稳定层结边界层风的解析表达和边界层顶垂直速度,大气科学,16:18 - 28,1992.

48. 赵鸣:半地转大气边界层中的动能耗散,南京大学学报(自然科学),28:126 - 136,1992.

49. 叶盘锡,赵鸣:低空急流的研究,南京大学学报(自然科学),28:137 - 149,1992.

50. 赵鸣,马继军:一个诊断非平坦地形上边界层风的数值模式,应用气象学报,4:58 - 64,1993.

51. 张雷鸣,赵鸣:冷空气爆发时大气边界层数值模拟,大气科学,17:239 - 248,1993.

52. 赵鸣,马继军:一个与大尺度模式耦合的边界层温度诊断模式,气象科学,13:1 - 8,1993.

53. 赵鸣:论塔层风温廓线,大气科学,17:65 - 76,1993.

54. Zhao Ming: On the profiles of wind and temperature in the tower layer, Chinese J. Atm. Sci., 17: 63 - 74, 1993.

55. 钱永甫,赵鸣,倪允琪等:大气边界层风短期数值预报模式系统,国家海洋局科技司:海洋环境数值预报研究成果汇编:161 - 172,海洋出版社,1993.

56. 朱锁凤,赵鸣,潘裕强,吴祖常:梅雨锋暴雨的中尺度结构和边界层特征,南京气象学院学报,17:110 - 116,1994.

57. 吴祖常,黄文娟,赵鸣等:稳定大气边界层厚度的声雷达探测研究,科技通报,10(2):

75 - 81,1994.

58. 赵鸣:边界层特征参数对边界层顶垂直速度的影响,大气科学,18:413 - 422,1994.

59. Zhao Ming: A PBL numerical model containing third order derivatives, Bound. Layer Met., 69: 71 - 82, 1994.

60. 赵鸣,王乐民,宗金星:6 层斜压有地形全球海洋环流的数值模拟(一),南京大学学报(自然科学),30:353 - 362,1994.

61. 王乐民,赵鸣:6 层斜压有地形全球海洋环流的数值模拟(二),南京大学学报(自然科学),30:525 - 533,1994.

62. 苗曼倩,赵鸣,潘裕强:用铁塔资料研究边界层冷锋结构,南京大学学报(自然科学),30:541 - 550,1994.

63. 赵鸣:赤道带边界层结构的数值研究,气象学报,53:10 - 18,1995.

64. 赵鸣,江静,苏炳凯,符淙斌:一个引入近地层的土壤-植被-大气相互作用模式,大气科学,19:405 - 414,1995.

65. 赵鸣,方娟:p-σ 坐标原始方程模式的改进和试验,高原气象,15:195 - 203,1996.

66. 赵鸣,唐有华,刘学军:天津塔层风切变的研究,气象,22(1):7 - 12,1996.

67. 徐银梓,赵鸣:非线性垂直平流项对大气边界层风场的影响,气象科学,20:20 - 29,1996.

68. Xu Yinzi, Zhao Ming:Dynamics of the PBL with fine structure in the large-scale background, Met. & Atm. Phys., 62(4): 259 - 264, 1996.

69. 张强,赵鸣,刘志权等:河西戈壁地区不同天气背景下微气象状况初步分析,南京大学学报(自然科学),33:112 - 121,1997.

70. 赵鸣:关于低纬大气边界层顶垂直速度的计算,热带气象学报,13:88 - 91,1997.

71. 赵鸣:考虑背景风压场影响的大气边界层数值模式,大气科学,21:247 - 256,1997.

72. Zhao Ming: On the computation of vertical velocity at the top of PBL in lower latitude areas, J. Tropical Met., 3: 202 - 207, 1997.

73. Zhao Ming: A PBL numerical model considering the effect of background wind and pressure fields,Chinese J. Atm. Sci., 21: 175 - 184, 1997.

74. 张强,胡隐樵,赵鸣:降水强迫对戈壁局地气候系统水热输送的影响,气象学报,55:492 - 498,1997.

75. 张强,赵鸣:西北荒漠绿洲大气内边界层数值模拟,干旱区地理,20(4):17 - 26,1997.

76. 赵鸣,高磊:p-σ 混合坐标原始方程模式对地气交换的敏感性试验,高原气象,17:150 - 157,1998.

77. 赵鸣:6 参数塔层风廓线模式,南京大学学报(自然科学),34:341 - 349,1998.

78. Zeng Xubin, Zhao Ming, Dickinson, R.: Intercomparison of bulk aerodynamic algorithm for the computation of sea surface fluxes using TOGA COARE and TAO data, J. Climate, 11: 2628 - 2644, 1998.

79. 张强,赵鸣:干旱区绿洲与荒漠相互作用下陆面特征的数值模拟,高原气象,17:335 -

346,1998.

80. 符淙斌,魏和林,陈明,苏炳凯,赵鸣等:区域气候模式对中国东部季风雨带演变的模拟,大气科学,22:522-534,1998.

81. 张强,胡隐樵,赵鸣:绿洲与荒漠相互影响下大气边界层特征模拟,南京气象学院学报,21:104-113,1998.

82. 赵鸣,黄新兵:关于边界层阻力定律在非定常均匀条件下的推广,气象学报,57:45-55,1998.

83. 吴祖常,李子华,赵鸣,苗曼倩:太湖湖滨湍流通量和输送系数的计算分析,科技通报,15(2):94-98,1999.

84. 任军芳,苏炳凯,赵鸣:标量粗糙度对地气交换的影响,大气科学,23:349-358,1999.

85. 赵鸣,曾旭斌:热带西太平洋海面通量与气象要素的诊断分析,热带气象学报,15:280-288,1999.

86. Zhao Ming, Zeng Xubin: A diagnostic analysis of the relationship between the fluxes and meteorological elements over tropical western Pacific, J. Tropical Met., 5: 214-224, 1999.

87. Zeng Xinmin, Zhao Ming, Su Bingkai and Wang Hangjie: Study on a boundary layer numerical model with inclusion of heterogeneous multi-layer vegetation, Adv. Atmos. Sci., 16: 431-442, 1999.

88. Zeng Xinmin, Zhao Ming, Su Bingkai: A numerical study on a multi-layer vegetation boundary layer model, J. Nanjing Univ (natural science), 35: 773-776, 1999.

89. Ren Junfang, Su Bingkai, Zhao Ming: The influence of scalar roughness on land surface-atmosphere temperature, Chinese J. Atm. Sci., 23: 179-188, 1999.

90. 张强,赵鸣:绿洲附近荒漠大气逆湿的外场观测和数值模拟,气象学报,57:729-740,1999.

91. Zeng Xubin, Zhao Ming, Dickenson R. E., He Yanping: A multi-year hourly sea surface skin temperature dataset determined from TOGA-TAO bulk temperature and speed over tropical Pacific, J. Geophys. Res., 104C: 1525-1536, 1999.

92. Zeng Xinmin, Zhao Ming, Su Bingkai: A numerical study on effects of land surface heterogeneity from combined approach on atmospheric process, Part I, Adv. Atmos. Sci., 17: 103-120, 2000.

93. Zeng Xinmin, Zhao Ming, Su Bingkai: A numerical study on effects of land surface heterogeneity from combined approach on atmospheric process, Part II, Adv. Atmos. Sci., 17: 241-255, 2000.

94. 赵鸣:边界层特征参数对旋转减弱的影响,大气科学,24:173-176,2000.

95. Xu Liren, Zhao Ming: The influences of boundary layer parameterization schemes on mesoscale heavy rain system, Adv. Atmos. Sci., 17: 458-472, 2000.

96. 赵鸣,曾旭斌:大气模式中表面水热通量计算的一些问题,气象学报,58:340-346,2000.

97. 赵鸣:关于海面湍流通量参数化的两种方案试验,气象科学,20:317-325,2000.

98. 许丽人,赵鸣,李宗恺:由中尺度风温场模拟湍流属性特征量,南京大学学报(自然科学),36:750-759,2000.

99. 和渊,苏炳凯,赵鸣:区域气候模式对标量粗糙度的敏感性试验,月动力延伸预报研究(文集,气象出版社):128-145,2000.

100. 和渊,任军芳,苏炳凯,赵鸣,李维京:陆面过程对月动力延伸预报模式的影响,月动力延伸预报研究(文集,气象出版社):146-152,2000.

101. 汤剑平,苏炳凯,赵鸣,潘益农,符淙斌:一个引入近地层的区域气候模式,大气科学,25:221-230,2001.

102. 和渊,苏炳凯,赵鸣:区域气候模式 RegCM2 对标量粗糙度的敏感性试验,气象科学,21:136-146,2001.

103. 赵鸣:边界层内冷锋流场的动力学特征,气象学报,59:271-279,2001.

104. 曾新民,赵鸣,苏炳凯:"结合法"表示的下垫面温湿非均匀对夏季风气候影响的数值试验,大气科学,26:41-56.2002.

105. Zhao Ming, Zeng Xinmin: Theoretical analysis on the local climate change induced by the change of landuse, Adv. Atmos. Sci., 19: 45-63, 2002.

106. Zhao Ming, Xu Liren, Tang Jianping: Experiment on the forecast of characteristic quantities of atmospheric turbulence by mesoscale model, Acta Met. Sinica, 16:94-106, 2002.

107. Zhao Ming: A theoretical analysis of the effects of surface heterogeneity on the fluxes between ground and air, Met. & Atmos. Phys., 79:47-56, 2002.

108. 许丽人,赵鸣,汤剑平:中尺度模式中边界层特征量分析,高原气象,21:145-153,2002.

109. 赵鸣:南水北调对我国北方局地气候影响的一个理论分析,南京大学学报(自然科学),38:271-280,2002.

110. Zhao Ming: Dynamical characteristics of the stream field of cold front in boundary layer. Acta Met. Sinica,16: 215-225, 2002.

111. 钟中,苏炳凯,赵鸣:大气数值模式中有效粗糙度计算的一种新方法,自然科学进展,12:519-523,2002.

112. 江勇,赵鸣,汤剑平,苏炳凯,MM5 中新边界层方案的引入和对比试验,气象科学,22:253-263,2002.

113. Zeng Xinmin,Zhao Ming,Su Bingkai, Tang Jianping et al: The effects of land-surface heterogeneities on regional climate: A sensitivity study, Met. & Atm. Phys., 81: 67-83, 2002.

114. Zeng Xinmin, Zhao Ming, Su Bingkai et al: Effects of subgrid heterogeneities in soil infiltration capacity and precipitation on regional climate, a sensitivity study, Theore. Appl. Climatology, 73: 207-221, 2002.

115.苏炳凯,汤剑平,钟中,赵得明,潘益农,郭传江,赵鸣等:灾害性天气气候高性能模拟器,南京大学学报(自然科学),38:365-374,2002.

116. 曾新民,赵鸣,苏炳凯等:一个偶合水文模型的区域气候模式的模拟研究,南京大学学报(自然科学),39:91-96,2003.

117. Zeng Xinmin, Zhao Ming, Su Bingkai et al: Simulation of a hydrological model as coupled to a regional climate model, Adv. Atm. Sci., 20: 227 - 236, 2003.

118. 郁文琰,赵鸣,许丽人:用中尺度模式输出污染气象的拉格朗日湍流统计量,南京大学学报(自然科学),39:382 - 391,2003.

119. 赵鸣,江勇,汤剑平,苏炳凯:用新 RIEMS 模式研究陆面过程对暴雨的影响,南京大学学报(自然科学),39:370 - 381,2003.

120. 钟中,汤剑平,苏炳凯,赵鸣:模式顶选取对南海季风爆发过程模拟的影响,气象科学,23:127 - 134,2003.

121. 赵鸣:用一维能量平衡模式研究华北干旱化的一些问题,气象科学,23:144 - 152,2003.

122. Zeng Xinmin, Zhao Ming, Su Bingkai et al: Effects of land surface heterogeneities in temperature and moisture from combined approach on regional climate, a sensitivity study, Global and Planetary Change, 37: 247 - 263,2003.

123. Zhao Ming, Jiang Yong, Su Bingkai, Tang Jianping: The effects of land surface process on regional precipitation on monthly time scale, Proceedings of the international symposium on climate change: 275 - 279, WMO, 2003.

124. Tang Jianping, Su Bingkai, Zhao Ming, Zhao Deming: Simulation experiments on MM5v3 coupled with land surface model BATS, Acta Met. Sinica., 17: 465 - 480, 2003.

125. Zhong Zhong, Zhao Ming, Su Bingkai, Tang Jianping: On the determination and characteristics of effective roughness length for heterogeneous terrain, Adv. Atmos. Sci., 20: 71 - 76,2003.

126. 汤剑平,苏炳凯,赵鸣:MM5v3 多种物理过程不同参数化方案的组合试验,南京大学学报(自然科学),39:754 - 769,2003.

127. Zeng Xinmin, Zhao Ming, Su Bingkai et al: Application of a big tree model to regional climate modeling: a sensitivity study, Theore. Appl. Climatology, 76: 203 - 218, 2003.

128. 汤剑平,赵鸣,苏炳凯,赵得明:区域气候模拟中不同陆面过程方案的比较试验,新世纪气象科技创新与大气科学发展——气候系统与气候变化,236 - 240,气象出版社,2003.

129. 陈潜,赵鸣,汤剑平,苏炳凯:陆面过程模式 BATS 地气通量计算方案的一个改进试验,南京大学学报(自然科学),40:330 - 340,2004.

130. 钟中,苏炳凯,赵鸣,赵得明:区域气候模式中侧边界地形缓冲区作用的数值试验,高原气象,23:48 - 54,2004.

131. 汤剑平,苏炳凯,赵鸣,赵得明:东亚区域气候变化的长期数值模拟试验,气象学报,62:752 - 763,2004.

132. Ding Aijun, Wang Tao, Zhao Ming, Wang Tijian, Li Zhongkai: Simulation of sea land breeze and a diffusion of their implication on the transport of air pollution during a multi day ozone episode in the Pearl River Delta of China, Atm Env., 38: 6737 - 6750, 2004.

133. 汤剑平,赵鸣,苏炳凯,赵得明：MM5BATS 对东亚夏季气候及其变化的模拟试验,高原气象,24:28-37,2005.

134. 陈星,赵鸣,张洁：南水北调对北方干旱化趋势可能影响的初步分析,地球科学进展,20:849-855,2005.

135. Zhao Deming, Su Bingkai, Zhao Ming：Soil moisture retrieval from satellite images and its application to heavy rain in Eastern China, Adv. Atm. Sci., 23:299-316, 2006.

136. 汤剑平,赵鸣,苏炳凯：分辨率对区域气候极端事件模拟的影响,气象学报,64:432-446,2006.

137. 赵鸣,周炜丹,陈潜,汤剑平：中尺度模式中辐射作用的敏感性试验,气象科学,26:1-9,2006.

138. 陈潜,赵鸣：地形对降水影响的数值试验,气象科学,26:484-493,2006.

139. 赵鸣：对 RIEMS 模式中陆面过程的一个改进,气象科学,26:119-126,2006.

140. 赵鸣,陈潜：边界层过程对暴雨影响的敏感性试验,气象科学,27:1-10,2007.

141. Tang Jianping, ZhaoMing, Su Bingkai：The effects of model resolution on the simulation of regional climate extreme events, Acta Met. Sinica, 21:3-14, 2007.

142. 赵鸣：边界层和陆面过程对我国暴雨影响研究的进展,暴雨灾害,27:186-190,2008.

143. 汤剑平,陈星,赵鸣,苏炳凯：IPCC A2 情景下中国区域气候变化的数值模拟,气象学报,66:13-25,2008.

144. Tang Jianping, Chen Xing, Zhao Ming, Su Bingkai：Numerical simulations of regional climate change under IPCC A2 scenario in China, Acta Met. Sinica, 23:29-42, 2009.

鉴定材料和会议文集摘要

1. 伍荣生,赵鸣,谈哲敏,潘益农等：海面气象要素客观分析,四维同化和数值预报产品研制,八五攻关 85-903-03-05 专题鉴定材料,南京大学大气科学系和中尺度灾害天气国家专业实验室,60pp,1995.

2. 赵鸣：大气边界层动力学的近代发展,第 3 次全国动力气象学术会议论文摘要,9,1993.

3. 赵鸣：从相似理论和阻力定律寻求边界层抽吸速度,第 3 次全国动力气象学术会议论文摘要 28,1993.

4. Zhao Ming：On the wind and temperature profiles below 200 meters, The Fourth International Summer Colloquium and International Symposium for Young Scientist on Climate, Environment and Geophysical Fluid Dynamics, Information and Abstracts,157-158, 1992.

5. 赵鸣,江勇：MM5 中边界层参数化和陆面过程对暴雨影响的试验,第 4 次全国暴雨学术研讨会论文摘要文集,226,2002.

图书在版编目(CIP)数据

大气边界层及相关学科研究：赵鸣论文选／赵鸣编
著. 一南京：南京大学出版社，2022.6
ISBN 978 - 7 - 305 - 25855 - 8

Ⅰ.①大… Ⅱ.①赵… Ⅲ.①大气边界层－文集
Ⅳ.①P421.3－53

中国版本图书馆 CIP 数据核字(2022)第 100825 号

出版发行 南京大学出版社
社　　址　南京市汉口路 22 号　　　　邮　　编　210093
出 版 人　金鑫荣
书　　名　大气边界层及相关学科研究——赵鸣论文选
编　著　赵　鸣
责任编辑　王南雁　　　　　　　编辑热线　025 - 83595840
照　　排　南京开卷文化传媒有限公司
印　　刷　徐州绪权印刷有限公司
开　　本　787mm×1092mm　1/16　印张 28.5　字数 670 千
版　　次　2022 年 6 月第 1 版　2022 年 6 月第 1 次印刷
ISBN 978 - 7 - 305 - 25855 - 8
定　　价　128.00 元

网　　址:http://www.njupco.com
官方微博:http://weibo.com/njupco
微信服务号:njuyuexue
销售咨询热线:(025)83594756